U0250763

献给

为同济设计70年
奠定基石的前辈

和

所有添砖加瓦者

华霞虹　王凯　刘刊　邓小骅　著

同济大学出版社·上海

同济设计 70 年访谈录

1952—2022

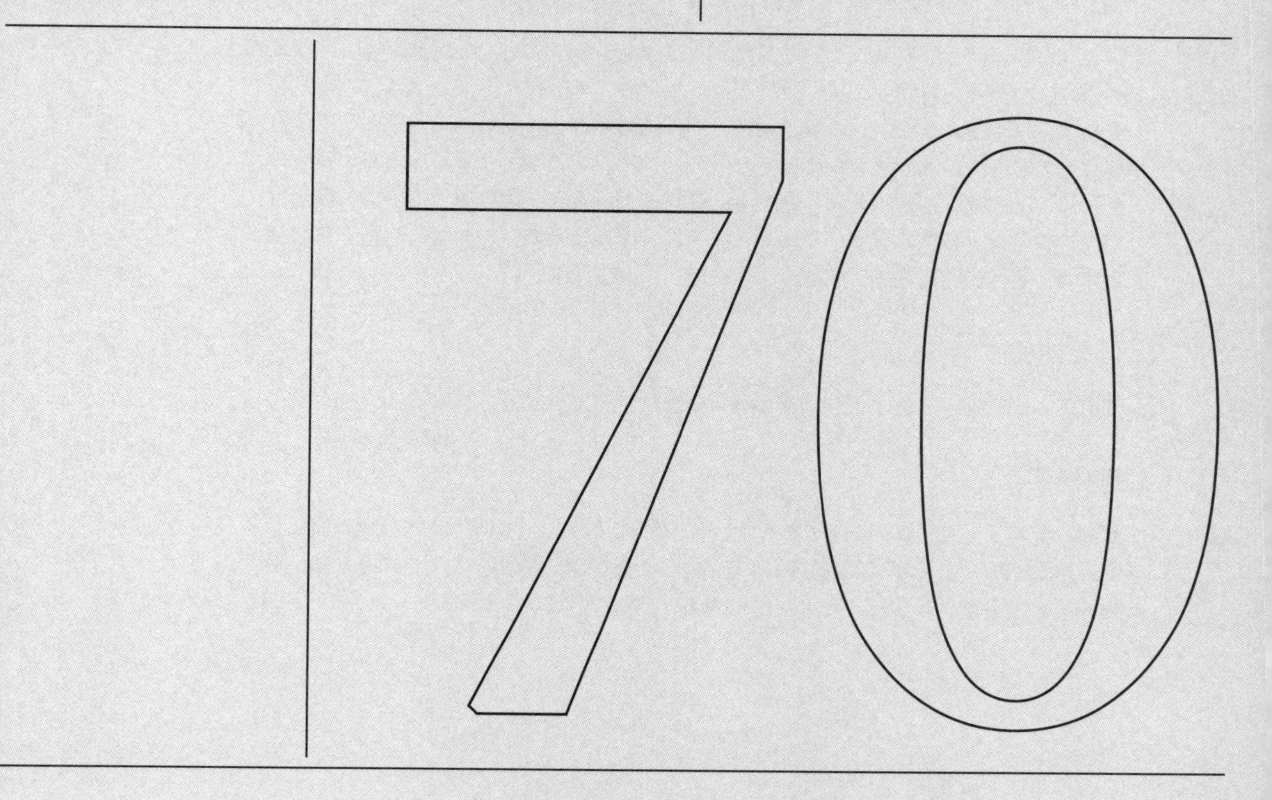

受访人员名单（按照姓氏拼音排序）

常青、巢斯、陈继良、陈琦、陈小龙、戴复东、丁洁民、董鉴泓、范舍金、傅信祁、顾国维、顾如珍、归谈纯、黄鼎业、贾坚、贾瑞云、江立敏、李道钦、李立、李麟学、李维祥、李翔宁、李永盛、李振宇、刘毅、刘仲、刘佐鸿、卢济威、陆凤翔、路秉杰、毛继传、任力之、宋宝曙、孙品华、汤朔宁、唐云祥、王爱珠、王季卿、王健、王文胜、吴定玮、吴长福、吴志强、伍江、夏林、谢振宇、薛求理、姚大镒、姚启明、俞蕴洁、郁操政、袁烽、曾明根、曾群、张斌、张洛先、张为诚、张准、章明、赵秀恒、赵颖、郑时龄、周建峰、周伟民、周雅瑾、朱德跃、朱谋隆、朱亚新、邹子敬

研究团队

郑时龄、华霞虹、王凯、刘刊、邓小骅、俞蕴洁、王鑫、吴皎

助研团队

杨丽、李玮玉、王昱菲、顾汀、朱玉、毛燕、梁金、郭兴达、倪稼宁、朱欣雨、盛焉茹、赵媛婧、胡笳、洪晓菲、赵爽、顾雨琪、陈曦、王子潇、杨颖、姜晟、刘夏、郭小溪、熊湘莹、王宇慧、郑瑞琴、陈王苗、付润男、燕炜、吕璐璐、徐雍皓

课题资助

国家自然科学基金面上项目（编号：52078339，51978467）

同济大学建筑设计研究院（集团）有限公司合作项目：同济大学建筑设计院建院60周年院史研究 / 同济大学建筑设计院建院60周年口述史研究

目录

下篇　2001—2022年　新时代　新机遇

序言

这是一部珍贵的历史，是同济设计1951—2021年[1]70年的历史，参加访谈的院士、教授、大师、建筑师、工程师，每一位都是一部历史，共同组成了同济设计70年栩栩如生的历史，一部群星璀璨的历史。这部历史图文并茂，拓展了时间和空间，让我们了解前辈们奠基的艰辛，后辈的努力奋斗和担当，以及今天的后继者和未来的前行者的责任，体现了同济学派的理性精神、同济的建筑教育理念和建筑实践、同济建筑的实验性和批判性。

口述的历史是历史最朴实、最生动，也是最原真的凝练，是文化传承的范例。正是既平凡又伟大的这个同济人群体和他们中的每一位共同创造了同济设计的过去、现在和未来。在当年的社会大背景下，他们谈建筑思想，谈建筑教育，谈建筑设计，谈工程实践，谈艺术，谈美学。访谈中的铺陈和评述由大师们娓娓道来，把我们带入如画的场景之中，把言语化成意象和现实，他们既谈大事件，也谈工程项目，既表现风和日丽，也显示暴风骤雨，揭示了大多数人只能一知半解和懵懵懂懂认知的同济大学建筑系和同济大学建筑设计院的过去，解答了许多一直存疑的事件，澄清了一些误解，这些访谈对于同济人的意义是显而易见的。

受访的老师和访谈中涉及的许多人都是我曾经的老师，他们的大气睿智和行事作风仍然生动地留存在学生的心目中。从这些访谈中会发现，平和的回忆中有痛苦和困惑，有对同事的颂扬和追思，也有对美好未来的憧憬，但也免不了有避讳。他们中的一些人已经离开同济，在其他岗位上工作或退休，有一些人已经作古，很遗憾有一些为我们所熟知和景仰的前辈还没有来得及接受采访就已经驾鹤西去，但是他们的精神遗产、设计和奠定的学科基石源远流长，在这些访谈中永远成为历史的见证和我们仰望的星空。

同济设计的经历与其他设计院的经历在大环境下有相似之处，由于与同济建筑系的亲缘关系更有其特殊之处，这个方面在世界上也是罕见的。主要是同济设计始终与建筑思想、建筑教育，与同济学派休戚与共，始终作为国际建筑发展脉络的组成部分，始终参与探索建筑设计的理论与实践，始终参与学科建设。《同济

1　中国高等院校1952年院系调整后，成立了同济大学建筑系，本书出版的2022年适逢同济大学建筑系成立70周年，为了庆祝之意，书名中选择使用“1952—2022年”。序言中的时间“1951—2021年”也有其特殊意义，一是同济设计的最初力量，同济大学建筑工程设计处，成立于1951年，院系调整和全国大学扩招后的校园扩建工程也始于1951年，因此访谈内容所涉及的最早时间点是1951年；二是本书的访谈工作的截止时间是2021年9月。

设计70年访谈录》按照历史时期划分为三个阶段：1951—1977年的教学生产一体化时期，1978—2000年市场化改革时期，2001—2021年新时代和新机遇时期。反映了同济设计与国家与政治同命运共呼吸的历史责任和贡献，也体现了同济设计院与同济建筑系密不可分的渊源，经历过这些年代的人会产生心灵上的共鸣。

今天的年轻人也许很难理解那个火红的年代，那个激情燃烧的年代，那个心潮澎湃的年代，那个跌宕起伏的年代，那个充满理想的年代，就让我们通过活泼泼的访谈，体验那些年代，向往并创造未来。

这部访谈凝聚了多少成功和欢乐，同时也凝聚了多少艰辛和付出，是全体同济设计人永不磨灭的集体记忆。

郑时龄

2021年11月22日

1951
—
1977

上篇
教学生产一体化

早期校园建筑和同济新村设计 | 1951—1958年

访谈人 / 参与人 / 文稿整理　华霞虹 / 贾瑞云、钱锋、王鑫、吴皎 / 华霞虹、吴皎、顾雨琪

访谈时间：2017年1月20日14：00—16：20

　　　　　2018年3月2日9：40—11：20

访谈地点：（第一次）同济新村105号，同济大学退休教师、老教授协会办公室

　　　　　（第二次）同济新村391号傅信祁先生寓所

校审情况：经傅信祁先生审阅修改，于2018年4月12日定稿

受访者：傅信祁

傅信祁，男，1919年农历七月生，浙江镇海人。原就读于青岛礼贤中学高中土木科，1937年全面抗战爆发后，到金华进入同济大学附属高级工业职业学校土木科借读。1940—1941年在叙府（宜宾）五十二兵工厂筹备处任建工员，1942年任职于昆明公利工程司，1943年考入同济大学（李庄）土木系学习，1946年随同济大学返回上海，1947年7月毕业后留校任教，曾担任冯纪忠助教。1952年院系合并后在建筑构造教研组任教，同时参与校园建筑和同济新村设计。历任助教、讲师、副教授、教授。1986年退休。2019年4月26日于上海故世。

1952年院系合并前后，傅信祁先生参与了同济校园诸多宿舍楼设计，例如解放楼、青年楼，以及“学”字楼，这些都是同济最早的学生宿舍楼。他还参与了西南楼、南楼、北楼的施工图以及同济新村多种住宅的设计。在访谈中，傅先生介绍了这些项目的设计和相关历史背景。

华霞虹（后文简称“华”）：傅先生，您是同济设计院的元老，最早参与设计院的工作，成立同济设计处的时候，您就开始参与校园建设。请给我们详细介绍一下您做过的工作好吗？

傅信祁（后文简称“傅”）：夏坚白[1]校长让我设计学生宿舍，包括现在的解放楼、青年楼。当时是我设计，吴庐生[2]画图。“三反”的时候，我们都被关起来了。李国豪[3]、翟立林[4]、顾善德和我被关在解放楼的学生宿舍，关了三个月，四个人每人一个房间。后来我又设计了学生宿舍，造了六幢“学”字楼，那是学校里最老的学生宿舍。

贾瑞云（后文简称“贾”）：就是学一楼至学六楼。

傅：那时候只有木构和砖墙这样的结构。因为钢筋

© 1953年成立的同济大学建筑工程设计处纪念册（笔记本）封面，来源：傅信祁提供

1 夏坚白，男，1903年11月生，江苏常熟人，中国当代测绘事业开拓者，大地测量学家，大地天文学奠基人。1929年毕业于清华大学土木工程系后留校任教。1935年获英国帝国理工学院大地测量工程师文凭。1937年及1939年先后获得德国柏林工业大学测量学院特许工程师文凭和工学博士学位。1939年10月回国，先后任同济大学测量系教授、中国地理研究所大地测量组副研究员、中央测量学校教授兼教育处长、测量局二处处长，后兼任南京中央大学土木工程系教授。1948年任同济大学校长。1956年前往武汉筹备武汉测量制图学院，1958年担任其院长。1977年10月于武汉病逝。

2 吴庐生，女，1930年出生于江西庐山，教授，特许一级注册建筑师。1948年从中大附中保送至南京中央大学建筑系，1952年毕业后分配至同济大学建筑系任教，属构造教研室。1972年调入同济设计院（时称“五七”公社设计组），1988—1990年任设计院副总建筑师，2001年至今任同济大学高新建筑技术研究所总建筑师及高级顾问，2004年获“全国工程设计大师”称号。此外1988年获“上海市三八红旗手”称号，1995年获“上海教育系统女能手”称号等。

3 李国豪，男，1913年4月生，广东梅县人，桥梁工程与力学专家。曾任国务院科学规划委员会主任、上海市科学技术协会主席、上海市政协主席等职。1936年毕业于同济大学土木系，1938年至1945年在德国达姆斯塔特工业大学专攻桥梁工程和结构力学，先后获得工学博士和特许任教工学博士学位。1946年回国后任上海市工务局工程师，同时担任同济大学教授。1977年至1984年任同济大学校长，1955年被选聘为首批中国科学院学部委员，1994年当选为中国工程院首批院士。2005年2月病逝。

4 翟立林，男，辽宁沈阳人，教授。1941年毕业于同济大学土木工程系后留校任教。1951年担任同济建筑设计处秘书长，负责学校基建事务。1953年任同济大学建筑工程设计处处长。1956年担任新创建的同济大学“建筑工业经济与组织”专业副系主任。1982年任管理工程系系主任。1984年任同济大学经济管理学院名誉院长。长期从事建筑经济理论的研究和教学，并为上海市基本建设优化研究会名誉会长、《基建管理优化》编辑委员会名誉主任委员。2003年6月病逝。

◎ 1951 年，青年教师傅信祁（下）、顾善德（上）在建校劳动中正在设计解放楼和青年楼，来源：《同济老照片（增订版）》，陆敏恂编，同济大学出版社，2007

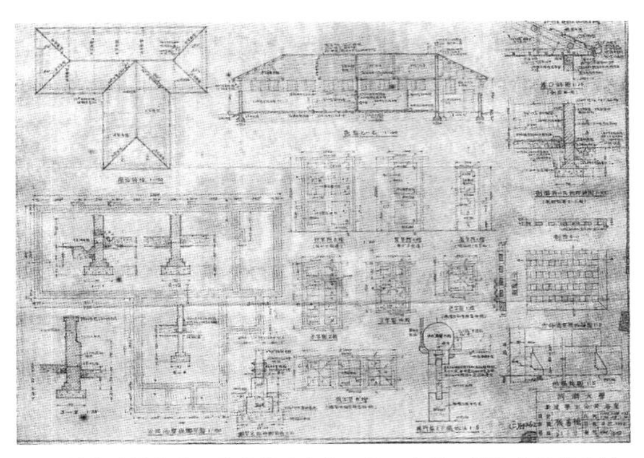

◎ 顾善德绘制的学三楼公共浴室施工图，来源：同济大学档案馆

混凝土很奢侈，所以不敢用钢筋混凝土楼板，二楼的楼板都是木结构。在设计这些学生宿舍的时候，我就尽量把厕所卫生间摆在楼下。专门造了一个平房，男女厕所、浴室全都在这里。学生要洗脸、上厕所，都要跑到楼下。

华：傅先生，那个有传统大屋顶的西南宿舍楼您参加设计了吗？

傅：西南楼大屋顶是黄毓麟[5]初步设计的。他去世以后，我和陈宗晖[6]一起把他的设计变成施工图。他在三层楼顶上还设计了一个大活动室，也是木结构的。原来西南楼的平面是一个“U”字形，后来学校觉得宿舍面积不够，我又给它加了一段，变成一个“山”字形。这两段是同一时间建造的。考虑到学生洗澡问题，之后又在“山”字形中间一幢的后面造了锅炉房和浴室。

华：西南楼的建筑形式，比如传统的大屋顶和建筑立面，是黄毓麟先生确定的设计、您画的施工图吗？

傅：那时全国正在搞民族形式，所以我们到北京去学习。我和陈宗晖、王季卿，还有翟立林去清华请教梁思成，去北京几个设计院学习民族形式。回来以后，西南楼也要搞民族形式，比如那个大屋顶，屋顶上做屋脊，屋脊上做和平鸽。我们的方法是陈宗晖先在地上造一个和平鸽的模型，然后按照这个模型一个一个在屋

5　黄毓麟，男，1926 年 6 月生。1949 年毕业于之江大学建筑系，为谭垣的得意门生。1948 年（大四）开始在谭垣的上海公诚建筑师事务所任副建筑师，毕业后留校任教并担任基华建筑师事务所顾问建筑师，1951 年与谭垣、画家张充仁、同学张智等成立中国联营顾问建筑师 / 工程师事务所，直至 1952 年院系调整后调入同济大学建筑系任教。1953 年进入同济大学建筑工程设计处设计一室开展校园设计工作，在一年内设计了同济文远楼、西南宿舍，上海第一医学院儿科学院病房大楼，中央音乐学院华东分院琴房、行政楼及图书馆。1954 年 10 月病逝。

6　陈宗晖，男，1952 年毕业于南京工学院建筑系。毕业后分配至同济大学建筑系任教。1962 年攻读同济大学建筑学硕士。参与编写《建筑设计初步（第二版）》。

◎ 1960 年代，同济大学西南楼，来源：同济大学档案馆

顶上做好。冯纪忠[7]和我们一起研究和平鸽的样子，陈宗晖把它们拿到屋顶上面去。当时每个角上都有，大概有六个。最后全部被拆掉了。

华：除了西南楼，当时中心大楼的方案也是民族风格的，是您和冯先生一起参加设计的？

傅：要建中心大楼时，薛尚实校长发动所有教师，组织起来做设计。一般三个教师一组，每一组提一个方案。当时有十几个教授、讲师，每个教授或讲师带两个助教，一共十几组，做了十几个方案。[8]每个方案都做了模型，还开了展览会，让大家评选。校长也过来看。当时评选出来的是吴景祥[9]和戴复东的方案，他们是按照莫斯科大学设计的，中间是大楼，两边是南北楼。

---

7 冯纪忠，男，1915 年生，河南开封人，教授，我国城乡规划专业和风景园林专业创始人。1934 年进入上海圣约翰大学学习土木工程，1936 年前往奥地利维也纳工业大学留学，1941 年毕业后在维也纳多家建筑师事务所工作。1946 年回国，次年任南京都市规划委员会建筑师，并被聘为上海同济大学教授。1948 年专职任教于同济，次年任上海都市规划委员会委员，兼任上海交通大学教授。1951 年与胡鸣时创办群安建筑师事务所。1952 年院系调整后，在同济大学专职任教，并创办城市建设与经营专业。1987 年被授予美国建筑师协会荣誉院士。曾任同济大学建筑系系主任，国务院学位委员会（工学）学科评议组成员，城建部高校建筑城轨类教材编审委员会副主任。曾获 2004 年建筑教育特别奖，2008 年中国建筑传媒奖杰出成就奖。2009 年 12 月逝世。

8 此处记忆或不太准确。根据统计票数的董鉴泓教授回忆应有 21 个方案，档案显示为 22 个方案。

9 吴景祥，男，1905 年生，广东香山人。1926 年考入清华大学土木工程系，1929 年毕业后赴法留学。1933 年毕业于法国巴黎建筑专业学校，获建筑师学位，毕业后进入法国政府总建筑师 Albert Laprade 事务所实习。1934 年回国，任中国海关总署建筑师，1949 年离任。1950 年受梁思成邀请任职北京都市计划委员会。同年因病回上海修养，任之江大学建筑系教授，兼任中央美术学院华东分院建筑组教授。1951 年与谭垣、黄毓麟、李正等 7 人合办中国联营顾问建筑师 / 工程师事务所。1952 年院系调整后进入同济大学建筑系，并兼任华东建筑设计院建筑师。1954 年任同济建筑系系主任。1958 年任同济大学附属土建设计院院长。1974 年任“五七”公社设计室副主任，至 1979 年。1977 年被评为上海市先进科学工作者。1979 年担任同济大学建筑设计研究院院长。1987 年主编的《高层建筑设计》出版，是我国较早的系统研究高层建筑的学术著作。1999 年 1 月于上海逝世。

◎ 1953 年冯纪忠小组同济大学中心大楼方案设计效果图，来源：同济大学建筑与城市规划学院

◎ 1953 年吴景祥小组同济大学中心大楼方案设计效果图，来源：同济大学建筑与城市规划学院

我和冯纪忠设计的方案比较新式，票数没有吴景祥的方案多。当时各种方案都有，我们和吴景祥的方案差异很大。他们是完全的民族形式，我们的总体概念也是民族的，但不一定要和古代做得完全一样，不一定要像他们那样做成宫殿式。

华：中心大楼就是在现在图书馆位置？

傅：是的。现在图书馆位置原来也打算建教学楼的。

华: 您和冯纪忠先生一起设计的方案是什么样子的?

傅: 一栋大楼,旁边再有一栋主楼,那边还有几栋小楼。后来的方案中冯纪忠把基地位置也改了,不在四平路大门正对的中间,在靠近文远楼的位置。

华: 是不对称的吗?

傅: 我们设计的是不对称的。吴景祥和戴复东设计的中心大楼,在南北楼中间有一个塔楼。结果评比以后,他们那个票数最多。学校方面,校长也喜欢他们的方案。当时有18个教授,都想要做新式的。因为我们中国房子的形式很多,不一定做大屋顶才是民族形式。

华: 您和冯纪忠先生设计的方案没有使用大屋顶形式吗?

傅: 吴景祥设计的是宫殿式的。我们当时的也是民族形式,但他们拿宫殿式作为民族形式,冯纪忠和我都不赞成。后来两边南北楼造起来了,中心大楼没有造。

华: 您和冯先生的方案是平屋顶还是坡屋顶?

傅: 是平屋顶,但有一些变化,加入了一些民族形式。吴景祥团队的方案是坡屋顶。最终基本上实施的是这个方案,后来成立了一个设计小组,做了一些改变。现在南北楼上面的镂空砖砌栏杆是我设计的。

© 同济大学北楼南立面近况,来源:同济大学网站图库

华: 做砖砌栏杆时,坡屋顶已经去掉了?

傅: 原本是大屋顶,材料都已经运来了。有玉石的栏杆、玉石的台阶。这些石头还在。栏杆原本是吴庐生设计的。后来大屋顶取消,变成平屋顶。平屋顶又要民族形式,又要省钱,怎么做?很困难。后来屋顶还是有点挑檐,这个是吴庐生设计的。南北楼的楼梯间有个花窗，是李德华[10]设计的。[11]当时大家各做各的部分，拼拼凑凑，杂七杂八地把南北楼造起来，就凑出现在这个样子。

华：吴景祥先生是负责的？

傅：吴景祥和戴复东、吴庐生一个小组。吴景祥是主张民族形式的。南北楼原本有两个90平方米的梯形教室稍微挑出八九十厘米。

华：1953年成立同济建筑工程设计处主要是为校园规划和基建。到1958年以后，参考附属医院的模式，正式成立了同济设计院，当时叫同济附设土建设计院。设计院和设计处有什么不同？

傅：这个过程我现在记不清楚了。反正提过好几次要办设计院，教学要理论结合实际。一会儿办起来，一会儿又不办了。变化很多，大概至少有十几次。反正每次，我基本上都参加。到底有几次，我现在也搞不清楚，哪一年也弄不清楚。我主要是给冯先生帮忙。冯纪忠在外面办事务所的时候，也是我给他做结构设计。

◎ 1950年代，傅信祁（右）与冯纪忠（左），来源：同济大学建筑与城市规划学院

10　李德华，男，1924年生于上海，教授。1945年毕业于上海圣约翰大学土木工程系，获建筑工程理学士和土木工程理学士双学位，后留校任教。1946年起参与大上海都市计划的编制工作。1952年院系调整后转入同济大学建筑系工作，历任讲师、副教授、教授、副系主任、系主任，并于1986年担任同济大学建筑与城市规划学院院长。长期从事城市规划和建筑教育，主编高校教学用书《城乡规划》《城市规划原理》。2006年荣获"中国城市规划学会突出贡献奖""中国建筑学会建筑教育奖"。

11　此处记忆或有误。根据华霞虹对朱亚新老师的访谈，楼梯外混凝土装饰是朱亚新老师设计的。

华: 您一直是冯先生的助手？

傅: 他是教授，我是助教。所以他办事务所的时候，我总是去帮他。比如设计公交一场（上海公交公司四平路保养厂）的时候。

华: 您能再介绍一下您参加的同济新村设计吗？

傅: 新村的“村”字楼是我和陈宗晖一起设计的。老同楼是丁昌国[12]设计的。新同楼(指访谈地点同济新村105号）是戴复东设计的，当时他在我家里和我一起研究到半夜两点钟。

贾: 这套房子就是戴复东自己住。这个户型叫新甲种。新甲种当时造了好像没几套。

傅: 里面有间房间是戴复东和吴庐生他们画图用的，所以做成比较大一点的方形，就是客厅，也是后厅。

华: 当时这个户型做了几套，您参与了吗？

傅: 这个户型主要是戴复东设计的。因为冯纪忠、丁昌国他们两个设计了同济新村。在思想改造以后，成立了设计室。丁昌国设计了“同”字楼的建筑，一共30幢。[13]后来我看他没有设计雨篷，就给他加了雨篷，加起来不容易。这个房子南北都是很薄的半砖墙，隔墙是灰板墙，也叫竹板墙。那时就是用竹子一条一条隔出来，石灰就附在上面。因为前后只用了半砖墙，大家住在里面应该觉得很冷。房子的出檐也很少，就一点点。山墙的地方，瓦就只到这里（比划很小）。那时候第一个五年计划刚刚开始，所以这个房子准备只用五年，五年以后要拆掉的。

华: 为什么出檐这么小呢？

贾: 就是为了节约。

华: 就像硬山一样。

傅: 这些房子原本都是临时性的房子，只需要保证五年的使用，所以才会前后都用半砖墙，里面用灰板墙。但到现在还没有拆掉，有70年了吧。

贾: 应该有65年了。

华: 傅先生，您能介绍一下您现在住的“村”字楼的设计过程吗？

---

12 丁昌国，男，生卒年月不详。新中国成立前曾开营造厂，后于私立光华大学土木系任教，1952年院系调整后转入同济大学土木系任教。1951年于同济大学新成立的建筑工程处兼职，与冯纪忠一起负责学校校舍的营建工程。1979年设计院恢复后，担任同济大学建筑设计研究院技术室主任。

13 1952年，在同济新村建成31幢两层楼教职工宿舍——同字楼。参见：《同济大学志》编辑部．同济大学志1907–2000[M].上海：同济大学出版社，2000.

傅：村一楼是吴景祥设计的，总体规划也是吴景祥设计的。因为他的村一楼要设计成对称的。村二楼和村三楼具体的设计方案是我和陈宗晖设计的。

华：“村”字楼外部的中式装饰是如何设计的？

傅：那时候都是民族形式。这些住宅厨房外面有一个漏窗，这个形式就是从我和陈宗晖浙江宁波的乡下老房子厨房外的漏窗学来的。家乡的漏窗是一块石板凿出来的，我们是用水泥做的。门上的装饰是学习北京的垂花门，这也是陈宗晖设计的，因为要学习民族形式。

◎ 同济新村“村”字楼立面装饰，来源：华霞虹拍摄

华：您研究过装配式住宅，后来在上海有没有实践过装配式建筑？

傅：有，就是和戴复东设计的十一二层的高楼（四平大楼）。

贾：这是后面的事了，在20世纪70年代初。在同济新村360号到400号，学习莫斯科西南小区装配式住宅的经验。

华：您参与了莫斯科西南小区设计竞赛，西南小区的设计经验对这个设计有影响吗？

傅：肯定有。当时同济大学、清华大学和北京市设计院一起参加莫斯科西南小区设计竞赛，同济这边是冯纪忠、我、王季卿，还有陈宗晖四个人。后来每家单位派一位代表去莫斯科，同济就派我和清华大学、北京院的代表一起去莫斯科送莫斯科西南小区竞赛的方案。我们还参观了很多住宅，尤其是装配式住宅，待了两三个礼拜。那时我们国家还没有装配式建筑，几个装配式工厂我们也都去看了。苏联也是学习法国和其他国家的经验，回来后我写了一篇关于装配式建筑的文章投稿到杂志上。

同济新村的装配式住宅是五个单元的四层楼独立式住宅(同乙楼，1960年)。[14]其实这个房子不全是装配式的，只有楼板是装配式的，那时国内还没有人做过这样的装配式楼板。我当时做的是槽形楼板，但是槽是反过来放的，底面是平的，上面加小的木格栅，再铺木地板。槽大概有60厘米宽放在横墙上。其实莫斯科用的是装配式平板楼板，槽形楼板是我根据中国的情况自己设计的。

刚开始建造，唐云祥说两幢房子中间空了三米，你可以把它连起来。我想也对，就把三幢房子中间加了楼板，这样第一排三幢就连起来变成一大幢，后面两排是单独的小幢。

学习莫斯科经验的住宅是四层楼，有人叫我做五层，我不愿意做。因为希望可以利用屋顶平台晒衣服。住宅里怎么晒衣服是个很重要的问题。我去莫斯科参观，专门注意有没有人家把衣服晒出来。斯大林大街、莫斯科大街的阳台上只有花垂下来，很好看。有一栋住宅我还跑上去问这个问题，他们其实都是烘干机烘的，不晒衣服。我设计四层楼就是为了满足晒衣服要求。这样一、二层在一楼晒衣服，三、四层的人可以在屋顶上晒衣服。我在四层屋顶专门设计了晒衣架。太高的话人家上去麻烦，所以我不做五层。

华：向苏联学习我们学校里还有一个项目——电工馆，是您跟结构的张问清[15]教授合作的吧？

傅：苏联的构造里面有砖的拱形薄壳。同济大学后面正好要建造工厂，让我设计，这个屋顶就是学习苏联的。因为当时木料比较少，使用钢筋混凝土也比较困难，所以我就使用砖拱，学习苏联做双曲拱，用砖做屋顶，拱底下有一个拉杆。张问清教授对这个很有兴趣，他是教砖结构的，所以就帮这个项目做计算。

14 董璁.同济新村中小套型住宅设计研究[D].同济大学硕士学位论文，2008.

15 张问清，男，1910年4月生，江苏苏州人。1936年毕业于上海圣约翰大学，同年赴美留学，1937年于伊利诺伊大学获土木工程硕士学位。1939年回国后任教于圣约翰大学，担任该校结构工程教授、总务长、土木工程系系主任等。1952年院系调整后调入同济大学，历任同济大学结构工程系圬工教研室主任、结构工程系系主任、竹材研究室主任、同济大学函授部副主任、同济大学教育工会主席等。1958年起，历任同济大学水工系系主任、勘察系系主任和地下工程系系主任等。1982年退休。曾任上海市竹材利用委员会委员、上海市土木工程学会结构工程委员会委员、土力学与基础工程专业委员会委员及上海力学学会理事等。2012年4月病逝。

设计院的初创和建筑系早期教学 | 1952—1957年

访谈人 / 参与人 / 初稿整理：华霞虹 / 吴皎、王鑫、李玮玉 / 吴皎、梁金

访谈时间：2017年11月29日 10：00—11：30

访谈地点：瑞金南路185弄瑞南新苑唐云祥先生家中

校审情况：经唐云祥先生审阅修改，于2018年2月4日定稿

受访者：

唐云祥，男，1928年12月生，北京人，教授。1945年进入上海圣约翰大学建筑系学习。1952年全国院系调整时调入同济大学，担任建筑系支部书记。1958年任同济大学附设土建设计院副院长。1967年"文化大革命"期间带领上海1969届中学毕业生去黑龙江插队落户。1970年回到上海，进入上海民用建筑设计院。1972年调回同济设计院任总支书记。1979—1985年任同济大学建筑设计研究院副院长。

1952年全国高校院系调整，上海圣约翰大学、之江大学等多所院校的建筑、土木系汇聚形成同济大学建筑系。1953年，同济大学总务处下的基建处结合建筑系的各路师资，成立建筑工程设计处，设计建造了和平楼、理化馆、文远楼、西南楼、南楼、北楼等一大批校内建筑，以及华东师范大学、中央音乐学院华东分院的校园建筑。1958年，在建筑工程设计处的基础上成立设计院。设计院作为老师设计实践与学生教学实习的基地，设计了同济大礼堂、上海3000人歌剧院这些结构造型独特的建筑。

华霞虹（后文简称“华”）：唐先生您是1952年随院系调整进入同济大学的，能介绍一下当时的情况吗？

唐云祥（后文简称“唐”）：当时我在圣约翰大学，要收拾一些东西带过去，所以比其他人都晚到同济大学。那时候四平路旁边没有什么商店，属于比较偏远的位置，学校旁边都是农田，老师同学买东西只能等商贩挑担子出来。我跟一位助教合住在“一·二九”大楼西面一个单层的宿舍里，我还把在圣约翰大学时用的一个沙发带过来放在宿舍里。

华：您当时一进同济就是建筑系的党支部书记，而且主要负责老师这方面的工作，我们想了解一下当时建筑系的老师和学生是怎么参加建筑系和建筑工程设计处的设计工作的？

唐：1951年，大批高校院系调整，整个上海高教事业发展比较快，需要设计很多学校建筑，比如宿舍等。因为总务处没有条件、能力和必要去承担一些高教界的、社会上的设计任务，所以学校建筑是由建筑系教师真正做的设计和方案。以前老师很少做施工图，现在有机会完成建筑设计的全过程，对他们也是一个很好的锻炼。

华：当时总务处大概有多少人？后来参与设计处工作的老师们既有来自建工系，又有来自结构系的对吗？那时候学生参加进去了吗？

唐：当时总务处有十几个人，负责全校后勤事务工作，包括校舍修建。我们是建筑系的，是学校的基层教学单位，制定建筑学专业教学计划，培养专业学生。那时候和结构专业是分开的，结构由建筑工程系管理，道路专业、桥梁专业由路桥系管理，每个系有一个系主任。你要用各系的教师，实际上也要跟各系打交道。当时派教师临时加入了总务处，学生还没有。

在总务处时，设计任务不多。考虑到如果做绝密工程（比如核试验的实验室），需要对外保密，所以对选择人要求很高，要考虑政治因素，社会关系不能太复杂，因此只有两三个人，以陆轸[1]为主，刚毕业来同济的吴庐生也参加了。我记得当时承接了武汉长江大桥桥头堡的任务。

原来建筑系有工业建筑教研室、民用建筑教研室和建筑构造教研室。王吉螽[2]是民用建筑教研室的负责人，傅信祁在建筑构造教研室(此处记忆有误，按照史料应为唐英[3])。还有一个城市规划教研室，由金经昌[4]负责。民用建筑教研室一般设计住宅或者类似的建筑。

华：您刚才说吴庐生老师在设计室，我记得她也在构造教研室，当时设计室和教研室是兼任的吗?

唐：对。吴庐生老师来建筑系时，先安排在黄家骅[5]教授负责的建筑构造教研室。

华：当时建筑系也有工业建筑教研室？您最初是在工业建筑教研室？

唐：那时候我们缺乏做工业建筑的经验，因为工厂的区域面积比较大，设计偏向总体规划和总图的设计，比如给排水、电气管线、道路绿化园林等的综合设计。建筑系就请了一个苏联专家（都拉也夫，一位道路工程方面的专家），想请专家给我们讲解工业建筑设计知识。那时候我们英文基础好，为了方便与苏联专家沟通，开办了俄语翻译班，学了一年俄语，结果发现他讲的偏理论，不是我们理想的专家，后来他在学校待了一年就回去了。最后还是我们老师自己教学解决总图设计问题。

1　陆轸，男，1929年5月出生，浙江绍兴人，教授。1951年7月毕业于杭州之江大学，1952年6月毕业于大连中国人民解放军海军学校，1953年7月毕业于同济大学建筑系。1953年9月进入同济大学工作，1980年在同济大学建筑设计研究院任职，担任设计院副院长、副总建筑师。1989年被评为教授，1991年3月在建筑设计研究院退休，退休后返聘，担任建筑设计院顾问多年。2016年2月于上海病逝。

2　王吉螽，男，1924年1月出生，上海人，教授。1942年9月先后就读上海圣约翰大学工学院土木工程系、建筑系，1946年3月任上海市都市计划委员会技术员。1948年3月任上海时代建筑设计事务所设计师，1949年6月任上海圣约翰大学工学院建筑系助教，1952年10月进入同济大学任教，1960年9月进入同济大学设计院，1963年9月任同济大学设计院副院长，1981年10月至1984年4月任同济建筑设计研究院院长、总建筑师。1990年10月于同济设计院退休。2020年4月于上海病逝。

3　唐英，男，1901年出生于金山。1921年留学德国，1927年毕业于柏林工业大学，获特许工程师学位，同年回国。1932年起在同济大学土木系任教并在抗战期间随校内迁。1952年院系调整后调入同济大学建筑系，主要负责建筑构造等课程，曾主编《房屋建筑学・住宅篇》《建筑构造学》《学校建筑》等。1960年代末因健康原因退休，1975年去世。

4　金经昌，男，1910年12月生于武昌。1931年考入同济大学土木系，1937年毕业。1938年于德国达姆施塔特大学学习道路及城市工程学与城市规划学，1940年毕业后留校，任道路及城市工程研究所工程师，并参与达姆施塔特的战后重建工作。1946年回国，任职于上海市工务局都市计划委员会。1947年任职于同济大学土木系，1952年院系调整后调入新成立的建筑系。2000年1月病逝。

5　黄家骅，男，1901年11月生于当时江苏嘉定。1924年毕业于北京清华学校，1927年获美国麻省理工学院建筑和结构双硕士学位，1930年回国。1933—1935年任（上海）私立沪江大学商学院建筑科第一任系主任，1943—1945年任重庆大学建筑系主任，曾在重庆、上海自营大中建筑师事务所，1951年与哈雄文、刘光华合办（上海）文华建筑师事务所。1952年院系调整后任同济大学建筑系教授，建筑构造教研室、工业建筑教研室主任。参与指导同济大学大礼堂设计。《土木建筑工程辞典》（1991年版）副主编。1988年11月病逝。

我们请苏联专家来的那段时间很短，其间一些外地单位教师，比如清华的、哈工大的教师，都来听专家讲课。因为那时候别的高校的设计室不像同济的这么正规，设计室的性质也不完全一样，有的属于宣传口，不属于教育系统，他们没有基础，不清楚怎么做设计、做业务。我和这些单位都比较熟悉，就陪着那些高校的教师一起学习，这种培训组织了大概两学期。

华：1958年，因为怎样的机缘决定要成立土建设计院？设计院的设计项目是怎么来的？

唐：当时我们学习苏联的教学计划，不过苏联是六年制，我们是五年制。学生到毕业班最后一学期的时候，需要做一个实践项目。过去我们把学生分成几个组，分放到外面的设计院去实践，有的在上海，有的在外地，由本校系里的老师在那里指导。我作为总支负责人，要经常去看看学生和老师，在几个组之间跑来跑去。

但把学生的实践项目委托给外面的设计院有这样几个问题：一是外面设计院的主要目标是完成生产，而我们是以教学为主，是把教学和设计任务结合起来，通过设计任务来完成最后环节的教学；二是学生和老师都要东奔西跑。当时我们就觉得既然医学院有自己的实习医院，那么为什么建筑系不能有自己的建筑设计院呢？以前在圣约翰大学，我们建筑系所在的工学院楼上就是医学院，医学院就有附属医院作为实习基地的，我们都很熟悉。那时候，党的教育方针是“党的教育为无产阶级政治服务”“教育要与生产劳动相结合”，所以我们就成立了自己的设计院。这个设计院不是以生产为主，而是以教学、培养人才为主。我们自己派老师教学，学生可以做初步设计，直到画施工图，这样就能学到一些实际的东西，真刀真枪地得到锻炼。

我还有一个体会。那时我们的老师，像黄作燊[6]、谭垣[7]、冯纪忠等原来都有自己的设计事务所，有自己的生产实践基地，将教育、生产、实践相结合。那时候推行“社会主义公有化，割资本主义尾巴”，不准私人开事务所，导致教育与实践脱离。我们这些教师几十年才做几个设计，缺乏实践经验，逐渐生疏了。外面设计室的人，同样的年龄却做过很多设计，在实践当中锻炼，获得了丰富的经验。

6　黄作燊，男，1915年8月生，广东番禺人，教授。1939年毕业于伦敦建筑联盟学院，同年进入美国哈佛大学设计研究院，成为格罗皮乌斯第一个中国籍研究生。1941年学成归国，两年后在圣约翰大学土木系的基础上创办建筑系，担任系主任。1952年院系调整后调入同济大学建筑系，并担任建筑系副系主任直至1966年。1975年病逝。

7　谭垣，男，1903年生于上海，广东人，教授，中国第一代建筑师与教育家，中国建筑师学会、中国营造学社成员。1929年获美国宾夕法尼亚大学建筑学士及硕士学位，并于同年年底回国。1931年起任南京中央大学建筑工程系教授，1937年内迁至重庆，1939—1946年兼任重庆大学建筑工程系教授。1947—1951年任之江大学建筑工程系专职教授。1952年院系调整后进入同济大学建筑系任教授，直至1982年退休，执教六十余年。1951年参加上海人民英雄纪念塔设计竞赛，与张充仁合作提交两个方案分获一等奖和二等奖。1983年与张充仁合作设计聂耳纪念园方案获竞赛一等奖。1987年与吕典雅、朱谋龙合作出版中国第一部全面论述纪念性建筑基本概念和设计原理的专著《纪念性建筑》。1996年4月在上海病逝。

我们的教师在理论学习、科研方面有优势，但是我觉得教师一旦脱离实践，就会出现危机。为了给教师一个可以不断发展的渠道，我们让教研室的老师轮流或者分批到设计院做设计，教学计划里面有这个流程。如果专门有一个机构，就不需要出去东跑西跑做项目，在其他设计院也不能达到我们的理想，在自己的设计院，教师既可以教学，也有机会参加设计实践。这样一来，设计院作为基地，既培养了学生，也锻炼了教师。

办设计院要征得上海市教委、市建委的同意，承认设计院作为一个实体企业，一个真正的设计室。还需要到北京得到国家的批准，那样，设计院才能接任务。这一时期，我多次奔走于北京国家建委、高教部，申述同济大学要办设计院，后来终于成功了。1958年以后，设计院就可以对外承接项目了。

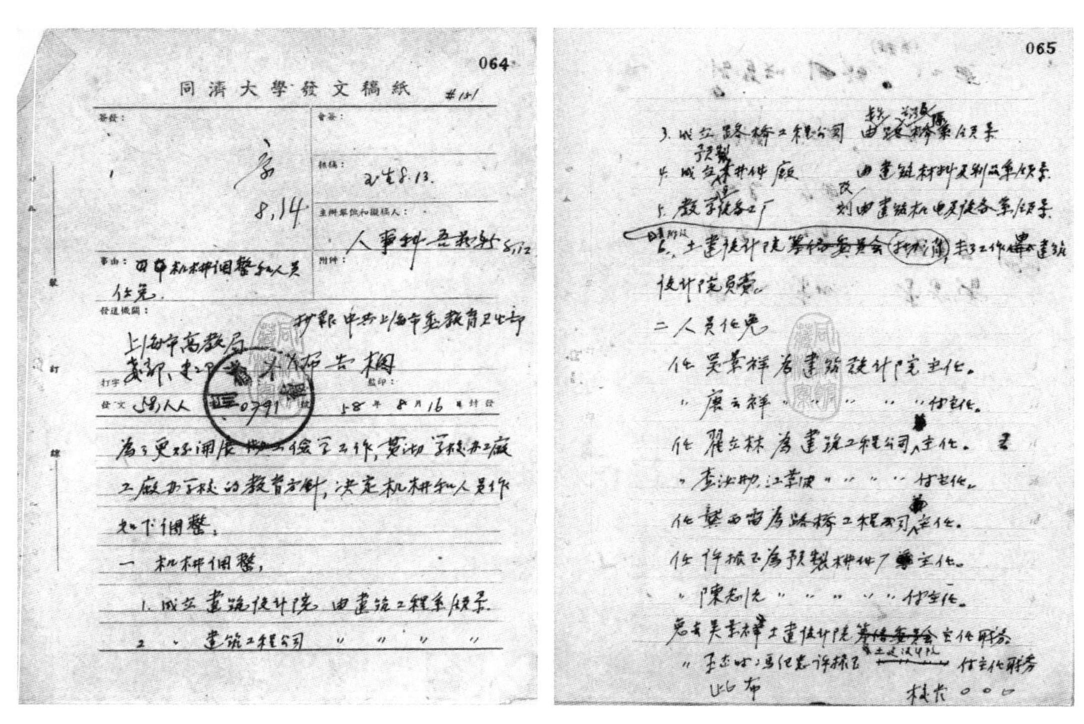
064

同濟大學發文稿紙 #181

事由：[illegible]机构调整和人员任免。

发送机关：上海市高教局 [illegible]

抄报中共上海市委教育卫生部

发文 (58)人人 字 0791 号 58年8月16日封发

为了更好开展[illegible]工作，贯彻学校办工厂工厂办学校的教育方针，决定机构和人员作如下调整：

一 机构调整：

1. 成立建筑设计院 由建筑工程系领导。

2. 建筑工程公司 〃 〃 〃 〃

065

二 人员任免

任吴景祥为建筑设计院主任。

〃 唐云祥 〃 〃 〃 〃 副主任。

© 1958 年 8 月 16 日，同济大学人事科送交上海市高教局等机构的“机构调整和人员任免”，来源：同济大学档案馆（58）人字第 0791 号 . 档案号：2-1958-XZ-9.0022

设计项目主要是我到上海市建委那里，让他们给我们介绍任务。教师们大多缺乏实践经验，这样他们就有机会做一些实际的设计了。

当时还有一个很大的阻力来自内部，系里领导有不同的意见，认为设计院是搞生产的，在学校里主要是进行理论学习，不需要。不过我根据我们教学的需要认为有必要。

华：因为我们同济设计院是中国第一个高校设计院，这个体制以前是没有的，国家管理部门都支持吗？

唐：以前没有。后来我们成立设计院以后，清华、天大、南工、华南都开始成立各自的设计院了。我们走在前面，因为同济的实力比较强，有多专业工种，师资的条件比较好，所以能得到这些部门的批准。

华：您刚刚说的很重要。相比于清华或者其他学校来说，同济工科的各个专业都很强，所以这个对我们特别有利。

唐：那时候建筑系毕业设计要求“三结合”，就是理论、设计与科研结合，除了要完成一个设计，还应当有一个小的科学研究题目。在毕业答辩的时候，我们有针对这方面的提问，以考查学生的科研能力。

比如说，当时有一个上海3000人歌剧院的项目，是最典型的应用的例子。我们学校这方面研究也很有利，有声学实验室，声学实验室的老师配合我们一起做剧院声学方面的调查研究。我们的几十个学生出去调查研究，跑遍上海各个剧院，收集到的资料很丰富。通过调查研究，学生就清楚如何设计视觉和听觉的曲线、反射面用什么材料、声音传到哪里去，最后才能让剧院容纳人数多、座位视野好、听得清楚。

这个实践出于实际需要，每一个数据都是自己调查、琢磨得到的。通过在多个剧院里真正地调查、研究和实践，学生就清楚方案是什么，科研项目具体是什么，调查研究和结果又是什么。声学实验室与设计院的学生合作，在毕业论文答辩、做报告的时候，丰富了内容，提高了质量。

后来全国竞赛的时候，别人只是单纯做设计，一天到晚待在设计室，也不出去实地调查；而我们在剧院里调查研究，既有科学根据，又有实验数据，拿出一个方案，讲得头头是道。所以评委们最后选择了我们这个方案。这不是因为我们是上海的或者怎么样，而是因为我们确实拿出了一个好的建筑设计方案。因为这个事情，当时周总理和陈毅市长还来参观，吴景祥和我来接待，我们很高兴。这就是理论、设计与科研三结合。

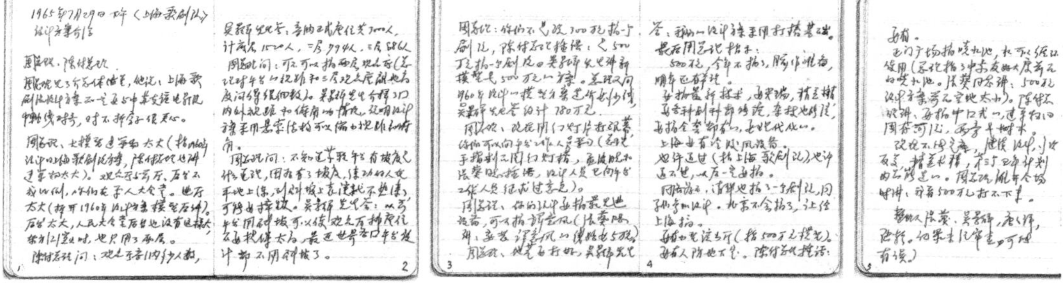

© 1965年7月，周恩来总理、陈毅副总理对上海3000人歌剧院的指导意见，张葵、吴景祥、唐云祥、陆轸记录整理，来源：唐云祥提供

不过后来因为建造文化广场的关系，这个3000人歌剧院的项目没有建造。

华：同济的老师，像圣约翰、之江大学、原来同济的老师，都来自不同的地方，在一开始做设计时，他们之间互相有合作吗？

唐：黄作燊和冯纪忠都是留学欧美的，接受了新建筑的影响，在建筑教学、行政管理各方面配合得比较密切。黄作燊是跟谁配合都很好。他很热情，非常爱国，又因为刚回来很新鲜，所以对各种事情都很容易接受、很支持，学校的活动配合得都很好，因此虽然是党外人员，还被学校党委评为“党的宣传员”。我很喜欢他，我们很合得来。他的哥哥是黄佐临，著名的戏剧家。

吴景祥是我从外面请来做系主任的。后来吴景祥做了中心大楼的设计，中心大楼的实施方案比较传统一些，中心高，两臂左右环抱，像莫斯科大学。

华：有的老师说，当时建筑系为中心大楼的设计做了一个方案征集的竞赛，有二十几个方案对吗？

唐：是的，有二十几个方案。当时冯纪忠做的是马头墙风格，但是没办法集中到一个楼里。冯先生有自己独特的思想，他思想很灵活。当时学校请了上海、北京等好多地方来的评委，做出模型展示给评委看，学院代表听评委的意见。评委最后选中了吴景祥先生的方案，当时认为中心大楼应该端正一点，这个方案比较实用一点。

但是刚好碰到反复古主义，大家认为这个中心大楼的设计不够好，对吴先生很有意见，要把大屋顶和屋檐下的装饰全部都去掉。经过那件事我们发现，吴先生做建筑系系主任大概不能够团结这些人，学校就把他调到设计院，做设计院院长，请冯纪忠做系主任，因为他比较能够凝聚大家。吴先生再后来升任为学校的科研部主任，就离开建筑系了。

华：唐先生，这里有一个很有意思的现象，像黄毓麟先生设计的文远楼是那么现代，但是西南一楼却是古典的大屋顶，您怎么看待在同一历史时期，他同时会设计这两种风格非常不一样的建筑呢？

唐：那时候大家追求民族性，他也是随着潮流。民族形式要有一些装饰性，要屋檐下有一个翘角的这种形式。

华：像文远楼，它也有一些传统的，但是做得比较符号式的结构，像通风窗。但是西南楼是完全根据民族形式需要，直接做一个大屋顶。对同一个设计师来说，他不会特别坚持说“我希望做成一个更现代的建筑”吗？

唐：没有。这很自然。

华： 50年代的时候，冯纪忠先生和戴复东先生实际上都做了东湖梅岭的设计。冯先生做的是梅岭招待所的甲所、乙所，戴先生他们后来做梅岭一号。这些项目过来以后，为什么会找这些老师，而不是别的老师做呢？为什么会这样安排呢？

唐： 冯先生那个项目比较早。后面梅岭一号是我们安排的。因为这些属于绝密工程，绝密工程都放在设计一室，或者放在某一个室里，单独由一个老师来做项目。

华： 我们当时有冯先生、黄先生、吴景祥先生，还有谭垣、黄家骅、哈雄文[8]、庄秉权[9]这些老师。关于这些老师参与实践的状况，您记得什么特别的故事吗？

唐： 我不晓得他们以前的。到了学校以后主要是以教学为主，不太到外面接任务了。冯先生一般在建筑理论方面思想比较开阔，一些大的任务都要请他来发挥作用。

华： 谭垣先生在设计院也做项目吗？

唐： 他比较擅长纪念性设计，其他做得就很少了。

华： 黄家骅先生呢，也不太做项目吗？

唐： 也不太做设计。

华： 在1950到1960年代，在同济设计院，有一些老师是设计院定编的正式员工，还有一些是建筑系或者别的系，比如建工系的老师来参与项目，这些老师之间的关系是怎么组织的？

唐： 他们的关系是临时性的。因为设计院要完成生产实践的任务，任务是要连续的，人家来找你，你要负责到底，这部分工作设计院有专职的设计人员。其他系的老师带着学生来，教学实践任务完成就走了。比如画施工图，因为有时间要求，虽然可以分工，但是全过程要有设计院的专职人员负责，担当到底。

---

8 哈雄文，男，1907年12月生，湖北武汉人，教授。1927年毕业于清华学校后，前往美国霍普金斯大学就读经济系，1928年改入宾夕法尼亚大学建筑系学习，并于1931年获建筑学学士学位，1932年获美术学学士学位。1932年9月回国后进入董大酉建筑师事务所工作，参与上海江湾新区的规划和设计。1935年任上海私立沪江大学商学院建筑系主任。1937年任国民党政府内政部地政司技正。1948年开始，在政府任职的同时也在沪江大学、复旦大学、上海交通大学兼职任教。1952年院系调整后进入同济大学建筑系，并担任建筑设计教研室主任。1958年为支援东北教育，北上哈尔滨工业大学，筹建土木工程系新成立的建筑学专业。1959年任哈尔滨建筑工程学院工程系副主任，后担任第二任系主任。1981年于上海病逝。

9 庄秉权，男，1899年生。1920年毕业于清华学校。1923年，获美国勒赛里工科大学土木工程师学位。1952年院系调整后，调入同济大学建筑系工业建筑教研室。1957年加入九三学社。曾任资源委员会建筑设计委员会主任，上海华业企业工程公司顾问工程师，华基工程设计事务所主任工程师。新中国成立后，历任华东设计公司、上海轻工业设计院顾问。著有《木结构建筑详图》《砖结构建筑详图》《钢筋混凝土结构建筑详图》，主编《建筑系专业英语阅读文选》。1990年逝世。

华：后来到了“文化大革命”期间，同济大学有一个“五七”公社，这个时期您有参与吗？

唐：那时候我已经不在同济了。我作为干部带队，带了1969届的50个中学毕业生，报名去黑龙江上山下乡，插队落户，直接去到最艰苦的地方。那时候我觉得上山下乡很光荣，我还没打过仗、骑过马，我们大家穿着绿大衣（军装）就去了。

那时候去了黑龙江，零下三四十度，而且营养很差，都是吃蔬菜，只有过年才杀几只鹅吃，平常没有荤菜吃，条件非常艰苦，劳动又累，后来我的两个眼睛轮流发炎了，看东西都是五颜六色的。因为眼睛有问题，我去了三年就回来了。

建筑工程设计处与文化广场声学设计 | 1953—1971 年

访谈人 / 参与人 / 文稿整理：华霞虹 / 朱亚新，梁金（第一次），王鑫、李玮玉、梁金（第二次）/ 华霞虹、王昱菲、王子潇、吴皎

访谈时间：2018 年 1 月 23 日 15：00—18：45
2018 年 1 月 31 日 15：00—18：15

访谈地点：长宁区平武路 36 号王季卿 / 朱亚新先生上海寓所

校审情况：经王季卿先生审阅修改，于 2018 年 3 月 19 日定稿

受访者：王季卿

王季卿，男，1929 年 12 月生，上海人，教授，博士生导师，声学专家。1951 年之江大学建筑系毕业，进入震旦大学工学院任教。1952 年全国院系调整至同济大学建筑系任教，1953 年年初在同济大学建筑工程设计处工作，带领学生从事多项工程设计。因设计上海音乐学院礼堂兼音乐厅，开始涉足建筑声学，成为我国在该领域的开拓者。1960 年同济大学成立建筑物理专业后，开始专攻建筑声学的教学和研究。在 68 岁退休时，他还应学校要求，继续招收和培养博士研究生多名，73 岁时，应学院临时聘请，重登大班讲台，为 135 名本科生讲授建筑声学，至 80 岁时才告退教席。但他的科研工作一直未停，直到 2018 年还在发表研究论文。

1953年同济大学成立了建筑工程设计处后，王季卿主持了同济大学理化馆设计，还与黄毓麟先生合作设计文远楼、上海音乐学院、上海第一医学院附属儿科医院总体规划等项目。因音乐学院的音乐厅设计中对音质的需求，开创了国内的建筑声学学科。在访谈中，王季卿先生介绍了建筑工程设计处时期，年轻教师和学生之间的合作、建筑和结构之间的相互配合，以及“文革”时期参与文化广场声学设计等经历。

华霞虹（后文简称“华”）：王先生您好，1953年同济大学建筑工程设计处成立后，您在任教的同时，也在第一设计室开展校舍设计，您能为我们介绍一下当时教学与生产相结合的状况吗？

王季卿（后文简称“王”）：1953年年初，还在寒假中，我们突然接到通知，春节年初三到学校去开会。会上宣布，在上级指示下成立同济大学建筑工程设计处，以应对即将大规模开始的文教系统的基本建设需要。老师们当天开始上班工作。设计处由学校总务长曲作民[1]和力学教授翟立林分别任正副处长。下面设立了三个设计室。我和黄毓麟两人被分配在第一设计室工作，室主任由民用建筑教研室的哈雄文教授兼任。

华：在建筑工程设计处不同专业的教授、助教和学生是如何分工的？您脱产作为指导老师做了多长时间？

王：那时我们设计一室具体做设计的是黄毓麟跟我，两位全职助教。哈雄文先生还有其他面向班级大学生的教学工作，他是教授，兼职为我们的室主任。我们这个室里差不多有20个建筑学的学生，就是跟朱亚新同一班级的。当时，设计处总共抽调了60多名学生来参加设计工作，都还是建筑学三年级的，每个室分到20名左右。那班学生的正常教学课程基本停止了，只上一门结构课，因为结构知识牵涉到工程安全问题，没法省略。当时还抽调了参与1950年代启动的淮河治理工程返校的原土木系四年级学生，来设计处参加工程结构设计和计算。设计一室的结构设计由俞载道[2]先生负责并指导。学生全天投入各项工程的建筑设计，边干边学，夜以

1　曲作民，男，1953年至1958年担任同济大学建筑工程设计处副主任一职。

2　俞载道，男，1920年2月生于上海，教授。1937年进入同济大学土木工程系学习，1944年毕业后留校担任助教，1953年调入同济大学建筑工程设计处设计一室负责结构设计。留校后，先后参与上海公交汽车一场、武汉同济医院、同济文远楼和理化馆的结构设计。1953年下半年，为满足鞍山钢铁公司的建设急需，前往鞍钢黑色冶金设计公司工作两年，1955年重返同济大学建筑工程系任教，次年为副教授。1958年调入新成立的同济大学附属土建设计院专职设计，1959年负责同济大礼堂联方网架弧形拱结构设计。“文革”期间参与多项工程。1978年为教授，并调入同济大学结构理论研究室，次年担任该所工程力学研究室主任。1993年获国家教委科技进步三等奖。曾任《上海力学》《同济大学学报》主编。2013年3月于上海逝世。

继日地赶制大量施工图。这种以"实战"方式代替一般课程教学，以培养学生设计能力，在当时还是新鲜事。

现在回想起来，组织这样的一个设计队伍很不容易。春节以后开始，才三四个月就搞了那么多项目的工程设计。学生主要做施工图，一边学一边做。画出来的图纸拿出去要施工的，是真刀真枪。出图要赶进度，时间上就很紧张。学生都住在学校，白天晚上都在赶图，他们都是新手。我跟黄毓麟两个人，一边要出方案图，一边又要指导学生，校对所有施工图纸，还要应付业主方面问题，如催图和讨论项目中的要求。

我在建筑工程设计处工作了一个学期，学生们提前一年毕业，统一分配去了全国各单位。留下的下一个班级学生还只是二年级，设计知识更不足。另外，也不能总这么搞，不顾正常教学秩序。所以经过这一届的特殊做法后，建筑系仍按正规化的四年制教学进行了。

华：您的意思是，1953年春节这个学期，朱亚新先生他们1953届这个班比较特殊，是三年制，后来教学就正规化了，没有学生在设计院里这样全职做设计了。

王：1953年秋季，我们两个老师还在设计处，学生都离开了。我们两个人要做收尾工作和其他新项目设计，如西南楼学生宿舍等都是1953年下半年设计的。后来我虽然回教研组从事教学工作，但是所有工程上遗留的事情还得管。那时候新项目少了，除了西南宿舍楼以外，其他图基本都交出去了，大多是出一些详图。大量的工作是跑工地和出修改图，也包括如文远楼南入口处的修改。这些修改图都是我们两个人来画，所以很忙。1954年，校内和校外的工程一个个在施工，比如音乐学院、儿科医院、同济文远楼等项目，都比较大，很多施工中出现的问题仍来找我处理。黄毓麟因病住院了，又是患上不治的脑瘤，只能由我一个人顶着，包括这些项目后期的施工验收都需要应付。

华：请您再介绍一下在同济大学建筑设计处工作时期，您与黄毓麟先生主持的理化馆、文远楼和西南宿舍楼的设计过程好吗？文远楼和理化馆的设计如何体现了"布扎"艺术向现代建筑的转型？

王：先说文远楼。现在文远楼一层有块碑，碑刻上把年份都搞错了，写着"1952年设计处"。那年设计处还没有，是1953年才成立的。

大家对文远楼的评价比较好。我觉得使用后，在人流和功能布局等各方面都不错。后来上海市把它作为保护建筑，评价很高，大家也很高兴。但是后人说到这个房子受某种设计思潮主导影响，好像有点勉强。从整个建筑设计的发展过程来讲，以黄毓麟的设计思想为例，那个时候他同时设计的好几个工程，包括西南楼，有好多其他方面的影响因素。但有一点可以肯定，他的设计基本功较好，把

◎ 文远楼渲染图，来源：同济大学建筑与城市规划学院

◎ 1954 年文远楼建成之初鸟瞰，来源：同济大学建筑与城市规划学院

文远楼平面布置得比较合理。你们有没有注意到文远楼的那些细部？水泥雨蓬角上、大教室外踏步台阶等处有几个小小方块装饰，还有楼梯扶手、通风口等处小点缀，简洁而相互呼应，还带点中国韵味，都做得比较好。

其实，不光是文远楼，其他工程上也有反映，学院派的布扎系统其实也在一步步发展。那时一些建筑师从美国留学回来，设计思想也随时代一步步发展。现在把工程的成功归结于包豪斯学派的影响，好像有点牵强。

华：您当时跟他沟通过吗？他没有说要做成包豪斯的风格？

王：当时主创设计者黄毓麟和我的关系有三层，念书的时候他与我是同学关系，他比我高两届，我们在一间大画图教室上课，还一起参加化装舞会。他毕业以后我们是师生关系，他在学校做助教，那时我念三年级。到同济后我们又是同事关系，一起当谭垣教授的都市专业三年级建筑设计课的助教，半年后又在同一个设计室共事。1949 年他大学毕业以后，只工作了四五年，1954 年就病逝了，真是可惜。

◎ 1948 年之江大学化装舞会，前排中间坐地上戴大帽者为黄毓麟，右一穿水手服，手中执一棍者为王季卿，来源：王季卿提供

在他生前工作最后一段时间里，我们都在一起，从同学、师生到同事关系，一直到他病逝。当年在我们之江大学的教学里，不讲布扎也不讲其他建筑流派，受各式各样外国建筑的影响主要靠杂志。当年，我们学的建筑历史不多，也没有开设中国建筑史的课程。

华：请问在之江大学学习的时候，你们学习现代建筑吗？

王：有啊。所谓现代建筑的影响就靠杂志和老师。我们在之江大学主要受两位老师的影响，一位是谭垣先生，另一位是陈植[3]先生。他们都在美国接受过布扎体系的建筑教育，但是他们讲究实用、美观问题，基本知识和设计技能掌握得比较

3 陈植，男，1902 年生，浙江杭州人。14 岁考入清华学校，1923 年毕业后官费留学美国宾夕法尼亚大学攻读建筑学。1927 年获学士学位后继续留校深造，1928 年获硕士学位后，在纽约伊莱康建筑师事务所实习一年，次年回国，应梁思成邀请到沈阳东北大学建筑系任教。1931 年辞去教授职务，到上海加入赵深的事务所，1933 年与童寯、赵深一起组建华盖建筑师事务所。1938 年日军侵华，随华盖迁至内地，在之江大学兼任教授。1952 年 7 月，加入华东建筑设计公司，任总工程师。1955 年，就任上海市规划建筑管理局副局长兼总建筑师，参与领导上海的城市建设。1957 年后任上海民用建筑设计院院长兼总建筑师，前后陆续参与上海中苏友好大厦、闵行一条街、张庙一条街等重点工程。1982 年任上海市建设委员会顾问，后改任建委科学技术委员会技术顾问，1984 年任上海市城乡建设规划委员会顾问。1986—1988 年，担任上海市文物保管委员会副主任，1988 年为文物管理委员会顾问，为上海的文物保护、建设、修志等工作进行大量的调研工作。2002 年在上海病逝。

好。所以我们，包括黄毓麟在内，当初接受的主要是谭垣先生的教导，陈植先生是1949年才来的。因为他们在上海执业，无法常驻杭州上课。那时，黄毓麟随谭垣先生联合设计上海人民英雄纪念碑，全国有五六十家来竞争，结果第一名、第二名都是他们获得，传为佳话。在这些作品中，也看不出什么流派影响。

现在有人把文远楼和包豪斯讲到一起，其实当时国内受包豪斯的影响很少。即使后来1954年之后，像罗维东[4]从美国留学回来，他师从曾在包豪斯任过系主任的密斯·凡·德·罗，他讲到"Less is More"的设计原则，但他也未宣讲包豪斯什么设计思想。及至1980年代以后，尤其文远楼被评为全市优秀建筑作品后，有人把文远楼的成就与包豪斯联系起来，未免有点牵强。现在也讲不清楚是谁开始讲的，但是把这点刻到大厅石碑上面，似乎成为定论了。

华： 以前学习的时候，老师向我们介绍文远楼具有包豪斯建筑的特征，当时设计是怎么考虑的呢？

王： 现在我觉得文远楼在建筑上比较成功的地方，一个是布局合理，阶梯教室在两头，中间是小教室和办公室，另一头也是大教室，有300多个座位。厕所在西侧的中段。这些布局并不存在什么流派，主要是很合理，建筑外观也很整齐。另外，几个出入口主次分明，如北面有主、次入口，西侧阶梯教室群的边上另有更次的出入口。原来东南角上是次要的出入口，由于开工后受学校总体布局变化的影响，成为人流主要出入口，是临时修改成现状的，可以看出有点勉强。

朱亚新： 我觉得文远楼的成功主要在讲究形式表现内容，"Form Follows Function"。实际上当时谭垣先生他们虽然学习的是布扎系统，但他们也讲形式要表现内容，不要假，而要真。所以文远楼好在东端300多座的大阶梯教室与主体建筑共用一个大厅，大教室人流大，功能上也需要大的厅。小阶梯教室群设在大楼西部另一端，单独出入方便。在立面上，走道用横线条，表明里面是横向交通，普通教室则表现为一格一格，阶梯教室的窗是台阶状的，也是按内部功能表现出来。从疏散角度看，小型阶梯教室群另设两个小厅供人流进出，也更接近宿舍区。还有，文远楼的厕所和清洁间都在次要大厅的旁边。后来南入口再修改时记得我也参加了。文远楼现在的主入口小柱和阳台是后加的。本来不想用圆柱，因为整个建筑没有用到圆柱，所以想用"墩子式"[5]，后来不知为什么会改成细圆柱的。

我想文远楼是一个很好的例子，不能说成是体现了包豪斯设计思想，即便布扎系统，也讲"Form Follows Function"，形式与内容协调统一，等等。我回忆起

4　罗维东，男，1924年生，广东省三水县人。在重庆中央大学接受建筑学本科教育，1946年大学毕业后回上海先后在中国银行建筑科和海关总署建筑科工作。后赴美国伊利诺伊工学院密斯·凡·德·罗门下。1953年回国，被分配到淮南煤矿工作，后经协调改派到同济大学建筑系任副教授。2017年逝世。

5　指与外墙结合的方柱。

文献里也讲到，“Form Follows Function”不但表现在立面上，其实平面上也是这样。小厅和大厅本身也要有比例关系。所以有些说法把布扎的东西都说成负面的，Modern Architecture（现代建筑）出来以后，好像要把之前的东西都否定了。实际上它们之间是一种延续。有时在一定程度上，反而把好的东西丢掉了。新的东西是进步了，不意味着一定能吸收好的东西。比方说，谭垣讲平面布置上的比例关系，但对此理解上也有不同。有些条框被打破了，但没有绝对的东西。

华：是的，布扎和现代建筑的关系不应该这样绝对化——布扎就是过时的，包豪斯和现代建筑就是进步的。王先生能再介绍一下您主持的理化馆设计吗？

王：我觉得在工程设计工作中，常会碰到“一票否决”的情况。譬如我们一个小组中一个结构设计师和一个建筑师在一起。只要其中一个说不行，另一个就不好做了。建筑和结构能互相配合就很好。

当初我设计理化馆的时候，为了节约，一般低层建筑是不允许做全钢筋混凝土结构的。楼板没有办法要用混凝土，柱子一定要用砖砌，所以限制很大。我们设计一室负责结构设计的是俞载道先生，他的业务和为人都很好。当时我跟他商量，可不可以想办法把砖柱做到最小，这样窗户可以开得很大。他就计算出最小尺寸，外观与混凝土柱相差不多，这样使实验室采光条件好。虽然现在理化馆被拆掉了，但是可以看照片。因为是大实验室，进深比较大，如果开窗太小，房间会采光不足。俞载道先生很配合，满足了我们建筑上的想法。

但是也有遇到合作结构设计师说不行，你就没法做。当时做建筑设计跟结构矛盾较多，后来还加上施工配合问题。施工单位说不好做，你就不能做。那时候南北楼的改造，老师傅怎么说就怎么做。遇到很多和结构的搭配搭“死”了，他说不行你就没办法。现在建筑设计系统的体制有了许多改进，设计者可能不大能体会那时遭遇的种种苦衷。

我觉得设计院跟医院一样。医学院有一个附属医院，对医院的工作和医学教学都有好处，在医疗界是一个很好的传统。我们工程相关专业当然也有工厂、机械厂等，但作为建筑学来讲，我们同济大学搞了一个设计处，就是后来的设计院，国内其他院校恐怕都较晚才办。当初同济也不是因为意识到这样做的好处，而是因为上面有工程任务压下来，

◎ 1954 年，同济大学理化馆外观，来源：王季卿提供

是华东文教委员会下达给同济，要解决校园建设急需问题。那时的同济建筑系学生才念了两年半书，其中一年还在搞运动，实际上学生念书不到一年半，就被抽调来真做工程设计了。他们上设计课的经历不过一两个学期，真刀真枪居然也完成了一大批工程项目。那些学生出去以后，在全国各个设计院里都是挑大梁的，成绩很好。

所以我的体会是设计院跟建筑学院互相补充，互相促进，会起很好的作用。

华：是呀！您参与的上海音乐学院音乐厅的设计过程又是怎样的？

王：那时上海音乐专科学校在江湾。新中国成立以后，学校要扩大，并入新成立的中央音乐学院华东分院。于是要建一个新校区，在漕河泾圈了数百亩的一大片地。音乐学院搬过去之后，大概不到三年就又搬走了，因为教师大多住在市区，不愿意到交通不便的漕河泾“乡下”，参加许多市区的音乐活动也不方便。不过，一所学校也不是说搬随便就可以搬的，而且那时候是属于中央音乐学院的华东分院，于是就吵到中央。最后市里批了，他们挑了市中心的一块地作校址。

上海音乐学院漕河泾新校区建筑设计做得比较好，从整体到单体都是我们设计的，包括教学楼、行政楼、图书馆、大礼堂、练琴房，以及学生宿舍、家属宿舍、饭厅，等等。当时那里有很多河浜，有的也保留下来。从建筑单体来讲，音乐厅的音质受到了好评。当时他们吵着要搬到市区去，离开漕河泾时，还说唯一的遗憾是不能带走这个音乐厅。能得到使用者的好评，我们做设计的也感到高兴。当时上海音乐学院拉小提琴的副院长谭抒真教授在抗战时期曾在上海市区的沪江大学建筑专业学习，所以他既懂音乐也懂建筑，由他来主持这个项目。后来他在沪江大学90周年纪念刊上还写下一篇回忆文章《怀念沪江建筑系》，特别提到当时我们合作音乐厅设计的事情。我可以给你参考一下。音乐学院对我来讲也是一个转折点，我从这个工程开始，对声学问题很有兴趣。包括不久后（1956年）文远楼300多座大讲堂因上课时教师费劲，学生又听不清，反应强烈，校部责成我限期解决声学问题。[6]这些都是我早期的建筑声学设计工作。

总的来说，音乐学院这个项目是从总体一直到单体设计全包，是我们设计一室的重点项目。其他较大工程还有同济校内的文远楼和理化馆，校外的儿科医院也是整体设计，包括门诊部和住院部以及一些附属用房。此外还有一些零星小项目，如常熟路上的华东歌剧院练习用房等。

6 改建经过详见：王季卿，盛养源．本校文远楼大讲堂的音质分析及改建设计[J]. 同济大学学报，1957（2）：28–32.

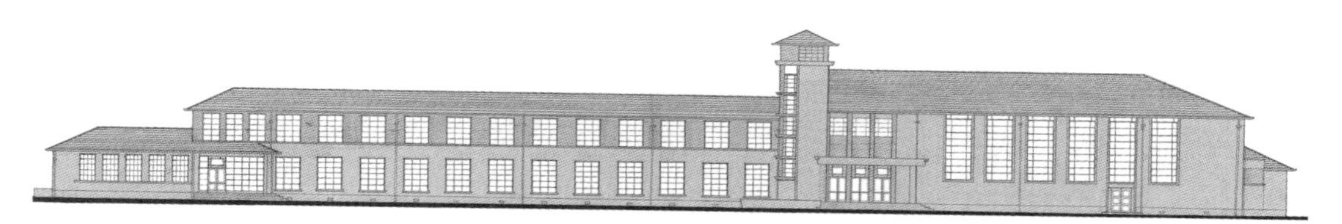

◎ 上海音乐学院教学楼北立面，右侧大空间为音乐厅，来源：王季卿提供

华：您后来又参加了上海文化广场观众厅的设计？

王：文化广场的设计跟设计院其实并无多大关系。那时学校基本停止一切业务活动，包括设计院在内。1969年12月的一天，文化广场在修缮屋架油漆施工时，不小心起火，顿时全毁。文化广场大厅能容纳12 000多人，经常有集会活动，烧毁后影响到全市性政治活动，因此要求马上修复。于是成立了一个临时设计组，在文化广场现场做设计。由民用建筑设计院一部分人和同济大学一部分人参加。民用建筑设计院老院长陈植建筑师，是1965改建时的主设计师，当时刚从“牛棚”出来，因他熟悉情况而特意指定参加。我作为1965改建时的声学设计者，被指名要求参加。那时我们学校正派出几十个人在五角场拖拉机厂劳动锻炼，我在那里当搬运小工，突然接到驻校的军宣队和工宣队通知，抽调去文化广场报到，参加声学设计。当时因为修复工程紧迫，尽可能把之前参加过该工程设计的人召集起来，争取尽快复建。文化广场改建工程于1971年就基本完成了。只因建造经费问题还有一些反复。除了我们跟民用院，还有一些来自其他工厂来负责设备的人一起完成项目。

文化广场观众厅内原本有很多柱子，修复时候领导上要求取消厅内柱子。但跨度达140米、12 500座的大会堂，要不设柱子很难。那时我们学校还另派了几位结构老师协助计算，当时还在使用手摇式计算器。那个时候的经济条件、技术条件、施工条件都比较差，但因为是政治任务，要赶快造起来。

屋顶结构设计不只受经济条件限制，还有结构重量限制，中部的柱子取消了，设计难度不小。结构工程师通知我，平顶部位吸声结构的允许负载很有限，这项要求给我的设计工作增添了难度。后来我冥思苦想，搞了一个“浮云式”吸声平顶。由于不是满铺的，所用吸声材料只需平顶面积的一半左右。这样，不仅平顶上荷

◎ 1971年上海文化广场（12 500座）声学设计采用“浮云式”吸声吊顶，来源：王季卿提供

载减轻了一半，还提高了它们的吸声效率，可以大块预制吊装，施工方便而快速，也大幅降低造价，而且达到了新颖的外观效果。由于它的整体重量轻，只达到结构工程师设限荷载的2/3，皆大欢喜。这样的做法过去没有人提过，也受到设计小组内个别人的反对，理由很简单，“从来没有见过”。为了和结构下桁式造型配合，做了一个三角形“浮云”方案，这些镂空的三角形吸声体，因声波在空隙中有绕射作用，提高了平顶整体吸声效果，使吸声效率特别高，而所用吸声材料就是普通的玻璃棉加穿孔板。我对此设计也觉得满意。

杭州华侨饭店竞赛和同济大学大礼堂方案设计

1957—1959 年

访谈人 / 初稿整理：吴皎 / 吴皎、胡筎、李玮玉

访谈时间：2017 年 6 月 13 日 13：30

访谈地点：杭州市文晖路青园小区吴定玮先生家中

校审情况：经吴定玮先生审阅修改，于 2018 年 4 月 3 日定稿

受访者：吴定玮

吴定玮，男，1935年6月生，浙江杭州人，教授级高级建筑师。1952年考入同济大学建筑系建筑学专业。1956年毕业后留校任教。1958年被划为右派，到新疆劳动工作生活20年。1980年平反后调到杭州建筑设计院工作。1983年任杭州市规划局总工程师。几年后被调回杭州建筑设计院任总建筑师。1984年当选省政协委员。1986年被选为浙江省杭州市人大代表，后又当选为杭州市人大常委会副主任。1998年8月退休。退休后返聘为杭州市城建设计院顾问总建筑师。

1957年举行的杭州华侨饭店设计竞赛是新中国成立后举行的第一次全国性设计竞赛，同济建筑系青年教师戴复东和吴定玮组队参赛，方案从来自全国的98个方案当中脱颖而出，与清华大学吴良镛[1]教授的设计并列摘得一等奖。吴定玮先生在访谈中，从参赛方案所处的地质结构、环境因素、体块布局设计开始，回忆了整个设计经过。1959年设计的同济大学饭厅兼礼堂受到国外杂志案例的影响采用联方网架实现46米的大跨度建筑，是当时全国闻名的创新作品，吴定玮设计了最初方案并绘制室内外效果图。吴定玮先生介绍了这一鲜为人知的设计历史。由于政治原因，华侨饭店和同济大礼堂项目的图纸及出版物上均没有出现吴定玮的名字。

吴皎（后文简称"皎"）：杭州的华侨饭店是您和戴复东先生一起参与竞赛的，而且拿了一等奖。您能讲讲具体过程吗？

吴定玮（后文简称"吴"）：那是我刚毕业的时候，毕业留校当助教。戴复东先生也刚毕业不久。他是南京工学院的，1952年到同济当助教。我们两个私下关系蛮好的。

那个华侨饭店建筑面积是15 000多平方米，现在看来是很小的，那个时候算是很大的建筑工程了。好像先是浙江省设计院设计的，后来不满意，就搞了一次全国性竞赛。这个竞赛是新中国成立后第一个全国的设计竞赛，之前从来没搞过。全国许多设计院和建筑院校都参加了，一共有90多个方案。

同济也成立了好多设计组，冯纪忠先生也参加了，他们组有好几个人，老师和助教一起配合。我们两个没人配合。我是杭州人，比较熟悉杭州的情况，所以就一起建了个组。我的学习成绩他也知道，那个时候是全班最好的。

我还特意到杭州找我父亲，我父亲那时候是杭州建设局的副总工程师，他提供了一些资料给我。在那个时代，建筑要做钢筋混凝土结构是很不得了的事情，基本都是砖混结构。他建议我们用钢筋混凝土结构，说在杭州湖滨地区砖混结构不行。他说杭州地基非常差，要打桩，要用框架结构。后来我们采取他的建议，采用了钢筋混凝土框架结构。

华侨饭店的基地一边是湖滨路，另一边是长生路，是这样一个地形。总体布局是我想出来的。西南面是西湖，为了在客房可以最大限度看到西湖，我们就从中间把主体建筑断掉了，分成两段，这样通过断处可以看到西湖的房间数就最多。

1　吴良镛，男，1922年5月生，江苏南京人，中国科学院和中国工程院两院院士。1944年毕业于重庆中央大学建筑系。1946年协助梁思成创建清华大学建筑系。1948年前往美国匡溪艺术学院建筑与城市设计系攻读硕士学位，师从沙里宁。1950年回国于清华大学任教至今。

再一个是考虑通风，杭州东风最多，这里断掉后通风会好得多。我们的建筑形式是比较现代的，窗户都是锯齿形转向西湖。因为朝向是南北向的房间是看不到西湖的，所以房间的窗户是锯齿形挑出来转向西湖。在断掉的地方是两层的裙房，门厅也是两层。我记得这个布局是我提出来的，我还做了一个简易模型。之前学校里造房子，我找了一块石板，扁扁的，就用泥巴在上面上捏了一个模型。

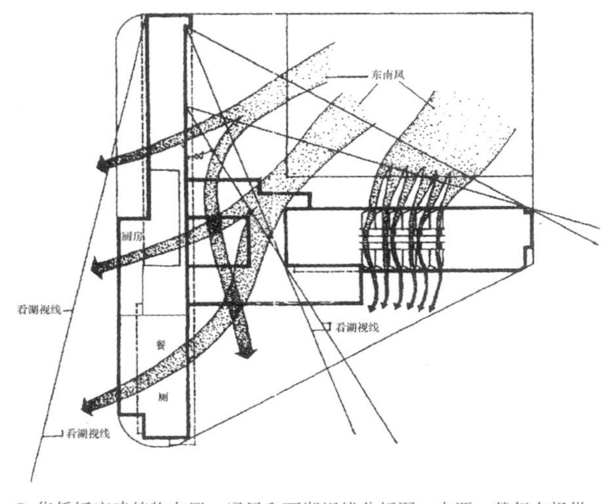

◎ 华侨饭店建筑物布置，通风和西湖视线分析图，来源：戴复东提供

我们两个人讨论了一下，就按照这样的布局做。后来我们各自做了一个方案比较。他做的方案，餐厅在这里的，我的餐厅放在这里的，是一个圆形的餐厅，厨房是在这边的，比较起来，我的方案更“洋”一些。这个餐厅是中心一根柱子的，周边都是用玻璃围合起来的一个圆形空间，就像一把伞。

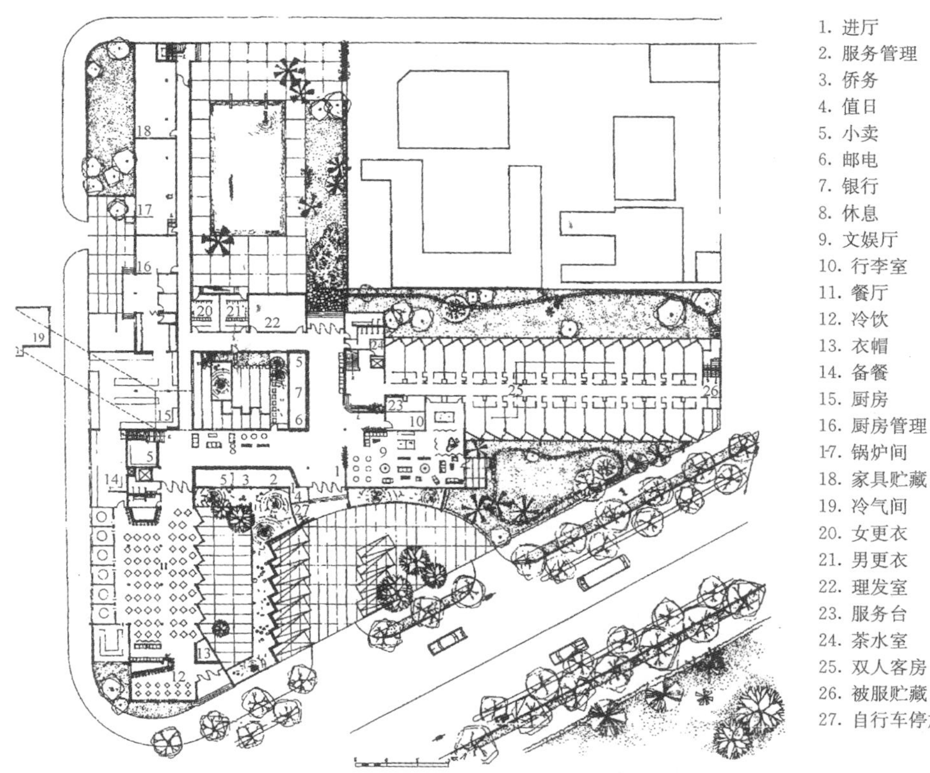

◎ 华侨饭店戴复东、吴定玮方案，首层平面图，来源：戴复东提供

皎：就像赖特（设计的约翰逊制蜡公司办公楼里）的伞状柱子一样。

吴：就是这么个东西放在这里。这一边是咖啡馆。戴复东的方案比我的“老实”一点。后来觉得两个都好，各有优点。于是就各做了一个方案，共同署名。

清华的方案是连起来的，通风肯定没有我们的方案好，看到西湖的房间少。我们是现代式的。那个时候是1956年或1957年，思想还是比较开放的时候。

后来他们评下来，觉得我们的和清华的两个方案都好。清华的方案是吴良镛教授带着一群师生做的，他们做得比较古典，评委觉得西湖边上应该古典一点好。但是他们又觉得我们的功能好，而且我们这个方案用的是框架结构，杭州西湖周边地方都是淤泥，条形基础是不行的，这一点是我父亲提供的资料，他多年的工作经验建议我们用框架结构，于是我们这个五六层的建筑就采用框架结构。当时觉得五六层用框架结构好像太浪费了，那个时代还是很保守的。但是我们这个结构是符合基地的特性的，最终施工时还是采用了框架结构。而且我们的功能好，能看到西湖景色的房间最多，通风也是最好的。杭州很热，那个时候是没有空调的，连电风扇都很稀奇。

就这样两派坚持不下，最后就取消了二等奖，设置了两个并列的一等奖。

皎：就是您和戴复东先生的方案和吴良镛先生他们的方案，并列一等奖对吗？但是建造的时候，是综合了他们的形式和这边方案的功能布局是吗？

吴：后来杭州建委的还是什么单位的人，想综合一下。我最讨厌综合，一综合什么特点就（都）没有了。结果一综合就出现了后来的样子。不过到现在为止，立面也改了好多次了。

这件事情当时传到同济，大家高兴得不得了，两个青年教师得了全国一等奖。我那个时候在同济的青年教师里面还算是有点名气的，本来我设计图画得就是比较好的。但是不久就乐极生悲了，过了几个月就“反右”了。

皎：我之前有看到过戴复东先生设计的杭州华侨饭店的图纸，您这边的设计图纸有保留吗？

吴：他们之后给了我一本图集，好像还在，你要不要看一下？

皎：好的。这个可以买到吗？

吴：买不到的，过了那么久，都破破烂烂了。

皎：后来您在同济设计院参与了哪些项目？是同济大礼堂吗？

吴：同济大礼堂是一个，还设计了许多小项目。那个时候“大跃进”，有很多小工厂需要扩建，工业项目搞得比较多，民用建筑搞得比较少。

同济大学之前有个大草棚，里面是食堂，礼堂也是用那个。大草棚用了很多年，就要改建一个礼堂兼食堂。我参与了这个项目的设计，方案基本上还是我做的。

皎：方案是您做的？因为我们也有查过大礼堂的资料，项目负责人是黄家骅先生，参与的老师有胡纫茉[2]和冯之椿[3]。建筑方面基本上没有其他人的信息了。

吴：我当时在学校里画了两张效果图，一张是外景，是一个抛物线拱的形态；还有一张室内透视。那个室内很复杂，是联方网架结构。这个网架要画室内透视是很复杂的，画法几何的老师都说这个东西太难画了。那我就说，我来画吧。我想到了一个方法求出这个室内的网架透视，当时画的是一张水粉画。这张图当时应该是存在设计院里的。

皎：听说刘仲老师最后也画了一张同济大礼堂的透视图？

吴：没有，就是我画的。当时大家都说，你这个画出来，这个画法几何的知识就学到家了。怎么画的呢？它是菱形交叉的一个网。

比方说这是主席台，那么用一点透视来求。这些菱形的交叉点连起来是一个弧，就是这样连起来，这个是比较好求的。那么再根据这个距离，放射性地连线，这样一个一个节点连起来就是菱形了。那么再加上结构的厚度。就是这样求出来的。大礼堂的方案是前面是大厅，后面是厨房，中间有两条廊子连接起来。当时设计大礼堂的剖面是抛物线，这边的“腿”是伸到外边的。

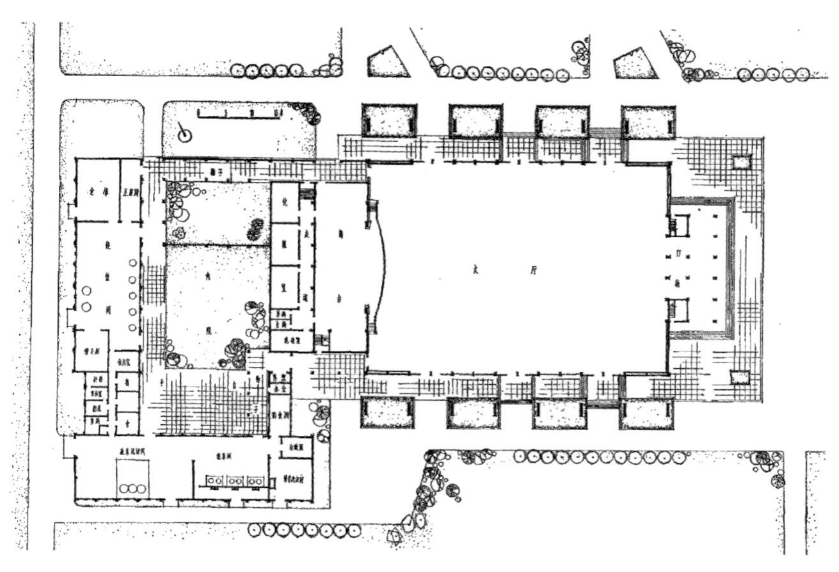

◎ 同济大礼堂底层平面图，来源：《建筑学报》，1962（9）.

2 胡纫茉，女，生平不详。

3 冯之椿，男，生平不详。

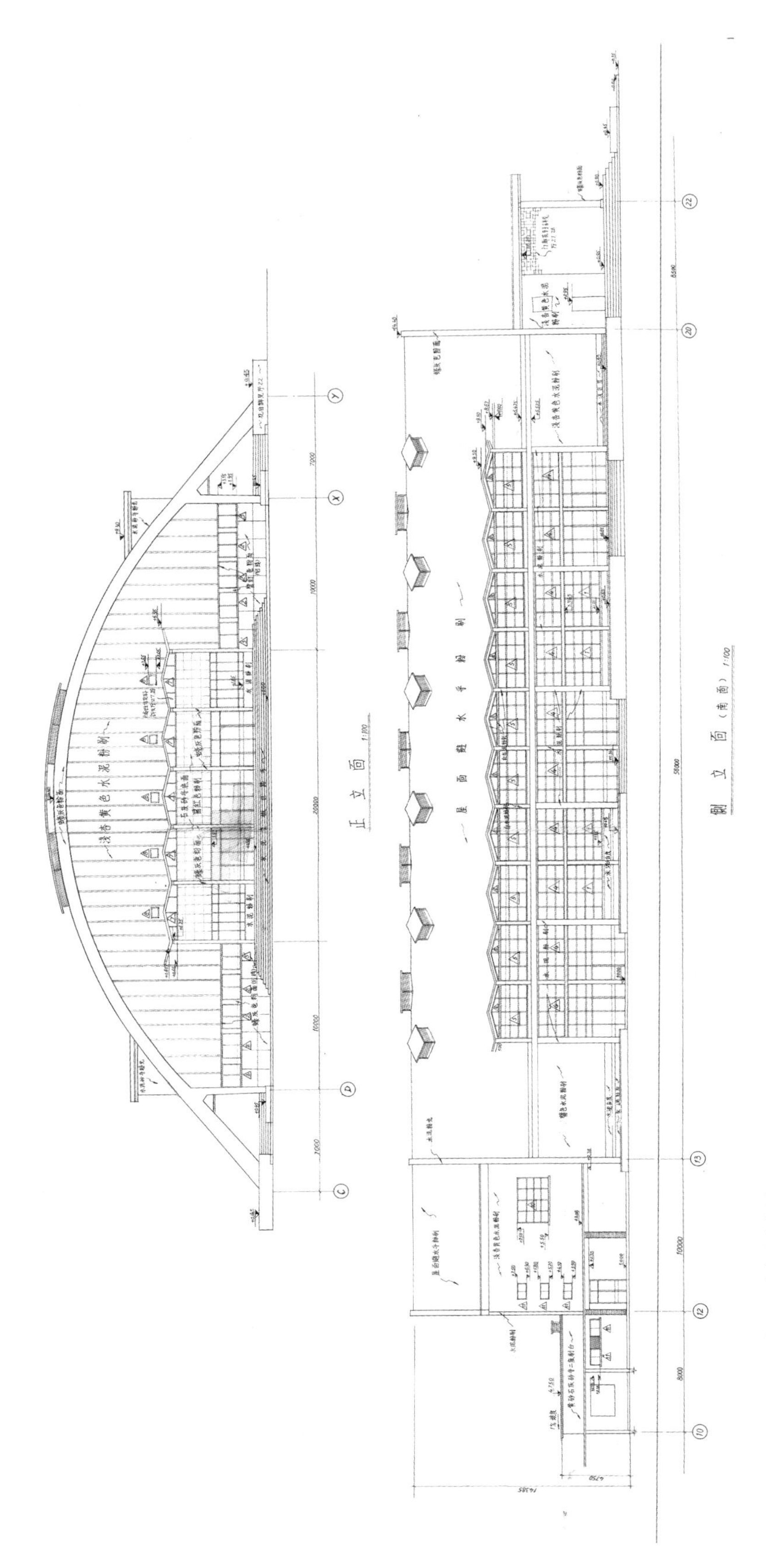

◎ 同济大礼堂立面图，来源：同济设计集团

◎ 同济大礼堂内景，来源：同济大学官网

这个当时是很先进的，是预制的菱形模块。很大的跨度，大概有46米，中间没有柱子。在1958年当时全国范围内都是很先进的。我当时看到一本外国杂志里面，有一张透视图，是一张室内透视。

皎：是罗马小体育宫吗？

吴：就是一本外国杂志里面的，我非常喜欢。当时在杂志上是一张黑白的照片，就这么小一张照片。当时有一个结构的老师，我忘了叫什么名字。我就觉得（杂志上的那张透视）挺好看的。他讲，你们建筑能设计（成这样）的，我们结构没问题，可以做出来。同济结构的力量还是很强的。好像那篇文章里面还讲到联方网架。我就觉得这个太难了，那个老师说这个实际搞得出来，没有问题的。我一开始就想试试看，感觉还蛮好看的。

皎：联方网架这个建筑形式也就是您提出来的，那么这个建筑的平面方案是谁设计的呢？

吴：也是我设计的，我不可能光设计上部的东西。

皎：您之前提及，您1959年调到同济设计院，您是在哪一个室呢？

吴：这个记不得了，反正有好几个室，我在其中一个。我当时受监督劳动，终日就是画图，也不闻窗外事。当时的好多效果图都是我画的。高年级的学生也有参加勤工俭学的，他们也到设计院。我记得我画透视图比较多，因为他们都不太能画，我画得又快又好，所以画这个比较多的。

我做好(同济大礼堂的)设计以后，就被调到青浦高教农场去劳动养鸭子去了。

皎：也就是说您参与了前期初步的方案设计，后面的扩初、施工图和建造的过程就没有参加了。当时为什么您会接到大礼堂的设计任务呢？

吴：之前的大草棚主要作为食堂，时间久了要坏了，就没地方吃饭了，当时礼堂也没有，所以就要设计一个食堂兼礼堂。大草棚真大，我觉得这个大草棚可以评上吉尼斯世界纪录。东西两侧屋檐下是采光的，东西宽度有30米吧。6000人吃饭你想要多大啊。每根柱子用好几根竹子绑扎在一块，因为一根竹子不够的。外面是斜撑，也叫抛撑，否则房子会摇晃。顶棚的下面是用竹子扎的拱的形状，上面的顶是稻草盖着的。因为竹子有弹性，就这样弯过来，不容易倒掉。竹拱的两端撑在地面，地下可能有混凝土基础，就撑住了。因为有水平推力，否则不可能拉住嘛。同济大礼堂拱两侧的斜撑比原来的竹结构要更直一点，基础更大，侧面设有老虎窗，否则采光不够。

◎ 1952年9月，在大草棚举行新学期的开学典礼，来源：陆敏恂主编《同济老照片》（增订版）

皎：像是同济大礼堂的立面，例如老虎窗、折线雨逢、门窗等形式，你有参与设计吗？

吴：参与了。这个立面图就是我画的嘛。本来这个地方（正立面）大门上面都是玻璃的，后来就是说玻璃太贵，还有就是这个面朝东，早晨东晒太厉害，后来就改用实墙了。本来是比较"洋"的，是通到顶的玻璃。

礼堂入口的折板雨篷好像是三折，和下面的门对应，也和旁边的老虎窗呼应。

皎：大礼堂的结构是落地拱的形式。听有的老师说起因为结构系老师担心礼堂的稳定性，又在拱的两端之间增加了一道拉杆。

吴：有可能，因为这个水平推力很大，可能时间久了混凝土基础会位移吧。

这个梁（联方网架的肋）好像当时是准备预制的。中间有一个盒子的模板灌混凝土。这个板是很薄的。本来想用预应力板，后来就没有用。这个梁是预制的，先上去对好，钢筋扎好，然后再浇筑。梁很薄，大概只有20厘米吧，但是高还是比较高的。这个是壳体的结构。大礼堂现在很旧了吧？

皎：之前对大礼堂进行了更新设计，声学、舞台、通风系统都进行了改造。

吴：没有吊顶吧？那个如果做吊顶就会很难看的。

皎：没有，联方网架的结构本身就已经很好看了。

吴：之前设计的时候，网架的交叉点上还放了一个灯，就是方格子的交叉点有一个个的圆灯。

皎：我们之前去采访贾瑞云老师，贾老师说原来交叉点上有圆的灯，但是之后灯罩里积水，害怕会有安全隐患，就拿气枪把那些灯都打掉了。

杭州华侨饭店设计竞赛与四平大楼项目 | 1957—1974 年

采访者 / 参与者 / 文稿整理：华霞虹 / 吴皎、王鑫 / 华霞虹、吴皎、王宇慧、王昱菲、杨颖、刘夏、朱欣雨

访谈时间：2017 年 7 月 12 日 15：00—17：00

访谈地点：上海市新华医院 19 号楼 16 层 1 号床

审阅情况：2018 年 1 月经戴复东先生授意补充文献资料，遗憾未经最终审核

受访者：戴复东

戴复东，男，1928年4月生，安徽无为县人，教授，博士生导师。1948年考入南京中央大学建筑系，1952年毕业后分配至同济大学建筑系任教。1983年到美国哥伦比亚大学做访问学者。1985—1986年任同济大学建筑系主任。1986年任新组建的同济大学建筑与城市规划学院副院长，1988—1992年任院长。1999年当选为中国工程院院士。2018年2月25日在上海病逝。

杭州华侨饭店是1957年开展在全国征集设计方案的涉外宾馆，当时在中国建筑领域有较大的影响力。四平大楼则是教学与生产劳动相结合的模式下开展的典型工程。在本次访谈中，戴复东院士主要讲述了1958年与建筑系青年教师吴定玮搭档参与杭州华侨饭店竞赛的方案构想与设计过程，以及在“五七”公社期间如何指导工农兵学员完成四平大楼这一工程项目的过程。

华霞虹（后文简称“华”）：1958年，您代表同济参加杭州华侨饭店的竞赛，与清华大学的吴良镛先生并列获得设计竞赛的第一名。您能介绍一下参与竞赛的背景、方案的设计概念和具体的设计过程吗？

戴复东（后文简称“戴”）：杭州要造一个涉外的华侨饭店是在1957年。杭州是我国著名的游览与休养城市，每年有很多归国观光华侨和国内旅客到访。为了满足他们短期住宿的要求，政府决定与华侨共同投资兴建一座华侨旅馆，并举行公开的设计竞赛，大家都可以参与。当时我们比较年轻，觉得可以尝试做一下，不过真的做起来，发现要真正解决旅馆的设计问题，不是那么简单。

华：这是一个开放的投标吗？任务书是发给学校的吗？有没有费用？当时大概有多少人参加这个竞赛？

戴：这是一个开放的投标，只要愿意都可以参加，清华的吴良镛先生也参加了。当时有一份通知，附有任务书，谁要参加就发给谁，但是只有中奖才能有奖金。最后竞赛参加者有北京、天津、南京、上海、杭州5个城市的15个单位，设计方案共90份。

拿到竞赛通知后，刚毕业留校的青年教师吴定玮找我一起组队参加。他之前是我的学生，我就答应了。那时候我爱人吴庐生因为身体不好只参与了问题的研究，可惜在发表时没有被列为主要设计人。这个竞赛项目我是和吴定玮以个人的名义参加，不是学院和设计院的项目。这是一个中等水平的旅馆，服务对象是华侨和国内一般旅客。为了满足华侨饮食要求及提高其使用率，旅馆餐厅中西菜俱全，中菜为广东口味，并对外营业。建筑位于杭州西湖六公园附近，西面为西湖及湖滨路，北面为长生路，基地形状近乎曲尺形。建筑面积要求约1万平方米，4层，当时可以不设电梯。[1]

1　“华侨饭店客房要布置300间以上，其中双人客房（18 ~ 20平方米）148间，较大单人客房（14平方米，可作双人客房用）57间，较小单人客房（12平方米）84间，二间及三间套房各3套。餐厅厨房需满足350人同时用餐，冷饮单独对外营业。建筑总造价约120万元。”为方便读者了解杭州华侨饭店竞赛的基地情况和设计任务要求，根据戴复东先生建议加入《杭州华侨旅馆全国设计竞赛一等奖78号方案介绍》一文中的相关文字介绍，引自：戴复东．杭州市华侨旅馆全国设计竞赛一等奖78号方案介绍．载：同济大学建筑与规划学院编．戴复东论文集．北京：中国建筑工业出版社，2012.

因为基地原因，我们在设计中考虑最多的是如何让这么多客房的客人都能看到西湖，怎么使建筑和西湖很好地联系在一起。我和吴定玮拿到任务书后的第一件事就是先画一张总平面图，然后再做一些研究，讨论哪些地方要怎样处理。但在具体问题的处理方式上，我们两个的意见并不完全一样，所以后来两个人在总平面的基础上各做各的方案。

在我看来，方案要获胜，关键是：第一，旅馆造在西湖边上，每个客房都应该能看到西湖；第二，要看得到西湖的话，不是在某个地方看见，而是在所有的地方都能看得见西湖。

由于旅客房间数量很多并限于层数，建筑物必须南北向和东西向同时布置，所以很容易做成南北向是一条，东西向是一条，基本上定下来。但是，这样布置又产生了两个问题，一个问题是朝南、朝北、朝东三个方向的客房将不能较方便地看见西湖，或完全看不见西湖；第二个问题是西向的房间将受日晒，而东面客房离基地边界太近，感觉上太局促。这是比较麻烦的问题，但是我还是做了很多努力，为了解决这两个问题，将所有的客房做成锯齿形，使得南北的房间可以通过建筑物的缺口和长生路的路口看到西湖。而朝东和朝西的房间变成朝东南和朝西南，并且朝东的客房由于视线偏向东南，在感觉上与对面的房屋距离稍远一些，并且也可以看见西湖的一小部分，这样全部客房就都可以看到西湖。

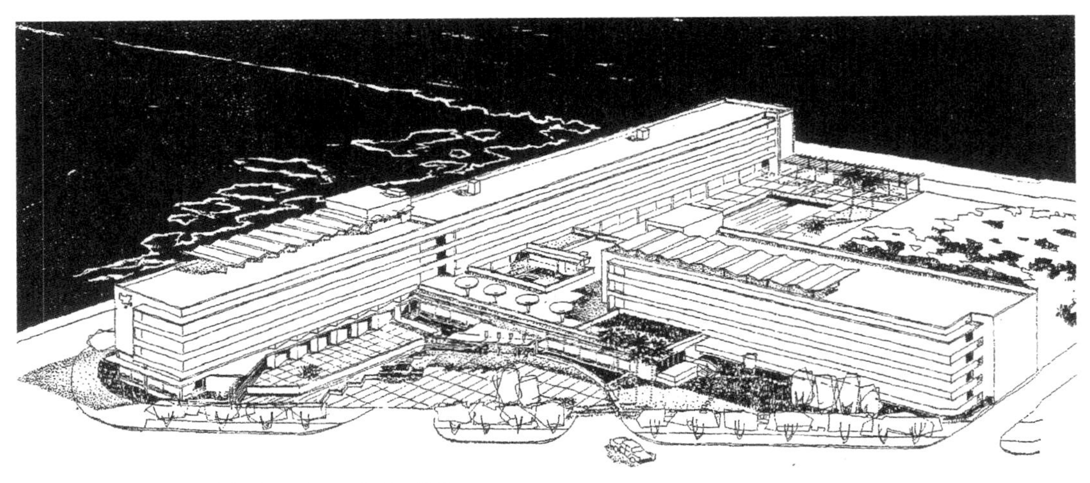

◎ 杭州华侨饭店竞赛方案鸟瞰图，来源：戴复东提供

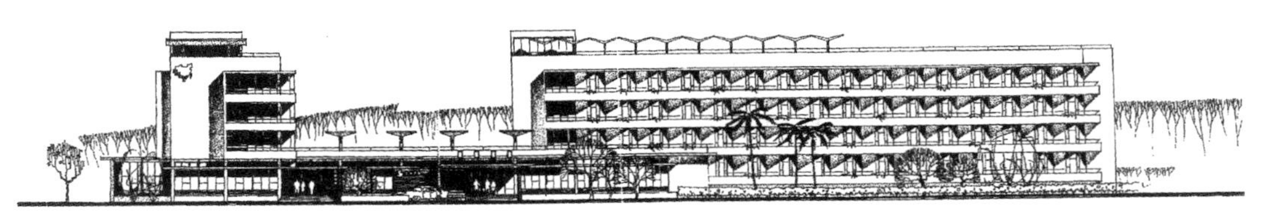

◎ 杭州华侨饭店竞赛方案沿湖西立面，来源：戴复东提供

然后是通风的问题。杭州夏天炎热，西湖边的旅馆应有很好的通风。我动了个脑筋，将整个建筑物设计成为断开的“丁”字形，“丁”字形的断开处可以使气流运动加速，使夏季更多的东南风吹到房间中，增强通风效果。再在断开的建筑物中用单层四合院把它们联系起来。这样,在管理联系上不因建筑物断开而关系中断，并将很多在生活上与旅客有关的部门安置在四合院周围，以利于旅馆的经营管理。

之后就是将餐厅、厨房、客房等位置都排出来。因为夏天炎热，餐厅的朝向应当朝南北，这样可以南北通风。为了便于观赏风景，餐厅南向也做成锯齿形。对厨房工作人员来说,厨房中除去用机械设备降温外,最好能争取较好的自然通风，避免强烈的日晒，因此也布置成南北向。为了解决厨房的通风和采光问题，把厨房南面的走廊压低，廊子上部能够在夏天南北通风，同时在四合院内做水池，使日光通过池水反射到厨房平顶，增加厨房采光。为了减少烟尘对旅客的影响，厨房和锅炉房布置在南北向的房屋中比较合理，它们的出烟不会吹到客房中去。

华：为什么竞赛的结果会出现并列第一的情况呢？之后的实施项目有按照您的方案来做吗？

戴：我比下来觉得自己的方案肯定比吴良镛先生的好，但因为他年纪比我大，我也没办法。争论得很厉害，最终主办方把我们两个方案都定为第一名。但定下来之后究竟给谁去做，杭州方面有自己的想法。最后他们把这个项目拿走自己去做了，我们俩的方案都没被采纳，但肯定没有我这个方案好。我觉得我的设计能让来旅游的人无论住哪个房间都能看得到湖,心里很愉快,下次还到这来。这是很重要的。

华：您之前参与了很多建筑设计竞赛,除杭州华侨饭店全国设计竞赛(1957年)、武汉长江大桥桥头堡全国设计竞赛（1954年)、华沙英雄纪念碑国际设计竞赛（1957年）等早期的项目外，还有上海革命历史纪念馆（1959年)、上海市虹口区三用会堂（1959年)、江西省新余市市级领导住宅（1960年)、上海市南京东路外滩五卅运动纪念碑（1964年）和上海市美术馆（1978年）等多个设计方案。1958年同济附设土建设计院成立,以教学、生产、实践相结合为指导思想。您参加这些设计竞赛的背景大概是怎样的？与设计院教学与实践相结合的主导思想有没有什么关系？

戴：谈到教学与实践相结合这个问题,我的想法是设计院与建筑系完全结合在一起，而不要像现在这样，设计院单独一摊子，建筑系单独一摊子；或者城市规划一摊子，建筑一摊子。这样有好处，但是也有坏处。坏处是学生始终不能深入地介入到工程当中去。为什么我希望完全合在一起呢？对于学生,不是说老师跟他讲什么，而后他就做什么，而是真正要深入到设计实践里面去，通过实际工程来学习。

华：您能介绍一下1970年代四平大楼这个项目吗？根据介绍，这个项目当时是您带队，带着学生，联系实际，边教学边设计，建了上海当时的第一幢高层住宅。这种结合教学的设计项目比较符合您刚才说的理想教学模式，就是建筑的教学应该以实践为中心。您能不能介绍一下那段时间教师和学生具体是怎么开展设计工作的？四平大楼这个项目是谁委托学院来做的？您具体是怎么考虑这个设计项目的？

戴：对的，这是我最开心的事情。当时我带了一批工农兵学员。我这个老师比较特殊，因为一直和学生在一起。但工农兵学员的情况比较复杂，他们究竟学得怎样我不清楚，还需要补些什么我也不清楚。在方案设计中，我们老师有什么想法就和学生谈，学生有想法也和我们谈。但是在这中间，我觉得对他们来讲步子可能大了一点，因为他们基础不够。

当时学校要求工农兵学员的教学必须结合实际工程，就把任务交给了我。学校去相关部门了解后得知，四平路有一座住宅大楼要建造，就把这个现成的设计任务要了过来。我们主要负责设计，有专门的施工人员负责建造。

但怎么结合实际做呢？我当然有自己的想法。我告诉学生们，首先要设计好平面。因为不管是什么样的房子，平面都是第一位的。四平大楼基地西侧是四平路，南面毗邻大连路。在安排平面布局时，靠近马路的一侧布置商店，另一侧则是住家，大概就这样布置了两排。这样的布置方式比较简单，工农兵学员也很容易理解。上面住宅的平面也依据总体布局，呈半围合状，平面形状是折线形的，不同朝向的户型用一条单边走廊连接。按照当时的规定，每家的户型面积都不大，但是每户都配备有独立的厨房、浴室、贮藏室、阳台等。从剖面上看，从两边的楼梯可以一直上到大楼的顶层。人在马路这边可以看到商店里的景象，在马路对面则可以看到整栋大楼的形象。当时决定这么做的时候，学生们都认为方案很好。

© 四平大楼水粉效果图，戴复东绘制，来源：《建筑画选》，中国建筑工业出版社，1979.

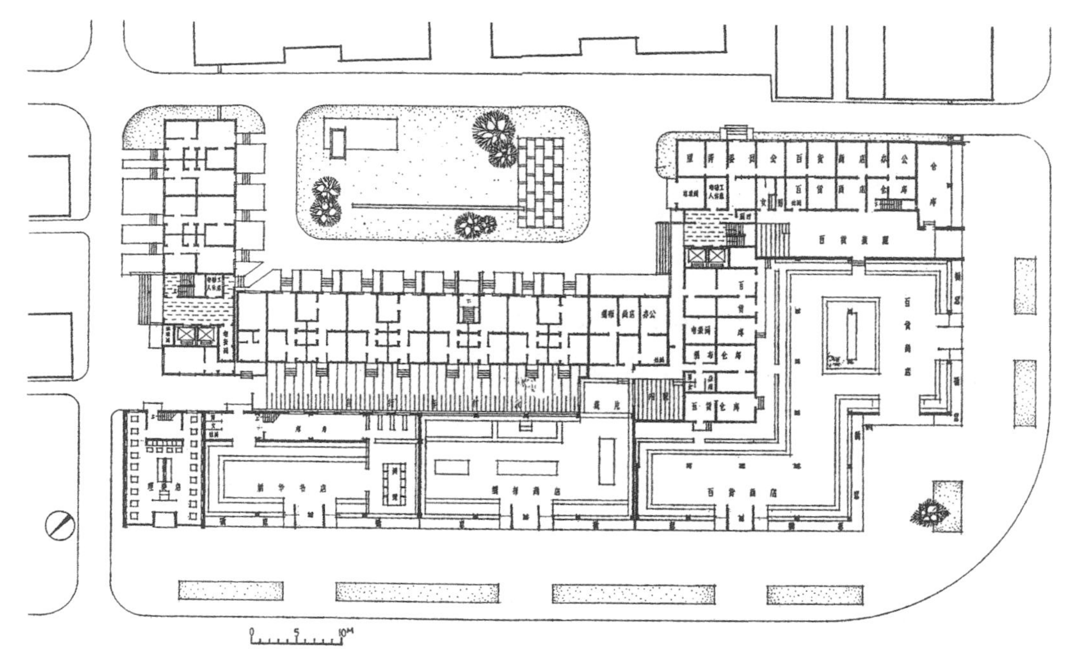

◎ 四平大楼首层平面图，来源：戴复东提供

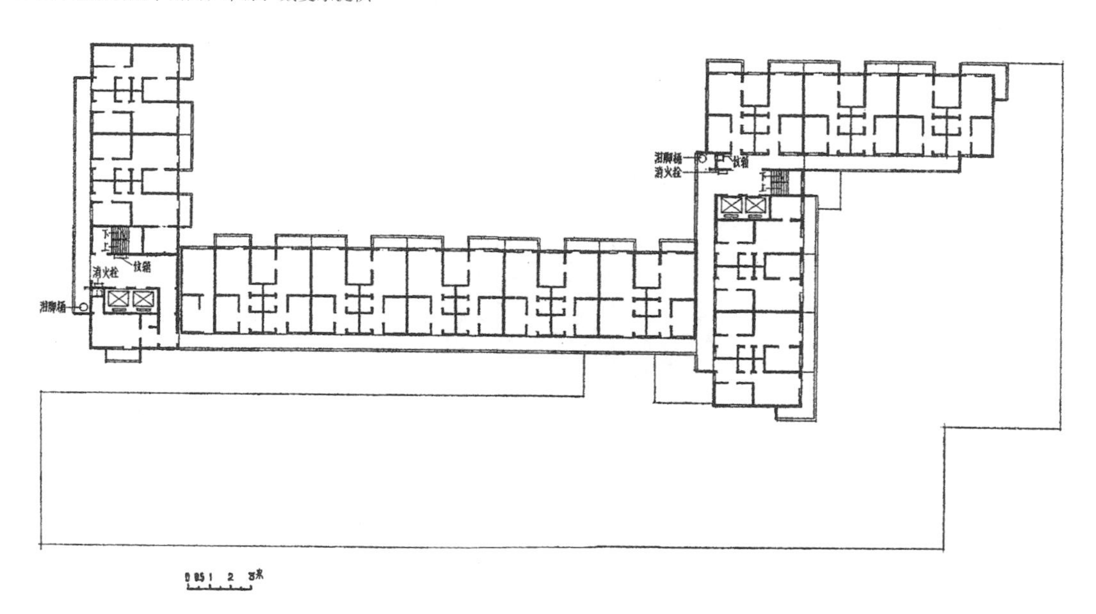

◎ 四平大楼标准层平面图，来源：戴复东提供

华：之后您就指导这些工农兵学员将项目的图纸画出来是吗？大概有多少学生参与？有其他工种的老师和学生一起参与设计吗？

戴：具体多少人数我记不清了，大概有一个班的学生。我指导他们将全部的图纸画出来，有些具体的问题我再帮他们设计和修正一下。其他工种的老师和学生在需要的时候就参与进来，算是在设计院里大家一起完成的。平时设计院的老师有自己的课程安排，是和建筑系分开的，并不是从头到尾都参加项目。

华: 当时不同专业的学生都在一栋楼里画图吗？是在哪栋楼里您还记得吗？

戴： 因为时间隔得比较久了，我记不得在哪了。其他工种的学生过来，只要把具体的问题弄清楚，解决了，就可以分头去画图。但建筑系学生工作的时间比较长，因为他们遇到的问题比较多。

华: 您作为老师会在图纸上签名吗？当时学生能否在图纸上签名呢？

戴: 都要签的，不然出了问题要找谁去呢？这张图是哪个学生画的就由他签名，之后老师们再在图纸上签名，表示认可这张图，出了问题也要负责任。

华: 图纸完成后，学生们有参与施工吗？

戴: 因为学生们还有课程安排，所以没参与施工，我一个人去。

华: 之前看材料，详细介绍了这个项目中墙体的具体做法，主要是用钢模板浇筑，所以墙面很平整，您好像还在表面加了颜色。这些都是您带着学生设计完成的吗？还是您在工地上现场设计的？

戴： 这个墙体到底要怎么做，我也想了很久。四平大楼的墙体是预制的。外墙施工工艺实际上是用金属大模板，在模板上固定角钢，使脱模后一次形成凹凸墙面，

◎ 四平大楼施工场景，带角钢罩面的大模板，浇筑后凹凸墙面一次成型，来源：戴复东提供

立面是混凝土材质，不采用贴各种装修材料的做法，[2]基本取得了成功。学生在做这个方案的时候，我告诉学生必须要考虑具体的做法。他们有的这样想，有的那样想，最后把大家的想法综合起来。具体的施工是我和工地上的工人们一起搞的，工地上那些小朋友年纪比较轻，很赞同我提的想法。我和施工单位配合得很好。他们认为这个施工办法是人家没有做过的，很不错。他们认为好，我当然心里也高兴。但前几年不知道什么原因，这幢房子被整个拆掉了。

华：据说是因为要在这幢楼下面建造地铁。好像在70年代的时候，我们设计的住宅采用这样的预制大板还蛮多的。因为四平大楼算是一幢高层建筑，而且从长度和宽度来说体量都很大，当时为什么要建造体量这么大的一幢高层？它在技术上与小型的预制大板住宅有什么不同的地方吗？

戴：不，那时候预制大板住宅还是很少的。当时正好四平路上要造这么一个房子，正好又赶上是我带着学生来做这个实际项目。我觉得这些学生能力可以，所以大家就一起朝这个方向努力。学生们要在这里读五年完成学业，像这样的工程是一年完成还是两年完成，就要根据绘图的具体情况而定了。

华：从资料上看，这个项目的实践是从1974年到1979年，前后也有五年时间了。

戴：这个我记不清楚了。

华：四平大楼是“五七”公社时候的项目。因为这个历史时期很特殊，教学和实践结合特别紧密。除了四平大楼，您在“五七”公社的时候还带着学生做过什么其他项目吗？学校里的结构实验室和上海市美术馆这些项目有学生一起参与吗？

戴：结构实验室是结构专业的朱伯龙[3]老师找我一起做的，那个时候我刚到建筑系。结构实验室的两幢楼是不同时间设计建造的。先建造的静力结构试验室，后来不够用了，朱老师就找我又设计了动力结构试验室。在做这个项目之前大家都是搞中国传统形式，不敢做这些新的造型。当时全国正在批判复古的时候，我就和朱伯龙说，这个一定要弄好。上海美术馆是我做的方案，学生没有参加。

上海革命历史纪念馆的设计也是我做的。起先大家觉得这个设计还可以，后

2　四平大楼外墙施工做法文字引自：戴复东．追求·探索———戴复东的建筑创作印迹．上海：同济大学出版社，1999.

3　朱伯龙，男，1929年生，江苏江都人，著名结构工程专家，专于钢筋混凝土结构及工程结构抗震理论。1950年毕业于私立光华大学，1952年院系调整后进入同济大学建工系任教，1953年在哈尔滨工业大学攻读副博士学位，1955年毕业。曾任同济大学原结构工程系系主任、工程结构研究所所长，中国建筑学会地震工程学术委员会、建筑结构学术委员会第二届副主任委员。2008年逝世。

来又有了一些意见，最后认为这不像是革命历史纪念馆，这个方案就被否掉了。然后就是同济大学邮电局的方案，我设计了一个薄壳顶，后来没照这个方案做。虹口区三用会堂，当时是我们学校和外面联系，他们希望我们来做这个设计。还没做完，结果项目被否定掉了，我们就不做了。

华：当时做这些方案应该是没有设计费的吧？为什么还要做这么多的方案设计呢？教学任务不忙吗？

戴：做这些都是没有钱的，教学也有任务，但我照样做设计。因为如果不做这些方案的话，我就没有机会做设计了。

华：这些项目基本上是您单独或者与吴庐生老师一起承接的设计项目，它们算是您个人的项目吗？

戴：设计处或设计院拉到的任务，你可以承接。这些项目也不算是个人的，有个人的也有集体的。就是说，如果你做的方案人家用了，就算是学校的，如果人家没用，那就算是个人的。

同济大学建筑系的设计教学与社会实践 | 1956—1977年

访谈人 / 文稿整理：华霞虹

笔谈时间：2021年3月29日—4月3日

校审情况：经张为诚老师审阅修改，于2021年4月3日定稿

受访者：

张为诚，男，1939年7月生，浙江湖州人，出生于贵州安顺。1956年从湖州中学考入同济大学建筑系城市规划专业，1961年毕业后留校分配任教于建筑系，1994年任教授。“文化大革命”后曾一度调入上海铁道大学任教，1980年代初借调上海高教设计院三年左右，兼职从事建筑设计师工作。1990年代在铁道大学先后创建室内装饰、建筑学专业，2000年两校合并率学生重回同济。2002年退休，延聘一年送走最后3名研究生，被继续教育学院续聘，任教建筑设计和室内设计班成人教育，2008年完全退出教学舞台。

从大学生到留校教师，访谈中，张为诚老师介绍了1950年代同济大学建筑系城市规划专业的学习、实习和劳动生活，六七十年代作为青年教师参与“五七”干校和“五七”公社教学的亲身经历，展示了特殊历史时期专业工作人员和高校教师的实践和教学方式。

华霞虹（后文简称“华”）：张老师，您好！很高兴您能够接受我们的访谈。2022年是全国院系合并后成立同济大学建筑系70周年，您于1956年入学，是一位重要的历史参与者和见证者。您能跟我们分享一下当时您在同济建筑系就读和任教时的状况吗？首先请您介绍一下刚进校时的学习情况好吗？您是在文远楼上课吗？课程是怎样安排的？有哪些老师上课？教学有什么特点？

张为诚（后文简称“张”）：1956年，我进校上学时，文远楼是系馆，虽然那时并无“系馆”这一称呼，但我们学生与该楼的联系，主要是行政办公室，还有就是在底层上美术课，和在阶梯教室上一部分课程的幻灯课，因为课桌安装了局部照明，在关灯条件下可供记笔记。当时的建筑学、城市规划两专业一起在北楼底层东端的阶梯教室上大课，班级专用绘图教室也在北楼。

一、二年级的课程，分量最重的也是学生最重视的是建筑初步课，对美术课也感兴趣，毕竟是通过加试美术进来的。不过当时有权威人士认为土木工程学科都应该掌握点画图技巧，工民建、铁道等专业也有半年美术课，但隔年新生就取消了，所以倒不那么自视与众不同。其他我们还有高等数学、画法几何、俄语、政治等课，只是没有别的系必有的理化公共基础课。

与我们关系最密切的就是教建筑初步课的罗维东教授，他任教短短一年，却几乎影响许多学生的一生。一年级以后的建筑设计课，老师杂一些，不像现在岗位相对固定，似乎会打乱专长，临时调剂，直到我后来毕业留校上初步课，教中建史的陈从周先生也临时与我搭过班。这其实倒也不坏，不同背景的老师会带来不同视野。初步课和设计课期间，老教授中记得就罗维东、谭垣来改过图，辅导带教过的年轻老师很多，反正一批助教就在建筑学、城规两专业4个小班中轮换接触，教过我的前后有张家骥[1]、赵汉光、郑肖成、童勤华、杨公侠、陈光贤[2]、王

1 张家骥：1956年毕业于同济大学建筑系，1958年随哈雄文教授支援哈建工，可能“文革”后调往苏州城建环保学院工作，直至退休。

2 陈光贤：1955年毕业于同济大学建筑系，中间有段时间离开过同济，1960年代重回建筑系。改革开放后出国，定居加拿大。

宗媛、胡纫茉、缪顺[3]等，讲师罗小未[4]、戴复东等也来客串过。

教学上，专业性的大课非常少，也基本没有教材，全靠笔记。一对一的辅导和改图成为主要手段，所以师生关系密切。手工绘图作业量很大，有的还不断返工，学生拖拉一点的，经常开夜车。

华： 当时主张“教育与生产劳动相结合”，1958年成立了同济大学附设土建设计院，您有去设计院参与实习吗？在校内和校外有没有什么独特的专业实践和劳动经历？规划专业主要的课程设计是“人民公社规划”吗？

张： 没有去设计院实习，1958年，城规专业被调配到城市建设系，建筑学则并入建筑工程系。我们去城建系后，与建筑学就隔绝了，年制从6年缩减为5年，增加了市政工程方面课程的分量，而建筑方面课程则被压缩。但是专业学习结合社会实践是大方向，课堂搬向校外。另外还有勤工俭学，在校办工厂车间劳动，干钳工、车工的活，与建筑都没有直接关系。

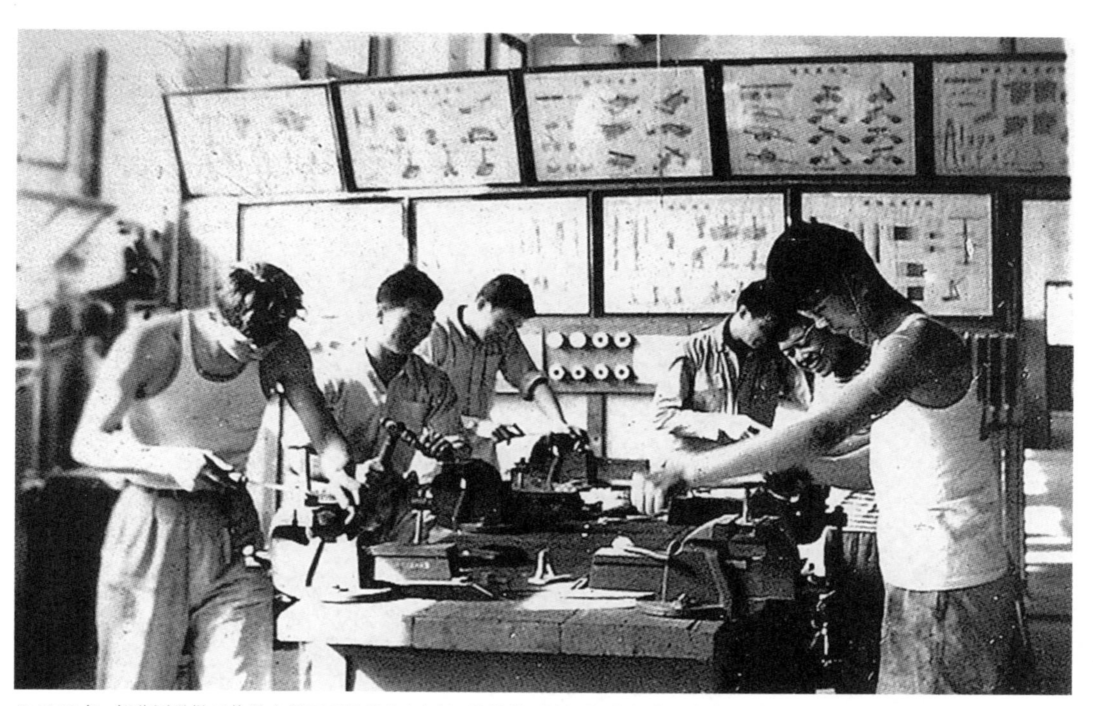

◎ 1958年，部分同学勤工俭学在钳工车间劳动（左起：冯祖棠、罗来平、颜望馥、陈秉钊、高志标、张为诚），来源：张为诚提供

3 缪顺，1957年毕业于同济大学建筑系，约1958年前后调去支援武汉城建学院。目前生活在武汉。

4 罗小未，女，1925年9月生，广东番禺人，出生于上海市，著名建筑学家，建筑教育家，中国民主同盟盟员。1948年毕业于上海圣约翰大学工学院建筑系，1951年任圣约翰大学工学院建筑系助教，1952年院系调整并入同济大学建筑系，历任同济大学建筑系助教、讲师、副教授、教授，从事建筑理论和外国建筑历史的研究和教学。为《时代建筑》杂志的创办人之一。曾为国务院学位委员会第二届学科评议组成员，上海市建筑学会第六届理事长，上海科学技术史学会第一届副理事长。曾获全国三八红旗手称号。罗小未是将西方现当代建筑思想与成就传入中国的最重要的学者之一。2020年6月在上海病逝。

参与人民公社规划，可说是政治任务，我们的主要课程中并没有“人民公社规划”一说，因为没有一位老师能上。也不完全是规划专业的事，建筑学也去了马桥等地，边劳动边做些规划。我们最早的实习，就是到青浦做人民公社规划，那时还远远没有学过规划原理，董鉴泓先生带队，人民公社规划对他也是新事物，我们就在地方的引导下，畅想做规划，成果还被老师投稿到《建筑学报》，1958 年第 10 期登出来了，[5] 其实里面一些农民住宅方案仍是城市住宅的翻版，那是我们刚学过的。那以后，直到 1960 年，我们经常在农村规划实习，北面到过安徽蚌埠，南面到浙江宁波、金华地区，我在嵊县（今嵊州市）还参编了一本《县域规划》教材，作为科研成果献礼，农林牧副渔都涉及，但哪儿真懂？ 1958 年，甚至城市规划专业曾被改名为城乡规划专业城乡规划专门化，另抽调15名同学增设一个园林绿化专门化，毕业证书上都是这么写的。不过后来似乎再没叫过城乡规划，园林绿化也仅这一届就断了，虽然属拍脑袋的产物，那 15 人倒学了不少切近实际的学问。冯纪忠先生还到他们班改过动物园笼舍设计的图纸，提出长颈鹿馆的有趣点子：可以做成室内参观坡廊，让观众从头到脚看个够，显然是受古根海姆美术馆的启发。

至于劳动经历就太多了，除了常规的每年三夏三秋各两周去市郊农村劳动，外地实习也离不开劳动。最长的一次劳动是到青浦高教农场三个月，班级同学还

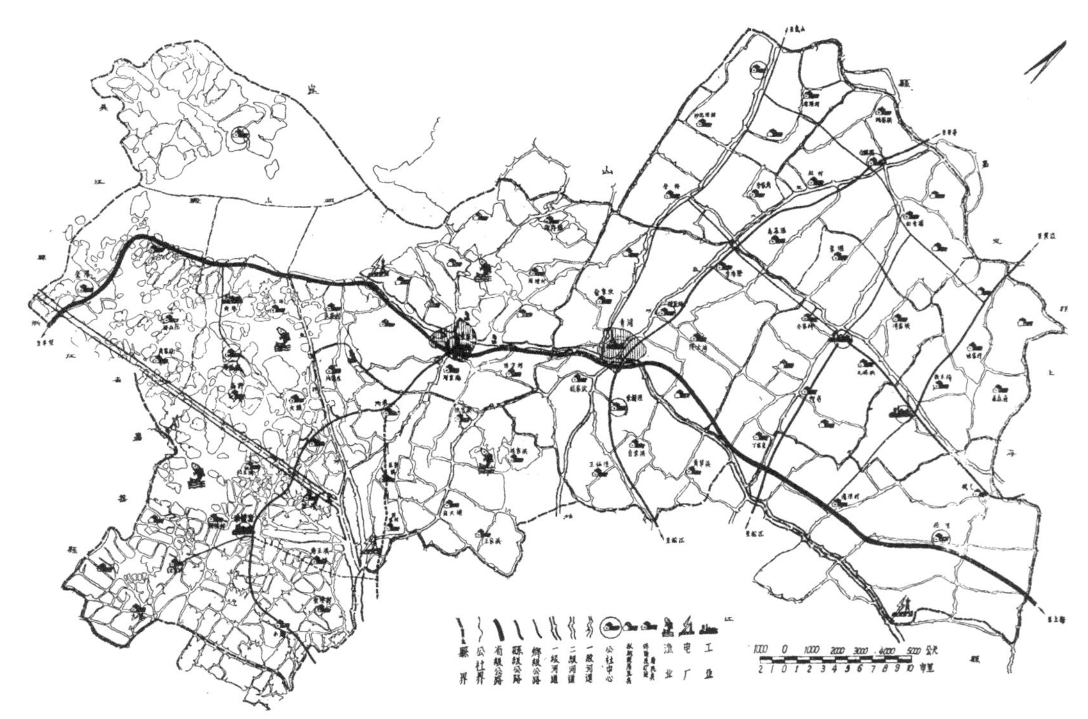

◎ 1958 年同济大学城建系城市规划教研组与上海第一医学院卫生系环境卫生教研组率领规划系三年级学生为当时青浦县人民公社所做总体规划，来源：《建筑学报》，1958（10）：1.

5　李德华，董鉴泓，臧庆生，等．青浦县及红旗人民公社规划［J］．建筑学报，1958（10）：1-6.

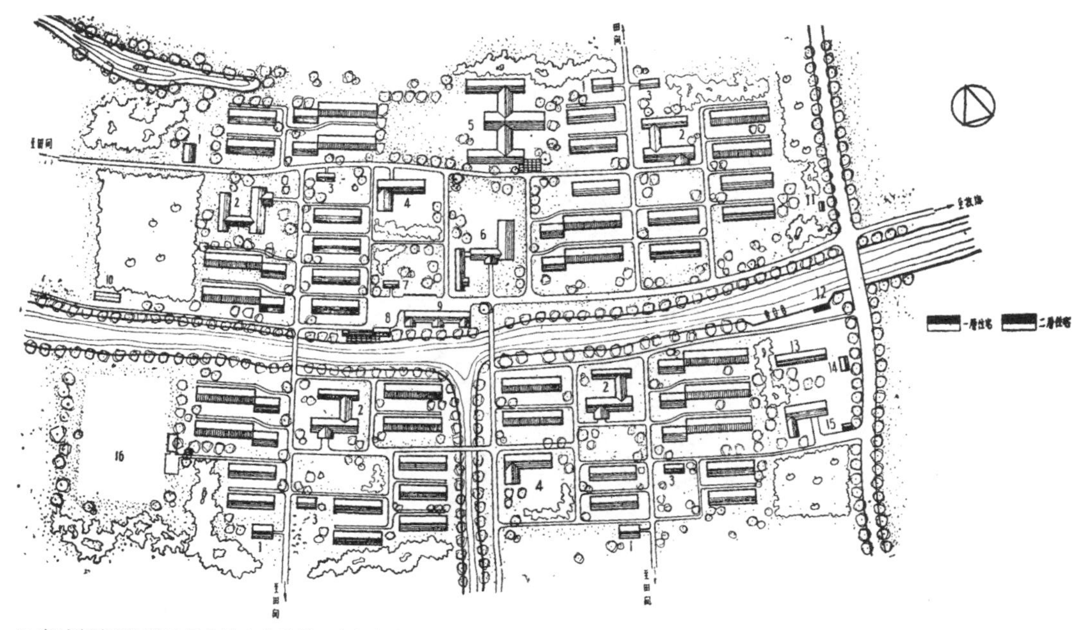

◎ 当时青浦县红旗人民公社小曹港居民点规划方案 1，来源：《建筑学报》，1958（10）：5.

◎ 1958 年，下乡劳动画壁画（左为范耀邦，右为陈海滨），来源：张为诚提供

◎ 1959 年 6 月，去松江劳动登上了《松江日报》新闻报道，记者拍摄的照片，来源：张为诚提供

曾自编自演了一出活报剧，背景是当时一架土耳其美军事基地起飞的 U-2 飞机，被苏联导弹击落，支持苏联，声讨美帝。这三个月当中，我被抽调跟车跑运输，每天来回随车奔波，风餐露宿，累已不觉得，只觉梦幻，读书日子怎么会过成这样？印象特别深刻的是高教局食堂用餐，就在如今的美国领事馆，洋房、大花园草坪、游廊……觉得在那儿吃饭太幸福了，那是困难时期，可膳食的丰富与学校差距如天上地下，更非农村可比了。

◎ 1959 年 6 月，去松江劳动登上了《松江日报》新闻报道，记者拍摄骆奇奕同学手捧稻谷的特写照片，来源：张为诚提供

华：我在同济大学档案馆找到不少这一历史时期教育革命的档案，据说老师和同学之间因为生活背景差异，对于设计和美的认识有很大的差异是吗？1959 年，学校还就建筑学专业修改教学大纲，主要是增加实践内容，把建筑师从原来的脑力劳动者改变为又红又专、能文能武、体脑结合、克勤克俭的国家干部。您了解这些以“教育与无产阶级政治相结合”“教育与生产劳动相结合”的教育革命活动吗？

张：那时班上的学生来自华东各省，多数是小县城，抽水马桶甚至自来水都没见过。

◎ 1960 年，青浦高教农场劳动演时事活报剧全体演员（前排左起：熊世德饰演虚构角色传令兵，举手系领带者为阮仪三饰白宫新闻秘书，吴云定饰演韩国总统，旁半躺者为张忠赓饰演土耳其总统，最右边李应圻饰演蒋介石；后排左起：戴高礼帽者为张为诚饰演美国总统艾森豪威尔，穿和服者为郝用壮饰演日本首相，戴大盖帽者为吴延饰演南斯拉夫总统铁托，后面戴飞行帽者张安天饰演 U-2 飞机驾驶员），来源：张为诚提供

说审美，与上海同学眼界自然不同，不过这是可以弥补的。记得最开始设计的并非建筑，而是罗维东初步课的封面和海报设计，没有任何构成、色彩之类的讲课(美术那时也在素描阶段，毫无色彩学知识)，就是自己琢磨发挥，这与天分、看书多少、临时抱佛脚找参考资料揣摩模仿的能力有关，我体会所谓能力提高就是一个做起来学的过程。对美的认识，学生是一张白纸，老师的影响很关键。又要提到罗维东，他是密斯的嫡传门生，给我们灌输的就是“少就是多”，简单、平面、直角、黑白那样的美，非常排斥古典和装饰。反复古主义以后，同济对中国传统重视更少了，我们只是在陈从周先生带领的苏州旧住宅测绘实习中，对传统天井院落民居了解多一些，与清华、天大、南工差距很大。所以同济的设计常因缺乏传统外观元素曾被批为“洋怪飞”。

与生产劳动相结合，就一句口号，大多与专业关系并不大，与政治相结合倒是真的。日常不断地爱国卫生大扫除、除“四害”……有时去市里布置各种展览，那是最接近设计专业功夫的了。当然也有接触建筑工地，还去过闵行混凝土制品厂做预制构件，歌唱家朱逢博[6]就是在那儿业余演出，被歌剧院看中调走的。

6 朱逢博当时是同济大学建筑系 1955 级（六年制）本科生。

华：你的毕业设计是什么项目，如何开展的？

张：我的毕业设计是江西新余市中心的一条街规划。新余是新兴钢铁基地，上海原黄浦区区长调到那边做市长，许多项目就请同济参与，好像建筑学也有医院等项目。那一条街的规划是受上海闵行、张庙一条街的影响，全国都想搞，但基本上是畅想，爱怎么做就怎么做。环境很好，一侧临河，街尾端是行政中心，起始端是一座叫玉紫山的小山，我尽可能增加建筑的分量，在山顶除了小建筑还设计了一座钢铁主题的雕塑，得到老师首肯。

毕业设计是分小组进行的，每组课题不同，四五个人合作，有个组长。总任务集体讨论明确后，每人分担课题一部分，轻重差别很大，能者多劳，最后的成绩评定是设计和答辩打两个分，老师指导下来心中有数。我那时拿了班级不多的双5分，很感激朱锡金先生的栽培，后来成为忘年交。不过后来1962年以后，形势急转直下，规划便成了一纸空文。

华：1964年，冯纪忠先生设计的花港茶室，最后演变为同济大学“设计革命”的运动，您了解相关情况吗？

张：不是花港茶室演变成同济“设计革命”，而是“设计革命”以花港茶室为典型批判靶子。

冯先生的花港茶室被批，决策的细节我们并不清楚，不知是因为外人议论有方向问题，或者早就想借机教育大家，便拿来作为典型批判了。茶室任务并不起眼，面积很小，是冯从旅欧朋友浙江省建设厅厅长那儿争取来的，放在设计院做。开始好像总师王吉螽在管，他有个分馆庭院式的构思，但完全不符冯先生的理念，他是要搞一个大空间，在里面做围而不死、隔而不断的流动文章，最后出来一个不等坡的大屋顶一统空间，进门处再挑高一个局部小坡顶门楼，被人称为像“道士帽”。当时批判会搞得很大，在300人的文远楼106阶梯教室，还从杭州园林局请了工人来做批判发言。批判后接着就开始大刀阔斧地修改已结构封顶的茶室了，非常粗暴，首先遭殃的是不对称的双坡顶，把大梁凿断，变两边对称，内部冯先生很得意的作为上下流通关键的一个横向对景直跑梯，被认为是破相的“临门一刀”，也斩了。最后为弥补损失的面积，勉强弄成一个外接二层敞廊的建筑。

华：据说“文革”期间，老师们都离开了校园，到“五七”干校劳动，当时同济的“五七”干校是什么情况的？

张：“五七”干校在安徽歙县，原来是劳改农场，当地人叫它“红卫场”，后调配给同济做干校，老师是轮换去的。我是1973年下去的，为期半年。主业是种茶梨，也种水稻、蔬菜，养猪。我分在蔬菜排，是劳动量最大的，长距离挑粪，不停地换季种各种蔬菜，雨天也要出工，学到很多农业知识，包括老牛耕田那种技术活，也炒过茶，采过梨，割过稻。不过我下去时已经第四五期了，据说开始第一二期时，氛围有点不一样。

当时干校的政治活动，主要是读毛主席要求的三本马列经典——《共产党宣言》《国家与革命》《费尔巴哈与德国古典哲学的终结》，我个人算是愿意读书的，但费尔巴哈那本实在读不下去。

虽然劳动量很大，我每天早晨仍把在学校刚学的太极拳打一遍，干校还举办日语培训班，我也是刚在学校初级日语培训结业，便不知天高地厚地充当老师了，教材就是我学的那本。

华： 其间，同济大学成立了"五七"公社，您是否参加过"五七"公社的教学，教授过那一阶段的工农兵大学生？那时候的教学是如何开展的？教材和教学方式很不一样吧？

张："五七"公社以及面对工农兵学员，开始对老师是有选择的，政治标准第一吧，逐渐把建筑系和建工系的老师更多吸收进去了。当然，那时系里人已被打散，我一度属于"五七"公社，但没有直接教过学生，只是参编教材。工农兵学员是在后来调去铁道那边教的，可能是最后一届，没感到他们来"上管改"[7]的气势，师生相

◎ 1969年，教改小分队8位男老师，分别来自建筑系、规划系、设计院（前排左起张为诚、陈秉钊、陈申源、施承继，后排左起刘云、王吉螽、丁昌国、钱兆裕。另有两位女老师顾惠若（构造教研室）、梁业凡（设计院）都是教结构的，不在照片中），来源：张为诚提供

7 "上管改"是1970年代工农兵学员进校时一句官方口号的简称，全文应该是"上大学，管大学，用马列主义毛泽东思想改造大学"。

处很融洽，但听说最早有些时候很“左”。

“五七”公社围绕真实工程（称“典型工程”）进行教学，阶段性地去工地，那时没有恢复高考招生，不可能系统教学，此做法其实并非首创，我们系在1968年左右，就有一批学生自发地组织起来进行“复课闹革命”这样干了，联系区一级的房管部门找任务，教师是他们自己找和组织搭配相结合，从学校搬了绘图桌和双层床下去。后来1969年到1970年又为了落实“七二一指示”，“从工人中培养技术人员”，系里正式组织10多位教师学生，到工地培养7名纺织局建筑公司的工人(因为工宣队是纺织局系统的)，一切做法与“五七”公社也几乎没有区别。

我在“五七”公社是被安排在教材组编写教材，需要将多门学科简化整合成一本书。但书以力学和结构为主，建筑是非常常识性的内容，科普水平而已。我的主要任务就变成给教材画插图，因为有些力学原理用形象的图示来阐述更容易被接受，另外从印刷角度，照片比较模糊，改成像铜版画那样的钢笔画就清晰了。最后离开“五七”公社，又被抽调到江西上饶地区知青慰问团，实际任务是给知青办函授，让他们掌握某门专业知识，稳定扎根农村的决心，同时关心他们的生活，做些思想工作。他们文化程度与工农兵学员一样，初中为主。我去的是婺源，累计好几个月。也是整本教材自编，书名叫“农村建筑基本知识”，从制图识图开始，直到简单的低层建筑的平立剖设计和简单结构计算、施工常识。函授是名义上的，做法其实是一次次下去集中面授，对我来说，最大的收获是直接融入知青生活，切实体验了知青运动的正面和负面意义。

华：在您在同济大学求学任教的二十余年间，您还参与过什么具体的设计实践和研究项目吗？

张：我学生时代没有过真实工程设计的机会，由于规划专业三年级以后去了城建系，更是连真题假做的机会都没有。真实的规划设计一直有，如苏州人民路规划、浙江南浔历史保护规划等，多是纸上谈兵，从未真正实施过。当年国家建设项目少，与今天不可同日而语，我做第一个真实建筑项目时已离开同济，在铁道学院带工农兵学员做了个砖木结构的食堂改扩建，后来又独自做了礼堂改建，除了加一个放映室，其余都是室内装饰设计。真正上手项目设计，是1980年代初借调高教设计院（经历从室、所到院），做了许多非同济高校的教学和生活建筑，然而其中有一组教育部上海采供站的建筑却借用到同济的一块地，让我成为那个年代极少能在母校校园“画上一笔”的人，还被出版的《工程制图》教材选作抄图范例。此组建筑如今还在四平路赤峰路口，归同济出版社使用，但被多次改建，已“面目全非”。

去北京参加“十大建筑”设计

1958—1959年

访谈人 / 参与人 / 文稿整理：华霞虹 / 李玮玉、梁金 / 华霞虹、陈曦

访谈时间：2018年1月23日9：30—11：30

访谈地点：建筑与城市规划学院B楼三楼女教师之家

校审情况：经朱谋隆、郁操政、陈琦、贾瑞云、路秉杰老师审阅修改，于2018年4月2日定稿

受访者： 朱谋隆

朱谋隆，男，1935年8月出生于浙江宁波，教授，国家一级注册建筑师。1954年考入同济大学建筑系，1959年毕业后留校任教。长期从事建筑理论及设计教学与科研工作。历任同济大学建筑系建筑学教研室主任、建筑系副主任，上海济光学院建筑系系主任，曾为上海市建委科学技术委员会委员、上海市雕塑委员会技术委员。

受访者： 郁操政

郁操政，男，1937年6月出生于上海，教授级高级工程师，国家一级注册建筑师。1954考入同济大学建筑系，1959年毕业后分配至福州大学任教四年，后调至煤矿设计院工作。先后在上海、华东、济南煤矿设计院任室主任、副总建筑师、上海分院院长之职。曾任山东省建筑师协会常务理事。其间曾多次获省部级优秀建筑设计奖及科技进步奖，被评为科技拔尖人才。1994年退休后曾聘为上海安图建筑设计咨询公司副总，工作至2014年。

受访者：

陈琦，女，1935年10月出生于上海，高级工程师，国家一级注册建筑师。1954考入同济大学建筑系，1959年毕业后分配至福州大学任教四年，后调至煤矿设计系统工作。先后在上海、华东、济南煤矿设计院任建筑师。改革开放后，除煤矿建筑设计外还参与了多个大型高层民用建筑设计，多次获得省部级优秀建筑设计奖。

受访者：

贾瑞云，女，1938年10月出生于山东滋阳（今兖州），教授。1955年考入同济大学建筑系，1961年毕业后分配在同济大学建筑设计院工作。1964年被抽调担任政治辅导员。“文革”期间曾在同济大学地下建筑教研室工作。1977年回到建筑系，任教于建筑初步教研室（后改为建筑基础教研室），直至1998年退休。退休后担任同济大学老教授协会暨退休教师协会理事、常务理事、副会长，曾2次荣获教育系统退管会“老有所为精英奖”。

受访者：

路秉杰，男，1935年11月出生于山东堂邑（今聊城），教授，博士生导师。1955年以调干生身份考入同济大学建筑系，1961年毕业留校任教。1963年考取同济大学陈从周先生中国建筑史研究生，1966年毕业后再次留校任教。1980年前往日本东京大学研究日本战后建筑发展，1982年回国后历任副教授、研究员(教授)、硕士生导师、博士生导师，至2005年退休。主要从事中国古建筑、古园林的教学、研究和修复设计工作，曾兼任中国建筑学会史学分会副会长。

为庆祝新中国成立十周年，党中央召集全国建筑专家和高校青年教师和学生前往北京参加“十大建筑”的设计。1958年9月，当时就读建筑系四年级的朱谋隆、郁操政和龙永龄[1]，建筑系三年级的学生贾瑞云、路秉杰由党总支安排，跟随葛如亮[2]、张敬人[3]老师前往北京，参加人民大会堂等建筑的方案设计。1958年11月，原在戚墅堰劳动的四年级学生陈琦等被派往北京，做人民大会堂的深化设计和施工图。在访谈中，五位当年的学生设计师回顾了在北京参加“十大建筑”设计的所见所闻。

华霞虹（后文简称“华”）：今天请几位老师来，主要想了解一下各位老师在作为学生的时候，参加设计院实习，然后去北京参加“十大建筑”设计的情况，包括当时怎么去的，为什么这些同学去。就你们这几个同学吗，还是说还有别的同学？

贾瑞云（后文简称“贾”）：还有一位是已故的龙永龄老师。

路秉杰（后文简称“路”）：去了很多人。有两批人，我们五个是第一批人，是做方案的，第二批是做施工图的。

朱谋隆（后文简称“朱”）：我们四个，再加上龙永龄五个学生是第一批去做方案的。人选由建筑系党总支书记和班干部决定。我们是坐火车去的。第二批去是要做施工图，建筑系四年级我们班上十几位同学从戚墅堰工地上抽调回来，一起到北京去，陈琦就是第二批去参加施工图的。

华：画施工图时方案已经确定了吗？

陈琦（后文简称“陈”）：总的方案确定了，其实也不是画具体的施工图，我们是做深化设计方案，比如人民大会堂里每个厅具体怎么布置，有什么内容。

朱：第二批同学去的时候，方案已经确定了。因为时间很紧张，所以是边设计边施工。十几位同学工作不一样。除了跟清华的同学一起参加施工图以外，也有做方案的，比如设计钓鱼台国宾馆。

---

1 龙永龄，女，1935年出生，上海人，教授。1954年考入同济大学建筑学专业学习，1959年毕业后留校任教，历任讲师、副教授、教授。与葛如亮合作设计习习山庄、缙云电影院、瑶琳仙境瑶圃等作品。1996年退休。2015年5月于上海病逝。

2 葛如亮，男，1926年8月生，浙江宁波人。1944年考入国立交通大学土木系学习，并加入交大进步学生社团“今天社”。1946年5月随交大迁回上海后积极参与学生运动，1947年担任交大“今天社”社长。1952年院系调整后调入同济大学建筑设计处，担任党支部书记及计划科科长。1953年前往清华大学建筑系研究生进修班学习，同期开始了对体育场馆建筑的研究，并于1957年完成硕士论文，同年回到同济。1986年起兼任华侨大学建筑系主任。1989年12月病逝。

3 张敬人，男，1952年考入同济大学建筑学专业学习，1956年毕业后留校任教，进入构造教研组。后被调往南京工学院任教，进入工业建筑教研组。1985年任构造教研组主任。1993年退休。

华: 前面方案五位同学都是跟着葛如亮老师吗？

郁操政（后文简称"郁"）: 由葛如亮和张敬人两位老师带领。

华: 施工图一共去了几个人？

朱: 同济四年级学生去了十几个人，当时在北京画施工图的学生主要是清华的。

路: 主要是清华的，清华的人不够，就把我们同济学生聚了起来。我们几个第一次去做方案时，先住金鱼胡同的和平宾馆，后移到前内宾馆。在金鱼胡同时，我帮梁思成[4]先生画图，根据草图画正图。有一次他勾画的是冯纪忠的方案，人民大会堂那个不对称的方案。

梁思成先生曾画过一个进口摆一个匾额"中国革命历史博物馆"。一般我们的习惯是竖着画，他是横着画的，我说这不是一个庙吗？

华: 你们做方案是做中国革命历史博物馆吗？

朱: "十大建筑"的方案我们都做。

贾: 我是做观演类的，比如剧场。

路: 我们是配合的。做一些下手，我第一次是分配给梁先生在和平宾馆打下手。他要画草图。

华: 没有分学校，是混在一起工作的？

贾: 不分学校。

路: 和平宾馆是召开亚洲青年和平大会时新建的，杨廷宝[5]先生设计的。我们当时稍微有点建筑知识的学生，都有理想要去看一看的建筑有两个，一个是杭州的华侨饭店，一个是北京的和平宾馆，那个时候杨廷宝和吴良镛，在我们这些青年学生当中都是被崇拜的人。所以一看我们住进了和平宾馆，简直是做梦都想不到的事情。

建造"十大建筑"的主张是党中央在北戴河会议上提出来的，会议确定新中国

---

4 梁思成，男，1901年4月生，广东新会人，建筑历史学家、建筑教育家、建筑师。曾任中央研究院院士、中国科学院哲学社会科学学部委员。1915年考入北平清华学校，1923年毕业，次年赴美留学，于宾夕法尼亚大学建筑系学习，1927年获学士和硕士学位，后进入哈佛大学学习建筑史，研究中国古代建筑（肄业）。1928年回国在东北大学任教，并创办了中国现代教育史上第一个建筑学系。1944年至1945年任教育部战区文物保存委员会副主任。1946年赴美讲学，受聘耶鲁大学教授，被美国普林斯顿大学授予名誉文学博士学位，并担任联合国大厦设计顾问建筑师，同年回国创办清华大学建筑系。1972年1月于北京病逝。

5 杨廷宝，男，1901年2月生，河南南阳人。1921年毕业于清华学校，同年赴美国宾夕法尼亚大学建筑系学习。1926年毕业，次年回国加入基泰工程司（至1949年止）。1932年受聘于北平文物管理委员会，参加主持古建筑的修缮工作。1940年兼任中央大学建筑系教授，1949年专职于国立南京大学建筑系，任系主任。1952年院系调整后担任南京工学院建筑系系主任。1955年当选中国科学院技术科学部委员（院士）。1959年任南京工学院副院长，1979年兼任南京工学院建筑研究所所长。同年任江苏省副省长。1982年12月于南京逝世。

成立十周年要开十周年庆典，要招待外宾，需要有很多活动场所，就确定要造一些活动场所。这些活动场所要怎样建一开始是什么都不知道的，所以要集思广益。根据毛泽东思想，走群众路线。不是走访几个专家，应该是广大工农兵，提出广大人民群众都喜闻乐见的这么一个概念来，负责人是万里和彭真。彭真是北京市长，万里是副市长，具体的工作都是万里负责的，对项目情况写好报告，上报党中央讨论通过，确定做一些什么内容。但是具体的建筑说不清楚。因为在长征路上，毛主席召开了一个万人大会，所以我们要做一个万人大会堂。

朱: 北京建造“十大建筑”也是为了表现新中国成立十周年的成就。

华: 具体哪几个建筑其实没有确定?

路: 谁也讲不清楚要做什么，要集思广益，要把所有的老专家都请来，听听他们的意见和想法。这个报告报到政治局后，邓小平一看觉得很好，但是他提了一点补充意见:如果想几十年以后也不落后，就是要看看青年人怎么想。你们都是老专家，20年以后都是青年人的世界了，是不是还是请些大学建筑系高年级的学生？这个意见马上就通知到了全国，至少是八大院校，清华大学、南京工学院、同济大学、西安冶金学院、哈尔滨工业大学、华南工学院、四川重庆建工、天津大学。

华: 八大院校学生都去了?

贾: 有清华大学、同济大学、天津大学、华南工学院和南京工学院。

路: 还有哈尔滨的。

朱: 还有武汉中南设计院。

路: 这些学校在历史上都有关系，东北大学、哈尔滨工业大学前身都是梁思成先生办的东北大学。西安的是林徽因[6]的堂弟林宣[7],也是营造学社的,都是有关系的。同济是新生力量，属于建工部的。

朱: 我们同济大学去的学生，得到了北京设计院总工的表扬，认为这些学生工作认真踏实，虚心好学。

6　林徽因，女，1904年6月生，福建闽县人，建筑师、诗人、作家。1924年赴美国宾夕法尼亚大学美术学院美术系学习。1927年毕业后进入耶鲁大学戏剧学院学习舞台美术设计。1928年回国于东北大学建筑系任教。1930年至1945年与丈夫梁思成完成了2738处古建筑物的考察测绘工作。1950年被任命为北京市都市计划委员会委员兼工程师。1952年被任命为人民英雄纪念碑建筑委员会委员并参与设计工作。1953年当选为建筑学会理事，并担任《建筑学报》编委。1954年被选为北京市人民代表大会代表。1955年4月于北京病逝。

7　林宣，男，1912年2月生，福建福州人。1930年考入东北大学建筑系，因战争原因先后转读于清华大学、中央大学，1934年毕业于中央大学。1950年受聘于东北工学院建筑系，1956年随建筑系转至西安建筑科技大学（原先建筑工程学院），历任副教授、教授等职务。2004年被中国建筑学会授予首届国家建筑教育者终身荣誉称号。2004年10月逝世。

贾：是张镈[8]表扬我们。他讲同济的同学很谦虚，不乱讲，每个人都在那里坐着画图。清华有位同学做的人民大会堂方案，周总理看后在上面签字，意思是按这个做可以的，结果他把图藏起来不拿出来了。所以张镈说清华的同学不听话，同济的同学听话。

华：我们是1958年9月份过去的吗？

朱：9月10号还是11、12号过去的。

贾：反正即将开学，还没开学就去了。

华：还没开学就去了，那这是学校组织的？

贾：是学校党委办公室通过系里找学生，系里实际上是由总支来主持的，总支就决定在这两个班选学生。是金大钧组织的，因为他当时是系秘书，既是总支书记，又是系主任冯纪忠先生的助手，具体业务的事都是他办。决定人选的还有管学生的王辉副书记。

华：是直接来找你们说吗？

贾：是总支找学生，为什么找我们，怎么找的，我们都不知道。

路：实际上北京来的人是想了解我们对项目的看法、想法，也不是真正委托做一个工程。

贾：最后人民大会堂做的是北京市设计院张镈的方案，清华的也没有用，同济的更没有用。

朱：说是张镈综合起来的方案，其实是以张镈的方案为主。

路：而且也是他最有经验。

贾：我这里还有一个照片，就是我们班1960年去参观人民大会堂，张镈在那里给我们介绍。是路秉杰老师联系的。

© 1960年参观人民大会堂，张镈（中）介绍，来源：贾瑞云提供

路：就是因为参加国庆“十大建筑”设计这件事情，我们建立了联系。后来我们每年都去北京实习，别的班也跟着。直到1963年困难时期学校实在拿不出钱来，我们才中断

---

8 张镈，男，1911年4月生，山东无棣县人。1934年毕业于中央大学建筑系，后在北京、天津、南京、重庆、广州等地和香港基泰工程司从事建筑设计工作。1941—1944年，曾在北京故宫进行大量古建筑测绘工作。1940年至1946年兼任天津工商学院建筑系教授。1951年任北京市建筑设计研究院总建筑师。1995年退休，被聘为院顾问总建筑师。1999年7月于北京病逝。

去北京实习。

华: 你们画的主要是人民大会堂还是革命历史博物馆?

路: 革命历史博物馆主要反映在天安门广场的布局上，这边画大会堂，对面是什么情况，你得清楚，尽管你不做也得勾一勾轮廓。还要做模型，天安门广场规划模型，南起正阳门，北至天安门，东西两侧是大会堂和博物馆，要体量合适。既放得下，又不嫌拥挤。

以人民英雄纪念碑和旗杆为中轴线。前面的中华门拆掉了。我觉得我还是一个历史见证人，我们搬到西交民巷的前内宾馆去，旁边就是中华门。我第一天觉得这个门很好看，就去画水彩，水没有掌握好，水都流掉了。第二天一早再去画时，中华门就被拆掉了。

华: 那您还把它画下来了?

路: 没有，它被摧枯拉朽地拆了，琉璃瓦什么的都被推倒在地上了，所以我是历史的见证人，中华门被拆掉，从那以后就没有了。

朱: 中华门其实挺漂亮的。

路: 单层斜屋顶五开间的。共有三道门。

华: 真可惜。你们在做人民大会堂方案的时候，是老师做，还是大家都做?

路: 大家混在一起做。冯(纪忠)先生、黄(作燊)先生，还有吴(景祥)先生都在。

贾: 他们也就待了一个礼拜。当时我和路秉杰三年级，朱谋隆、郁操政、龙永龄三位是四年级，还不能独立做这么大规模的建筑方案，是老师做，我们画图。开始是冯纪忠先生打头做方案，我们画图。后来冯先生他们回去了，我们做的是现代的，尽管也是红墙，设计理念和清华的不一样。结果我们同济的方案没有被看中。老先生就走了，把葛如亮、张敬人老师和我们留在北京，葛老师一直带我们到最后。

路: 我们是党中央请来的客人。

贾: 冯先生也是党中央请来的客人。冯先生他们是到莫斯科去参加莫斯科西南小区住宅的竞赛，正好回到北京，我们从上海到北京，就跟他们会师一块做设计。老师做方案的草图，我们微调整再整体细化。有一次，画着画着发现厕所没地方画了，我就把空间规划好做出了厕所。第二天黄作燊老师就表扬我是“天才建筑师”。

路: 我们后来回到上海还做了一段时间，在宝庆路造纸设计院待了一个多月。葛老师在那里设计上海30万人体育场。造纸设计院(后轻工业部设计公司，今中国轻工业上海设计院)院长叫奚福泉。人民纪念碑、中华门、天安门那些小玩意儿，1:500的模型都是我做的。有的是用石膏刻，有的是用石料刻，比例要对，位置要对。

华: 你们在北京方案组待了多长时间?

路: 接近一个月，20多天。

朱: 我们在北京过了中秋节，过了国庆节，我们还去参加了10月1号的国庆大游行。

路: 过了国庆节没有马上回来，北京还招待我们去十三陵、八达岭、玉渊潭、碧云寺、香山、故宫、天坛。

贾: 我们还去看过钓鱼台的选址，然后就是公主坟、玉渊潭，我们都有参与。这就是第一轮人民大会堂设计以后，为我们安排的活动。此后就开始了第二阶段，就是天安门广场的“鸣放”阶段。

郁: 北京为什么要召集全国著名的建筑师和他们的学生来帮忙做方案呢，这也是“大跃进”的一个产物，希望集中全国的智慧来做成“十大建筑”。到最后，人大会场、宴会厅、常委会办公室，这三个部分的排列组合大家意见都是一致的。只有最后确定外形的时候有不同意见，但当时大家不说什么，每一个建筑物出来都有不同意见。

路: 你还做了一个悬索的方案。

郁: 这还不是在北京时做的方案，我们从北京回来以后到上海，又集中做了第二次方案。

华: 还是人民大会堂?

朱: 主要是人民大会堂。

◎ 1958年玉渊潭合影(前排左起：朱谋隆、陈植、广东省院总工、路秉杰、广东院设计师、贾瑞云、不详；后排左起：天津大学教师、殷海云、毛梓尧、吴景祥、徐中、赵深、杨廷宝、陈曾植、不详、鲍鼎、东北院总工、林克明、不详、黄作燊、葛如亮、郁操政)，来源：贾瑞云提供

郁： 还有上海的“十大建筑”，（比如其中的）革命历史博物馆。为了节约人力，把我们五个学生放在上海造纸设计院，就是现在的轻工业设计院，院长叫奚福泉[9]。刚才讲的第一阶段设计方案，我们几个人去的时候挺热闹。我们几个人年纪轻，都是20、21、22岁这样。晚上加夜班，在一个房间里面，又是说又是唱又是跳。楼上睡的是杨廷宝他们一批老教授，第二天早上起来说，你们晚上不睡觉，吵得我们都不能睡觉。当时虽然说是老教授做方案，我们来画图，但是我们也做了方案还做了模型。在那个房间里面你们还记得吗？我们在天安门前面设计了一个大拱。

贾： 还记得黄作燊先生跑过来拿着一个飞机膜片，弯成大拱的样子。需要补充说明的是，在北京做人民大会堂及其他“十大建筑”的过程分成两个阶段。先做人民大会堂，好像涉及总平面布局的比较少。方案给北京市及国家领导人看了以后，同济的方案没有被看中。好像是北京院进行了方案的综合。后来我们同济人和“海派”建筑师又一起做了天安门广场的规划方案，这一次是自由结合工作的。张耀曾[10]老师也参加了同济大学这一组。一起两天两夜赶出来的在人民英雄纪念碑前面放一个大拱的方案，我们是赶在拆除西交民巷前内宾馆的那一天早上交的成果。

郁： 这是从哪儿来的灵感呢？芝加哥附近有一个最大的大拱，前面是哈德逊河，正好才建好，启发了我们产生这样的设计想法，方案、模型都是我们做的。

贾： 刚做这个方案的时候当时上海华东设计院的张耀曾跟我们很有同感，所以他就跟我们一块儿做。这也促使后来他回到上海以后从华东院调到同济来。

郁： 实际上，1958年的背景下，大家能够齐心协力做一件事情是不容易的。有很

◎ 郁操政绘制的人民大会堂效果图，来源：《建筑学报》，1960（2）.

9　奚福泉，男，1903年生于上海。1921年考入同济大学德文专修班。1922年赴德国留学，考入达姆斯塔特工业大学建筑系，1926年毕业获该校特许工程师证书。1927年进入德国柏林高等工业大学建筑系深造，1929年获工学博士学位。毕业后旋即回国，于上海公和洋行从事建筑设计工作。1931年创办启明建筑师事务所。1934年创办公利工程司，任建筑师和经理。1952年受轻工业部长黄炎培之托，义务筹建轻工业部设计公司华东公司（今中国轻工业上海设计院），后任该院一级工程师。1957年任中国建筑学会第二届理事。1983年1月逝世。

10　张耀曾，男，1934年生于上海。1956年毕业于南京工学院建筑系，1957年以留苏预备部研究生身份于华东设计院进修实践。1959年赴苏联莫斯科建筑学院攻读博士学位，1963年毕业回国，于同济大学建筑系任教。1979年调入华东建筑设计院，历任建筑师、副主任建筑师、副总建筑师。1996年任华东建筑设计院顾问建筑师。1986年任上海交通大学土建系兼职教授。

多不同的观点。比方讲同济，每一个学校的老师教出来的学生，都受自己老师的影响。我们的老专家，他们受谁的影响呢？吴景祥是法国学院派的，冯纪忠是奥地利留学回来的，黄作燊是英国本科。另外还有好多我们同济其他的老师。

路：“八国联军”。

郁：大部分都是欧美留学的。所以他们的观点和梁思成、吴良镛、戴念慈[11]、张镈、张开济[12]是不一样的。张镈、张开济是中央大学读出来的。戴念慈徒手画画非常棒，他做的方案跟张镈、张开济的完全不一样，他就做了一个非常仿古的方案。

我们这些学生受了我们自己老师的影响，设计思想、建筑设计环境不同，思想主张自然不同，清华、南工、天大是有区别的。我们接受的是“现代建筑思想”，当时现代建筑开始在中国传播，我们同济的几位老师都是主张现代建筑的，所以我们的思想上，对现代建筑接触得比较多。你们如果有兴趣的话，翻一翻1960年的《建筑学报》[13]。上面介绍了很多方案，这些方案里面有一个是我画的，我画的透视图。

路：是大会堂的背立面透视图，为了表现后门的悬索结构。

郁：后来《建筑学报》说这是同济方案，其实这是不对的，是我们几个同学画的方案，并不代表是同济画的。实际上能代表同济的方案是冯纪忠的方案，冯纪忠的方案透视角度画得非常漂亮，谁画的呢？

路：是赵汉光[14]画的，那时我还给赵汉光买馄饨吃。

郁：赵汉光画得非常漂亮。我个人很欣赏这个方案。它是位于天安门两边的两个建筑，墙是土红色的，但没有采用天安门的大屋顶。它也有中间的屋顶，折板折起来的形式。这个确实跟同济的思想是一致的。它并不是反对复古的建筑，而是在天安门下面，用红墙、黄瓦，和天安门保持一致，我当时很欣赏。下面进口也是圆拱门。

贾：圆拱门，像天安门那个门一样。

郁：是很漂亮的，所以这个才是同济的方案，我画的那个图不是同济方案，但是因为我画出来了一个现代风格的方案。所以《建筑学报》说是同济方案。

---

11 戴念慈，男，1920年4月生，江苏无锡人。1938年考入南京中央大学建筑系，1942年毕业，获工学学士学位后留校担任助教。1944年至1948年在重庆、上海兴业建筑师事务所任建筑师。1953年任中央建筑工程设计院主任工程师和总建筑师。1982年起担任国家城乡建设环境保护部副部长、第四至六届全国人大代表。1988年退休后仍担任建设部特邀顾问、建设部科学技术委员会顾问、中国建筑学会理事长等职位。1991年当选中国科学院院士（学部委员）。1991年11月于北京逝世。

12 张开济，男，1912年出生于上海，浙江杭州人。1935年毕业于南京中央大学建筑系。曾任北京建筑设计研究院总建筑师、北京市政府建筑顾问、中国建筑学会副理事长。1990年被建设部授予“建筑大师”称号。获得中国首届“梁思成建筑奖”。2006年9月逝世。

13 赵冬日. 从人民大会堂的设计方案评选来谈新建筑风格的成长 [J]. 建筑学报，1960(2):3-26. 图44：同济大学建筑系设计的立面方案

14 赵汉光，男，1931年5月出生。1949年考入圣约翰大学建筑系，1952年院系调整后转入同济大学，1953年同济大学建筑系毕业后留校任教。1985年移居美国，后定居美国波士顿。

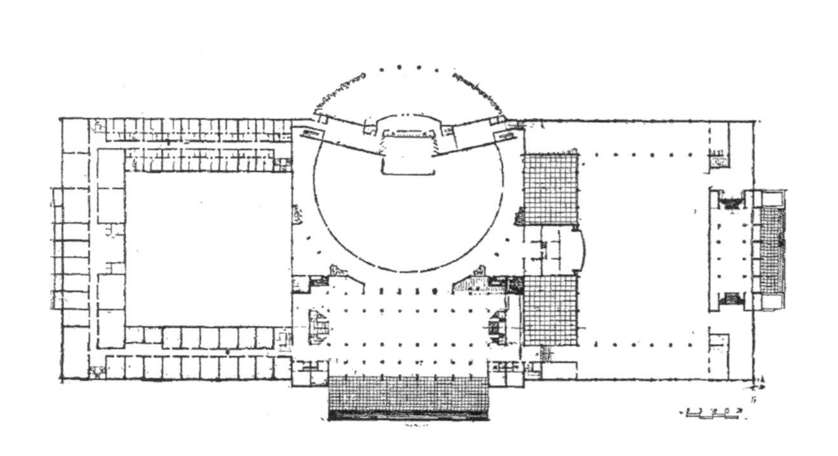

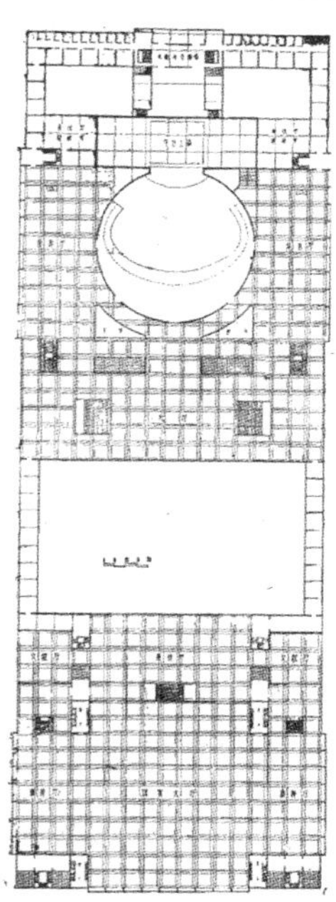

◎ 冯纪忠主创，赵汉光绘制的人民大会堂效果图、平面图，来源：《建筑学报》，1960（2）.

郁：和其他方案在风格上是不一样的。

郁：对的。同济的方案不是复古的。红墙上有一个很大的玻璃窗凸出来，这个大的玻璃窗其实是内部一个大空间的反映，上面屋顶是一个攒尖顶，攒尖只用折板折起来的屋顶，代表这里是一个大会堂。我们强调形式和内容的统一。

贾：同济最讲究形式和内容的统一，不作假的。

郁：现在人民大会堂，我到现在为止，也说不出它的“社会主义内容，民族主义形式”反映在哪里？

路：因此谭垣先生批评说“巨大不等于伟大”。谭先生是中央大学的教授，张镈是谭先生的学生，他们都是中央大学毕业的。这是老师在批评学生。

郁：“十大建筑”设计有三个阶段，一个是做方案阶段，一个是做施工图阶段，还有一个阶段是在上海做设计。在上海造纸设计院设计的也是我们这帮人。

华：三个阶段的具体时间你们还记得吗？做方案阶段在1958年9月，在造纸设计院是在什么时候？

郁：做好北京方案回来以后。

华：施工图在最后？

郁：对，在上海做方案的时候，很有趣，上海的"十大建筑"，里面有一大建筑就是上海的革命历史纪念馆。同济的方案是戴复东老师带着我们一帮学生做的。此外煤矿设计院的雷鸣，清华，还有另一个设计院也都各自做了一个方案。最后大家争论不休。

贾：革命历史纪念馆是在淮海路渔阳里。

郁：我想讲一下时代背景，去北京设计"十大建筑"是什么时代呢？"大跃进"的时代。我们坐火车一路上过去，晚上看看两边，有大量高炉、小高炉和炼钢炉。到戚墅堰一带夜间灯火通明，进了山东也是如此。

贾：我替他说明一下，他们当时是教育和生产相结合，在设计院还不算，还到戚墅堰，到机车厂做实习，那是在工地劳动，就是参加盖房子。

路：参加施工。

郁：我们做方案的同学是直接从学校去的，做施工图时是从戚墅堰被叫去的，我当时在生病，没到戚墅堰去，差一点不让我毕业，因为我缺劳动课。后来不知道哪一位发了慈悲了，说算了吧。因为当时我生病生得很厉害。"大跃进"的时候大家都不休息的。到了北京实际上也是参加"大跃进"。

贾：我是理解，不是赞扬。毕竟从设计开始我们就参加了，一年之后把它造起来，到了1959年能够用起来很不容易。

路：9月份我们还没有去北京，到了第二年的9月30号就已经举行国庆典礼了，一年不到。

华：工作量是很大。

郁：在我们做方案的时候，北京有两个建筑已经完工了。一个是电报大楼（1955—1957年），一个是幸福村的小区规划（1956年），是华揽洪设计的。[15]这个小区是一个比较著名的现代派。[16]电报大楼是林乐义[17]设计的，同济对林乐义的设计还是蛮感兴趣的，他也比较有现代的感觉，你们不相信去看一下，现在体量看起来很小了，

---

15 华揽洪．北京幸福村街坊设计[J]. 建筑学报，1957（3）.

16 华揽洪，男，1912年生于北京。16岁留学法国，进入法国著名的大路易中学，1936年在巴黎公共工程学校完成大学课程，后考入巴黎高等美术学院，于1942年获法国政府颁发的建筑师文凭。1945年在在法国南部城市马赛创办了自己的建筑师事务所。1951年回国后，在梁思成的推荐下，担任北京市都市计划委员会第二总建筑师，并担任北京市建筑设计研究院总建筑师。1950年代设计的北京儿童医院项目获中国20世纪建筑经典项目的赞誉。1977年退休，偕夫人定居法国。90岁时获法国政府文化部的艺术和文学骑士勋章。2012年12月于北京逝世。

17 林乐义，男，1916年2月生，福建南平人。1937年毕业于上海沪江大学。抗战胜利后，荣获美国南方各大学建筑设计比赛一等奖，并到美国佐治亚理工学院研究建筑学，被聘为该校建筑系特别讲师。1950年回国后，历任北京中南建筑公司总建筑师，北京工业建筑设计院总建筑师，河南省建筑设计院总建筑师，中国建筑科学研究院总建筑师，建设部建筑设计院总建筑师、顾问总建筑师，还被聘为清华大学建筑系教授、中国建筑工程公司顾问、北京市文物古迹保护管理委员会、中国壁画学会筹委会副主任等职。1988年10月病逝于北京。

在长安街上，但当时比较大，都觉得还有一点现代建筑的味道。

当时还有一个背景，上海1959年5月下旬召开了一个200余人的建筑师代表大会“论社会主义建筑风格”。会名是“住宅标准及建筑艺术座谈会”，建筑工程部部长刘秀峰首先做了“创造中国的社会主义的建筑风格”的报告。

郁: 是在锦江小礼堂，那时候建工部部长刘秀峰定下的调子是叫社会主义内容，民族的形式，建筑方针就是实用、经济、在可能的条件下注意美观。

华: 我想再了解一下画施工图的状况，什么时候画施工图的呢？

贾: 设计做完了以后，11月份就开始做施工图，快冬天了，边设计边施工，而且周总理说实验性的技术不能用，一定要成熟的，不能有危险的，一定要保证工程的安全。

华: 当时边设计边施工大概是什么样一个状况？因为这几位老师都是做设计，陈老师您是参加画施工图，您能不能给我们介绍一下当时做施工图的情况？

陈: 我们当时还在戚墅堰工地上劳动，就通知我们要去北京做人民大会堂的施工图。我们班上大概去了十几个人，就住在北京的一个招待所里面，好多女同学一起住一个大房间，每天车子来接到北京规划设计院。在北京规划设计院里也是一个大房间，给我们每人安排一个桌子，大家一起画。也不是像现在这样具体的平面图什么的，也是前期的方案，比如人民大会堂里面有好多厅，就是让我们做这些厅的具体布置。

华: 其实也是深化设计。

陈: 对，深化设计。我们女生住在一个地方，工作也在一个地方，男生我记不得了。就是做这些工作，每一个厅里面画一个平面，画一个立面，然后画一个透视。看看里面布置成什么样子的效果图，这是最主要的。

华: 画室内的透视图？有人指导吗？

郁: 对。没人指导，就是叫我们一个一个画。一个厅一个地方，像福建厅、上海厅。

华: 有没有指导意见，说要做成什么样？

陈: 没有。具体的我也想不起来了。反正就是派给你，做完了以后就交上去。交上去怎么样也不知道，因为那个时候人好多好多。

华: 您在那里工作了多长时间呢？

陈: 时间也不是很长，一个冬天，大概就两个月，反正过了春节。

华: 后面画了施工图吗?

陈: 没有。就是深化方案设计。中间休息日，他们也带我们出去玩。

朱: 那个时候很热闹，整个天安门广场灯火辉煌，晚上人还在干活。边设计边施工。施工把全国最好的老师傅、最好的材料都拿到北京来了。

贾: 当时造价就是1000元每平方米，建筑师都不知道怎么用。

陈: 那时候做这十大工程等于倾全部的力量，大家都一起，人多得要命。

半工半读参与梅岭一号工程 | 1960—1961年

访谈人 / 参与人 / 文稿整理：华霞虹 / 王鑫、吴皎、赵媛婧 / 华霞虹、赵媛婧、吴皎、王子潇

访谈时间：2018 年 1 月 9 日 18：00—21：00

访谈地点：同济新村 497 号陆凤翔 / 王爱珠老师家中

校审情况：经王爱珠老师审阅修改，于 2018 年 3 月 9 日定稿

受访者： 王爱珠

王爱珠，女，1936年8月出生于上海，教授，硕士生导师，国家一级注册建筑师，九三学社社员。1955年考入同济大学建筑系，1961年毕业后分配在工业建筑教研室任教，任室主任。改革开放后入建筑设计教研室任教，直至1996年退休。曾任全国节能建筑理事，主办九三学社建筑进修班等。

1958年开始设计、1961年左右建成的武汉东湖梅岭一号招待所，由戴复东、吴庐生主持设计，建筑系、结构系和水暖电多位教师兼设计师，还有1955级建筑系的多位学生参与了这个保密工程。受访者王爱珠老师讲述了五年级时以学生身份跟随吴庐生、朱伯龙等老师参与梅岭一号工程，半工半学进行实践和学习的过程和收获。

华霞虹（后文简称“华”）：王老师是哪一年考上同济建筑系的，当时为什么选择考同济大学，考建筑系？

王爱珠（后文简称“王”）：1955年考入，1961年毕业，我们是第一届六年制。我一听六年制蛮好，就这样选择了建筑系。我中学是上海向明中学的，也没有什么复习就去高考了，稀里糊涂就考取了。那时我们比较懵，没有太多思考和压力。

华： 您四年级实习的时候是在设计院吗？具体参加了什么项目？

王： 大概在1958年提出来要教学跟实践相结合。记得当时成立许多设计小组，组里是以建筑和结构为主（由一两位老教师主持），其他工种有需要可以聘请。各组都有很多工程，因当时社会上就有很多的需求。这时候我们分成不同的组，分工

◎ 1959年，因校刊要刊登建筑系参加实践的设计小组的报道，组织1955级学生在设计院摆拍的场景（从左到右：陈佩琛、王爱珠、徐罗以、王世青、张丽生、李品霞），来源：贾瑞云提供

业建筑、民用建筑。

我参与的是武汉东湖的梅岭一号工程，以实习生的身份跟着吴庐生先生做设计。你们大概看过戴（复东）先生、吴（庐生）先生编的书，他们已经介绍了这个工程的很多状况，当时二位老师在工程设计上有许多超前意识和创新内容。

东湖客舍有一所、二所、三所。一所是冯纪忠先生跟傅信祁先生设计的，他们那时候大概还是在私立事务所。毛主席喜欢游长江，经常要到武汉来，开始的时候是住的一所，一所客房比较小，好像没有什么办公的空间。

二所这个项目呢，从找同济提意见到委托的过程，戴、吴两位老师的书中已有叙述，不知业主找同济与冯纪忠先生设计梅岭一号和武汉医院（当时也是一个不错的设计）是否有关系。不管怎么样，业主至少对同济有感情吧！我觉得这个跟我们现在各单位要创品牌是一样的。不管这次是否品牌效应，戴、吴两位老师又把蛋糕做大做好了，传承了品牌。我觉得戴先生和吴先生两位非常勤奋好学，对于工作非常认真，追求完美。

华：您当时怎么会参与这个项目呢？具体参与了哪些工作？

王：当时我是一个学生，五年级到六年级，直到毕业就一直在那边，跟了吴先生一年。我具体日子记不得了，开始系里派了大概六到八个学生过去，全是我们班的，好像有三四个女同学，男女同学一半一半。那时候也没有三步（方案、扩初、施工图）的设计这么全。根据老师草图边画边学，老师边教边改，平面构造什么都要画，有时也要配合施工。同时还要做些结构计算与绘制结构施工图。

吴先生是一竿子到底，她不是做了方案就丢掉了，而是每一个细部都自己研究。包括灯具、其他的材料她都要细细推敲。

那时候设计跟现在不一样，条件很差，每样东西都要自己做。但是吴先生跟戴先生他们真是全力投入。我跟着吴先生一年里，有时跟她睡在一个房间里，就我们两个人。戴先生在同济这里要上课，暑假寒假才去。我们天天晚上都要干到一两点钟。

陆凤翔（后文简称“陆”）**：**我也去了，是后面去的，每天也是干活到半夜一两点。

王：陆老师当时是教师，不是设计院的，也去了。去了一次做了一些长廊方案以后就回来了。我们学生最后就剩两个人，一个我，还有一个许祥华，在那边干了一年。

华：您和另一位同学在那里待到建成还是图画完？

王：我要毕业了就回来了，老师们大概还做了一段时间。基本上就在施工了。我在那边的时候，图应该基本上画好了。但整个工程边施工边改。吴老师与放样的木工张林发配合极默契，小张有灵气悟性高，后来成为客舍的基建处长。

华: 梅岭一号这个项目设计上有什么特殊的地方？碰到困难了吗？

王: 一个特点是卧室很大。我当时的观念，卧室应该就是像规范里面规定的尺寸，每个人平均有一定的住宿面积。所以当时会困惑卧室为什么这么大。事实上后来有一张毛主席的照片，就是在办公桌上有一个大台灯的那个，就是东湖梅岭客舍的。梅岭二所客舍里面造了一个游泳池，还造了一个礼堂，供开会或看电影。

当时装潢建材都很缺乏，跟现在的概念都不一样。我举一个例子，比如说灯，现在都不要自己去设计了，那时候没有什么厂家可以提供，或产品不理想，吴老师就叫我到上海来买灯具，找旧的灯具。当时我假期回到上海时，就去帮吴先生选了很多旧货店里面的灯具带去。有的好用的就直接配上去，另外有些不好用的，她就叫我画那个灯具的平面和剖面图。我就对着那个灯具，看着画，把灯具的整个脚扒开来了画，画出每个节点，当时我想这个跟建筑也不搭啊。有的加一些配件，有的要去掉一部分，加一部分零件，当时就是这样做的。家具、窗帘可供选择的也不多。老师书中也提到过经济条件限制下很多东西都没有，没有地砖后来用的是毛石等。甚至办公室里面一个橱柜，也叫我设计，她改好了，我再把构造图画出来。在那边，我们是一竿子到底的。每个建筑学的同学还要做一项结构，当然是在老师指导下做的。

◎ 梅岭一号现场外景，来源：华霞虹提供

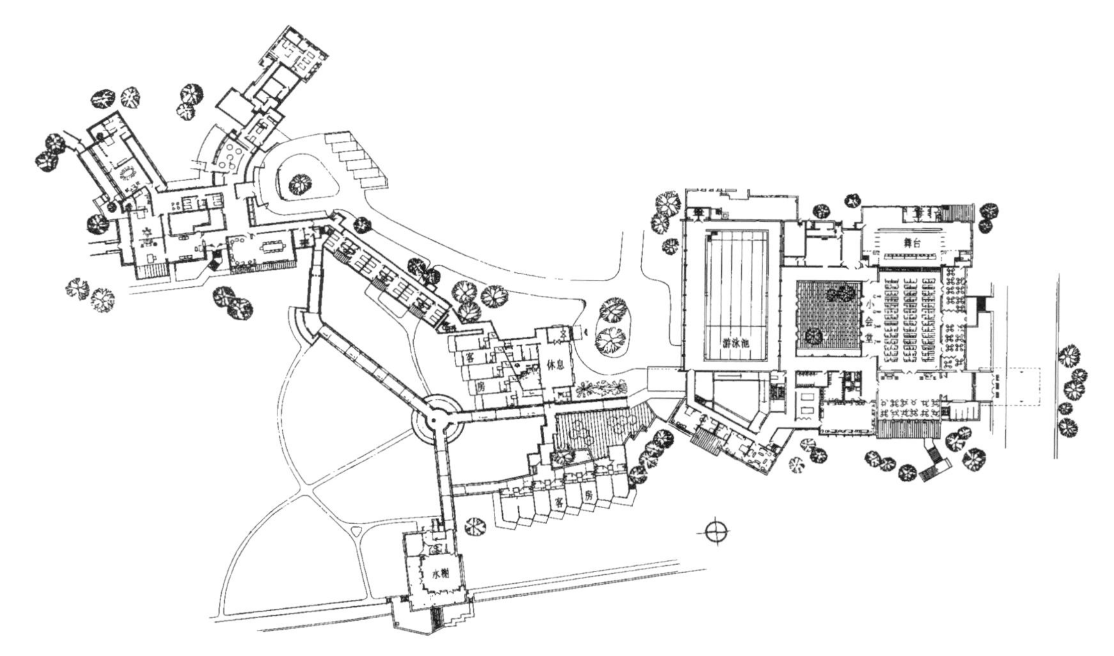

◎ 武汉东湖梅岭招待所总体布置及平面，来源：《当代中国建筑师——戴复东、吴庐生》，同济大学出版社，1999

华： 建筑师为什么要做结构呢？当时梅岭这个项目，没有结构专业的学生吗？

王： 有结构的老师，没有结构的学生。教学改革就是强调建筑师也要懂结构。这个也不无道理，懂了一点，对我一生帮助也蛮大。

陆： 主要那时教学、施工跟设计操作相结合，这是从我们那一年就开始了。

◎ 水榭灯光，来源：华霞虹提供

王： 刚才提到我们建筑的学生都要做一项结构，记得当时我做了那个放映室的框架结构，陈大钊[1]做了游泳池那个排架结构。我是朱伯龙老师辅导的。虽然算不上是我设计的，但是事实上是我在做，我计算，绘结施图，有一个结构老师手把手在教，不懂就问，因为我们师生天天在一起的。

华： 那个游泳池的结构有点难度的，他是学生还是老师？

王： 学生，都是我们班的同学，我们有老师手把手在教。

华： 当时是在工地上吗？

王： 不是，是住在招待所里，就是原来的东湖客舍里面。东湖客舍当时是一个保密工程，

1 陈大钊，男，1955 年考入同济大学建筑系，1961 年毕业。

现在好像是开放了。

华: 都是朱伯龙老师教的吗?

王: 另外还有一个潘士劼[2]老师教木结构，朱伯龙老师是教钢筋混凝土结构，还有汤葆年[3]老师偶尔也来当顾问。常驻那边的是朱伯龙和潘士劼位两位老师，我们两个同学，吴庐生先生，还有一位叫张剑，是暖通老师。

我们其实是以建筑结构为主，设备专业每个工程临时会找人来。当然是吴先生找人。吴先生、戴先生还蛮有特点，他们要找他们喜欢合作的人，以前当然还要听总支（的意见），总支同意就同意，不同意也不好随便拉人。他俩对朱伯龙，对张剑都很欣赏的，张剑也是很能干的。在这个过程中，这么多好老师对我们学生来讲真是非常好的一个锻炼，一生管用。作为一个建筑师，其他工种都应该要了解。如结构的概念，不是光书本上念念而已，自己实践一下，理解就不一样。

陆: 我插一句，同济大学比其他学校做得好的，就是理论跟实际非常紧密地结合起来。“五七”公社也好，“五七”钢铁连也好，如同解剖麻雀，我们搞一个工作组，从设计一直到施工，一直到把它造起来。从那个工程开始，我们一直都是这么全过程支撑下来的。

王: 一个是结构，一个是构造，在设计中真是好重要。

吴先生非常注意细部，每个节点都要仔细推敲。会堂的舞台口设计了一个抽屉式台阶，为了设计其中一个可伸缩的节点，吴老师观察了许多机械部件的运行，不断思考，甚至做了实验性打样。最终解决了难题，此项也成了她有特点的设计，当时也算创新吧，近来体育馆等设计中都有运用。成功之际吴老师的喜悦之情，我现在还有几分记忆，给我的感受也是比较深刻的。

另外一个就是对其他工种认真学习的态度。有一次我们一起去一个空调机房考察，吴先生就从怎么进风，怎么过滤，怎么处理，到最后新风怎么出来，对所有工艺的基本的东西都在了解。为什么要这样呢，我后来感受到一点，如果设计中对其他工种一点都不懂，没办法满足建筑的一些布局，这就是吴先生要关心其他工种的原因。我当时就懵懂得很，跑进去看看就出来了。张剑老师就批评过我：你们老师都这么认真，你这个学生也不记笔记，我听了以后就傻掉了，我真是没注意啊。后来我搞工业建筑设计的时候，对这些内容，就都会去了解，养成了习惯。在这个半工半读的实际项目中，师生一起工作，师生距离近了。又住在一起，就更近，所以我们跟朱伯龙老师、潘士劼老师，后来就都很熟悉。比如潘士劼老师去买西瓜，

2　潘士劼，男，同济大学钢结构教研室教师。

3　汤葆年，男，1948—1949 年于华盖建筑事务所实习，1950 年被复旦大学聘为助教，1952 年被交通大学聘为助教，院系调整后进入同济大学任教，1954 年被同济大学聘为讲师，后进入同济建筑设计研究院工作。1980 年被聘为苏州虎丘塔修缮工程技术顾问。

啪啪啪挑西瓜，严肃的样子都没有了，很生活，更亲切了。

华：一起做项目以后肯定就近了，原来在讲台上是很严肃的。这个就是50年代到70年代我们学校的教学方式，就是教学生产一体化。您从学生直接参与工程这个角度来讲，我觉得挺有意思的。

王：对了，我觉得在东湖就是这样干的。

长江轮的舾装设计和“五七”钢铁连 | 1959—1974 年

访谈人 / 参与人 / 文稿整理：华霞虹 / 周伟民、范舍金、王鑫、吴皎、李玮玉 / 华霞虹、梁金、吴皎、杨颖、盛嫣茹

访谈时间：2017 年 05 月 17 日 14：00—16：30

访谈地点：天山路 1855 号刘佐鸿先生家中

校审情况：经刘佐鸿老师审阅修改，于 2018 年 3 月 24 日定稿

受访者：刘佐鸿

刘佐鸿，男，1930年4月生，广东潮阳人，教授。1949年考入圣约翰大学英文系，次年转至建筑系；1951年因国家需要调至长宁区共青团团委；1956年入同济大学建筑系学习，1962年毕业后留校任教；1985年担任建筑系副系主任；1986年2月，调往同济大学建筑设计院任副院长；1989—1990年，任同济大学建筑设计院院长。退休后曾任美国恒隆威（HLW）国际建筑工程公司上海代表，负责上海南京西路仙乐斯广场工程（从扩初到建成）。2008年同济大学建筑设计研究院建院50周年时荣获“突出贡献奖”。

1959年，同济大学附设土建设计院从沪东造船厂接手为中央首长服务的60型长江轮舾装设计，刘佐鸿老师在访谈第一部分介绍了四年级实习期间参与该项目的设计过程。第二部分主要讲述了在“五七”公社和“五七”钢铁连期间教学方式上的探索，并以亲身经历评论了教育革命提出的教学与生产劳动相结合的看法。

华霞虹（后文简称“华”）：刘老师，您在建筑系求学期间在设计院实习，参与的是什么项目？

刘佐鸿（后文简称“刘”）：我对同济大学的感情非常深，因为从大学开始一直到退休，都在同济。我对设计院也不陌生。做学生时，第一次跟设计院接触时上三年级。那时设计院可以让学生参加勤工俭学，我就在那里干描图的活，五毛钱一张一号图纸。

华：您三年级时，那是哪一年？

刘：1958年，“大跃进”开始的时候。

华：那时候设计院正好刚刚成立。

刘：是的。我第一次接触设计院就是参加勤工俭学。后来到了四年级，就被安排进设计院实习。当时我们班的同学分成两部分。大部分人进了“上海3000人歌剧院”项目组。我因为一开始参加过一条叫“伊里奇号”的苏联商船的内装修设计，所以仍旧进船舶室内设计组。伊里奇号这条船是从苏联到中国来检修的，要把内部全部拆光，然后重新装修，主要由江南造船厂负责改装。不知道同济设计院从哪里接到这个任务，我们学生就帮忙画图和做一些小活。

华：谁在负责这个项目？

刘：我记得好像是史祝堂[1]，或者还有郑肖成[2]，具体是谁我忘掉了[3]。四年级时，因为我参与过伊里奇号这条船的室内设计，所以没有参加3000人歌剧院的设计，而是被调去做一条名为“60型”的给中央首长用的长江轮。

---

1 史祝堂，男，1953年毕业于同济大学建筑专业后留校任教。

2 郑肖成，男，1955年毕业于同济大学建筑专业后留校任教。

3 在《吴景祥文集》中有一篇文章名为《一艘大型客轮的室内设计》，提及此事。设计组名为：同济大学建筑设计院船舶室内设计组，文后指导教师为吴景祥、王吉螽、郑肖成；参与的同学为建五和建四年级，建五：杨卓群、王曦民、张丽生、朱文珍、罗鸿强、周仁平、陈佩琛、王良振、沈锦霞、刘良瑞、张兰香，建四：刘佐鸿、罗文正、刘志筠、裘丽慈、朱龙君。

◎ 建筑系学生与伊里奇号船员联欢，来源：《1952 级学生同学录》

华：这个项目是在同济设计院做吗？

刘：对，这是我们设计院接到的任务。当时上海市这些船舾工程是由市委书记柯庆施负责的。不过我们的设计任务是在船体基本完成时由船舶院委托给同济设计院的。“60型”主要由史祝堂负责指导我们这些学生，他说最初的设计方案是王吉螽和王宗瑗[4]做的。当时调出来的学生有三人，一个是高年级贾瑞云他们班的，叫杨卓群；还有一个比是我低一届的沈福煦[5]，他后来也当了老师。我们三个人在外滩的船舶院做设计。做了一段时间以后，他俩就回学校了，我继续留在那里干。因为船在沪东造船厂造，我就到造船厂去搞现场设计。在原方案基础上，从平面开始设计，一直到装修施工图，到灯具、沙发、家具、地毯的实物设计。平时还参加劳动，了解施工工艺过程，给家具的表面上蜡，这些劳动我都干。

船体不由我们设计，我们做的只是客舱装修。当时他们不叫室内装修，叫舾装，是船舶舾装的一部分。家具灯具还要到家具厂、灯具厂去跟老师傅商量，放大样，再按照大样来加工制作，所以我也学了木工。

华：您的实习工作很特殊。别人做建筑，您去做船的室内设计了。

刘：因为那时说是给中央首长用的，所以是个保密工程。实际上这条船是很好的，

4　王宗瑗，男，1955 年毕业于同济大学建筑学专业后留校任教。

5　沈福煦，男，1936 年出生，浙江绍兴人，教授。1963 年毕业于同济大学建筑学专业后留校任教。长期从事建筑文化与美学研究，出版《建筑概论》《建筑美学》《现代西方文化史概论》等著作 37 部。2012 年 8 月在上海病逝。

◎ 修复后伊里奇号客轮外观，来源：《自强之路：从江南造船厂看中国造船业百年历程》，中央文献出版社，2008

当时号称要做成“海上的人民大会堂”。

华：那条船很大吗？

刘：很大。甲板上面有接见厅、会议厅，有主席的卧房，还有总理的卧房，以及各个省委书记的房间。所有这些室内都要做，一直做到这个项目全部结束，参加完试航，然后回学校。

华：一共做了多长时间？

刘：前后有一年。我一年里没有上课。我跟赵秀恒是同学，很多他们上过的课我都没有上。我被抽出来做这个项目，可能是一年多一点点。为了做好这个项目，当时还去参观毛主席住的地方，了解主席的生活方式、他的座高，还有喜欢的颜色。这些都是有规定的，所以你就得去看，去体验。我们参观了他在上海的两个住处，装饰也比较朴实，只是面积大而已。

总的设计要求是民族传统结合现代。比如屏风、挂屏等的主题要采用松柏、江湖、旭日、梅兰竹菊等民族传统且带有称颂内容的装饰，制作设计则要与现代结合。记得船上的接待厅里有一个大屏风，屏风有正反两面。我们采用中国传统的形式，由史祝堂先生请上海当时的名画家唐云[6]先生作画，上面画有一棵很大的松树，还

6 唐云，男，字侠尘，生于1910年，浙江杭州人。19岁时于杭州冯氏女子中学担任国画老师，1938—1942年先后在新华艺术专科学校、上海美术专科学校教授国画。后专注于绘画事业。1949年后历任上海市美术家协会副秘书长、展览部部长。

◎ 修复后“伊里奇号”客轮餐厅，来源：《自强之路：从江南造船厂看中国造船业百年历程》，中央文献出版社，2008

有山水，以及旭日，像人民大会堂“江山如此多娇”壁画上的那样，其中一面还用玉石镶嵌，旭日用的是一块很红很红的玉。厅的两侧还有上海工艺美术厂制作的四幅挂屏，上面是梅、兰、竹、菊四君子，采用阴刻，然后填嵌石绿。又如沙发座椅等，要按照明式家具风格，同时又参考北欧家具简洁风格设计，枝形吊灯的灯头采用了玉兰花造型，沙发面料指定要绿色，不要红色。后来我选出两种绿色，与史老师商量后确定了一种。设计中后期的尺度、精神等方面内容都由史老师根据上级要求掌控，我也不便深问。

这个工作作为生产实践的结合，反映了高校设计院作为学生实习基地的一大特色。

华：这个机会很难得。有其他老师带着做吗？

刘：没有，就是我。史祝堂老师是主要负责人，他曾在船舶院老总的带领下，去北京中南海听取指示并进行调研，对个别家具的座高、宽度和色彩提出要求。我天天在沪东造船厂里，一个人在那里画图。设计方案由史老师审定，再由我做施工图交付施工，他一个星期来一次。当时那个厂除了做民用项目外，还要造潜水艇。

做这份工作对于我的一生来讲都很幸运。可以学得很细，因为室内设计得很细，包括所有家具的节点大样。灯具是我设计的。我为什么喜欢这个灯（指家里客厅的顶灯），因为我当时设计的一个灯和这个差不多，是先这样分叉出去6个，然后每个又分叉出去两个，就是12个。

这个灯在“文化大革命”时期还有一个故事。不知道是谁，开始是去查史祝堂，看到我们的设计图纸，说怎么是12个角，下面还有个圆，像是国民党的党徽。当然我的设计没有这个意图，是6个分叉在上面一层，另外6个在下面一层，平面图上看是12个。但我很紧张，虽然不是查我，但毕竟是我设计的。后来这件事没有查到底。我的背景也比较清白，又不算是权威走资派，所以很庆幸。

华：那当时的图纸您有签名吗？

刘：我签的，主要是史祝堂老师签。

华：那还是查得出来的。

刘：所以这件事就是个故事。但我去沪东造船厂做这个“60型”设计工作还有一个遗憾，就是我现在没有任何有关的材料。因为这是一个保密工程，任何资料都不能带出来。

华：这事真的十分特别，没想到同济院当时还承担过这样的项目。

刘：你说同济设计院也好，同济大学也好，那时候是不分的。因为任务都是国家投资，上面市委或者市政府下达任务。建筑方面的任务基本上都由建筑系承担，设计院负责，所以建筑系和设计院是分不开的。

毕业以前的情况大概就是这样。我在大学时期做过一些勤工俭学的工作，我记得在三年级到四年级期间，流行勤工俭学。这其实是很好的。有的人到图书馆实习，我开始是到设计院画图，后来又到公交公司当售票员。这些其实都是很好的工作，是社会实践。

华：现在这条船还在吗？

刘：估计已经报废了，因为现在造船的技术越来越好，而且已经过了近60年。

周伟民（后文简称“周”）：我感觉，刘老师跟设计院的渊源其实从学生时代就开始了，后来也没有断过。

华：我们换一个话题。在“五七”公社期间，您还在系里当老师带着学生参与真实项目实践吗？

刘：其实1962年毕业后我参加教学的时间不长，我只在1963年、1964年带过二年级学生，还兼任资料室的秘书，后来帮傅信祁老师一起带越南留学生。1965年我跟徐芸生[7]（61届建筑学学生）去崇明搞"四清"活动；1966年被突然调回学校，1968—1969年这段时间要搞"教育革命"。我就趁这个机会，拉了一批人，出去搞"教育革命"。那时"五七"公社还没有成立小分队，我们就拉了一批人到梅山，是上海管辖的一个地方。我们这个队叫"五七"钢铁连。

华：有哪些人参与呢？

刘：里面有陈寿宜（61届建筑学）、董彬君（53届建筑学）、俞载道、许哲明，还有十几名学生。董彬君后来进入同济设计院了。

华：老师主要就是这五个人？

刘：老师里面，我、陈寿宜、董彬君三个人是搞建筑的，俞载道、许哲明两个搞结构。其中有一个学生潘云鹤[8]很好，学习上很钻研，自学能力很强，后来当了浙大的校长。讲起来也算是老师带着学生去搞设计实践。

这批学生是1965年上大学，已经学过一年多课程，但"文革"开始后就停课了，没有经过系统的训练，之后我们就把他们拉出去了。

上钢一厂的工宣队队长叫王连生，带着我们跑去那里做设计。实际上在那边没有具体上课，就是边做设计边学习，而不是边学习边做设计。设计中间遇到不懂的就问老师，有时遇到问题也会上一点课。在我看来这种教学方式在当时那种情况下还是很好的，师生关系也很好，天天住在一起。那时候还自己编手册。在设计的时候，比如说门窗方面，窗的型号、尺寸，过去我们是要画详图的；还有材料方面，比如水泥的配合比，我们把这类东西编成手册，叫《建筑设计手册》，挺厚的一本，大概一寸厚，很实用。自己刻钢板，自己印刷，自己装订成册，同学一人一本，作为教材。

我们一组在南京"9424工程"（梅山工程的代号）做了精苯工段，是化工工艺的一个工段。当时是新建厂，现场为一片空地，因此要求从规划开始，几幢厂房和附属设施一起设计。那时候从总图到建筑到结构我们都做。俞载道、许哲明两位结构老师指导。我学建筑的，也做结构，同学们也做结构。那时候叫"一竿子到底"，建筑和结构不分。

7　许芸生，男，1936年生，福建闽侯人。1961年毕业于同济大学建筑系建筑学专业，后留校在建筑系任教，1969—1972年任同济大学援外组任组长，1973年援外组结束后进入同济大学设计院工作，先后担任设计院三室主任、同济大学建筑设计研究院厦门分院院长等职务。

8　潘云鹤，男，1946年生，浙江杭州人。1970年毕业于同济大学建筑学专业后，在湖北省南漳钢铁厂做技术员，1972年担任湖北襄樊自动化研究所技术员、所长、市科委副主任。1978年进入浙江大学计算机系计算机应用专业攻读硕士学位，1981年毕业后留校任教。1997年当选中国工程院院士，1995年至2006年担任浙江大学校长。

华: “五七”钢铁连是你们自己拉出来的，那它的组织机构算是哪个单位的？算是同济大学的组织吗？

刘: 当然了，因为我们是同济大学的老师和学生。

华: 它应该不属于设计院下属的任何设计室的吧？

刘: 我不知道俞载道是不是设计院的。

周: 他以前是设计院的结构室主任。

刘: 那时候学校都停课了，没有人上课。因为设计院已经没有大的工程了，整个社会上建设和生产基本上都停了。

华: 您在“五七”钢铁连做了多长时间？

刘: 我们在梅山待了有一年吧。因为精苯工段设计已完成，然后我们就搬到上海高桥化工厂去了。

范舍金（后文简称“范”）：刘老师，我很好奇，当时怎么会拿到这样的项目，为什么跑到梅山去了呢？

刘: 因为当时梅山刚好要建设。不知道谁想起来了，就说我们去那个地方，也不知道是怎么联系到的。我说我拉了一批人出去，是自己找过去的。还有一个组是何义芳(64届建筑学学生，5年制工农班)、陆凤翔、邓述平[9]和建工系的十几位师生，他们主要负责炼焦厂部分的设计。他们也是去梅山，是另外一个组，有另外一个工宣队带着他们。我们两批人以两个排的方式分散在“9424工程”的两个片区开展教学和设计，直到1971年返回上海高桥化工厂时才合并起来。

范: 那学校还是有组织的？

刘: 学校没有组织。工宣队同意了，我们就自己联系，对方同意后就自己去做。“五七”公社是学校组织领导的，后来还有传说批评我们“五七”钢铁连在和“五七”公社唱对台戏。

范: 桌子、上课的地方、画图的地方有人提供吗？

刘: 这个简单。图板都是学校里“偷”带走的，那时候没有人管。丁字尺、图板都是自己带去的，很容易解决。那时候我们不光去那里做设计，还在那里参加劳动，

9　邓述平，男，1929年生。1951年毕业于同济大学土木工程系后留校任教，1952年加入同济大学建筑系城市规划教研组，1957年参与创办《城乡建设资料汇编》（《城市规划学刊》前身）。1986年获得教授职称，并担任建筑系城市设计教研室主任。2017年6月在上海病逝。

使我对一些事情有了深刻体会。比如设计基础，要挖的坑很深。待我们自己去砌砖基础，发现劳动半天，累得要死，还没有砌到 ±00基础平面标高。当时都是手工砌筑，这时就体会到工程设计时要注意节约，要知道工人施工的辛苦。当时就有这样的想法，觉得下去劳动没什么不好。那时候的教学有一部分是应该肯定的，当然也有很多东西做得过分了。

华：刚才您已经讲到1968年、1969年了。1969年之后就成立“五七”公社，您有参与其中吗？

刘：我去“五七”钢铁连以后，到一年多的时间，还没有结束，就把我从高桥现场强行调回来，改派朱亚新去。调出来以后，我只好去“五七”公社。那时“五七”公社有一个老工人班，我和沈祖炎[10]老师一起。沈祖炎就是丁洁民院长的导师，也是我南洋模范中学的同学，比我低一级，我1949年毕业，他1950年毕业。还有一个老师叫何林是搞规划的。我们三个就教老工人班。老工人班学员的素质其实是很好的。刘长合、王宗福（70级74届建筑学），还有好几个都是老工人班的。刘长合是班长，是全国的劳动模范，砌墙是一把好手，速度很快，他对老师很尊敬，也很和善。

教学很困难，那时候沈祖炎是我们三个人的头儿。我们不光要教专业课，还有很多基础的课程，像从数学开始教。最让我头疼的是一次讲代数。有一个学生，我叫他把数字代进去，他问怎么代，我就没办法了（笑）。所以说很困难，不过他们很用功。到最后，我们就去第三钢铁厂去做一个工程，做一个住宅。他们可以做简单计算了。到了做工程的时候，其实主要也要靠老师去做设计。

华：这些人的年龄大概有多大，要学几年呢？

刘：大概上学的时候就有30来岁，全是建筑工人。他们来学，也不叫建筑学，也不叫工民建，好像是叫土建班还是什么班。反正我们调去负责辅导。他们上几年我不知道，我反正带了一年多，就又调去“五七”干校，在那里我养了一年猪。

---

10 沈祖炎，男，1935年6月生，浙江杭州人，教授，著名结构工程钢结构专家。1951年进入交通大学土木工程系，后因1952年院系调整转至同济大学工业与民用建筑结构专业学习，1955年毕业后留校任教。1962年至1966年攻读并获取同济大学结构理论硕士学位。后留校任教，曾任同济大学助教、讲师、副教授、教授、副校长、研究生院院长、上海防灾救灾研究所所长、国家土木工程防灾重点实验室主任、全国高校土木工程专业指导委员会主任及评估委员会主任、美国结构稳定研究委员会委员、国际桥梁与结构协会钢木结构委员会委员等职。2005年当选中国工程院院士。2017年10月在上海病逝。

建筑实习和向苏联专家学习工业建筑 | 1952—1976 年

访谈人 / 文稿整理：吴皎 / 吴皎、倪稼宁、李玮玉

访谈时间：2017 年 5 月 20 日 9：00—10：30

访谈地点：同济大学建筑与城市规划学院 B 楼 211 教室

校审情况：经李道钦老师审阅修改，于 2018 年 4 月 3 日定稿

受访者：

李道钦，男，1935年生，上海人，高级工程师。1952年考入同济大学建筑系，1956年毕业留校读研究生，随苏联专家在同济学习工业建筑，两年后研究生毕业分配至广西大学任教。1974年调回同济大学进入水暖系，1976年进入同济设计院工作。1988年调入上海大学任上海大学建筑设计院总建筑师，1995年退休。后在同济大学继续教育学院、济光学院等学校担任教师，直到2015年年底正式离开讲台。

1952年全国高校院系调整后，华东地区10余所院系土木和建筑相关专业并入同济大学，同年，李道钦进入同济大学建筑系学习。访谈中介绍了本科四年的学习和实习经历，包括“真题假做”的疗养院毕业设计。他于1956年毕业后读研，跟随苏联专家学习工业建筑设计，后分配到广西大学任教。1974年调回同济大学水暖系，1976年进入同济设计院。

吴皎（后文简称“吴”）：1952年，您进同济大学求学时，建筑系注重设计结合实践的专业学习方式，您能介绍一下当时的情况吗？

李道钦（后文简称“李”）：1952年，同济大学刚成立建筑系，共有两个专业，一个是房屋建筑学专业（房建）；另一个是都市建筑与经营专业（都建），是四年制。我是房建一年级学生。学习的课程除了公共基础课程外，专业课程有三方面的内容：建筑，包括建筑初步、建筑构造、各类建筑设计和小区规划设计等内容；结构，有理论力学、材料力学、结构力学、钢结构、木结构、钢筋混凝土结构等；施工，有测量学、施工组织与计划、施工总平面布置等。结构系的工民建专业则是偏向于建筑施工、房屋建筑学，建筑的知识比重占40%左右，结构和施工的知识比重各30%左右。当时做的毕业设计都是以这样的比重分配的。在课程安排上面，我们当时学的有测量，像经纬仪、水准仪、平板仪，这些我们都学过。暑假有测量实习，我们就是在一个地块上测量几个点以后，画出一个小块的地形图。这和现在的建筑学不同了。另外，结构学习的比重还是比较大的，理论力学、材料力学、结构力学，再加上钢结构、木结构、钢筋混凝土结构，这些东西全都学的。

实际上，我们的建筑知识学得还是多一些，约占60%，结构和施工呢，我估计也有20%左右。教我们的结构系老师，都是当时很权威的学者。钢结构老师是俞载道，后来设计同济大礼堂的结构，还有一个比较有名的叫欧阳可庆[1]老师，他是木结构的，都是具有很丰富实践经验的老师们。记得第一节建筑课是由唐英老师来讲，而建筑构造课是由华东地区一等一级工程师罗邦杰[2]老师来讲。[3]还有抄

1 欧阳可庆，男，广东三水人，教授。1943年毕业于圣约翰大学土木系，1952年院系调整后进入同济大学，历任副教授、教授、钢木结构教研室主任，全国高耸结构委员会副主任委员。主持钢木结构方面的教学和研究工作，曾主持设计上海电视塔。

2 罗邦杰，男，1892年生，广东大埔人。1911年进入清华学堂学习。后赴美留学，先后取得密歇根大学采矿冶金专业工学士，明尼苏达大学理学士，麻省理工学院建筑工程系硕士。1928年回国，曾任清华大学、北洋大学、交通大学、沪江大学商学院建筑系教授。1935年自办罗邦杰建筑师事务所。1939年起在之江大学任教。1952年院系调整后进入同济大学建筑系任教，为建筑构造教研室一员，并兼任华东建筑工业部设计公司和建工部建筑科学研究院总工程师，晚年出任建筑科学研究院建筑物理研究所所长。1980年逝世。

3 当时吴庐生老师是助教。

绘施工图练习，让我第一次见识到正式的工程图纸是怎样的，我们不仅学习正式工程制图，还需了解其所表达的内容，以及为什么要这样做，还要训练从平、立、剖面图组合起实体空间形象的想象力。培养从物体空间到图纸表达，再从图纸联想到物体空间的能力，在课程练习中注重通过建筑设计来解决日常生活中的需求。

每年的实习环节也很重要。一年级后的暑假有测量实习，在天然的田野上通过踏勘，操作经纬仪、水准仪、平板仪测绘，制成了地形图。还有些同学参加了中苏友好大厦或同济南北楼的绘图工作，从而了解实际工作是严格要求制图准确的。

二年级后是工长实习，去了上海闵行的汽轮机厂（电机厂、轴承厂）大型工地实习，作为工长助手计算工程量，提出施工技术要求，开出任务单，见识并学习了一些实际施工操作技术。有一次，在半夜挖基坑时，我们还遇到流沙涌出的现象，进行了紧急的抢救处理，这一事件给我们留下了深刻的印象。

三年级后去上海市农业局实习，给我们的任务是要设计“人工降雨机”。要求在汽车底座上装上两边各出挑50米的钢管桁架，钢管除了支承作用，还要在里面通水，供喷洒用。我们因为在学校有权威经验的老师[4]做后盾，就大胆接受了此任务，回校找老师，帮我们解决既要满足承重，又要满足使用要求的节点构造。但后来因为实习时间结束，没有正式出图。

四年级时毕业实习，我们在上海市民用建筑设计院实习，分到设计院的设计组中工作，有工程师指导。实习下来感到，我们学生所画的图纸和实际工程有较大差距。当时建筑工程的施工图都是用铅笔制图，画在透明的白纸上，要晒蓝图用的。虽用铅笔画的，但深浅粗细仍是分明的，对比强烈，而我们学生所画的铅笔线图还达不到可晒图的要求。

吴：在这种注重实践的教育模式下，当时您的毕业设计是真题真做吗？

李：毕业设计是“真题假做”，设计任务书地形图都是真题，调研过程中资料也都是正式工程实例。毕业设计是全面地检验在校时所学习的知识，除了本专业的建筑设计知识外，还有结构选型、结构布置、施工组织、进度计划等内容。做的是一个疗养院的设计。这个题目做的人很多。疗养院设计要把两方面结合起来，一是旅馆和娱乐部分，另外还有医疗部分。我们正式实习是在民用设计院，当时我们的兄弟学校——南京工学院有一个组也在做这个题目，跟我们并在一起。我们两组同学一起到杭州、无锡，住在疗养院里面，再到其他疗养院去参观。比如到杭州，我们住在屏风山疗养院，之后再到空军疗养院、纺织疗养院去参观。后来到无锡，住太湖疗养院中，再去参观其他疗养院。民用设计院实习的时候，我们和南工的同学也是在一起的。

---

4 指钢结构专业的俞载道老师。

因为是真题假做，后面关于现场设计、工种配合相关的资料照片，这些和设计院有关的工作，我们倒没有参与多少。但是在学习期间，我有机会参与的实际工程项目是同济南北楼工程图纸的绘图工作，另外有同学还参加中苏友好大厦，就是现在的上海展览中心的图纸绘制工作。

吴： 您对同济设计院成立初期的情况了解吗？

李： 同济设计院是1958年才成立的，因为我1956年毕业留校一直到1958年，所以我知道一点。当时成立了几个室，吴景祥是一室的主任。

毕业后因为有苏联建筑专家来我校讲课。有两年，全国各建筑院校都派了进修教师来学习，包括哈工大、重建工、清华这些老八校，他们被称为进修教师。我校就留了包括我8个研究生[5]一起学习，我们研究生和进修教师就编成一个班。主要讲两门课——工业建筑设计艺术和工厂总平面设计，专家是从列宁格勒（圣彼得堡）过来，还指导两个设计课题，此外还有很多讲座和调研，两年后苏联专家回国，我研究生毕业。

我现在再讲一下学习和实践之间的关系问题，学了以后怎么用。对我来说，因为在学校里面有实践，刚出学校的时候胆子很大，什么都敢实践。

毕业分配是大家（8个研究生）一起商量工作去向的。我报名去边疆，去了广西壮族自治区。1958年，广西大学重新创办，我去后是第一批老师，当时正大搞人民公社，我们全体土建师生去农村，在农村现场做人民公社规划设计。我虽然刚跨出校门，但胆子很大，什么也不怕。1959年，全国各院校设计单位在武汉召开了人民公社规划设计交流会，我还应邀在会上发了言。此后，因广西大学刚办校，系里成立了建筑设计室，我们老师在教授专业课程的同时，就做学校规划设计和学生宿舍及教工宿舍设计。

开门办学、现场教学，我还参与了很多次。在广西时参加开门办学、现场教学是去工地教学，除了有土建教师，还有外语、数学等基础课教师和工农兵学员一起在工地上教学。有一次我们去南宁绢纺厂工地，现场就是一片平整后的场地。我们从搭工棚、绑扎脚手架上开始进入工地。当时工地上正在搞“四清”运动，工长以上的干部要人人过关，不少人没心思搞生产，我们土建教师就先做场地布置准备工作。当我们初步知道厂房的位置后，没等设计单位正式出总平面图，就抢先出了施工总平面图。然后在工地上放线，按厂房不同的设备基础深度和位置，先计算土方和放坡范围，再算出土方量，并安排民工挖土。这时我们在学校所学的测量学就大有用途。虽然年久遗忘，但因动手操作过，复习一下，还都能想得

---

5 根据《同济大学建筑城规学院1954—2006年研究生名录》可知这8位同学分别是：郑建华、朱明明、刘义君、李道钦、尉迟培德、汤慧智、倪美芬、关天瑞。

起来。工地现场教学有实例，给学生以直观印象，易于认识，但局限性较大，只能接触一小部分知识，而且施工进度与教学计划不易一致。

吴：关于设计革命和“五七”公社，您参与过吗？

李：“五七”公社是同济建筑系的事情，我没有参与。

我1974年回到同济大学，但是当时不在“五七”公社，而是到处去到设计现场的。我回同济以后先去了水暖系。

吴：为什么到水暖系呢？您在同济设计院的工作经历可跟我们分享一下吗？

李：1974年我调回同济，先去水暖系给排水教研组报到。因为当时水暖系也是开门办学，在各地造自来水厂，配合工厂做污水处理的土建设计。他们的结构设计力量很强，但没有一个做建筑设计的人。

我去水暖系就配合做水厂建筑设计和水厂总图布置。现场设计有好几个组，分散在各地同时进行，而只有我一个搞建筑设计的，就要去各地巡回配合现场设计。因为各组按教学计划设计进度是同步的，最后定案阶段时间也是一致的，而现场分散在各地，在短时间要跑几个地方是很紧张的。所以全班集中在大工地现场设计就较好些。

1976年，我又回到同济设计院工作兼做些教学工作。当时也有工农兵学员来参加实践工作，我正在设计同济留学生宿舍项目，有个地下工程设计，我就指导一位来自工农兵的学员做了人防设计，完成后让该学员独立去市人防办报审，我始终没有出面过。

在同济设计院我还曾经带过两位学习建筑设计的学生，他们文化水平是高中程度，我就让他们从抄绘建筑详图开始来学习建筑设计，后来一位担任了沙洲（张家港）市建筑设计院院长，另一位去施工单位任建造师。

一直到1988年，我调到上海大学建筑设计院。退休后我在济光学院和在同济继续教育学院教书，教到2015年12月底。

回顾1952年我们进同济大学后所学的内容，除了本专业的建筑、规划知识在以后工作中都能用上，结构方面的知识对构件的受力计算、钢筋分布情况、结构选型、结构布置等在建筑设计中都用得上，在和设备（水、电、风）配合时管线避让、穿越配件也都用上。在大单位各工种配套较齐，专业分工较细，而一些单位，建筑设计还兼做结构等工作，我班同学吴寿琴即是。我班同学章之娴任北京城市规划处长，孙毓镳任上海规划院副总工程师，郑健华在湖南大学教城市规划课程。规划知识也是很有用的，施工知识在特殊情况下也用得上一些。

上海 3000 人歌剧院观众厅研究

1960—1961 年

访谈人 / 参与人 / 文稿整理：华霞虹 / 吴皎、李玮玉 / 华霞虹、王昱菲

访谈时间：2017 年 12 月 20 日 9：30—12：30

访谈地点：同济大学建筑城规学院 C 楼都市建筑设计院一层会议室

校审情况：经赵秀恒老师审阅修改，于 2018 年 2 月 26 日定稿

受访者：赵秀恒

赵秀恒，男，1938年12月生，天津人，教授，博士生导师。1956年考入同济大学建筑系，1962年毕业后留校任教。1987年在日本综合研究开发机构任客座研究员。1989年任中国建筑师学会建筑理论与创作学术委员会委员。1993年获国务院政府特殊津贴专家证书。1995—1998年任同济大学建筑系主任。

受国庆十周年北京“十大工程”的影响，上海准备筹建一批重点工程，其中包括3000人歌剧院。1960年2月，进入同济设计院实习的四年级学生分组进行设计，黄作燊等老师负责指导。其中赵秀恒主要负责观众厅的研究和设计。受访者介绍了结构、挑台、视线设计及公式等项目细节，并较为详尽地介绍了以学生为主、教师引导的设计过程，包括设计绘图、课题钻研、介绍汇报等，其中体现了融洽的师生关系和院系间各工种的良好配合。

华霞虹（后文简称“华”）：您在同济设计院庆祝50周年时出版的《累土集》中撰写了《我和设计院的缘分》一文，非常详尽地描述了从学生时期就开始的在设计院的工作。我最感兴趣的是3000人歌剧院这个当时很重要的项目。能不能请您详细介绍一下当时的背景？

赵秀恒（后文简称“赵”）：1958年土建设计院是成立在建工系下面的。因为1957年以后建筑系被撤销了，之后与建工系合并。冯纪忠先生原来是系主任，后来成为一个副系主任。但是设计院的设计人员，主要还是建筑系的老师。那时候设计院在文远楼一楼，建筑系办公室、教研室在二楼，上课的时候老师们都上来研究教学工作，结束后就下去搞设计。1958年，从1959届学生开始进设计院去实习。因为学制从五年改六年，1960年同济建筑系没有毕业生。59届、61届、62届、63届到了四年级进设计院实习一年。

华：实习这一年还上课吗？

赵：课很少，多数时候不上，以实习为主。到了设计院，学生被分到几个室，每个室里有不同的项目。老师们指导，学生们画图，深入考虑方案，做设计。

当时我在三室，歌剧院组。这个项目的主要负责人是黄作燊先生，因为他和王吉螽、王宗瑗都对剧院比较熟悉，所以由他们来指导。但是设计，包括做方案都是同学做。一开始做了很多方案，然后进行比较，比较以后老师觉得哪个方案更好，就在它的基础上往下发展。当时的老师非常放手，但是指导还是盯得很紧的。

◎ 上海3000人歌剧院项目，黄作燊先生给李家元改图，来源：赵秀恒提供

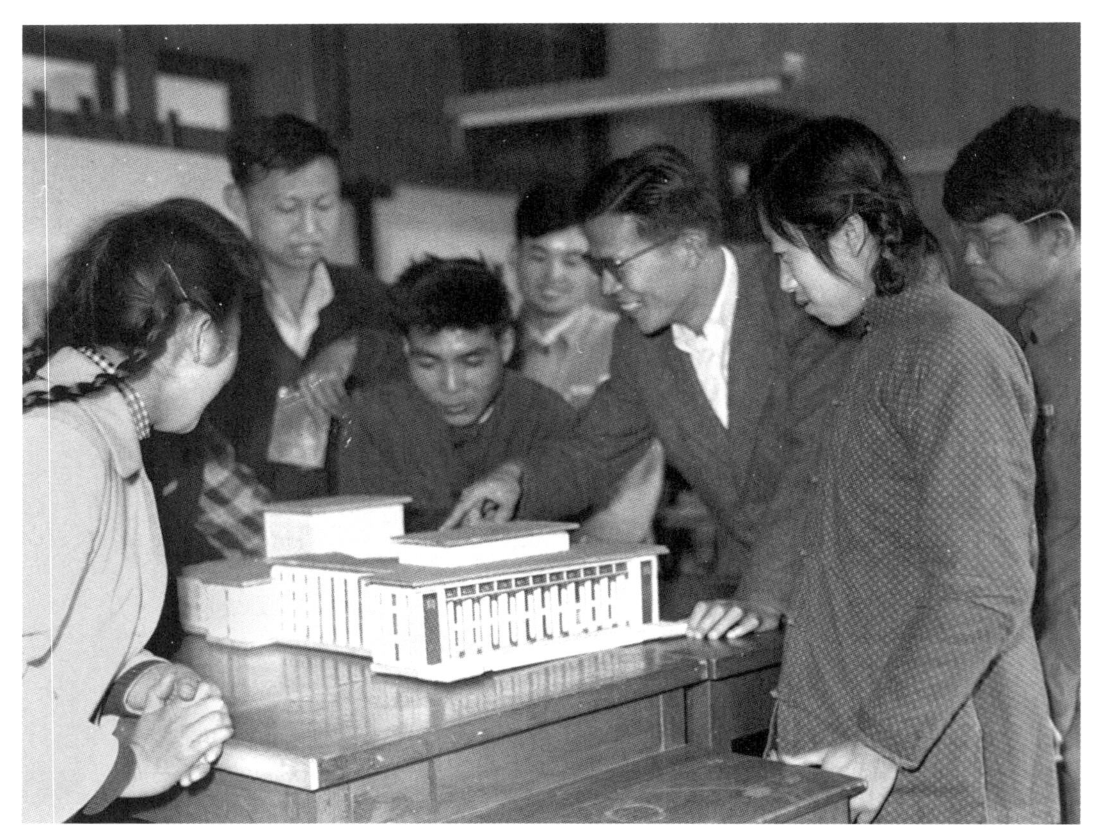

◎ 王吉螽先生（右三）指导上海3000人歌剧院设计，来源：赵秀恒提供

华：您全班的同学都进了这个室吗？

赵：我们剧院组有十几个同学，都是同班的，1960年实习时，设计院里只有我们这一届，分成好多组。我们这个组十几个同学后来又有分工，有前厅组、舞台组，还有观众厅组。

这是老师分的工，我记得很清楚，是黄作燊先生分的。他几乎每次来都带很多有关国外剧院的资料，我都仔细地研究了，把其中的数据摘录下来。

华：黄作燊先生的资料是书还是杂志呢？是老师他们自己订的吗？

赵：是杂志，具体情况我一下子讲不清楚。好像当时国外的杂志只有同济有，华东院、民用院都没有。因为像冯纪忠、黄作燊这些老师是从国外回来的，他们有眼光，一定要订阅杂志。当时的资料室在文远楼的四楼，我们设计院在一楼，二楼是教研室，三楼是建工系的办公室，四楼很小的一块是资料室。同学自己不可以去看，老师可以临时借出来，大多数都是外国的，英文、德文的都有。

华：所有同学都可以看到这些杂志吗？

赵：可以，但是要按照你负责的这一块，你负责观众厅，就主要看观众厅，当然其他同学也看，可能就是看舞台，还有就是看它整个的造型、前厅，等等。杂志大家都可以看，但是关注的内容不一样。那个时候我还年轻，记忆力比较好，可以背出很多数据。另外还去实地调查。那时上海有蛮多的电影院和剧院，有很多现在拆掉了。我当时还专门做了一个统计表，哪个剧院有多少座位，有几层的挑台，楼上楼下多少人多少座位，我都记得。

华：是老师带着你们同学去参观，还是您自己去？

赵：自己去，介绍信就到办公室开，很方便。那时候的学生相当独立，自主性很强。老师按照教学日历的安排，通知到班长，他们就到系里开个单子，买了火车票回来报销，很简单的。包括设计院里，我们在设计院的时候出去调查，总要跑很多地方，车票都不贵，几分钱，设计院都报销，没有什么限制。

师生之间的关系非常亲密，相互之间很融洽。我记得有一次“开夜车”，老师也陪着，我实在太困了，坐在椅子上就睡着了，那时候房间没暖气，黄作燊老师就把他的皮大衣脱下来盖在我身上，我非常感动。

华：这些老先生的家很多在市区里面，也在学校“开夜车”不回家？

赵：跟着“开夜车”，有的时候很晚才回家，那时候也没什么出租车，怎么回去我不清楚，关键的时候他们都跟到很晚。老师都很认真、很费心。

华：您说有很多的参考资料，您还记得具体的内容吗？比如说对你们这个设计来说，是哪个国外资料，无论是形式上还是空间上对你们影响最大吗？

赵：我印象中，当时影响比较大的好像有两个，一个是汉堡歌剧院，一个是科隆歌剧院。汉堡歌剧院，我第一次看到叠落式挑台形式，后来3000人歌剧院我们也选用了叠落式挑台，当然叠落的形式和它不是完全一样。我对它楼座的叠落印象蛮深的，一层一层地叠落，中间还有墙隔开。我们没有用墙隔开，完整地叠落，为了交通更方便。

华：在这个过程中，比如您看到观众厅的做法，觉得汉堡歌剧院做得比较好，您会画出图来，然后跟老师同学讨论吗？你们会画出好多种布局进行讨论吗？

赵：会讨论的。老师指导，根据老师的要求再返回来看这个断面对视线有没有影响，然后就切很多不同的剖面。一般做剧院就切一个中轴剖面，我们不是。我们切了很多不同方向的剖面来测定它对视线的影响，还有舞台画框的遮挡，做得很详细。

华： 您就是学生里主要负责观众厅这个组的？像舞台组和前厅组主要是哪些同学在做？

赵： 是的。前厅印象中是李实训[1]、王学祥[2]，舞台组好像有俞文寿[3]、仇家凤[4]等几个同学。

华： 3000人歌剧院就是一个很完整的方案了。它后面做到施工图了吗？

赵： 这个项目先是评审方案，评审后要做施工图。施工图方面，前后两段我不清楚，观众厅牵扯到结构，还有声音。结构由朱伯龙老师负责，他根据我们的平面方案来配合结构。王季卿老师对音质问题提供了很多指导。但后来因为1960年后国家经济困难，这个项目就下马了。实际上只是做到扩初。我毕业以后留校。后来这个项目又要上，又叫我们几个人和几个老师继续做，我记得有张振山[5]，还有冯先生。文化局安排的地方在校外，我们年轻老师们都住在那里，可是做的时间也不长。后来1962年之后国家经济状态就很差了。

华： 这一年你们就是在做歌剧院这一个项目？

赵： 对，我们这一组一直在做歌剧院。做剧院的都知道，观众厅有最佳的视区，容量要大，视觉条件要好，这些和挑台伸缩都有关系，所以我会去研究视线。

剧院观众厅的视线，以前大家都这样做：要么画图测算，要么通过计算，一排一排加上去。但是我最主要想知道最后一排的高度和视线有没有遮挡，这两种办法都很吃力。所以我研究视线时，找出一个方法，设计了一个计算公式，还做了一个表格。这个表格很方便。你设置几个参数，马上就知道每一排的高度。定了高度，根据眼睛看画框，也就是舞台框的视线，再决定上面一层的边界，到哪里要挑台，怎么样的形式对容量和视线都是最合算的。就这样来回地选取方案。底层决定了以后，看第二层伸出来多少好，才能决定第三层，因为3000人歌剧院肯定需要做三层，每层容量不能做得特别大。

◎ 同济大学科学技术情报站编印，赵秀恒撰写的《视线计算简易方法》，来源：赵秀恒提供

华： 是因为整个空间占地不是非常大吗？

赵： 这个剧院的占地是够的，就是观众厅因为受到水平

---

1 李实训，男，1956年考入同济大学建筑系，1962年毕业。

2 王学祥，男，1956年考入同济大学建筑系，1962年毕业。

3 俞文寿，男，1956年考入同济大学建筑系，1962年毕业。

4 仇家凤，男，1956年考入同济大学建筑系，1962年毕业。

5 张振山，男，同济大学建筑系教授。设计有上海市人民英雄纪念塔、西双版纳中缅友谊纪念碑等。

视角、垂直视角，还有视距等的影响，有个最佳的容量，不能无限放大。要争取更多的观众都在优质视区里面，所以就要反复找。但是来回找实在太慢了，后来我就研究视线设计的方法。

我后来针对视线设计，写了篇文章给《建筑学报》，可惜因为“文化大革命”，《建筑学报》停刊，就把我的原稿寄回来了。上面有他们对文字的校对、盖的图章、选用在第几期的说明，但我现在找不到了。我研究的时候是学生，写文章的时候已经留校当老师了。《建筑设计资料集》第一版第二册，关于体育建筑，就采用了我对视线问题的研究。他们从北京过来取经，当时我好像是刚刚毕业，同济有一个科技情报站，把我整理好的材料收集来，印了一本小的册子，很薄的，好像是油印的，标题就是叫《视线设计简易方法》。

当时做这个视线表格的时候还没有计算器，是手摇计算机，很笨的一个东西，但是很准，比如算 1+1，你先搬到 1 摇一下，再搬个 1，就加了；2 × 6，就要搬个 2，再搬个 6 就要摇六次。当时设计院有手摇计算机，我也可以到设备处去借，因为我写这个的时候已经毕业了。

华：这个视线设计法还有个公式，这个公式是您总结出来的吗？

赵：对，是我推导出来的，然后把这个公式的原理写清楚，再做的表格。我设计的中兴剧场也受到 3000 人歌剧院的影响，采取了叠落式挑台，这个结构也是朱伯龙老师配合做的，他做 3000 个剧院的时候就有这个夙愿，但没实现，所以在这里也还是一个悬索结构，即挑台的主梁是个悬索结构。3000 人歌剧院是一个“碗”，也是叫悬索结构了，就是几个方向的悬索，就像编织一个网一样。中央剧场是一个悬带结构，用来代替主梁。

华：做 3000 人歌剧院的时候，也有结构专业的同学来画图吗？

赵：也有结构同学来的，因为也是在设计院实习。他们是五年制的，实习多长时间我不记得。你这个方案基本上结构选型一定，就有结构的同学来帮着一起算。他们好像也在底层的设计院里，和我们不是一个房间，但是我经常要过去讨论。一进去我就听得到一直在摇计算机的声音，印象很深。因为结构计算有很多是超静定的，项目很复杂。结构室实际就专门配合，不单单配合一个项目，都是由结构老师指定几个人来负责这个项目。

华：3000 人歌剧院也做了模型。是你们自己做的吗？

赵：对，自己做，买了很多小工具，有很多有机玻璃的八角柱子，然后拿锉刀锉。比例多少我一下子记不清楚，至少它的宽度大概起码 0 号图纸尺寸，因为它是很大的一个模型，里面装了很多灯。可能是 1∶50。能揭开看得到里头，还能看到

◎ 上海 3000 人歌剧院模型由学生抬着，来源：赵秀恒提供

◎ 学生李实训汇报上海 3000 人歌剧院立面设计，来源：赵秀恒提供

前厅里的情况，应该讲比例是蛮大的。这个模型好像还参加了游行，是不是国庆献礼记不清了。

华：交流方案的时候老师每周一般来几次？

赵：不一定，有时候来得很勤快。一般至少每周3到4次，来了以后就要讨论，大家一起开会。比如说，李家元[6]由黄作燊先生做指导时，他画了图以后，黄先生就提意见或给他改图。王吉螽先生来讨论方案时也会告诉我们怎么修改，怎么调整。汇报时我们会把画的图贴出来。这张照片里面墙上的立面图都是李实训和王学祥他们画的。

平时是画草图，汇报要画渲染图。我们向文化局汇报了好多次。因为最初的时候这个方案并不是直接定给同济的，而是由同济、民用院、华东院一起做，各做各的，然后一起汇报。

华：这本毕业50周年纪念册里面有个4月4日区文化局汇报方案，就是说这个时候我们的方案在评选中胜出了，对吗？那是公开的吗？大家能看到评审，还是由这些老先生单独评？

赵：我们都坐在旁边。汇报是我们同学介绍，不是老师介绍。老师就这么放手。记得很清楚有一段介绍，黄作燊老师坐我旁边，让我沉住气，别紧张。那时候就是介绍观众厅的方案、指标以及为什么采取这种形式，怎么达到这个要求。有介绍整个造型的，有介绍观众厅的，还有介绍舞台的，由负责的同学自己去介绍，都是事先安排好的。结果也是当场宣布的。都介绍完了以后开始评，评完后再投票。谁投了谁的票是公开的，所以我们会知道他们投了我们的票，就是公正透明的。

当时的会场在文化局，有个蛮大的会议室，模型放桌子上，大家就围着坐在边上。文化局负责的那个人叫张杰，我印象蛮深，他负责抓这个项目，经常往我们这跑。

华：我觉得汇报蛮有趣的，因为都是学生汇报，老师为什么不汇报？

赵：老师就坐在旁边听。汇报前，老师会指导应该讲的重点是什么，应该讲哪几个问题，层次都讲清楚，然后上去汇报。因为都是学生亲自在做这些事情，老师不过是指导，所以学生更清楚，甚至比老师还清楚，所以就是学生汇报。

在设计院里其实就是具体设计人来汇报，然后可能有工程项目负责人在旁边。在学校里感觉好像是师生关系，在设计院实际上就是设计人和工程项目负责人的关系，所以不一定是项目负责人介绍，设计人介绍会更具体一点。

6　李家元，男，1956年考入同济大学建筑系，1962年毕业。

华： 这些研究，比如说您去做视线分析，或者说他们研究舞台，都是学生自己提出来觉得这个问题要研究一下，还是说老师提出这个事情还要再研究？

赵： 研究的方向应该是老师指点的，他们会讲，这是一个很重要的问题，你好好把它搞清楚，还会提出要求。

华： 等于老师指导了一些关键性的课题，具体操作是同学去做。老师可能不会仔细去做，但他有经验。非常有意思。我觉得设计院最初的模式真的很像医院，学生很像实习医生。您这一代毕业后都很快能自己独立实践，一年的实习经历对后面的工作有帮助吗？

赵： 当然有很大帮助，不是一点点。因为实习做的都是实际工程，而且老师那么放手。老师指导方向以后，学生就会自己往里钻研，这对今后的工作帮助很大，所以我觉得这种教学形式其实蛮好。

◎ 同济大学的上海 3000 人歌剧院方案在评选中胜出，建筑系向时任校长王涛送喜报（前排从左到右：王涛、黄作燊、冯纪忠），来源：赵秀恒提供

小面积独门独户住宅设计与相关研究 | 1960—1962 年

访谈人 / 参与人 / 文稿整理：华霞虹 / 王季卿，梁金（第一次），王鑫、李玮玉、梁金（第二次）/ 华霞虹、王昱菲、王子潇、吴皎

访谈时间：2018 年 1 月 23 日 15：00—18：45（第一次）
2018 年 1 月 31 日 15：00—18：15（第二次）

访谈地点：长宁区平武路 36 号王季卿 / 朱亚新先生上海寓所

校审情况：经朱亚新先生审阅修改，于 2019 年 5 月 13 日定稿

受访者： 朱亚新

朱亚新，女，1932 年 3 月出生于浙江宁波。1937 年日寇轰炸宁波，迁居上海。1950 年圣玛利亚女中毕业，名列榜首，保送圣约翰大学建筑系。1952 年全国院系调整，转入同济大学。1953 年毕业留校，分配在建筑系建筑构造教研室兼建筑设计教研室任教，当时仅上午上课。不久，下午随傅信祁先生在校舍修建处工作。1958 年起在同济设计院及建筑系设计教研室兼职。1962 年获副博士学位，导师吴景祥先生（当时被选作在职研究生全系共三名）。1982 年后，应邀在澳大利亚及美国进行有关中国建筑和园林规划的讲学、设计及著书。在美国先后任内布拉斯加州林肯市联合学院校园建筑师，内布拉斯加州立大学建筑学院客座教授及西北密苏里大学校园规划建筑师。1993 年 6 月受聘为同济大学客座教授。

1958年起，上海各设计单位分别负责“一条街”的住宅设计，朱亚新在谭垣教授的带领下设计“南市一条街”。后在吴景祥教授的推动下，朱亚新带领学生开展大量性新旧住房调查后，实现了“小面积独门独户住宅”的创新设计。在访谈中，朱亚新介绍了“南市一条街”、“小面积独门独户住宅”、多功能铁木家具以及同济新村等住宅项目的设计过程，并结合个人求学经历，讲述成为吴景祥教授第一位研究生的学习和研究状况。最后还介绍了改革开放初期，在上海全面开展的住宅设计、材料及施工的研究。

华霞虹（后文简称“华”）：朱先生，1960年前后，您与谭垣先生合作设计了“南市一条街”项目，您能介绍一下这个项目的背景和过程吗？

朱亚新（后文简称“朱”）：1960年，上海市开展大量性住宅建设，各设计单位负责“一条街”的住宅设计。同济大学负责的是“南市一条街”，由谭垣先生带我进行设计。当时，中国住宅建设效仿苏联的“合理设计，不合理使用”建筑设计方针。通用的住宅设计方案，即一梯两户的单元式设计，每户三室，各户设有厨房、浴室及阳台。这种大单元式住宅原本是按德国的经济水平及生活要求设计的，是谓“合理设计”。但是，按当时苏联的经济水平，这种大单元住宅只能分配给二至三户人家居住，合用浴室、厨房及阳台，是谓“不合理使用”。指望这种大单元住宅远期可以“合理”独用。

迫于时间，也限于认识，“南市一条街”设计未根本革新。住宅平面基本沿用上述这种大单元式设计。但是，我开始访问大单元住户，调查实际生活使用情况，从而了解合用厨房及浴室的种种矛盾。当时，两家合用的阳台，实际使用是堆放什物，也因此影响位于阳台后那家住户的生活。

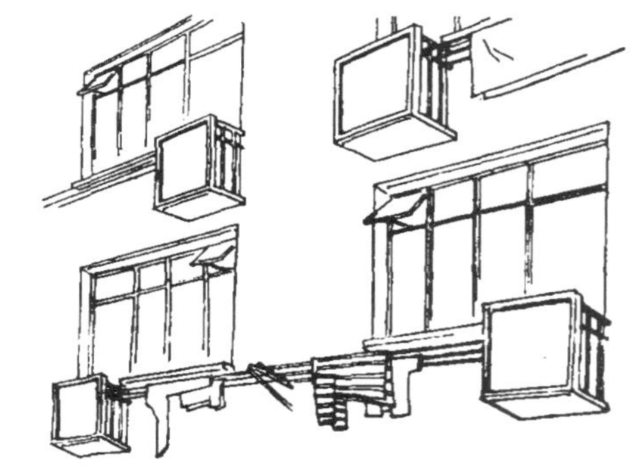

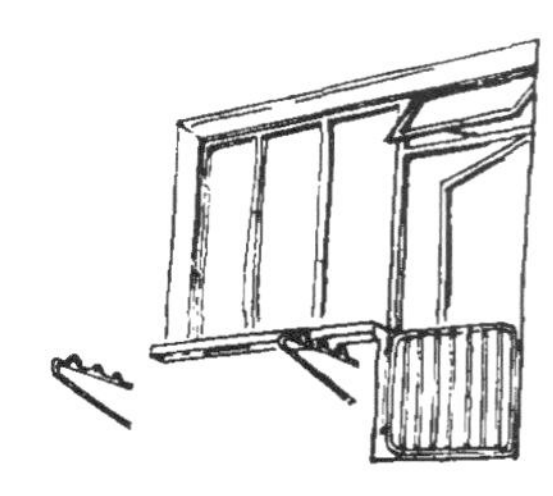

◎ 落地长窗和晒衣架示意图，来源：《建筑学报》1962（2）：27.

“南市一条街”的住宅设计，为每户设置一个出挑的独用小阳台，又在窗台下加装三角形晒衣架。因此，小阳台不仅有利房间的通风，也方便晒衣。

此外，当时的住宅立面单调，外墙一律灰泥粉刷，或加刷白灰。谭先生提出在上述小阳台板外加涂颜色作为点缀。我又在北面楼梯间的水泥外墙上划上方格，局部以色彩粉刷点缀，与南向小阳台的做法相呼应。如此，“南市一条街”住宅立面与众不同，得到好评。从此，南市区政府信任并支持同济的住宅设计研究。这也就是后来瞿溪路的“独门独户小面积住宅”试建工程的渊源。

新中国成立初期，上海为改善棚户简屋居民的生活困境，建造了“两万户住宅”[1]。这种两层楼住宅，南向的都是房间。基本上每户分配一间，仅楼下朝北筑有披屋，作为厨房及便所，供楼上及楼下全部住户合用。多年后“两万户住宅”受到居民及舆论的批评。

当初，我们调查棚户区和旧式里弄时，我目睹一户六口住在里弄住宅晒台上搭建的简屋里。由于房间面积小，以致有一人晚间在地铺上睡觉时，只能把两只脚伸到门外晒台上，上面盖个肥皂箱。这种实地调查，使我深刻体会到，在国家当时的经济条件下，“两万户住宅”确曾解决了上海棚户简屋居民的困境。

我开始认识到调查住户实况对住宅设计及研究的重要性。只有了解当前住房存在的问题及居民的生活需求，才能做出改善居住条件的设计。从此，我们与上海市及区级住宅建设单位合作、对新旧住房进行大量性的系统调查（当时有陈运帷[2]、徐循初[3]、何德明[4]、李铮生[5]以及同济设计院设计二室年轻的工作人员参加工作）。

后来，在1980年代初，我在美国伯克利大学讲学时，住宅研究专家克莱尔•库珀尔 (Clare Cooper) 教授向我介绍 Post-occupancy Investigation(住宅使用后调查)，作为先进的经验。我告诉她，中国在 1960 年代就开始了。从此，我与她成为经常交流的好友。

华：后来您还承担了“小面积独门独户住宅”研究，成为吴景祥先生第一位研究生是吗？

1　在市政建设应“为生产服务，为劳动人民服务，并且首先为工人阶级服务”的方针指导下，1952 年 4 月，上海市政府设立工人住宅建筑委员会，在全市统筹兴建两万户工人住宅。杨浦区境内有 4 个基地，征用原江湾区农田 65.52 公顷。由华东设计公司设计，华东建筑工业部工程处组织施工。1952 年 8 月开工，1953 年 5 月竣工。总计建房 530 幢 1000 个单元 1 万户，建筑面积 28.6 万平方米。分布在控江路以北，军工路至大连路之间。有长白一、二村，控江一、二村，凤城新村（今为凤城一村），鞍山一、二村。都是砖木结构的 2 层楼房，水、电、煤气俱全，每 5 户合用厨房和厕所。同时，辟筑道路、下水道，配有学校、商店和绿化地。这是解放后兴建的第一批工人住宅，习称“两万户工房”。其居住条件与当时里弄房屋、棚房简屋相比较大为改善。在市统建新工房的推动下，境内一些较大的企业单位也自筹资金，按照“两万户工房”的设计标准，分别在延吉东路、杨家浜、本溪路、大连路、敦化路、控江路等处建造新工房，共计 158 个单元，建筑面积 3.97 万平方米。

2　陈运帷，男，1934 年 3 月生，教授。1956 年毕业于同济大学城市建设与经营专业后留校任教。1994 年退休。

3　徐循初，男，1932 年出生于浙江，江苏常熟人。1955 年毕业于同济大学城市建设与经营专业后留校任教。同济大学建筑与城市规划学院教授、博士生导师，中国城市交通规划领域的开拓者之一。2006 年 1 月于上海病逝。

4　何德铭，男，1931 年生，上海人，教授级高级工程师。1953 年毕业于同济大学城市建设与经营专业，后调到同济大学建筑设计研究院二室主任。

5　李铮生，男，1933 年 6 月出生于江苏扬州，1955 年同济大学建筑系“城市建设与经营专业”毕业后留校任教，1980 年公派赴大阪市立大学及大阪府立大学，进修城市园林工学。同济大学建筑与城市规划学院教授，风景园林专业创建人之一，中国风景园林学会终身成就奖获得者，政府特殊津贴享受者。曾任同济大学风景园林教研室主任，同济大学建筑与城市规划学院规划系副系主任。2018 年 4 月于上海病逝。

朱：我很幸运，先有谭垣先生“手把手”教我出道，后有吴景祥先生放手让我“闯试”，开始独门独户小面积住宅研究。

记得有一次，吴景祥先生在接待外宾时，给外宾介绍：中国在新中国成立后建造了大量住宅，解决了广大人民的居住问题，却遭外宾批评说：“这些住宅都是合住的，是新的贫民窟（slum）”。这些外宾都是欧美国家的。其实，苏联的情况与我国相仿，合住住宅中有种种矛盾。我在研究国外住房时，得知当时的学习“楷模”，多户合住的苏联住宅也发生种种矛盾，甚至有居民把邻家的小孩扔出窗外的悲剧。

那天，吴先生很生气，对我说：“为什么我们不能建造独门独户的住宅！”当时，我正在具体进行住宅设计。“每人居住面积”“每平方米造价”等都有国家定额规定。再者，独门独户住宅的建筑材料、卫生设备等的供应也有问题。但是，吴先生坚持说，我们的工人住宅一定不能再让外国人说是新的“贫民窟”。因此，我就决心努力试试。

在上述种种条件限制下，如何做到每户独住的要求？我们主要采取以下措施。

第一，采用通过式厨房以节省面积。但是有人质疑通过式厨房的安全问题，比如“小孩子进出，有可能烫伤”，等等。当时阻力很大。在同济校内，在上海及全国的建筑学会，皆引起了激烈的争论。

第二，不设浴缸。在厕所间内顶加喷淋头。马桶盖上，可以坐着淋浴。

在合住的住宅中，因为合用厕所不方便，住户各自以痰盂等当便器，所设的浴缸仅作洗刷之用，污秽难免。

第三，厨房和厕所设备。瓷质设备的造价及供应皆成问题。最初设备试制品采用水泥“磨石子”制作。经试用，“磨石子”的水泥经冲刷后成为“汰石子”，难于清洗。用作马桶更不适用。后来，瓷质马桶得到了供应。厨房水盆及搁板则限于造价及供应，只得采用“磨石子”制作。

第四，楼梯间采用直跑楼梯，不设窗扇，以解决两户人家的通风。但反对意见认为下雨时有滑跌之危，并强调“传统的双跑楼梯，滚半截楼梯，滚不死。单跑楼梯老人摔跤，滚下来可能致死”。当时，嘉定区

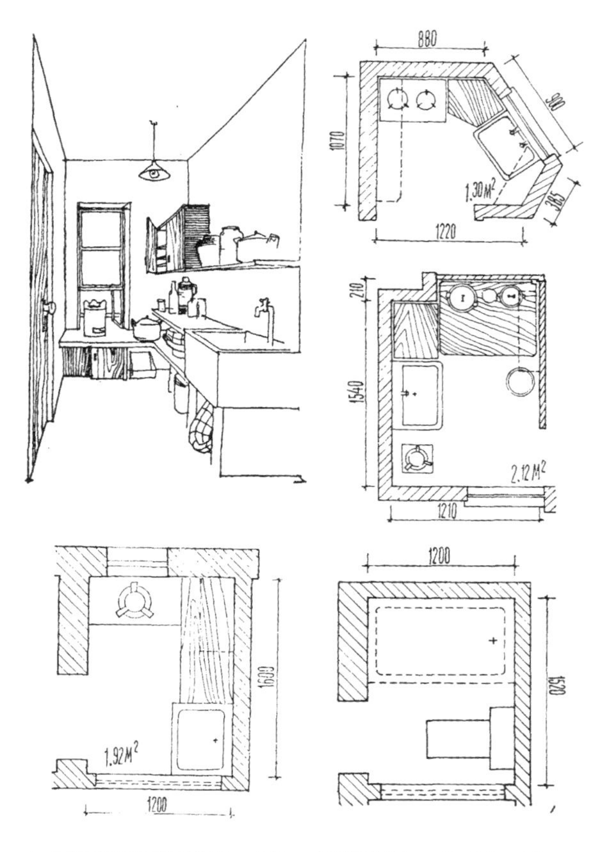

◎ 建议厨房平面与透视图，来源：《建筑学报》1962（2）：26.

的住宅建设先进，创新很多，包括单跑楼梯。嘉定设计单位和我们经常交流，有了嘉定的先例，我们在南市的单跑楼梯才得以通过。

我们在规定的各种定额指标的条件下，完成了每户独用的小面积住宅设计。接着就是实验性的建造。南市区提供南市瞿溪路地块作为“小面积独门独户住宅”的试点建造。[6]

老式家具尺度较大，为了提高小面积住宅的居住质量，我就从调整家具尺度着手，并利用空间，设计多功能家具。为了节约木料，就用钢条设计铁木家具。

我设计的多功能铁木家具有床板下设储藏柜，衣柜翻下当书桌，铁脚叠床等。摄影家金经昌教授十分欣赏，主动为全套家具摄影记录，并曾在《建筑学报》发表。[7]

当时的参观群众反映，除了赞赏，亦有出我意料的。有参观者反映说：“太轻！家具要有重量。重量大，说明材质好。”再者，试制的铁脚是涂上黑漆的一般建筑钢筋。因此，试制的家具在使用时略有晃动。目前，市上有材质适当、设计类同的家具，就无此问题。

实验性多功能铁木家具由顾祥记木作制成。是当时在圣约翰大学建筑系执教的外籍教师，在中国倡导 Modern Architecture（现代建筑）时认识到在中国难能有建筑实践的机会，Modern（现代）家具则有可能实现，因此就在赫德路(今常德路)开设了家具公司。当时，约大建筑系师生结婚时，都为自己特制家具，也乐于为亲友设计家具。

顾祥记不仅有 Modern 家具的制作经验，各种不同节点的设计图纸，并且备有各种不同节点的足尺木制样品。委托顾祥记制作家具，只要有式样和尺寸，即可制作。设计有不合理的地方，顾师傅主动提出商榷，材料也可由他代办。我结婚时定制的柚木卧室及书房家具，因市面上柚木脱销，顾师傅就从广东买得四扇厚实的柚木大宅门，分锯成片，制作卧室及书房两套家具。后因柚木料不敷使用，书房就配用黑色的“红糙木”（船上甲板用的硬木），别有特色。

华：主要是要依靠这些家具来分隔空间吗？

朱：小面积居室没有用家具分隔的问题。现今中国经济突飞猛进，当时的“独门独户”住宅的房间，到现在再看厨房及浴厕面积当然嫌小，设备也显得简陋了。

回忆“小面积独门独户住宅”的研究和实践过程是艰辛的，但也是难忘的。当时我作为年轻的后辈，从惶恐到庆幸，最后受到建筑界前辈及建工部领导的关注。譬如，建筑界前辈张开济，他是谭垣先生在中央大学的学生，对我称以师妹。张

6　朱亚新．住宅建筑标准和小面积住宅设计 [J]. 建筑学报，1962（2）：25-29.

7　朱亚新．多功能铁木住宅家具 [J]. 建筑学报，1964（08）：12-13；金经昌．多功能铁木住宅家具 [J]. 建筑学报，1964（8）：2.

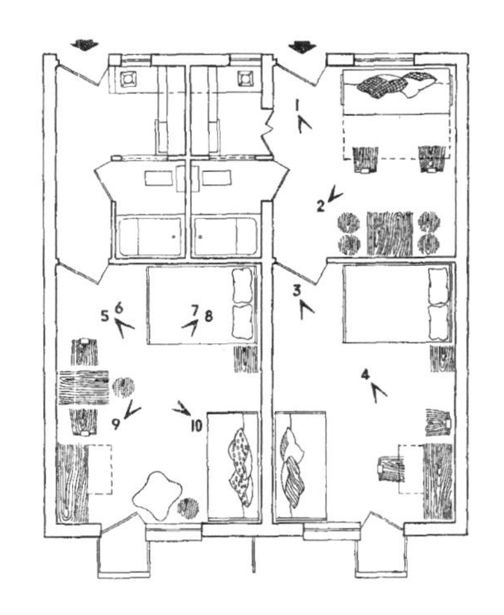

© 朱亚新设计，金经昌摄影，多功能铁木家具，来源：朱亚新提供

开济时常在报刊上发表有关建设的文章，公认是老一辈建筑师中最“开明”的。当年他在江西设计住宅时，曾来信向我征求意见。这种谦慎的治学精神及高尚的为人之道，使我终生受教。我珍藏他的原函，作为训导。

1982年，同济大学公布三项科研成果奖，二项集体奖，一项个人奖，其中“独门独户小面积住宅研究”荣获个人奖。

“独门独户”作为正式的住宅标准，是从同济新村开始的。接着，上海市通过作为住宅标准，最后，“独门独户”也成为全国的住宅标准。

1978年，我接受同济新村新建住宅规划布局及建筑设计的任务(与何德铭合作)，就是以独门独户作为住宅标准，当时在上海是领先之举。同济新村原有的“新”字楼当时是分配给新婚户居住的，后来因为各户人口增加，走廊成为各种家常活动的延伸。

当时，有位在华东设计院工作的同学以她自己的经验告诫我：不要接受本单位的住宅设计，因为将有很多意见，十分烦人。我却认为设计本单位住宅，可随时听到反映意见，省得专程回访调查。

当年曾开展的住宅类型研究包括：

（1）内天井住宅，以内天井解决厨房及浴厕通风，加大房屋进深，节约用地。

（2）“马褂形”点式住宅，各户居室全部朝南（同济新村）。

（3）多层高密度的“台阶式住宅”[8]。因为上海市人口飞速增长，必须进一步节约用地，1970年代后期开始考虑造高层住宅。但高层必须打桩或采用箱形基础，在当时情况下，施工设备及工人技术方面都较困难。我就利用两排住宅之间的阴影区，做成台阶式，则可以增加住宅面积，而不影响后排房屋的日照。

此外，旧日的棚户区居住条件虽差，但邻里的日常联系却很方便。后来，通用的行列式公寓住宅，各户间联系较少。台阶式住宅有多层叠落的屋顶平台，可以作为各户居民日常相互联系的场所。

在台阶式住宅中，我们还设计了“灵活户型”，以适应日后经济发展，居住面积定额提高时，小面积独门独户住宅仍能适应居住的需求。“灵活户型”将一室户与二室户相邻设置。近期两套住宅分配给两户，远期可合并成一个三室户，仅需移动或加装户门即成，其中一间厨房可改为浴室。近期，这样的布置也更有利于两代家庭居住，可分可合，相互照顾，又互不干扰。一般“灵活户型”设于住宅两端，一室户则设于东北及西北角。

除了户型和空间的研究外，我们还曾通过研究材料和施工方式来达到节约目的。包括：

（1）预制硅酸盐砌块。因为城市住宅建设面广量大，钢筋、水泥、木材、卫生设备、砖块等一时供应不上。而且砖是用泥土制成的，用砖是“与农民抢土地”。经过多方探索，最后我们利用发电厂的废煤渣，在煤渣尚未冷却时压紧成块，作为墙体材料，同时也解决了废弃煤渣的出路问题。为了减少类型，以节省模板，方便施工，大型及中型预制砌块的尺寸也成了住宅研究一项费劲的工作。

（2）预制钢筋混凝土梁柱结构。当基地土质差，砌块自重太大，钢结构又不可能实现时，预制钢筋混凝土梁柱结构，并以空心砖作为填充的隔墙，就成为首选。在选择及具体施工时，还得考虑起重机的供应等问题。

（3）水泥门窗。原本住宅惯用木门窗。六七十年代为了节约木材，我们曾试用钢丝水泥门窗。为了进一步节约水泥，还曾试用竹筋“菱苦土”门窗框等，效果皆

8　朱亚新．台阶式住宅与灵活户型——多层高密度规划建筑设计的探讨［J］．建筑学报，1979（3）：43-48+6.

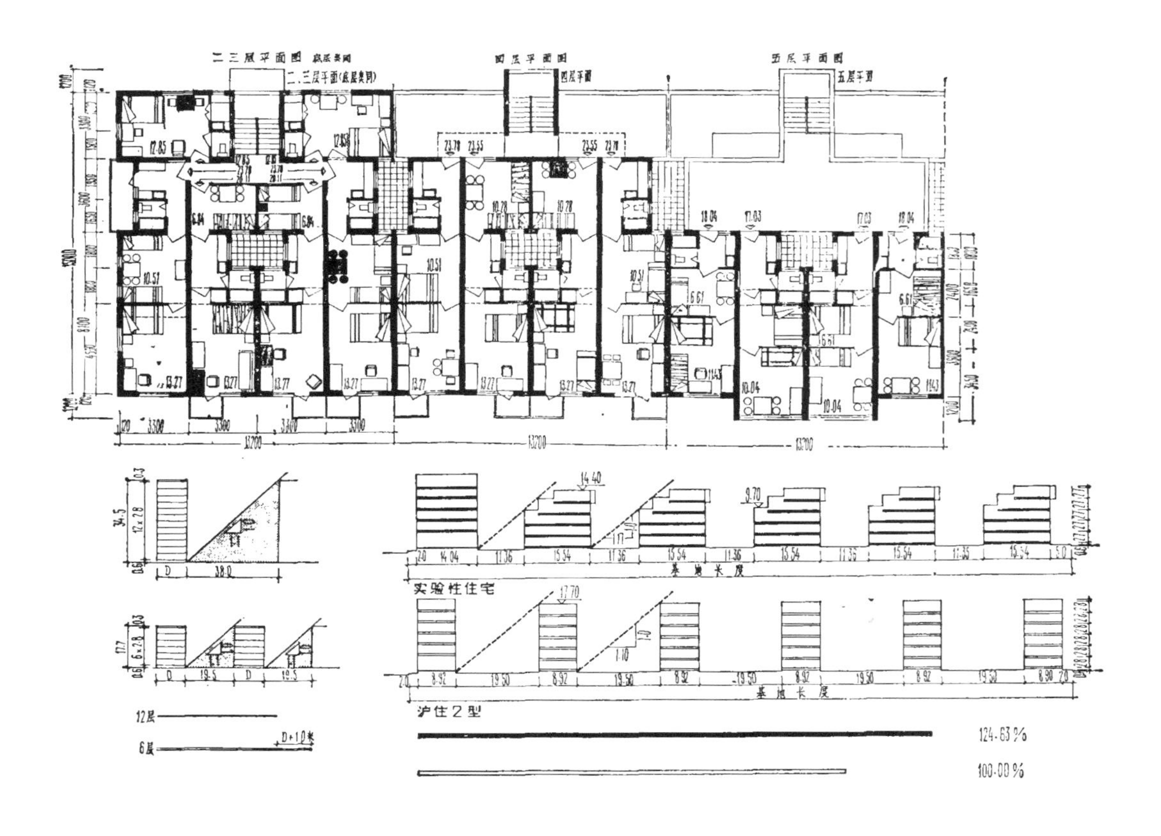

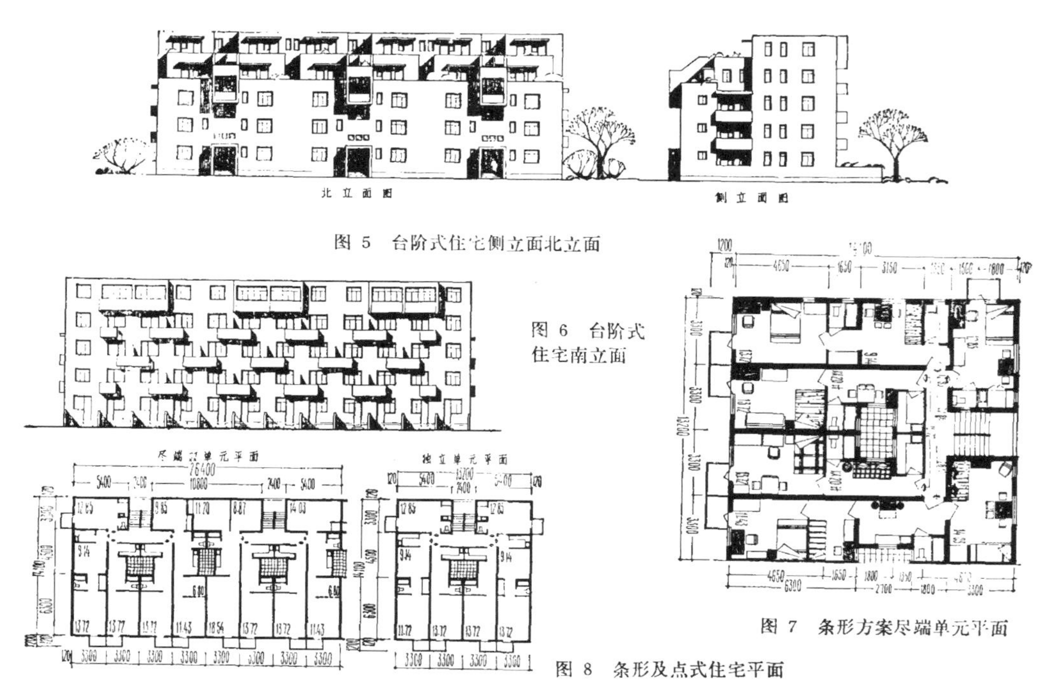

图 5 台阶式住宅侧立面北立面

图 6 台阶式住宅南立面

图 7 条形方案尽端单元平面

图 8 条形及点式住宅平面

© 台阶式住宅平面和立面，来源：《建筑学报》1979（3）：45.

不理想。不久，这些门窗的铰链都生锈并脱落了。

以上是列举的一些我们曾经努力的情况。

最后还想讲一个相关的故事。因为在上海的这些住宅设计工作，1983年，我作为同济大学代表受邀参加了世界高层建筑协会在美国波士顿召开“世界住宅建设会议”，彼时，我已经在美国内布拉斯加大学任教。我专做建筑设计，而会方却把我放在“施工组”。幸亏当时在美家中成为中国留学生周末聚集所，原上海第六工程公司工作的董柏林给我提供了国内各种住宅施工方法试建及技术经济指标，因此我在“施工组”的介绍发言，后被选为大会的中心发言。另一中心发言是印度著名建筑师柯里亚（Charles Correa）在南亚地区的试点住宅，造型设计新颖。对比之下，与会人员引发了热烈的讨论。有人对中国住宅面貌单调等予以抨击，对南亚试点的创意大加赞扬。当时有位新加坡代表，也是马来西亚华裔，他在大会上激动地发言:“南亚的试点住宅总面积很小，在建造前即可备好土地，一切设备工程先行。但中国的住宅解决了数亿人民的居住问题。天哪！这是什么情况下进行的对比！”这种情景,使我深感海外华侨对祖国的深情。会后有《世界高层会议记录》,收录了这些主要的发言文稿。

从西山规划到花港茶室

1960—1965 年

访谈人 / 参与人 / 文稿整理：华霞虹 / 王季卿，梁金（第一次），王鑫、李玮玉、梁金（第二次）/ 华霞虹、王昱菲、王子潇、吴皎

访谈时间：2018 年 1 月 23 日 15：00—18：45
2018 年 1 月 31 日 15：00—18：15

访谈地点：长宁区平武路 36 号王季卿 / 朱亚新先生上海寓所

校审情况：已经朱亚新先生审阅修改，于 2021 年 9 月 24 日定稿

受访者： 朱亚新

朱亚新，女，1932年3月出生于浙江宁波。1937年日寇轰炸宁波，迁居上海。1950年圣玛利亚女中毕业，名列榜首，保送圣约翰大学建筑系。1952年全国院系调整，转入同济大学。1953年毕业留校，分配在建筑系建筑构造教研室兼建筑设计教研室任教，当时仅上午上课。不久，下午随傅信祁先生在校舍修建处工作。1958年起在同济设计院及建筑系设计教研室兼职。1962年获副博士学位，导师吴景祥先生（当时被选作在职研究生全系共三名）。1982年后，应邀在澳大利亚及美国进行有关中国建筑和园林规划的讲学、设计及著书。在美国先后任内布拉斯加州林肯市联合学院校园建筑师，内布拉斯加州立大学建筑学院客座教授及西北密苏里大学校园规划建筑师。1993年6月受聘为同济大学客座教授。

杭州花港观鱼茶室建筑设计在现代空间组织和传统建筑传承方面都开展了积极的探索，访谈中朱亚新介绍了从西山规划到花港观鱼茶室项目的背景来源和设计过程，以及后来被批判的状况。

华霞虹（后文简称“华”）：朱先生，请您为我们介绍一下您参与的西山规划以及冯纪忠先生主持的花港观鱼茶室的背景和设计过程好吗？

朱亚新（后文简称“朱”）：这个项目的起源是“教育与生产劳动相结合”的方针。1960—1961年，我每年都有三四个月去杭州指导学生的毕业设计，另外一个学期我就在本校设计院实践，两边兼顾。

当时，杭州市的副市长余森文[1]是我国第一代景观设计师，曾在英国学习。他是李国豪校长的老乡，也是谭垣教授夫人的亲戚。余副市长很信任同济，我们正好要找“真刀真枪”的工程，余副市长就把西湖周围的规划和建筑单体设计都给同济负责，包括杭州大剧院、西山规划等。由同济的学生做方案和初步设计，施工图交给杭州当地设计院，同济学生也可参加。

杭州的西山规划原是余森文负责的，他经常穿着中山装和布鞋，在西山公园亲自指导施工。我曾看到他指导栽种个别树木，方向要转到他满意的角度。余副市长向我指出，西山路上的桂花不是连续种的；因为香花如果连续种植，人的嗅觉会 desensitize（丧失感觉）。桂花隔一段距离种植，人的嗅觉有了间歇，就能感觉到香味。

余副市长工作认真，关怀后辈，耐心教导，我得益良多，也因他对园林设计及建设工作产生了兴趣。

华：杭州的“真刀真枪”工程差不多是花港茶室项目的来源？

朱：花港观鱼项目是花港茶室的渊源。当时，我每年去杭州指导学生毕业设计。1960年我带了六七个学生做西山规划，包括西泠印社、楼外楼、杨虎住宅等建筑单体设计。我们师生就住在杭州故宫博物馆[2]。馆方安排我们住在馆内一排相邻的陈列室中。学生两人一间，优待我独住一间。我小时候去过杭州故宫博物馆，这

1　余森文（1903—1992），男，广东梅县人，高级工程师，全国著名园林专家。1922年考取南京金陵大学农林科。1934—1936年英国伦敦大学政治经济学院研究生，1936年回国后被上海同济大学聘为教育长兼中学部主任。1930年代起，余森文历任国民党党政军要职直至解放。中华人民共和国成立后，余森文历任杭州市政府工务局副局长、建设局局长、园林局局长，浙江省建筑工业厅副厅长，杭州市副市长，第四届浙江省政协常委，第一、二、四届杭州市政协副主席，浙江省建委顾问，中国园林学会副会长、顾问，浙江省园林学会理事长等职。

2　应指今浙江省博物馆孤山馆区。

些陈列室中有两具木乃伊。男性裸体，肌肤完整。女性木乃伊穿了丝缎衣服，装在玻璃柜内。据说是肌肤不完整之故。当时，我问馆方：这些房间内曾经陈列木乃伊吗？两具木乃伊到哪里去了？馆方回答：这就是木乃伊的陈列室。两具木乃伊在“清洁卫生”运动的时候烧毁了。

那时正逢“三年经济困难”，闹饥荒。馆方食堂供应主食就是黑黢黢的野菜馒头。故宫博物馆旁边有西泠印社，还有一座祠堂。我们师生就坐在祠堂的门槛上，望着西湖风景，啃着发酸的馒头，喝着冷水，赞叹“秀色可餐”！如今回忆很有意思。当时的这批学生后来一直跟我很亲近。

当时，中国的外国朋友不多，菲律宾和柬埔寨与中国很友好。菲律宾的马科斯夫人和柬埔寨的西哈努克亲王夫人来访都是作为特殊贵宾招待的。她们经常去杭州环游西湖，途中要上厕所，只得驾车赶回宾馆。花港观鱼地段位置正好是从西山宾馆作环湖游的半途。因此，就提出在花港观鱼地段做一个厕所，兼作供贵宾休息赏景的茶室。

花港茶室作为正式工程据说是由冯纪忠先生接到同济大学来的，当时他是建筑系主任，也是同济设计院的院长。工程接来后，下达到设计二室，指定我做花港茶室项目的设计负责人。二室原本是以设计住宅为主，室主任是王吉螽先生，但花港茶室这次任务情况比较特殊，或许由于我当年曾带学生“教学与生产联系设计”，在杭州做过西山规划方案。起先，我按照一般的茶室设计，提出两个初步方案:（1）大屋内分部设计;（2）按功能分小屋以廊或亭相连。

当时冯纪忠上完课后就来到我的画桌，王吉螽也一起参与讨论。冯先生提议不分间设计,使茶室空间流通。他还建议人流可以顺着直跑楼梯,从楼下走到楼上，楼梯踏步做成透空的，等等。最后确定下来采用冯先生提出的屋顶大小坡，流动空间及通透楼梯的方案。王吉螽也很喜欢流通空间的想法，常来一起议论。细部设计过程中，冯、王两位老师一起讨论，由我绘正图。方案基本确定后，就调来城建规划专业的老师徐循初，建筑系的老师刘仲、李铮生一起深入细部制图，并做施工图设计。当时，刘仲因被划成右派，不能教课，就被安排来参加花港茶室的工作了。

在“设计革命”时，花港茶室被作为“大毒草”批判。杭州地区的建筑设计代表王品玉，来文远楼“放火”，提出“西湖地区的屋顶都是四坡顶，没有双坡顶的。娱乐性公共建筑用不同长度的坡面，如同农村灶披间……”，“镂空的楼梯，可看到穿裙子的女同志的短裤……”。因为该项目本来是由他们承接的，设计结果领导不满意，转请同济大学设计，因此心存芥蒂。接着，杭州园林设计部门就把花港茶室改成如今的模样。

该时，花港茶室的主体结构已经基本完成。由于双坡屋面改为四坡顶，已经

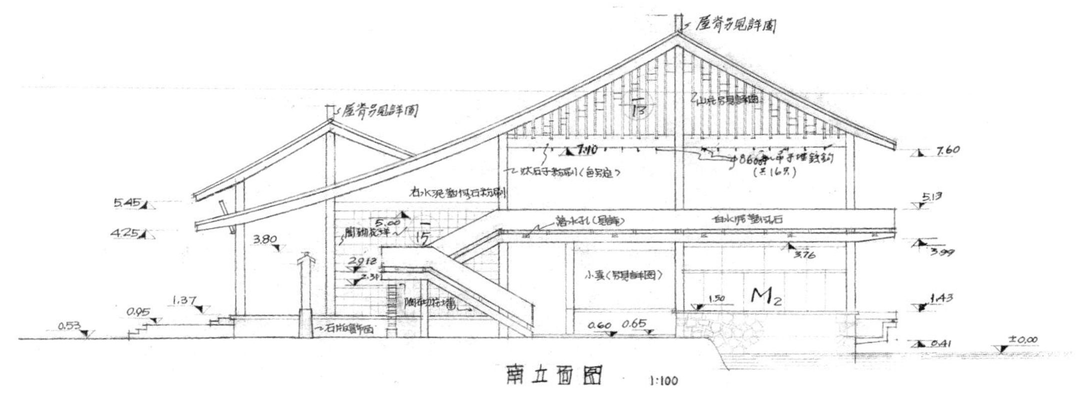

◎ 1964 年 6 月绘制的花港茶室南立面，来源：同济设计集团图档室

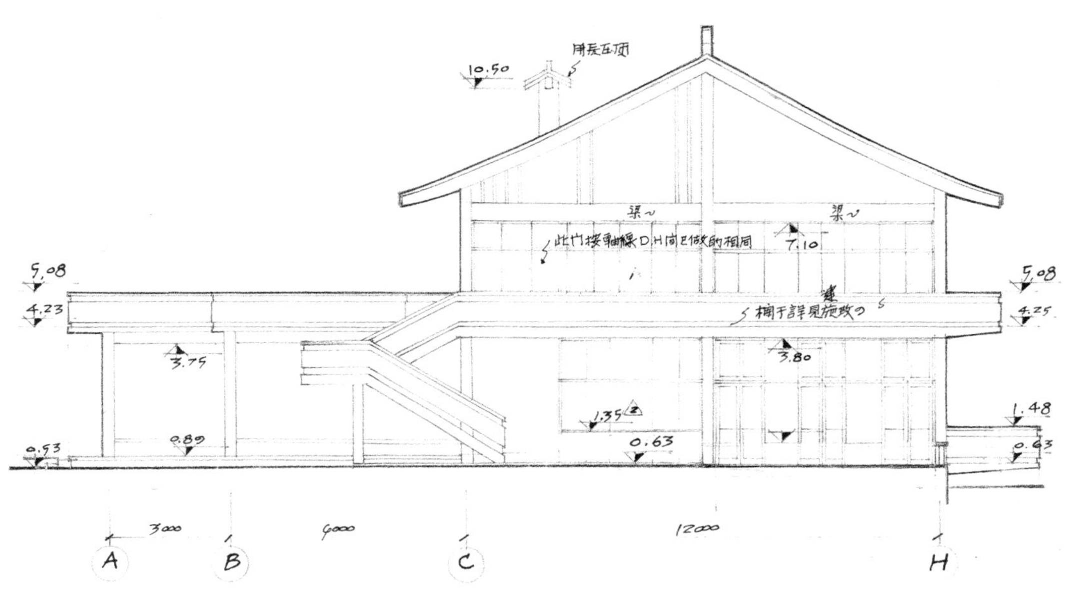

◎ 1965 年 7 月修改后花港茶室的南立面，来源：同济设计集团

捣制完成的、高度60到80厘米的钢筋混凝土大梁都须敲断。我和刘仲、路佳[3]（结构设计师）与建筑工人一起用大铁锤敲捣。

取代余副市长的新领导要改设计。例如“美人靠”栏杆的座板下支撑，原设计是简洁的竖立木条，他指定改为鱼形的木雕饰，等等，他就不忌“浪费”了。

那时，刘仲与路佳住男工人宿舍。我就住楼梯下面斜顶的小间里。两条长凳上搁竹排，晚上当床。白天被褥靠边，放上图板改图。因有小窗，晚上有蚊帐，

3　路佳，男，1938 年生，宜兴人，高级工程师，1960 年毕业于同济大学工民建专业，毕业留校进建筑工程系圬工教研室任教，1963 年进入同济设计院，1972 后调至设计院至退休进审图公司至离院。设计涉及工业与民用住宅、实验室，主要设计项目包括：1982 年校图书馆扩建（预应力悬挑结构）、1992 年浦东世界金融大厦（超高层办公建筑）等。参与科研获奖项目：“高层建筑多层地下室的开发利用研究”获 1994 年国家教委科技进步三等奖，“带裙房高层建筑与地基基础共同工作的理论与试验研究”获 1999 年上海市科技进步二等奖。

倒也安逸。

后来，冯纪忠先生受命到杭州的茶室送茶服务，说是“流动空间设计”没有考虑服务员的辛苦，让他亲身体验。其实，传统的分间设计与“流动空间”设计，服务员行走的距离是相仿的。那时，冯先生长期患皮肤病，俗称“老烂脚”。老先生离开家人照料，独自生活，令人心酸。老先生在茶室服务时，提壶倒茶、跛腿行走的坚强精神，更是令人难忘！

华：您几位去现场劳动和思想改造经历了多长时间？

朱：冯纪忠年高，较早回沪。我、刘仲和路佳留在杭州时间较长。没有人看着我们，就是要注意“自觉改造思想”。劳动很艰辛，但回忆当时的生活也蛮有趣的。我们三个人为了吃一碗白糖汤圆，从花港长途步行到湖滨，一路还嗑着香瓜子。因此，我和路佳至今还特友好。

花港茶室项目

1964—1965 年

访谈人 / 参与人 / 文稿整理：华霞虹 / 王凯、王鑫、吴皎、李玮玉 / 李玮玉、刘夏、华霞虹

访谈时间：2017 年 11 月 29 日 13：00—14：30

访谈地点：零陵路 777 弄刘仲老师家中

校审情况：经刘仲老师审阅修改，于 2018 年 2 月 3 日定稿

受访者：刘仲

刘仲，1935年2月生，教授。1952年考入同济大学建筑系。1956年毕业后留校任教。1958年，由于政治运动的关系，工作辗转于建筑系和设计院之间。1984年，担任同济大学建筑系讲师。1990年，担任同济大学建筑系副教授。1992年，受聘担任同济大学建筑系教授。1997年获上海市优秀教学成果二等奖。

1964—1965年，杭州的花港观鱼茶室项目由冯纪忠先生主持设计，设计和施工建造过程经历相当曲折，而且实际建成效果和模型效果相去甚远。受访者刘仲先生作为主要参与者，负责了建筑部分的设计图纸绘制。访谈主要涵盖了花港茶室的设计建造历史，包括项目的背景和来源，对设计本身的思考，设计建造过程中的曲折，以及在“设计革命”和“五七”公社背景下，该项目对各设计师的影响。

华霞虹（后文简称“华”）：刘老师，1964年的时候您还在学校吗？那么关于“设计革命”和“五七”公社，您有没有一些特别的经历呢？

刘仲（后文简称“刘”）：当时我在学校。“设计革命”在同济的体现是很“左”的，这个也让我终生难忘，因为我跟冯先生当时在做花港观鱼，花港观鱼具体是我做的。当时王吉螽、朱亚新他们也跟冯先生一起来看看图，提点意见。

华：是冯先生带着您一起来做这个设计的吗？

刘：冯先生很投入的。他早上很早就来了，油条还在手上呢，来后就一面看图一面吃油条。

华：这个项目是哪里来的呢？

刘：杭州有一个副市长叫余森文。余森文曾是浙江省金华的专员，相当于地委书记。那时候他的手下把谭袁林抓到了，抓到以后，余森文就带着谭袁林挂官而去，去了四明山，把谭袁林放了，接着就一起到革命根据地去了。新中国成立以后回来，就做副市长。余森文是广东梅县人，李国豪也是梅县的。那么就和同济有了关系。

虽然这是个茶室，但是位置很重要。原本有一个竹棚（茶室）对着里西湖的，对面就是刘庄。那个本来的草棚叫翠雨厅（音），在花港观鱼那一带生意非常好。后来因为毛泽东来杭州住在刘庄，而这个草棚对着刘庄，因此中央警卫处就过来提意见了，把那个草棚拆了。拆了以后，好像还是要造一个，那么就摆到小南湖这边来，换一个位置。后来冯先生做的时候，考虑到它本来是个棚，因此我们也做个棚。就是这么个概念。做了以后，做模型呈现的效果也很好。后来一做，结果那个结构没处理好，肥梁大柱的。

华：这个结构当时是谁做的？是朱伯龙、俞载道吗？

刘：不是朱伯龙，也不是俞载道，是汤葆年和路佳共同承担的。设计完成后，施工后一拆模板吓坏了，感觉效果很不好。当时我们做模型的时候效果还是挺好的。如果是用钢结构就好了，当时用了混凝土。梁与层高的比例很大，看起来就显得不那么轻松。正好“设计革命”，就成了批判的典型。

当时还请了杭州园林局的同志参加大批判。反正那个运动中，提出设计要改，后来我跟朱亚新老师为了改这个项目就到工地上去了。当时我和朱亚新住在西湖工程队的队部具体进行修改，那有个基地，那时候吃住都在那儿。驻工地的时候，因为朱亚新个子比较大，我那时候年纪轻，常常是她骑车带我跑工地。还有那时候的西湖幼儿园，正好都是干部子弟，我们常常路过看看。那时候留下一个很不好的印象，有时候一个小孩骑在另外一个小孩身上，就玩嘛，有的小孩就会说：“我爸爸是管他爸爸的。”那段时间我们在工地上其实精神上倒也蛮轻松的。

华：修改方案的话，是修改哪些地方？

刘：改的时候朱保良[1]提了一个很大胆的意见，就是把主体屋面下端斩掉。整个的形体就完全不一样了。

华：您能否再给我们说说花港观鱼这个项目设计过程中对空间和形式的考虑？因为您之前也提到冯先生在这个设计上很投入。

刘：冯先生真的很投入。后来就是因为改得比较厉害，面目全非。

华：当时的图纸、模型还在吗？还有照片保留吗？

王凯（后文简称“王”）：模型好像有照片，但是图纸好像没有。

刘：模型照片肯定有。

王：模型照片我们看到过，但是那个图纸就没有。

刘：图纸可能没能保存，去向不明，因为当时搞批判。

王：当时是设计上面一个屋顶覆盖，内部是交错变化穿插的空间。

刘：就是像本来的那个棚的意思一样，也就是一个棚，地下的楼面是穿插的，就是设计比较活的那种。但是我后来细细想想，觉得这样做也是有点问题。什么问题呢？天气好的时候，这个棚没有什么问题，如果是冬天、深秋或者早春的时候，虽然人会少，但（还是）会有。这个两边是空的，人肯定是受不了。

---

1 朱保良，男，1925 年 9 月生，上海人，高级工程师。1950 年，就读于中央美术学院华东分院实用美术系，1953 年，毕业于同济大学建筑系后留校任教，期间跟从陈从周先生考察古建筑，是陈从周第一个正式的助手。曾任同济大学建筑设计研究院教授级高级建筑师顾问，华东地区村镇建设研究会理事，上海市建筑学会村镇建设研究会副会长，《村镇建设研究》副主编，嘉定建设局规划设计技术顾问，2020 年 12 月病逝。

当时有点想把它做得像密斯·凡·德·罗的巴塞罗那德国馆那样，就是空间让它自由一些，所以封还是必然的。

◎ 花港茶室模型，来源：同济大学建筑与城市规划学院

华： 您觉得这个设计有受到其他建筑作品的影响吗？因为刚才您也提到密斯的巴塞罗那德国馆，冯先生会在设计的过程中提到类似的设计吗？

刘： 他不一定直接提密斯了。冯先生的观念，常常是用手跟我们比划的，就是希望做一个流动的空间。因为当时主要考虑的一个问题是，这个茶室本身在那个地方也应该成为一个景点，别人要看它。因为别人会从西湖的几个角度看到它的，所以它的自身形象很重要。比如从苏堤上看，它是一个什么形象，从小南湖那个桥上看过来，又是什么形象，从西山公园的牡丹亭看过来是什么样。就是从各个角度，它等于是在那里点了一个景，所以它的形象很重要。另外呢，我从这里看出去，看景。这就是组景了。一个是点景的作用，一个是组景的作用。在里面看，一个

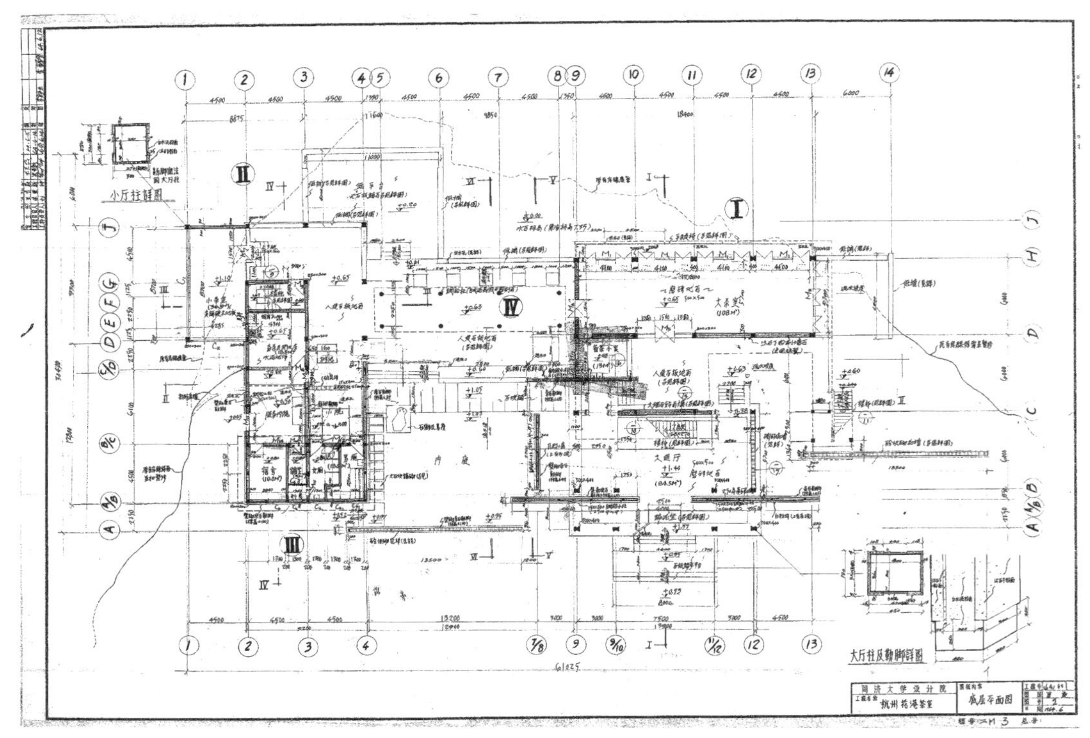

◎ 1964 年 6 月，花港茶室施工图，底层平面，来源：同济设计集团

方向是看牡丹亭，一个方向是小南湖，一个方向是西山公园。设计风景建筑的时候，一个是点景，一个是组景。这些是在做设计的过程当中慢慢明晰到这些东西。

华: 当时对材料怎么考虑的？为什么画施工图的时候就采用了混凝土呢？

刘: 做成棚的效果用竹子当然好些，但那时候来讲，钢材还是比较贵重。用混凝土是比较现实的。做木头的话就是不耐久。所以后来冯先生的松江方塔园的何陋轩，就（好像）是脱胎于花港茶室这个项目的。它也是一个棚，是用钢和竹结构，效果就比较好。

华: 那种空间的穿插，构思有点像。

刘: 不是有点像，而是基本上就是从那个来的。

王: 但就是很可惜，花港茶室的平面图我们都没看到过，不知道里面到底什么样子。

刘: 平面图我倒是后来也没保存。

华: 那时候您和朱亚新老师就跟着冯先生一起画图？

刘: 建筑图基本就是我出的。

华: 您一个人画的？

刘: 总图是黄仁[2]画的，建筑图纸基本上是我画的。结构是汤葆年、路佳做的。

华: 那时候是在设计院里面出蓝图吗？

刘: 出图是设计院的。后来图不知去向。

华: 我们好像没有查到这个图纸。

刘: 因为这个图纸我没有拿出来，如果在的话，应该还在设计院。

华: 那结构就直接配合建筑做了？

刘: 当时结构主要是路佳。当时我们到杭州都在一个小组，一起去的工地，配合施工。

华: 这个项目最终还是建成了？

刘: 现在还在开放。

---

2 黄仁，男，1961 年毕业于同济大学城市建设与经营专业。

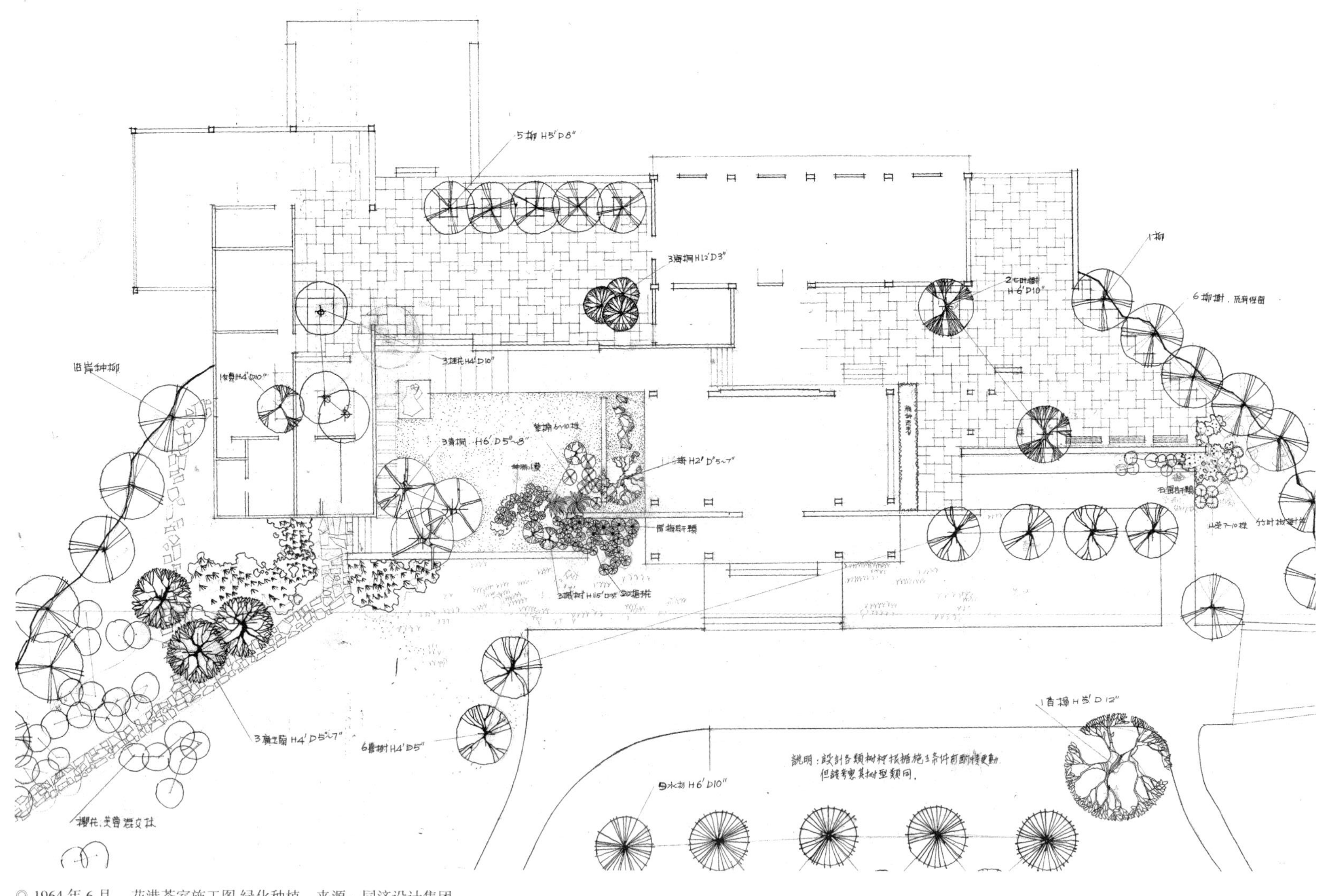

© 1964年6月，花港茶室施工图绿化种植，来源：同济设计集团

王: 现在好像完全看不出来那个样子。

刘: 现在沿湖的那边还有点像,总体布局没变。鲁迅的弟弟周建人当时是浙江省省长,他经常到那里喝茶。观景喝茶,环境还挺好的。因为位置好,现在应该生意不错。群众现在也接受了,我们受批判的事也都过去了。“设计革命”的过程中,结构都已经差不多建完了。

“五七”公社设计、教学和“小三线”建设

|1969—1977 年

访谈人 / 第二次参与人 / 文稿整理：华霞虹 / 周伟民、范舍金、王鑫、吴皎（第一次也参与）、李玮玉 / 华霞虹、吴皎、洪晓菲、李玮玉、赵爽

访谈时间：2017 年 5 月 9 日 9：30—11：30（第一次）
2017 年 5 月 17 日 9：30—11：30（第二次）

访谈地点：锦西路 88 号姚大镒先生家中（第一次）
同济大学建筑设计研究院一楼办公室（第二次）

校审情况：经姚大镒老师审阅修改，于 2018 年 2 月 28 日定稿

受访者：姚大镒

姚大镒，男，1935年2月生，安徽黄山人，教授。1954年考入同济大学暖通专业。1960年毕业留校任电机系教师。1969年参加同济大学“五七”公社三线建设，奉命被抽调到五角场205工程队报到。1971年，三线厂基本建成，从此由教师转变成工程技术人员。1978年进入同济设计院。后担任副院长，常务副院长和总工程师。1998年退休。2008年获同济大学建筑设计研究院“突出贡献奖”。

受访者：周伟民

周伟民，男，1950 年 11月出生于上海，高级工程师。1974年进入同济大学工民建专业学习，1977年毕业后留建工系钢筋混凝土教研室任教，历任结构系办公室副主任、主任，结构学院副院长。1994年9月调任同济大学建筑设计研究院任副院长。1999—2017年担任设计院党总支书记，2004—2017年担任董事会董事。

受访者：范舍金

范舍金，男，1952年3月生，浙江武义人，教授级高工。1970年冬进同济大学给排水专业学习，1974年本科毕业后留校，分配在“五七”公社设计室工作，直至2012年退休。刚进院时兼有教学任务，后全职建筑给排水设计。先后担任室主任、主任工程师、二院总工（给排水）、党支部书记、党总支副书记和工会主席，退休前两年主持集团党总支工作。

1969年，同济大学“五七”公社抽调建筑、结构、给排水、暖通和电气专业的青年教师和学生，加上华东院、上海市建二公司组成“五七”公社设计组，在机电系教学的姚大镒老师也被抽调进入“五七”公社设计组，前往安徽贵池县，参加上海“小三线”建设。访谈中姚大镒主要介绍了上海胜利机械厂设计，并和周伟民、范舍金两位老师共同叙述了“五七”公社的教学、设计、施工三结合的状况。

华霞虹（后文简称“华”）：姚老师在同济的经历很丰富，从教师到“五七”公社设计组，之后进入设计院工作，又参与管理。《累土集》收录的《“五七”公社设计组始末》您写得特别好。这段历史一般很少有人介绍，您是亲历者。您之前还去北京参加过一个“教育与生产劳动相结合”的展览会议。

姚大镒（后文简称“姚”）：对，我正好参加了。那时候我读四年级。我1954年进同济，那时暖通专业是四年制，1955年开始变为五年制。我1955年生了一场肺病，休学了半年。这样就搭进去两年，亏得很。不过我后来就“半工半读”了。因为1958年开始“大跃进”，到1959年师资缺乏。学校想了一个办法，在四年级和五年级的学生里挑选成绩比较优秀的学生，抽调出来，一面搞教学，一面完成自己的学业，所以叫“半工半读”。那时候工资60元，给我们一半工资。我们那时候就是助教。像暖通专业，比如说学传热学，讲课的老师一般是教授，上完课后基本不管，助教就在晚自修时间答疑。

当时我们有三门专业课需要课程设计，分别是暖通空调、燃气和锅炉。那时候同济已经有设计院了，老师们会到设计院去找一些工程给我们学生“真题假做”，做得好的话，可能被采用。

华：老师拿的真题都是同济设计院的吗？还是也有其他设计院的项目？

姚：华东院的也有。

华：您去“小三线”参加建设，主要是做工业建筑？

姚：当时民用建筑搞暖通空调的比较少，有空调的算享受级的。主要是做工业通风，还有工业上用的空调。那时候通风就叫“工业通风”。现在不仅仅是工业建筑，民用的大型建筑通风也很重要，像大型的会场、体育馆、剧院。那时候搞民用建筑不行，一切都要为工业服务，为生产服务。

华：1969年参加“五七”公社设计组，同济方面都是年轻老师？那时同济设计院还有吗？

姚：那时同济设计院已经没有了，1966年就"瘫痪"了。1964年"设计革命"的时候就批判得很厉害，搞民用建筑的被批判的比较多，搞工业建筑的还可以。1966年，大家都搞"革命"了，设计院没有再搞下去。1969年年底，"五七"公社成立以后，要搞"小三线"，对政治要求比较高，原来设计院的人都不要了，另起炉灶。

像我们班上原来有3个人毕业后分配到设计院。他们成分是不是不好，我也不清楚，反正要重新招人。"五七"公社设计组中，水、暖、电都是系里过去的。像原来一室的叶宗乾[1]是搞电的，前面在系里搞教学。我和他是一起进"五七"公社设计组的。还有吴桢东[2]。

后来重新成立设计院，是在原来"五七"公社设计组的基础上，系里再抽调过来一些人，吴庐生和顾如珍都是后面过来的。

1950年代，同济设计院暖通设计是我们暖通教研室的主任，是兼职的。建筑系、结构系的老师兼职的也比较多。

"五七"公社设计组由四部分组成，一部分是教师，一部分是市二建公司的工人，一部分是华东院的，水、暖、电、建筑、结构都有，工种很全，最后一部分是学生，那时有5个学生。工人主要画施工图，因为他们是施工员，对施工的构造节点十分了解，会画大样图、放样图，画建筑结构的节点。

那时候的设备是我们自己设计，自己参与施工，我在"小三线"要下工地。我设计了锅炉房、空压机房，还有动力管道。山区的动力管道因为标高不一样，定标高、放样比较困难，一般的施工队不会施工，我就直接下工地参加施工。画好标高，都定好之后，在施工中，对照图纸上哪些地方需要安装管道，先定好管道支架的位置，工人们再去施工。在施工过程中，要是出现困难要调整，我就帮他们调整。我觉得还蛮好的，可以学到很多东西。因为纸上谈兵容易，实际不一定做得到，还需要修改。

华："五七"公社设计组一共有多少人？

姚：在山沟里面各工种加一起30来人。

华：您参与"小三线"建设，一共做了多少项目？

姚：就做了一个，胜利机械厂，是高射炮总装厂，生产炮筒，还有大型的基座。

---

1 叶宗乾，男，1935年11月生，高级工程师。1961年于同济大学毕业后留校任教，后进入同济大学建筑设计研究院工作。

2 吴祯东，男，1933年9月生，江苏丹阳人，高级工程师。1953年考入同济大学卫生工程系给排水专业本科就读，1957年毕业后先后在同济大学水力水文教研室和给排水教研室任教，1968年11月至1996年8月，在同济大学建筑设计研究院任职，担任主任工程师、厦门分院副院长。1996年9月退休后在建筑设计院高新所和上海同济协力建设工程咨询有限公司担任顾问。2016年1月15日在上海病逝。

华: 要签保密协议吗?

姚: 要签的，那时政审很严格，学校审好后，要到上海市再去审。

华: 参加“五七”公社设计组的人，政治上很好。

姚: 都非常好。学校认为信得过，就去参加“小三线”建设。“五七”公社设计组1969年到山沟里，1971年回来。刚回来时还住在工地上，住在施工队。后来到了1972年才回到学校，搞“五七”公社，一直到1976年“文革”结束。

华: 1972年回到学校有多少人?在哪里办公?

姚: 那时就20来人吧，各工种都有。“文革”以后重新成立了设计院，之后人就多了。刚回来到文远楼，之后又到北楼，底层的教室。当时学生没有那么多，教室可以空出一些，学校给我们两间大教室，两间小教室。一间大教室是一个设计室，小教室给领导，在北楼东侧。那时候学四楼也有，还有同济新村的“白公馆”。白公馆靠近彰武路西大门，在“同”字楼前面，白颜色的，有好几栋。后来是三个综合室，三室分到学四楼和白公馆，一室、二室在北楼。

华: 1978年以前，同济设计院处于从“五七”公社后期到正式恢复设计院的阶段。这一段历史虽然有一些记录，但是从个人角度讲述的比较少。三位老师能否从个人角度来讲讲?比如周老师从学生和老师的身份讲，姚老师和范老师从

◎ 文远楼106阶梯教室，“五七”公社成立大会，来源：同济大学官网

"五七"公社设计室到设计院的身份讲。在"文革"后期，同济的设计、教学、生产是什么样的关系？

姚：我先来说说。1977年之前，设计院还在文远楼，叫"五七"公社设计室，1977年之后就把"五七"公社、工宣队、军宣队都撤走了，"五七"公社设计室就不存在了。后来设计院才来了吴景祥院长，副院长是唐云祥。"文革"结束，人就多了，正式恢复设计院时，办公室就从文远楼搬到了北楼。

华：设计院在1974年到1977年，大概做什么类型的项目？

姚：我们设计院在"五七"公社时期，最大的项目一个是"小三线"的胜利机械厂，另一个是金山石化总厂的机修厂，当时我们"五七"公社设计室的大部分人都到金山去参加现场设计了。机修厂的工艺是机电院做的，土建和设备是同济做的，"五七"公社工民建专业的学生也参加了。

周伟民（后文简称"周"）**：**"五七"公社是把建筑学和工民建结合在一起，实际上等于建工系的工民建专业，是"文革"特定时期的产物，是教学、设计、施工三者的结合。

华：别的高校有没有这样的组织机构？

周：没有。只有同济有"五七"公社，当时是一个试点。教学是同济，设计是华东院，施工是上海市建二公司。里面还有军代表，像郑世谊等。下面才分教学革命组、设计室这些。专业就是工民建和建筑。

华："五七"公社整个机构的基地在同济大学，但吸收了外面的人，如华东院、上海市二建公司对吧？华东院和市二建公司大概有多少人参与？

姚：那时候，华东院主要是派一些设计人员来。他们派来的教学人员主要教建筑和结构，负责辅导。

周：因为华东院和市二建公司参与到学院的教学体制里，所以才有"五七"公社。我们设计室是其中的一个对社会服务的载体。因为教学过程中要通过"典型工程"来教学，所以要配合"典型工程"来设计，所以就形成这样一个特点，其中有教师，有华东院的人过来指导，学生也参与设计。包括刚才讲的金山石化总厂就是作为一个课程设计或者教学实践。

范：为什么叫"五七"公社？因为"文革"中毛主席有个《五七指示》，其中提到，"学生以学为主，也要学工、学农、学军，也要批判资产阶级。学制要缩短，教育要革命"。"公社"取自"巴黎公社"里这个概念，有一种革命的含义。

华：是的，公社总归是一种组织，一种集合体。农村不是也叫公社嘛，是社会主义的组织形式。当时“五七”公社设计室金山石化项目做了几年？姚老师和范老师都去现场了吗？

姚：做了将近两年吧。

范：都在现场。

华：你们是设计室正式的设计人员，要画图。学生、老师怎么组织？具体怎么分工？谁来做统筹？

姚：有几个车间的建筑结构设计是学生做，老师辅导，水、电、暖设计由设计室承担，因为这个工程比较大，其余的车间设计就由设计室来承担。谁来统筹说不清楚，反正是教学同设计院大家分。

华：施工方面需要指导吗？

范：金山就是在施工现场设计，施工配合肯定没问题。其他项目，施工配合也很紧密。当时我们设计去交底，施工队的工人师傅会当场像考试一样考你。

姚：因为他们有施工经验，一看你的图纸，就知道施工是不是有困难，会提出应该怎么做比较好。当时外面都讲，学校设计院做方案很好，做施工图不行。我们不像地方设计院，他们由于接触施工多，积累了很多经验和措施。

华：当时在现场是根据设计周期完成设计工作后再施工，还是施工和设计同步开展？

姚：不同工程有不同的进度。像金山项目是边设计边施工，所以有好多问题都要现场解决，就像我们在山沟里面设计胜利机械厂一样。

华：边设计边施工的话，总体进度谁来安排？

范：金山有建设指挥部。

华：金山石化算是我们自主设计吗？

姚：我们是做机修厂，是金山石化总厂的辅助部分。

华：也就是工业建筑里面的民用部分。

周：对，工业建筑主要是结构。机修厂（的建筑部分）一般就是通用的，因为跟工业有关的有（相关的标准）。

姚：机电设计院主要提供机修厂总图和几个车间的工艺设计。

华：同济大部分设计好像还是民用建筑，接手的工业建筑项目，相对来说也

◎ 1960年代，“五七”公社在205工地劳动学习，来源：同济大学官网

是工艺要求没有那么高的，要不做不了对吧？

姚：实际上同济设计院在1976年以前主要搞两方面的设计——学校建筑和工业建筑。因为那时搞民用的很少，都是搞工厂设计。你看我们设计院以前做的工程好多都是厂房，大型民用建筑以前做得很少。

华：周老师您读书的时候参与了哪个项目？也是通过设计室参与的吗？

周：当时我们班级分了几个组，每个组都有结构、建筑的老师。我们做的是电工机厂的工业厂房，是框架结构。

华：你们也下工地吗？

周：当时就是在现场，在电工机厂里。

华：怎么上课呢？

周：有时候课程是跟工程和进度结合的，所以课程上讲工业厂房的建筑和结构知识都会有一点。比如工业厂房怎么分类，有单层的、多层的，框架的结构怎么做。屠成松[3]老师也会讲一些高层知识。还有刚才范舍金老师讲的，我们一开始就到工地住了一年，在“208”，也就是二建公司第八工程队。

华：一年级？

周：刚入学马上就到工地里去一年。我们班落实到那儿，其他班就落实到二公司下面的其他工程队。

华：范老师您有去吗？

范：我是给排水专业，当时也是这样。不过好像没有一年那么长时间。

姚：他们一来就拉练。

范：我们劳动也有。但是记忆比较深的是住在厂里，参与他们的运行管理，比如说在污水处理厂，同时也上课。那时候学校派了最好的老师给我们上课，现在想想都是非常大牌的，杨青、顾国维、高廷耀[4]等老师都教过我们。现在学生很难有这种“待遇”。

周：是在工地教学，所谓培养感情，后面就回来了。

姚：实际上叫现场教学。

华：姚老师，您一开始当老师的时候也做这种现场教学吗？

姚：做过。因为我那时教1966届的班级。1964年教他们课时，我就带他们到上海柴油机厂厂里住了一个月，在车间边参观，边劳动，边教学。

范：其实“文革”以前，教学也是跟工程实践相结合的。

周：当时教学计划安排主要以工程为主。同济就是跟工程、跟实践的结合比较紧密。所以像我们工民建，主要是认识实习、课程设计、施工实习三大块。认识实习实际上就是去工厂实习，一年级的时候。后面的课程学习就回到学校，在学校的学习中也会掺杂一些到现场去的任务，当时叫“典型工程”。

范：结合“典型工程”来组织教学。

---

3 屠成松，男，生平不详。著有《高层建筑结构设计》。

4 高廷耀，男，1932年生，江苏松江（今属上海市）人。1953年毕业于同济大学上下水道专业。1966年同济大学城建系研究生毕业。历任同济大学讲师、副教授、教授、副校长、校长。1995年起任城市污染控制国家工程研究中心主任。

上钢一厂生产实践和“五七”公社教学 | 1969—1976 年

访谈人 / 参与人 / 初稿整理：华霞虹 / 周伟民、王鑫、吴皎、李玮玉 / 梁金、吴皎、杨颖

访谈时间：2017 年 11 月 22 日 9：30—11：30

访谈地点：同济设计院一楼贵宾室

校审情况：经黄鼎业老师审阅修改，于 2018 年 2 月 3 日定稿

受访者：黄鼎业

黄鼎业，男，1935年9月生，浙江江山人，教授，博士生导师。1952年考入同济大学结构系，1956年工业与民用建筑结构专业本科毕业后留校任教。1963年同济大学固体力学专业研究生毕业。1981年美国访学归来后担任同济设计院常务副院长。1984年起任院长，1985—1993年任同济大学副校长兼设计院院长。

1966—1976年期间，上钢一厂扩大生产，同济大学建筑结构专业的一批人为上钢一厂设计厂房，同时积累了实际的设计经验。1971年同济大学成立“五七”公社，恢复办学招生，老师们走访全国、实地调查编写教材，从实践出发，通过工程项目从设计到实施的整个过程来培养工农兵学员，在短期内培养了一大批建筑设计、施工人才。

华霞虹（后文简称“华”）：1950年代到1970年代，教学生产一体化，设计院是这样一个特殊历史时期的产物。您当时在同济，既是学生又是老师，并以老师的身份参与设计院的工作。对您来说，在这个历史时期，设计院作为教学生产一体化的机制，对我们同济土建方向学生的培养和教师的成长有怎样的作用？

黄鼎业（后文简称“黄”）：当时我念了四年的本科，工业与民用建筑结构专业，主要是结构。念了四年以后，做了三年的助教，是钢筋混凝土教研室的助教。后来我国高校恢复研究生制度，我报考并入学读研究生。在念研究生的时候，突然学校派我到新材料研究所，中间曾被派到北京航空学院去学飞机设计，目的是要造一架玻璃钢的飞机，后来改变原旨，改为建造一架玻璃钢的滑翔机。1966年左右，滑翔机造成了，在宝山滑翔机俱乐部的机场上试飞成功。1966年以后研究所搬到工厂去了，学校里就把我留了下来，中间也去劳动，挖防空洞。

1970年左右，上钢一厂要引进国外的设备，很多厂房要扩大，当时上海冶金设计院主持设计。他们人手不够，要我们结构的人支援，所以就把王达时[1]先生、我、朱伯龙、颜生姮等一批人，拉到那边去。到上钢一厂的第一天，我是属于做杂务的，就是附带做杂务的联络人。一去，他们车间主任在一个很大的房间，一看到我，就跑过来跟我说：“黄老师，你们来了多少人？”非常热情。我们受宠若惊了。进去以后有一个老师傅，给每人发一套工作服，一双大皮鞋，一张月票。月票是我们预先交过两张照片，已经都买好了。我感到很高兴，这坐车都不要钱了嘛。然后给我们说怎么吃饭，什么都讲，我就感到受到很好的待遇，我们在那边天天努力工作。

我设计的是半连轧车间大跨度吊车梁。为什么找我们设计呢？因为一般吊车梁的跨度是6米，这个车间因为中间有设备，梁就增加到12米，还有18米的。在设计院工程师的配合下，我很快完成了。

1　王达时，男，江苏宜兴人，教授。1934年毕业于交通大学土木工程系，1938年获美国密歇根大学土木工程硕士学位，专于钢结构及结构力学。回国后，曾任复旦大学教授，交通大学教授、工学院院长。1949年后，历任同济大学教授、副校长。曾于1960年至1961年担任同济大学建筑设计院主任。

另外有设计一个污水池，是在地底下的，有一个很大的直径14米的圆筒，在地面做好，慢慢沉下去。我感到那个阶段业务上对我帮助很大，我没有设计过，要拼命学习、看资料，收获很大。

华：1971年，同济大学成立"五七"公社，恢复办学招生。您是如何被召回学校，重新走上讲台的？您系统讲授土建专业的基础和专业课程，后来又承担编写教材的任务，从上海出发走访了全国许多地方，深入工地和设计单位，学习并掌握了大量珍贵的第一手资料，为提高教材质量奠定了基础。您能讲讲您在"五七"公社中参与教学各项工作的故事吗？

黄：我在安徽歙县干校待了一年半（1969—1971年），后来有一天接到一个学校打来的电报——"黄鼎业速回校任教"。干校领导找我，王诗德校长原来是政治教师，军宣队、工宣队坐在他边上，他跟我谈的，我说我不回去，我要在农村干一辈子革命，跟农民打成一片。我说我出来以前，我的书六分钱一斤都卖掉了。他说没事，第一，书的事情好办，你回去以后，你过去那些书未必好用；第二，你这次一定要回去，因为学校里打电报过来，这个要服从领导的安排。所以我说好。其实我心里是很想家的，上有老下有小，急需我照顾。回来以后就到学校，他们就给我很多书。我就这样到教学班子去了。

同济大学在1971年就已经成立了"五七"公社，但是我没参与，我是1972年回来加入的。

当时我们就成立一个单位，招了一批人。名字不能叫"大学"，所以当时就叫"公社"，叫"'五七'公社"是因为5月7号毛主席批示说："大学还是要办的。"[2]后面还有几句话。当时"五七"公社不是同济大学一家办的，是三家办的，即上海市建筑二公司、华东设计院、同济大学三家办的。

那个时候什么都要教，所以我从代数开始教，全部教。当时和同学们相处得非常好。因为工农兵学员都是插队落户或当兵回来，吃了很多苦，能到学校来学习，他们很珍惜这个机会。他们文化基础比较差，但是他们很有那种精神。我其实当时就有这个想法，我想这批人可能将来会在工作岗位发挥非常重大的作用。为什么呢？因为他们知道我们国家的情况。

"五七"公社办学，是从实践出发来培养学生。当时这个专业就是工民建专业。"文革"期间，大学停办，国家当时很缺人才，公社花三年功夫培养出大批人才，他们完全能应对设计、施工。现在也证明这批人非常能干。我觉得乃至于到今天，

2　此为作者回忆。实则为1968年7月21日，毛泽东对《从上海机床厂看培养工程技术人员的道路》的调查报告作批示："大学还是要办的，我这里主要说的是理工科大学还要办，但学制要缩短，教育要革命，要无产阶级政治挂帅，走上海机床厂从工人中培养技术人员的道路。要从有实践经验的工人农民中间选拔学生，到学校学几年以后，又回到生产实践中去。"

◎ 1960 年，在四平路校门内“五七”公社欢呼毛主席最新指示发表，来源：同济大学官网

当时的教学方法还是值得借鉴的。

怎么样通过实践来教学呢？后来我、贾岗、丁士昭[3]，建筑的詹可生[4]，还有设计院来的徐树璋，就是徐迪民[5]的哥哥，我们大家讨论。

一方面，我们出去调查，编写教材。我和丁士昭是前站，早出发两个礼拜。我们去苏州，再过去到镇江、扬州、宜兴、南京、蚌埠、合肥，然后再到北京，到天津，到沈阳，大大小小的设计院都去过了。不单单是去设计院，还到南京工学院、清华大学、天津大学、哈尔滨建筑工程学院，去请教他们。他们都很羡慕我们，说：你们上课了，你们要教书了。他们还在劳动。特别是清华大学我很了解，我们在工地上见到他们在劳动。

调查的过程中，他们会问我问题，比如合肥设计院的就拉了我说：你是搞钢筋混凝土的，我们现在要设计厂房的柱子，吊车重量越来越重，实体的柱子太大，要分开，叫双支柱。他看到国外有双支柱，不清楚怎么计算，怎么设计，就把这些题目给我们，他们很希望我们能够解决问题。所以我们收集了很多实际工程的问题，学到了很多东西，这些对我的帮助很大。

另外一方面是通过做毕业设计。原来的毕业设计是“假题假做”，或者是“真题假做”，把主要的配筋算好，跟规范没关系。我最早是带学生去电工机械厂。要设计建造，就像设计院一样，要查地质资料，从头到尾跟着项目，这是一个锻炼，是一个学习过程。所以我们这批工农兵学员，出去以后个个顶用。除非个别人因

3 丁士昭，男，1940 年 9 月生于上海。1963 年毕业于同济大学建筑工程系，后留校任教。现任同济大学工程管理研究所所长。主要从事建筑经济、建设项目策划、项目管理等方面的研究。

4 詹可生，男，毕业于莫斯科建筑学院建筑学专业，后于同济大学建筑系任教。

5 徐迪民，男，1943 年 3 月生，上海人，教授。现任同济大学科研处处长，同济大学环境工程学院固体废弃物处理工程教研室主任。

◎ 1960 年代，“五七”公社在 205 工地，来源：同济大学官网

为特殊原因或者基础差，一般的人在业务岗位上都非常顶大梁，因为他知道要学什么。

所以对于“五七”公社这一段，我看是有收获的。作为技术路线来说，完全算是一条路。本身设计院就像医院，医院里面有很多病例提供给你老师，让你去研究，解决实际问题；我们设计院里面也会发现很多问题，要理论上去解决，理论也会指导设计，理论和设计是相辅相成的。更不要说我跟那些学生的友谊一直维持到现在，现在绝大部分人我一见就叫得出名字。我前面也教过好几年书，工民建也教过，力学的也教过，也就只认识几个尖子生。

但是归根到底，高等学校最珍贵的还是从理论着手，就是以课堂教育为主，再结合实践，不要忘掉实践。因为理论会带来创新，带来很多突破。就像研究打仗都有沙盘推演，在打仗前要假设敌方的态势和企图，在沙盘上面先演练一下。我们做的就是模拟，先从理论上模拟一遍。

华：我想同济大学的“五七”公社跟一般的设计院的区别在于，我们既有施工又有设计、教学，老师要指导学生，要示范给学生，需要讲更加典型的、有创造性的问题，所以研究的成分多一些。一般设计院更多的是上工地，根据经验来做。

黄：对。我接触设计院以后，有很多体会。我们教师的缺点是有的时候会斤斤计较。比如我是搞结构的，我算出来这个面积比如是多少，我用的材料就是这个。我们有个规定，相差5%可以，再多了就浪费了，再少了就不安全。所以学校老师看到设计院设计出来的东西都是浪费的。设计院工程师最怕老师做审核了，审核的时候总是认为配筋大了。但是设计院经验丰富，设计的效率很高，很快。

我的老师有一位曹敬康[6]教授，1936年他从美国回来。他设计了我们南京路第一幢中国人设计的高层，就是南京路的第一百货公司。当时南京路上所有高层都是外国人设计的，只有这幢建筑是中国人设计的。他是结构设计者，建筑设计是基泰工程司的杨宽麟[7]老师。

曹敬康老师那个时候设计结构工具只有计算尺。因为我后来教多层设计时有迭代法、弯矩分配法。我就问他这个怎么算的。他说：我们那个时候这些方法还没发明，但是建筑已经设计出来了，柱网的位置都确定了。怎么设计呢？他告诉我：梁两端的钢筋，就把它作为一个两端固定端的梁计算，算出来很保守，中间按照简支梁来计算，上下两面都一样配筋。但是为什么这样呢？第一，钢筋多放10%～20%，这个房子就早一点造好，那么甲方早点营业，他就赚进钱了，很快会抵消掉材料中增加的用量。第二，将来建筑用途会改变的，现在是百货公司，下次可能变仓库了，那个时候就要担惊受怕了。果然不出他所料，“文化大革命”中，百货公司三楼以上曾借给某单位堆放印刷用的铅板，重得不得了。以前和曹敬康老师一起设计搞建筑的人来通知他，说：你赶快去看看有没有裂缝什么的，要跟他们交涉。他说：我也不敢去，但是我想当时那个配筋应该够了。

所以设计院有一套符合实际的、合理的办法，速度很快。后来我接触其他设计院的工程师也是这样，他们介绍说：当我设计11层大楼，我就把已建好的10层楼的结构图拿来，钢筋多加一点，很快就出图了。我们同济的老师算来算去，觉得不行就再去问，搞了几个礼拜还没搞出来。他们有从实践中总结出来的合理的办法，所以我感到是互相取长补短，真的是有好处。

6　曹敬康，男，1933年毕业于私立复旦大学土木工程系。1957年毕业于美国伊利诺伊大学研究院，获工学硕士学位。回国后曾任复旦大学教授，后任交通大学教授。1952年院系调整后调入同济大学土木工程系，任钢筋混凝土教研室主任。

7　杨宽麟，男，1891年6月生，上海人。主要从事房屋建筑的结构设计及工程教育事业。1909年毕业于圣约翰大学文学院，后赴美留学，获密歇根大学土木工程学士、硕士学位。1919年回国后创办华启工程司。1927年成为基泰工程司的第四位合伙人。历任圣约翰大学土木工程学院主任、北京市建筑设计院总工程师、中国土木工程学会副理事长。主持设计的和平宾馆、新华侨饭店及王府井百货大楼是北京解放后第一批多层混凝土框架结构工程。

我对“五七”公社的观点是，它是一条路，是一条很好的路，培养人才的“多快好省”的路。但真正要提高、要创新，要使得我们上一级台阶，还是必须重视理论，从理论着手。就像研发半导体，它不是在过去电子管的基础上装出了一个半导体，而是在理论上分析有种材料单向导电，再去做半导体。现在量子通信，也是在理论上分析，再去做设备，变成量子通信、量子计算机，等等。所以理论研究很重要，光靠实践是不够的，忽视理论是错误的。

周：“五七”公社是那个特定的历史时期中形成的，当时解决了一些实际问题，但只是发展中的一个过程。

解放日报　夏历戊戌年九月初十　十二霜降　第3版

学校办工厂　工地当課堂

同济大学自办工厂制造新产品培养新人才

三千师生通过生产劳动精神面貌大大改观

◎ 1958 年《解放日报》的报道《学校办工厂，工地当课堂》，来源：同济大学官网

1978
—
2000

中篇
市场化改革

建筑工程班

1977—1980 年

访谈人 / 参与人 / 初稿审核：华霞虹 / 王鑫、吴皎、李玮玉、赵媛婧 / 吴皎、梁金

访谈时间：2017 年 11 月 21 日 9：30—11：30

访谈地点：同济建筑设计研究院 417 室

校审情况：经朱德跃老师审阅修改，于 2018 年 2 月 6 日定稿

受访者：

朱德跃，男，1958 年 9 月生，上海松江人。1978 年考入同济大学建筑工程专修班。1980 年毕业后进入同济设计院任结构设计师。1991 年起担任同济设计院电算室负责人。2008 年至今任设计集团信息档案部负责人。2011 年 5 月至 2021 年 4 月任信息档案部副主任。

1977年恢复了高考制度，在工厂工作的朱德跃参加高考，进入同济大学建筑工程专修班。此时从“五七”公社转型的同济设计院，亟须在短期内补充新生力量，这个班更多地是面向设计院的定向培养，结构、建筑等全部课程都压缩在两年内完成。学生年龄参差不齐，社会经历也颇为不同，然而在1980年毕业时，入学的60人中有近20人留校工作，其他人也多成为各个单位的技术骨干。

华霞虹（后文简称“华”）：同济设计院50周年（2008年）院庆时，您在《累土集》中有篇文章，将从您考大学进入建筑工程专修班到后来的事情写得很详细。文章里有一张合影，也是您提供的对吧？这篇文章是您为设计院内刊撰写，后来收录到《累土集》里的对吗？

朱德跃（后文简称“朱”）：对。这篇文章是我写的，只写到后来到设计院参加第一次项目。这个照片是我们的毕业照，那时候照相机不普及，学习时候的照片基本上没有。

◎ 同济大学建筑工程专修班毕业合影，来源：朱德跃提供

我1975年中学毕业后，读了两年技工学校。在技校里，两个礼拜上课，两个礼拜工作。我的专业是开车床，所以我一直说我是科班出身的（笑）。很多人到了厂里做学徒工，跟着师傅学。我们还是上过课的，所以是科班出身的。1977年初就开始工作，我被分配到松江水泥船厂里面，干了一年不到的车床工。

我是上海松江人，参加高考时，20岁不到。那个时候“文革”刚结束，人们对学习不是太积极。家里人其实也无所谓，因为那个时候我已经有固定的工作了。那个时候，工人的社会地位也挺好。我的想法也挺单纯，觉得参加高考是人生的一个经历，没想到因此改变了自己的命运。那个时候我很多的同学，单位不让考。我读技校时在嘉定的同学，成绩也很好，那时参加高考要单位开证明，单位说这个岗位离不开人什么的，就不让他考。

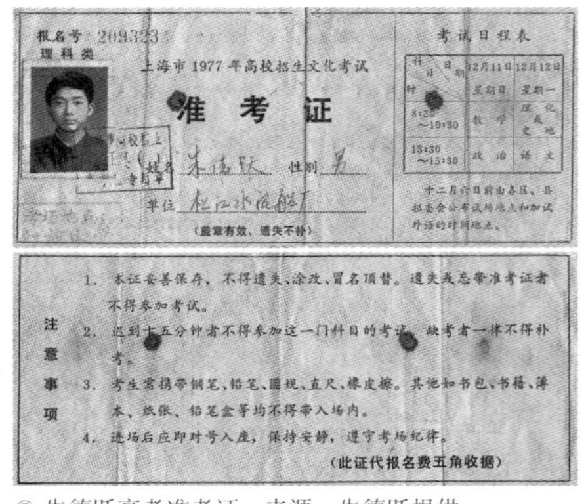

报名号 209323
理科类

上海市1977年高校招生文化考试

准考证

姓名 朱德跃 性别 男
单位 松江水泥船厂

（盖章有效、遗失不补）

考试日程表

科目 / 日期 / 时间	12月11日 星期日	12月12日 星期一
8:20～10:30	数学	理化或史地
13:30～15:30	政治	语文

十二月六日前由各区、县招委会公布试场地点和加试外语的时间地点。

注意事项

1. 本证妥善保存，不得遗失、涂改、冒名顶替。遗失或忘带准考证者不得参加考试。
2. 迟到十五分钟者不得参加这一门科目的考试，缺考者一律不得补考。
3. 考生需携带钢笔、铅笔、圆规、直尺、橡皮擦。其他如书包、书籍、簿本、纸张、铅笔盒等均不得带入场内。
4. 进场后应即对号入座，保持安静，遵守考场纪律。

（此证代报名费五角收据）

◎ 朱德跃高考准考证，来源：朱德跃提供

那次和一帮同学聚会的时候，他们说我们那时高考是几月几号。我说我有资料，准考证我都拍照、扫描了，包括我中学的学生证，都放在盒子里面。我说，是(1977年）12月11号到12月12号。我的文章里面，几月几号写得不详细。

华：当时你们进设计院的16个同学，像蔡玲妹[1]、王玉妹[2]，她们是跟您一届吗？和您一起进设计院的16个同学都有谁啊？

朱： 她们比我们早一两个月进设计院，是应届高中毕业后分配进来的，我们是1980年大学毕业分进来的。

和我一起进设计院的有巢斯、郑毅敏、彭宗元、陈硕苇、陆培俊、黄安、金文斌、薛求理、李一华 、施国华、黄斌、苏小卒、范家民、徐晓琴、苏维治，共16位同学。同学中有的考研究生去了，有的出国了，有的调到外单位了，最后始终留在设计院的也就7个人。

我们专业都是工程结构，就是工民建专业。巢斯跟我年纪差不多，我们班级60个人，年龄相差很大。像陈硕苇[3]、陆培俊[4]、金文斌[5]他们，年纪就比较大一些，

---

1 蔡玲妹，女，1959年10月生，浙江绍兴人。1979年高中毕业后进入同济大学建筑设计研究院工作，任技术员；1986年同济大学夜大机电专业大专毕业；1996年晋升建筑电气工程师，先后获电气工程设计奖项15项，曾任电气技术主管，2014年退休。

2 王玉妹，女，1959年9月生，江苏江都人。1978年高中毕业，1979年进同济大学建筑设计研究院从事建筑设计、绘图工作，1986年、1995年分别毕业于同济大学夜大学工科基础课、建筑室内设计专业。1986—1991年任技术员；1991—1996年任助理工程师；1996年至今任同济大学建筑设计研究院（集团）有限公司建筑工程师，资深建筑师，副主任建筑师。

3 陈硕苇，女，1948年9月生，浙江镇海人。1978年入同济大学建筑工程专修班。1980年毕业后进入同济设计院任结构设计师。

4 陆培俊，男，1947年11月生，浙江吴兴人。1978年入同济大学建筑工程专修班。1980年毕业后进入同济设计院任结构设计师；参加并负责了80多项建筑工程的结构设计，获得了数十项部、省市、院级优秀设计奖；在全国、省市、高校专业杂志上，发表了20多篇结构论文。1990年10月获工学硕士学位；1994年12月获高级工程师职称；1997年通过考试，获一级注册结构工程师职业资格；2002年6月获教授级高级工程师职称。2003年起，调到同济大学建筑设计院下属审图公司工作，负责并审查建筑工程设计项目的施工图，直至2014年。

5 金文斌，男，1947年3月生，上海川沙人。1978年入同济大学建筑工程专修班。1980年毕业后进入同济设计院任结构设计师。后转入建筑工种。

他们都是“老三届”的，比我大11岁。金文斌和黄安[6]他们两个是到了设计院以后才改建筑的，他们比较喜欢建筑，觉得结构太枯燥了。金文斌是我们设计院第一个考出的注册建筑师。

有些事我记得特别清楚。比如说，报到的时间是1978年4月10号，而且当天晚上下大雨。第二天，从宿舍西南一楼到文远楼的那条路上有几处积水了，水很深。我们都没有高筒雨鞋，我们寝室就只有一个同学有，他就一个一个把我们背过去。那天上午冯纪忠、王达时等几个老先生，在文远楼的213阶梯教室为我们开的欢迎会。

华： 您原来上学的时候，工民建专业有建筑设计、建筑构造这些课程吗？设计课也有吗？像以前的“五七”公社，他们觉得建筑师不太重要，还是结构工程师比较重要一点。

朱： 这些课都上过的。设计也有课。当时是顾如珍老师带我们的，还有朱保良老师带我们做毕业设计。我觉得我们这个班级挺怪的，是相当于面向同济设计院的定向培养。所以我们一开始的时候，户口是挂在建筑系的，而不是挂在工民建结构系的。我们所有的资料都是在建筑系的，我们60个人放在建筑系，但主要还是学工民建专业。

像上数学课就是跟工民建一起上的，像吴庐生老师的构造课都是在文远楼213教室上的，就我们一个班，文远楼还是建筑系的。我们去的第一学期就开始上构造课了，一般这个课不会放在第一学期上。我们的课程全部是压缩的。当时听吴老师讲课中说13号“进水勾头”[7]，就觉得挺好玩的。

华： 因为大家都是各行各业过来的，一进大学就直接给上这么专业的课，直接在黑板上画出来，就可以搞清楚了吗？你们要去实习吗？

朱: 没有。就是看过就看过了，要是不碰的话就不知道，但结构计算肯定是都会的。

华: 那个时候设计院的办公地点还在北楼吗？

朱： 我们当时的办公室有好几个，北楼有一摊，文远楼好像也有几间。那个时候我是在“白公馆”，就是借用同济新村的住宅。正对着现在的设计院大楼的，靠彰武路的这一排住宅叫“蛙式”——就是平面像青蛙一样，“蛙式”后面的一排就是“白

6 黄安，男，1960年7月生，上海青浦人，国家一级注册建筑师、高级工程师。1978年入同济大学建筑系建筑工程专业。1980年毕业后进入同济大学建筑设计研究院担任建筑设计工作；2001年起在同济大学建筑设计研究院（集团）有限公司所属上海同济协力建设工程咨询有限公司担任建筑施工图审查工作，任副总建筑师，兼任上海市勘察设计行业协会施工图审查分会建筑专业组组长。

7 落水管上端用于防止返味的弯头。

公馆”，是6层的，一梯两户，我们在一层，面对面两套。

那个时候就两个设计室。我在一室，跟吴庐生老师一起的。我跟吴老师渊源很深，当时在学校上构造课，就是吴庐生老师和何德铭老师两人上的，给我们上钢筋混凝土设计课的是蒋志贤[8]老师。后来设计院又搬到学四楼。学四楼很老的，现在你们看到的都是我们设计院搬出来之后改建过的，以前就是两层的坡屋顶，中间是一个走道，这边是一个楼梯，半室外的，盥洗室在边上，一进去楼梯就可以上到二楼。现在学四楼不止两层，跟原来的模样完全不一样。

直到设计院楼建成。那个设计院新大楼，我是结构工种负责人。

华：那天我们采访了顾如珍老师，讲到屋顶上的天窗和井格梁，那个做得很好，还有里面的楼梯。

朱：那两个楼梯都很有特色，一个是旋转楼梯，比较花哨；其实另一个楼梯外行看不出来，内行一看就知道，它这个是悬挑板楼梯。没有梁，就只有折板。这个折板楼梯是我画的，那个旋转的不是我画的，是黄斌画的，他现在在德国。

这个空间最好的用途是什么呢，一个是打乒乓，另外就是在周末举办舞会，还举办过卡拉OK比赛。

华：当时搬到新楼的时候，建筑工程班有多少人呢？这个建筑工程班后面还有办吗？

朱：就是16个，但那时设计院总的人数也不多，才七八十个人。后面没有听说过还有。就这一届，一共两个班，读了两年。

我记得当时16人到设计院，2个到建工系，到建工系一个是黄郁莺[9]，现在在美国，另一个是应如涌，现在在加拿大。从设计院出去到美国的苏维治[10]，苏维治和黄郁莺是我们班唯一的一对同学夫妻，夫妻俩现在是画家，到处讲课、作画。还有一个薛求理，从设计院出去后在香港城市大学，写了好多著作。

华：像您在文章里提到的第一个项目，中国农业科学院在镇江的蚕业研究所办公楼，这个项目规模有多大？为什么找同济设计院做？

朱：那个项目规模不大，四层楼，平屋顶。为什么找同济做，原因我不知道，可

8　蒋志贤，男，1935年1月，浙江临海人。1954年8月至1960年8月就读于同济大学工业与民用建筑专业。1960年8月至1963年8月在同济大学建筑设计院工作；1963年9月至1977年在同济大学钢筋混凝土教研室工作；1977年至1998年1月，在同济大学建筑设计研究院工作，曾担任设计院副总工程师、总工程师办公室主任。1993年被评为教授级高级工程师，1998年1月在建筑设计研究院退休，退休后返聘，在上海同济协力建设工程咨询有限公司担任顾问多年。2016年3月病逝。

9　黄郁莺，女，1978年入同济大学建筑工程专修班，1980年毕业。现为美籍华人艺术教育家，东华大学特聘教授。

10　苏维治，男，1978年入同济大学建筑工程专修班，1980年毕业。现为美籍华人艺术教育家，东华大学特聘教授。

◎ 同济设计院中庭两部楼梯，来源：朱德跃摄影

◎ 在同济设计院中庭举行乒乓球比赛，来源：朱德跃摄影

◎ 在同济设计院中庭举行卡拉 OK 大赛，来源：朱德跃摄影

能同济大学名气响吧。当时甲方联系接待我们的是他们蚕业方面的专业技术人员，跟土建一点没有关系，他做甲方联系人，只是因为是上海人，说是上海人和上海人容易沟通。办公楼建在一个山坡上，没有地形高差图，本来是要甲方提供的，他们说提供不出来。因为关系好，就帮他们测绘地形、标高。那个时候我还会用测量仪器。这个项目周期很长，好几个月。现场去的不太多，去还是要去，交底肯定还是要去一次的。中间建造的时候，如果有事的话是要去的，但是去得不多。当时我们做这个项目还要去调研考察，去北京农科院考察电镜室(电子显微镜室)。其实结构的去也没什么用，但就当是跟过去玩，那是我第一次去北京。他们建筑的去看看空间、尺度什么的，我们结构就等他们画好之后配钢筋就可以了。

再讲一个好玩的事。上海电影制片厂要造一个摄影棚。我的同学陈硕苇参加这个项目。那时凡是新项目，都会有选择地进行考察调研，他们就把全国所有电影制片厂都跑了一遍。甲方出钱，电影厂看得怎么样不知道，名山大川肯定是走了个遍，我们很是羡慕。后来据说这个项目没有钱了，不做了。

后来我就不做设计了，1992 年就开始负责电算室。

上海戏剧学院实验剧场和上海电影制片厂摄影棚

1980—1983 年

访谈人 / 参与人 / 文稿整理：华霞虹 / 吴皎、王鑫 / 华霞虹、吴皎、熊湘莹

访谈时间：2017 年 12 月 14 日 13：30—15：45

访谈地点：同济设计院一楼贵宾室

校审情况：经薛求理老师审阅修改，于 2018 年 2 月 26 日定稿

受访者： 薛求理

薛求理，男，1959年4月出生于上海。1978年考入同济大学建筑工程专修班，1980年毕业后到同济设计院工作。1982年成为陆轸老师的研究生。1985年到上海城市建设学院工作。1987年在同济大学建筑与城市规划学院攻读博士学位，并赴香港大学学习。1990年起在上海交通大学工作，后赴英国进修并在美国工作。1995年起任教于香港城市大学。

1979年，经国家教委批准，成立同济大学建筑设计研究院。上海戏剧学院实验剧场和上海电影制片厂摄影棚是由当时的土建一室负责的两个重要的大跨度公共建筑项目。1980年4月中旬，薛求理入职后第二天就被派到戏剧学院现场设计，访谈中薛求理介绍了1980年代初同济设计院的工程设计和教学科研状况。

华霞虹（后文简称“华”）：薛老师您1978年进入同济学习，1980年就进入设计院工作了。当时开展了不少的项目，像上海电影制片厂摄影棚、上海戏剧学院实验剧场等。1982年您又成为陆轸老师的研究生，参与了一些实验室的方案。我觉得您是同济设计院这段时期非常好的历史见证人。您能给我们介绍一下1980年代初同济设计院设计项目的一些特点，还有老师和设计师设计的一些特点吗？

薛求理（后文简称“薛”）：我是1980年4月加入同济设计院的，第一天报到大概是4月十几号。当时设计院分为土建一室和土建二室。我们一室的主任是史祝堂[1]先生，副主任是负责结构的徐立月[2]老师（江景波校长爱人），还有一位是叶佐豪[3]老师，叶老师不参加生产任务，主力搞函授教育。

史祝堂先生1953年毕业，跟陆轸、朱保良、朱亚新几位老师是同班同学。但是他们是从不同学校院系合并到同济的。史老师和朱老师原来是圣约翰大学的，陆老师从之江大学来，朱保良老师从浙江美术学院来。当时土建一室和土建二室是以建筑和结构工作为主，设备单独分为一个室。

当时我们一室的办公室有一处在学一楼，每个房间有几个人，学一楼现在已经拆了。我估计大概当时一个室有三四十个人，分成几个项目组。二室的主任是陆凤翔老师，朱亚新老师也在那里，他们室以做住宅和宾馆项目为主。我们这个工程组是以做大空间项目为主。组下面又分成几摊，其中一摊负责上海戏剧学院的项目，负责人包括史祝堂老师和董彬君[4]老师，他们是同班同学，都是1953年毕业的。还有一位是周老师，1955年同济毕业的；另一位王宗瑗老师，是教建筑

---

1 史祝堂，男，1953年毕业于同济大学建筑专业后留校任教。

2 徐立月，女，1929年2月出生，江苏镇江人，高级工程师，1954年同济大学工业与民用建筑专修科毕业，后进入同济大学设计院工作，曾担任设计一室副主任。

3 叶佐豪，男，1959年毕业于同济大学建筑学专业，后留校任教，至1992年就职于同济大学继续教育学院。1993年作为继续教育学院举办者之一，与其他举办者共同创办了民办济光学院，并担任副院长至2006年。2016年2月病逝。

4 董彬君，男，1953年毕业于同济大学建筑学专业后留校任教。

历史的王秉铨老师的太太。还有关天瑞[5]、宋宝曙两位老师。这些是比较主要的建筑师。

宋宝曙老师当时是少壮派，40来岁。他于1961年南京工学院毕业，是从江苏省设计院调过来的。我觉得在我们室里他能力最强，特别是在施工图方面是最强的。还有一摊是吴庐生老师那边，他们当时在设计体育学院。吴老师提出将大球训练馆放上二楼，体育学院做了两层的练习场，也是一个大空间，屋顶大概是个联方网架，当时是创举。所以我们这个室的定位是做这一类跟一般的民用建筑不一样的大跨度建筑。

华: 薛老师您能具体介绍一下上海戏剧学院这个项目吗?

薛: 我第一天来设计院报到，第二天就被派到戏剧学院去了。当时戏剧学院工程刚刚开始，在做扩初，方案大概是1979年完成的。选址在上海戏剧学院后面的一块地，很窄小，整个剧场大概是999座。但是舞台特别先进，平面为“品”字形，两边设侧舞台，有后舞台。舞台上有52根吊杆，用于变换布景。当时在全国只有北京中央戏剧学院有一个这样的剧场，上海戏剧学院的这个实验剧场是演莎士比亚最出名的剧院，属于实验剧院。当时上海戏剧学院是全国的莎士比亚研究中心。它的观众厅比较朴素，是簸箕叠落式的，没有二楼。观众厅由董彬君老师负责，舞台部分是史祝堂老师负责，我进去之后的师父就是史老师。我们的办公地点在戏剧学院面向华山路门房小楼的二楼，铁爬梯上楼，内有四个房间，两间建筑、一间结构、一间设备，有一部电话。

华: 这个项目，您刚才说的1979年的方案是谁做的?

薛: 是史老师、董老师他们做的，还包括王季卿老师，他们彼此之间很熟。王老

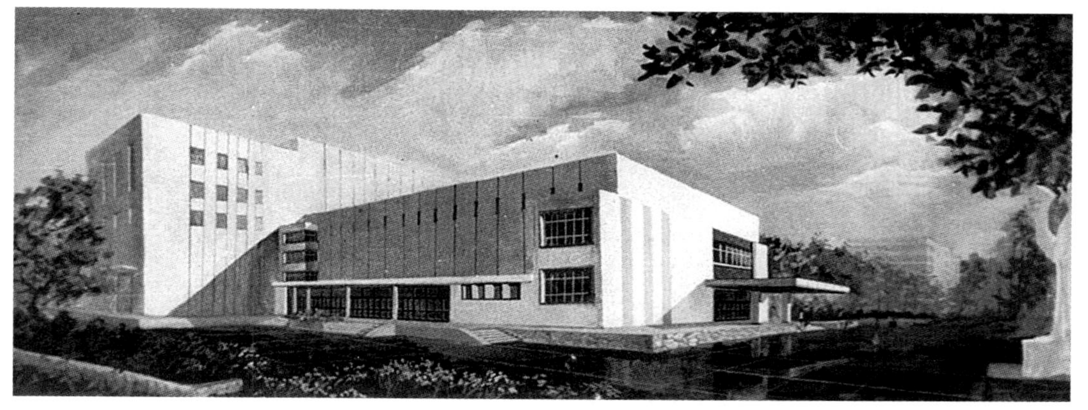

◎ 1980年，薛求理绘制的上海戏剧学院实验剧场水粉透视图，来源：薛求理提供

5　关天瑞，男，1934年8月生，福建莆田人。1956年毕业于同济大学建筑学专业，后留校任教。1978年1月至1979年任建筑设计室副主任，2017年8月病逝。

师也是之江大学毕业的，因为他搞声学，也经常来。为了研究声学他们还做了一个很大的模型，由设计院的模型师傅带着两个小姑娘做的。当时设计院很少做这么大的模型。那个模型就做了观众厅部分，大概是1∶20的？做这样的模型蛮复杂的，因为观众厅里面高低不平。另外牵涉到24米的跨度，底下要做一根梁，这根梁技术上很复杂。虽然观众厅是一层的，但是它后面有一根挑梁，挑梁后面还做了一些池座。这根挑梁是一种簸箕式的曲梁，两边是立到地面的。这个结构的负责人是沈老师，具体名字我不记得了，是从外地调进来的。另有一位搞地基基础的唐庆国老师，也很有经验，发表过很多论文和翻译文章，好像也是外面调来的。还有一个徐老师是从钢结构教研室来的，我看她并没有比那几个人年纪大多少，但人家都叫她“徐先生”，凡是被叫“先生”的女老师都是很受尊敬的。徐老师主要负责一些钢结构，因为舞台顶上整个桁架都是钢结构。所以这几位专家等于设计了几个不同的结构。当时叶宗乾老师是搞电气的，还有一位年纪轻的董老师，是“文革”前毕业的大学生，也是搞电的。空调是王彩霞[6]老师(范存养老师的爱人)、李老师，上下水是吴祯东老师。负责设备的老师不是天天来，因为他们要管整个室里面好几个工程，所以他们一个礼拜大概来三次。

华：这个工程在当时算比较重要的一项吗？

薛：是，当时设计院的主要作品就是在同济新村的住宅，1979年的时候大多是住宅，所以这么一个公共建筑很重要。

我在戏剧学院工程中主要是跟史老师搞很复杂的舞台部分。当时都是手画，画坏一点就要刮掉。舞台底层这张图是我负责画的，到最后要出图时，纸面已经千疮百孔了。刮得多的地方后面就贴一块，蓝图晒出来也就会有个疤痕，是看得出来的，但史老师说这样就不用重画了。所以到最后好不容易要出扩初图的时候是很开心的。因为出图表示甲方和设总认可你设计的东西了。这个舞台特别复杂，是“品”字形的。吊杆那个地方很复杂的，要有上人孔，标高也很复杂。它是莎士比亚剧的实验剧场，当时还没有很先进的高科技舞美，舞美是画在布景上，一道一道放下来的布帘和道具。

当时设计院比较重视这个工程，丁昌国先生也经常来，帮助解决大量的构造问题。那些构造图和施工图都是丁老师看和指导过的。戏剧学院实验剧场那些施工细部都蛮复杂的。另外，吴景祥院长也来过几次，吴老当时已经76岁高龄，他一步步从铁爬梯走上来，我心里暗自捏把汗。吴老来到设计室，主要是听取设计进度汇报，

6　王彩霞，女，1938年1月，浙江镇海人。1955年9月至1960年9月就读于同济大学水暖系，1960年9月至1978年8月就职于上海隧道工程设计院，1978年8月至2001年12月就职于同济大学建筑设计院，2001年12月在同济设计院退休。2021年2月病逝。

参与讨论。

我在戏剧学院那里待了一年多，1980年去的，大概到1981年的时候，我自己很想回来，因为上班路比较远，而且我看后期施工图都已经出了，人陆陆续续都在往回调。但史老师不肯放弃那个地方。因为史老师住在南京西路，这批老师也全部住在那附近，所以很乐意在那里做现场设计。现场设计里面还有一位邱贤丰[7]先生，同济1955年毕业生，他的太太陈光贤[8]老师在建筑系教书。邱老师代表戏剧学院基建科，但做的却是我们这个设计组的事情。

因为史祝堂老师到戏剧学院特别方便，而他到同济要乘班车，朱亚新老师和吴景祥老师也乘班车来。所以后来整个设计团队都回来了，但史老师还是天天在那里工作，处理很多收尾工作，特别是舞台部分。

华：那时候施工了吗？

薛：那个时候已经开始搞基础了，1981年开始就已经有几个桩位下去了。那个地方本来是食堂，好像已经开始拆了。

华：这个项目现在还在吗？

薛：戏剧学院实验剧场的结构还在。这个实验剧场项目在1986年得了上海市优秀设计三等奖。我们写过一篇文章，登在1987年11月份的《建筑学报》上面。但是戏剧学院后来改了，当时有一个问题是，它的前厅特别窄，只有6米，还要靠一个楼梯上到二楼，很挤。而且实验剧场在外面看就是一个白立面，然后在一边开了一个门和一个窗，另一边是白墙面，是留给露天演出时用的背景。实验剧场当时的门是6米开间的玻璃门，负责结构的沈老师一定要在中间放一根柱子，但丁昌国先生要把它抽掉。当时最大的争议就是那根柱子，最后沈老师让了一步，把柱子抽掉了。

华：是不是把上面的梁做大了？

薛：这个地方最后做了一根暗梁，隐在玻璃后面，也就是在一楼二楼之间的地方。以前做结构还是很保守的，所以就做了这个。

华：这个房子造完了以后有拍照吗？

薛：有的。《建筑学报》1987年11月那期我和董老师写的文章里有几张照片。

---

7 邱贤丰，男，1955年毕业于同济大学建筑学专业。参与翻译《图解思考——建筑表现技法》一书。

8 陈光贤，女，1955年毕业于同济大学建筑学专业，后留校任教。

华：在建造的过程中你们还会经常去施工现场吗？

薛：去。但在建造过程中去的次数不是太多，有的时候会去。

华：做了内装修吗？

薛：全部做的。门厅和侧厅是董老师、周老师等设计的内部装修，剧场观众厅里面的内装是史老师出的主意。史老师经常把我从设计院叫到戏剧学院去，因为做

◎ 1981年，同济设计院电影厂工程组和甲方参观中山温泉（前排坐者，自左至右：陈硕苇、徐立月、上影厂基建科小吴、宋宝曙，后排站者，自左至右：吴祯东、梁宗芳、上影厂沈师傅、薛求理、珠影厂基建科夏工、关天瑞、上影厂基建科张师傅、董家业），来源：薛求理提供

◎ 1981年，同济设计院电影厂工程组和甲方参观中山翠亨村（自左至右：薛求理、宋宝曙、关天瑞、陈硕苇、吴祯东、上影厂基建科小吴、珠影厂基建科夏工、梁老师、上影厂基建科张师傅、董家业、许芸生），来源：薛求理提供

内装修的时候他要画画，他还拿铅笔教我画。整个内装的立面实际上是做成了曲折的面，因为当时也没什么钱，就做这种水泥的、曲折的面。做好以后效果非常好，因为观众厅和舞台能营造出一种很热烈的气氛。

华：你们后来去看过演出吗？

薛：做好以后是1986年，大家很兴奋，都去看了演出。当时我们在戏剧学院现场设计时有几个年轻的是我们班里的同学，还有一个是结构的陈硕苇。戏剧学院里有礼堂，每个礼拜都有电影看。我们一般就是5点多下班去看电影，或者看学生演出，这样大概过了一年多又回来了。

为什么要回来？因为设计院从上海电影制片厂又拿到一个任务。因为我们室有经验，所以交给我们。当时上海电影制片厂的基建科科长是同济建筑系1965年的毕业生，和许芸生老师很熟，工程负责人是关天瑞老师和宋老师。为了做这个项目，我们去参观了当时国内权威的四个电影制片厂——长沙潇湘电影制片厂、广州珠江电影制片厂、西安电影制片厂和成都的峨眉电影制片厂。参观了摄影棚里的操作，并和摄影、美工和设计人员座谈。

回来后，我、宋老师、关老师一人出一个方案，最后宋老师再综合成一个方案。当时很流行水平线条，因为那个电影棚是24m × 36m不开窗的，这样的三个棚放在一起比较难看，且体量大，所以宋老师就在前面办公楼加了一条体量，把它们围起来做了一个方案，由我来画一张水粉画的透视图。这张图我现在还有的，可以给你们看看。这张图就是我们给甲方看的效果图，那个时候没有电脑，就靠

◎ 1981年，薛求理绘制的上海电影制片厂水粉效果图，来源：薛求理提供

这张图。后来讨论方案、定稿的时候吴景祥院长也来，一般讨论方案的是吴院长和丁昌国老师，丁老师是技术室主任。

这个项目原来要做三个摄影棚，但最后只造了一个。原因可能是没有钱，或者不需要这么多了。这个时候我已经离开设计院，在读研究生了，施工图都做完了，但是没造。

我不知道当时造价多少，但是设计费是16万元，因为接了这个任务，管生产的陆老师十分兴奋。那时候设计院刚开始收设计费，给戏剧学院做的时候还没有。

电影制片厂的这个工程组里还带了一些小工程一道做，如新华社宿舍、南汇水泥厂等。1982年时设计院也搞定量工作，平均每个礼拜要求出一张2号图纸。而且那个时候因为大家是老师，要放寒暑假，甲方就吃不消，说你们这一放假我们怎么办?

华: 他们当时还是属于老师编制，所以说设计院其实也不是像市场化的一直上班。

薛: 以前节奏不像现在，是很松散的，也没有什么打卡。一是因为项目还不是太多，二是因为设计院的老师还有一些教课任务，像朱亚新老师他们都有教课和带实习的事情。

当时设计院分几个地方，我们这个室在学一楼，陆凤翔老师那个室在文远楼底下。当时我估计有七八十人左右，1983年搬到新楼后大概增加到100人左右。我们那时全院开会是在北楼借的一个阶梯教室，开会时就是做生产方面的陆老师、党总支书记唐老师和吴院长讲话。那个时候吴院长跟朱亚新老师都是只来半天，因为他们回去还要做研究。

他们要教研究生。当时设计院有三个研究生，汪统成[9]、杨另圭[10]（后回老家无锡工作），还有一个是唐玉恩[11]，他们都跟吴院长做高层建筑设计。他们的毕业论文是手写在硫酸纸上晒图的，我们后来也学样。

华: 那个时候设计院的老师都可以带研究生，还是只是有几位老师可以带?

薛: 除吴院长外，当时能够带的好像还有陆轸老师、吴庐生老师、王征琦[12]老师和王吉螽老师。王吉螽老师去也门教书了，大概是1981年回来的，回来后就担任了建筑方面的总工程师，重大工程都来参加，上海电影制片厂做方案的时候他也来了。

9　汪统成，男，1978年师从吴景祥，于同济大学建筑系攻读硕士学位，研究方向为“高层住宅”。1982年获硕士学位。

10　杨另圭，男，1967年毕业于同济大学建筑学专业。1978年师从吴景祥，于同济大学建筑系攻读硕士学位，研究方向为“高层办公楼”。

11　唐玉恩，女，全国工程勘察设计大师。1967年毕业于清华大学建筑学专业，1978年师从吴景祥，于同济大学建筑系攻读硕士学位，研究方向为“高层旅馆”。1981年获硕士学位后，进入上海建筑设计研究院工作。现为现代设计集团资深总建筑师。

12　王征琦，女，1932年12月生，浙江上虞人。1953年毕业于同济建筑学专业后留校任教。后进入同济设计院工作。

◎ 1984 年，陆轸与三位研究生赴杭州考察留影（从左到右：薛求理、陆轸、金力、汤迅），来源：薛求理提供

华：当时设计院项目做方案阶段是有很多老师参与的吗？

薛：方案阶段真正画图的就是宋老师、我，还有关老师。但是因为上海电影制片厂是重大工程，讨论的时候吴院长、王吉螽总工程师都会来。

华：那讨论具体是怎么开展的呢？有人汇报怎么做吗？

薛：很随便地开会，讲讲方案怎么样，等等。例如宋老师和我分别介绍平面是怎样的，然后吴院长、王老师提意见，之后我们再修改。在学一楼的时候因为还没有会议室，所以讨论就在我们的房间里。把画的图纸往墙上一摆，几个人坐在那里看。要出方案之前开了好几次会，内部同意以后才能送到甲方那里去。

华：就跟我们现在改图差不多，还是比较随意的。后来您就去读陆轸老师的研究生了。当时读研究生有什么要求吗？

薛：要考五门科目，有政治、英语等。那时第一个考上的是苏小卒[13]，他本来也是设计院的，比我们早一届考。当时唐院长不让我们考，因为当时设计院人手很紧张。我们就白天缠着他，晚上到他家里去找。最后他同意一个人，就是苏小卒去报，

13　苏小卒，男，1956 年 11 月生，河南内黄人。1971—1975 年在西藏林芝 56097 部队担任战士报务员，1976—1977 年在国家物资总局上海储运公司机关工作。1977 年参加高考，1978 年入同济大学建筑工程专修班，1980 年毕业后进入同济设计院任结构设计师。1982 年考取同济大学结构工程硕士研究生，1984 年考取博士研究生，导师均为朱伯龙，1982 年获工学博士学位，后留校任教。

这是第一届。实际上我们在1981年就能考，这两个相差的也不是太远，反正一个是跟着77届去考，我是跟78届去考，就是跟吴志强、王伯伟[14]、蔡达峰[15]那一届考试和入学的。我们考的时候，他还是不肯放，他说应该逐步放，不能一下子有这么多人去。那个时候我们这一室工作在学一楼，住也住在学一楼，有一间房间给我们住。

华: 1982年就同意考了?

薛: 都同意了，我们就考了建筑学。方向是自己随便选的，好像考的时候就要填导师，我本想填罗小未先生，但知道很多人报她，而陆先生报的人不多。那个时候陆老师负责生产，不太做具体的设计。一般搞生产的人，容易得罪人，会一直催进度、抓投资。其他各工种的人开会的时候都脾气粗暴，陆老师人很好，一点都不动气，他对各位老师都非常尊敬。而且经常跟我们这些年纪轻的（同学）说:“我们设计院能够现在这样，全靠这些老师，我们的设计是吴老师、顾老师一笔一笔画出来(的)。”史老师作为室主任，面对协调各工种的种种困难和火爆的工程师们，也是心平气和。他们都具有领导的才干。

华: 这个很厉害，两位老师心胸很宽。陆轸老师后来出版了《实验室建筑设计》等著作，是因为他做了很多实验室的项目吗?

薛: 当时陆老师在这方面已经是全国权威了。当时设计院出了两本书，是建筑类型研究丛书，一本《实验室建筑设计》，还有一本是《高层建筑设计》。《高层建筑设计》是吴景祥院长的，他在之前就出了一本《走向新建筑》的翻译书。关于实验室建筑，陆老师当时已经是权威了，很多人来找他做咨询，包括学校里那些化学实验室改建，都来找陆老师。我们还做了一个无锡地质大队岩芯库的项目，地质队负责基建的工程师是同济大学海洋地质系的毕业生，所以找到同济。我们做了这个方案后，请谭垣先生和吴景祥先生指导和提意见。谭老和吴老是陆老师的大学老师和长期领导。

---

14 王伯伟，男，1951年4月生，浙江定海人，教授。1978年考入同济大学建筑系，1988年博士毕业后在同济大学建筑系任教，系同济大学建筑系第一位博士，师从冯纪忠教授，曾于1994年3月—6月赴加拿大作访问学者。曾担任同济大学建筑与城市规划学院院长、同济大学校长助理，第七届上海市城乡建设和交通委员会科学技术委员会委员等职。国内著名校园规划专家，曾主持华中农业大学、中国石油大学等高校的校园规划设计。2016年退休。

15 蔡达峰，男，1960年6月生，浙江宁波人。1978年进入同济大学建筑学专业学习，1982年毕业后继续于同济大学攻读硕士学位，1985年完成学业后进入上海市文物管理委员会工作。1987年在同济大学建筑系攻读建筑历史与理论方向博士，1990年毕业后留校任教。1993年转入复旦大学文博系任教，1996年担任该系系主任，1999年任复旦大学教务处处长，2003年任复旦大学副校长。十三届全国人大常委会副委员长、民进中央主席。

“433”经济承包制与设计室民主选举 | 1983—1984年

访谈者 / 参与人 / 初稿整理：华霞虹 / 周伟民、王鑫、吴皎、李玮玉 / 吴皎、梁金、杨颖

访谈时间：2017年11月22日9：30—11：30

访谈地点：同济设计院一楼贵宾室

审阅情况：经黄鼎业老师审阅修改，于2017年12月25日定稿

受访者：黄鼎业

黄鼎业，男，1935年9月生，浙江江山人，教授，博士生导师。1952年考入同济大学结构系工业与民用建筑专业，1956年本科毕业后留校任教。1963年同济大学固体力学专业研究生毕业。1981年美国访学归来后担任同济设计院常务副院长。1984年起任院长，1985—1993年任同济大学副校长兼设计院院长。

1984年，时任同济设计院院长的黄鼎业为了解决设计不收费导致的设计室人员工作积极性不高的问题，顺应国家经济改革的政策，一方面在设计室实行承包制，并提出“433”方案分配设计收入的盈余。另一方面，在设计室推行民主选举与双向选举，并妥善安排落选干部与工作人员的职位，以解决设计室人员之间因历史原因遗留的个人矛盾。并创办综合室来协调设计院内建筑与结构等不同工种之间配合的矛盾，提高业务水平。

华霞虹（后文简称“华”）：同济设计院成立50周年（2008年）对您的访谈中，您介绍了担任同济院院长的1980年代开展的“433”经济承包制，还有设计室的民主选举和双向选择。1980年代初期，全国经济转型还处在思考阶段，但同济设计院在1983年、1984年就直接实施了经济转型。您能介绍一下当时学校方面的背景，实行体制改革的原因，和实施中遇到的阻力吗？

黄鼎业（后简称“黄”）：同济设计院的院长一般都是建筑专业的同志担任。1981年我从美国学习回来，学校组织部说：“你换工作了。”我原来是建工系的。当时阮世炯[1]同志是学校的党委副书记，他跟我讲：“你先去设计院做结构副院长，过段时间，王吉鑫教授年龄到了，你要把这个重担挑起来。”我说：“我当结构副院长可以，做设计院的院长不行，你们好好考虑，设计院的院长应该请唐云祥先生做。”唐云祥先生是我非常崇敬的一个人。从设计院成立，到之后的发展过程中，一直是他在实际主持工作。同济设计院受冲击的时候，也是他一直在维持。对于同济院来说，他是立了大功的。他这么多年来一直坚守在那个地方，并且他本身是一位建筑行家，很内行。所以我向党委推荐了唐先生。但党委说这个事情不是我们决定的。过了一段时间后，组织没有征求我的意见，就任命我担任同济院的院长。我很紧张。但是我的职务已经定了。

于是我就到各个设计室去了解情况。当时主要有三个矛盾。

第一个矛盾是当时做设计不收费，所以上班时聊天的人很多。迟到、早退还好不多，因为那时候迟到的人会被别人说觉悟不高。有人做虚工，不努力做事情，影响设计进度，项目负责人就很头疼，向我埋怨某某某拖了后腿。这是因为个人利益跟集体利益没有关联。

第二个是设计院固有的矛盾，各个工种之间的矛盾。设计时，建筑师是总指挥。

1　阮世炯，男，1921年2月生，浙江平阳人。1938年参加新四军。解放战争时期曾参加鲁中战役、豫东战役和淮海战役。1953年转业至地方，曾任上海钢铁二厂党委书记、上海市委工业部任部委委员、上海工学院（后改名上海工业大学）党委副书记。1978年起历任同济大学市委工作组组长、第一副校长和党委书记，1986年后任同济大学顾问。

建筑师老是改图，建筑的平面立面不出来，结构的人就坐在那里等。我们的吴庐生先生改图是有名的，她对工作十分负责，总是要精益求精，不断修改，不断完善。建筑图一改，结构要重新算。那个时候计算很苦的，结果影响到了工期，就会反映到我这里。设备之间也有矛盾。

第三个是个人之间的矛盾。设计院当时已经成立20年了，“文化大革命”期间以及工作中产生的人与人之间有些矛盾积累下来了。

三个矛盾导致我们生产力低。当时同济院基本上就做一些学校的基建设计。外面的任务能不接就不接，因为跟个人收入没有关系，但是如果学校接下来了，我们就得做。那么我就考虑怎么解决这三个矛盾。

当时有报道有位做衬衫的人叫步鑫生[2]，他在厂里搞改革，使得个人的收益和厂的利益关联起来，大大提高了生产力，对我启发很大。当时同济大学总务处的处长是宋屏[3]。他是一个水平很高的地下党老干部，我俩在干校的时候是一起的，很熟悉。我就跟他说：“设计院生产效率低，产值和个人利益没有联系，是不对的，你看步鑫生搞了改革之后生产力就上去了，我在同济院试点一下行不行。”他说：“你拿个方案出来试试。”所以他是支持的。从宋屏那出来以后，我又去找党委副书记阮世炯同志。我说：“我现在碰到几个困难，不是个人能解决的，根本的制度不改不行。”他说：“现在设计费还没开始收，钱直接交到你们手里不大好吧。”因为计划经济时代，建设经费中是没有设计费这一项目的。设计人员工资、设计单位的开支，是由事业单位列支的。

于是，我又诚恳推荐唐云祥出任院长，因为他很能干，一直是设计院的实际管家，威望很高。阮世炯书记觉得唐云祥年纪太大了，和大家之间的关系也比较复杂。他主持工作多年，难免会有矛盾。我说：“我做几年院长也是这些矛盾，你还是把唐云祥请过来吧。”他回我说让他们再研究一下。结果他倒是很快，我回到办公室一个多小时电话就来了，他说：“你把方案拿出来。”所以我就赶紧找资料。那时候还没有网络，不知道步鑫生到底怎么搞的，就找了一些报纸看看，提出这个承包的事情，打了报告。同济大学总务处很快就同意试点，再报到党委，意见也是同意照总务处宋屏同志的办法办。就是这样，我们就开始试点。所以这件事情能够做成，我觉得一方面是实际需要，另外领导的重视也非常重要。

我提的方案中有一点让阮世炯和宋屏两位领导很开心。因为当初我们设计院员工的工资都是学校财务处发，水电费也全免。学校每年要给我们40多万元，设计院实行承包制了以后，学校就不用负担我们的工资了，另外水电费也由设计院

2　步鑫生，男，1934年1月生，浙江嘉兴人。1980年任浙江省海盐县衬衫总厂厂长，在其带领下，小厂打破“大锅饭”，进行全面改革。后因《人民日报》报道成为改革先锋，全国掀起学习步鑫生改革创新精神的热潮，推动了全国城市经济体制改革。2015年6月逝世。

3　宋屏，男，曾任同济大学总务长。

自行承担。盈余部分，我提出了一个“433”方案，即40%交给学校，作为设计院上缴的利润，30%是集体福利，30%是个人福利（奖金）。

华：“433”这个分配比例您是怎么考虑的？是参考了步鑫生的改革方案吗？

黄：步鑫生的报道没有给出这个具体数据。我是估计了学校方面的接受程度。本来我想对半，50%给学校，50%给我们。后来我想不对，这个没有把握，所以我们留多一点。我想集体福利这部分可以有灵活性，将来可以多交给学校一点。后来他们一听不要学校付钱了，还可收水电费，就让我赶紧拿出方案来。其实这点对学校来说很具吸引力。因为原来的体制属于计划经济，很麻烦的。当然收取设计费一事，是国家经济改革的一大举措，我们是幸运地碰上了。

同济大学设计院是很不简单的。为什么呢，我们尚未成立设计院，只有设计室的时候，上海化工学院（现华东理工大学）新建的教学楼是我们设计的，华东师范大学的教学楼是我们设计的，华东音乐学院（现上海音乐学院）的教学楼是我们设计的，华东水利学院（现在南京的河海大学）也有我们设计的建筑。我们当时已经“名扬天下”了，但是没有设计费，出差费都是同济大学开的。所以我们一提这个，学校方面觉得既可以实行改革，又可以减少学校的开支，同时还可以增加收入。当时我们的设计院是在北楼的底层。原来都是一整栋楼一个水表，后来学校就给我们这几间教室装上水电表。后来造设计院大楼的时候，什么都独立开来了。那时候总务处长立刻打电话查我们这个设计院楼里面有没有水表，有没有电表。

这次经济改革，我们同济院至少在上海是起步最早的。后来，上海几家设计院都来了解交流情况。当时有的设计院虽然有发奖金，都是暗地里发。我们是摊在黑板上的。改革方案一经学校批准，我们就马上实施了。方案推行后，积极性是提高了，那么收费标准呢，我们及时享受到国家改革成果，国家建委颁布了一项收费的标准，是按照每平方米计算的。我们决定，校内项目免交设计费，校外项目要收取设计费用。那么校内免交，不是大家不肯做了吗，所以规定做校内的项目，在职务升等时，影响因子比重大些。

华：这时候设计室为什么还要进行民主选举和双向选择呢？具体是如何开展的？推动起来有难度吗？

黄：搞完经济改革以后呢，后面还有两个问题，就是工种之间的矛盾和人际间的矛盾。那我就要接着干了，我就说要来个民主推选。这个提议在院务委员会就没有顺利通过，他们怕大动乱。他们说：“我们设计院平时还要加班，你这一搞这个，大家不干了或者以后老是牵扯这件事情，会影响稳定。”我那个时候还不知道“长痛不如短痛”这句话，就说：“与其将来要解决这个问题，还不如早一点解决，现在规模还不算大，是不是趁着机会搞民主推选。”那个时候同济院有60人左右。因为我年纪比较轻，我一坚持，唐云祥他就支持。后来，我每天晚上都在想这个具体怎么做，之后就公示出来，大家开会讨论。我想两件事情同时搞，一个是民主选举室主任，第二个是设计人员自主挑选设计室。因为，你不让他自主挑选，互相之间还是有矛盾，工作还是会一直搞不上去。所以我把这些考虑成熟的东西讲出来跟大家讨论。姚大镒是比较早就支持了，他说可以试试看。室主任开座谈会，大家很严肃，发言少，可能怕自己选不上。但是我想，这个事情对每一个人都是一个考核。我说这样是发扬民主的好事情。当时绝大部分设计人员都表示赞同的，有的人还问我美国是不是这么做的。

后来我路上碰到江景波[4]校长，我说我想做这个事情。江校长说，你要听听大家的意见，不能你一个人说了算。我说，大家的意见我已经听过了，绝大多数是同意的。民主选举确定下来后，就在几月几号让大家全部停止工作，选举室主任。选举的时候要公开。因为如果只是最后公开个结果，别人会以为我是内部指定的。于是就当场选出开票，大家都在三楼的会议室。开票结果显示，老的下来好几位。但是我看得出，选上的几位都是实干的，都是大家真正拥护的。接着下午，大家去找主任。这个是双向选择的过程，你可以去叫他来，他也可以来找你。我说没有正当理由不能拒绝。

我们预先估计过几个结果。一是哪几位室主任落选的，这些同志怎么办？他们毕竟有苦劳，为设计院做出过贡献，要预先考虑他们的体面安排。第二个是双向选择自找门户的过程中，有的人也会找不到，没人要他的。实践下来，总的积极性很高，大家都在搬房间。之后就是要解决遗留的问题。

第一，设计院要发展，可以多一些工作岗位，多一些院长、室主任。所以当时我们成立了一个五角场分院。我跟那边说好，院长、室主任都是我们同济派过去。因为之前五角场设计院与我们有业务往来。我们就组成了一个分院，并经建委批准。我们约定正的院长、正的室主任都是同济院的人。这样一来就可以解决掉四个人的职务问题。原来这里的室主任到那里做院长，可以发挥他们的才能。后来，过了一段时间，我们又到深圳、厦门去成立分院。这里面也有一点这个因素，就是扩大生产以后，我们岗位也多了。那么这些领导的问题就这样解决了。那我也跟他是说好的，工作的地方还是这里，就是需要去那边照顾照顾。

第二，有一部分人没有被室主任选上。没有选上有两种，一种是业务水平比较低，态度也不是很积极，不是很努力。但是还有一种人就是理论上有一套，设计的时候比较慢，这种人也没有被接受。那么我们就分别去找比较好说话的室主任，

4 江景波，男，1927 年 7 月生，福建福州人。1950 年毕业于上海大厦大学土木工程系。1950 年在安徽滁县专区治淮工程指挥部工作，曾任工程股长、工务所代所长等职务。1951 年起任同济大学助教、讲师、副教授、教授，并历任校务委员会委员、施工组织教研室主任、教务处长、副校长、校长（国务院任命，1983—1989 年）、中共同济大学委员会委员等党政职务。

跟他说这个人你知道他的脾气，人还是很好，就是慢一点嘛，你好好教他做怎么样。后来有的人倒也是发挥得蛮好。他把同学的毕业设计带过来，他自己带一个组，十个人或者十五个人就来帮他的忙。那么这些人画施工图就听他讲讲就可以了，也为设计院做出很大贡献。

所以我想呢，困难是多的，但是办法还是可以想出来的。这样做了之后有一个很大的变化，就是产值增加了。原来接任务他们室主任是不管的，院里多一个项目少一个项目也跟他们没关系。后来，我们把接任务的事情也下放了，各个设计室都可以自己接项目。但是大的项目我们还是要统一组织力量，因为一个设计室的力量是不够的。所以这样一来，同济院的项目就很多了。

华：我们在体制改革之前也是综合室吗？

黄：之前设计院尝试过专业室，认为这样可以提高业务。比如说结构专业在一起，大家在一起共同商量，专业水平可以提高。所以曾经试过。后来我了解了一下情况，觉得这样不行。因为专业室的设置会激发各种工种之间的矛盾。比如建筑专业认为很好的东西，结构专业却觉得不行或者配合不了。所以一个项目里面有三四个主任，建筑、设备、水电暖、结构，到最后没法协调。不如干脆把这些人都分给一个综合室的室主任，你室里自己去协调。这样的话，室主任他有办法摆平。所以我认为综合室还是对的。你要是业务水平有提高，你可以成立一些研究室，比如电的研究室、结构的研究室，综合设计室的员工可以兼各个研究室的职务，非专职。

设计院新大楼设计 | 1983 年

访谈人 / 参与人 / 文稿整理：华霞虹 / 王鑫、吴皎、李玮玉 / 华霞虹、王昱菲、朱欣雨、吴皎、毛燕、刘夏、杨颖

访谈时间：2017 年 9 月 14 日 14：30—16：00

访谈地点：国康路 38 号同济规划大楼 E508 室

校审情况：经顾如珍老师审阅修改，于 2018 年 3 月 12 日定稿

受访者：顾如珍

顾如珍，女，1937年12月生，浙江镇海人，教授级高级工程师。1960年毕业于南京工学院（今东南大学）毕业后分配至同济大学建筑系任教。1978年进入同济设计院。原同济大学设计院副总建筑师。

1983年，同济设计院在经过了文远楼、北楼等多处办公地点的迁移后，群策群力，设计建造了自己的设计院大楼。设计院大楼打破了普通办公楼的空间设计原则，将走廊拉开，用结构精巧的旋转楼梯和板式出挑的剪刀楼梯，为中庭留出空间，作为活动场所。巧妙的设计解决了屋顶的排水问题。采用夹层玻璃这一新材料做天窗，使得阳光洒落的时候，井格梁的图案可以投射下来，为中庭营造美妙的空间感受。访谈中顾如珍老师介绍了设计院大楼的设计，也讲述了在进入设计院以前，作为“五七”公社教师时参加的上海电视塔现场设计的概况。

华霞虹（后文简称“华”）：顾老师您是什么时候进入设计院的？在1971年您参加了上海电视塔这个项目是怎样的背景？

顾如珍（后文简称“顾”）：我是1978年正式进入设计院的。不过我参加的第一个设计项目是上海电视塔，那时候我还是建筑系的老师，参与上海电视塔项目的人都是同济的老师。这项目是怎么到同济的我不大清楚。时间是“五七”公社时期，可能是70年代初了，具体年份已记不太清楚，你可能要找范家骥[1]，他应该比较清楚。

华：根据设计院大事记记载，上海电视塔项目的时间是1971年到1974年。这个电视塔高度如何？是钢结构的吗？对施工工艺要求很高吧？

顾：上海电视台的高度也算高的，而且是整体搬升的，躺在地上焊好以后整体拉起来。结构是钢结构的。那时候参加的蒋志贤、周惟学[2]已经去世了。结构设计主要是胡学仁[3]、王肇民[4]、蒋老师和范家骥。建筑就是周惟学、钟金良和我。由王肇民负责，施工工艺是沈国明[5]。

◎ 上海电视塔，来源：同济设计集团

1　范家骥，男，同济大学建筑工程系混凝土教研室教师。

2　周惟学，男，1955年毕业于同济大学建筑学专业后留校任教。

3　胡学仁，男，同济大学建筑工程系结构力学教研室教师。

4　王肇民，男，同济大学建筑工程系钢结构教研室教师。

5　沈国民，男，1955年毕业于同济大学结构系工业与民用建筑结构专业后留校任教，在建筑工程系施工教研室任职。

华: 设计电视塔是带着工民建的学生一起去的吗?

顾: 参与设计电视塔项目的都是老师，没有一个学生。那时候，在青海路上的电视台现场，边设计边施工。电视塔在地面拼装、焊接并整体挂吊，项目结束以后，我们设计组就撤了。随后我就回到"五七"公社。"五七"公社是以综合教学组为单位从事教学活动，有工宣队成员参与。

华: 是现场边设计边施工吗?

顾: 现场设计，现场施工。那是我第一次做施工图，周老师和钟老师对我帮助很大，因为我一直在民用建筑设计教研室搞教学。能接触到真实工程蛮高兴的。

华: 在电视塔现场多长时间?

顾: 差不多有一年吧。为了那个钢结构，胡学仁老师动了不少脑筋。因为下部是个控制室，是钢筋混凝土的门式桁架结构，钢塔就站在那个基座上。

华: 从照片看，这个电视塔很高，超过100米了吧?怎么竖起来呢?是一节一节竖起来还是整个竖起来?

顾: 大约超过100米了，是整个竖起来。最后一部分发射天线是从塔身中升上去再焊接。

华: 旁边都是空地吗?

顾: 旁边有空地，那块地方周边房子都拆掉了，钢结构躺在地上拼接。拉起来的确是很不容易的，要是变形怎么办?所以具体的结构你还得找找胡学仁和沈国民等老师来问问。

华: 顾老师您还设计了很多校园建筑，像同济的声学馆、电气大楼，西北生活区的宿舍、食堂，还有设计院自己的大楼。最后一个项目对设计院来说是非常重要的，当时好像是全国第一个高校设计院的独立办公楼对吗?您能再给我们介绍一下这个项目吗?当时是怎么评审方案的，大家都设计好了摊出来看吗?由谁来决定选择哪个方案?

顾: "文革"结束后，"五七"公社撤销，人员重新调整，组建了建工系、建筑系和设计院，我就是那时，大概1978年，被分配到设计院工作的。那时同济设计院没有固定的工作场所，在文远楼、北楼、学一楼待过。后来希望新建一栋楼，正好有一块地，这里本来是校医院，后来拆掉了。

这块方方整整的地该怎么做设计呢?当时院里让大家都去做方案，我也参加了。一般的办公楼就是中间一条走廊，两边排房间。为了结合地形条件增加交往活动的空间，我把中间的走廊拉开，一分为二，分为南北走廊，当中就形成了一个中庭，大家可以在这里活动，休闲交往。由于场地小，没法排出大会议室，中庭空间也弥补了这个缺陷。

怎么评审记不清楚了。都是由领导决定的。

卢：肯定是吴景祥先生、唐云祥先生他们这些领导在确定吧。

顾：对的。他们几个领导定下来的。

华：这个项目是分配给您一个人做，还是有几个人一起做？设计的周期紧吗？

顾：建筑设计以我为主，还有朱保良老师，结构设计是蒋志贤老师。设计的周期还可以吧，蛮紧的。校园设计管的人比较多，评头论足者也多，比较难做。

华：需要画效果图、透视图吗，还是只要画平面图和草图？

顾：当时图都是手画的，透视图似乎没做，可能做过模型。

华：设计院大楼中庭中最有特色的楼梯、井格梁的设计，是一开始就定下来了，还是说到后面再慢慢发展出来的？

顾：由于中庭空间跨度较大，梁高必定很高，为了减少结构高度，是结构蒋老师提出了井格梁方案。这样既满足了中庭采光的要求，又利用梁顶升出的小壁支撑天窗和用作排水天沟。

华：那个螺旋楼梯的做法我觉得挺好的。这是谁做的结构？

顾：螺旋楼梯是朱保良老师提出来的方案，建筑施工图也是朱保良老师自己画的。那时候参与设计的人很少，结构设计的具体人员可查档案。大家在一起讨论，群策群力。

中庭里有两个楼梯，现在只有一个楼梯是圆的。本来他想做两个圆的，我跟他说不能做两个圆的，走起来太可怕了。因为朱保良老师以前设计过一个旋转楼梯，在南京水利学院，现在叫河海大学，那个楼有五六层，楼梯一直旋转到五六层。我们到南京去参观过，走到上面几层我都不敢走了。有了这样的经验，我才说两个都是螺旋楼梯真是太可怕了。所以设计院大楼中庭的另一个楼梯就改成剪刀楼梯。不过这个剪刀楼梯没有做梁，完全是板式出挑的。

华：所以这个两跑楼梯是您坚持要做成这样的。但是楼梯休息平台这边是圆的，可以跟螺旋楼梯形成呼应。这两个楼梯对中庭起到了非常好的作用。

顾：楼梯放在中庭有一个好处就是充分利用了空间，两侧都能排房间，但从消防角度看并不好，幸好楼只有三层。

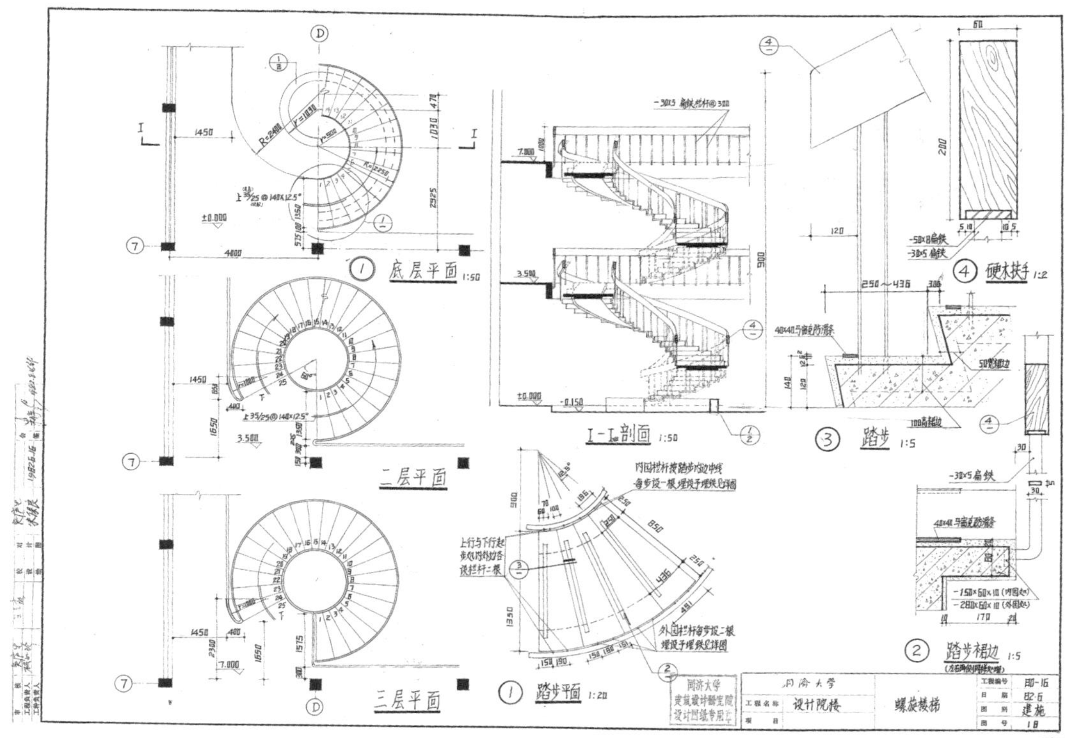

◎ 朱保良设计绘制的同济设计院新楼旋转楼梯施工图，来源：同济设计集团

建成后在有阳光的时候，太阳洒下中庭，落在地面，墙上井格梁的阴影特别好看，所以大楼建成后，前来造访的人挺多的，外面设计院也有人来看。这个项目最终获得了教育部的优秀设计奖。

华：这个中庭的效果的确很好，太阳照下来的时候，空间感受很好。从构造上面来讲，当时也应该是不多的。天窗是属于普通的天窗吗，还是什么特殊的天窗？

顾：天窗上面当时用的玻璃，现在叫“夹层玻璃”，那时候叫“飞机玻璃”。这也是调整过的。因为如果下冰雹会把玻璃打碎。以前的做法一般就是上下各一层玻璃，如果上面一层碎了，那么下面一层就可以挡一下。夹层玻璃就是在当中还夹了一层塑料膜，那时候好像刚刚有这种产品没多久，是耀华玻璃厂的新产品。

◎ 1984 年新建成的同济设计院新大楼中庭照片登上新创刊的《新建筑》杂志封面，来源：《新建筑》

华: 顶部玻璃窗下来之后就直接是排水了吗?

顾: 井格梁上面像两个叉叉一般的都是天沟。是有组织的排水，水排到南北两边，然后再往下排。

华: 中庭西侧厕所外面还做了一个构成效果的挡墙?这种构成是您自己设计吗?

顾: 关于厕所挡墙，当时考虑的是厕所需要适当隐蔽，尤其是直对主入口处，所以在走廊上设了挡墙并在上面做了几个空洞，增加些趣味。大家看的时候反正都会提意见的，这个提的意见好就改一点，那个提的意见好就改一点。

华: 其实还是非常广泛地吸收了大家的意见。像这种互相讨论方案的一种状态，您觉得也算是高校的氛围吗?

顾: 我想可能是高校的氛围，那时候人少嘛。设计院很多老师原来都是教学出来的，像我是建筑系出来的，其实朱保良也在系里待过。大部分老师都是。

华: 所以可能大家还是有一个研究的心理和氛围。

从贸海宾馆到上海世博会的给排水设计与施工协调

|1984—2010 年

访谈人 / 参与人 / 文稿整理：华霞虹 / 王鑫 / 吴皎、华霞虹

访谈时间：2019 年 3 月 5 日 9：00—11：20

访谈地点：同济设计集团一楼贵宾室

校审情况：经李维祥老师审阅修改，于 2019 年 5 月 19 日定稿

受访者： 李维祥

李维祥，男，1961年2月出生于上海，1979年就读同济大学环境工程学院给排水专业，1983年毕业后进入同济大学建筑设计研究院，从事建筑给排水设计工作，1994年被学校破格晋升为高级工程师，2010年转入设计院控股子公司同济协力，从事施工图审核工作。国家首批注册的公用设备（给排水）工程师。

作为改革开放后较早进入同济设计院的资深给排水设计师，受访者李维祥主要讲述了三部分内容：第一，工作初期亲历的机构改革，即黄鼎业院长主持下的室主任民主选举和双向选择；第二，同济设计院首次与境外公司的合作项目，即与香港王欧阳事务所合作的贸海宾馆设计与施工现场配合；第三，世博会主题馆的给排水设计亮点和园区整体施工现场管理和协调。访谈最后，对高校设计院发展的挑战和机遇提出了个人的建议。

华霞虹（后文简称“华”）：李老师好！您是改革开放后较早进入设计院的给排水设计师，请您给我们介绍一下当时的情况好吗？

李维祥（后文简称“李”）：好，我是1979年应届中学毕业后考入同济大学的，就读环境工程学院（当时称水暖系）的给排水专业，1983年毕业后留校，并如愿来到同济设计院工作。那时王吉螽先生是院长，吴景祥老先生是名誉院长，副院长是唐云祥和陆轸老师，全院职工仅六七十人。一年后，黄鼎业老师来设计院担任院长，同时也带来了同济设计院发展史上最为深刻的变化。

华：深刻变化，您指的是？

李：虽然那时邓小平大力倡导的改革开放的春风已吹向祖国各地，但各级单位、各个部门的领导成员都还是由上级任命的。而黄院长到来后的第一把火，是由全体员工通过民主选举的方式决定各室的主要领导 / 室主任，并推行按劳分配。这无疑给相对沉寂的设计院带来了一丝清风，不仅极大地调动了员工们的工作热情，增强了凝聚力，建立了良好的干群关系，也为后来设计院走向市场奠定了扎实的基础。记得当时选举过程非常透明，选出的三位室主任分别是吴庐生老师、何德铭老师与许芸生老师，而我也根据自己的意愿把票投给了富有改革意识的许芸生老师，并如愿在他的麾下工作了好多年。

在这里我还是想多聊聊黄鼎业院长。他思想解放，勇于创新又十分平易近人，工作日他会与员工们一起在学校食堂午餐，若遇加班时，他甚至还会与你一同晚餐，借此了解普通员工的所思所想，尤其乐意听取年轻人的意见。他在我们那一群踌躇满志刚踏上工作岗位的年轻人眼里，是一位受人尊敬的良师，更是一位可以敞开胸怀的益友。至今在与一些设计院老友相聚闲聊时都还会不时地念叨他，其暖人的琐事不胜枚举，为此我们都颇感幸运！

说到变革，还得一提的是同济大学主要的校办产业在1993年进行的股份制改革，我们设计院作为同济科技股份有限公司的全资子公司成为上海证券交易所最早的一批幸运儿。当时作为一家高校上市公司中营利最好的子公司，财务和经营状况须完全透明，为此吸引了不少媒体和行业分析师前来了解，我参加了其中的一些座谈。而他们随后所发的各种报道，都无形中为同济设计院做了很好的广告宣传，知名度的大幅提升为我院后来工程项目的业绩腾飞起了催化剂作用。

我进院后，师从的是随和开明的吴祯东老师。建筑给排水虽只是给排水专业中的一个分支，却是我大学期间相对注重的一门课，它的新技术新变化不多，上手较快，进设计院没多久，吴老师就放手让我独立工作了。

另外与建筑、结构工种相比，给排水是相对工作量不多的辅助专业，所以我们能涉及的项目就相对繁多。进院初期碰到的多为各大学的基建项目，1990年代以后，设计院陆续承接了教育系统以外的建筑项目，我参加了包括中国工商银行在内的国内许多早期的数据中心项目（有些是境内外合作）设计。而仔细回想后，能让我印象比较深刻的是我在设计院期间几乎一头一尾的时间参与的两个项目，前一个是1986年的贸海宾馆（后称富豪外贸大酒店，再后又改为兰生大酒店，现似乎又改名了）。

华：说到贸海宾馆，在之前的访谈中多位老师提及过，好像主要做咨询是吗？

李：虽说是咨询，也没有直接出施工图，但我们却是从设计到施工的全方位参与。这项目不仅是同济设计院与境外合作的首次，也是香港设计事务所进入内地设计

◎ 1998年为贸海工程项目赴港合作设计，在港期间的一个周末，事务所王先生邀请项目组成员坐游艇在维多利亚港湾观赏“东方之珠”香港，了解它的过去与现在（从左至右：总建筑师王吉螽，副院长姚大镒，港方的王先生及他的建筑师助手，李维祥，彭宗元，施国华，毛乾楣，徐立月，许木钦），来源：李维祥提供

市场的第一个。他们先前使用和熟悉的是英国的规范及标准，我们当时的主要工作是让他们尽快了解国内的相关规范及标准，使方案尽可能同时满足双方要求，对有矛盾的地方进行协商。比如当时我们国内高层还都是用高位水箱供水，而他们那里已经开始用变频稳压泵供水了，经过权衡及沟通，相关市政部门还是同意了这个先进且略超前的供水方案。

因参与这项目，我还到香港王欧阳设计事务所工作了一段时间。

华：去了多久？所有工种都去吗？

李：一个多月，各工种都有去的。我们每天早出晚归，挤公交坐地铁，和普通香港人一样正常上下班。时间虽不长，但对回归前的香港这个国际大都市有了较全面的认识，也切身体验了境外设计师的日常生活。回沪后又常驻工地，熟悉各种施工安装及验收工序，直至该涉外四星级大酒店项目完全竣工。当时驻工地的代表还有建筑的毛乾楣[1]，结构的徐鼎新[2]、徐立月，电气的叶宗乾，暖通的李蔼华[3]、姚大镃，还有我们给排水的石锡宝[4]等老师，而我与结构的彭宗元[5]（我们院该项目组中最年轻的二人）似乎是自觉跑工地最多的，这对我们是一次很好的锻炼，对以后的工作也有很大帮助。

华：业务上有了很大提升。这可能也是高校设计院当时的一个特点，因人才断层比其他设计院严重，反而使得年轻设计师更快地得到磨练与成长。还想请问当时工作时英语重要吗？

李：起初的确有些担忧英语能力，但由于当时香港回归祖国大势已定，其时的香港人已兴起学讲普通话，再加上王欧阳这家香港设计事务所进入内地市场意愿较强，相关人员也有储备，即公司里已有好几位会讲普通话的设计师，因此跟香港同行的交流在当时几乎没有障碍。

华：您刚才说一头一尾两个项目，后一个是？

1　毛乾楣，男，1932 年 6 月生，浙江镇海人，高级工程师，1953 年肄业于上海交通大学机械专业，1956 年进入同济大学校舍建设委员会工作，1958 年进入设计院工作，2017 年 2 月病逝。

2　徐鼎新，男，1925 年 5 月出生，江苏盐城人。1949 年毕业于大同大学（辛亥革命后中国的第一所私立大学，新中国后并于同济大学），毕业后先后于上海铁路局、冯纪忠事务所工作，公私合营后进入华东建筑设计院工作，1979 年进入同济设计院工作，担任结构工程师。

3　李霭华，女，1937 年 9 月生，江西南康人，高级工程师，1962 年同济大学暖通专业毕业，后进入同济大学设计院工作，曾任设计三室主任。

4　石锡宝，女，1936 年 1 月生，浙江鄞县人，高级工程师，1960 年毕业于同济大学城建系给排水专业，同年留校在给排水专业任助教，讲师，1984 年进入同济大学建筑设计院。

5　彭宗元，男，1956 年 11 月生，重庆市人，高级工程师，1980 年毕业于同济大学工民建专业，同年入同济大学建筑设计研究院工作直至 2016 年退休。2011 年起任设计一院结构主任工程师。

李：就是举世瞩目的上海世博会。之所以印象深刻主要体现在以下几个方面：一、世博会是国家为数不多的重点建设项目，有十分严格的时间节点；二、担当这个前所未有且具世界影响力项目的设计师主要来自国内各大设计院，另由于吴志强老师领衔的同济大学团队中标世博会的总体规划设计，因而同济设计院又成为各个设计院中最重要的角色；三、作为同济的一员我不仅参与世博会多个场馆的设计，还负责了最具影响力的世博主题馆的给排水设计，因而事实上也成了当时整个世博园区给排水设计的主要协调人，参加各种各样的大小会议不计其数，扮演的角色也远不是设计师那么单一。

华：能否介绍一下主题馆的给排水设计特点？

李：主题馆给排水专业设计的关键体现在两大方面，即雨水的合理排放和水消防系统的选择。

先说雨水排放设计。鉴于主题馆是一个超大体量的建筑，我们设计之初就较为直观地决定采用压力流（虹吸式）排水系统。

但由于其屋面由多个大角度的曲面组成，雨水立管的布置又有诸多局限（主题馆内全馆无立柱），因此雨水收集口就不能像常规那样的均匀布设，而是要在相对均衡的基础上去寻找屋顶曲面板的相对低点。而麻烦的是，由于结构体系的特殊性，在施工进行时的屋面曲度和完工后的屋面曲度不一样，即便施工结束后，屋面板还会继续缓慢变形，在这种情况下，要找寻合适的落水点是个难题（所以我较早就要求结构工程师把屋顶曲面板在施工时的可能变化的理论计算图提供给我们）。位置选择若不当，其系统的虹吸作用就会减弱甚至消失。为此，我们还与相关专业单位进行了多次的雨水模拟排放试验，在反复调整试验数据的基础上才最终完善了方案。

宽慰的是，该虹吸雨水系统不仅经受住了世博会期间的考验，而且运行至今

◎ 上海世博会主题馆屋顶，来源：同济设计集团

都效果良好。

可以这么说，世博主题馆的雨水设计为其后类似的大汇水、大坡度、不规则屋面的雨水排放设计提供了可借鉴的经验。在此还得一提的是，由爱徒施锦岳为第一作者的相关论文被全国性刊物《建筑给水排水》杂志评为优秀论文。

再说消防设计。由于在主题馆这个庞然大物中设了大小不同的数个展馆，它们功能不同，空间各异，为此该项目不仅设置了较为常规的室内外消火栓系统、自动喷淋系统，还在部分空间较大的展厅设置了自动水炮灭火系统、大空间自动洒水灭火系统。其中大空间自动洒水灭火系统是由红外线探测装置、大流量智能洒水喷头和电磁阀组等三个主要部件组成，能主动探测着火部位，并开启智能喷头，以离心力形式抛洒水面进行灭火（该智能大喷头流量是普通喷头的数倍，其单个喷头的保护范围是普通喷头的数十倍）。

这也算是我们将尚处理论探讨的大空间自动洒水灭火系统在世博会这个大舞台付诸了实践，不仅是主题馆，在城市未来馆也采用了该系统。

顺便一提，当时我们设计的上海世博会主题馆的场馆体量在那个时间节点是世界建筑之最。正因如此，其建筑物的消防设计也必然会突破当时的消防规范的相关要求。因此往往每个子项的消防设计完成后，都要开专家评审会。而多数专家看到这些突破了现有规范的设计方案后都很为难，所以还聘请专门的消防部门，十分慎重地搞了一个消防性能化设计来做弥补。

虽然之前建设北京奥运会的大型场馆时，也用过性能化设计来解决消防问题，但对我们同济设计院来说，世博主题馆是第一个突破规范并引入消防性能化设计的大型工程项目。

此外，世博期间还有两件施工现场发生的事给我印象很深。

华：不妨说说。

李：上海世博会整个园区是在市政设施很不完善的一片空地上建设起的一组规模庞大的建筑群。基地最初的市政供水管很小，市政消防设施几乎空白。因此，当时我最为担心的是施工期间的防火问题。这看似超过了一个设计师所需考虑的范围，但由于项目的特殊性和自己的职责与以往又有很大不同，使得我应该也必须考虑此事。于是我在世博会一次多部门参加的协调会上提出“主题馆施工阶段需要有消防车在附近待命”，而市消防处在了解现场情况后也采纳了我的意见。之后我们的项目及周边的工地也的确遇到过数起因施工不慎引起的小火灾，严阵以待的消防车均起到了作用。我也因此受到表彰，被评为世博会某季度的建设功臣。

另一件事是，我们设计的世博会城市足迹馆在开馆前大概不到一周的时间，展馆内正进入紧张的布展阶段，而突降的一场暴雨使得平时温文尔雅的陈燮君馆长暴怒，陈馆长当时是市博物馆馆长也是该足迹馆馆长。原来是发现屋顶漏雨水把他们刚刚布置好的展品，部分还是珍品，给淋湿了，而在现场的建设与施工单位均把矛头指向设计院。得知情况的王健总裁（当时是我们设计院主管世博会项目的副院长）让我立马赶到现场处理问题。鉴于问题的严重性及时间的紧迫性，我略带忐忑的心情以最快的速度到了现场。在简单了解情况后，我要求现场总指挥暂停施工，熄灭灯光查找原因，虽然我很清楚，暂停施工在当时意味着啥，但直觉告诉我这是最快发现问题的途径。于是在一番激烈的争执，其实是不顾情面的言语冲突，和层层请示后，场馆的灯光终于全都熄灭，当头顶隐约出现了几处亮点时，答案其实也就找到了。一是因为这些展馆都是按临时建筑设计，屋面铺设的彩钢板有缝隙产生漏水；二是风管与屋面衔接处的地方没有封堵好有渗水跌落。

华：所以还是施工问题。

李：是的，虽然对于漏水或许现场多数人第一反应是水专业的问题，其实不然！而在施工现场你能否在第一时间发现和解决问题，的的确确需要一定的工程经验和良好的直觉。这当然需要相当长的时间积淀和较多的项目积累。

事情虽已解决，但那“被质疑”“遭围攻”，甚至忍不住脾气时的“互怼”场景，似已成自己从业经历中的花絮。

参加了世博会项目，“披星戴月在世博”是常事，手机24小时不关也在那时起成习惯。当年被评为设计院年度优秀员工的邹子敬在发言时所说的“那段时间，我们不是在世博会的工地，就是在去往世博会工地的路上”一席话或许形容得最为贴切。

当时为保障整个园区正常营运，世博局还有一份世博会展会期间相关人员不得离沪且需随时听候召唤的名单，本人也在列。

参加世博会项目，似乎也是我职业生涯中感慨最多，最难以抹去的一段记忆。

由于它，我被许多专业杂志约稿。当时全国性的专业杂志《建筑给水排水》在世博会前夕的那期期刊上开辟了“上海世博会场馆同济大学建筑设计研究院设计集锦”专栏；也由于它，我受邀在全国给水排水年会上发言，代表同济院介绍世博会场馆的水专业设计情况；还是由于它，我被电视台邀请做直播嘉宾宣传世博会……

而所有这一切，没使我改变的认知依然是：这，并非是你个人有多大能耐，而是你融入了“同济”这个坚强的集体才有。

华：说得真好！最后一个问题，在同济设计院工作了三十多年，您对同济设计院或者高校设计院有什么特别的认识？高校设计院这种计划经济时代的产物，这种特殊的建筑设计组织形式还有存在的必要吗？

李：在设计院待的时间是够长的，你所提的问题也的确常有思考。

相对说，同济设计院还是有学校氛围在，条条框框的限制不多，设计师们发挥的空间也较大，不过现也的确有很多方面需要改革，比如不应“唯产值论”，还有要坚决破除“领导干部事实上的终身制（这也是中央巡视组认为的突出问题）”。我以为当年黄鼎业院长时期倡导的“以民意测验为基础选择领导干部”的制度在我们这样一个“以集体智慧创造作品”的单位理应延续并完善的。

结合单位里一线设计人员流出逐年增多的现象，似乎也暴露出了若干问题，而最近集团正在搞的薪酬制度改革是分配制度改革的有益举措之一，我以为是必要的。

从大的方向上来说，高校设计院过度扩张肯定已没有必要了。事实上，最近从中央到地方的各种巡视与检查都毫无疑问地在传递出这样的信息。当然高校设计院也不见得会消亡，我们同济建筑设计研究院始终把“研究”两个字放在上面，似乎是有长远考虑，且也名副其实。因为其他行业设计院可能不会像我们这里每年都还能带出如此多的硕士生、博士生。

而在当前，放缓脚步，静下心来，认真思考同济设计院的未来，还是很有必要的。

成立院务委员会和打破大锅饭 | 1986—1990 年

访谈人 / 参与人 / 文稿整理：华霞虹 / 周伟民、范舍金、王鑫、吴皎、李玮玉 / 盛嫣茹、吴皎、华霞虹

访谈时间：2017 年 5 月 17 日 14：00—16：30

访谈地点：天山路 1855 号刘佐鸿先生家中

校审情况：经刘佐鸿老师审阅修改，于 2018 年 3 月 13 日定稿

受访者：刘佐鸿

刘佐鸿，男，1930年4月生，广东潮阳人，教授。1949年考入圣约翰大学英文系，次年转至建筑系；1951年因国家需要调至长宁区共青团团委；1956年入同济大学建筑系学习，1962年毕业后留校任教；1985年担任建筑系副系主任；1986年2月，调往同济大学建筑设计院任副院长；1989—1990年，任同济大学建筑设计院院长。退休后曾任美国恒隆威（HLW）国际建筑工程公司上海代表，负责上海南京西路仙乐斯广场工程（从扩初到建成）。2008年同济大学建筑设计研究院建院50周年时荣获“突出贡献奖”。

刘佐鸿先生在进入设计院担任副院长和院长期间，为了提高设计院的工作质量和业界口碑，组织成立了院务委员会以提高管理效率。还经过反复试验进行奖金改革，打破大锅饭，实现公平公正的分配制度。配合 TQC 全面质量管理改革，同济设计院的生产效率和设计质量有了明显的提高。

华霞虹（后文简称“华”）：刘老师是哪一年进入设计院担任副院长的？当时是怎样的机缘背景？

刘佐鸿（后文简称“刘”）：我是1986年到设计院的。开始我不愿意去，有两个原因，一是我更愿意做设计，不愿意当副院长，我很怕做这个；二是我和建筑系的人很熟，从学生一直到做副系主任，对每个人的情况我都比较了解。当时朱伯龙老师是教学秘书，我和他搭档排课。“文革”遗留下来很多人事上的问题，我们都很清楚，哪个老师擅长什么也都知道，这些情况我都很熟，所以不愿意另换一个地方到不熟悉的设计院。那里很多人都不是建筑专业的，有给排水的、电气的、暖通的、结构的，我都不熟悉，而且设计院的管理工作怎么做我也不知道。虽然我之前和设计院很有缘分，但过去做的都是设计，并没有做过管理，所以我开始不愿意去。后来江景波校长找我，给我压了个帽子，说：“你是老干部，老同志，应该服从需要嘛。”而且，他把我的党组织关系调到了设计院，行政组织关系上也把我调了过来，我就没有退路了。

我第一天到设计院去上班，就遇到许木钦[1]副院长、姚大镒总支书记和一批人集中在校门口，为了兰生大酒店的项目正准备坐车去机场到香港。当时黄鼎业院长已调任学校副校长，院里没有了头儿。江校长明确要我到那边上班，作为共产党员我还得要服从。送完去港人员之后，我就跟范舍金成了搭档，他是副书记。

华：您跟范老师一直是搭档，亲密的战友。

范舍金（后文简称“范”）：我跟刘老师很谈得来。

刘：进到设计院第三天，市里叫我去开会。去了以后，领导在上面点名，给同济设计院定了三条罪名——“管理混乱、图纸粗糙、作风不正”。这指的什么事情呢，就是地下系的勘察工作。后来我看了一下，那个勘察报告确实做得不好，是图纸的问题。“作风不正”是指当时地下系有个勘探工程，在外面招散兵游勇，在工地

1 许木钦，男，1936 年生，福建诏安人，教授级高级工程师。1956 年高中毕业，后进入同济大学建筑工程系深造，毕业后留校任教。历任同济大学建筑设计研究院党总支书记兼副院长、校纪委委员、校党委委员。曾被校党委评为“我校好的共产党员”，校行政记大功三次的奖励。

做了工以后当场在那里发钱，这样市场管理当然就有意见了。再加上其他设计院对我们有意见，因为我们压低价格，跟正规做法不一样，成本就低。其他人说这个勘测任务要两万元，他说一万五，这就是低价竞争，扰乱了市场。当时参加会的还有好几家设计院的领导，他就点名批评同济。我很尴尬，因为刚到，又不清楚这些情况。他后来说："你是同济设计院来的，要回去汇报。"他不认识我，不知道我是副院长，不然也会客气一点。当时他很严肃地说："你要回学校说一下，不能这样。"当着很多设计院领导的面这样讲，让我很难为情，所以我那时候就觉得，质量和管理问题可能是个问题了。这件事给我当头一棒。

一个月以后，许木钦他们从香港回来了。我先是建立领导班子，成立院务委员会。院务委员会包括常务副院长我、副院长姚大镒、总支书记许木钦、副书记范舍金，还有办公室主任何金余[2]列席做记录。学校里面，江校长跟我说不是这么回事，他希望这个院务委员会能广泛吸收各个系的人，比如结构、地下系等的头儿。但我不愿意，因为我希望建立一个工作效率比较高，不受牵制的领导班子，人少议事决断才能快，其他系里的很多人来了以后牵制就会很大。至于和其他系的关系问题，可以后来再想办法。所以我们院务委员会就这五个人。我这个人比较讲民主，若有事大家有不同意见，定不下来，那就搁一搁。我还要求大家讲团结，就是我们决定的问题，不要到外面去说"这个我是同意的，某某人不同意"，类似的事我是不可以接受的。所以当时我就说，大家要团结一致，有事放在院务委员会上讨论。我们定下来每个星期一早上一定要开院务会，雷打不动，大大小小的事情一起商量，这是第一件事情。因此我们这个班子一直很团结，合作很好，也很愉快，大家很尊重我，我也敢于负责。

我们做的第二件事就是通过奖金分配打破大锅饭。我很迫切地想做这件事有一个原因。当时有个工程，叫漳州女排训练基地。那时中国女排在世界比赛中实现了"五连冠"，所以很热，基地是要马上建起来投入训练用的。关天瑞先生主管这个项目，已经拖期了，但施工图依然迟迟出不来。现场也已经去了好几个工种，建筑的、结构的，还有水、电、风的，但那边还是拖着。后来甲方就告到院里来了，没办法，我自己去看。老关慢腾腾的，缺决断，他就是这样性格的人，有很多问题还要想改。我就说现在不是改的时候了，人家施工队都在后面盯着呢，定下来就不要改了。但之后还是拖了很久，我又派了几个人帮忙，最后才解决。我很不好意思，这件事情让我意识到院里工作效率不高。实际上那几个人在那里都很闲，都不急，主要是因为整个院里做多做少一个样，没有刺激的机制，所以这件事让我觉得要改。

2　何金余，男，1948 年 4 月生，1974 年 4 月毕业于同济大学给水排水专业，毕业留校分配到学校教务处教学研究科工作了 24 年，后调到同济大学建筑设计研究院办公室工作，任办公室主任，中级技术职称。

原本做多做少都是发一样的奖金。那时候正值改革开放初期，我决定要改革，就和大家一起商量怎么改。记得第一次我们是把发奖金改成发红包，哪些人好的，我们就多加一个红包，多加点钱。这样一来，有点奖励作用，但到底哪个人多发哪个人少发，我们是找下面的室主任一起来商量的。发完以后，我就听到有人说这完全是资本主义的做法。我听了之后也有点压力，同时感到依据还是有点不足。我觉得多做多得、少做少得、不做不得，这个思想在我脑中很顽固。第一次有这些反映以后，我就跟许木钦、姚大镒他们一起商量应该怎么办，后来就改成按工日制计算。一个任务，国家建委是有一个定额的(指工时定额)，根据工日来定额，那么做多做少就有一点依据了。后来我们发现这样也不行，因为太复杂了，依据也不太准确，有的工程难度大一点，有的工程难度小一点，很难计算。我就说这样不行，太复杂，而且下面反映还是蛮多的。

◎ 1990 年，1990 年同济设计院购置的电脑（左为汤逸青、右为刘佐鸿），来源：范舍金提供

所以后来就改成按照产值计算。按照产值计算了以后，情况一片大好。本来有很多工程布置给他，他会拿家里小孩子放不开、家里有老人身体不好需要照顾等这样的借口来推脱，不肯接任务。因为之前都一样嘛，多做也是拿这些奖金，不做也是拿这些，大家就会提出很多困难问题告诉院里说没有办法做这件事。按照产值计算之后就好了。比如这个工程一共 100 万元设计费，建筑的 30 万元，结构的 30 万元，其他工种的 40 万元。建筑的 30 万元由两个人做，那由两个人自己商量怎么分配。这是有依据的，收进来100 万元，你该是多少就是多少，简化得多。我记得从1989 年起就没有人到院里来吵奖金多少的事情。这就改变大锅饭的局面，变成多劳多得。

但这样还是不行，碰到了什么问题呢？有一年何德铭生病。他这个人很勤恳，一直很认真做工作，得了心脏病，没有上班，那怎么办？一分钱不给他，这不行的。后来，我们商量以后决定给何德铭按照0.8（平均奖乘系数）的比例发放奖金。我们是这样算的，院长、总支书记算平均奖乘 1.1，我们拿的是很少的。平均奖金有的是 1，有的是 0.9，有的是 0.8，有的是 0.7，最少的是 0.7。

范： 刘先生刚才讲的是二线员工，最高的是 1.1，然后是 1.0，一线设计师都是按照产值来算。

刘： 一线的工程技术人员都是按照产值来算的，二线怎么算呢？院长、总工，还有办公室这一批人、做模型的、晒图纸的都是算二线的，这些人发奖金就是按照平均奖金比例多少来算。

那一年，我还得罪了两个人，一个是资料室的管理员。她当时管理图书室的，经常去找她的时候，门关着没人在，别人就反映说要去借资料的时候没人在。后来那一年，我就给她打了一个0.5，本来0.7是最低的，又扣了她0.2。还有一个总工，他在宝山那边的分院上班，也是经常不见人，按理他应该打1到1.1，我那一年给他打了0.7还是0.8。

华：那他们生气来找您理论了吗？

刘：没有人找我，那位管理员和总工都没有找我。咱们是有道理的，通过这件事我觉得我们从大锅饭改到按产值来计算，在那个时候还是改得好，体现了公平、公正、公开。

范：这是可以算的，每个人都可以算到几元几角。

刘：比如这个任务收入100万元，合同定下来100万元，你应该拿多少自己是有数的。

范：会有一个清单，今年发奖金是接到哪几个项目，我参加过哪几个项目，设计费是全部公开的。

华：我记得我们当时也是这样算的，但怎么分配，比例是大家协调的。

刘：这样做其实也有一个新矛盾，就是有的人拿到任务后不放手，项目做不完也不肯放。还有一个问题就是跟系里的矛盾。我们的奖金大概是按产值的20%，系里的是40%，还有的不止40%，系里提成高。那就有个别人跑去那边做项目，但我们也没办法，都是兄弟单位就算了。

华：学校里老师设计的提成比例高，设计院的比例低一些对吗？

刘：这后来就形成"院外吃的开"，这又是另外一回事了。从大锅饭到按产值计算奖金，我觉得这是做得比较好的。

结合这个改革，我们搞制度建设，因为什么事情都得要有依据。一个是经济上的，要定一个制度，有文本，条条都有；还有质量问题，因为我挨批评了，所以质量要拉上来。至于审图怎么审，当时还搞了一个工序管理，审图也好，校对也好，都要写意见，交上来，根据这个意见来评质量。有校审制度，还有回访制度，大约定了有十几项，还包括考核制度、评优秀奖制度等，想方设法把质量搞上去。

华：这些都是您带着院务委员会一起做的吗？

刘：对，这些都是我们院务委员会一起商量的，还形成文字。评奖也好，评优也好，成立评优小组、质量评定小组，还包括评职称升等的问题，另外对二线行政人员也订了质量校核制度。一系列的问题都制定正规的文件，有十几个。那时也正好

◎ 1990 年同济设计院全面质量管理验收，左一为刘佐鸿院长，右一为教委舒世从处长，其余均为教委 TQC 验收组的成员，来源：范舍金提供

TQC 上来了，T 就是 total，Q 是 quality，C 就是 control，就是 Total Quality Control（全面质量管理）。

华： TQC 具体有哪些内容？

刘： TQC 和过去我们传统的质量管理不同，是全面质量管理，因此我们便积极组织全院学习。这之前还有一件事就是关于各个系参加工程设计实践问题。那时有一些教师自称同济大学的，在外面私人承接工程项目，有的因人手不够或工种不配套而到其他单位拉人参加，处于无人管理状态，也就是我初到设计院时市里批评我们"管理混乱、图纸粗糙、作风不正"的问题。为了加强领导，保证工程质量和维护学校名誉，经与学校汇报商量，在黄鼎业副校长的支持下，学校委派了原建工系老师谈得宏[3]来担任我院副院长，专营各系承接工程的事，纳入我院统一领导，但经济上他们独立核算，同时还制定了一些规章制度，这样这部分的工作便管了

3　谈得宏，男，1934 年 8 月生，江苏镇江人。高级工程师。1955 年 9 月至 1960 年 8 月就读于同济大学供热与通风专业。1960 年 9 月至 1983 年初在同济大学供热与通风教研室工作；1983 年初至 1988 年初在同济大学校部创建校科技咨询服务部，任服务部副主任；1988 年初至 1990 年 10 月在上海市高教局工作，任上海市高校科技服务中心总经理；1990 年 11 月至 1994 年 9 月在同济大学建筑设计研究院工作，任设计院副院长。1994 年 9 月在建筑设计研究院退休。2016 年 6 月病逝。

起来，逐步走上正轨。在 TQC 推行时期，这些教师也全员参加 TQC 学习和考试。TQC 报告我好像还有，因为是我亲手写的。

范：我那里有一大堆照片，TQC 教育上课，还有国家教委过来验收的文件。

刘：现在我们院里面搞简讯和内刊都做得很好。那时候我们是很艰难的，我们出的第一本广告本，照片有时候都要我自己去拍的。

周伟民：现在我们终于有了品牌策划部。

刘：现在非常好啊！你们寄来的简讯和内刊我每期都看，让我知道大家的工作和生活情况、项目设计及得奖情况，还包括范舍金过去指挥唱歌，邢洪英[4]打羽毛球得了奖，我都知道，我还是很怀念设计院的。

4　邢洪英，女，原计算机房工作人员。

全面质量管理系统（TQC）

1985—1990 年

访谈人 / 参与人 / 初稿整理：华霞虹 / 周伟民、范舍金、王鑫、吴皎、李玮玉 / 李玮玉、赵爽、吴皎、洪晓菲

访谈时间：2017 年 5 月 17 日 9：30—11：30

访谈地点：同济大学建筑设计研究院一楼接待室

校审情况：经姚大镒老师审阅修改，于 2018 年 3 月 24 日定稿

受访者：姚大镒

姚大镒，1935 年 2 月生，安徽黄山人，教授。1954 年考入同济大学暖通专业。1960 年毕业留校担任电机系教师。1969 年参加同济大学“五七”公社三线建设，奉命被抽调到五角场 205 工程队报到。1971 年，三线厂基本建成，从此从教师转变成了工程技术人员。1978 年进入同济设计院。后担任副院长，常务副院长和总工程师。1998 年退休。2008 年获同济大学建筑设计研究院“突出贡献奖”。

在全面质量管理系统（TQC）推行之前，同济设计院采用传统的管理体系，缺乏相应的技术文件和质量管理文件，由此在工程中会出现相应问题。姚大镒老师以华东设计院以及民用设计院成型的文件以及技术措施为参考，逐步制定规范性文件，这是企业发展以及项目质量保障的基础。TQC 里面 QC 小组的概念，相当于现在的课题研究，鼓励大家利用工程去做专题研究，同时可以提高设计质量。

周伟民（后文简称“周”）：在设计院，姚大镒老师有非常重要的作用，当时的全面质量管理是在姚大镒老师的主持下建立起来的，一直延续到现在。
姚大镒（后文简称“姚”）：全面质量管理就是 TQC（Total Quality Control）。1987 年，上海市组织了一个 TQC 的培训班，是上海第一期的全面质量管理培训班，我同陆轸老师去参加的。回来之后不光在上海，全国也开始推行。我们建筑设计院没有这一套管理体系，我们是传统管理，没有这一套管理文件，会发现很多地方达不到全面质量管理的要求，所以回来以后就要准备技术管理文件、质量管理文件，还有一些措施。当时我们就慢慢从这方面开始制定。

华霞虹（后文简称“华”）：当时有参照吗？
姚：我们的参照一个是华东设计院，再一个是民用设计院，因为他们是两个大院，管理资料很多。我是上海市勘察设计协会的常务理事，所以同大型设计院的关系都比较好，可以借到他们的一些资料。

华：主要是管理文件还是图纸？
姚：主要是文件、措施。像我们很多技术措施都没有。

华：能具体介绍一下工作的内容吗？比方说有的之前完全没有，后来建立起来了的技术措施？
姚：我们分为方案设计阶段、初步设计阶段、施工图设计阶段措施。以前我们设计好之后，图纸要经有关校对、审核、设计人员签字。以前我们校对、审核一个人签，这个是不允许的，应该是分别由两个人签，就是每个环节都要都有人把关。还有一个是在设计中，不同专业要互提资料，比如暖通的管道要穿过梁，梁要开洞，这个需要向结构提资料。以前我们都是向结构口头提资料，但现在规定要书面资料，而且你接到书面资料后要签字确认。再一个，你的图我要会签，我要看这个地方是不是留了洞。

华：这些技术标准同济设计院以前都没有的话，会不会造成工程上的问题？

姚：有，像我在做同济大学的化学楼时，化学楼顶上有很多管道要通过，我都提过，但提过之后因为当时没有验收的程序，并没有书面给他，他也没有书面回复。到最后他说你当时没有提供。后来我就查我自己的资料，上面写清楚我几月几号提供的。我这个人喜欢记录下来。

周：所以姚大镒老师搞质量管理是最拿手、最精细的。

姚：后来我们把这些要求都写到管理文件里面去。

华：因为事情一多，再相互扯皮，就不好处理了。

周：这对企业发展是非常重要的，人少不要紧，人多以后没有这样的规范，企业没法发展。

华：是的，没有一个规范的话，质量就没法保证。

周：有了这个基础，设计院才慢慢在各个环节有了质量管理。

姚：有了全面质量管理，后面推行 ISO9001 的质量保证体系就有了基础。

范舍金（后文简称"范"）：TQC 里面还有一个很重要的内涵，就是 QC 小组，相当于现在的课题研究小组一样，每个部门都要有。这个项目设计过程中会涉及什么样的难题，就成立一个专门的研究小组，比如"内庭院的植物种植"，当时可能就是鼓励大家利用工程去做专题研究，这样也可以提高设计质量。

华：这些研究小组是不同工种合作的一个状态吗？

姚：可以是结构的，可以是设备的，也可以是建筑的。每一个项目最后都要在达标验收的时候，看看有没有这方面的记录。

华：达标验收由谁来负责？

姚：教育部，教委有一个专门的全面质量领导小组。

华：是多长时间来检查一次呀？

姚：像我们是 1993 年验收的，隔一年以后，再回过来复查一次。看是不是符合当年的文件、设计图纸。因为我那时候是教委的 TQC 领导小组成员，所以我后来将我分管的生产部分分给高晖鸣[1]老师去做，我就专门做质量管理。

1　高晖鸣，女，1939 年 11 月生，上海人。1965 年毕业于同济大学建筑学专业后进入同济设计院担任建筑设计师，曾担任设计一室副室主任，历任同济设计院副院长（1989—1992）、常务副院长（1993—1995）、院长（1995—1998）。

◎ 1990 年，同济大学建筑设计院全面质量管理最终达标验收，来源：范舍金提供

华：质量管理会通过文件发给设计人员还是搞培训？

姚：我们都装订成册，发给设计人员，设计人员要按照要求的指令来执行。

华：这样管理以后效果会好很多吧？

姚：是的，这样有些扯皮的地方就少了，一些漏洞也少了。

华：做施工图本来就是同济院比较薄弱的地方，这样对施工图肯定非常有帮助。

姚：对的，那时候范老师也是院里面的领导小组成员之一。

华：范老师是哪一年进入这个领导小组的？

范：我1987年到1989年是总支副书记，1990年至1991年休息了两年，心脏不好。1992年开始一直到退休都是总支副书记，进入到院务会，就是管理层了，但我主要还是做设计的。院TQC领导小组成立伊始，我就是其成员了。

华：您做管理的时候其实一直还是在做设计，因为范老师在前面我们聊到的工程中还是一直没离开。

姚：他没有脱产。

华：姚大镒老师您后面是脱产了？

姚：我到1984年以后基本上是脱产了，但有的项目我还会参加。

华：比如说兰生大酒店您参加了？

姚：对，重要项目像方案的确定、审核我会参加。但是后面主要精力是放在管理上面。

从地铁设计室到轨道交通与地下工程设计院

| 1987—2018 年

访谈人 / 参与人 / 初稿整理：华霞虹 / 王鑫 / 胡笳、华霞虹

访谈时间：2018 年 3 月 14 日 9：30—11：30

访谈地点：同济设计院 503 会议室

校审情况：经贾坚老师审阅修改，于 2018 年 5 月 21 日定稿

受访者：

贾坚，男，1963年1月出生于上海，教授级高级工程师，博士生导师。1980年考入同济大学结构工程系地下建筑工程专业，2003年获地下建筑与工程系岩土工程专业博士学位。1984—2001年留校工作，曾任同济大学地下建筑与工程系软土地下结构研究室副主任，2001年起同济大学建筑设计研究院（集团）有限公司轨道交通与地下工程设计院院长，2006年起任同济大学建筑设计研究院（集团）有限公司副总裁，2011年起兼任同济大学建筑设计研究院（集团）有限公司副总工程师。

早在1960年代，同济大学地下系的前辈们便开始涉足上海地铁工程的试验和研究；1987年以中标上海地铁1号线新闸路站为契机成立了地铁设计室，并逐渐发展为同济设计集团旗下的轨道交通与地下工程分院（轨道院）。贾坚院长梳理了轨道院的历史和发展脉络，并且通过从地铁工程到城市大型地下空间开发、交通建筑（高铁站房、机场航站楼）、国家能源储备工程等具体项目，介绍了同济轨道院这些年走过的“产学研”一体化的发展道路。

华霞虹（后文简称“华”）：贾院长，请您为我们介绍一下轨道交通与地下工程分院的前身“同济大学地铁设计室”成立的背景好吗？

贾坚（后文简称“贾”）：同济大学地下建筑与工程系自成立以来，无论是师生规模还是专业学科水平，在同类高校中都是位于全国的前列。从1960年代开始，同济地下系的老一辈，比如我的导师侯学渊[1]教授和学科带头人孙钧[2]教授（院士）就一起参与了上海地铁工程的试验，做了大量的研究工作。1987年，在侯学渊教授和戴复东教授的带领下组建团队中标了上海地铁1号线新闸路站的方案设计，并由地下系的李桂花[3]

◎ 1958年，在大草棚中举办的展览会中，同济设计院展示越江隧道设计，来源：赵秀恒提供

1 侯学渊，1932年12月生于上海。1951年考入上海交通大学土木工程系，1952年院系调整后转入同济大学结构系攻读工业与民用建筑结构专业，1955年毕业后留校任教。历任教研室副主任、主任，地下建筑与工程系主任，曾兼任国际土力学会软土工程技术委员会委员和中国地区会议主席，中国土木工程学会隧道与地下工程分会地下空间委员会主任，上海市土木工程学会副理事长、学会土力学与基础工程专业委员会主任委员等职。2018年10月逝世。

2 孙钧，男，1926年生于江苏苏州。1949年上海交通大学毕业，获土木工程工学士学位。1954—1956年间随前苏联专家 И.Д. 斯尼特柯修毕副博士课程并写作学位论文。现任同济大学岩土工程研究所教授、校务委员、名誉系主任，注册土木工程师（岩土），1991年选任中国科学院学部委员（院士）。

3 李桂花，生平不详。

老师和建筑系的来增祥[4]老师负责组建地铁设计室，设计管理划归同济大学建筑设计研究院。设计人员从各系相关专业抽调，主要人员有地下系的张德兴[5]、周生华[6]等；建筑系的童勤华[7]、庄荣[8]等；机械系的陈瑞钰[9]、吴喜平[10]等；电气系的俞丽华[11]等；环境系的高乃云[12]、彭海清[13]等老师。历经几度春秋冬夏，工作场所也几经搬迁，最终在同济新村合作楼底楼的一角稳定下来，书写了同济大学设计院地铁设计室的铭牌，并先后承接设计了上海地铁1号线新闸路站、2号线石门路站（后改名为南京西路站）以及3号线虹桥路站。整个地铁设计室团队是由各学院老师组成的，可以说这

◎ 上海地铁1号线新闸路站室内，来源：同济设计集团

4 来增祥，男，1933年12月生，浙江嘉兴人，教授，室内与环境设计专家。1952年考入清华大学建筑系，后肄业。1960年毕业于原苏联列宁格勒建工学院建筑学专业，获俄罗斯国家资质建筑师。回国后在同济大学建筑系任教，历任助教、讲师、副教授、教授，1987年与同事一起创立了同济大学室内设计专业。主编《室内设计原理》。1995年退休。2019年6月于上海病逝。

5 张德兴，男，教授。1978年至2003年于同济大学土木工程学院地下建筑与工程系任教。

6 周生华，男，任职于同济大学土木工程学院地下建筑与工程系，隧道及地下工程研究所隧道第三研究室。

7 童勤华，男，1931年10月生，浙江鄞县人，教授，资深室内建筑师。1951年入之江大学建筑系，1952年院系调整后进入同济大学建筑系，1955年毕业后留校任教，历任助教、讲师、副教授、教授。长期从事建筑学专业教学与研究，主攻方向为室内环境设计，曾参与上海地铁1号线新闸路站土建与内部设计。主编《建筑局部设计丛书》等。

8 庄荣，男，1939年7月生，上海人，教授，一级注册建筑师，室内设计专家。1958年考入清华大学建筑系，1964年毕业后进入同济大学建筑系任教，历任助教、讲师、副教授、教授。同济大学室内设计学科创始人之一，曾任室内设计教研室主任。负责撰写了《陈设・灯具・家具设计与装修》《室内装饰设计（初级）》《室内装饰设计（中级）》等著作，主持及参与了上海、苏州等地十余条轨道交通线路车站的建筑与内部环境设计。

9 陈瑞钰，生平不详。

10 吴喜平，男，1945年11月生，安徽怀远人，教授。1969年毕业于同济大学机电及设备系供热供煤气及通风专业，后留校任教。1996年任同济大学蓄能空调技术研究所所长。1987年获国家建设部科学技术进步一等奖。1994年为上海地铁1号线新闸路站和控制中心大楼设计空调采暖工程，获上海市“白玉兰”奖。现系国际蓄能技术协会科技委员会副主任、国家电力指导中心蓄能空调协作网副主任、中国蓄能空调研究中心委员、上海能源研究会理事、上海能源研究会建筑节能专业委员会主任。

11 俞丽华，女，教授，现任教于同济大学电子信息工程学院。1960年毕业于南京工学院发电厂、电力网、电力系统专业，后进入同济大学任教。同年参与同济设计院承接的关于地铁与越江隧道等项目的研究任务。1980年参加了机械工业部沈鸿部长主编的《电机工程手册》电气照明篇的撰写工作，从此开始进入了“照明”行业。1983年起自编教材，在同济大学自动化专业设置“电气照明”课程，带领本科生进行各种工程的照明设计。1992年加入同济大学建筑系建筑技术科学专业团队，在杨公侠教授的带领下，设立“照明技术”方向招收硕士生，在高层次上培养照明设计师。

12 高乃云，女，教授。1964年进入同济大学学习，先后获得给水排水工程专业学士学位，市政工程专业硕士与博士学位，后留校任教于给水排水教研室。1996年担任给水排水教研室副主任、党支部书记，1998年任给水排水教研室主任，2000年任同济大学环境科学与工程学院水工艺所所长，2003年任市政工程系系主任。

13 彭海清，男，高级工程师，现任同济大学城市污染控制工程研究中心副主任，中外合作上海申耀环保实业有限公司总经理。从事给排水和环境工程设计和管理工作，先后负责完成工程设计、建设70多项，两次参与北京人民大会堂国宴厅给排水的设计、改建工作和上海市地铁1、2、3号线部分车站及控制中心大楼的给排水设计；曾获人民大会堂荣誉证书、上海市白玉兰奖等多项奖励和专利。

也是一个“产学研”结合的雏形。

后来同济大学整合成立了上海同济规划建筑设计研究总院，地铁设计室就成为规划设计总院下面的一个设计所，之后在2001年初更名为“同济大学建筑设计研究院轨道交通与地下工程设计分院”，至此，我们同济设计院的地铁设计开始跨入了一个新阶段。

随着设计院业务的不断发展，原先由教师兼职搞设计的模式已难以满足越来越繁重的设计任务和现场配合工作需要，为了把设计任务及相关现场服务工作做好，必须组建专职的设计团队，因此包括我在内的几位老师，在2001年就从教师编制转到了产业编制。在队伍建设方面，通过面向社会招聘相关专业设计人员和大学毕业生，设计人员也逐步充实起来。在技术方面，通过前辈带后辈，师父带徒弟，这种传帮带的方式，把多年来在轨道交通和地下工程领域积累的丰富设计经验传承了下来。从此，轨道院设计团队开始走向专业化和职业化。

华：地铁项目的设计及建设的特点是怎样的，您能介绍一下吗？

贾：一个城市要建设地铁，首先要成立地铁公司，以上海为例，上海申通地铁集团有限公司就是上海地铁建设和运营的主体。对于每条地铁线，申通公司都会成立一个专门的项目公司负责全过程建设，建成通车后会移交给申通公司下属的运营公司来负责运营管理。

在设计方面，由于一条地铁线通常由20多个地铁车站及区间隧道组成，其中涉及岩土勘探、地下工程、建筑、结构、暖通、给排水、电气、室内装饰、工程经济，以及轨道交通特有的隧道线路、通号、场站、运营、列车、维保等众多专业和专项。因此，一条地铁线的设计任务繁重、专业门类众多，而且通常设计进度紧张，所以每条地铁线通常会划分为多个标段，由一家总体院牵头，多家工点院作为标段设计单位来合作完成一条地铁线的设计。

地铁设计涉及专业门类多、系统庞大、工艺复杂，无论是人员配备还是专业配置都要求较高。为了满足地铁工程的设计需要，轨道院发展至今，虽然人数不算很多，但是在地铁设计方面专业人员配备齐全，包括了岩土勘察、地下工程、建筑、结构、暖通、给排水、电气、隧道线路、室内装饰、工程经济等十多个工种。我们可以做到从打第一个勘探孔开

◎ 上海地铁8号线西藏南路车站与已建内环高架桥图示，来源：同济设计集团轨道交通建筑设计院

始，一直到最后的装饰设计和造价清概算，全部独立完成。

通过多年来在地铁工程中的生产实践和磨炼，轨道院构建了专业配置齐全的设计团队，并积累了丰富的技术经验和成果，同时也形成了务实高效的工作机制，这也为我们后续拓展高铁、机场、综合交通枢纽等业务板块创造了有利的基础条件。

华：轨道院的设计业务是如何从地铁拓展到高铁交通枢纽的，请您介绍一下。

贾：说到这个话题，我首先要感恩这个时代。

以前刚成立这个设计所时，我们只做地铁车站和地下工程，而且就地下工程规模而言也不是很深，大多是地下一层开挖五六米深。1989年我参与设计的上海展览中心西二馆，开挖也就地下一层5米深，这在当时也算是大项目了。而现在地下四层、五层甚至地下六层都层出不穷，以我们参与设计的项目工程为例：静安嘉里中心地下四层22米深，上海中心地下五层31米深，徐家汇中心地下六层35米深。

我们国家大规模的城市改造与建设实际是从1992年邓小平视察南方谈话开始的。改革开放、邓小平视察南方谈话，才有了一大批城市建设项目，才有了这么好的机遇来学以致用。我是1980年进入同济大学学习，1984年毕业留校的正赶上了好时候。

轨道院的发展和业务拓展也是在国家基础建设高速发展这个大背景下一步一步走过来的。轨道院发展到今天，我们承接的业务板块已经拓展到了包括地铁、深大基坑工程、地下空间开发、高铁站房、综合交通枢纽、机场航站楼等。

到目前为止我们已经承接了将近百个地铁项目，其中上海有30多个，另外我们深耕的地铁设计城市还有苏州和济南，苏州也是从1号线开始做起，每条线都

◎ 宁波火车站外观，来源：同济设计集团轨道交通建筑设计院

有参与，目前已累计承接了35座车站6段区间隧道的设计；在济南也已累计承接了18座车站14段区间隧道设计。

后来我们的业务板块又拓展到高铁，对于高铁市场，我们从陌生到熟悉，从试水到参与，再到全过程独立承接项目，也经历了10年左右。最早是参与虹桥交通枢纽的方案征集投标，当时获得了第二名。后来我们与铁道部下属的设计院组成联合体，发挥双方各自的技术优势联合投标。例如，我们与铁道部第四勘察设计院合作投标，并中标了我们同济院的第一个高铁站项目“福州南站”；随后又继续合作，承接了“广珠三站”（珠海、中山、顺德）的设计；接着我们又与铁道部第三勘察设计院联合投标，承接了东部沿海高铁通道上一个重要枢纽站“宁波站”以及哈大线上的重要枢纽“大连站”；再后来我们还跟铁道部第二勘察设计院合作，承接了西南地区最大的高铁枢纽站“重庆西站”。在这些高铁枢纽站的设计中，我们通过精心设计和全方位全过程的技术服务，积累了丰富的技术经验和成果，也赢得了原铁道部相关单位及地方的充分认可。功夫不负有心人，后来我们同济院有幸独立中标,承接了西北地区最大的高铁枢纽站“兰州西站”。就在2018年年初，我们同济院在学校的大力支持下，再次有幸独立中标，承接了我国中部地区最大的高铁枢纽站“郑州南站”。

从地铁到高铁，同样是包含轨道运行的列车、售检票、候车、进出站客流等，都是以交通功能为核心的交通建筑，在专业配置上基本都是相似相通的，但也都面临着专业门类多、系统庞大、工艺复杂等技术特点。从地铁车站拓展到做高铁，

◎ 重庆西站（重庆之眼），来源：同济设计集团轨道交通建筑设计院

应该说在技术面上“似曾相识”。地铁和高铁的不同之处在于，地铁站线路单一，基本上是一来一去，而高铁则可能一个车站有十几个站台，二三十条线，当然这只是规模上的区别。另外很重要的一个区别在于，地铁基本埋在地下，以满足功能和有效利用空间为主，而高铁站的大部分建筑是在地面以上，除了满足交通功能以外，设计中还需要充分考虑城市风貌、历史文化、地域特色以及大众审美等因素，也是打造一个城市的门户和地标。同时，还要结合车站建设，进行站前广场周边区域的城市更新和改造，以及交通的整合。

目前我国的高铁建设已由“十二五”期间的“四纵四横”发展到“十三五”期间的“八纵八横”，同济先后承接了大大小小共32座高铁站的设计。轨道院能从地铁设计起步，拓展到高铁交通枢纽领域，并取得了不错的成绩，一是得益于国家铁路基础建设的高速发展，二是依托了同济大学多学科发展的综合优势和学校方方面面的大力支持，三是凭借多年来在地铁工程设计实践过程中所积累的技术经验和团队高效协作的机制。我们这一路走来也是经历了酸甜苦辣，一分耕耘一分收获。

华：轨道院在产学研结合方面做得还是比较有特色的，您能给我们介绍一下这方面的情况吗？

贾：我们比较注重产学研结合，主要有以下两点驱动，一是作为高校背景的设计院我们有义务、有责任在完成生产任务的同时，加大科研投入，推动技术进步；二是再加上有背靠同济大学的有利条件，学校为我们提供了学科人才、科研成果、综合试验等全方位高水准的研究平台，这是咱们同济设计院相比于其他设计院与生俱来的基因优势；三是轨道院的业务板块中轨道交通、地下工程、高铁枢纽等是近20年才高速发展起来的，工程设计建造过程中确实会出现很多需要解决的新问题，我们开展的科学研究也是为解决工程建设中的技术难题服务。

例如，地铁车辆段上盖开发是这几年新出现的项目类型。其中有很多之前未遇到的技术问题需要解决，我们联合上海申通公司，自筹经费300万元做了“车辆基地综合开发结构预留技术研究”，对于地铁车辆段上盖结构的抗震性能进行了系统性的研究，并利用学校的振动台做了多组模型抗震试验，这也是全国该类地铁上盖工程中第一次系统性的模型试验研究，也为今后同类项目的设计和建造提供了技术参考和理论基础。去年同济设计院第一次设立了科技进步奖项，我们这个课题成果还获得了首届科技进步二等奖。

这些年来，结合工程实践需求，我们承担了很多科研项目，也取得了不少有价值的科研成果，获得了十几项科技进步奖，还申请了近20项专利，已经授权了十多项。我们也参编规范，并撰写了多本专著，包括去年由国家出版基金资助的《城市地下综合体设计实践》一书。结合生产和科研，我们还培养很多研究生，我自己已经培养了将近20名硕士，3名博士，这些学生有一半毕业后留在了设计院工作。

在生产实践中提出需求，从而推动创新驱动和研发，在获得成果的同时也培养了人才，最后再回到工程实践，解决工程难题，推动技术进步，这是一个良性循环。能够从而保持一个企业的活力长青和技术领先，提高市场竞争力，实现设计院的可持续发展。

华：关于轨道院今后的发展，您有什么样的考虑？

贾：首先肯定是要在既有业务板块和市场领域中去深耕细作，巩固和提高，匠心打造精品工程。同时，我们也要争取在新的领域里有所突破和拓展。

这两年，我们已经开始研究并逐步进入机场航站楼领域。机场航站楼与高铁站房都是以交通功能为核心的建筑，因此在拓展机场航站楼业务时，我们也有很多高铁经验是可以借鉴的，当然也有很多新知识需要学习和积累。我们已经跟民航上海新时代院、中国民航规划设计总院、民航广州新时代院等民航系统的设计院建立了合作关系，通过合作也学习了很多专业知识，加深了行业理解。这些年，我们陆续投了一些机场航站楼的设计标，也中了一些标，包括上海龙华通用机场航站楼、新疆和田机场航站楼、普陀山机场航站楼、敦煌机场航站楼等。和田机场和普陀山机场航站楼的方案是我们设计的，后续的施工图是由民航专业设计院去深化完成。敦煌机场航站楼这个项目从设计到施工完成只花了半年时间，虽然时间紧任务重，但通过设计与现场施工的紧密高效配合，最终按时保质完成了设计及建设任务，敦煌机场航站楼建筑充分体现了当地的地域和文化特色。2016年9月份建成投入使用后便迎来了我国首届“丝绸之路（敦煌）国际文化博览会”，得

◎ 敦煌机场航站楼，来源：同济设计集团轨道交通建筑设计院

到了与会的国内外嘉宾的一致好评。2017年，我们在“兰州中川国际机场T3航站楼”国际方案征集中以第一名的成绩中标方案设计。最近我们还中标了湘西机场。在机场领域我们已经初步取得了一些成绩，今后还要继续拓展，希望能在机场航站楼领域走得更广更远。

另外，最近我们在深圳还参与了一个国家能源储备项目，是在深圳海湾里围海造田，形成人工陆域，之后再开挖4个直径100米深度50米的超深大圆形基坑（上海中心塔楼圆形基坑直径121米、深度35米），在50米深的基坑里面建造超低温液化天然气（LNG）储罐。LNG储罐我国已有很多建成使用，但全都是建在地面上的地上罐，这次深圳项目出于对环保以及海岸景观的考虑，决定将储罐建造在地下。尽管比利时、日本、韩国已经有了建造大型地下LNG储罐的成功经验，但该领域的工程在我国还处于空白。深圳地下LNG项目是我国首例，而且就规模而言也超过了上述国家，因此我们非常重视，开展了大量的专项设计和研究工作。对于这种新兴领域的大型高难度项目，需要依托学科做很多深入细致的创新性研究，这也是产学研充分结合的一个项目。目前，该项目的初步设计已经完成，今年下半年将完成施工图设计。该项目建成后将对我国大型储罐地下化发展起到示范和引领作用，项目意义重大，我们会尽全力做好。

除了注重设计业务发展，我们也希望能够在推动行业技术进步方面对社会有所贡献。前几年上海建筑学会成立了地下空间与工程专业委员会，我有幸担任主任委员，我们借助这个平台，由同济院牵头组织国内外的一系列学术活动，促进了行业交流，推广了先进技术，也为推动行业技术进步出了一份力。

经过这十几年的发展，轨道院涉足的项目已从地铁拓展到高铁，再发展到航空；地下工程领域则从基坑延伸到地下空间开发，再走向国家战略能源储备大深度地下化。这些年我们取得的一些成绩，得益于国家建设高速发展带来的项目机遇，得益于同济大学多学科综合优势给予我们的坚实基础和支撑，同时也得益于同济设计集团60年来精耕细作建立起来的品牌优势，以及“同舟共济”赋予我们的使命和动力。

天道酬勤，感恩时代！轨道院的发展也是我们同济设计集团发展的一个缩影，同济设计的道路会越走越广，明天会更好！

从手工管理到档案系统管理 | 1988—2017年

访谈人 / 参与人 / 文稿整理：华霞虹 / 王鑫、李玮玉、梁金 / 华霞虹、盛嫣茹、顾汀

访谈时间：2018 年 1 月 26 日 15：00—16：30

访谈地点：同济设计院 503 会议室

校审情况：经周雅瑾老师审阅修改，于 2018 年 4 月 11 日定稿

受访者：

周雅瑾，女，1960年7月出生于上海。1979年11月进入同济大学设计院工作。1988年开始进入图档室工作至今，主要负责设计院内档案管理系统，任信息档案部图档中心主任。2011年5月至2019年7月（退休）任信息档案部副主任。

周雅瑾自1979年进入同济设计院，1988年进入设计院图档室工作至今，负责设计院档案管理，包括1978年同济设计院成立之前的项目档案，见证了从手工管理到档案系统管理30多年变迁的历史。

华霞虹（后文简称“华”）：我拿到一份1990年代的人事档案，您在同济设计院工作已经快40年了。您当时是什么机缘进入设计院的？一开始就到资料室？

周雅瑾（后文简称“周”）：我是77届1978年高中毕业生，正逢“文革”刚刚结束，中央对应届高中生的分配原则在调整中，1979年分配方案出来以后，所有应届高中生都需要经过文化考试录用，同济大学也在我们所在区招聘，通过文化考试后录取了45名高中应届生。当时1978年恢复同济大学建筑设计院，需要一批人员充实队伍，通过考试，我来到了设计院，设计院当时录用了10人。

进入设计院，我被分配在办公室工作了4年，做过复印、出纳等工作，1982年调入技术室，承担设计图纸的盖章出图工作，其间还参与过上海果品公司商业楼的绘图。1983年，同济大学夜大开始招收第一批学员，当时就两个专业，一个是工程机械，另一个是工科本科基础。根据当时的工作性质，我报考了工科本科基础专业，学制三年半，由此开始了学习设计。1984年，我调到设计三室，参与过无锡石油工人疗养院、杨浦福利院、市委办公楼加层的建筑图的绘制，也画过同济大学建材楼、39034部队干部职工住宅、上海教育会堂等项目的暖通图。1988年正式调到图档室，开始了管理档案的工作。

华：当时你愿意去吗？和设计室相比，图档室的工作性质不太一样，不用画手绘图。

周：当时也没有多想，领导找我谈话，说设计院的项目越来越多，档案管理缺人手，希望我去管理档案，问我是否愿意。我就答应了。在图档室，我承担管理工程档案、设计图纸盖章出图、安排晒图和图纸整理等工作。

刚去的时候，管理模式相对简单，手工记录出图信息后加盖出图章，根据图纸归档情况开具晒图通知单，交到晒图室晒图，图纸晒完收回来核对、装袋入柜，底图袋上写明项目编号、项目名称、子项编号、子项名称、专业、阶段、图纸数量等标识。

华：图纸怎么分类呢？每个项目有几十张图，如果晒完图来调图，要替换怎么做？底图纸保存容易吗？

周：图纸整理根据《工程图纸整理规定》的要求整理，图纸以子项为单位，没有子项则以项目为单位。图纸按专业排序，依次为建筑、结构、给排水、强电、弱电、暖通、动力、景观等，图纸版本替换时，要核对项目编号、项目名称、子项编号、子项名称、专业、图号是否与原图纸一致，图纸整理中版本替换工作量大而且繁杂，责任重大，稍有大意可能会造成替换错误，直接造成经济损失。

早期手绘的图纸纸张比较薄，为方便晒图，图纸盖章后要用缝纫机踩边（图纸锁边），针线很长。图纸多的时候，设计师也需要自己踏缝纫机。我们的设计师，不管是男的还是女的，既要能设计绘图又要掌握缝纫技能。后来有一间专门的办公室放了缝纫机，请了退休的老师踩边，电脑出图以后就不需踩边了，打印的纸张比手工绘图纸厚。

华：电脑正式全面出图估计在1995年以后对吗？是全部打印吗？打印成本高不高？后来图多了您是怎样管理的？图纸上交同时把信息输进去吗？

周：用CAD出图以后，设计过程图打印白图，正式要盖出图章的打印硫酸纸底图。1989年，同济设计院档案管理开始用电脑编制归档目录和案卷目录，档案检索由手工检索转为计算机检索，可以查询项目编号、项目名称、子项编号、子项名称、出图日期、设计负责人等信息。1992年，编制了档案管理程序，扩大了查询范围，可以查询项目编号、项目名称、子项编号、子项名称、出图日期、项目类型、专业、图号、图幅，编制了检索工具，增加了统计功能。2002年，设计院建立了内部网站，对工程档案进行网上管理，可以在网上查询出图信息和统计的信息，发挥了计算机管理的优势，减少了手工操作，提高了工作效率。

随着设计院的发展，传统的档案管理模式不能适应现代档案管理的需要。为了规范管理档案，2011年，根据设计院的特点和管理现状，档案管理的信息化开始建设，2012年9月档案管理系统开始建成使用，传统的纸质档案通过扫描、挂接到档案系统，在网上可以查询到项目信息，预览图纸。档案管理的数据统计也通过档案系统完成，对设计院的管理、档案的利用起到了积极的作用，实现了档案归档、保管、利用一体化。

华：手工调图的话，在储藏的地方就得编好目录对吧？

周：我刚去图档室的时候，办公和库房是一个50m² 房间，十几只木橱柜存放图纸，1995年图档室和资料室合并，改名为档案资料室，档案办公和库房面积100m²，做了铁皮柜。2001年新建的档案库房面积300m²，添置了密集架10m³、底图柜2150抽，增加了档案的储存空间，实现了办公、阅览、库房三分开，为档案管理创造了良好的工作环境，为档案工作向高标准发展打下了扎实的基础。2011年设计院新大楼建成，档案库房1000m²，添置了密集架300m³、底图柜8194抽，加上原档案库房，面积为1300m²，底图柜1万多抽，档案得以集中保管，档案储存的条件彻底得到了改善，档案储存更加合理、规范。我们在密集架、底图柜标识牌上注明项目编号，在底图柜抽屉标识牌上注明项目编号、子项编号，方便调阅利用。

华：密集架是什么？图是卷在里面的？

周：密集架就是密集型档案装柜，通过轮轴传动，可以数个或单个摇开并拢。相比传统橱柜，更节约空间，存取更方便。A1图纸对折（无折痕）后与A2等图纸一起装入底图袋，A0图纸以专业为单位卷放，存底图柜抽屉内，设计依据性文件、技术文件装盒存入密集架。

华：这些文档是盖过章、签过字的，质量出了问题是要负法律责任的。保管的时候要有空调、防湿吗？管理、存档的情况需要反馈吗？

周：这些盖过章、签过字的档案，是设计全过程的真实记录，如果发生质量纠纷，档案的重要性、真实性、追溯性得以充分发挥，从设计图纸到计算书、校审单，都会查找分析利用。档案归档的信息在档案管理系统可以查询，我们定期会把归档统计结果反馈给相关部门。

档案的保管根据国家有关温湿度规定，24小时开空调来保证档案库房的恒温恒湿。

华：图档室怎样质量把关？

周：设计图纸归档分纸质图纸和电子图纸。根据《设计产品标识管理规定》要求，对归档的纸质图纸的标识验证，发现问题，及时纠正；电子图纸的归档在《图纸归档流程》和《数字化交付盖章流程》中完成标识验证、审批，需数字交付的图纸再加盖电子出图章。传统的手工管理已转为数字化管理，实现管理流程化，流程数字化管理。对标识验证情况，每个月在EKP上发布《设计产品标识验证质量报告》，图纸标识错误率从2012年的14.6%下降到2017年的2.0%，确保了设计图纸的标识质量。

我们档案室工作人员相对稳定，工作年限最长的15年，最少的也有7年。其间人员退休、离职、调岗，从原有11人减为8人，其中3人打印工作图，5人档案管理、图纸交付盖章及数字化交付的管理工作。

华：哪些可以电子盖章？是从什么时候开始？不是所有的项目都这样？

周：2017年上海、湖南、四川、新疆等地方开始实施数字化交付，根据各省市规定，PDF出图文件上加盖地方的电子出图章，直接在网上报批、审图，档案管理提高到新的高度。

华: 如果每年出60万张，平均每天也要几百张。节假日也会打印图纸吗？

周: 从2012年1月到2017年12月，我们完成建筑类项目图纸打印（折A1图纸）347.06万张。2017年度打印设计图纸（折A1图纸）42.49万张，其中打印设计底图（折A1图纸）28.41万张、工作白图（折A1图纸）14.08万张，同时我们按季度统计好打印图纸数量、打印成本费用，发至各部门确认。2016年图文出版系统上线投入使用，设计师在图文出版系统提交打印图纸申请，我们则在图文出版系统统计打印图纸数量及打印成本费用。图纸打印相对集中在下午，我们积极配合，常常会加班完成，周末也会打印图纸。

华: 储藏的空间1000多平方米，有多高呢？按照年份工程编号分类吗？早些年的资料，比如说设计院历史上的资料是怎么处理的呢？

周: 密集架高度不一样，有的是1.8米，最高是2.1米，底图存放高处时需要使用登高梯。

项目按部门分类，项目编号有七位数，前二位数是年份，中间二位数是部门代号，后三位数是序号，图纸按项目编号储存于底图柜内。早期项目的图纸除保留纸质版，还通过扫描挂接到档案管理系统。

华: 同济设计院的图档管理做得挺好的，扫描工作是什么时候开始的？1978年以前的图纸资料档案是怎么组织整理的？

周: 扫描图纸工作是2005年开始的，我们陆续扫描了20多万张图纸，为档案数字化做准备，后由于人手原因暂缓。2012年9月份恢复扫描工作。

1978年以前的图纸，出图时间最早的是1953年，图纸根据《工程图纸整理规定》重新整理后装袋存入底图柜。

华: 同济院的图档管理跟其他同行比较属于做得好的吗？有没有学习别人？之前主要有哪些问题？

周: 应该说同济设计院图档管理在行业内的影响力显著。2004年我们制定了《档案管理办法》，计划申报上海市企业档案工作目标管理市级先进，2005年获得上海市档案局颁发的《企业档案工作目标管理》上海市市级先进，2004年、2005年获得同济大学档案工作先进集体三等奖。

档案管理系统建立了归档管理、借阅管理、权限管理、图纸版本管理，通过流程审批，可在网上完成归档、办理借阅签收和归还确认；可追溯图纸的所有版本，确保了档案的查全率、查准率。设计产品交付由交付程序控制，纸质图纸归档通过项目管理产品交付流程审批，电子图纸归档通过出图策划流程、归档入库流程、数字化归档流程审批。档案管理系统与前端项目管理系统对接，通过流程审批完成设计依据性文件和技术文件的接收、整编、归档的全过程管理；与协同系统对接，通过流程审批完成电子图纸和校审单的归档。库存档案通过扫描挂接已全部归入档案管理系统，完整的档案数据库已经建立。档案管理系统满足归档、出版、交付一体化管理的需求，步入科学化、规范化、数字化管理轨道，为图纸交付实现“蓝转白”生产奠定了扎实的基础。

从手工管理到系统管理，档案管理在不断创新，档案管理员也在不断挑战自我，我们组织和参加行业的交流研讨会、接待来访或外出调研，相互交流，学习先进的档案管理经验，并将优秀的管理方式带入到我们的档案管理工作中。

华：如果要调档案，老图纸也可以看到吗？审批申请打印有权限吗？

周：档案密级为内部的项目公开，下载须通过权限申请流程；密级为内部以上的项目预览、下载均须通过权限申请流程。要晒图才需要调档，打印蓝图在图文出版系统里发起成品图出版申请流程，通过流程到档案管理系统选择图纸，流程审批通过以后就可以打印了。

华：这样技术机密、商业机密就不容易流出去了。实习生有权限吗？以前设计院院外部比较特殊，这部分的档案管理也在这里面吗？同济设计的南浦大桥的资料，系里老师自己比较早的项目，方塔园、习习山庄这种的图纸有吗？

周：实习人员没有账号，不能预览图纸，正式在编员工才可以。

高校教师设计的图纸也有在我们档案室归档，通过档案管理系统可以查阅。同济设计的南浦大桥项目有图纸部分归档，方塔园景点修复项目、虎丘塔项目有归档，习习山庄没有。我们已经收集了1978年以前的200多个项目、9200张图纸归档，但不能保证1978年以前设计的项目全部归档。

华：200多个项目，有些资料比较复杂、不正规，这是高校设计院的特点，可能需要一个总的表格，根据年代、项目的类型来整理。我们档案管理系统会统计今年我们院里面做了多少教育类、文化类、商业类的项目数量吗？

周：档案管理系统可以按年代、建筑类型、建筑规模、设计团队、项目数量等各个节点查找，可以按查询条件导出查询结构。每季度统计完成项目的信息。

档案管理的难点，我觉得最大的问题是大家忙于设计出图，对归档不够重视，主要反映在设计依据性文件、技术文件不能及时归档，这样可能会造成文件遗失，万一发生质量纠纷，档案的可追溯性就等于零，很有可能会给设计院造成损失。

因为高校设计院的特点，设计院档案管理业务受同济大学档案馆指导，我们每年要向学校档案馆归档案卷目录和底图目录。

华： 我们的档案管理软件是自己编制的还是请外面团队编制的？

周： 是我们请的软件公司编制档案管理系统。软件公司编制了浙大设计院的档案管理软件，我们去浙大设计院学习，觉得比较适合我们设计院的管理模式，所以决定请软件公司根据同济设计院的特点编制了档案管理系统。档案管理系统在使用中不断优化完善，

华： 您在设计院已经正式工作快40年了。看这设计院这些年的发展，您有什么感觉？

周： 我已在设计院工作近40年了，这40年里，设计院从1978年以前200多个项目到现在的1.19万个项目，从1978年的7个项目到2017年的1352个项目；从1978年以前的9200张图纸到现在档案系统的375万张图纸，从50年代的铅笔绘图、70年代的鸭嘴笔、80年代的针管笔绘图到90年代运用CAD软件出图，从当初的手绘出图到今天的协同系统出图，作为一个档案工作者，见证了设计行业的迅速发展和设计院一次次质的飞跃，见证了档案管理从手工管理到档案系统管理的发展变迁，我由衷地感到骄傲和自豪。

华： 通过这次访谈，我们了解设计院归档了哪些档案，尤其是历史资料。另外也可以看设计院在项目上的发展变迁。我们现在归档的主要还是最后的技术文件，期待将来设计单位能保留更多创作初期方案的档案，比如模型照片、草图，这些对展示设计思想的变迁至关重要，如果还能把设计、建造过程的图像档案、录像都记录下来，资料就更加生动了，也有增加文化历史传承的意味。谢谢周老师分享了那么详细和专业的图档管理历史变迁。

◎ ISO9001 贯标工作（从左到右：方稚影、周雅谨、周伟民、范舍金、周瑛），来源：同济设计集团

从电算室到云平台

访谈者 / 参与人 / 整理人：华霞虹 / 王鑫、吴皎 / 李玮玉、赵媛婧

访谈时间：2017 年 11 月 21 日 9：30—11：30

访谈地点：同济建筑设计研究院 417 室

校审情况：经朱德跃老师审阅修改，于 2018 年 1 月 2 日定稿

受访者：朱德跃

朱德跃，男，1958 年 9 月生，上海松江人。1978 年入同济大学建筑工程专修班。1980 年毕业后进入同济设计院任结构设计师。1991 年起担任电算室负责人，2008 年起负责集团的信息网络工作，2011 年 5 月至 2021 年 4 月任信息档案部副主任。

1991年，朱德跃从设计室被调到电算室，开始了推动同济设计院技术革新的生涯。此时，原本以手工绘图为主的建筑设计领域面临着改用计算机绘图的形势变革。凭借培训获得的经验，朱德跃绘制出了设计院第一张正式的结构设计图。1995年，设计院开始酝酿自己的网络系统。随着电算室发展为如今的信息档案部，任务也从网络安装转换为网络管理。2017年，设计院的云平台正式上线，为实现远程设计、居家办公提供了极大便利，同时可节省购买软件的支出。然而随着数据存储的网络化，也面临着确保数据安全、确保计算机与网络系统完善运转的重大责任。

华霞虹（后文简称“华”）：同济设计院是什么时候开始使用计算机的？您是从什么时候开始离开设计室去电算室工作的？

朱德跃（后文简称“朱”）：同济院的机房很早就成立了。大概从有设计院大楼(1983年）的时候就有了，前面有没有我不太清楚。那个时候是手工画图，计算机主要用于结构计算。所谓的机房就是为结构计算服务的，所以称作电算室。这样一来就形成了一个特点，一些老牌设计院的计算机机房的主管都是结构专业的，因为只有结构的会用到。

我们院买计算机算是买得早的，是在实行独立核算之前。那个时候用的是小的苹果机，Apple2，机子的主机和屏幕是一体的，样子很怪。

刚开始，电算室的负责人是吕海川[1]老师，他也是结构专业的。最早也就两三台机子，因为需要用计算机算的东西也没那么多。当时，吕海川的意识很超前，把我们几个感兴趣的叫过去编写程序，然后把这些程序卖给其他设计院。当时都是DOS系统，就是做一些简单的东西，也没有跟学校里面的结构系合作，都是设计院自己弄的。我们做的东西大致类似于，如果你要算一根梁，只要把跨度、荷载等一系列参数输进去，就可以得到结果了。1991年到1992年间，我从设计室被调到电算室做负责人。

华：当时同济设计院在计算机的应用方面算是先进的吗？

朱：我们那个时候弄得比较早，但是比起华东院这些大院就不是很突出。他们当时是有小型机的，这个更厉害一些。所谓小型机，就是小型计算机，即computer，相对于大型的计算机体型较小。我们这边所使用的属于个人计算机，跟那个不是一个量级的。小型机的价钱，那个时候就是上百万元，我们这个才几万元。再到后来，我们就有286、386、486、586和奔腾。286和386还是做计算用的，用这

1　吕海川，男，1976年毕业于同济大学“五七”公社房屋建筑专业，后进入同济设计院工作。

些机子画图肯定是不行的。从486开始才开始用计算机画图。

◎ 1990年，电算室负责人费丽华（右）和结构工程师陆秀丽（左），来源：朱德跃提供

说起计算机绘图，1990年底的最后三个月，国家教委在广州办了一个CAD培训班。我们院一共去了5个人，我、朱建忠[2]、费丽华[3]、蔡琳[4]、蔡英琪[5]。当时还是费丽华在负责机房。这个培训主要针对教委下属的“老八院”，还有几个小的设计院。人也不多，一共就30来个人。三个月的时间就学CAD，那个时候还没有Windows系统。院里可以画图的第一批电脑，是当时我们从广州培训结束后带回来的。当时除了两台计算机外还买了一台针式打印机，放在设计院大楼三楼朝北的电算室里面，作为公共设备。但是大家都不会用。我当时还在设计一室工作，回来后就先回到设计室。

华：当时要用电脑出图吗？

朱：不需要，那个时候都是手工绘图。但是你也可以用电脑，就是出图不方便。后来1991年，大形势要求设计院“甩图板”。整个建设行业都有这个趋势。有的设计院是鼓励大家用计算机出图的，用电脑出图的人会拿到补贴。当时我们院里是手画和电脑出图都是一样的，因为那时候还是以手工绘图为主。从广州回来后，手画、电脑画我都用。同济设计院的第一张用计算机绘制的正式图纸是我画的一个项目的结构图。这个项目其他专业的图纸还是手画的。

我从广州回来，在设计室待了半年左右，1991年被调到了电算室。1992年至1994年期间院里开始分批购买机器。大概过了两三年的工夫，我们终于每人都有一台电脑了。刚开始买机子的时候就已经是486了。当我们486配得差不多的时候，就开始有586和奔腾了。我们设计院派头还是很大的，都配的是大屏幕。

2　朱建忠，男，1963年9月生，上海人。1985年大学毕业后进入同济设计院担任结构设计师。

3　费丽华，女，1949年9月生，高级工程师（副高），任职于同济设计院计算机室，研究方向为计算机辅助建筑设计、软件技术等。

4　蔡琳，女，1967年生，籍贯江苏南京，工程师，国家一级注册建筑师。1990年毕业于同济大学建筑系本科建筑学专业，1990年8月至2001年11月在同济设计院工作，主持和参与设计多项大型工程。2003年获德国柏林工业大学工学硕士学位，2011年获得柏林工业大学工学博士学位。2013年起作为同济大学派出人员任职于德国汉诺威孔子学院中方院长。

5　蔡英琪，女，1962年生，教授级高级工程师。1985年毕业于同济大学电气工程系工业自动化专业。1985年至今工作于同济大学建筑设计研究院（集团）有限公司，现任同励院副总工程师。担任上海市绿色建筑和建筑建筑节能专家，上海市照明协会主任委员，同济大学建筑设计研究院（集团）有限公司电气专业委员会委员。

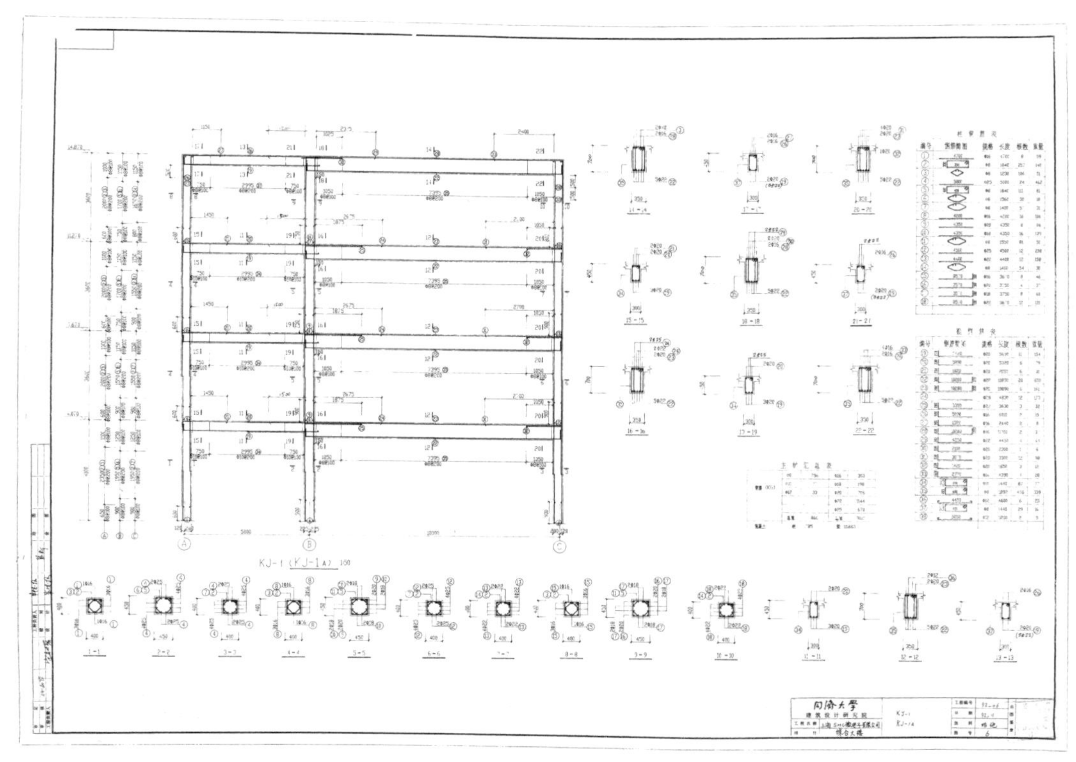

◎ 朱德跃绘制的第一张 CAD 施工图，来源：朱德跃提供

当时 20 寸的大屏幕 1 万块钱。电脑大概两万多一台，甚至三万一台。

刚开始普及 AutoCAD 的时候，由我来讲课。当时上课是在机房，大概就 20 来个人。所谓教，就是让大家掌握基本操作。张丽萍[6]和吴杰[7]刚进院那一年(1994 年)，我们就开始做培训班了。

我们院的网络也做得很早，1995 年就开始酝酿安装网络了。因为当时有一个台湾的公司跟我们合作。他们在我们机房里面搭了一个台子，放两台电脑。他们觉得没有网络工作很不方便。我们就问，网络有什么用呢？他们反过来问我们，没有网络怎么干活啊？这句话让我印象很深。后来我们也觉得平时文件拷来拷去的很麻烦（那时用的是软磁盘，可能现在有些年轻人都没见过），用网络传输确实很方便。但院里一接入网络后，大家就被惯出毛病了。到现场设计，比如去北京冠城园设计，就说没有网络怎么干活，所以我们就到现场装网络，装服务器。东莞行政中心、杭州的市民中心工程也是现场设计，没有网络不能干活，我们又都去装了。

6 张丽萍，女，1971 年 5 月生，江苏常州人，教授级高级工程师。1993 年毕业于东南大学建筑系建筑学专业。同年进入同济大学建筑设计研究院工作，现任建筑设计二院总建筑师。主持和参与设计的多项工程获得国家部级和市级设计类奖项。其中非盟会议中心项目获 2021 年 CTBUH 全球高层建筑十年奖卓越奖等。

7 吴杰，女，1971 年 2 月生，江苏宜兴人，教授级高级工程师。1993 年毕业于同济大学建筑系本科室内设计专业，同年 7 月进入同济设计院工作，2005 年获建筑学硕士学位。2004 年获第五届中国建筑学会青年建筑师奖；主持和参与设计的多项工程获得国家部级和市级设计类奖项。

◎ 同济设计院计算机房，来源：朱德跃提供

◎ 1994 年底，国外同行来院展示交流最新计算机辅助设计软件（前排从左到右：刘毓劼、蔡琳、外国专家、任皓、王建强，后排从左到右：陈继良、曾群、甘斌、张丽萍、吴杰、黄安、孟庆玲、马慧超、任力之、周谨、赵颖、范亚树、朱圣妤、费丽华），来源：朱德跃提供

华：我觉得您就是同济设计院的计算机化进程中的元老。

朱：可以这么说。最老的一辈就是吕海川、费丽华他们了。正式开始用 CAD 画图开始，就是我负责。现在我们的信息档案部主要分了三块。周建峰老师是信息档案部主任，他是总的负责，具体负责的是信息系统这一块；我就是负责 IT 这一块；周雅琴老师负责图档。

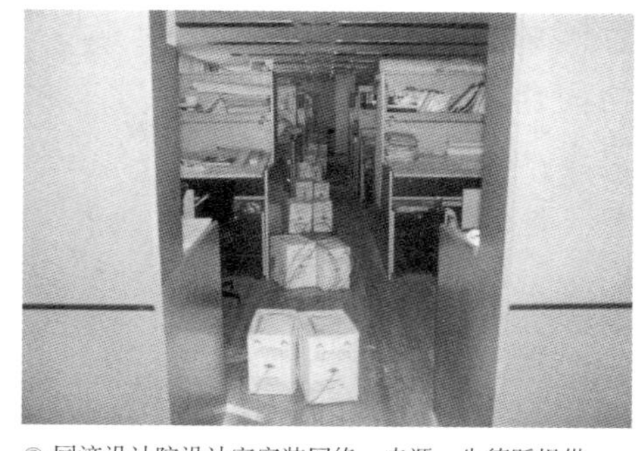

© 同济设计院设计室安装网络，来源：朱德跃提供

之前打图的工作也是我们这边来做的，现在都由周雅琴老师负责。以前绘图机属于精密仪器。而且之前到我们机房里面都是要换鞋的，还要穿着工作衣。

华：从一开始的电算室到现在的信息档案部，人数其实没怎么变，您认为设计院这一部门的变化主要表现在哪里呢？

朱：从架构上来说，现在的信息档案部面对整个集团，其中 PC 机的维护只对一二三四院和直属部门，比如职能部门、技术发展部、运营部等部门。其他部门的 PC 机部分是需要他们自己解决的，我们这边主要管理的是网络。当然 PC 机方面，其他部门有什么问题的话，也会找我们帮忙解决。平时的网络安装、设备配置都是我们自己弄。但如果遇到比较大的项目，就会安排专门的公司来服务，他们会有专人过来，我们这边只需要配合，并接管日常的管理和维护。具体的网络设置，包括整体的规划、项目文件夹的建立，是我们自己来做的。

华：也就是说项目管理这边也是要一起做的。毕竟文档电子化了之后，要考虑共享和保密的途径。整个设计院的信息共享系统，开放权限是怎么设置的？

朱：这个系统本身就带有权限设置的。现在的总趋势是，网络系统和信息系统认证是一套的。你进入网络系统后，一个密码账号权限下该看到的东西你都可以看到。我们这套文件其实还是做得比较周全的。只有持有账号的人才可以看到自己权限下的资料的。账号授权，一个是根据参与的工程项目信息，你参加了就可以看到，没有参加就看不到，另外就是公用的资料，也是设置成可以让需要的人看到。

我们院网络做得早，所以我们网络的规划还可以。有的时候设计人员会觉得我们院的协同搞得迟。其实最原始的协同我们是有的，就是文件共享。很多其他院做网络的时候都没有做到这一点。关于这块我觉得还是挺骄傲的，同济院开始一上网络，我们就把这个文件的架构给搭起来了。这个架构延续到现在，虽然现在已经有协同系统了，但是我们一开始做好的文件共享的架构还在普遍使用。

我们在网盘上为每个项目开一个文件夹，相当于有一个工程编号，这样就可以共享了。华南理工大学设计院初建网络的时候，给每个人在网盘上分配了一个存储空间。他们的做法是针对人，我们是针对项目。光是一人一个网盘很难做到协同合作，而按照项目做共享，就能更方便地合作了。当然对于项目共享，我们是有严格的权限限制的，只有参与项目的人才能看到和操作，并且普通设计人员是无法修改和删除不属于本人的文件的。

华：您觉得同济院中您所负责的这部分内容，相比其他设计院来说，我们会更胜一筹吗？

朱：现在可以了，已经是蛮厉害了。比如说我们的云平台就做得比较早。我们的云平台今年已经正式上线。其他的有几个院还在研讨阶段。云平台这块我们觉得有这个需求，就先搞试点，测一下，让大家用一下，调研一下。为了上这个云平台，院里开了两次会。当时是几个院召集了几个人，和我们一起测试了两个月。最后大家反馈下来认为可以用了，我们就在去年年底的时候，正式推出了云平台。这块大概花了一百万元。

云平台其实就是高端的计算机，可以分出若干台具有很高配置的电脑，可以在各种场景下使用。你登上连接后就可以共享高配置的电脑。比如说，以前我们一般会为几个院单独配置一些高配置的公用机供他们计算使用，要是他们觉得计算机性能不够了，我们就得花钱帮他们升级；现在呢，就只需让他们在云平台上直接操作就可以了。而且，在云平台上最后产生的信息资料既可以储存在本地，也可以储存在系统里。这个对移动办公来说很有好处。

那一天王健书记跟我们谈，要加速建设云平台。我就想这个云平台我们要用来干什么。第一，云平台是具有高端性能的共享机器，可以实现远程设计，甚至也可以支持大家在家里办公。我自己还有一点考虑，是它可以支持全院软件的正版化，比如说我们现在用的 Adobe 的软件。软件公司是以安装了多少台机器来计算费用的。当然从版权上来说，确实装一台机器，就需要正版软件进行授权。如果以后可以放到云平台上去，就可以大大减少开支，要用的时候，登上去用一下就可以了。还有就是可以推广桌面标准化。

华：其实从90年代到现在，同济院已经发展为全国规模最大的高校设计院。这一变化对于您这个部门来说有什么样的压力？在具体的工作上发生了怎样的调整变化？

朱：比如说，以前没有网络，设计人员用个人计算机画图，出什么纰漏，不用我这边承担太大的责任。我经常跟别人讲一个事。当时我们网络做得比较早，数据都保存在网络盘上。这样一来，可能有各种各样的因素导致数据丢失。所以一定要备份，备份要有备份的软件。90年代的时候，一个备份软件1万块钱，很贵的。那个时候张洛先张总负责这一块，购买这个东西需要他批准，但他嫌贵。我就说：

“万一出了事，是你跳楼还是我跳楼？”所以我经常把这个话跟设计院在机房工作的年轻人说。因为从领导角度来看这个是额外花的钱，但是从我们的角度来看这个钱是必须得花的。网络的安全性和计算机的安全性是很重要的。现在所有的东西都在计算机网络上，我们的责任感就会更强。你不能出纰漏，出了纰漏就没有办法交代。所以我们尽自己所能做好网络的安全防护。资料备份方面采用异地备份。比如说我们这边的项目文件有一套数据，那么我们会在这里同时做一套同步文件，然后再做一个备份文件储存在同济大学校园里面的设计院的机房中。如果设计院这里着火了，异地备份就会是另一份保障。数据太重要了，你掉以轻心了就什么都没有了。对我们来说这个压力肯定大。所以我们尽可能完善。但这个也要花钱，然后就需要在里面找平衡，不能不考虑成本。

还有一个方面就是，现在新的技术太多，发展太快，就要求我们不断学习。设计行业里，关于这块的培训和交流有很多我会挑一些去看看。

还有一点是，我们是为全集团的网络服务的。对于散落在同济院周围的机构，网络这部分他们只要连接进来，我们都要管。现在电脑是唯一的工具。停了电都要放假。没有网络肯定干不了活。所以我们现在的责任感就要重一点。你问我忙不忙，我说，忙是肯定的，但如果我们太忙了也不好，就说明是一直在解决问题，肯定不正常。

华：从同济院的电算室一直到现在的信息档案中心，以您所经历和接触到的工作来说，您觉得同济院和其他大院有没有什么不一样的地方？

朱：比起现代集团，我们肯定稍微差一点。因为他们几个院是国资委下面的，政策不一样。他们每年这方面投入的钱多。我们则是一定要用这个东西，才会购买。资金的投入对于我们购置设备的思维考虑的方式是有限制的。比如说他们会买最好的产品，我们则是够用就可以了。我们相对是市场化的状态，需要什么添置什么。这样也有好处，我们不会乱花钱。

杭州市政府大楼

1993—1997 年

访谈人 / 参与人 / 文稿整理：华霞虹 / 王鑫、吴皎、赵媛婧 / 华霞虹、赵媛婧、吴皎、王子潇

访谈时间：2018 年 1 月 5 日 9：30—12：40

访谈地点：同济新村 497 号陆凤翔 / 王爱珠老师家中

校审情况：经陆凤翔 / 王爱珠老师审阅修改，于 2018 年 3 月 9 日定稿

受访者：

陆凤翔，男，1933年9月出生于上海，教授级高级工程师，国家一级注册建筑师。1952年考入同济大学建筑系，1956年毕业后分配在同济大学建筑系工业建筑教研室任教。1972年进入同济设计院，1979—1984年、1986—1990年任设计二室主任。

受访者：

王爱珠，女，1936年8月出生于上海，教授，硕士生导师，国家一级注册建筑师，九三学社社员。1955年考入同济大学建筑系，1961年毕业后分配在工业建筑教研室任教，任室主任。改革开放后入建筑设计教研室任教，直至1996年退休。曾任全国节能建筑理事，主办九三学社建筑进修班等。

陆凤翔与王爱珠主持设计的杭州市政府大楼是一个充满挑战、有多种创新的项目。因为基地所处位置和功能要求等原因，该设计未按照常规采用对称布局，基地内实现了人车分流，高层办公楼顶部采用三角形全玻璃幕墙体形，广场采用坡形设计，并延续了原来的沿街商业。该项目在建成后收到褒贬不一的评论。杭州市政府大楼为同济设计院后续在行政中心设计方面的业绩打下了良好的基础。

华霞虹（后文简称"华"）：陆老师，您在1990年代主创设计的杭州市政府大楼是一幢高层，总体布局跟我们现在常见的中轴对称的行政中心很不一样，当时也引起了很大的社会争议，您能给我们介绍一下这个项目的背景吗？

陆凤翔（后文简称"陆"）：做杭州这个项目也是一个巧合。当时杭州市市长跟秘书长到我们学校和设计院来考察。正好我设计的镇江市政府大楼的效果图照片挂在办公室。镇江后来因为没有资金建造了，只能让我把做好的模型放在政府的大厅里面展示。想不到镇江市政府的大楼照片给杭州的市长、秘书长看到了，他们说，我们就要这个，就等于我中标了。

华：这个项目王老师也参加了吗？

陆：王老师一起参加了。杭州市市长来参观的时候我不在现场，后来校长和副校长到我家里来了，那时候我正好生病在家，说，为了我们学校学科发展，这件事陆老师你无论如何要帮忙了。因为我们学校当时跟杭州有一些签约项目，有钱江大桥，还有滨江区规划，陆老师你帮我们把这个市政府大楼也搞上去吧。我听校长这么讲，心也软了，说那好吧，我就做吧。

王爱珠（后文简称"王"）：这个不是心软，他就是碰到有设计就要做。

陆：就这样我接了任务后，首先考虑两个问题。第一，组织强有力的能战能胜的设计队伍；第二，设计出好的方案。

第一个问题，因任务特殊，学校给了我自行物色设计组成员的权利，我提出了约20人左右的名单，送杭州市政府领导审核。甲方认为大部分人员都是教授级高级工程师，唯独结构工种负责人是位青年结构工程师，表示异议，但经我耐心说明后，他们最终通过了。事实证明，这是不错的选择。同时我们还做了一件事。因为杭州有我校毕业生校友，他们设计水平高，我们去做他们的市政府大楼设计是否妥当，我与他们通电征求意见，他们都表示赞同我去做。有校友支持，我更放心了。

第二个问题，要提出一个好的方案。根据我的经验，做好方案犹如编写剧本，有了好剧本和好演员，才能演出好戏。同样，只要有好方案，好的人选，就能造出好房子。方案是关键，我们目标是创造一个环境优美、交通便捷、功能合理的建筑，实用、经济、美观一个都不能少。大概一个月的方案构思与论证后我们提出了两三个方案给甲方选择。在听取各方面意见再做修改后，确定了最终实施方案，于1993年5月开始正式设计到1995年5月全部完成施工图。经过两年的精心施工，大楼于1997年竣工验收后，投入正式使用。

◎ 1997年，从莫干山路看杭州市政府大楼，来源：陆凤翔提供

华：这个项目的设计过程中遇到过什么困难呢？

陆：一个是设计进度紧张，我们采取全面会战方式，周密考虑，避免重复返工，大家同心协力、共同配合、不分昼夜、全力以赴。二是设计难度大、要求高。大楼的基地在杭州的环城北路跟密渡桥路之间，一个道路交叉口，正门口面临一条不宽的马路，是在道路转角的土地上面建造一个市政府大楼，这在国外有，我们国内没有的。我们国内的市政府一般都是偏离闹市、占地很大、左右对称和强调中轴线的。你要在市区里面搞一个大楼，真的很困难。基地只有23 000多平方米，要造68 000平方米大楼。各方面的要求都很高。比如交通方面的问题，当时我们经过测算以后，在这个大楼底下需要设置两层停车场，一层是停汽车，一层是停自行车。职工来了以后，会看到马路上很少人，那是因为人全部“钻”到底下去了，要用电梯再把他们送上每一层。我们搞建筑，尤其要遵守交通规范。一条马路，从道路交叉口到建筑入口至少要离开200米，这里也一样。但基地条件很有限，设置出入口很困难，那我怎么进来呢？难道他们上班用直升机把他吊下来吗？没有办法的。而且当时中国，政府建筑的布局走向一定要居中对称，这个跟交通规范就有差异了。没有办法，只能把入口开到中间100米左右，但汽车都不能进来怎么办？我就采取了内环线的做法，里面做个双车环形通道，只要在外面根据国家的规定，从离道路交叉口200米的地方进来，200米出去就行了，里面有一个环道，要到哪个方向都可以了。

实际上杭州的交通管理非常严格，想不到这个规划出去以后立刻被交通局通过，这么快批准，在杭州是极少有的。汽车全部下去了，路面上人与车都很少看到，环境很宁静整洁。设计通过了，大家都很高兴。

华：这个市政府大楼当时能做成这样真的很了不起，因为后面我们做了很多行政中心，无非都是对称的布局。我觉得当时行政大楼能够完全按照功能综合来考虑，非常不容易。主体建筑部分当时您是怎么考虑的呢？

王：这个大楼其实蛮高的。当时杭州已经有很多高层，但都是削平顶，我们想改变一下，想“直上云霄”，就做了三角形的玻璃顶。这个施工很困难。两边是削肩的，像古典美人一样。第一，这个超过了消防上的限制，114米，是超高层。但是这个比例是需要的，没有这个比例就显得矮胖了；第二，上顶部只有一部楼梯，这在消防上是不允许的，就像东方明珠一样，顶上那个小球就一个楼梯上去，超高层的要求是两个楼梯，但是我们做不出来了，还是一个楼梯。从消防上这两点是不大好，所以后来我们就把“肩膀”加出来一点，这里可以救火。然后在中间再破了一道，这里面都是玻璃幕墙，结果出现了一个很特殊的景观，很远处的保俶塔会映照在这里面，好多人就到这里拍照留念。那个玻璃顶其实是蛮高的，上面是一个瞭望台，出来可以看到西湖的

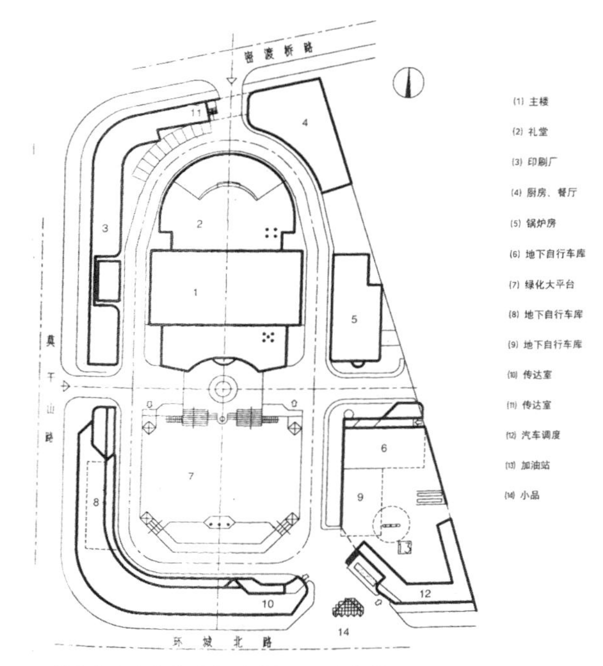

◎ 杭州市政府总平面图，来源：陆凤翔提供

◎ 杭州市政府大楼南向景观，来源：陆凤翔提供

景色，可以瞭望到很远。

陆： 大楼前广场设计也存在困难。我们建筑设计脱离不了基本理论——比例原则，这么高的建筑，前面广场进深小了与大楼不成比例。于是设计中构筑了一个架空斜坡大平台，临空飞向沿街上空，与基地大平台连成一片，这样就达到了四个目标。第一，加大了广场进深度；第二，斜坡大平台呈踏步形阶梯式，上面可种植绿色草坪及鲜花，并设有绿色涂料的户外座位，作为群众活动场地；第三，斜坡板块遮挡了喧哗的街道，避免对办公人员在视觉与噪声方面的干扰；第四，架空空间布置了对外办公用房，架空底层柱廊与城市街道空间通透，种植绿化及喷水池美化了城市景观。另外还有一个安全问题，其实市政府安全也是必要的。那么怎么办呢？做绿化，前面有1米多的绿化，矮是蛮矮，不好做得很高，就做得很矮。绿化里面都是铁丝网，这个在园林里面做得很多。嘉兴一些公园要敞开，不要做围墙，那么怎么办呢，都是用这个办法。

大楼的建筑造型，我们的主要目标是如何处理和改进主楼形体过高过大的问题，使之能与西湖优美的环境相融合。我们采取了以下几个方法。第一，将整个形体在南北向一破为二，中间运用三角形玻璃幕墙架构连接，两侧东西向的墙面凹凸有致。第二，底层不建裙房，避免视觉上削弱垂直线的高度感觉。第三，整个外墙不用玻璃幕墙，而运用江南风格带窗的大面积白涂料的粉墙。第四，屋顶采用三角形玻璃顶。第五，在高大墙面与三角形玻璃顶结合处运用银灰铝板构筑叠落式外墙，中间设南北通透的大门洞。外墙通过采用不同材质、色彩、光影变化与形体的分割，形成层级渐变、直上云霄的视觉效果。不但形体减肥，给人感到轻盈挺拔，而且与起伏的杭州山水环境相容相存，协调和谐。在实施过程中，也遇到了舆论压力，认为三角形尖顶像教堂，我对秘书长说做三角形的道理，三角形屋顶不是教堂的专利，难道其他建筑就不能用吗？他听了有道理，就做上去了。

秘书长又跟我说要加一个会堂。我说楼里没有会堂位置了，后来我突然想到正好后面有一个大的水箱，结构是非常牢固的，标高也正好在三层，于是我就在水箱上面做了可容纳约一千人的圆形会堂。这个会堂就是在没有位置的情况下做出来的。我们做设计时，思维绝不能单纯地停留在图板上比划，要飞出去，从高空全方位观察来解决设计问题。包括飞出去的斜平台广场的出现，以及从无到有的会堂出现，都是运用这种思维方式取得的成果。

市政府还和我们一起考察了密渡桥路，那个地方商业比较多，我就跟他们讲我们的设计有两个目的：第一，我们不破坏原先好的环境，而且通过我们新的建设要使这里变得更美；第二，我们把拆掉的东西归还给你，比如商店仍然可以有效益。我和市长讲了，他也认为好，那个商店后来效益也的确很好。

王： 商业要有延续性，街道的延续性是断不掉的，这方面我们设计得也很大胆。因为这里是一个主要的街道，我们在底下一圈做商场，现在不知道还有多少家，这些商店的效益很高的，那时候就有一千万元一个月，都是市政府的收入。这个做法是很大胆的，一般人说市政府下面怎么好做商场，可能有人要反对的。所以说我们需要一些甲方的支持，要做好这个事情，刚才讲了有几个因素，业主的配合，施工队的配合，都要配合好。还有我们很多校友都支持我们，包括评论，都是同济的校友在支持我们。

杭州日報

HANGZHOU RIBAO

第14735号 国内统一刊号：CN33—0002 今日八版

杭州日报社出版

1996年8月

22

星期四

农历丙子年七月初九

市区天气预报

今天白天到夜里多云，有时阴有阵雨或雷雨，有雷雨时短时风雨较大

偏南风3—4级

今天最高温度34℃

明天最低温度26℃

侯捷视察市府新大楼

高度评价这座现代化建筑

本报讯 建设部部长侯捷及华东地区6省一市、部分省会城市、计划单列市政府分管领导，昨日下午在市领导李金明、王永明、叶德范等陪同下，视察了市政府新办公大楼，并对大楼的造型、设计、功能、建设思路和速度等给予高度评价。

市府新大楼1995年12月11日全面投入使用。新大楼的建设为我市第三产业的发展让出了"黄金"地段，带动了武林门地区的旧城改造和交通、供电等事业的发展，使市级机关办公条件向现代化迈进了一大步。

侯捷一行先后饶有兴趣地视察了大楼内一、二、五层会议厅，听取大楼现代化办公功能介绍，参观了展示杭州近年来社会主义"两个文明"建设成就的展览厅，登上大楼最高点，俯视了杭州山水和城市风貌，并视察了大楼监控中心等。

在实地视察和听取市领导汇报后，侯部长满意地说，这座大楼造得非常好，其建筑造型很有特色，很美，大楼内部设施齐全，是一座适合现代化需要的办公大楼。 （记者 曹培军）

↑昨日下午，侯捷部长在市委书记李金明和市长王永明的陪同下，兴致勃勃地登上市政府大楼顶层，视察了这座优美的建筑。

李金明在军分区党委扩大会上

突出思想政治建设 加强人武干部队伍

本报讯 杭州军分区党委扩大会议于20、21日召开。会议认真学习了江泽民关于讲政治的指示以及在纪念建党75周年座谈会上的重要讲话，提出以加强思想政治建设为重点，进一步统一思想，理顺关系，转变作风，改进方法，促进本年度人武工作圆满完成。市委书记、军分区党委第一书记李金明到会讲话。

李金明充分肯定了今年以来军分区和人武部两级党委坚持从讲政治的高度做好各项工作所取得的成绩。他代表市委、市政府和军分区党委，向辛勤奋战在人武战线上的广大指战员致以亲切的问候和谢意。

李金明在讲话中，着重就如何进一步贯彻落实江主席关于讲政治的要求，大力加强党委班子和干部队伍建设提出了要求。他要求人武系统要按照党中央、中央军委关于加强党的建设的决定和要求，从讲政治的高度，从对党和民兵预备役部队建设负责的高度，切实增强区、县（市）人武部党委班子和整个干部队伍建设的责任感和紧迫感，自觉摆到重要位置，抓紧抓好。

李金明强调，加强党委班子建设，必须突出思想政治建设这个重点。一是要加强理论学习，不断提高政治理论素质，增强贯彻党的基本理论、基本路线的自觉性。二是要进一步加强民主集中制度建设，更好地发挥党委班子的核心作用，使每一个领导班子自觉讲党性、讲大局、讲原则，坚持用"信任、友谊、谅解、支持"的方针处理相互关系，同心同德把班子自身建设和单位工作搞上去。三是要加强世界观改造，树立正确的人生观、价值观，不断增强政治上的坚定性和思想道德上的纯洁性，真正做到清清白白做"官"，老老实实做事，堂堂正正做人。

李金明指出，军分区和人武部两级党委主要负责同志要集中精力抓好人武工

本报讯

市纪委决定建立市

部廉政档案制度，

公开的市纪委第

（扩大）会议上审

《关于建立市管领

© 1996年8月22日《杭州日报》头版报道《侯捷视察市府新大楼》，来源：陆凤翔提供

华： 对，这是绝对的，要不然的话做不出来。整个项目过程中陆老师一直在现场？

陆： 后期我身体吃不消了，就到美国去休养了，王老师后来把这个担子承担下来，但我在美国期间还是通过邮件沟通情况，配合施工。几个月以后我回来了，工程基本上快竣工了。就在那个时候秘书长邀请了许多媒体记者给我专门召开了一个记者招待会，请我发言。当时我不知道讲什么，稿子都没有准备，来了许多媒体记者，有《光明日报》《新闻日报》《杭州日报》，还有新华社记者。也许是激动的原因，讲了什么话，到现在我也记不起来了，但只记住我说了一句话，苦啊。

华： 是的，这个杭州市政府大楼，虽然当时设计院遇到了很多阻力，但是我觉得在设计院历史上是一个非常重要的项目。在设计完成后也有很多褒贬不一的评论，您是怎么看待这些评论的呢？

陆： 因为做过这一个工程，我们"名气"很响了。我跟王老师两个人到了杭州，乘车时司机都说，杭州市政府大楼是"两面三刀，歪门邪道"。我心里非常难过，我们下了功夫，人家讲我"两面三刀，削尖脑袋"，还有"歪门邪道"。我说还可加一个罪状呢！这个前沿广场似波浪冲到马路高空，这不是"兴风作浪"吗？

王： 还有"挖空心思"。一共16个字。因为大楼中间开了一个洞。这个灵感来自我到新加坡去参加研讨会时的发现，新加坡高层里面特别多中间开洞的，让鸟可以飞过去，觉得很好。

陆：我想你骂吧，其实我心里都没有顾忌的，我从来没有要证明什么。这个项目搞过以后，批评也很多，一时间对我的处境产生不少负面影响。我对外面的影响只是看看，感到无奈与无助，但是我们这个学科是搞设计的，面向社会的，我们学校要清楚，为什么会这样。

所以我要告诉你们，搞设计不要怕政治，你们一定要有创新。什么该创新呢，就是那些人家没有搞过的，恰恰也是比较困难的，但是又是需要的。已经看到你也需要，他也需要，你们就是要去做。哪怕再被批评，到最后还是好的。因此干我们这项工作，就是要一股韧劲，如果你认为是正确的，必须去坚持创新。总有一天会得到社会认可。那些曾持反对意见的人，总有一天他们会改变立场和观点，不是吗？杭州市政府大楼被那些嘴里曾经念着“十六字经”的人骂。现在这些人，却率领他们大批人马入驻这栋被他自己曾骂过的大楼里办公，我想他们在这里工作与生活会感到很舒服的。1980年代初建成的扬州宾馆因主楼7层高，被污蔑遭围攻，说我们是破坏了古建筑，破坏了环境……准备在建筑界召开批判会。当时学校与江苏省外办出面干预才制止这次行动。历史证明，我们方向是对的。那些反对者却在我们建成扬州宾馆之后不久，紧靠宾馆之一侧建起比我们更高的11层的西园宾馆。这又如何解释呢，难道他们是明知故犯吗？

1990年代初建成的徐州电视塔，有人污蔑我们是抄袭上海东方明珠塔。从时间上看徐州塔1991年就建成了，而东方明珠1994年建成。那时你什么都没有，

◎ 陆凤翔主创设计的扬州宾馆，来源：陆凤翔提供

◎ 陆凤翔主创设计的徐州电视塔，来源：陆凤翔提供

有什么可以让人抄袭的。相反，东方明珠塔的设计向徐州塔索取了许多设计资料及借鉴了不少建塔的经验，因此社会舆论一致公认徐州电视塔才是原创设计。这一切都诉说了设计师的痛苦旅程，我们都应做好思想准备，毫不委屈、泄气，迎着风浪前进，“功夫不负有心人”，经过历史考验与实践，总有一天会得到社会的认可与赞扬。杭州市政府大楼等三项工程都获得了多项奖项，这是所谓“迟到的春天”。我常说的我们设计师有苦有乐，乐在其中的切身体会，对于我们坚持开拓创新精神的建筑师是极大的鼓励与道义上的支持。

王：其实杭州市政府大楼和扬州宾馆两个工程选址都有问题，设计很艰巨，也都褒贬不一，但是到最后我们获得了很多群众的肯定。

也有说对杭州市政府大楼的评价，变成茶余酒后的议论，连踩三轮车的人都知道。我也要说一句话，就是辛酸也好，委屈也好，苦也好，作为我们文化界也好，艺术界也好，这些方面都要承受。作为一个设计，一个创造，或者任何一个作品，就是给人家观赏，给人家评论的。

所以我们作为建筑师，要有这样的心态，心酸是心酸，只在家里心酸，还得要有这个心态面对。不然的话你会做得泄气的。

陆：这个项目从客观上还是为设计院开拓了一条路。后来伍江老师与邓述平老师在泰安搞一个行政中心设计方案，也邀请我去现场共同策划设计。还有章明老师他们也搞了一个某地市政府行政中心项目，当时他们来我办公室商议，他说陆老师你看怎么怎么样搞为好。从建造杭州市政府开始，我校接连做了不少这类建筑，这也是一个机遇与趋向。

2018年年初，我重游杭州。杭州市大变样，高层林立，绿化茂盛，与我在1990年代看到的完全两样，太美了。我有幸在章永海处长（滨江区规划工程指挥部领导者之一，他在这里苦战了十六个春秋，作出了很多贡献）的陪同下参观了滨江区规划的许多新建筑群，都很漂亮，而且还有我校李麟学老师设计的杭州市民中心广场和政府大楼。此时此刻，我感到莫大的欣慰，我们同济人，一代又一代，对社会、对国家做出了贡献，为学校争得了荣誉，值得赞扬。

综合设计室的生产管理

1990—1998 年

访谈人 / 参与人 / 文稿整理：华霞虹 / 李玮玉、梁金 / 朱欣雨、顾汀、华霞虹

访谈时间：2018 年 1 月 31 日 9：30—11：30

访谈地点：同济设计院 B104 会议室

校审情况：经宋宝曙、孙品华老师审阅修改，于 2018 年 8 月 10 日定稿

受访者：

宋宝曙，男，1935年10月生，上海人。1956年进入南京工学院建筑学系学习，1961年毕业后于江苏省建筑设计研究院工作至1978年，其间还曾进入“五七”干校。1978年先进入同济大学水暖系任教，后进入同济设计院建筑综合设计一室工作，1995—1997年担任室主任。

受访者：

孙品华，男，1953年4月生，上海人。1973年进入同济大学建工系学习，1976年毕业后分配至同济大学地下系任教，1985年进入同济设计院综合设计一室工作，1988—1997年担任设计一室副主任，1997—1999年担任结构设计室主任。2000年至至2017年在上海同济协力建设工程咨询有限公司工作。

作为长期从事设计室管理工作的主任，宋宝曙和孙品华两位老师首先介绍了综合室和专业室经常变更的情况及两者的优劣。关于综合设计室的经营情况，主要讲述了项目获取与分配、设计任务调配、人员管理和协助收取设计费尾款等事宜，还介绍了首次招投标和深圳白沙岭的现场设计。

华霞虹（后文简称“华”）：两位老师都曾担任综合设计一室的负责人，请介绍一下20世纪八九十年代同济设计院设计室的组织管理情况好吗？

宋宝曙（后文简称“宋”）：综合室和专业室经常变更，这在设计院很常见。综合室的管理更加方便，一个合同可以包含一个项目的全部内容。

孙品华（后文简称“孙”）：因此甲方也更倾向综合室。但是当时设计院综合室规模小，遇到大型项目，实施比较困难，所以后来有了组织专业室的做法。

宋： 因为国家没有具体规定，每个项目的分配标准都不一样，成本、分配标准由院里规定。工作量占一定的比例，但各个工种的区分是不定的，每一个工程的工种数也不一样，例如多层住宅没有暖通，那暖通的分配就很棘手。现在的弱电工种以前没有，以前强电弱电都是一个人，占1/3。

孙： 是的，各个项目情况不一样。因为建筑项目一般都是多工种综合设计的，综合室可以统一安排。假如不是综合室，是专业室的话，如果甲方要求改了，或是有的工种疏忽了，弄错了，比如钢筋多配了，不同工种之间就可能产生矛盾。因为不同工种在不同专业室，如果因为某一工种修改导致另外一个专业室的工种返工，产值就不容易协调，会有人抱怨“做了半天白做了”。但是如果是在一个综合室的话，室主任就可以协调，说明一下情况，大家理解一下。因为在一个室里，平时彼此也更熟悉，即使个别项目部分工作白做也有可能就算了。

宋： 在综合室时，室主任分奖金时会考虑，你辛苦了，即使没有产值也会分一些奖金的。

孙： 专业室就麻烦一些。因为甲方要求修改是可以收修改费用的。但是因为其他工种什么地方弄错了要修改，就没有额外的费用，不同专业之间如果协调不好，就会很头痛了。

宋： 现在改图不稀奇了，因为是用电脑画图。那时候是手工画图，改一下很伤脑筋的，要画半天。

孙： 现在电脑画图了，改图越来越多，建筑师改图更方便了，但其他工种有时候依旧比较麻烦。

华： 90年代的时候，室主任需要去外面谈项目吗？

宋： 设计室自己不谈项目，但因为前面完成的设计工作可能会拉过来新的项目，再

◎ 上海天马大酒店，来源：同济设计集团

由经营室去签订合同，同济设计院的设计费算比较高的，因为品牌口碑很好。

到了八九十年代，工程项目设计开始需要招投标了。因为同济设计院方案能力强，所以也有很多机会。我们综合一室第一个投标中标的项目是吴中路的天马大酒店（1985年）。

华：可以介绍一下这个项目投标的具体情况吗？

孙：这个项目是按照招投标的程序进行的，由吴庐生老师负责。

宋：这是院里正儿八经第一个投标项目，也是当时院里最大的一个项目。那时候改革开放，刚刚开始试点投标，每个地方都抽一个能力最强的设计院，高校设计院、华东院、民用院、西南院都参与其中。投标时，华东院是生产科的人去开会，了解设计任务要求，我们院派我去开会，甲方要求这个项目不要打桩，因为那时候一打桩就要花两三年。华东院的方案设计得很好，但是需要打桩。结果我们了解这个情况，设计方案就按照不要打桩的做，就中标了。所以我的总结就是，接受投标任务时，一定要安排设计人员或者比较熟悉业务的人去听要求，不要光派生产科的人去。

华：对，这很重要。宋老师和孙老师负责的时候，无论专业室还是综合室都是不做经营的吗？

宋： 后面有一定的经营了。经营就是拿项目，我们拿项目几乎都是甲方找上门来，或者我们在那里设计，不像现在有专门跑任务的经营室，有的设计院还需要派代表去抢任务。我们那时候还不需要，因为同济品牌有口皆碑，都是人家路远迢迢跑过来请你："你们有没有空啊，给我们设计一下。"

华： 我们一个室那么多项目，具体怎么分配呢？

宋： 主要看设计人员有没有空，哪一位建筑师做方案的时间比较合适。那时候我们综合一室做公建较多，二室做住宅较多，这是由院里分配的。一室也参与少量住宅，例如深圳白沙岭小区。

华： 您能具体介绍一下深圳白沙岭住宅项目的情况吗？

宋： 深圳很早改革开放了，同济大学准备到深圳打开市场，因为那边有很多项目。白沙岭是一个住宅小区的名称，是建筑系负责规划，设计院负责单体配合。那时候没有争任务的意识，这么大的项目我们接手了几栋，其他部分虽然甲方要你全部完成，当时因为做不下来就没有接受。现在有大任务肯定是求之不得。

白沙岭住宅是板式高层，规划是王仲谷[1]、郑正[2]和邓述平老师负责的，整体看像凤凰展翅，当中有几栋点式高层。同济设计院只承接了东北角的几幢板式住宅，其他的由全国其他的设计院负责设计。

华： 规划系规划，我们负责建筑方案吗？

宋： 我们完成了施工图。那时候第一次做18层的高层建筑，我们负责深化下去。这个方案比较特别，那时候群众对高层也没有普遍认识，但是深圳坚持做成高层，节省用地。白沙岭项目改方案的频次很高，那时候大家都没有经验，甲方到美国去参观一趟要改方案，到新加坡去参观一趟又要改方案。

华： 改方案的时候，你们在现场吗？

宋： 做施工图的时候我们在现场。白沙岭的设计很特别，六层以上才算高层，因为全部做高层卖不掉，多层好卖，所以六层以下的部分算是多层，不通电梯，甚

---

1 王仲谷，男，教授，1935年出生，上海青浦人。1961年毕业于莫斯科建筑学院，后进同济大学任教，曾任同济大学建筑与城市规划学院城市设计教研室主任，中国住建部专家委员会委员和全国土木工程学会住宅工程指导委员会委员，1989—1999年兼任山东省曲阜市副市长和城市总建筑师。代表著作有：《居住区详细规划》、全国改编教材《城市规划原理》《居住区规划设计资料集》等。代表作品有：全国城市住宅试点小区——上海三林苑小区、山东省胜利油田孤岛新镇、深圳白沙岭居住区和山东省临沂市三合里居住社区等。

2 郑正，男，教授，1937年出生，浙江瑞安人。1960年毕业于同济大学城市规划专业。曾任同济大学城市规划系城市设计教研室主任，同济城市规划设计研究院副总规划师。主要著作包括《铁路旅客站广场规划设计》《居住区规划设计资料集》等。

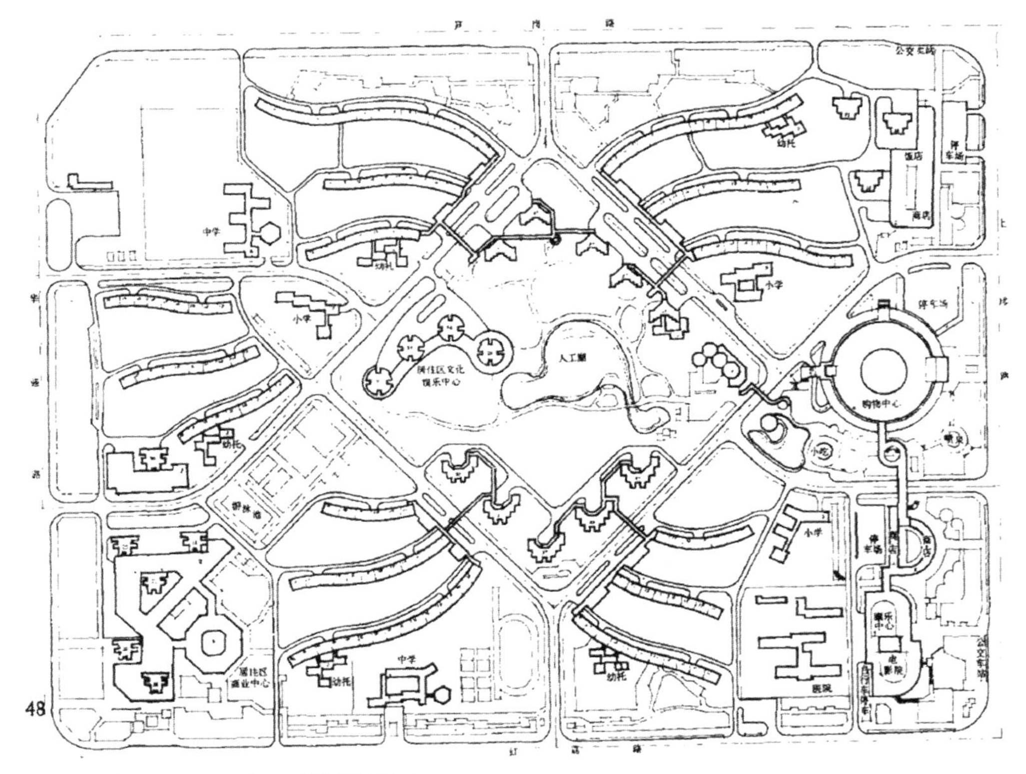

◎ 深圳白沙岭住宅总平面图，来源：同济设计集团

至七层、八层都没有电梯，因为当时电梯很贵，现在这样恐怕不行。规划一定要做高层，设置电梯，电梯做外廊式的，一梯两户、一梯一户都有。之所以做外廊，是因为南方不怕冷，并且可以节省电梯。此外还有跃层，进去以后上面或者下面还有一家。

华：住宅楼被截开，下面是多层，上面算高层？多层高层都是框架的？

宋：对，在一起的，都是框架的。多层里面有个大柱子，不像现在的短肢剪力墙之类。我们一室负责第一、二、三栋，是最长的几栋。二室负责第四、五、六栋，分开来完成。

华：建筑除了您还有谁参与其中呢？

宋：建筑系的陈锡山、李茂海[3]老师，其他都是设计院的。第一、二、三栋先开始，随后四、五、六栋是汪统成来负责。一院一室当时是陆小俊（音）、孙老师和我三个人考察现场。整个建设过程也很复杂，当中有起有落。由于资金问题，施工停止，

3　李茂海，男，1955 年 6 月生，河南人，副教授。1973 年考入同济大学建筑系学习，1977 年毕业后留校，在建筑系任教至 2015 年退休。

施工单位后来把面包车都卖掉了，在施工的时候甚至做钢筋生意挣钱，买了好多钢筋来，等钢筋价格涨上去了，他们就把钢筋都卖掉了。

◎ 深圳白沙岭高层住宅，来源：许谦冲提供

华： 这个项目结构也挺复杂的。当时没有计算机，是用计算尺吗？

宋： 结构现在看不复杂，就是框架结构。当时计算机的输入是靠穿孔的纸带完成的。同济有间西门子公司送的计算机房，这是80年代的事情了，更早的时候还要在系里面完成，记得当时满地是纸，打孔打错了会有漏洞，还需要补洞。

华： 这个打孔是什么原理呢？每位结构师都要掌握吗？

宋： 那时候没有键盘输入，打孔是程序输入的方式，应用的是"0101"计算机语言，代表有孔无孔。原来我们有计算机语言课程教授这项技能。

华： 白沙岭项目是现场设计，现场施工的。我们设计院什么时候实行现场负责人制度的？

宋： 本地的项目比较容易跑现场。后来外地工程做多了以后，跑外地太费劲，那时候交通不方便。到江苏丹阳还比较近，但河南郑州就太远了。比如1995年你也参与设计的黄河防汛调度指挥中心项目，我们就安排了一位现场负责人，是当地设计院的一位工程师。同济设计院授权他负责现场，如果发现大的错误，就通知学校做了多组模型抗震试验室聘用的结构工程师，施工阶段结构问题比较常见。建筑和设备有问题是我们自己去。没有现场负责这一块的服务，甲方会有意见，因为合同上面要求设计单位配合施工的。

华： 当时同济设计院为什么是综合一室主要负责公建项目？

孙： 这倒也不一定，一般来了一个项目，院里会挑这类建筑做得好的人负责。后来项目大了，就由设计室自己来选择。比如1996年的北京冠城园中标后，几个综合室分配，我跟宋老师商量，我们一室先做住宅。那个项目的公建后来拖了很久，真正做的时候设计院已经从综合室变成专业室了，所以等于原来综合一室就没有参与冠城园的公建。

◎ 黄河防汛调度指挥中心项目，来源：华霞虹提供

华: 您和宋老师配合得比较好，人员调配做得很好，大家的关系也比较和谐。

孙: 人比较少，容易管理。

华: 院里分配下来的项目怎么处理呢？

宋: 看大家的空余时间和能力。

孙: 还有就是时间周期是否能满足，不会勉强。比如当时接到震旦集团在嘉定的一个培训中心项目，条件很苛刻，两三个月的期限内要完成，其他室认为来不及，就由一室接手。在宋老师的安排下，我们室在建筑专业基本完成平立剖面设计的情况下，其余各专业积极配合分期分批出图，满足了甲方现场施工的要求。

华: 为什么可以做到这么高效？

宋: 这跟项目负责人沟通有关系，做不好就需要返工。另外和分配任务、人员沟通都有关系。跟甲方的沟通不好，就容易返工。

华: 对，返工要少，效率就会高。领导责任分担得多一点，设计人员做起来就比较快，所以管理真的很重要。当时宋老师、孙老师要跟甲方协调，尤其是有反复的时候要想办法扛住是吧？

宋:是的，做室主任管理其实是做具体的事情，实际上沟通也属于管理。

孙:现在有项目经理。宋老师在现场处理问题方面很出色。那时候我院在福州设计了闽东大厦和元洪大厦（这两个项目都是吴庐生老师负责的）时，有很多需要现场处理的问题，宋老师处理得很好，也避免了一些不必要的返工。

华:设计室也要负责收取设计费尾款吗？还是院里负责呢？

宋：一般是室里负责。因为有些甲方会找理由拖欠资金，例如生产服务不好，领导们有意见，设计师导致返工之类。但是设计人员参与项目，比较清楚各项收入来源和理由的真伪。

孙：我们做设计跟国家形势有关，形势大好，房地产收入颇丰，设计费就好收，当然设计的质量与服务也很重要。

从设计院院外部到集团多分院的管理 | 1994—2001 年

访谈人 / 参与人 / 文稿整理：华霞虹 / 范舍金、王鑫 / 顾雨琪、顾汀、华霞虹

访谈时间：2018 年 1 月 26 日 12∶30—14∶30

访谈地点：同济设计院 503 会议室

校审情况：经周伟民老师审阅修改，于 2018 年 4 月 24 日定稿

受访者：周伟民

周伟民，男，1950 年 11月出生于上海，高级工程师。1974年进入同济大学工民建专业学习，1977年毕业后留建工系钢筋混凝土教研室任教，历任结构系办公室副主任、主任，结构学院副院长。1994年9月调任同济大学建筑设计研究院任副院长。1999—2017年担任设计院党总支书记，2004—2017年担任董事会董事。

1990年代初，教育部和建设部就规范土建类高校的专业教师服务社会、参加工程设计制定了管理办法。同济设计院在此背景下也成立了相应的院外设计管理部，在为教师提供服务的基础上，逐步规范管理，以适应国家对市场的管理要求。访谈中，周伟民老师讲述了这段时期同济大学通过设计院对同济教师参与社会工程设计项目进行管理的历史变迁。

华霞虹（后文简称“华”）：周老师，您1977年毕业就留系任教了。1990年代初，学校的老师还能双向流动，为什么安排您到设计院呢？设计院院外部的工作是如何组织的？

周伟民（后文简称“周”）：我1977年毕业留校在建工系、结构学院工作。1994年在结构学院副院长的任上由学校调任同济设计院，接替分管院外设计部的即将退休的谈得宏副院长。根据建设部和教育部的文件，1991年开始，教师承接工程设计项目，由设计院进行合同管理，院外部就此产生，设计院管理的院外设计和专业教师的定期聘任也由此延续。

华：院外部有建筑系以外的老师？

周：当时同济教师参与工程设计很活跃，涵盖了校内建筑、结构、地下建筑、岩土、桥梁、道路、暖通、给排水、电气等专业。有些系还成立了专业设计室。

华：这些设计室都是专项的吗？

周：当时桥梁系为争取南浦大桥的项目，成立了桥梁设计室。从上海市政院等单位调了一批技术骨干，充实加强了初创时的桥梁设计室的技术力量。道交系成立了道路设计室。以地下系为主成立了地下建筑设计室（跨专业），参与了上海地铁的地铁车站的设计。由当时退下来的赵振寰[1]副校长牵头成立了岩土分院，规范统一了同济内部在岩土工程领域的项目管理。

华：这些专业设计室跟院外部是什么关系？

周：除了岩土分院，各专业设计室和其他专业教师承接业务的合同文件都需要经过设计院院外部的审核。

1 赵振寰，男，1934年出生，江苏南京人。1956年毕业于同济大学桥梁与隧道工程专业，曾任中共南京市第四区委团委组织部干事，同济大学副校长，中国建筑学会工程勘察学术委员会委员等职。长期从事岩土工程与工程地质的教学和科研以及高校管理工作，研究方向为边坡工程的数值分析方法。同济大学建筑设计研究院“全国勘察设计单位工程大师”。

这段时间建筑系的老师最为活跃，当时国内处于快速发展时期，建筑系老师承接项目的能力非常强，比如戴复东先生在山东、浙江也承接了一些项目。这些项目的推进基本上由建筑系老师牵头，他们任项目负责人，由他们组织设计团队，聘请其他专业如结构、给排水、暖通专业的老师参与。当时学校对教师参与工程设计的项目的财务管理也制定了相关的政策，规定了项目的分配原则，制定了学校、设计院、所在院系和项目组之间的分配比例。

华： *这些设计人员并非设计院的？之所以可以实现，主要是利用了学校工种齐全的优势吗？*

周： 这些设计人员都是教师。开始他们跟设计院的合作并不多，都是自己找其他系的老师组成团队，只是必须通过设计院签订合同。另外，当时学校有所得分配问题的相关政策，以区分设计院内项目组的分配和学校设计项目的分配。学校老师主持的项目分配还要分两部分，一部分是项目所在的院系，另一部分是其他涉及的院系。此外还有一部分是设计院的管理成本。

华： *所以这些项目会跟院内的项目不太一样，工程编号不同对吧？*

周： 各个系的编号也不同，有所区分，合同上才能一目了然。

范： 建筑专业接的项目，项目负责人就是建筑专业的，由他和学校、系里分成，设计院也要有一部分管理费，包括税收。余下的收入就由负责人按各工种的工作量确定参与人的收入，再分给各个专业与相关专家。

华： *您在设计院主要负责院外设计吗？我们之前采访过的赵秀恒老师，他说是在建筑系管理院外部，是否每个系里都有一个对接的人管理？*

周： 对，我1994年9月份开始两边兼顾，1995年人事关系正式转入设计院，并负责院外设计。

基本上每个系都有系领导分管本系教师的院外设计。在项目的一开始，设计院的院外部与项目负责人联系多些，但随着社会对设计质量和设计后期服务要求的提高，有些事仍然需要和系里协调解决。当时这种方式能够满足适应社会快速发展的早期要求，但是由于一些教师对设计规范的熟悉程度不同，各工种之间的技术差异，对项目的整体质量也会造成一定影响。同时，由于教师毕竟第一主业是教学、科研。因此，设计后期服务会对业主的反应迟缓，影响工程的进度。

1996年是院外设计管理的一个转折点，教育部、学校出台了一些规定以规范校内院外设计的管理并加强提高设计质量。同济设计院也制定了一些措施。

1998年同济大学建筑设计研究院与同济大学规划建筑设计研究总院合并。以此为契机，设计院考虑到同济大学在国内的影响力，同济设计院也必须做大做强，以提高在国内行业中的地位。从2000年开始，集团针对现状提出了经营统一、质量统一、财务统一的管理方向，加强了对各分院的管理，先后成立了土木分院、环境分院、建筑分院（都市分院）和交通规划设计所，岩土分院并入地下建筑与轨道交通分院。理顺了教师参加工程设计的管理，工程设计的质量也得到了提高和保障，也提高了合同的履约率。

华: 建筑分院设立在建筑城规学院内部，其他分院也属于各自学院内部吗？

周: 环境分院和土木分院的工作场地原来都设立在学院内部，后来学校希望设计院不要占用教学资源，他们也就逐步搬离学校所在的办公楼。

华: 这些分院隶属于设计集团吗？就资质而言，同济只有一个设计资质，这些分院都需要挂在整个设计集团的资质下吗？

周: 集团持有的各类建筑工程设计资质，是各个分院面对市场承接任务的依据，为了维护同济设计的品牌，保证同济设计的设计质量，因此才有了经营统一、质量管理统一、财务管理统一，以加强集团的管控。

华: 同济是全国唯一工种齐全的学校吗？同济在设计产业方面发展得比较好，这种情况独特吗？

周: 1958年以来，教育部的六大院校——清华、天大、东南、同济、浙大、华南理工先后成立了甲级设计院，这些院校土建类专业都比较齐全。改革开放后各家高校设计院都发展不错，各有特色，在所在地区和国内都具有重要的影响力。高校设计院按照教育部的要求对参加工程设计的教师采用聘用制，每两年一聘。由个人申报，所在院系推荐，设计院批准并上报教育部核准。

华: 现在院聘上报的都是注册建筑师吗？

周: 每次建筑系老师申报人数较多，但因为名额有限，所以是否具有注册建筑师的执业资格也是一个重要条件。

华: 建立分院后就不再需要院外部的管理了吗？

周: 现在已经没有院外部这一说了，由于勘察设计市场的日益规范，业主也日益成熟，原来院外设计的业务也随着一些教师因年老体弱退出而逐渐减少。

华: 90年代进同济院的人成长得很迅速，年轻人如果投标成功，就可以负责项目，做得好还可能直接担任工程负责人。设计室资深的主任和老师会指导工程，但项目的设计还主要依靠年轻人自己做。

周: 同济院属于高校设计院，相比其他大型设计院更易于吸收新事物。这些年的发展，也得益于对市场的贴近。因为没有过去的包袱，同济设计院前进会更轻松些。同济设计院属于扁平化管理，效率高，管理成本低。

关于经营统一，各分院可以直接面对市场，反应很快。但是也会出现一些问题。比如各分院如果都得到同一个项目的信息，集团内部就可能形成竞争。项目备案，合同审核，都是集团规范各分院的市场活动的措施，同时为维护同济设计的品牌，确保设计质量，集团对一些重点工程、复杂工程也会在各分院之间进行协调干预以配置最强的设计团队，确保设计质量。

质量管理统一依靠十几年的努力逐步地积累达成，同济院的施工图质量现在已经得到了社会认可，设计深度、设计质量评价都很高。

关于财务统一，由集团制定统一的财务政策、项目分配原则。各分院的财务人员由集团派出，所以同济设计院规模虽然在不断扩大，但是财务安全、资金安全依旧是有保障的。

华: 财务是什么时候从分离转向统一的呢?

周: 2000年以后，因为同济院的分院较多，由于历史原因，人力资源管理方面有差异，财务管理能力参差不齐。如果财务方面出现问题，最终受损的还是集团。财务统一就可以加强指导和管理。因此目前集团层面的经济比较安全，鲜有经济合同纠纷。

华: 高校设计院相比行业设计院，会有经济方面的优势吗?

周: 和华东院相比，我们的管理成本较低，集团层面，各分院层面干部精干，行政党委专职的少，一人兼数职。

范: 我们这边是中层，也就是集团下面的生产单元——各设计院级（前设计分院和设计所）的权力很大。

周: 同济院在宏观管理方面运作良好，整个设计院的发展把控得当。2001年的时候，同济院仅1000人左右，现在已达到3000人。同济院产值很高，获奖项目良多，并处于上升阶段。尤其世博会之后，同济院完成了很多上海的重大项目。

华: 高校设计院和学校的关系不断变化，起初教学生产一体化，然后走向市场化，最后形成集团化。这和院校合并以及上海90年代后的快速发展有关，您二位如何看待同济院和学校、上海的发展之间的关系?

范: 近水楼台先得月，同济院的发展和学校密不可分。比如同济的土木很出色，这使得设计院相应部门的人力资源很丰富，同济设计院可以从中挑选优秀的人才。

周: 设计院跟学校的联系早已有之。同济院铭记自己的源头——同济大学。丁洁民院长很重视和建筑城规学院的关系，于2005年与建筑城规学院的领导商量成立了都市分院，使两者之间的联系更为稳固。但是分院的领导十数年未曾调动，上中层的这种固化也可能会限制年轻人的机会，所以是有利有弊。

华: 接下来一些人就要面临退休了，部分在管理岗位的老师几乎与设计院同龄。60周年（2018年）以后，设计院将进入全新的时期，工作的流动性也许更会大幅提高。

周: 年轻人对企业的感情和我们有不同的表现，对同济的感情也相异。社会在发展，同济院也必须适应这种新的状况以求发展。

从同济科技实业股份公司到上海同济规划建筑设计研究总院

1993—2001 年

访谈人 / 参与人 / 整理：华霞虹 / 王鑫 / 熊湘莹、华霞虹

访谈时间：2018 年 02 月 09 日 13：00—14：30

访谈地点：同济院 503 会议室

校审情况：经顾国维老师审阅修改，于 2019 年 5 月 23 日定稿

受访者：

顾国维，男，1937年12月生于上海，浙江上虞人，同济大学教授，博士生导师。1956年进入同济大学卫生工程系，1961年毕业后留校任教。曾任同济大学环境工程学院院长、同济大学常务副校长、上海同济规划建筑设计研究总院院长、污染控制与资源化研究国家重点实验室主任、中国水工业学会常务理事、中国环境科学学会常务理事、教育部环境工程教学指导委员会副主任、上海环境科学学会副理事长等职。

1993年，同济设计院和其他十家校办公司组合成同济科技实业总公司，并成功上市。股份公司上市带来了一系列的改革：开股民大会、设立董事会、调整内部制度。1997年在全国建筑设计资质整顿的背景下，成立上海同济规划建筑设计研究总院，四年后与同济大学建筑设计研究院合并，为实现同济设计的集团化奠定了基础。作为当时学校管理者、改革主要决策者之一和企业负责人，访谈中顾国维老师介绍了同济科技实业股份公司、上海同济规划建筑设计研究总院成立的背景以及因此带来的设计院经营和管理模式的改变。

华霞虹（后文简称“华”）：顾校长好！在您担任同济大学副校长期间，成立了同济科技实业股份公司和上海同济规划建筑设计研究总院，您既是学校的管理者、市场化改革的决策者，也是股份公司和总院的主要领导者。请您为我们介绍一下那一阶段的背景和设计院发展好吗？

顾国维（后文简称“顾”）：我手头有一个大事记：1993年2月11日，同济大学校务委员会和党委常委扩大会议研究决定，要把我们分散的校办企业结合成一个总公司，目的是要加强组织管理、提升经济效益，实现多渠道筹集办学经费。因为当时学校的校办企业，相互之间，包括项目组织都没什么联系，因此生产效率不高。筹建总公司的背景是，当时全国高校的实业公司正在忙着上市。比如复旦大学、上海交通大学、清华大学、北京大学等都已经有实业公司上市了。在那样的情况下，是否拥有一家上市公司成为衡量高校实力的标准，因此同济大学也希望赶快能成立一个上市公司。当时的校长是高廷耀，党委书记是王建云[1]，我主管校办产业，公司上市由我具体操办。

当时学校就把设计院、建设开发部、科技开发公司、监理公司、室内设计公司、机电厂等共11家校办企业，组成科技实业总公司，这样才能体现同济产业的规模和竞争力。

华：当时同济设计院在这些校办企业里占的资金份额算比较大吗？

顾：资金份额不是很高，因为设计院的主力是人，设备主要就是几台计算机。不过设计院有一定的重要性。因为我们同济大学的学科特色是以土建为主，因此要以设计院为首建立科技实业公司，不这样做就不太能体现同济大学这个科技公司

1　王建云，男，1939年生，研究员，上海市第十一届人民代表。历任同济大学数力系党总支副书记、党委办公室副主任、主任，校长办公室主任，同济大学党委书记（1991—2000）、校务委员会主任，上海同济科技实业总公司董事长。

的特征。

不过当时设计院的员工本身不一定有积极性，因为加入科技总公司以后，相当于把设计院搞到市场里了。原来作为校办企业，产业制度上没有太大的压力，但如果上市以后，要开股民大会，每年都有新的产值指标，这对设计院是有压力的。

华： 每年大概会提出多少增长的指标要求呢？

顾： 科技总公司上市以后，我们就有了社会资金。当时同济大学在所有的股东中占有70%的股份，是控股的大股东，因此同济科技实业股份公司主要还是由同济大学党委和校委说了算。我们会根据自己的情况制定来年的产值增长要求，然后将具体的任务分配到公司下属每一个单位。按照企业管理的要求，这个流程还是很透明的。我们每年都有年报发表，接受股东监督。显然，通过成立科技实业股份公司，我们已经彻彻底底走上了市场经济的道路，因此同济设计院算市场化比较早的。

华： 当时是在我们学校开股民大会吗？

顾： 我们要决定组织在什么地方开会，可以在学校，也可以在其他地方，要注意会场是否能容纳股民的量，有时还得发一点东西。所有的股民都可以参加，无论是大股东还是散户都可以来。公司董事会要向股民汇报今年经营的情况，股民可以评价我们的业绩好坏。大股东们会申请讲话，他们可以当场提意见。提意见的时候，不管上面坐着的是学校的党委书记还是我们股份公司的董事，语气都很尖锐。1993年，股份公司召开第一届董事会，董事长是我，副董事长是王建云(校党委书记)，董事里有刘振元[2]（原上海市副市长）、高廷耀(同济大学校长)、方如华[3]（校党委副书记)、张纪衡[4]（原校党委书记)、林学言[5]（原校总支书记)、吴启迪[6]（副校长）和一

2　刘振元，男，1934年出生，江西萍乡人。1955年毕业于中南矿冶学院。1960年获苏联科学院巴依科夫冶金研究所技术科学副博士学位。回国后历任上海冶金研究所副研究员、科技处处长、副所长，上海市副市长。

3　方如华，男，1936年3月出生。1958年毕业于同济大学结构系，1966年在同济大学工程力学系完成研究生学业。1981—1982年在德国达姆施塔特工业大学做访问学者。现任中国力学学会副理事长兼实验力学专业委员会副主任、固体力学教育部重点实验室学术委员会主任、《力学季刊》和《医用生物力学》副主编、《力学学报》和《实验力学》编委等。长期从事固体力学、实验力学的科研和教学工作。

4　张纪衡，男，教授级高工。曾任同济大学党委书记、校务委员会主任，同济大学正局级巡视员、党委常委，兼任同济大学建筑设计研究院院长（1993—1995年）、上海同济大学工程建设监理公司总经理。

5　林学言，副教授。曾任同济大学物理教研室主任、物理系副主任、上海同济科技实业总公司副总经理、常务副总经理，现任上海同济科技实业股份有限公司党委委员。

6　吴启迪，女，1947年8月生，浙江人。1970年毕业于清华大学通信技术专业，1981年获清华大学自动控制专业硕士学位，1986年获瑞士联邦苏黎世理工学院电子工程博士学位。毕业后进入同济大学工作，历任讲师、副教授、教授，系副主任、研究中心主任、校长助理。1993—1995年担任同济大学副校长，1995—2003年任同济大学校长。1997年被选为中国共产党第十五届全国代表大会代表和上海市市委七届委员。2003年任教育部副部长。2008年任十一届全国人大常委、教育科学文化卫生委员会委员。

个从外面企业聘请来的独立董事宋彧辑[7]，还有监事会。第二、三届的董事长是王建云，副董事长是倪亚明[8]。

华：我们的科技实业公司上市是如何操作的？过程顺利吗？

顾：我们当时最大的竞争对手是华东化工学院。因为当时上海高校就剩最后一个上市名额了，不是同济就是华东化工学院，所以我们当时非常紧张，组织了一个团队来操作上市，还把证券公司的人请来讲课，并听取各方专家的意见，举行多次研讨，起草申请文件。我们花了一年时间就成功上市了。上海只有三个高校有上市的科技公司，复旦大学、上海交通大学和同济大学，后来就没有了。现在要上市就很难了。所以任何事情要抓住机遇才行。

华：某种程度上，同济设计院算是跟着股份公司最早上市的。根据校志的记载，股份化以后企业的经济效益增长非常快？

顾：增长是可以的。我听说现在同济科技产值有几十亿元了，反正比当时翻了很多倍。1993年刚成立的时候，所有公司资本加在一起大概只有五六千万元。

学校公司上市后给大家都带来了好处。当时同济大学全体教师职工都能享有股份，每个人一上市卖掉就赚一千多元，在当时是一笔很好的收入。我们学校管理人员的股份不能卖，要经过几年的抵押之后才能出售。股份公司希望我们学校管理人员参与并获得一定的利益，他们情愿拿出一些钱来给大家，但是按政策要求，他们把钱给了学校的纪委，纪委再重新分配。这样等于是组织安排我们去经营公司，收益经过学校纪委再分配到每个人，是非常透明和公正的。

华：我们已经有同济大学建筑设计研究院了，为什么后来还要成立上海同济规划建筑设计研究总院呢？

顾：我们已经有了同济大学建筑设计院，但是1993年以后，严格从法律意义上来说，这个设计院已经不属于同济大学，而是属于上海同济科技实业股份公司了，当然同济大学还是最大的股东，是绝对控股单位。1996年，上海城建学院和上海建材学院合并进入同济大学，也带来了另外两个有资质的设计院。城建学院带来一个甲级设计院，当时丁洁民就主管城建学院设计院，建材学院有一个乙级设计资质。因此通过并校，同济大学实际上又拥有了一个甲级设计院，我们不可能浪费这个资源。因此我们想把原来在股份公司里面没有发挥作用的资质，比如说桥梁、环境、

7 宋彧辑，男，高级工程师。曾任上海冰箱压缩机厂厂长。

8 倪亚明，男，1946年11月生，教授。北京大学技物系放射化学专业70届本科，北京大学化学系无机化学专业81届硕士。后进入同济大学任教。历任同济大学化学系教研主任、副系主任，同济大学校长助理、同济大学副校长，同济大学测试中心主任、微量元素研究所所长，上海同济科技实业股份有限公司第二届董事会副董事长。

地下等部分的资质，组成一个设计总院。由我兼任院长，李永盛担任副院长，陈静芳[9]任党委书记，兼副院长。

另外一方面，当时还有一个情况是，因为市场开放，我们的教师也很开放，设计项目做得很欢。后来外面有设计单位反映同济大学很乱，压低价格把市场做坏了。还有，当时地下系的某位老师做的项目出了质量事故，上海市建委要求同济大学赔偿几千万元。学校怎么赔得起啊？虽然后面协调好了不再需要赔偿了，但是教育部提出要同济大学进行重点整顿。

华：所以成立总院有两个原因：一是并校获得了多个设计资质；二是校内设计市场混乱需要整顿对吗？

顾：是的，后来同济大学就开始整顿了。那时候建设部经常派人过来，我们就把要成立规划总院的方案和组织架构告诉他们，得到了建设部的认可，也得到校友，时任建设部副部长谭庆琏[10]的支持。他是我们给排水专业函授毕业的。我们筹建成立的规划设计总院用的是原来城建学院设计院的建筑甲级资质和我校建筑城规

◎ 1997年5月17日，“上海同济规划建筑设计研究总院”的揭牌仪式（从右到左：李永盛、袁学明、陈小龙、黄健之、顾国维、谭庆琏、周箴、吕淑萍、马自强、倪亚明），来源：顾国维提供

9　陈静芳，女，1974年同济大学建筑工程系工业与民用建筑专业毕业，1976—1979年任同济大学地下建筑与工程系书记。

10　谭庆琏，男，1938年出生，江苏南京人，高级工程师。1956年毕业于上海城市建设学院道桥专业。曾任山东省副省长（1986—1988年），国家建设部副部长（1988—1998年），第九、第十届全国政协委员，中国土木工程学会理事长等职。

学院的规划甲级资质。这样一来，规划和建筑两方面都有代表了，内部还可以联合。成立总院，我们实际上是整顿了原来建筑设计院院外部的管理，把原来属于各学院的设计工作，也就是教师的设计集中管理起来，所以总院是直接与各学院接触的。总院把学院的设计管理起来，产值一部分交给总院，交给学校，另一部分就可以留在学院里。确定一定的产值指标，在这个指标下，总院与学院五五分成，如果产值做高，学院可多拿一点。我们规范了内部的制度，有序地引导员工。比如当时做了一些规定，在设计院搞设计的建筑系教师，每年不能超过一定比例，并且教师不可以一直做下去，过了两年，按照一定的比例又换成了另一批人，是轮流的。

◎ 1997 年 5 月 17 日 成立上海同济规划建筑设计研究院谭庆琏揭牌，来源：顾国维提供

华：这也就是当时教育部要求的教师不能混岗，需要定聘对吗？

顾：对。规划总院和股份公司的建筑院两个院之间也有内部竞争。规划总院成立仅两年，设计产值就已经超过了股份公司设计院的产值。在那个时期，股份公司和建设部合作，从银行贷款，开始做房地产开发，开发了浦东三林苑项目，那个项目江泽民、朱镕基都曾经去参观过。

◎ 1997 年 5 月 17 日成立上海同济规划建筑设计研究院谭庆琏发言（从右到左：顾国维、谭庆琏、周箴、吕淑萍），来源：顾国维提供

后来我快要退下来时，建筑设计院院长高晖鸣也到了退休年龄，丁洁民那时候是总院的副院长，学校就安排他去兼任同济大学建筑设计研究院的院长。也就是两个院的院长由一个人任职，这也为后来规划总院和建筑设计院的合并做好了准备。上海同济规划建筑设计研究总院的名字，有“同济”两个字，但是没有“大学”两个字。现在注册公司也一样，名字里可能出现“同济”，但不可能出现“同济大学”，学校的名字是专属的，不能随便用，否则就是侵权。学校也很看重同济大学这个名牌。所以后来规划总院与建筑设计院合并以后，继续采用的是“同济大学建筑设计研究院”的名字。另一方面，学校还通过资产转换，把原来设计院置换出来，这样新的“同济大学建筑设计研究院”的资产比例，同济大学拥有 70% 股份，同

济科技实业公司拥有 30% 股份。通过同济大学把设计院整合起来共同促进更好的发展。

华： 在合并以后，学校里面为什么要成立一个董事会来监管这个设计院？

顾： 因为设计院的性质是股份公司跟同济大学联合经营的一个设计院，所以必须有董事会。现在同济大学建筑设计院集团是同济大学控股的，占了七成股，股份公司占三成股。因此由同济大学和股份公司商议决定派出代表出任董事会。

从法律上，同济大学是设计院的"老板"。对于一个在大学的设计院，产值是重要的，同样重要的是要为相关的专业学科培养人才，提供平台与实践机会。我就向吴启迪校长提议，要给设计院招研究生的名额，要有硕导、博导，招收硕士生、博士生。这个名额是很宝贵的，也是很重要的。设计院以前是有研究生导师，老一代的，后来的就没有了。所以我就提出来，设计院要能招收研究生，培养自己的队伍，发展才能后继有人。这个建议得到了吴启迪校长的支持。

两个设计院统一以后，人增多了，就需要增加办公面积，所以在原来设计院大楼后面扩建出一个四层楼。后来同济大学和上海财经大学交换土地，市里把公交一场的地给我们，学校让设计院过来。现在设计院的场地那么大，人家一看就是一个大型设计院了，有实力的。设计院后来越做越大，现在我们大概是全国产值第三名。前面我们做的工作是发展的基础。

华： 对，同济设计院的发展跟学校的整体发展肯定是分不开的。您曾经担任过常务副校长，当过股份公司的董事长，也管理过规划总院，最后请您再总结一下好吗？从您的角度来看，同济大学设计院跟同济大学的关系如何，或者说设计院对同济大学究竟有什么作用？

顾： 关键还是看建筑规划。现在我们设计院的主体还是在建筑上面，环境院等其他院因为他们专业的缘故产值并不一定很高，最大的产业还是建筑业。

设计院不仅为学校创造了经济效益，也为各院系，尤其是建筑系教师的发展提供了一个非常好的平台，也为学科的建设提供了非常好的平台。医学院要有附属医院，设计院就是建筑工程类学科建设的"附属医院"，是一个理论与实践相结合的机构。因此设计院的发展中，除了创造产值，也为各个学科的发展创造了很好的条件。

从上海同济规划建筑设计研究总院到同济设计集团

1996—2001 年

访谈人 / 参与人 / 初稿整理：华霞虹 / 王鑫 / 顾汀、华霞虹

访谈时间：2018 年 3 月 14 日 14：00—16：00

访谈地点：同济设计院 503 会议室

校审情况：经李永盛校长审阅修改，于 2018 年 4 月 25 日定稿

受访者：李永盛

李永盛，男，1951年1月出生于上海，教授，中国土木工程学会副理事长。1968—1977年于上海隧道工程公司工作，1977年考入同济大学地下建筑与工程系，1985年获结构工程博士学位。历任同济大学地下建筑与工程系地下建筑教研室副主任、研究生院副院长、设计总院常务副院长、土木工程学院院长 / 同济大学副校长、常务副校长。

1996—2001年期间，上海同济规划建筑设计研究总院以设计总院的形式对校内128家设计单位进行大规模整合，一改整顿前混乱驳杂、良莠不齐的市场状态。其后，总院与建筑设计院合并，同济大学唯留一个甲级设计资质。整顿后的同济设计院在巴士一场旧址落户，成为同济大学新的名片。

华霞虹（后文简称“华”）：李校长，请您介绍一下同济大学成立规划设计总院和您担任常务副院长管理总院的情况好吗？

李永盛（后文简称“李”）：这要追溯到1996年，城建学院和建材学院合并到同济大学后，当时学校面临三个重要的课题。一是如何对待当时属于学校名下的3个设计机构——1958年建立的同济大学建筑设计研究院，甲级设计院；城建学院设计院，甲级设计院；建材学院设计院，乙级设计院。此时，同济大学拥有两个甲级、一个乙级设计资质。

二是三个学校从80年代初开始，教师通过创收填补教育经费，各校的设计机构如雨后春笋般出现，数量高达120有余。校内建筑市场十分混乱，设计机构质量良莠不齐。有的设计机构经营不善，以次充好，败坏了学校的名声。

三是1993年，为了保证同济科技实业公司顺利上市，同济大学将设计院、监理公司、检测站等11个部门全纳入上市公司。当时设计院已经设计了很多有影响的作品，编著过很多规范，有很好的建筑设计资质与社会口碑，捆绑注入上市公司，某种程度上类似于把这些资源全部送给股民了。这些设计资质都是当时建设主管部门颁发的最好资质。把设计院作为全资子公司归到上市公司，这样能为上市公司带来很好的竞争力，但是用上市公司的赢利要求来规定设计院的走向是有问题的。因此，当时同济大学的领导吴启迪校长、王建云书记和顾国维副校长，他们非常睿智地决定要想办法把设计院从股份公司置换回学校。

华：是吴启迪校长提出来的？

李：对。吴校长对设计院的理念是，设计院是我们专业与市场联系的重要渠道，也是训练我们学校专业人员的很好场所，吴校长决心把它置换回来。我当时还在研究生院担任副院长，不了解学校做出这一正确决策的细节。当时校领导的决策是，通过整合使设计院回归学校，然后平稳清理不良设计机构，建立一个设计总院，意图是将所有设计单位归到其旗下，规范学校的建筑设计市场，重振同济设计的“雄威”。当时请副校长环境专家顾国维教授出任设计总院院长，我也被从研究生院调出担任常务副院长，任命陈静芳同志担任党委书记、副院长。三人组成设计总院的筹备小组，由顾校长领导。成立以后，我们把城建设计院归到旗下，当时城建设计院院长为丁洁民教授。和丁洁民商量之后，我们先把建材学院设计院并入城建设计院，下一步计划将同济大学建筑设计研究院和城建设计院并入新成立的上海同济规划建筑设计研究总院。

华：当时设计院的名称是如何考虑的？

李：当时新建立的设计机构工商注册要求注明地名，所以就叫上海同济规划建筑设计研究总院。总院建立之后我们展开了整顿工作，把统共128个单位或是归并或是关停。其中勘察分院、桥梁分院、环境分院以及小型的同设、同建都归并至总院。在关停并转过程中，学校给了很大的支持。整顿工作进行了一年左右，128家整顿为十几家。

当时整顿工作迫在眉睫，一段时间内，同济大学成为扰乱建筑设计市场的反面典型，教育部和建设部甚至对同济大学发了“黄牌”。在这种情况下，学校领导班子下决心尽力整顿，争取在一年半到两年时间内，解决学校勘察设计管理方面的混乱。

在我加盟设计院的时候，建设部在同济大学召开的现场会刚开好，时任同济大学建筑设计研究院院长的高晖鸣老师承受的压力很大。建筑设计院进入股份公司之后就失去了对全校设计单位的管理资格，但设计的资质还是归建筑设计院所有，因此建筑设计院依然要承担相应的责任。所幸我们有不少校友在建设规划部担任要职，包括一些总建筑师、总规划师，他们都在努力地帮助同济改进。按照当时的要求，如果两年以后来检查时状态仍然不佳，就会彻底吊销执照，关闭企业，面临的局面十分严峻。

华：您还记得这是哪一年吗？

李：大概1997年或者1998年。我1993年从美国进修一年后回来，做了几年教授后，担任研究生院副院长，进入设计总院之后工作日渐忙碌。在设计总院的筹建过程中，顾校长起到了很重要的把控作用。

其实建立设计总院的消息一传出就引发了轩然大波，常年在同济大学设计院工作的老教授、老同志纷纷表示自己不同的意见。向吴启迪校长和王建云书记汇报以后，我们决定在学校的行政楼开座谈会，听听这些老同志的意见。

在座谈会的过程中，他们认为“同济大学建筑设计院”这个品牌的含金量远远高于“上海同济规划建筑设计总院”。同济大学建筑设计院过去在教学科研以及设计作品等方面的贡献非同小可，而上海同济规划建筑设计总院这个新品牌的含金量还有待建立。建议保留“同济大学建筑设计研究院”的品牌，将所有设计机构统领在同济设计院的旗下。

华: 当时有多少人参与座谈会？

李: 一个房间大概二三十名在职的老先生。那次座谈会由王建云书记亲自组织，谈及设计院的定位和走向，顾国维、陈静芳和我都参与其中。座谈会开了一两个小时，大家心平气和、开诚布公地表达自己的观点。会议所谈的内容核心在于，再造一个同济大学设计院是不可能的。老先生们希望学校采纳他们的意见，以利于学校的发展。当时如果没有举办这次座谈会，我们改革方向不能够明确。那天的座谈会极具历史意义。

我们当时面临的主要难题是，如果同济大学以原来的建筑设计研究院为核心，把所有的产值都划到这边，鉴于建筑设计院属于同济科技上市公司，这等于把更多的资产无偿赠送给股份公司了。所以我们应该利用好同济大学建筑设计研究院的名声，操作上应更为理性。

华: 这一点的确非常关键，否则这个同济大学建筑设计院就不是真正同济大学的建筑设计院了。

李: 之后学校领导集体研究对策，做出决定，将同济大学建筑设计研究院 70% 的资产通过资金置换撤回学校，将并校以后学校的其他资产和公司填进同济科技这个上市的股份公司里，再进行资产评估。将资产做到实处，也确保上市公司顺利发展。

华: 所幸前面制度不太健全，设计院的资产才能置换出来。

李: 设计院重组的具体方案是，同济大学建筑设计研究院的名称不变，内容也不变，把城建设计院、桥梁设计院、环境设计院等所有的设计机构全部归到上海同济设计院的旗下。在领导集团方面，学校毅然决定大胆启用年轻干部。正好高晖鸣院长到了退休年龄，学校党政就任命丁洁民为同济大学建筑设计院院长。

丁洁民是沈祖炎先生的高足，同济大学的博士，在上海城建学院工作期间担任校长助理。对于学校的任命我坚决拥护，但起初也为丁洁民捏把汗，我们共事数年感情深厚，他满怀热忱上任，但我担心他能否承担起这一历史重任。毕竟同济大学建筑设计研究院非同小可，管理运行起来不容易。设计院是藏龙卧虎的地方，戴复东、吴庐生、黄鼎业等资历深厚的老先生都与之有着千丝万缕的关系。丁洁民之前负责的城建设计院是新的，和这个历史悠久的设计院管理起来截然不同。上任前，我与他沟通，表示要千万小心，不求快，但求稳，我们会做他强大的后盾。

但如何处理刚刚建立起来的设计总院又成为一个难题。吴启迪校长征询过我的意见，我建议将规划总院注销停业。她很吃惊，随即表示同意。之后我们一心一意做大做强老牌同济设计院。同济设计事业将立于不败之地。事实证明，当时的决定是正确的。

华: 这种心态很好。

李: 吴校长关心设计总院关闭后，我自身的去向，我说，回学院当教授，尽教书育人之本分。此外我可以进行土木、隧道方面的科研，很多事有待完成。我从来都认为自己应该从事教育，在教育中我获得满足，志不在行政。我认为我们都是学校的人，人人都应服从学校的决策，这样对学校最为有利，不痛下决心就会一事无成。我建议先关闭总院，断绝后路，背水一战。后来事情的发展与我的想象基本一致，发展路途豁然开朗。

华: 设计总院真的关闭，能下这个决心不容易。

李: 对，工商注册注销了，甲级的资质也全部收回。同济大学建筑设计院的甲级资质就成为我们唯一的甲级资质。我们把三个甲级资质留了一个，另外两个甲级资质——城建设计院和设计总院的一并交还到建设部。建设部的同志说，他们在行政生涯中从未见过哪个大学归还设计资质的。如今回想起来，吴启迪校长非常英明。当时有些业界重要人士风闻同济要归还资质，前来相求资质，承诺不要学校一分钱，每年交学校几百万元！这个条件很诱人，但作为一校之长早有打算，如果一个学校有几个资质、几个建设出图的出口，就又回到了128家的混乱状态。这是不可重蹈的覆辙，所以只能留一个资质。这件事最终完成了，同济的危机安然渡过，之后逐渐开始在正确的轨道上谋求发展。

华: 这个过程的复杂和艰辛很少为人所知。

李: 因为当时我是操作者，对学校发展的艰辛了解得越多，对学校的感情越深。对学校矢志不渝，多少同济人都是这样，我只是其中一员。我庆幸加盟设计总院，也乐意回到土木学院做教授。不久后，土木学院的院长项海帆卸任时，力荐我担任院长，得到学校党委领导和土木学院教授的支持，在土木学院工作了四年以后，我被提拔为学校副校长，但因为与设计院的渊源，负责分管产业。企业方面的运转都由设计院自己负责，我作为分管院长会参与一些重要的决策，见证了设计院新阶段的腾飞。

当时设计院蓬勃发展，在各个高校当中名列前茅，我们通过设计创新的贡献谋求发展。很长时间内，我们的总产值在教育部中都居于第三、第四位。设计院居功至伟，同时还承担着研究生的培养责任。设计院的大师们不遗余力地提高每个项目的质量，尤其是文教建筑，做得有声有色，气贯长虹，已经很难分清是学校成就了设计院，还是设计院成就了今天的学校。后来教育部提出在同济召开现场会，同济终于成为正面的标兵。这是我们全体设计院同仁共同努力的成果。

华： 我们2003年拿到巴士一汽停车场这块地以后，学校最后为什么决定给设计院来开发这块地呢？

李： 当时学校和设计院的关系已经理顺了。在巴士一场与同济武东校区土地置换的时候，学校领导层起先是比较犹豫的，因为我们交给财大的武东校区面积比这里多三十亩左右。从建设的后续经费来说，武东校区是熟地，而将巴士一场建设成学校校园需要付出很高的建设费用。当时正处于学校百年校庆期间，我们建了很多标志性的建筑之后已经囊中羞涩，但这是政府的要求，我们也向政府提出申请部分建设经费资助请求。

巴士一场是市政府下指令搬迁的，这块115亩左右的地就成为同济发展的资源。校领导考察现场之后，对停车场如何处理有不同意见，是全部拆掉重建，还是旧建筑修缮重用。周家伦[1]书记认为此地从体量考虑，宜提供给设计院，并可以表现同济对待历史保护建筑的态度，这和设计院同志希望保留原建筑进行改造的想法一拍即合。

我们用以建设计院的提议也得到了杨浦区领导的极力支持，因为建设环同济知识经济区是区里梦寐以求的，这将驱动产业发展。同济围绕设计产业所交的税比较高，据统计，早先的产值已经达到100亿元，甚至可以与五角场商圈的产值媲美，所以在这里建设计院很有经济价值。

决定建设计院后。记得开工之前，我们随杨浦区领导一起去调研场地，当即宗明区长表示会给同济百分百的支持，指示规划局局长马上解决交通问题。同济大学进巴士一场在审批、报建方面得到了区政府大力的支持。

进入巴士一场以后，设计院的处理非常有水平，对这座建筑的使用、规划都在保护它的前提下满足设计院的使用要求。大堂设计得很气派，一个大设计院就应该有这样的气度。别人见到这样的大堂，尝到美味的咖啡，会对同济设计院留下很好的印象，同时员工也可以获得满足感。所以有外宾来访问，我都会带他们去参观我们的设计院，并且不会事先通知设计院，不做任何准备。设计院的人员见到我，也不惊讶，只顾忙于自己的工作。但是在这个过程中，外宾会觉得，一个大学的设计院能够办成这样，实属难得。设计院进驻之后一直发展很快，财源滚滚，证明这是一块福地。相信同济设计院的明天会更美好。

---

1 周家伦，1948年8月生，浙江慈溪人。1982年毕业于同济大学数学系后留校任教。1985—1986年赴德国进修。1986—1992年担任同济大学数学系党总支副书记、书记，1993—1996年，任同济大学党委副书记、副校长。1996—2001年担任中华人民共和国驻德国大使馆教育参赞。2001年任同济大学党委书记（至2011年）、校务委员会主人、校董事会主席。

北京冠城园现场设计及华东疗养院项目

1996—2000年

访谈人/参与人/文稿整理：华霞虹/王鑫/华霞虹

访谈时间：2018年3月13日13：00—15：00

访谈地点：同济设计院503会议室

校审情况：经赵颖老师审阅修改，于2021年9月3日定稿

受访者：

赵颖，女，1972年5月生于上海，教授级高级工程师，国家一级注册建筑师。1989年考入同济大学建筑系，1994年毕业后分配至同济大学设计院工作至今。历任住宅所所长、都市分院副院长、四院副院长，2019年8月起任集团副总建筑师，2020年8月起任总裁助理，2020年12月起担任集团管理者代表。

北京冠城园是1990年代中后期同济设计院负责的标杆性的高层复合社区，设计院前后安排了20余人的核心设计团队驻扎北京开展现场工作。访谈中赵颖回顾了作为年轻建筑师独立担任该动迁安置楼等单体的项目负责人，并与众多同事在北京开展现场设计和施工配合，其后参与北京中国电信、中国移动大楼、无锡华东疗养院项目的经历，展示了同济设计院中生代建筑师和管理者早期通过现场设计和施工配合所实现的快速成长。

华霞虹（后文简称“华”）：冠城园是1990年代中后期同济设计院负责的一个标杆性的大项目，当时设计院派驻很多设计师去北京做现场设计，你参与的时间也特别长。请为我们介绍一下当时的背景，以及这个项目跟设计院从综合设计室转向专业设计室有什么关系好吗？

赵颖（后文简称“赵”）：我大学毕业就分配到同济设计院工作，现在已有24年，个人的职业生涯全部在设计院度过。我刚来是分配在三室。当时设计院都是综合室，一共三个室。当时的三室主任是负责暖通的李蔼华[1]老师，副主任是周建峰老师，整个室大概30多人。建筑师有十多位，年龄跨度很大。像许芸生、关天瑞这些前辈老师当时已经有60来岁，快退休了。那一年分配进来的我和同学甘斌[2]本科刚毕业，才22岁。我那时候根本没动考研的念头，毕业了第一个反应就是赶紧工作，可以自由地做个设计师了。

我进设计院做的第一个项目是跟着许芸生老师做一个南京的住宅小区。接下来第一个完整地从方案跟到施工图的项目是外高桥工商银行的数据中心，有一万多平方米，记得设计费100来万元。同室的马慧超[3]是主创，也是项目负责人，我和张镇[4]跟她合作。当时同济设计院气氛很宽松，年轻人机会非常多。

在去北京冠城园之前我做过一个与韩国设计合作的上海住宅项目，是韩国大宇投资的一个房地产开发项目，后来因为1997年金融危机，方案做完，最后没建成，但对我个人的职业水平发展，比如跟甲方的交流，影响很大。

1　李蔼华，女，1937年9月生，江西南康人，高级工程师，1962年同济大学暖通专业毕业，后进入同济大学设计院工作，曾任设计三室主任。

2　甘斌，男，1971年生。1989年考入同济大学建筑系建筑学专业学习，1994年本科毕业后进入同济大学建筑设计研究院工作，历任建筑师、副主任建筑师。2011年4月进商业建筑设计院担任副院长，2014年9月离职。

3　马慧超，女，1968年8月生，上海人，高级工程师，一级注册建筑师。1990年毕业于同济大学建筑系本科，1993年毕业于同济大学建筑系研究生，同年6月进入同济设计院工作。1997年获第三届中国建筑学会青年建筑师奖，主持设计的多个建成项目获省市级优秀设计奖。

4　张镇，男，1970年9月生，上海人，高级工程师，一级注册建筑师。1993年毕业于同济大学建筑系本科，建筑学专业。1993年7月至2000年5月在同济设计院工作，2012年5月再次进入同济设计院从事建筑设计工作。

那个项目的负责人是范亚树[5]，因为他正好第一次考注册建筑师，请了蛮长时间的假，就把项目都交给我负责了。我跟那家开发商专用的韩国建筑师们用英语交流，他们连比划带画图地做这个高层住宅和商业综合体，当时还学习了不少日本和韩国的住宅设计理念，方案做了很久。

华：接下来就去北京参加冠城园现场设计了吗？你在北京待了多长时间？

赵：冠城园当时建筑负责主要是一室的王建强[6]和蔡琳两位老师，我和他们一起在现场待的时间最长。冠城园的项目记得最初由建筑系的余敏飞和黄一如[7]老师担任前期规划。冠城园分成南北两个部分。其中南园主要是高端住宅，方案最早是刘毓劼[8]参与设计的。北园主要是回迁安置房和一部分高端住宅。冠城园基地原来是一个回族居民区，后期回迁安置必须考虑少数民族生活习惯问题，还要理解民族

© 北京冠城园设计渲染图，来源：同济设计集团

5　范亚树，男，1964 年生，浙江镇海人，高级工程师，一级注册建筑师。1984 年考入同济大学建筑系建筑学专业学习，1988 年本科毕业后入同济大学建筑设计研究院工作，曾任都城院副总建筑师。

6　王建强，男，1957 年 4 月生，上海人，教授级高级工程师。1987 年 5 月毕业于同济大学建筑系，获建筑设计专业硕士学位，6 月入同济大学建筑设计研究院工作，历任建筑室主任、分院副院长，2007 年 3 月起任商业建筑设计院院长、总建筑师。

7　黄一如，男，1963 年 9 月生，上海崇明人，教授。1981 年考入同济大学建筑系，后于 1992 年于同济大学博士毕业。毕业后在同济大学建筑系任教，历任新生院党委书记、分党校校长（兼）、同济大学新生院（筹）院长（兼）、本科生院院长、招生办公室主任（兼）、教务处处长、创新创业学院执行副院长、建筑与城市规划学院副院长、建筑系副主任。期间曾于 1998 年 1 月—1999 年 1 月赴美国华盛顿大学做访问学者。曾参与、主持多个省部级及国家级科研项目。

8　刘毓劼，男，1969 年 10 月生，籍贯山东，国家一级注册建筑师、高级工程师。1987 年考入同济大学建筑系建筑学专业，1992 年获建筑学学士学位，2000 年 7 月硕士研究生毕业于中国美术学院环境艺术专业硕士。1992 年至 1997 年于同济大学建筑设计研究院工作，1997 年至 2008 年于上海现代建筑设计（集团）有限公司，后又于 2008 年进入同济大学建筑设计研究院（集团）有限公司，工作至今。

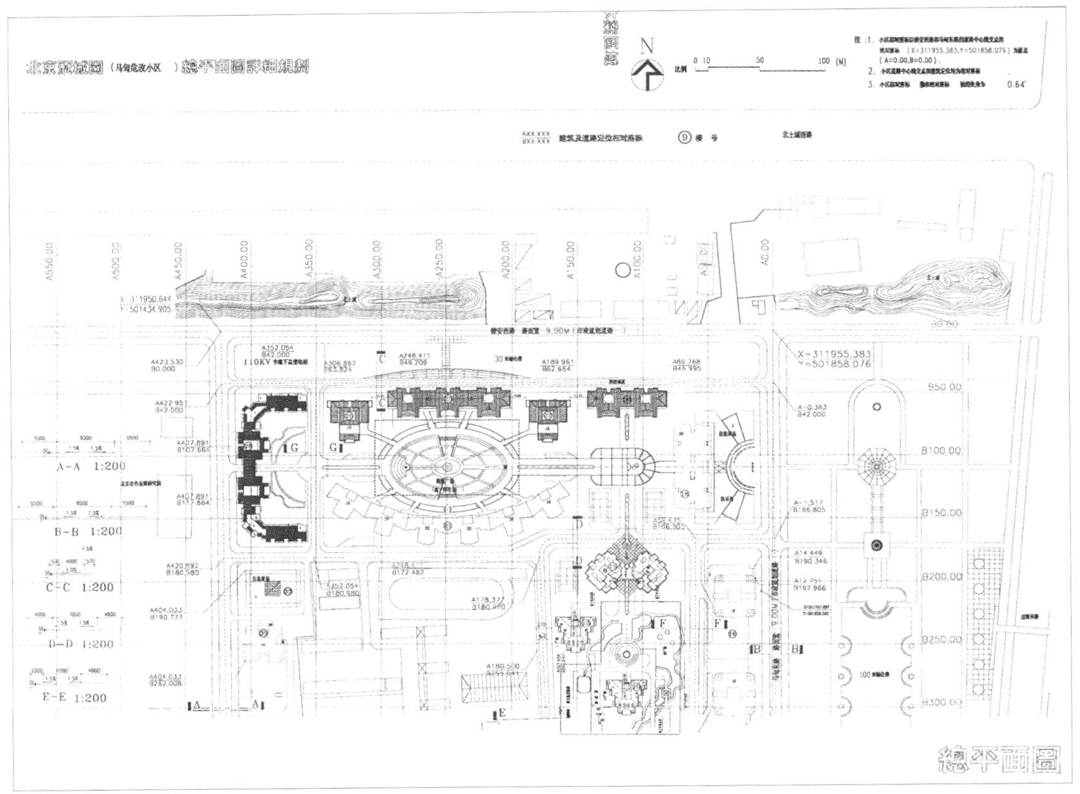

◎ 北京冠城园总平面图，来源：同济设计集团

宗教事务。我当时介入的第一个冠城园项目其实就是回族居民安置区，包括几栋多层住宅。因为我之前跟着韩国建筑师设计住宅有了一些经验，从方案到施工图都有参与，项目前期配合也做过了，也学到不少跟甲方打交道的经验，这个项目领导就让我做项目负责人了。这是我第一次真正意义上做项目负责人，时间大概是1996年下半年。

华：那很早，进院才两年，真的很快，直接给你推上去了。

赵：因为你已经有一些经验了嘛，三栋安置楼就让你做了。我没有去现场设计，而是在上海做的方案，做完方案后出差了几次，跟他们教区的阿訇聊聊天，熟悉他们的居住习惯，沟通沟通设计理念，也到上海天山饭店那边的项目那里了解一下。除了这个片区外，冠城园北区也有一大片拆迁，后来建造了28号楼，这个长长的半围合式住宅楼大概有5万多平方米，超过700套住宅，好多单元楼错落拼合组成一栋楼，如同一个巨大的现代马赛公寓，我印象特别深刻，方案反复修改了很多次。做完这个28号楼的方案，我就去北京驻现场了。

华：当时为什么要驻场？

赵：冠城园的投资商是东南亚华侨，他们希望将项目做成精装修房，一次性交付，这也是北京最早的精装房之一。精装交付设计就有非常多的现场事情处理，同时工期又非常急，现场设计并配合施工有很大便利，还能解决上海单位远程设计的不便。

当时一室的张丽萍先去现场，主要协调室内精装，因为她当时刚做完上海的海华公寓，也有不错的精装公寓设计经验。但是现场事情太多了，人手不够，院里就决定再派一个女生，两个人住一个房间，也比较方便，所以就安排我去了。我们两人在马甸七省驻京办的客房住了好几个月。我去北京主要工作是为28号楼这个安置房跟当地政府规划部门做沟通，因为规模大，规划技术条件复杂，需要在当地反复修改沟通才能上会通过。因为冠城园不是净地出让，只有解决了拆迁安置，才能进行后面的开发。28号楼尽快获批的问题比较关键。

后来驻场设计的同事越来越多，因为冠城园多个地块非常着急要开建。比如当时蔡琳组负责的16号楼是两个办公楼，其中一栋楼已经卖给了一家国企，工期紧急。为了解决更多人的住宿，院里就租了当地的住宅，一种通廊式的筒子楼宿舍。我、张丽萍、蔡琳，还有结构专业的朱圣妤[9]、陆秀丽[10]，都先后一起住过，通常四个女生住一个房间，两个上下铺。现在的小姑娘或许根本无法想象这样的条件。

冠城园当时对同济设计院来说是一个规模非常大的项目，比如有我参与一部分设计的冠城中心，这是个超高层办公楼，可惜最后没建成，还有冠城大厦是两栋商住综合楼，16号楼是两栋纯办公楼，还有南苑、北苑两个很大的住宅区。南苑建筑是当时一室王建强、刘毓劼等在上海设计的，北苑基本是我跟蔡琳在北京现场设计的。后来庄慎[11]、刘家仁[12]也去过一段时间，他们是在1997年夏天研究生毕业后去的。南苑和北苑立面设计细节多，坡屋顶层次丰富，结构复杂，不少户型还涉及南北错层、退台叠落等。在没有三维建模的绘图时代，很多是依靠画法几何原理和自己的空间理解力来落实设计，完成图纸，如果没有想明白，就会出

---

9 朱圣妤，女，1965年8月生，籍贯江苏，教授级高级工程师，1987年7月毕业于同济大学工民建专业后入同济大学建筑设计研究院工作至今，任建筑设计一院结构主任工程师。

10 陆秀丽，女，1962年9月生，上海人，教授级高级工程师。1987年毕业于同济大学工民建专业后入同济大学建筑设计院工作，曾任建筑设计三院副院长，建筑设计三院副总工程师（兼）（结构），集团结构专业委员会委员，上海同济协力建设工程咨询有限公司董事长，现任上海同济协力建设工程咨询有限公司总经理。

11 庄慎，男，1971年3月生，江苏吴江人。1989年考入同济大学建筑系建筑学专业就读，获建筑学学士、硕士学位。1997年研究生毕业后入同济大学建筑设计研究院任建筑师。2001年与柳亦春、陈屹峰合伙创建大舍建筑设计事务所。2009年离开大舍，与任皓合伙创建阿科米星建筑设计事务所，后唐煜、朱捷加入合伙。2020年起任上海交通大学设计学院教授。

12 刘家仁，男，1971年10月生，浙江余姚人。1989年考入同济大学建筑与城市规划学院建筑学专业就读，获建筑学学士、硕士学位。1997年4月研究生毕业后入同济大学建筑设计研究院工作。2001年之后在上海现代设计集团工作。主持有上海社科院大楼、上海文化广场等大型公共建筑。2010年后转向项目开发、设计管理工作，先后工作于中国金融期货交易所、万达集团、宝龙地产集团等，负责上海金融交易广场中金所项目，无锡万达城等大型综合项目。

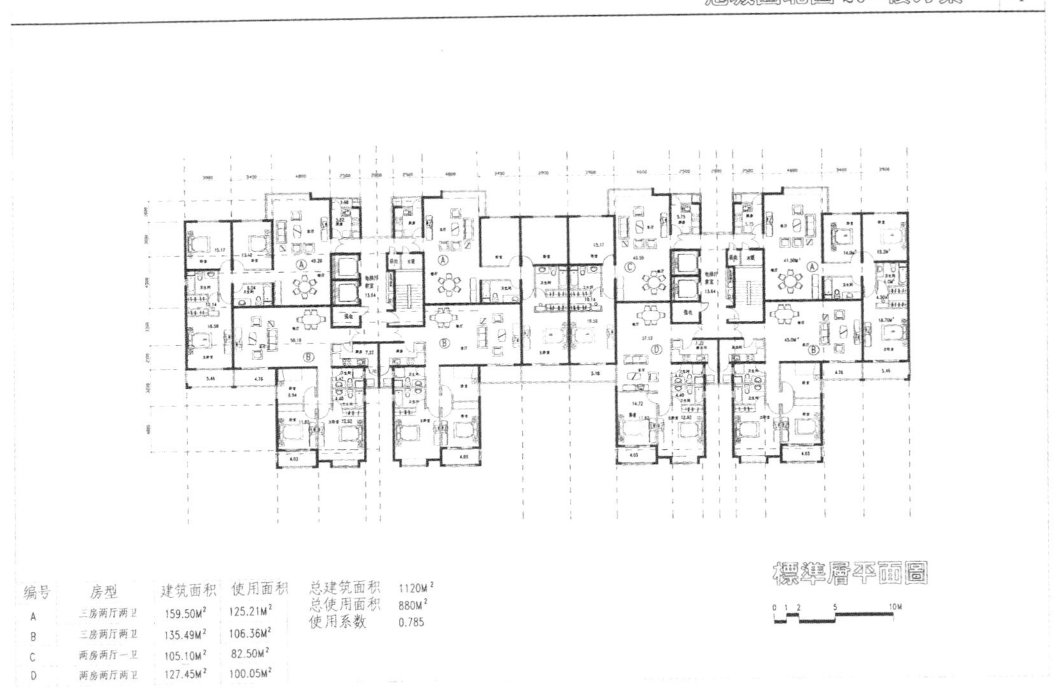

编号	房型	建筑面积	使用面积
A	三房两厅两卫	159.50M²	125.21M²
B	三房两厅两卫	135.49M²	106.36M²
C	两房两厅一卫	105.10M²	82.50M²
D	两房两厅两卫	127.45M²	100.05M²

总建筑面积	1120M²
总使用面积	880M²
使用系数	0.785

◎ 北京冠城园 20 号楼标准层平面图，来源：同济设计集团

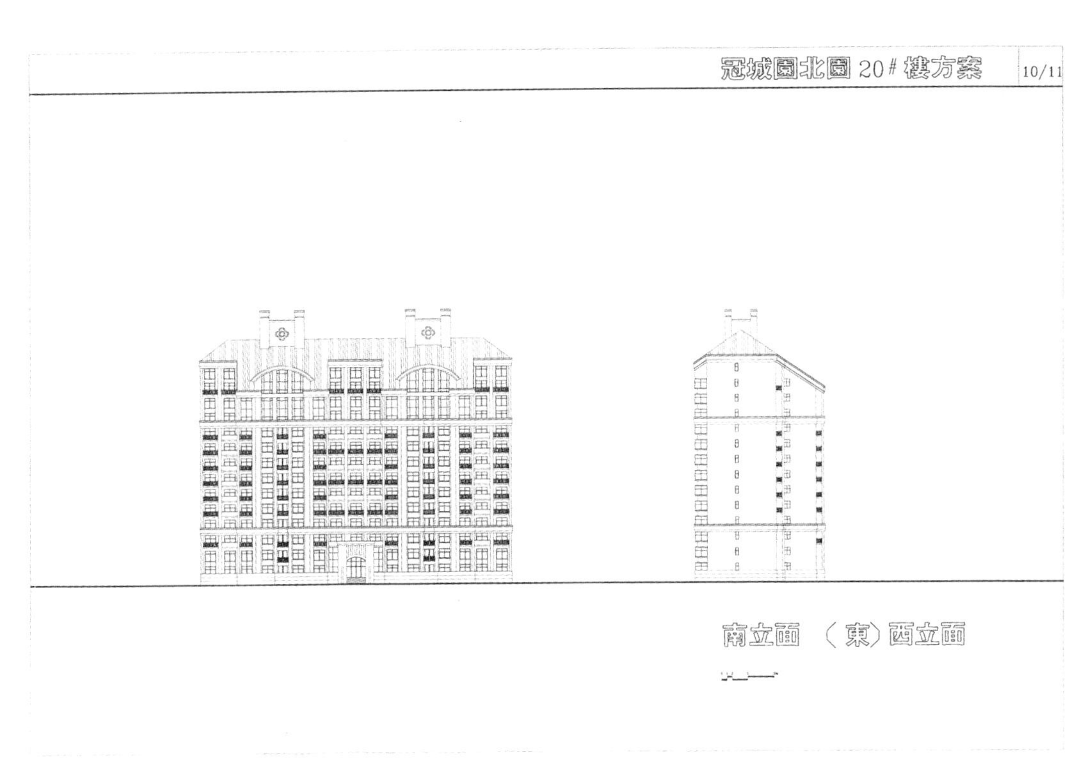

◎ 北京冠城园 20 号楼立面图，来源：同济设计集团

现管线错位或者平立面不一致，带来施工问题。其实当时我自己的设计经验很有限，能够参与全程现场设计与施工协调，有机会边学边改，迅速积累了经验。

华：高峰的时候我们院里大概去了20多人？

赵：1997年正好是亚洲金融危机。好像上海的项目不是特别多，所以院里当时有5—10年工作经验的主要骨干似乎都去过一轮。设计总负责是一室主任王建强，结构是万月荣[13]和朱圣妤待得最久，陆秀丽也待了很长时间，还有机电一批同事刘毅、钱大勋[14]、周谨[15]、邵建龙、卢海宁也驻场很久。其他还有一些同事也陆陆续续去。顾敏琛[16]作为整体负责冠城园的院领导，也一直在。这个项目为设计院培养了不少人。因为去现场，在专业上成长的速度非常快。

冠城园包括精装高级公寓、商住综合和纯办公的高层建筑，几十万平方米，是一个多功能混合社区，还有两层大型地下室，另外这个项目方案设计是原创的，当时北京的方案审批很严，要报首都规划建设委员会审批方案，又是一个开发商项目，牵涉到经济利益，还是一个真正意义上的城市更新，需要综合考虑动迁拆除和回迁安置等因素。这些当时对我们都是很新的课题。

冠城园在建成后很长时间都是北三环附近的一个地标性社区，有不少社会名人入住。

开发公司跟我们设计院的关系相处比较融洽，也比较信任同济大学和同济设计院。

华：冠城园的开发商总负责是不是韩国龙[17]？

赵：是的，他还在同济大学设立过韩国龙奖学金。

冠城园这个项目跟现在的现场配合还不一样，它是现场设计加现场配合，派去的设计师不是仅仅解决现场工地的问题，还要现场设计，所以设计院差不多把核心设计组都派去了。

---

13 万月荣，男，1964年1月生，籍贯江苏东台，教授级高级工程师。1985年毕业于同济大学建筑结构工程专业。1985年起工作于同济大学建筑设计研究院（集团）有限公司，现任建筑设计一院副院长、结构所所长。。

14 钱大勋，男，1957年1月生，籍贯上海，教授级高级工程师。1987年毕业于同济大学电气工程自动化专业（函授），同年进入同济大学建筑设计研究院（集团）有限公司。现任集团电气专业委员会委员，集团资深总工程师。

15 周谨，男，1971年4月生，高级工程师，现任同济大学建筑设计研究院（集团）有限公司建筑设计一院副总工程师。1992年毕业于同济大学，从事暖通空调设计近三十年，参与负责的大型工程设计项目百余项。多次获国家和省部级优秀设计奖。

16 顾敏琛，男，1963年3月生，上海人，高级工程师。1986年毕业于同济大学结构工程学院，毕业后进入同济大学建筑设计研究院工作，曾任建筑设计研究院院长助理和副院长。

17 韩国龙，1955年生于福建福清。在家乡读完高中不久便移居香港，并开始涉足商海。20世纪70年代以来，一直在香港从事房地产的开发与经营，并成为香港地产界知名人士。90年代，回到家乡福州发展，投资福州旧城改造。随后前往北京，将福州旧城改造的模式移植到北京，成功打造冠城园等著名地产项目。

华：就像设立了一个办事处，我们设计院当时有正式成立北京办事处吗？据说当时设计院还聘请了几个同济的老校友，比较有经验也了解北京的施工的，帮我们做了很多协调工作？

赵：设计院成立了北京办事处，到1999年后，我们设计组就陆续撤回来了，我应该算回来比较晚的，后来留下来的就是我们当地请的几位配合的老师。这个办事处后来跟我们整个设计院做北京的项目的办事处融合在一起了，再后来我就不是很清楚了。

华：前面采访赵秀恒老师的时候，他提到2000年前后赢得了清华大学大石桥学生宿舍的竞赛，这个北京办事处提供了很大的帮助。

赵：那有可能的，就是这个办事处，后来还配合过三院设计的中央音乐学院。当时办事处的几个老师我还有点印象，经验都非常丰富。其中一位还是高晖鸣院长的同学，浦雯珍老师。都是同济的校友，1960年代毕业的。

华：在1990年代末，要完成冠城园这样一个在外地的大项目绝对是一件很系统的事情，这对设计院整体的组织结构都产生了很大的影响吧？比如从综合室改专业室。

赵：对，就我自己的感觉，冠城园的项目使得原来设计院综合室的范围被跨越了。因为当时每个综合室只有三十几个人，要做这么大一个项目，一个室是不够的，肯定要跨越多个综合室。这样一来，不同室里的人就可以迅速熟悉起来。比如我们当时在现场建立的协作关系就一直被带到后来的工作中了。我们从北京回来以后，设计院改制，从综合室变成专业室，我们就被编入了不同的专业室，后来又变成了综合所，再后来又变成综合院。但是当年我们去过冠城园现场的一批设计师，彼此之间一直保持非常好的合作信任度，这就是因为我们当时在现场共同设计而建立起来的。

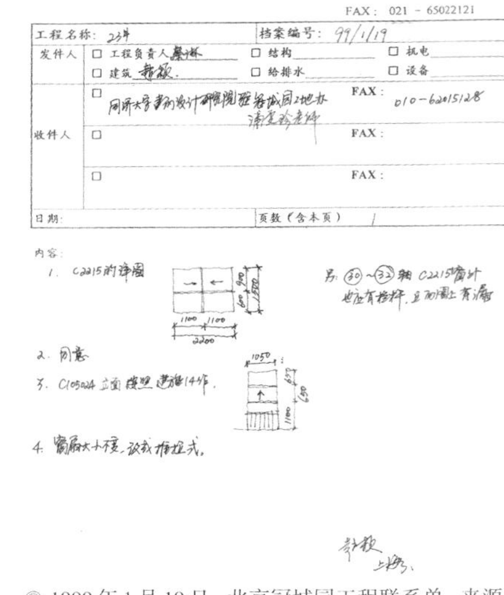
同济大学建筑设计研究院
ARCHITECTURAL DESIGN & INSTITUTE OF TONGJI UNIVERSITY

FAX：021 - 65022121

工程名称：23#		档案编号：99/1/19	
发件人	□ 工程负责人　□ 建筑	□ 结构　□ 给排水	□ 机电　□ 设备
收件人	□	FAX：010-62015128	
	□	FAX：	
	□	FAX：	
日期：		页数（含本页）1	

内容：

1. C2215的详图
2. 同意
3. C1050 立面
4. 窗扇大小

© 1999年1月19日，北京冠城园工程联系单，来源：同济设计集团

华：因为当时同吃同住？

赵：不是这个原因啦。主要是因为现场设计必须互相担待很多。甲方天天在后面催图，你在别人眼皮底下做设计，现场设计师必须担负很多东西。而且我觉得这对技术的成长也有很大的帮助，对跨专业的理解也蛮有好处。如果只有建筑所、结构所，你就忙着做自己的专业，

最多每个礼拜开一次例会互相了解一下。但是我们当时的一个工作组，所以可以较早地，或者说蛮系统地了解结构、机电工作，从建筑师的角度了解在一个项目里怎样互相配合，或者说了解其他专业的关注点，这些都挺有帮助的。

华：对，不再是抽象被动地去学习，而是围绕一个工程的具体问题大家来一起考虑，这的确会让人成长很快。从北京回来以后你又参加了哪些项目？

赵：北京回来以后，因为参加了另一个蛮重要的项目，北京的中国电信和中国移动大楼，所以后来又被安排回北京现场待过一段时间。

华：访谈周建峰老师时他介绍过一点这个项目。当时主要是张镇负责设计对吗？我也曾经参与过这个项目，帮着设计立面，画幕墙图。

赵：这个项目最早的方案是周建峰老师总负责，韩冬、曾群和我三个较早参与设计。张镇是在项目落地后接着负责做，因为中国电信的项目比较重要，当时我们三个被安排到设计院南面最老的楼二楼一个专门的房间，成立了一个工作组。应该算那一时期设计院设计费很高的一个项目，记得好像有一千来万元，时间太久了，不一定准。

华：怪不得这个项目的材料用得那么好。

赵：项目投资也比较高。当时那个方案是我们集中起来一起做的，项目落地后中间有一段时间我都没有参与。这个项目是做到精装修的，在精装部分我和张丽萍又参与了。后来我和张镇两人还轮着去北京现场。应该说在2000年之前跟北京还挺有缘的，做了好几个项目，去了好多回。

我从北京回来已经是1999年了。回到上海以后印象最深的一个项目是华东疗养院[18]改扩建。如果说北京的项目，我已经开始担任一些单独地块的负责人，但是毕竟还有更资深的总负责建筑师，像王建强老师，因为这是一个大项目组，实在搞不定的时候，你可以把问题抛给他们，他们会帮你协调。华东疗养院情况就不一样了，我就要自己独立面对后期许多实施问题了。

华东疗养院这个项目比较特殊，它是一个1950年代建成的康复疗养建筑群，建在无锡太湖边。是上海唯一的一个建在外省市的干部疗养院，经过四十多年的运行，当时很多设施已经不符合体检、康复、疗养功能了。当时设计院获得了华东疗养院改扩建的设计机会。

方案阶段是曾群担任负责人，后来曾群等几位建筑师去美国进修了，因为方

18　华东疗养院创建于1951年，隶属于上海市卫生和计划生育委员会领导，是一所集预防保健、疗养康复为一体的三级专科医疗机构，长期从事干部疗养保健工作。

案阶段我和曾群有合作，对项目情况比较熟悉，就由我来独立负责了。这个项目是山地类建筑，用地狭长，地形起伏变化大，设计从可持续发展的角度出发，立足保护生态环境，尽量使建筑贴近土地，采用比较小的建筑尺度，建筑与台地充分结合。项目虽然规模不大，由于是当时的上海市政府的重点项目由上海计委和卫生局立项批复，在上海也有一定的影响力。

这个项目负责审核的是顾如珍老师，她当时是设计院的副总建筑师。我跟着顾老师学到很多东西，比如在山地建筑的控制，场地竖向设计的合理性方面。为了这个项目的建成，最密集的一段时间我当时差不多每个礼拜都要去一次无锡。以前还没有高铁，火车票也没有现在这么方便网上查询预定，所以我就要提前看好几个合适的班次，经常在工地处理问题耽误时间了赶不上车，还可以走下一班。不过幸好无锡往返上海的车班次还是比较多的，出发是从现在的上海站北站走，从设计院坐115路公共汽车去也算方便。

华： 这在外地项目的现场配合中算很高的频率了。为什么需要这么多配合，工程有什么难度吗？

赵： 虽然项目规模不大，但是属于上海市政府的重点项目，关注的各方面领导比较也挺多的。另外由于是建在坡地上，标高变化复杂，基地里有许多长了很多年的高大乔木，香樟最多，需要保护，在开建前期主要是处理之前图纸上没有完全

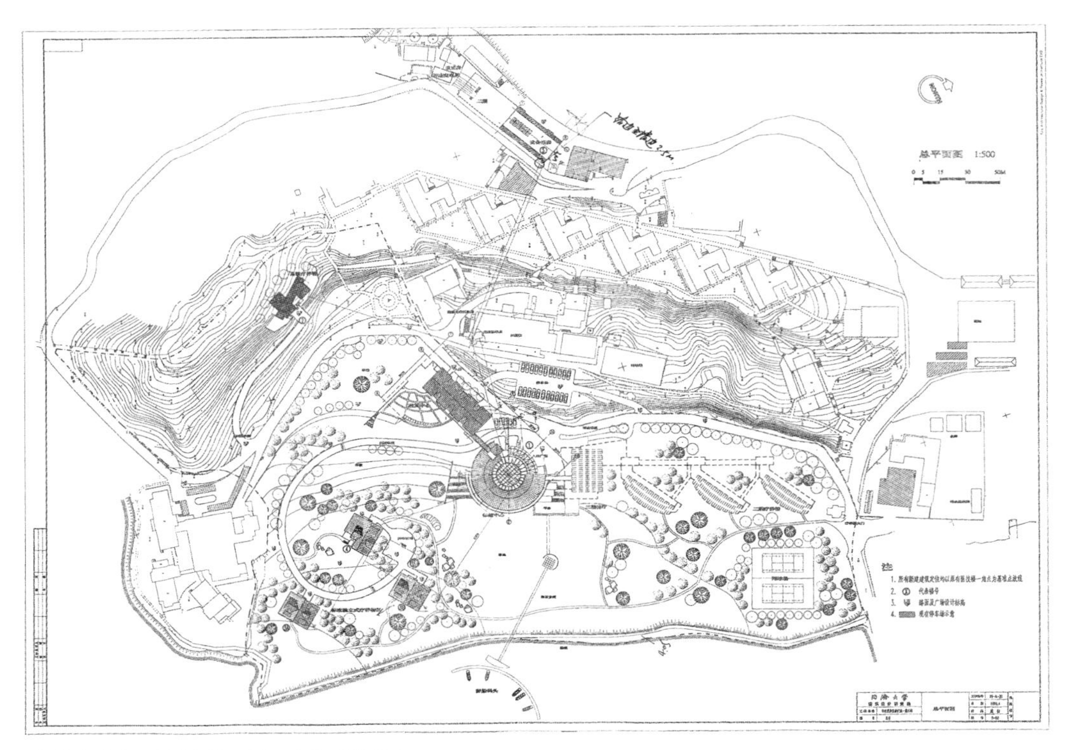

◎ 华东疗养院总平面图，来源：同济设计集团

落实的树木是留还是移的问题，遮挡视线的就要移走，不影响开挖的就充分保留。后期就是反复的现场选材，解决领导现场检查后的优化，等等。这个项目对我个人来说，除了获得了一些奖，也锻炼了作为项目负责人如何与政府主管部门协调，如何解决复杂基地的现场应变，如何与施工单位打交道等的能力，当时华东疗养院记得是上海四建建设的。还有一点很重要，也可以说是为我现在重点关注和研究的方向——养老建筑项目，打下了一点康养设计基础（离退休干部是华东疗养院主要服务对象之一）。

华：华东疗养院和养老建筑都属于医疗建筑的概念。

赵：应该说是"大医养"概念，因为华东疗养院是疗养康复性质的。我们当时设计的并不是医技楼（医技楼已经建成使用多年），而是一个改扩建项目，做的主要是康复、保健中心，疗养床位，还有一些配套设施。我现在越来越感受到，一个好的康复疗养项目，重要的不仅是医技设施，"医"是其中一方面，设计健全合理的康复配套设施，让使用者能在这些配套设施里获得更好的康复疗养还是蛮关键的。

静安寺地区城市设计和下沉广场建筑设计 | 1995—1998 年

访谈人 / 参与人 / 文稿整理：华霞虹 / 王鑫、吴皎、李玮玉 / 华霞虹、王昱菲、朱欣雨、吴皎、毛燕、刘夏、杨颖

访谈时间：2017 年 9 月 14 日 14：30—16：00

访谈地点：国康路 38 号同济规划大楼 E508 室

校审情况：经卢济威、顾如珍老师审阅修改，于 2018 年 3 月 9 日定稿

受访者：卢济威

卢济威，男，1936年11月生，浙江临海人，教授，博士生导师。住建部城市设计专家委员会委员，中国历史文化名城委员会城市设计学部主任。1960年毕业于南京工学院。历任同济大学建筑系副系主任、建筑系系主任、建筑城规学院副院长。2021年获授“俄罗斯艺术科学院荣誉院士”称号。

受访者：顾如珍

顾如珍，女，1937年12月生，浙江镇海人，教授级高级工程师。1960年毕业于南京工学院毕业后分配至同济大学建筑系任教。1978年进入同济设计院。原同济大学设计院副总建筑师。

1995年，同济设计院承担了地铁2号线静安寺站下沉广场的设计修建项目由卢济威教授主持，这一城市更新项目是静安寺周边地区城市设计的组成部分。1998年，静安区政府经评定选择同济设计院提出的静安寺下沉广场方案，将商业区放在下层，公园景观从上部延伸，形成地下、地上空间一体化的设计，这一方案将社会学、生态学、文化学各方面自然整合。在施工过程中，设计院解决了地下排水、地上覆土绿化的荷载等诸多问题。静安寺下沉广场已成为城市景观设计的经典案例。

华霞虹（后文简称“华”）：1990年代中后期完成的静安寺地区城市设计和下沉广场建筑设计至少有两方面的意义，一个是比较早开展的城市设计，另一个是现在还发挥着重要作用。对卢老师您来说也很关键，因为您原来山地建筑做得比较多，从这个项目开始更切实地向城市设计方向发展了。两位老师可不可以详细地给我们介绍一下这个项目的前因后果，尤其是一些具体的想法、落实过程中的问题？这个项目一开始就是找同济设计院吗？

卢济威（后文简称“卢”）：要谈静安寺广场，应该先谈谈静安寺城市设计。静安寺地区占地36公顷，因为1995年上海地铁2号线的地铁站在静安寺地区修建，所以实际上是一个实现TOD理念的城市更新项目。区规划局向市规划局了解做城市设计的情况，当时国内做城市设计的还很少，才找到我。

当时的规划局局长来找我，问能不能做城市设计。我考虑静安寺地区还是挺有价值的，就把这个项目交给同济设计院了。那时候我对上海规划院不了解，主要是为同济大学设计院服务。此后我们花了一年多时间完成设计，基本上也按照我们的设计实现了。

这个项目能够实现主要是因为地铁站是静安区政府投资的。现在一般地铁站都是由申通公司投资的，申通公司只管地铁站的建设。而政府投资因为花十几个亿，所以要考虑地铁站周围的整体发展。这个项目到目前为止基本上是按照当初的城市设计完成的。

这个项目的设计大概是1997年底到1998年初定下来的。我的设计理念很明确，要在这里做一个广场，把整个区域统率起来，地下空间跟地面空间一体化设计。过去一般地下管地下，地面管地面，管理上属于市政体系，一体化设计行不通。规划体系主要倾向于把这些都分开的，很大一个项目，蓝线一画，这个是水务的，红线一画，这个是建筑和道路。城市设计最大的一个点就是把市政体系、建筑体系、绿化体系整合起来，整合就是城市设计。

华：城市设计以后，1998年开始的静安寺下沉广场设计又是一个新的项目，

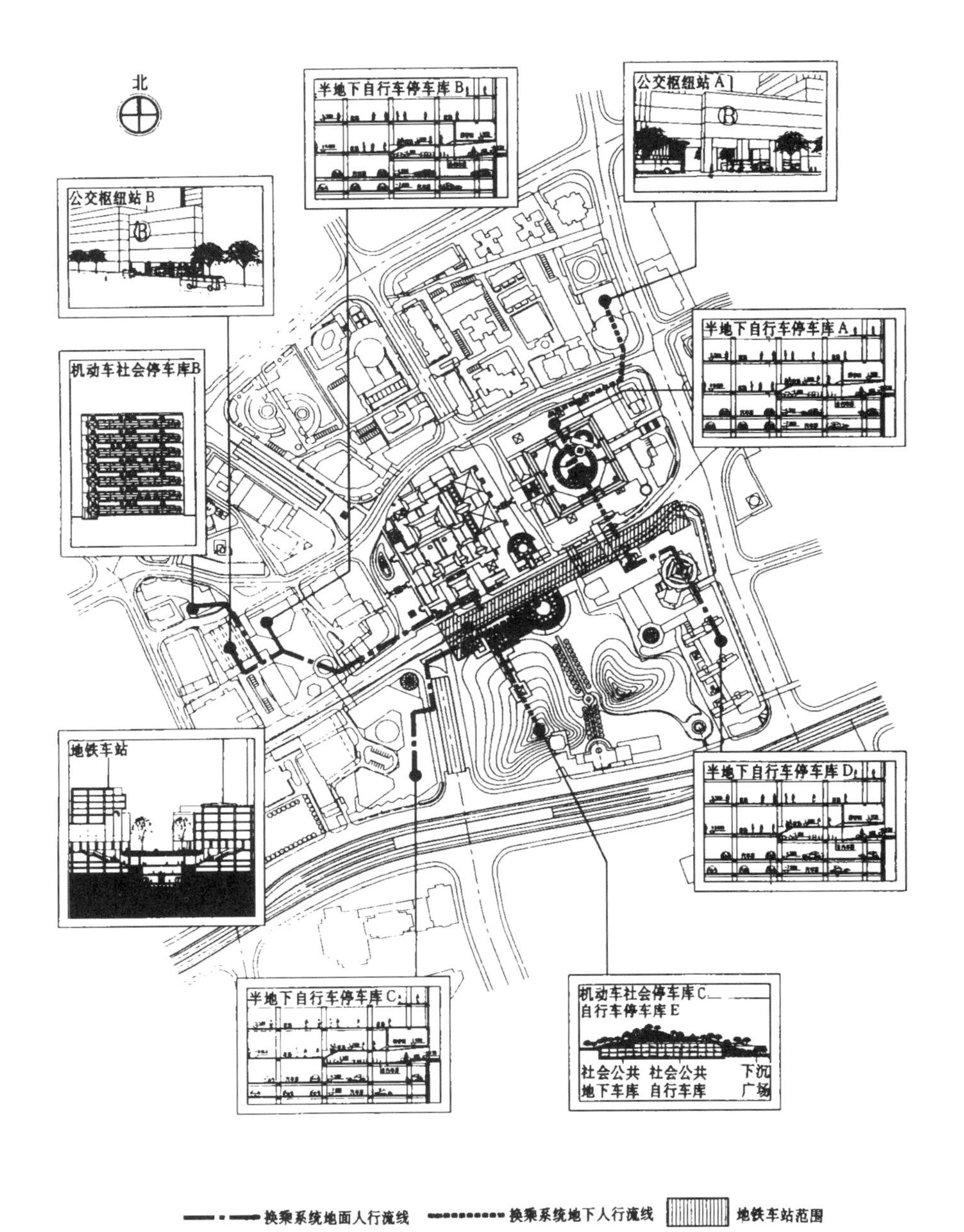

◎ 静安寺城市设计交通示意图，来源：《建筑学报》1996（10）：25.

包括静安寺公园、地下广场对吗？甲方还是静安区人民政府？项目还继续在同济设计院做对吗？做一个下沉广场的设计在当时应该不太常见吧？甲方和其他专业的人都很顺利地认同了吗？

卢：是新的项目。城市设计最大的特点是容积率很高，但是我必须在城市的最中心地区留出一个绿色广场，还有一个静安寺，把这两个空间作为这个区域的核心部分，旁边可以大量建造高层建筑，保证城市高容积率的需求。这个下沉广场是静安公园的一个核心组成部分，把绿地、寺庙、周围建筑、地上地下全部连接起来，整

◎ 1997 年，静安寺地区城市设计电脑渲染图，来源：卢济威提供

合起来。整合是城市设计最主要的事。那时候我写了一篇文章，主要谈论城市设计的整合机制这个问题[1]。

甲方还是政府。当时他们讨论了很多次，市里也讨论了，基本认可这个方案。从 1997 年开始，为了 1999 年新中国成立 50 周年要做一个广场，就把我们的下沉广场方案实现了。当时不是委托同济设计院的，是又经过了投标，我和邢同和[2]各做了一个方案，最后评下来还是用我的方案。方案定好以后，就开始做扩初和施工图。后来顾如珍老师也参与了，真到实际建筑工程技术方面我不行，要顾如珍老师才行。

大概花了一年时间把静安寺广场做出来。当时这个广场最大的特征是不对称，把各种要素联系起来。这个广场有 8000 平方米的商业区，广场实际面积并不多，只有 2500 平方米。

这 8000 平方米的商业区怎么办？一般情况下都是红线一划，这里属于地铁办的，他们造商业区、下沉广场等。后来我提出来，说这是公园的一个组成部分，要把公园的形态渗透到广场，作为功能的组成部分。所以我就把商业部分往下压，压

1　卢济威 . 广场与城市环境整合 // 建筑与地域文化国际研讨会暨中国建筑学会 2001 年学术年会论文集中国建筑学会会议论文集（2001）[C]，159-169；卢济威、顾如珍、孙光临、张斌 . 城市中心的生态、高效、立体公共空间——上海静安寺广场 [J]. 时代建筑，2000（3）：58-61.

2　邢同和，男，1939 年生于上海，高级建筑师（教授级），享受国务院特殊津贴。1962 年毕业于同济大学建筑系城市规划专业。1991 年任上海市民用建筑设计院副总建筑师，1998 年至今任现代建筑设计（集团）有限公司总建筑师。

到离地面只有2米，然后我把公园的绿地包过来，高出屋顶2米，实际上高出地面4米，就形成小山包。这个实际上叫土地复合使用。

开始静安寺地铁办说这块地是属于地铁办的，怎么能给公园服务。后来我说，你不要急，等我模型做出来你看看。后来模型做了，他们认可了。因为这样做对他们没坏处，对造型也没坏处，而且把公园的面积扩大了4000平方米。这个叫要素的渗透，城市设计讲整合的话，它的要素是要渗透的。

从另一个角度讲，城市土地复合使用，上面是公园，下面是商业，这是两种类型的土地，从土地的规划讲，也是两种类型的土地。但是不存在建筑边界。广场和商业还在红线里面，只是商业和园林部分这条线没有了。关键这样处理以后，要给人感觉很自然，对它的下沉空间也没有影响。广场造好以后就把地下空间都连起来了。城市设计中造型创作是很重要的，一般做不到这点。所以当时大家都比较肯定这个广场。

现在广场的地下空间，在上海来说也是比较完整的。除了跟久光百货联系，还跟东边的越洋广场，再东边的嘉里中心联系上。更重要的，因为北面有一个公交枢纽，我把这条线又通到公交枢纽，这是当时我定下来的。

华: *静安地下广场现状如何？您最近还在给静安区政府做顾问吗？*

卢: 现在基本上难得去做顾问了。我最近碰到一件事，他们要在华山路那边做一条新的地铁线，可能是14号线，因为有个通道要连过来，一定要从上面压下去，所

© 1999年，静安寺广场全景，来源：卢济威提供

© 1999 年，静安寺广场商业用房围合半圆形看台与圆形舞台，来源：卢济威提供

以要把这个地下广场破坏掉。原本是地上地下两层，现在要把地下一层盖掉，来做苹果的旗舰店。现在还没有做。我当时坚决反对，说这个方案不能这样做。

但申通公司不太听人家的意见。14号线和2号线最近，本来我们建议从底下连通，但申通不接受。我去跟他们交流过一次，说这个思路不对，原来静安寺广场往下沉，是要把华山路、南京路、常德路整个片区整合起来，共36公顷，地面与地下整合起来，不是简单的广场。最后我也没去管他了，管不动了。我现在想通了，既然密斯的巴塞罗那德国馆都可以被拆掉……

还有一本书，是王一的一位硕士生写的，已经出版了，[3] 关于静安寺城市设计及广场的发展，怎么设计，评价怎么样。

华：我觉得这个项目其实非常有意思，感觉某种程度上是卢老师山地建筑经验和城市设计的一个结合。因为您做山地建筑，所以对景观非常敏感，城市景观也一样。卢老师确定了城市设计的大方向后，顾老师，您负责具体深化的建筑设计对吗？您能介绍一些设计中遇到的细节问题吗？

顾如珍（后文简称"顾"）：是的，都是我们设计的，那时候还没有什么景观设计师。我们碰到的主要困难，一是下沉部分排水的问题。上海有台风，会下暴雨，这个

3 黄芳 . 上海静安寺地区城市设计实施与评价 [M]. 南京：东南大学出版社，2013.

水量要怎么计算，水要怎么排？还有顶上的覆土，这个覆土上还要长大树，树怎么才能活，荷载怎么算？另一方面，因为绿化有整体的颜色，不能光上面有树，广场没有绿化。所以下面广场还种了三棵香樟树，这三棵树怎么让它活？所以当时的确挺难的，的确花了很多力气，大家一起做调查，动脑筋。

那个广场，我最初是按照50年一遇的洪水来考虑的，后来想想不放心，就按照100年一遇的来考虑了。那时候几次下暴雨，我一直担心会不会积水，担心水漫到地铁站会影响地铁的运行。所以设计成下面有水池，周围都有排水沟，这些都是经过精确计算的。后来真的是一点都没出过问题。此外，因为管道在上面，我们在下面，所以需要有水泵专门把蓄水池的水提升上来排掉。当时吴祯东老师动了不少脑筋。这是建筑提出的要求，所以一直和他探讨。还有范舍金老师也一直在做。

关于那三棵树怎么成活的问题，下面要有点水留着，全流光了，那三棵树也长不活。下面都是打桩的，是抗拔桩，那个桩不是抗压的，是抗浮的，防止地板浮起来。那时候地铁的刘建航院士也来帮我们处理，关于广场和地铁站之间抗压的问题、抗浮的问题等等，帮我们出了不少点子。

反正大家一块群策群力。另外，很多方面我也去了解，比如怎么覆土、怎么种树。当时因为绿化方面说，一定要有2米覆土乔木才能长起来，不然只能是灌木。因为我们一定要种大树，否则就没有效果，所以要求上面荷载很大。这样子结构方面就很恼火。后来他们也动了一些脑筋，一开始说梁高起码1.5米，我说你这么一搞，我下面空间都没了。后来我说做扁梁，因为我们当时北京有工程也做过这些，宁可梁宽到2米。结构说不合理，我说这个不合理带来了很多合理。后来上面改了改，种树的地方是有两米的覆土，没有种树的地方就用泡沫垫在下面，减轻了部分荷载。后来我去看的时候，树都长得挺好的。

当时最难的一个是下面的水，一个就是上面的树。一个怕水淹，一个怕长不活。建筑方面都还比较简单，比如那些石材，用荒料也碰到过。这个工程我也学到很多东西，查找很多资料，也去建筑周围看，用荒料我觉得比那种薄片效果好。

卢：细部是顾如珍老师在抓，具体的是张斌、孙光临[4]两个人负责。

当时还有一个11万伏变电站在我们的小山下面，给做设计带来很多麻烦。后来把11万伏的高压站都压在下面了，上海没有这么做过，我们第一次把它压下去了。这个现在看起来是景观城市主义的一种做法。所以你现在看不到地铁的通风口之类，都组织在建筑景观里了。这方面做得非常仔细，每一点都好。

顾：还有这里一个凳子都没有，都是利用高差提供给人坐的地方。这个高差既是造

4　孙光临，男，1965年9月生，黑龙江哈尔滨人，副教授。1984年考入同济大学建筑系，获得学士、硕士学位后在同济大学建筑系任教至今，于2010年3月—2010年8月赴德国斯图加特大学做访问学者。

◎ 静安寺广场建筑、结构、设备与景观的一体化设计，来源：卢济威提供

型的需要，也是人生活的需要，假如摆了很多凳子就难看了。

华：前面的城市设计，后面像顾老师和卢老师介绍的具体的地下广场设计，在这样的项目中，卢老师您觉得，高校设计院有没有自己的优势？跟其他的设计院做法有所不同吗？

卢：我认为最主要的是，高校设计院是研究型的，因为这个项目，脱离了研究谈不上是项目，谈不到它的成功。把城市设计本身作为一个研究项目，然后城市设计跟工程设计结合起来，这也是属于研究型的。假如一般的商业设计院，城市设计好了以后就不管了，红线、蓝线一划，后面项目各人管各人的。我们高校设计院作为研究型的机构，做城市设计可以一直延续到后面，而且可以把社会学、生态学、文化学各方面整合起来。这个是高校设计院的优势，但是经济效益可能并不好。我们高校设计院会研究城市设计，有时是要突破目前的规划管理体系的。我们高校设计院的特点主要是从成果，也就是从最后对社会的影响方面考虑得多一点。经济上面会适当放得松一点。

2001
—
2022

下篇

新时代　新机遇

集团化发展的内外契机、科研体系与人才培养

| 1998—2006 年

访谈人 / 参与人 / 初稿整理：华霞虹 / 俞蕴洁、王鑫、李玮玉、梁金 / 郭兴达、顾汀

访谈时间：2018 年 2 月 2 日 15：00—17：00

访谈地点：同济设计院 503 会议室

校审情况：经王健院长审阅修改，于 2019 年 8 月 8 日定稿

受访者：

王健，男，1958年4月生于上海，教授级高级工程师，博士生导师。1978年10月进入同济大学机械系暖通专业学习，毕业后分配至南京建筑工程学院任教，1993年至同济大学建筑设计研究院任职，2000年任同济大学建筑设计研究院（集团）有限公司副总裁，2005年任常务副总裁，2012—2018年任党委书记、副总裁，2018—2021年任总裁、党委副书记。2013年获中国建筑学会“当代中国杰出工程师”称号。

1998—2006年，同济大学建筑设计研究院蓬勃发展。访谈中王健院长回顾了企业的发展历程，分析了企业发展的关键——外部契机的把控、内部制度的特点和协作机构的运营，企业和学校间互惠共赢的合作关系。针对企业的科研创新问题，主要介绍了设计院与学院联合申建数字化设计工程技术中心的经过，以及该平台对科研的激励作用，阐明了对目前设计院人才培养和未来发展的思考。

华霞虹（后文简称“华”）：王院长好！从1993年到现在，您见证了设计院的快速发展——从100人左右到现在3000多人。您自己的身份也在不断变化，从一个暖通工程师，成为设备室的主任，然后副院长，党委书记，一直到院长。在这25年里，同济院完成了集团化发展，从您的角度来看，集团化前后的同济院在经营、管理、人事工程组织等各方面有什么大的差异和发展呢？

王健（后文简称“王”）：设计院直到1998年还是一个规模比较小的设计单位。而“小”和“大”两种管理方式，是有本质区别的，主要是两个方面：第一个方面，人少好管理，安排事情也很直接；第二个方面，起初没有体系化的管理制度，而发展到几千人的时候，就要靠制度管理。制度的关键是既要高效管理企业，又不失去过去学院派的优秀传统，还要适应行业的普遍规则。现在行业认为我们是一个学院派的机构，所以我们力图一方面组织好庞大的集团，另一方面又不能忘掉高校设计院一直坚持的学术民主的作风。

华：大部分高校设计院规模并不大，制度化的要求没有那么高。但规模较大的同济院必须有一个完善的、企业化的制度来提高管理效率。从1998年开始转变到现在，之所以能把原来民主化的状态保持下来，一方面是企业化制度的加入，另外一方面我们不像行政单位，没有上下层级的包袱，这跟同济院的历史有关。

王：对。不过高校设计院都跟我们类似，尽管我们现在是规模最大的高校设计院，但是目前清华、天大、东南的设计院基本上也近1000人了，发展得都非常好，也都引入了现代化的管理机制。我们有个非常好的平台，即2004年成立的中国勘察设计协会高校勘察设计分会。每年我们所有高校设计院的管理者会聚在一起互相学习交流，借鉴彼此的管理方法。现在各家企业的管理都非常正规，也保留着各自学校文化传统的基因。

华：与有行政等级的大型国有设计院相比，我们设计院内部应该也有级别差异。您能具体地说一下高校设计院和一般大型国有设计院的区别吗？

王: 大型国有设计院要么是国家国资委管理的，要么是地方国资委管理的。但是国资委管理着几百家企业，所以管理文件和方法是标准化的，制造型企业和研发型企业都按照这个走。

华: 那么高校设计院没有国资委这条线吗？

王: 现在高校设计院隶属于各个学校名下的资产经营公司，而资产经营公司就是学校的“国资委”。我们每年要向董事会、股东会和资产经营公司汇报各方面的计划与预算，股东会通过董事会给我们下达各方面的指标。我们每年会进行工作述职，接受各方考核，保证国有资产的保值、增值以及党风廉政建设，包括我们的薪酬绩效也要根据业绩来衡量。这种管理方式与国资委相似，只是学校资产经营公司对我们管理的针对性比较好。

华: 我想这种管理方式对我们的发展很重要。刚才您还提到了高校勘察设计分会，为什么在2004年设立这个分会呢？

王: 过去高校设计院的管理都是归在教育部规划司下面的技术处。我们所有的程序，包括换资质、换证、定聘人员等事务都要通过教育部技术处，以教育部的名义和建设部沟通。后来教育部改革，要精兵简政，就解散了这个技术处，把设计院放到教育部规划司直属高校基建处。基建处希望我们进行自我管理，所以在何

© 2007年中国勘察设计协会高等院校勘察设计分会第一届理事会第四次全体会议在同济大学召开，来源：同济设计集团

镜堂[1]院士的倡导下，我们成立了这个协会，作为中国勘察设计协会下面的二级协会。

华: 其实这是一个行业协会，那么参与协会的高校设计院有多少家呢？

王: 现在有60多家，比较大的有10家左右。现在协会最主要的事情是帮助教育部进行资质初步审核、参与每两年一次的教师定聘和教育部优秀设计评审，以及教育部直属高校基建项目的可行性研究评估。此外，我们还有很多自己的活动，例如每年一次的全体会员大会、常务理事会以及经营、质量、行政、财务等各个职能部门的研讨会。我们还有各个专业的学术委员会，他们每年都有学术交流，同时我们还将交流平台拓展到青年建筑师的论坛，学术活动非常广泛、活跃。这样就把各个设计院联系得非常紧密。

华: 在1998年以前，同济院做外地的项目相对比较多。但是1998年以后拿到了很多上海本地的重大项目。1998年以后同济院发展的契机何在呢？跟同济大学或者上海的发展有关系吗？

王: 浦东的改革开放以及上海的大建设，使上海的建设容量增大，速度加快。之前市场小，项目少，后来市场大了，我们就有了很多机会。2003年左右，同济设计集团发展的契机就在于2010上海世博会的举办。世博会的契机并不只是世博园本身，世博会申办成功以后，要提前很多年建设配套的基础设施，世博园区只是最后亮相的工程与最为重要的平台。世博会注定成为城市进行大规模建设、推动城市发展的催化剂。那几年间，上海各方面发展迅速，需要更多的设计力量，所以那段时间我们有很多上海的项目。世博会为同济院提供了一次绝好的展示机会，也为同济院在世博会以后提供了更多发展的可能性。

华: 像上海世博会这样的大事件项目对于设计院的发展极为重要，同样还有奥运会、汶川地震援建。加入这些大事件充分体现出了设计院的社会责任感，同时也让我们的设计实力和知名度得以提升。

王: 同济大学深厚的学术背景和高屋建瓴的前瞻性，使其成为这些大事件中的先行者。比如世博会申办成功后，2003年同济大学马上成立了同济大学世博研究中心，那是上海市第一个世博研究中心，发挥了规划和其他层面的智库作用。我们的工

---

1 何镜堂，男，1938年4月生，广东东莞人，中国工程院院士，全国勘察设计大师，岭南建筑界代表。1956年考入华南工学院（今华南理工大学）建筑学专业就读，获学士、硕士学位，1965年研究生毕业后留校任教，1967至1983年曾在湖北省建筑设计院和北京轻工业部设计院工作，1983年调入华南工学院，曾任华南理工大学建筑设计研究院和建筑设计院院长、亚热带建筑科学国家重点实验室学术委员会主任，曾获首届梁思成建筑奖、国家光华工程科技奖、广东省科技突出贡献奖等荣誉。

作就是在世博研究中心的组织下，前期就开始介入，做了长时间的规划和设计研究。所以当后续加入进行建筑单体设计的时候，我们已经具有了很多的知识储备与优势。当时，很多研究都是无偿的，我们是凭借着自己的热心与责任感积极参与其中。比如说，章明老师参与投标和设计的城市未来馆，完全无偿，但仍然组织了优秀的设计人员参与投标。没有功利之心，后面反倒是有了更多的收获。如果说，世博会的时候大家还是靠着满腔热情，那汶川地震援建真的体现出高校设计机构服务国家战略与社会民生的一种历史责任感。援建工作由吴长福老师和周俭[2]老师组织，集结了各个专业的优秀老师。如果没有组织，这么多优秀老师的参与是不可能实现的。

华：这也是我们高校设计院很重要的一个发展特征与专业优势，我们可以很好地遵循学院和设计院两方的发展规律，整合资源，共同提升。

王：对，我们跟学院的关系非常紧密。所以，当我们在应对这种大事件的时候特别有战斗力。学院这边不仅有非常多优秀的教师资源，更多的是与实践相结合的研究探索项目，但是如果这些都不能够规范化地存在于产业制度之下，那这些探索也就失去了必要性与现实意义。这时候，都市院的成立就十分重要。2005年，我们成立了都市院，组织和投入就有了合作伙伴，教师也有了一个对外进行社会服务的窗口。我们和学院能够发挥双方的长处，共同提高“同济设计”的专业地位与社会声誉。如果没有这样的机制，学院的研究可能就停留在非营利的状态了。我想，我们在上海的影响力之所以越来越大，除了上海城市发展、2003年申办世博会成功，可能和都市院成功地把学校的老师组织起来也有相当大的关系。

华：通过我们的组织，学院老师从原来的分散状态转变成了紧密、确定的关系。

王：这个平台的最大的好处，就是解决了很多设计之外的现实问题，比如优秀的学生如何留下来的问题。原本，老师的工作室里的优秀实习生和学生流动性很强，这对于工作室本身就是一种人才损失。而如今，工作室的人员成为设计院员工之后，加入工作室就没有了后顾之忧，社保、身份、户口、注册等问题一下子迎刃而解，他们工作起来才能更加安心，从而趋于稳定。这些设计人员会逐渐成长为都市院的骨干力量，而他们相对稳定的工作状态很好地平衡了教师需要兼顾教学与实践的时间投入，也成为各位老师的得力助手，成为设计院非常重要的设计人才。

2　周俭，男，教授。1984年毕业于同济大学城市规划专业，1987年、2003年分别获该校城市规划专业硕士与博士学位。1987年至今任教于同济大学城市规划系。1995—1999年任同济大学建筑与城市规划学院城市规划系主持工作副系主任，1999—2014年任同济大学建筑与城市规划学院副院长，2002年任上海同济城市规划设计研究院院长。2008年起联合国教科文组织亚太地区世界遗产培训与研究中心上海中心主任，2013年起任秘书长。2008年起任同济大学国家历史文化名城研究中心副主任，2004年获法国文学与艺术骑士勋章。2009年任汶川地震上海市对口支援都江堰灾后重建“壹街区”总规划师、汶川地震灾后重建都江堰市“古城区保护与更新”总顾问。2020年被住房和城乡建设部授予“全国工程勘察设计大师”称号。

这个平台的第二大好处就是设计院可以协助教师和设计团队处理设计过程中的各类事务，比如外省市项目备案、招投标过程中的集团全工种及业绩优势、把控初步设计之后的施工图绘制、工地配合等。如今，教师工作室在集团这样一个庞大的队伍当中，可以更为专注地从事设计创作，将原本需要分担至施工图等工作的精力解放出来，完成更多作品，也提升了整体应对大型项目的能力。

华：为什么这种合作机制在同济可以实现，并稳步发展呢？

王：过去，很多学校老师的项目要进科研处的横向课题，然后自己组织队伍，跟设计院不产生关联。现在，建立这种机制要改变很多老师的工作习惯，当时建筑城规学院院长吴志强和常务副院长吴长福，用他们的决心、威信和号召力做成了这件事情。另外，“同济设计”这个品牌也很重要，各个老师对于它的认同感也比较强，所以当我们组织起来的时候，还是可以在行业内打响名气的。

华：现在我们设计院有这么多机构，集团怎么管理呢？

王：集团是由母公司同济设计院和子公司控股公司组成，子公司也有独立的法人资格和设计资质。子公司按照各公司自身的章程进行管理，但他们都是基于母公司的根源派生而来，因此都相对熟悉集团管理的基本导向，可以很好地执行各项管理要求。在集团层面，根据股权比例的大小，我们会派出董事、监事通过董事会对子公司的经营事务进行管理，每年也会听取他们的工作述职。此外，我们还有各个分院，分院是二级法人，它的管理跟设计院是一样的。子公司和分院在部门刚刚成立的时候，需要集团在人力、物力、财力等各方面支持、协调，往往建立之初会有一个（集团级）的领导负责这个部门，来助力它的发展。

华：2015年，同济设计集团与同济建筑城规学院等单位合作成立上海建筑数字化建造工程技术研究中心是基于怎样的考虑？

王：这与整个行业的发展以及未来企业的发展密切相关。在如今互联网、信息化发展日新月异的新时代下，企业持续发展的动力必然是创新，而这其中技术创新汇聚而成的高新类平台和体系，是企业创新研发的重要载体，后续更有利于企业的转型发展。集团于2015年底获批成立博士后科研工作站，对企业进一步引进、培养高层次专业技术人才，加快科研成果转化，增强技术创新性，发挥了举足轻重的作用。集团也充分依托了高校的科研力量，建立合作纽带，在技术、资源、信息等多方面实行共享。

数字中心成立的定位就是希望在这个平台上实现工程化的开发，希望将一些实验性的前端的东西，通过这个平台实现转化，达到技术集成。学校更多的是偏向于前沿的成果，而企业更多是希望利用技术全面提高设计的效率和质量，着力打造集团自身的核心竞争力，带动上、下游产业集聚形成联动效应，提升集团在行业内的引领作用。这个机构目前依托于集团，但对外又可以是一个实体，未来我们希望它实体化，然后成立公司。

华：有点像孵化器。

王：是的，可以说是孵化中心。我们现在只有一个工程技术中心，后续会准备孵化第二个，方向是汽车运动、汽车安全和无人驾驶安全方面。我们会一直从相关学科与实践结合的方面不断地去找，去研究，去形成设计院的研发团队。2018年，我们共申请专利总计41项，获得授权专利计34项，包括发明专利、实用新型专利和软件著作权等。

这样的平台加上团队，确实激励了我们的发展，而加大科研上的投入，推动科研进步的同时也带来了效益，这是发展的大方向，也符合学校要求的方向。我相信再过5到10年，你可以看到我们努力的成果。

华：可以具体说一下集团内部针对技术类科研的触发点和应对机制是什么。

王：我们的企业是问题导向的，很多工程的特点和要求会带来技术难题，有了问题，就会有研发和突破。这种机制大概是这样，首先集团各个专业有相应的专业技术委员会，成员都是集团最资深的专家。我们在应对上海中心这类集团级的工程时，往往都会碰到比较复杂的问题，这时首先会由各个专业的总师或其指定的人来担任工程的技术负责人和审核人，然后在初步设计的审查阶段，专业技术委员会全程介入，在碰到问题的时候共同讨论、解决。这其中的一些问题会成为课题研究，还有一些要请外部专家来参与讨论和评审，从各种渠道解决问题。

华：那这其中相关的课题研究要怎样管理与组织呢？

王：这就要讲到我们的科研体系了，它分成两大类，分属两个部门，一个是研究设计院技术体系的技术质量部；另一个是负责工程和项目科研层面问题的技术发展部。这两个部门都是负责组织，而不是研究。组织的课题分成两类，即外部委托和集团自主立项。技术发展部每年都会同集团的技术委员会制定年度优先资助的课题方向，负责组织实施科研立项的初步审核工作，并同项目负责人共同指定专家名单进行后续的评审。所有科研项目的负责人都必须正式受聘于集团，这样也有助于我们去评判每一个人的科研能力及科研团队的实力。我们也会对每位项目负责人的项目实行限项，从而保证科研项目的实施效率。很多重大研究课题中，我们都会邀请建筑、土木、环境等学院的教授共同参与，联合攻关，紧密合作。

华：这样的组织也非常重要，同时它也吸引了很多高端人才。说到人才，那设计院在留住设计人才的方面还做了哪些工作呢？

王：各企业管理者都要考虑留住人才的问题，除了提高收入以外，还要考虑其他多个方面。企业间的竞争不仅仅是产品和技术这一硬实力的打造，更要重视一种软实力——企业文化的打造。我们希望提供一种鼓励创新的设计氛围，一种公平民主的竞争氛围，为有能力的人提供可靠的发展平台，希望他们可以在这里找到自己职业发展的方向。像是集团陆续设立的建筑创作奖、结构创新奖、机电创新奖、科技进步奖以及细部设计竞赛等评选，都是在积极鼓励内部原创设计。我们在集团层面重视企业文化的建设，让员工感受到归属感，对企业更为信任和依赖。这是我们一直在坚持的事情，通过集团党、工、团合力，围绕心理疏导、职业发展和人文关怀三个体系进行推进，这些事情一点点的物化工作之外的日常的文体活动、论坛讲座、专业培训、岗位评比、家庭关怀等方方面面，共同创造企业整体健康、活力的发展环境。

华：人才是国内建筑设计公司之间竞争的一个关键，那关于国际间的竞争您怎样看待呢？

王：我们不应该只看到了国外建筑师进入中国所带来的市场竞争，也要乐于看到国外建筑师尤其是大师级人物及作品进入中国，从建筑形象到设计思路、技术以及艺术、文化内核等方面对我们自己的设计所产生的熏陶和积极意义。这种高质量的成熟的设计与运作体系，也促使我们去主动适应这种对比，我们正是在这激烈的竞争中，锻炼了自己，提升了自身的设计水平。无论是合作还是投标上的竞争，都是很好的学习机会，外国建筑师带来的远不是一个作品这么简单。

同时，我们自己也要不断提升自身的国际化意识，不仅是自身的业务能力和

© 2017 年度同济设计集团内部评奖获奖作品展览，来源 同济设计集团

创造力，更要注重提高在国际职业实践中的职业精神，要了解国际规则和习惯做法，要融入国际化的语境。政府和行业协会也在不断地提供这种机会，有意识地搭建平台将我们的建筑设计推向国际舞台。我们希望未来可以有一个更大、更宽的国际视野，多参加国际投标、国际评奖，或者各国的双年展。要让别人知道我们在做什么，要学会与国际同行交流。

华：你觉得同济设计院继续发展的挑战在哪里？

王：建筑设计理念的发展推动了技术的进步，信息技术、互联网技术和智能技术逐步进入建筑行业，自动绘图、协同设计平台、BIM 技术和 3D 打印等技术在建筑设计行业已普遍使用，并成为必不可少的工具，未来仍将不断深入发展。

我觉得同济院所面临的是知识结构需要完善和延伸。随着国家和社会对建筑质量、节能环保的重视，建筑业逐步转型和升级，促进了装配式建筑、BIM 技术和绿色建筑等建筑理念和技术在我国的普及，在这些方面的设计与技术研发，我们已经初具成效，但这更多的是限制在设计方面。如今的产业化，强调的是集成规划咨询、设计、工程总承包、全过程工程咨询等业态和模式，从设计、咨询往前后延伸，建立多业务板块之间的协同整合能力。如果我们只会做设计，不会做前期工作或者其他，这就阻碍了我们的发展。

华：我觉得这也涉及建筑学教学。我们现在培养的还是画图的人，但认知的能力更要拓展。

王：对，基于我们高校设计院的性质以及老师在设计院平台上的实践，很多学生第一次接触实际项目就是从设计院开始的，我们或许是他们从专业到实践的“第一次跨越”。我们要教他们的不仅仅是建筑设计的方法与参与实践的方式，还应该帮助他们全面理解建筑行业的发展前景和建筑本身的现实意义。建筑是随着社会发展而变革的，社会动态的变迁也让建筑的发展充满了多样性。中国建筑师正面临着越来越高的职业要求。一方面，国内建筑业发展由粗放式向精细化转型，要求建筑师承担更多责任，不断提升建筑品质和质量；另一方面，随着“一带一路”倡议的推进，越来越多的企业和建筑师要“走出去”，到境外承接设计任务，这就要求建筑师熟知国际惯例。

就像现在国家要推广建筑师负责制，需要对工程的全过程或部分阶段提供全寿命周期的设计咨询管理服务，建筑师的指挥作用对建筑师提出了更高的要求。与传统的建筑设计相较，除方案设计、初步设计、施工图设计外，建筑师还要对幕墙、景观、室内、灯光等相关专业的设计予以总体控制，要负责项目前期策划与可行性研究、施工招标、施工监理、参与主持竣工验收、使用后评估等一系列工作。所以，我们的建筑教育、设计院培养人才的走向都会密切地随着国家政策走。

集团化的经营和管理

1998—2017 年

访谈人 / 参与人 / 文稿整理：华霞虹 / 王鑫、李玮玉、吴皎 / 顾汀、倪稼宁、王鑫、华霞虹

访谈时间：2018 年 1 月 27 日 10：00—11：00

访谈地点：同济设计院 512 会议室

校审情况：经丁洁民老师审阅修改，于 2018 年 4 月 24 日定稿

受访者：

丁洁民，男，1957年9月出生，上海人，研究员，博士生导师。1984年考取同济大学结构工程专业研究生，1987年获硕士学位，1990年获工学博士学位。曾任教于上海城市建设学院。1998—2008年任同济大学建筑设计研究院院长、总工程师，2008—2017年任同济大学建筑设计研究院（集团）有限公司总裁，2008年至今任集团总工程师。2016年被授予“全国工程勘察设计大师”称号。

从1998年到2017年，同济大学建筑设计研究院的快速发展跟同济大学、上海城市建设和中国建筑行业的整体发展息息相关。通过同济设计院本身机制的改革和经营理念发展，充分利用上海世博会等大事件为契机，逐渐做大做强，获得了一定市场认可度和社会认同感。作为这19年快速成长时期的领军者，受访者介绍了集团化以后同济设计院的市场经营和企业管理的特点，以及未来发展的挑战和契机。

华霞虹（后文简称“华”）：丁院长，自1998年您担任同济设计院院长以来，设计院经历了近20年的快速发展。这既跟上海和整个国家城市建筑的快速发展有关，也离不开设计院自身的有效组织和管理，以及对经营的良好预见。您能介绍一下这一阶段同济设计院的经营管理思路改变吗？其中有哪些契机，包括与整个建筑行业、上海城市发展和同济大学发展的关系。

丁：记得是1998年上半年到同济设计院做副院长，9月份正好高晖鸣老师退休，我继任做院长。从1998年9月到2017年7月，正好19年。这19年大致可以分成三个阶段，第一阶段是从1998年到2001年，我们主要做了两件工作。第一，是把同济大学范围内所有具有设计资质的设计机构整合在一起。在1997年，同济大学内具有设计资质的大小公司有20多家。整合后，2001年对外只有同济大学建筑设计研究院一个品牌。第二，我们把设计院的资产关系也做了调整，调整以后，70%的资产归同济大学所有，30%的资产属于同济科技股份公司。也就是说，这三年我们在体制上把“我是谁”搞清楚了。

第二阶段是2001年到2010年，上海世博会筹设时期。这个阶段我们主要是在体量、规模上扩大，同时抓住上海世博会的契机，让大家认识到同济设计院是一家有规模、有社会责任感的设计企业。

第三阶段，从2011年到现在，我们在综合规模上突飞猛进，这也得益于同济大学的帮助和支持。2011年我们搬到设计一场这幢独立的近五万平方米的建筑物中来办公。其实办公空间的展示非常重要，原来的办公空间，看起来就是一个小型企业。现在不管是企业形象、企业管理还是其他方面，看起来都是一个大型设计机构。

同济设计院发展的关键应该是解决两个问题，第一个问题是“我是谁”，出生、发展特点和发展优势在哪里；第二个问题是搞清楚行业生存和发展的环境。关于“我是谁”，刚开始时，重点是争取获得市场的认可，我们在建筑技术积累方面，当时确实不如同行中的一些大型设计院，对建筑功能的理解也有一定的局限性，比如医疗建筑我们就不熟悉。但是我们在校园里面工作、生活着，对文化建筑的敏感度较高，也善于捕捉文化现象。要得到社会和行业的认可，核心在于对建筑功能、建筑艺术和建筑文化的理解与演绎。而高校设计院如果跟建筑学院的教授紧密结合，对建筑文化的演绎可能会略比其他设计院高点，这就是抓住了“我是谁”的主要特征。第二个就是理解和遵循市场规律。2000年左右，中国的城镇化率还远低于50%。我个人认为50%的城镇化率是建筑设计行业成熟度的分界点。50%之前，这个行业处于发展期，但到今天我们再来谈这个行业的发展，城镇化率已超过50%了，已经有了翻天覆地的变化。在2016年、2017年上海市新一批文化建筑的很大部分是我们的方案中了标，这就是我们的分界点。我们这个行业成熟了，整个设计咨询业的综合技术水平提高了，突破了过去的瓶颈。

非常有幸的是这19年来，我们大概2/3的时间是处于快速发展期，同济设计院也有很多设计实践的机会。同济设计院的发展一开始依赖于教育建筑、文化建筑，包括博物馆、活动中心等，以及一部分观演建筑，总体上来说是建筑文化含量较高的产品。这类建筑大概在10到15年的时间里，一直是支撑高校类设计院的重要产品之一。2013年以后，我们向综合方面发展，在建筑功能和技术上花了很多力气。我们先后成立了咨询部和技术发展部，这两者的核心是发展建筑技术，一个是软性技术，一个是硬性技术。咨询部以社会科学和市场经济为基本要素，以咨询服务的形式服务于社会各方业主，技术咨询以硬性技术服务于设计产品。除了继续完善建筑技术以外，接下来要很快地切入对建筑艺术的讨论和理解，如果我们要走到世界的前列，就必须突破对建筑艺术的感悟和理解，并能将建筑文化和建筑艺术有机串联在一起，形成我们对建筑设计的解读。这次我们和努维尔（Jean Nouvel）一起做浦东美术馆，我觉得他对建筑艺术的理解是一种相由心生的自然感觉。这是少数建筑师所拥有的一种境界。当然，中国的建筑设计要走向世界，并被同行认可，则需要有一个综合能力的提升，且各设计工种能敬业协调，把建筑设计水准推向一个新的高度。当然，这也是同济院下一步的努力方向。

此外，我们也难以估量建筑技术的快速发展对今后设计会产生什么样的影响。目前，我们对建筑技术的突破是由二维设计向三维设计演化。刚开始展现在三维设计的是BIM技术。现在大家普遍认为数字设计是今后的一种发展趋势，并将会有更多设计工作交由机器去完成。那么在这种情况下，就需要思考人在设计中所扮演的角色。建筑技术本身的发展可能会进一步影响我们对建筑功能、建筑文化和建筑艺术的再认识。当然，从企业管理的角度出发，同济设计院的发展还在于它不折腾。近20年来，同济设计院始终有一个团结、高效、懂技术和市场的经营班子，我们更像合伙人一样，一起为共同的目标而努力工作。企业跟家庭一样，和睦第一。特别对于国有企业，或者是国有性质的企业，长久的团结一定会带来稳健的发展。

同济设计院一直在做设计平台，并秉承了同济建筑百花齐放的特点，希望在这个建筑设计平台上百花齐放，绝非是一枝独秀。其实很多大型设计院较难做到这一点，它们总是希望有那么一两个明星建筑师，这种明星建筑师的形成可能通过技术，也可能通过行政，或者有其历史成因。但是同济设计院没有这样做，它一直秉承百花齐放的理念。正是这种精神，使得我们人才辈出。从今后的发展角度来说，我们还是要把握这种发展模式的度，让有理想有抱负的建筑师有成长的空间。

同时，同济设计院又处在一个市场竞争的氛围中，市场竞争的核心是百舸争流，而不是百花齐放。市场竞争只能吸引前几名作为获胜者。在这种情况下，同济设计院把握了另外一个发展的准则，叫“敬畏市场”。我们在获得市场认可的发展过程中，从来不挑战市场，也不试图改变市场。我们敬畏它内在的发展机理和原则，尽量不破坏已经建立的约定，然后顺着这个原则来寻求发展空间。

华：同济设计院虽然是国企，但最近20年的发展又不像典型的国企那么机构化、层级化。这跟高校设计院本身的特征有关，还是有意识形成的？

丁：1998年到2001年，我们解决了自己的身份问题。我们是70%股份由同济大学控股、30%由同济科技控股的国有控股企业，不是国有独资企业，这是我们在基因选择上比较成功的一个原因。此外，一般的国有企业往往有人员比较臃肿的现象，非生产性人员比例较大，这种现象会产生一连串的问题。所以我们在2000年之前规定，非直接生产性人员不能超过设计院总人数的10%。非直接性生产人员少了，流言蜚语和是是非非就少了许多，企业管理相对容易不少。当然，把非直接生产性人员控制住了以后，我们的人均产值这10年来一直在全行业名列前茅。我们人均年产值是80万元左右，这个行业的正常水平在40万到50万元，其原因就是我们非生产性人员少。一般的企业非直接生产性人员占15%～20%，超过20%的比比皆是。如您刚才所说，国有企业在发展过程中会出现很多弊端，这种弊端在一开始用一种软性指标把它限制住，那么后面发展过程中各种毛病就不太会出现。

华：对大企业来说人是一个很重要的问题来源，设计企业又是智力密集性的企业，相对来说人比较聪明，想的也多，这会带来人事很难协调的矛盾。我们同济院在国企集团化以后，分院、分支机构非常多，如今所谓的集团“三统一”，就是财务、经营和人事的统一管理，是怎么做到的？

丁：学校设计院的一个重要方面是跟建筑城规学院的教师关系要处理好，我们采用的是专门类建筑院的管理方式，组织得非常好，事实证明教师是可以组织起来的。关键是要告诉教师组织规则的重要性，以及如何遵守这套规则。我们这个社会应该要培养有技术、有才华、守规则的人，这也是文明社会的一个具体表现。我们有一大批建筑学教授，他们都很有才华，并且很懂规则。同济设计院一开始就意识到这一点很重要，立志于这样去做，并且做得比较成功。

华：国外高校的老师大多不可以进行商业设计行为，我们有这样一个机构，是鼓励做这样的生产与实践的，另一方面也跟我们的资质管理有关系。我们现在其实是在帮助老师管理资质，同时免除市场和资质审查的困扰，让他们可以回归单纯的实践对吗？

丁：对，就是这样。设计院应该用这样的理念来做。现在越来越多的设计院院长已经意识到这一点，但是做起来很难。因为领导者、管理者的贡献是在幕后，大多数情况下，所有荣耀归老师和建筑师。因此认识是一回事，做到是另外一回事，不容易，需要胸怀。

华：其实同济院最难得的就是这种执行力，想到并且真的做到。

丁：我觉得跟同济大学的文化也有关，在百花齐放的平台上，大家都是平等的。

华：但是这是否也会带来一个比较尖锐的矛盾，国内其他大型设计院有很多的大师，现在设计的准入也经常要依靠资质竞标。同济设计院相对尊重个体，每个人都按照自己的方向去发展，会不会造成“高原”比较多，“高峰”很难形成的问题？

丁：有些问题可以在短时间中克服，有些问题要放在较长的时间轴上去考虑。10年以前，我们在行业中发声的专家还比较少，现在较多了。因为能发声的专家需要20年左右的积累才行，大师需要长期的培养和积累。群体意识很重要，就算三个人合作，如果都想走在前面，事实上也是不可能的，三个人就有意识推其中一个到前面，其他两个就甘心在后面。但是走在前面的人以后获得的荣耀，必须跟后面两个人分享，这就是这里所说的群体意识。所以必须要有一套准则来制约前面这个人。

华：我们是高校设计院，会利用高校优势进行市场拓展。您觉得我们设计院获得的一些机会，包括境外合作，和我们学院规划、负责世博会有关系吗？

丁：我觉得，过去高校设计院的第一优势是校友资源，这是高校设计院发展过程中重要的人脉资源。第二个是教师资源，教师可能对某一类建筑有专门研究，所以他在某一类建筑的竞标中就比较容易取胜。第三个优势是国际化交往，因为在国际交往中，我们的视野会比较开阔，很多境外事务所会跟我们合作，上海世博会是一个典型。第四个是学生资源，包括研究生和进入设计院的毕业生，这两块同等重要。所谓研究生资源就是研究生跟教师一起参与设计，会贡献出很多新的思想和理念。毕业生资源是毋庸置疑的，很多人留恋母校，愿意留在母校的设计院工作。我觉得这四个可能是高校设计院发展最重要的独特资源。但是前三个资源已经在或快或慢地消失，第一个资源现在权重已经不到5%了。很少有人因为是同济毕业生，所以找同济大学设计院来设计。现在即使业主是同济毕业生，但也不是因为这个原因来到同济设计院，反而完全是从企业而非个人的角度考虑的。第二个作为教师的前期研究资源，在规划专业有独到之处，但是在建筑专业的优势正在降低。第三个作为国际交往，国际企业进入中国久了，不需要通过一个专门通道，直接通过行业的各种渠道进来，这个影响力也是降低到原来的10%左右。但是第四个优势还继续发挥着作用。当然，此一时彼一时，也可能在若干年以后我们会挖掘出新的优势。比如我们的建筑技术要发展，就要再跟建筑城规学院结合。目前我们在数字化设计过程中找到了结合点，跟袁烽老师合作很愉快，这个可能是下一步的一个重点。包括建筑声、光、电、暖通，或者其他材料、其他方面，我们需要更好地融合。

华：整个同济大学有很强的大土木背景，我们在很多项目中也发挥了技术总工的作用，上海中心之类的大型重要项目作为契机，给我们提供了很多科研的机会，所以设计院也给学校老师提供了很好的研究平台。我们接下来在海外市场开拓方面有什么新的计划？原来作为国企参与了一些援建，比如非盟，也做了米兰世博馆，参与了世博会。接下来"一带一路"我们会继续积极参与吗？

丁：首先，海外市场的开拓一定要水到渠成。目前，我们还是立足于中国本土的设计市场，可能国内项目在今后很长的一段时间内，仍会占到我们设计总额的95%左右。中国是个大国，本身的需求量很大，在中国市场上，设计服务也相对比较容易。境外市场也要开拓，可能以后我们会设立一笔基金，用于对境外市场拓展的前期投入。当然这都是有待下一任院长的综合考虑。

华：对，可能每个人的想法不一样。那么您觉得在新的社会和行业背景下，未来高校设计院发展的战略前景如何？

丁：我觉得高校设计院能否在高校范围内生存，主要是看设计院自身。自身必须形成相当的规模，并被行业所接受，当然最重要的是必须对学科建设有帮助和支持。这种帮助和支持是以学科本身的指标来衡量的，并且是直接的。比如最近跟一些教授合作的项目，正在准备报上海市和教育部的科技技术奖。又比如上海中心今年会报教育部的奖，如果获得一等奖，那对同济院和建筑学专业等均有帮助。

© 2006年同济设计院丁洁民院长当选PCUK-China（建筑环境和工程）委员会主席，来源：同济设计集团

南京路步行街、外滩公共服务中心和 2010 上海世博会

1998—2013 年

访谈人 / 参与人 / 文稿整理：刘刊、华霞虹 / 王鑫、吴皎、李玮玉、王昱菲、梁金 / 华霞虹、郭兴达、王昱菲

访谈时间：2018 年 1 月 17 日 9：00—10：40

访谈地点：同济大学建筑与城市规划学院 C506

校审情况：经郑时龄老师审阅修改，于 2018 年 3 月 8 日定稿

受访者：郑时龄

郑时龄，男，1941 年 11 月生，广东惠阳人，教授，博士生导师，中国科学院院士，意大利罗马大学名誉博士，法国建筑科学院院士，美国建筑师协会荣誉资深会员。1959 年考入同济大学建筑系，1965 年毕业后分配到第一机械工业部第二设计院。1978 年考研回到同济，1981 年毕业后留校任教。1993 年获同济大学建筑历史与理论专业博士学位。曾任同济大学建筑与城市规划学院院长、同济大学副校长等职。2000 年至今任同济大学建筑与城市空间研究所所长。2012 年起任同济大学建筑设计研究院（集团）有限公司董事长，同济大学学术委员会主任（至 2021 年），上海市规划委员会城市发展战略委员会主任委员。

郑时龄院士通过自己带领研究团队师生参与南京路步行街、外滩公共服务中心等建筑实践项目的经历，来说明同济设计院的设计始终与教学相结合的传统。作为中国2010年上海世博会从申办、筹备到设计、建造到举办和后续再利用的亲历者和总策划师，郑院士回忆了上海世博会规划方案的提出与确定过程，以及同济设计院如何在世博会大量建筑设计合作与实践中提高自身的影响力和对上海的贡献。最后指出同济设计与同济学派具有相互促进的关系。

刘刊（后文简称“刘”）：首先感谢郑老师接受我们的采访，今天来主要是为了同济大学建筑设计研究院的60年院庆，希望郑老师能够介绍一下您主持和参与的设计院对上海城市发展有着重大影响的项目。

郑时龄（后文简称“郑”）：同济设计院有一个传统，从一开始成立的时候，就跟系里、跟学院有比较密切的关系，主要是为了资源互通。学院可以有一个实习基地，老师也有了实践的机会；设计院也需要有一些学院的老师参与进去，从概念、方案、理念上得到一些提高。所以我觉得这个是我们同济的优点，不像其他学校的设计院，跟教学的关系可能没有同济那么密切。

从我参与的项目来说，最早与设计院一起参与的上海项目是南浦大桥的建筑设计，学校的桥梁系承担浦东的引桥部分，我们负责大桥的建筑设计。后面还陆续做了格致中学、朱屺瞻艺术馆、复兴中学等一些设计。

南京路步行街是我参与的一个比较特殊的项目。1996年时南京路实行“周末步行街”，1997年开始酝酿，想变成全天候的步行街。1998年搞了一次设计方案征集，让我担任评审专家组组长，一共三家境外设计单位参与。法国夏邦杰事务所（Arte Charpentier Architectes）的方案有一个特点，设计了一条“金带”，就是用跟一般铺地不同颜色的铺装，所有的设备都放在这条金带上。当时专家组讨论觉得选这个有特色的方案比较好。但是这个方案比较粗糙，完全只是一个概念方案，要实施的话还有很多的工作量。那时黄浦区的区长就说让我来深化。我说我是专家组长，等于是裁判员，现在又让我当运动员，我帮你去找其他设计师深化吧。他说不行，没时间了，马上就决定让我带一个组来做一个方案。那时为了配合设

◎ 上海南京路步行街，来源：郑时龄提供

计院出这个方案，我们学院里面的王伟强[1]教授、陈易[2]教授都参与进来了，还有艺术设计的殷正声[3]教授做了一些街道家具的设计。我们整合了很多专业，才把这个项目承担下来。

南京路步行街项目设计施工周期很紧张，1999年国庆就要开放，差不多只有一年多一点时间。而且那时地铁一号线还在建设，整个南京路都在改造过程当中。这对我们也是一种锻炼——经常要跑工地，图纸也要画得非常仔细，很多研究生也参与了设计。

刘：还有一个您负责的比较有影响的项目是外滩15号对吗？

郑：对。外滩15号也叫外滩公共服务中心。这个项目其实很早就开始酝酿了。原来外滩14号交通银行跟原来外滩15号之间这块地在历史上一直是空的。2000年开始，说要做一个"镶牙"工程，就搞了一次国际方案征集，包括像黑川纪章这样的大牌建筑师都参与了。方案五花八门，有很现代的，也有很古典的。2004年先选择了意大利一家事务所的方案。这个方案相对比较现代，有玻璃幕墙。我认为它跟环境其实还是契合的。但后来被领导否决了，恐怕还是因为跟外滩的其他建筑在风格上不一致。

否决了之后又专门搞了一次国内的方案征集，我们团队参与了，结果中标了。中标之后我们就开始修改方案，因为那个时候时间很紧，一个月里要拿出方案来。我们修改了好多次，也讨论了好多次，跟规划局反反复复讨论，最后才形成了今天的最终方案。

但是这个方案一直到2009年才建好一个立面，因为它后面的部分跟其他建筑关系比较复杂，尤其是跟原来的外滩15号。所以它后面一直基本上没动，后来为了世博会，就在2009年把前面那个立面建成了，到2013年又把后面这块全部建成。建筑完成之后，我们觉得的确实现了融入外滩整体环境里的目标。在设计时，我

---

1 王伟强，男，1963年6月生，山东人，教授。1981年考入同济大学建筑系城市规划专业，1988年获得城市规划专业硕士学位后留校，在城市规划系任教至今，并于2004年取得在职博士学位（建筑历史与理论方向）。目前担任同济大学建筑与城市空间研究所副所长，中国城市规划学会城市影像学术委员会主任委员，上海市城市规划委员会专家咨询委员。2000—2001年获法国总统奖学金参加"150名中国建筑师在法国"中法文化交流项目，2004年意大利罗马大学建筑学院访问学者。近年先后赴西班牙、意大利、韩国、美国等访问交流，并与国际知名院校及设计事务所进行教学与实践的合作。

2 陈易，男，1966年4月生，上海人，教授。1984年考入同济大学建筑系建筑学专业就读，1991年硕士毕业后留校，在建筑系任教至今，并于1996年取得在职博士学位。曾赴加拿大不列颠哥伦比亚大学、法国凡尔赛建筑学院、意大利罗马大学访问研修，20余年间考察了欧洲和北美诸国的建筑与室内外环境。兼任中国美术家协会环境设计艺术委员会委员、上海建筑学会理事、上海建筑学会室内外环境设计专业委员会副主任、上海市装饰装修行业协会装饰设计专业委员会副主任委员，环境艺术专业委员会专家组成员。2000年获上海市"青年科技启明星"称号。

3 殷正声，男，1949年2月生，湖北人，教授，上海市工业设计协会副理事长。1972—1974年，职业连环画家，1974年从事机械工程设计，1977年开始从事展示设计。1980年于湖南大学产品设计专业进修。1987年赴日本千叶大学攻读硕士学位，1990年毕业后于日本东芝设计中心工作，次年担任主任。1992年回国后进入同济大学建筑与城市规划学院艺术设计系，任主任。2009年至今于同济大学设计创意学院任教。

们对选材十分注意，当时委托浦江办，把外滩所有建筑都取了一小块石头样本去化验，确认是什么成分。然后我们去找色彩和成分与之相近的材料。这个非常重要。因为整个外滩是国家级历史文化街区，要保持统一性。

造好之后，国家文物局到上海来，说你们上海外滩搞了一个新建筑，要去审查。上海文物局的人说你自己去看是哪一个。结果他们把14号，就是原来的交通银行认为是新的，说明我们这个建筑的确是融入整个的环境里去了。当然它现在还面临一个问题，就是具体承担什么功能，有一段时间说要做金融博物馆，想大改，要增加面积，把我们原来的中庭缩得很小，甚至想搞什么自动楼梯。后来经过协调，总算还保持了原来基本的状况。现在就等待谁来使用，我觉得用来做公共服务中心还是挺好的，整个外滩需要这个功能。

◎ 上海外滩公共服务中心，来源：郑时龄提供

刘：同济设计院由您主持的这些项目，在不同的时代其实是带有一些探索性和实验典范作用的，从南京路步行街到外滩15号的设计，您一直都在思考新的设计如何消隐在历史文化建筑的背景之中。但是在2010年上海世博会，这件对上海来说非常“新”的盛事之中，同济设计院也从不同的层面充分参与其中了。作为世博会的核心专家，您能再谈一谈，在世博会期间，同济大学和设计院所参与的实践和贡献吗？

郑：我觉得同济设计院在所有的高校设计院里面，对自己所在城市的贡献应该是最大的。2010上海世博会，同济的参与是非常广和深的。我本人从2000年就开始参与世博会的申办和筹备，开始是在2000年举办欧洲大学夏日工作室，题目就是“上海世博园规划”。有同济和其他共14个国家的教师和学生参与。那时候有一个组提出把场地全部放到黄浦江边，沿着黄浦江一直伸展过去，这个想法非常好，却很难实现。因为在管理上有很大难度。但是这个创意非常好，所以最后给了这个设计小组一个特别创意奖。夏日工作室最后的颁奖非常隆重，来参与仪式的有一位法国国家注册建筑师和规划师马斯蓬琪（Ariella Masboungi）女士，她当时在法国设备、运输和住房部下属城市规划、住房与建设总指挥部担任项目负责人，也是马恩河谷国立高等建筑与城市规划学院（École d'architecture de la ville & des territoires à Marne-la-Vallée）院长。她问我，你们为什么不把世博会摆在海边？我说我们的海不好看，而且离开城市太远。她又提出放黄浦江边，我说我也觉得放黄浦江边是比较好的倡议。她回去之后大概就跟中国驻法国大使提了这个想法。

后来驻法国的赵进军公使[4]回来休假的时候，就向上海市提出来有没有可能把世博会放到黄浦江边。所以，2001年9月到巴黎去参加国际展览局的会议时，我们就提出来将世博会的选址放到黄浦江边，当时提出来的选址是放在南浦大桥到卢浦大桥这一段，还没有后滩那一块。

2002年3月，我们在上海接待国际展览局，那时我向他们介绍了上海的总体规划，介绍了当初设计的7个世博会方案。后来我们上海就成为这届世博会的主办城市。2004年，我被聘为世博会的主题演绎总策划师，那时候我们有四个人：原上海交通大学的校长翁史烈院士、上海博物馆馆长陈燮君、上海图书馆馆长吴建中，加上我，四位总策划师。

然后我们就带队做策划。我那个时候是负责主题馆，图书馆馆长是负责中国馆的，后来因为领导机构变了，我们又做了世博会主题演绎的顾问。同济设计院那个时候也参与了规划，包括设计项目的竞赛，好多项目是我们跟外国建筑师合作完成的，像西班牙馆、法国馆这些，做得还是比较成功的。同济设计院全面参与，一共有100多个场馆里面，大概有一半同济设计院都参与了。我们作为配合设计的单位，

◎ 2002年3月，郑时龄向国际展览局考察团介绍上海市的总体规划（左一：国际展览局秘书长罗萨泰洛斯，左二：国际展览局考察团团长塞雯；右一：郑时龄），来源：郑时龄提供

4 赵进军，1999—2002任中国驻法国大使馆公使，兼任中国常驻国际展览局代表，并参与中国上海申办2010年世博会工作，2002—2008年任中国驻法国特命全权大使

也取得了比较好的成绩。同济设计院的名声在这个时候就一下子打响了，大家就觉得我们是很有实力，而且很有创意，于是成为各个方面都很有影响力的设计院。

华： 同济设计院在2000年以前，相对地方院来说影响力比较小。2000年以后，尤其是在建设世博会期间，影响力一下子变得很大，规模也变得很大，会不会跟同济的老师参与到专家组中有一定的关系呢？

郑： 是这样的，世博会一开始的时候有些规划我们同济设计院就参与了。像世博村是跟德国的 HPP 事务所一起合作拿下来的。这个项目做得比较成功，所以很多外国公司就愿意来找我们合作，因为他们觉得跟学校设计院的合作会比较默契，一个我们的外语条件比其他的设计院要优越，另外一个就是我们有学术背景的支撑。

华： 在2000年以后，其实设计院也把经营重点转向上海了。

郑： 以前同济对上海的参与度不够，包括规划，都不够。现在情况不同了。比如这次“上海 2035”的总体规划，我们规划院的参与度就很高了，这次是上海市规划院、同济规划院跟中规院（中国城市规划设计研究院）上海分院三家共同来做的。我们之所以能积极投入上海的发展，我觉得也跟我们同济的毕业生有关系，我们同济的毕业生好多都在建设领域、规划领域起了非常重要的作用。

华： 应该说世博会对上海的城市空间的发展产生了重大和深远的影响，这种影响可能会持续很长的时间。我们有一种提法，称为“同济学派”。也就是说同济基于设计理念的输出形成了一种文化的氛围和学术的框架。那么关于同济设计与同济学派，您觉得它们是不是存在某种关系？

郑： 我觉得是相互促进的，作为一个学派，非常重要的是实验性与先锋性。实验性，就要有实验的项目具体落实，而先锋性则主要看创作和思想。建筑不是一个凭空的、理念性的东西，而是跟理想的模型有关系。这点我觉得同济作为一个学派是当仁不让的，完全可以很响亮地提出来。

其实同济学派不是现在才形成的，而是从同济大学建筑系成立到现在一脉相承下来的。那个时候我们的同济学派，很注重建筑的现代性。我们与其他老八校的区别在于，他们的传承基本上是法国学院派的传统，同济受到德国包豪斯学派和欧洲现代建筑的影响。所以一开始我们就跟其他的学校有不同的，有自己办学的理念，有自己的教学思想。所以很多老师做的设计都是带有实验性和先锋性的。比方说文远楼，也是学校的老师设计的，这个教学楼就是带有很现代的风格，是同济学派的一个非常重要的作品。

所以同济学派是既有理念又有作品。而且我们同济学派有一个很大的特点，就是我们是要把建筑造起来，不仅仅是纸上的建筑。前一阵上海博物馆东馆，也是我们设计院和建筑学院的老师一起来投标的。历史上大凡同济设计院成功的作品多半是设计院与学院老师合作的成果，所以我觉得同济设计与同济学派，两者是密不可分的，而且是从一开始的时候就是这样。

华：所以说同济学派所反映出的理性精神其实是一直贯彻到我们同济设计院，以及所有同济人在未来的实践中的一种态度。

郑：是的，而且我们同济设计院很少有空中楼阁般的方案拿出来，总还是落实到理性的基础上面，总还是很注重建筑的功能性、现代性和实验性，所以才会一直不断有探索性的方案。

历史环境保护与再生的研究与实践 | 1996—2018 年

访谈人 / 参与人 / 文稿整理：王凯 / 王鑫 王子潇 / 王凯、王子潇

访谈时间：2018 年 5 月 14 日 9：30—12：30

访谈地点：同济设计集团 403 室

校审情况：经常青老师审阅修改，于 2021 年 2 月 12 日定稿

受访者：

常青，男，1957 年 8 月生，西安人，教授，博士生导师。东南大学工学博士，1991 年进入同济大学建筑与城市规划学院建筑学博士后流动站。1994 年破格晋升教授，1995—2014 年历任建筑系副系主任、系主任。2009 年被评为美国建筑师学会荣誉会士（Hon. FAIA），2015 年当选中国科学院院士。2017 年上海市住建委科技委“常青专家工作室”在同济大学设计集团挂牌。现任同济大学学术委员会委员、城乡历史环境再生研究中心主任，《建筑遗产》和 *Built Heritage* 学刊主编。兼任中国建筑学会副理事长、中国紫禁城学会副会长、中国城市规划学会特聘理事、上海市建筑学会学术委员会主任。

访谈追溯了从1996年常青工作室作为同济建筑系最早挂牌的教授研究室开始的与同济设计院长期开展设计与研究合作的历史，详细介绍了上海市援藏投资最大的单项工程——桑珠孜宗堡的复建，以及湖南省汨罗屈子书院的研究型设计过程。并对高校设计院在推动教学、科研和工程实践相互促进中的作用寄予厚望。

王凯（后文简称“王”）：常老师好，非常感谢您接受我们的访谈。这个访谈是同济设计院建院60周年院庆的系列活动之一，要采访60位关键性的重要人物。这么多年您一直在同济从事教学研究与工程实践，想请您谈一谈和同济设计院的渊源。

常青（后文简称“常”）：好的，这要从建筑系的一段历史说起。1996年，当时担任建筑系系主任的赵秀恒教授牵头，学习日本的大学经验，尝试进行教研体制试点改革，成立了7个教授挂牌的研究室。我是当时获得这个资格的7位教师中资历最浅的一个，到今年为止，算算挂牌已经有22年了。

我的研究方向包括了中国建筑的源流与变迁和城乡历史环境保护与再生，涉及历时性和共时性的两个相关及其交叉领域，因而从未离开过对古今和新旧关系问题的关注及实践参与。实际上研究室长期以来的专业定位便是这样的。工作空间一开始只有10平方米，就是今天从学院B楼通往C楼的天桥旁那个小小的休息过厅。后来搬到了南校区的科研楼一层，几年后又移往教学三楼二层，在那里待了很多年，一直到2010年后才搬迁到现在的同济设计院4层，到这里也有八九年了。研究室与设计院的合作从20世纪90年代中就已经开始了。

王：好，谢谢。接下来想请您谈一下您的工作室成立的时间、历史和过程，以及您对同济设计院成立的教授工作室制度的看法。

常：国内的建筑设计院一般全名都是“建筑设计研究院”，这说明了研究之于设计的重要性，实际上缺少研究的设计即使有所创意，往往也留有各种缺憾，因为研究的广度和深度，终究决定了设计的高度和精度。因此，把学院体制和设计院体制以一种特殊的机制结合起来，无论对设计院建筑师和工程师，还是对建筑系老师来讲都是一个难得的机遇。

一般认为设计院和学院的关系就像医院和医学院的关系一样。这种产学研一体化的大学设计院体制是中国特有的，在国外建筑院校很少见到。其实不单是学术成果提升了工程设计，反过来设计实践也支撑了学科建设。这对我们这种实践类的学科是一种很好的协同机制。实际上，设计院的专业水平某种程度上也反映了学院的学术水平。只要看看学院和设计院水乳交融的密切关系及合作成果就会一目了然。

至于我主持的这个常青研究室，被上海市住建委科技委授牌“常青专家工作室”，其实小得很，教师、职工迄今也就10位出头，加上博士后和硕、博研究生也不过20多位。但我们已承担过多项国内外有影响的设计项目，在研和完成的国家自然科学基金重点项目、面上项目、国家“十一五”科技支撑计划重大课题、国家社会科学基金项目等就有近10项。还荣获了诸多设计荣誉，如两项国际设计金奖、一项国际荣誉奖，还有多项上海市、教育部和全国的工程设计奖一、二等奖和优秀奖。这些成绩中就有不少都是与同济设计院合作的工程实践项目，是在设计院各工种的密切配合下取得的。

总之，使我们能够持续获得能量和动力的，有相当大的一部分就是来自研究与设计的相得益彰。在人才培养方面也是如此，研究室历届毕业生在学期间大多都参与过与设计院合作的研究性设计工作，这对他们的专业认知及实践体验有明显的促进作用。在20年来培养的30多位博士毕业生中，共有10位获上海市优秀博士学位论文研究奖，近20篇以专著出版。尽管这样，我们知道自己与国内一流专业团队相比还有短板，距离国际一流高水准也还有不小的距离，愿为提升自己努力再努力。

不仅如此，在与设计院合作推进学科建设方面还有其他收获，比如我们依托学院专业资源创办了两本有国家刊号的专业学刊——《建筑遗产》（文后含英文摘要）和英文版的 *Built Heritage*，这两本期刊应该说在亚太地区都属首创。创办杂志需要持续的人力和财力投入是不言而喻的。在多年前开始筹办遭遇很大困难时，以丁洁民院长为代表的设计院领导层就在经费等方面给予了有力支持，这才做到了坚持八载最终出刊。期间还创办了历史建筑保护工程新专业和相应的专业实验室，过程充满坎坷，可说是学院和设计院在专业建设和协同创新方面的一个合作佳例。

◎《建筑遗产》与 *Built Heritage* 创刊号封面，来源：常青提供

从建筑学整个学科领域迈进的步调来看，中国建筑学会中三个二级组织先后落户同济，都是由建筑系创作室领衔教授及骨干成员牵头推进的，包括郑时龄院士领衔的建筑评论学术委员会，钱锋[1]教授主持的体育建筑分会，以及我主持的城

1 钱锋，男，1957年6月生，黑龙江人，教授。1979年考入同济大学建筑系建筑学专业就读，1986年硕士毕业后留校，在建筑系任教至今，1993年获在职博士学位。2000年12月—2001年6月美国哈佛大学访问学者。曾于2006年10月—2014年04月担任建筑与城市规划学院副院长，2021年9月在中国建筑学会国际建协工作组兼职。2022年被授予“全国工程勘察设计大师”称号。2022年至今，任同济大学建筑设计研究院（集团）有限公司总建筑师。

乡建成遗产学术委员会，这其实是非常关键的一步。建设一流的学科需要有一流的组织架构和体制，所以这些全国学会的二级组织使我们走在了国内学科方向的前沿。此外，故宫学院(上海)也在几年前花落同济。

当然，这种把学院学科建设和设计院教授工作室融为一体的制度还需继续提升和完善。目前看，我们在分层把握上做得比较好，一个倾向于业界，一个倾向于学界，学术和实践既分又合，各有专攻，避短扬长，而不是角色混乱地融为一体，因为必须有各自相对的独立性，才能在协同方面有实质意义地交叉和整合。同济在这方面的经验确实值得好好总结一番。我认为应培养一批不局限于过度竞逐变化，急切变现创新的浮躁诉求，而是能深度领悟经典与创新、恒常与变异、大众与小众、学界与业界之间辩证关系，深谋远虑的一流建筑师，关于这一点，后面还会谈到。

王：您能否简要讲述一下西藏日喀则桑珠孜宗堡复原设计(“小布达拉宫”项目)的设计过程。

常：桑珠孜宗堡（又称“桑珠孜宗宫”“宗山宫堡”）是迄今上海市援藏投资最大的单项工程，我 2004 年刚领衔完成“外滩源”概念规划设计和外滩轮船招商总局大楼复原工程设计，就又接受了主持这个复原工程的艰巨任务。当时市政府对同济寄予厚望，委托设计院担任代理甲方，参与管理设计和施工全过程。我带领建筑团队与丁洁民院长统领的各工种团队密切配合，八上青藏高原，在日喀则地委行署和当地藏族同胞的鼎力协助下，查阅研究大量国内外有关图文资料，用 6 年时间完成了整个任务。

桑珠孜宗堡比布达拉宫还要早 330 年，有人把它叫作“小布达拉宫”，其实它很可能才是布达拉宫的历史原版。因为布达拉宫是清初达赖五世时才建的，而桑珠孜宗堡建于元朝末年，要比前者早 330 年。据史载达赖五世在去拉萨掌握全藏政权之前，曾在这里坐床听政 3 个月，所以被毁前宫堡里就有达赖五世的寝殿。可惜这座重要的历史地标在“文革”中竟被彻底捣毁，仅存遗址和废墟。

不言而喻，这种在当代被毁弃的重要历史地标当然存在恢复的必要性和可能性。可当时也有反对的声音，认为废墟就应该留着，根本没必要复原。我对此观点提出反驳，我说这不是古代那些无法以充分依据复原的废墟，而是40年前才被毁的，文字和图像资料不少。我举例说伦敦、柏林、华沙这样的历史城市在“二战”时期几乎炸平了，留下来的废墟很少有完整的，难道都要保留在废墟状态吗？我觉得这种在一个城市中心留存废墟的想法不见得就完全正确，要看对象及属性，特别是历史城市围绕着一处废墟的窘境和当地藏族人民的实际感受。上海作为援藏对口城市，有责任帮助日喀则恢复它的历史地标和天际线。

总的来说，这个工程可以概括为 4 个要点。首先是尽量逼近往昔宗堡所构成的日喀则老城历史天际线及制高点，某种意义上这是我国海拔最高的大型宫堡建

◎ 西藏日喀则桑珠孜宗堡全景鸟瞰，来源：常青提供

筑之一。为了达到这一目标，我们从方案到施工的几年时间里，一直在检索、查阅和研究国内外文献资料，落实复原的形态依据和实施方式。最后完成的效果得到了西藏各阶层人士的普遍认可，被认为已非常接近于城市集体记忆中的宗山历史形象。

其次，保存加固了“文革”毁弃后残留的废墟，并与复原部分融为一体。当时有不少人建议把废墟拆掉，然后整体复建，这样确实有利于施工。但我坚决反对拆除废墟，理由是废墟没了，所剩历史信息将不复存在，这个项目也就变成了一个完全的仿古工程。保留废墟的做法我叫它“寓旧于新”。后来看到卒姆托在他的创意博物馆里也这样用过，即把一个古代教堂的残存部分放在了新馆的外观整体中，大概也有保存历史信息，增加新建筑时间感和古今时空对话的意思。

再次，在恢复后的宗宫内部设计了一个博物馆。这一点很像我们做的外滩9号屋顶复原，复建部分的室内空间可以充分利用，而且与宗堡外观的复原不同，内部采用了转化传统的新手法，是典型的“与古为新”。这座博物馆投入使用后，成了继拉萨博物馆之后的第二座西藏历史博物馆。

最后，宗宫复原过程融入了藏式材料和工艺。藏族工匠在施工期间也介入进来，所以从里到外，从地面到墙面，处处都会感受到传统藏艺的味道。

王：近来完成的汨罗屈子书院设计项目，是又一个以非常扎实而长期的研究作为支撑的设计，能否请您回顾一下这个项目的设计过程和来龙去脉？

常：这个工程源于2010年前后的一个文化事件。由国家和湖南省有关方面直接关注的汨罗“屈子文化园”规划和“屈原博物馆”设计当时刚刚拉开序幕。整个项目由清华大学负责园区总体规划，东南大学负责园区历史环境保护规划，同济大学负责屈原博物馆的一期工程“屈子书院”和二期工程“楚辞文化中心”设计。近8年来，我率同济团队经历了曲折坎坷的设计探索过程，如今湖湘风土的一期工程即将竣工，古韵新风的二期工程也完成过半了。

◎ 屈原博物馆一期——屈子书院实景鸟瞰，来源：常青提供

◎ 屈原博物馆二期——楚辞文化中心近景，来源：常青提供

一期屈子书院是受到从中央到湖南省逐级重视的国家重点文化工程。原来屈子祠和屈子书院是合体的，但民国时就逐渐拆废了。剩下的部分今天叫作屈子祠，是国家重点文物保护单位。因为在文保建筑内进行依据不充分的复建和加建已无可能，所以这个工程在距离屈子祠附近大概600米的位置重新选址，严格意义上来说应该属于历史环境里的地标毁后再现，但不像日喀则宗山宫堡那样是复建，它是一个完全的再生式重建。复建即在原物残留基础上的复原性完形（major restoration）；重建即在原型意象基础上的创造性再生（re-creation）。屈子书院没有模仿某个朝代的典型风格，而是对跨时空的原型意象进行提炼整合，所以属选择性的创意设计。

这就涉及对新旧关系的理解和把握。历史环境既要保护又要再生，“与古为新”成了关键词。对于这里的“新”，我坚信只要熟悉传统建筑的类型、材料和工艺，掌握了它的构成原理和方法，是有可能做出一个有历史韵味的新建筑的，所谓“中而新”就是这个意思。就像写楷书一样，你有可能把它临得十分纯正，但是要写出创意和个人风格来，这就难了，绘画也是如此，建筑某种程度上其实也类似。

即使你做的建筑古色古香，也照样可以很有创意，这来自你对“原型”的认知和转化。所以我去年在《世界建筑》“改进建筑60秒”的栏目里讲了原型与原创的关系，并写成长文发表了。所以如何学习传统优秀的东西，怎么把它转化为今天

◎ 屈子书院主厅——沅湘堂外景，来源：常青提供

◎ 屈子书院悲秋阁外景，来源：常青提供

的创意，同时还能延续它的精髓，我觉得这个是最难的。但正因为难才更有研究价值，才值我们更加努力去探究。

对于这样一个重建项目，可能不同的建筑师会有不同的想法，比如许多建筑师肯定不屑于做一个让你联想到仿古的建筑。而实际上真正高水平的仿古谈何容易，那是对历史经典在原型和气韵上的精到认知和拿捏。所以出于敬畏，除非确有必要，我们很少做纯粹的仿古工程，而是把主要精力花在历史环境保护前提下的再生方面。

屈子书院看起来与一般仿古建筑群并无二致，但也可以说并非如此，因为设计没有刻意把这个建筑定位于对某个时代风格的仿造，而是对地方传统有选择地吸收和融入。比如着手设计前第一步先去读《楚辞》，我发现那里有大量成体系的建筑和景观信息，以往只是寻章摘句了解一点儿皮毛，这回多下了些功夫。实际上，屈原在《楚辞》中把看到的景物做了生动的体宜描述，我们后面做的景观设计确实从《楚辞》里受到了很多启发。

◎ 屈子书院巴蒂木穿斗结构及古韵斜格窗，来源：常青提供

然而《楚辞》告诉我们的多是某种写实与写意相融合的意象，并不都是具象本真的建筑和景物。那么我们的基本原型从哪里来？答案就是风土建筑谱系，于是我们一边钻研湖湘风土资料，一边跑到汨罗周边乡村去采风，比如张谷英村，我们在那里待了好久，里里外外地转悠、体会，琢磨当地木作和砖作中的那种湖湘味道，并在设计方案中用心表达出来。不但设

◎ 屈子书院施工现场（右为常青），来源：常青提供

计如此，施工也必须找到湖湘本土的良匠才行。我们有幸遇到一位具有工匠精神，且与我们长期互动合作的谭姓匠师，他既有像学者一样不断学习的欲望，同时又能精深钻研传统工艺，与设计方配合非常默契。整个建筑群全部采用巴蒂木的穿斗式结构，从形体轮廓到细节处理，均尝试了以湖湘匠作为基础的创新。直到施工后期，双方还在每一个施工细节上反复修改推敲，不断优化着技术核定单的内容。

◎ 屈子书院沅湘堂内景渲染图，来源：常青提供

有一件事说起来很有意思，就是这个建筑里有一些超出建筑常识的东西。比如，参观施工现场的各地人士中总有人指出，屈子书院建筑的偶数开间是一个设计错误，我解释说这其实是刻意做的，屈原时代礼仪性建筑多见偶数开间，这在上古遗址中可以得到证实。而且当时的空间概念以坐西朝东为尊，所以建筑室内纵轴的重要性大于横轴，建筑外设东、西阶，人们按主、宾和尊、卑关系分东、西升阶登堂。这种空间习俗直到南北朝时期才开始改变。

王：您怎么看待高校设计院的实践特征，以及您对未来同济设计院的发展有什么展望和期待。

常：我在今年《中国建筑教育》“同济专辑”中发表的拙文《以文养质、知恒通变》，[2] 其中谈到了变与不变的辩证关系。其实建筑有些东西是恒常的，但很多人认为，强调恒常会妨碍创新，而我觉得更重要的是把握恒常与变异，经典与创新之间的辩证关系，即“知恒通变”。我甚至认为应该强调在变化中体现出恒常，这是一个很高的境界，但要经过长期“以文养质”的修炼过程。高校建筑学科应该有这个优势。而这一优势首先就反映在“研究”二字上。人们常说“研究是解析的，设计是综合的”，我的体会是“好的设计一定融入了好的研究”。

此外，我觉得同济设计院可探讨如何进一步优化教授工作室和设计院相结合的体制，产生一种将高水平研究成果转化为工程设计作品的激励机制。因而核心问题就是，学校的学科和专业方向是否足够强，是否处在国内外相应的前沿位置上，相当多的一流研究成果是否能为工程实践所吸收和融入。

---

2 常青．以文养质，知恒通变：关于建筑教育新议程的几点浅识 [J]. 中国建筑教育，2017（Z1）:20–23.

上海城市更新迭代中的同济设计与研究 | 2003—2021 年

访谈人 / 文稿整理：华霞虹

访谈时间：2021 年 8 月 30 日 13：30—16：00

访谈地点：同济大学综合楼 11 楼超大城市精细化治理研究院

校审情况：经伍江老师审阅修改，于 2021 年 9 月 17 日定稿

受访者：伍江

伍江，男，1960年10月出生于江苏省南京市。同济大学建筑与城市规划学院教授、博士生导师，国家一级注册建筑师，上海市城市更新及其空间优化技术重点实验室主任，上海市政府决策咨询特聘专家、城市发展与管理重点智库首席专家。1979年进入同济大学建筑学本科学习，1986年留校任教，1993年获博士学位。2003至2009年任上海市城市规划管理局副局长。2010至2021年任同济大学副校长、常务副校长。2015年获颁法国建筑科学院院士荣誉称号。2021年被授予法国文化部艺术与文学骑士勋章。

访谈中伍江追溯了同济大学专家从1980年代初以来对上海城市更新的介入，详细介绍了跟随罗小未先生从事上海近代建筑史的研究，参与的上海城市更新的咨询和撰写博士论文《上海百年建筑史（1843—1949）》，2003年至2009年在上海市规划局任职期间推动了上海历史文化风貌区保护和城市有机更新，以及近年来对超大城市精细化治理的研究。

华霞虹（后文简称“华”）：伍老师您好，今天请您以自己从1980年代初开始对上海近代建筑史、历史风貌区保护、城市有机更新和精细化管理研究和工作的经历为线索，来谈一谈我们一代代同济人在上海城市更新的发展中所做的贡献好吗？

伍江（后文简称“伍”）：我们同济大学建筑系关注城市更新问题算比较早的，我读书的时候，设计课、历史课上都已经在讲了。我是1979级的，1983年做毕业设计时，冯纪忠先生带的一组毕业设计，做的是黄浦区人民广场南面，黄陂南路和普安路之间的一块用地，当时是上海中心城区很典型的区域，有里弄，还有小菜场。现在这块地方已经变成（广场）公园。虽然我当时不在这一组，但是大家都会跑过去旁听。冯先生就会说，里弄是上海很特别的一种建筑类型，不过现在已经变得很破旧了，需要改造。但是城市的改造不应该是简单的拆除，应该延续这种城市特有的空间。所以动员同学们用各种思路和理论进行改造设计。我们这届也并非第一次毕业设计做城市更新，前面几届就开始做了。俞霖[1]和王小慧[2]在德国完成的论文，据说就是延续在同济毕业设计时所做城市更新的主题。我自己也是从那时开始关注城市更新的。

1983年考上研究生后，我跟随罗小未先生开展上海近代建筑研究，论文写的是外滩，当时并非完全从历史角度写，而是从城市更新改造的角度来研究。因为罗先生那时候一直在参与上海市各个区和不同部门关于旧的城市如何更新、如何延续的讨论，多次为旧城改造项目出谋划策，比如像老城厢的蓬莱路303弄旧里改造工程（1983年）[3]。

1　俞霖（1957—1991），男，建筑师。1977年考入同济大学建筑系，1986年获硕士学位并留校任教，1987年赴德国留学，就读于布伦瑞克大学建筑系。1991年在德国因车祸去世。

2　王小慧，女，1957年出生于天津，旅德华人艺术家。1977年考入同济大学建筑系，1986年获硕士学位并留校任教，1987年赴德国留学，后在慕尼黑电影学院导演系进修，1991年起成为自由职业艺术家，主要从事摄影、写作和展览。2001年至今，担任上海同济大学艺术中心及传媒艺术学院兼职教授和北京中央民族大学现代图像艺术学院客座教授。

3　可参考：斯范.改造旧住宅的一个探索——介绍上海市蓬莱路303弄旧里改造试点工程[J].住宅科技，1983(6)：12-15.

1985年前后，罗先生在学院的外事活动中也很活跃，外国朋友很多。每次有外国老师来，她就让我带他们去参观这些老城区，这样一来我就有机会了解这些街区的居民对城市改造的想法。从那个时候起我就认识到，一方面，城市改造不能铲平；另一方面，因为城市设施都太破旧了，必须改造和提升。

1986年我们刚成立了建筑与城市规划学院以后，大概在1987年我们建筑系发起了全国第一个国际研讨会，召集人是当时担任副系主任，分管外事的郑时龄老师，会议的主题叫“Urban Renewal”（城市更新），这本专刊我们学院应该还能找到，当时主要是跟美国的伊利诺伊大学合作，这个主题应该是对方想的，当时在欧美大概很热门。这个更新针对的还不完全是上海，还包括周边的江南水乡改造。我记得开会期间还带着这些代表去参观周庄、同里等地。那时候上海“拆旧建新”已经开始了，当时上海市政府各部门专业工作者还蛮多的，比如有副市长倪天增[4]、夏克强[5]等。当时规划局的领导是罗先生他们圣约翰大学时期的同学，叫施宜[6]。施宜在“文革”以前曾担任上海市建委副主任，“文革”以后建委恢复并在下面增加了规划局，他就担任规划局副局长。之后才是史玉雪[7]局长、夏丽卿[8]局长这一代。他们这一代经历过历史，对城市更新的价值观是很容易接受的。当时大拆大建的规模还没有后来那么大，每次有改造项目，罗先生常常会受邀去参加讨论，我也一直跟着参与。我所了解的学院的老先生里，冯先生一直对上海更新改造特别有感情地投入，李德华先生向来比较超脱，他不愿意多讲，也不太愿意出面，除非是特别重要的会议才会参加。但是据我所知罗先生出来开专家会，碰到很多问题回家都会跟李先生讨论商量。我自己的博士论文，李先生差不多每页都改过，我感动得不得了，说明他很感兴趣，也很了解。

我是1988年开始攻读博士学位的，到1993年毕业。看起来是5年，其实前面一直在参与和研究，所以我的博士论文完成时，差不多已经做了10年的研究。

4　倪天增，男，1937年出生于浙江省宁波市，1962年清华大学建筑系毕业，曾先后担任华东工业建筑设计院助理技术员，华东工业建筑设计院第一设计室副主任，上海工业建筑设计院四室主任工程师，上海工业建筑设计院副总建筑师，上海工业建筑设计院副院长，上海市城市规划建筑管理局局长助理。1983至1992年担任上海市副市长，任期内主持设计、审定了上海多项重大建设工程。1992年因病逝世。

5　夏克强，男，1940年出生于浙江嘉兴，1962年毕业于华东化工学院（现华东理工大学）第二有机工业系燃料化学工学专业，1992至1998年任上海市副市长，1998至2004年任上海机场（集团）有限公司董事长。

6　施宜，男，1921年出生于福建闽侯，1941年进入圣约翰大学土木工程学院学习，以学生身份从事地下党工作。曾任上海市城市规划建筑管理局党组副书记、副局长。

7　史玉雪，女，1952年进入同济大学建筑系学习城市规划专业，1956年毕业后赴苏联读城市交通专业研究生，1986年从北京调入上海市城市规划设计研究院，1988年调入上海市建设委员会，曾任上海市规划局局长。

8　夏丽卿，女，1939年9月出生，1963年从同济大学毕业后进入上海市规划院，从事城市规划工作，1985年任规划院院长。1987年任城市规划管理局副局长兼规划院院长，1992年开始任市城市规划管理局局长，不再兼规划院院长，一直到2003年离职。在市规划院工作期间，参与了《上海市城市总体规划》（简称《1986版总规》）的编制；1992年任上海市城市规划管理局局长后，又参与了《上海市城市总体规划（1999—2020年）》（简称《2001版总规》）的编制。

这是一条主线。

还有一条支线，当时历史教研室有很多老师也非常重要。在“文革”期间，罗先生被批判时写过一本书，说外滩是帝国主义侵略中国的见证。她后来跟我说，其实是利用这个机会在研究上海建筑，因为不这样写是不可能给你研究的，但批判资本主义就可以了。我就是在这个研究的基础上完成硕士论文的。

从1950年代开始，全国开始编写中国建筑“三史”，即古代史、近代史和现代史，[9] 在三史研究中，当时力量最强的当然是古代建筑史，由刘敦桢[10]教授负责。近代史当时研究队伍最大，因为当时年轻的人，觉得古代史老一辈都研究得差不多了。近代史的研究，北京由梁思成先生牵头，上海这边由陈从周[11]先生牵头。为此，陈从周先生专门把章明[12]招回来，章明从同济建筑系毕业后去南京工学院跟着刘敦桢先生读研究生，学建筑史。毕业后，陈从周先生请她加入上海近代史的课题，后来合作出版了《上海近代建筑史稿》[13]，这是有系统研究的成果。当时三史调研的资料，上海的资料做完就交到北京去了。但是后来“文革”暴发，所有的工作都变成罪状了，没人再敢动。王绍周老师天津大学毕业后分配到中国建工出版社工作了，他把所有的材料都藏起来保存了下来，“文革”后编辑出版成了《上海近代城市建筑》[14]。1980年代他来到同济建筑系工作，曾担任《时代建筑》编辑。

1990年代，同济老师在上海参与的设计很少，我们有些很有想法的老师，那段时间发表的都是在外地的作品。以前冯先生、罗先生等也都觉得同济应该在上

9　1958年当时要求是“建筑十年成就”。

10　刘敦桢（1897—1968），男，字士能，号大壮室主人。湖南新宁人。现代建筑学、建筑史学家，中国建筑教育及中国古建筑研究的开拓者之一。1921年毕业于日本东京高等工业学校（现东京工业大学）建筑科。1922年，并与柳士英等创建了第一所中国人经营的建筑师事务所（华海建筑师事务所）。1923年，又与柳士英等创设了苏州工业专门学校建筑科并任讲师，为国家培养了首批建筑工程方面的人才。1927年任中央大学建筑系副教授；1930年加入中国营造学社。1933年，任中国营造学社研究员兼文献主任；1943—1949年，在中央大学创立中国最早的建筑系，任中央大学建筑系教授、系主任，工学院院长；1952年院系调整后任南京工学院（现东南大学）教授。1955年选聘为中国科学院院士（学部委员）。

11　陈从周，男，1918年11月出生，浙江杭州人，原名郁文，晚年别号梓室，自称梓翁，中国著名古建筑专家、园林学家，上海市哲学社会科学大师，同济大学教授，擅长文、史，兼工诗词、绘画。1938至1942年入之江大学文学系就读，获文学学士。1950年起执教圣约翰大学，1951年起执教之江大学，1952年随院系合并进入同济大学，任教于建筑历史教研室，历任副教授、教授。著有《说园》《绍兴石桥》《中国名园》《上海近代建筑史稿》等。1978年，曾赴美国纽约为大都会博物馆设计园林“明轩”，还曾设计修复豫园东部、龙华塔、宁波天一阁、如皋水绘园、云南楠园（新建）等大量园林建筑。2000年3月15日在上海病逝。

12　章明，女，1931年6月出生，籍贯江苏吴县，教授级高级工程师。1950年入圣约翰大学建筑系就读，1951年院系合并进入同济大学建筑系，1953年毕业后赴南京工学院建筑系追随刘敦桢先生攻读研究生。1958—1961年进入上海华东工业建筑设计院参加上海古代史、近代史、现代史编辑组，历任技术员和组长。1961年1月进入上海市建筑设计院，曾任上海建筑设计研究院总建筑师，上海现代建筑设计（集团）有限公司顾问总建筑师。退休后于2000年2月成立上海章明建筑设计事务所，从事上海历史建筑修复与更新工作。曾主持完成外滩1号、12号、15号、23号、上海音乐厅、沐恩堂、马勒别墅、湖南别墅、武康大楼、丁香花园、严家花园等百余栋建筑修复更新工程。

13　陈从周，章明．上海近代建筑史稿 [M]．上海：上海三联书店，1988.

14　王绍周．上海近代城市建筑 [M]．南京：江苏科学技术出版社，1989.

海扮演更大的角色。虽然罗先生比较理论，建筑设计参加得不多，但凡有点小机会，还是想接回来给团队做。比如雁荡路改造等。常青老师也是从这时候开始对上海近代建筑感兴趣的。郑老师这时候从朱屺瞻艺术馆这样的小项目，后来做到南京路步行街，和夏邦杰合作，就有比较大的发言权了。这都是靠前面一代代前辈们的铺垫。

新天地项目来找同济，是因为1996年罗先生带着我写了《上海弄堂》[15]这本书，中英双语的。那时候每次开会罗先生开会都带着我一起去。当时罗先生帮他们出主意，说这个里弄的特点和历史，你们要好好地研究和保存。设计的工作罗先生推荐了莫天伟[16]老师。那段时间是我最多次数跟随罗先生一起参加官方讨论，跟卢湾区政府、上海市规划局等。后来还跟着她参与第一次外滩改造的方案评审。还有一次，通过淮海路的一号线开工，把马路挖开要拓宽，把旁边房子的轮廓线拉平，在拆的过程中还把树砍掉了。罗先生当时急得要命，就写信给市领导。这封信当时是我帮忙送进市政府去的。后来淮海路砍树被叫停了，前面被砍掉的树后来也补种了。这算是同济专家对上海城市建设早期一次正式介入。

上海开始重视近代建筑保护，第一次正式成立一个类似的工作机制，是在1989年，当时中国建设部和文化部发了一个通知，要求各地对近代优秀历史建筑进行研究。上海当时还没有文物局，而文管委、市政府、规划局、房管局也没有权威专家，所以就把罗先生请去，开始着手上海正式的近代建筑保护名单研究，因为当时我已经在做上海百年建筑史研究了，所以就跟着罗先生做助手。当时有几个核心人物，规划局是赵天佐[17]，文管委是杨嘉佑，当年他曾作为陈从周的助手参加三史研究，但他自己不是建筑出身。还有是房地局的钟永钧。罗先生带着我。很奇特的是，那时候，上海近代建筑保护的一个政府机制是由同济大学的教授牵头的。这个机制一直延续到现在。你看现在上海市历史建筑保护委员会的主任由郑老师担任，我是副主任，按理说应该是规划局的人，我们只不过专家顾问，但是上海市很特别，外地还没有这样的。这是从罗先生那时候开始的。1991年，黄菊担任市长后颁布的第一条市长令，就是《上海市优秀近代建筑保护管理办法》，1992年1月1日起开始实施。

---

15 罗小未，伍江．上海弄堂[M]．上海：上海人民美术出版社，1997.

16 莫天伟，男，1945年6月出生于重庆市，同济大学教授。1962年9月至1968年10月在清华大学建筑系学习，毕业后先后在解放军6413部队、国家建委一局三处、国家建委一局二公司工作，1979年9月至1981年2月在清华大学建筑系硕士研究生学习，获硕士学位，1981年2月起在同济大学建筑系任教，历任副教授、教授。1985年至1995年间担任建筑设计初步教研室主任、建筑设计基础教研室主任，1995年至1999年担任建筑系副主任，1999年至2003年任建筑系主任。主持的《建筑设计基础》课被评为上海市级精品课程和国家级精品课程。曾获上海市第一届高校“教学名师”奖、上海市优秀教育工作者称号，荣获第四届“中国建筑学会建筑教育奖”。2013年9月在上海病逝。

17 赵天佐，男，曾任上海城市规划局总工。

上海的快速建设从1996年左右就开始了，大规模发展时在历史街区总是磕磕碰碰。大概1999年前后，上海市政府就想重新立法，把管理办法上升为条例。那时候市人大常委会主任陈铁迪跟罗先生很熟悉。2001年，陈铁迪带着人大各相关领导来同济大学调研，同济大学有几十个老师参加，当时我跟卢永毅老师两个人负责把同济大学很多老师的意见整理起来。当时我们花了好多精力开了很多小规模会议，想利用这个机会帮助政府把优秀近代建筑保护的事做好。

华：2003至2009年您在上海市城市规划管理局任职期间，在上海历史文化风貌区的保护与更新工作中，您和同济大学的专家主要开展了哪些工作？

伍：《上海市历史文化风貌区和优秀历史建筑保护条例》是2002年7月人大开会正式通过。那次会议允许几位代表去旁听，本来邀请了罗先生，但她因为出差或出国，就让我代她去。那是我第一次进入人大会堂，在旁听席旁听决议。这个条例2003年1月起正式实施。

时间非常巧，我2003年3月到规划局任职，一去就要负责实施这个条例。这个条例里最重要的工作是要划定风貌保护区。此前规划局以赵天佐总工为首已经划出了11个保护区，1999年版的上海市城市总体规划专门列了一张“历史文化名城保护”。我去规划局分管此事，就是要明确保护区，并法定化，定义如何保护，要做规划。这个时候阮仪三[18]老师给我写信，直接说提篮桥片区他认为非常重要，当时规划局划定时他建议过，但没划进去。我说现在还来得及，因为条例没有明确保护几块区域，只说规划局有责任划定。夏丽卿局长也认为这件事可以做。到2003年7月份市政府就正式公布了12片历史风貌保护区，27平方公里。后来我们在2006年又提出了32片郊区和浦东新区的历史文化风貌区范围，总面积14.26平方公里。到现在为止，上海郊区已有11个国家级历史文化名城，2个国家级历史文化名村，全部都在我们划定的这32片保护区里。

保护区公布后，我提出要成立一个专门的机构。可那时正逢国务院要求全国政府压缩编制。规划局不仅不精简，反而要增加，这有多难。后来经过多方努力，正好市政府当时向毛佳樑[19]局长提出要我们分管上海城市雕塑，最后市长建议规划局下专门成立了一个机构，叫景观处，把历史风貌保护、历史风貌区划定、城

18　阮仪三，男，1934年11月出生，苏州人，教授、博士生导师。1956年考入同济大学，1961年本科毕业后留校任教至今。现任建设部同济大学国家历史文化名城研究中心主任、中国历史文化名城保护专家委员会委员等职。20世纪80年代以来，努力促成平遥、周庄、丽江等众多古城古镇的保护，因而享有“古城卫士”“古城保护神”等美誉。曾获联合国教科文组织遗产保护委员会颁发的2003年亚太地区文化遗产保护杰出成就奖。主要著作有《护城纪实》《护城踪录》《江南古镇》《历史文化名城保护理论与规划》等。

19　毛佳樑，男，1949年3月出生，祖籍浙江奉化，高级经济师。第十一届上海市政协常委、人资环建委常务副主任，曾任上海市城市规划管理局党委书记、局长，曾亲历黄浦江两岸地区综合开发等上海一系列重大建设项目的规划工作。

市雕塑管理、城市设计研究全部归到此处。景观处，也就是今天历史风貌处的前身，后来就变成推动上海历史风貌保护一个非常有力的“武器”了。

“上海优秀历史保护建筑名录”，前面第1—3批我都参与了。但是我知道，城市保护不光要把建筑甄别出来，还有城市空间结构、街道等都太复杂了，一定要做一个非常详细的保护规划才行。当时据我了解，国内所有城市做保护规划时，要么是在宏观层面上，用不同颜色标出了保护区、核心区、协调区，却没有具体的控制，弄到最后，该拆的还是都拆光了。要么一些小城市开始针对具体保护对象做设计，结果老房子没保护住，新房子造了一大片。所以我当时就想，能不能编一个特别的规划来对风貌区进行有效的控制。否则规划局景观处和监管处在审批时，使用的是两把不同的尺子就有问题了。能不能将保护规划与《规划法》里规定的法定控制性详细规划合二为一呢?

我们找同济的周俭老师帮忙，让同济规划院和上海市规划院合作，一起做保护规划，找到徐汇区做试点。因为当时12片保护区中，最大的是7.5平方公里的衡复历史风貌区，徐汇区占4.3平方公里。我们要求最大可能地做成上海历史保护规划的一个样板，要求上海市规划院最大可能地把所有法定控规的指标全部纳入其中，使这份规划将来在规划局审批窗口是唯一的规划依据。《上海市衡山路—复兴路历史文化风貌区保护规划》从2003年的八九月份开始做，2004年年初做好，大家看得非常满意。这个规划不仅把前面3批列入保护名录的建筑全部放进规划中，用红色标识，还用橙色和黄色分别标识了保留历史建筑和一般历史建筑。这三种颜色的建筑加起来，大概占总建筑面积的75%。我说这个事情好了，任何一个城区只要75%的老建筑还在，就是真正的保护区了。对规划里新建部分该如何规定？我们定了一个大原则，即保护区内新建建筑量不增加，实现“三原”，即拆建的话原建筑总量不变，原高度不变，原位置不变。这样风貌保护区的肌理就留住了。但是任何规则我们也不能保证完全没有漏洞，没有错误，所以后来就建立了一个“修改机制”。由专家特别论证以后定下的所有规定，再作为“补丁”纳入规划，后来就按照更新的规划执行。[20]

再后来我离开规划局以后，规划局在推动控制性详细规划全覆盖，现有的已经批准的保护规划内容全部作为附加图则纳入其中，控制性详细规划跟历史保护规划两者同时生效，都是法定规划。

华：2009年武康路更新，由沙永杰老师担任总规划师也是您推荐的是吗？我当时也参与了两个点的微更新设计。

伍：在我从规划局回到同济大学以前，上海正在进行“迎世博600天城市大整治”。

20　可参考：伍江、王林.历史文化风貌区保护规划编制与管理[M].上海：同济大学出版社，2007.

当时徐汇区分管副区长汤志平[21]提出，将武康路作为试点，因为从头到尾只有一点几公里，可以做一个综合整治。我就向他推荐了沙永杰老师，当时沙老师在帮我管研究生，还在整理《上海百年建筑史》的第二版，我觉得他做事特别踏实。沙老师一听这事很起劲。我跟他说这件事如果你自己做，做得跟现在他们整治的是一模一样的，将来要被人骂的。沙老师说，伍老师您放心，我来建立一套机制，把同济大学的同事和伙伴们调动起来，您安排我做总规划师。后来我跟汤志平说聘请沙老师做总规划师，还真给他发过一份聘书。武康路改造完后，反响很好。

后来我想武康路只不过是一条短路，有没有可能把此事发酵放大，对保护的日常管理机制做进一步深化。因为城市有重大建设活动时，规划局可以通过规划来控制，但是城市大部分时间没有建设，也没有人管。这不将只是针对规划局的管理，而是针对各个不同部门做精细化管理。于是我从徐汇区又争取了一个课题"徐汇区历史风貌道路精细化规划与管理"。当时孙继伟[22]在徐汇区做区委书记，给予了很大的支持。我们建议：每一条道路或者每一个街区都可以设一个街区责任规划师。这套规则就是规划师手中的一个工具，我把它叫作"城市说明书"。这个工作成为上海城市精细化管理的一个重要基础。我们的成果在2013年获得了全国优秀规划设计一等奖，去年（2020年）又获得了上海市科技进步一等奖。

华：2018年，您主持成立了同济大学超大城市精细化治理研究院，相关的研究工作与上海的城市有机更新有什么互动关系？2020年您领衔的项目《超大城市高密度既有城区有机更新关键技术及其应用》获得上海市科技进步奖一等奖，针对的主要问题是什么？

伍：2017年，李强书记来同济大学调研，当时习总书记提出城市管理要像绣花一样精细，李强书记问同济能不能发挥作用。当时我花了五六分钟时间介绍了我们之前的工作，并提出希望形成机制。于是我们就在2018年5月正式成立了同济大学超大城市精细化治理研究院。我们还有一个兄弟机构叫同济大学城市风险管理研究院，负责人孙建平老师，是他从上海市交通委主任位置上退休后作为同济大学的特聘教授成立的。

精细化治理研究院早期的项目包括为"十四五"规划中关于精细化管理内容所做的预研究，是上海市发改委委托的。"十四五"规划正式编制时，又和住建委合

21　汤志平，男，1965年11月生，上海市人，高级工程师。1990年3月同济大学研究生毕业后参加工作，曾任上海市规划和国土资源管理局副总工程师、副局长，徐汇区副区长，黄浦区区委书记，市政府秘书长等职，现任上海市副市长。

22　孙继伟，男，1963年10月出生，江苏南京人。1996年在同济大学建筑与城市规划学院获得工学博士学位后到卢湾区建委任职，曾任青浦区副区长，嘉定区区长，徐汇区区委书记，上海市规划和国土资源管理局局长，上海市人民政府副秘书长等职。

作开展研究。最后在我们很厚的文本里精选出大概200字，写进上海“十四五”规划专题城市精细化管理。我们又在前期工作基础上继续研究设计了七八个月，形成现在的《上海市城市管理精细化“十四五”规划》，这大概也是中国的第一本。

不过这个成果还属于研究阶段，我希望什么时候这个规划能真正影响政府的管理机制。体制改革的前提是要有法律定位。所以最近上海市人大通过了《上海市城市更新条例》（以下简称《更新条例》），是继深圳以后第二个公布此类条例的城市，应该说上海整个城市的建设管理进入了一个新阶段。我们《更新条例》大的方向是防止大拆大建，保护风貌。而且在上海市的《更新条例》里，也明确了要保护每一个市民的利益等原则，虽然要兑现可能还有困难。但我理想中的《更新条例》应该把所有的漏洞都堵上，让人无法钻空子。现在的可能还不尽完善。我经常讲，城市有机更新是指会永远不断地更新下去，只会是过程，不可能有完成时。但是这个过程和过去的过程也不一样，它只会越来越小，越来越日常化，永远是微更新。我把微更新分成两类，一类是对城市有战略意义的，一类是影响城市日常生活的。成片更新本身不是我们鼓励的，所以不应该提成片更新。当然如果更新不成片，开发商没利益，就没积极性了。我认为将来的更新很可能是由于某一个局部核心功能需要提升，局部的成片更新还是有可能的，不可能再出现以前那样因城市整体功能缺席而开展的大规模更新。

华：在国际语境中如何看待中国特色的高校人才智库与社会发展之间的关系、优势与不足？

伍：总体来说，中国大学的“入世”程度远远高于西方的大学，我们对城市和社会所做的贡献，发达国家大学也很羡慕。这可以算我们这种机制的一个特色。记得我在规划局的时候，我们组织了国际会议，跟法国历史建筑保护领域有很多交流。我们的很多技术方法其实也是向他们学的。当时像法国夏约建筑学院院长阿兰•马雷罗斯（Alan Marreiros）教授就非常激动，说这些我一辈子都想做却没做成的事情，在中国上海做成了。

因为一个城市的管理者和决策者总希望自己的管理过程更科学，效率更高，但西方国家学术界更倾向于批判政府，但中国的特殊制度下，学术界的批判性不太够，但参与度会更高，主要作用是建设性的。尤其像我们这样的专业，只有更多地介入才能更好地改善社会。

钓鱼台国宾馆芳菲苑和上海世博会主题馆的设计

|1998—2010 年

访谈人 / 参与人 / 初稿整理：刘刊

访谈时间：2018 年 3 月 22 日 17：00—18：00

访谈地点：同济大学建筑设计研究院（集团）有限公司一院

校审情况：经曾群老师审阅修改，于 2021 年 9 月 10 日定稿

受访者：

曾群，男，1968 年 9 月出生，江西人，教授级高级工程师。1985 年考入同济大学建筑系学习，陆续获得了建筑学学士、硕士学位。1989 年进入同济大学建筑设计研究院工作，历任设计一所所长、集团副总建筑师，现任集团副总裁、总建筑师，建筑设计一院院长。

作为同济设计院一院院长和集团副总裁、总建筑师，访谈中曾群分享了个人从同济大学求学到工作三十载与同济结下的不解之缘，讲述了主持设计钓鱼台国宾馆芳菲苑、上海世博会主题馆等一系列国家重大项目的过程，并从实践与教学互动影响的角度，指出同济大学建筑设计研究院(集团)有限公司可持续发展的内在动因。

刘刊（后文简称"刘"）：曾院长您好！您从到同济大学求学到进入同济大学建筑设计院研究院（集团）有限公司工作三十载，这期间同济与您是怎样结下不解之缘的？

曾群（后文简称"曾"）：我通常会说我正式进设计院是在1993年，也就是拿到硕士学位之后。但实际上，我在1989年本科毕业时，就已经进入设计院了。原因是我那时候已经考取研究生，但是那时研究生可以先工作1—3年，再回到学校去攻读学位。我当时觉得实践非常重要，总想如果自己不会做设计，还读什么研究生呢?我就跟我的导师卢济威先生申请先工作一年。因为导师的夫人顾如珍老师当时是同济设计院的副总建筑师，卢老师就介绍我去师母那里先工作一年。

那时候进设计院还相对比较容易，我就先工作了一年，再去读研究生。当时回去读研，我其实是抱着离开设计院的想法，觉得反正也在这儿工作过了，毕业以后的事到时候再说，不一定还要回来。我是1993年研究生毕业的。大家知道1992年是中国改革开放一个非常重要的年份。中国经济在经历了1989至1991年的低谷以后，在1992年邓小平同志南方视察谈话后产生了爆发性的增长，我们读研的时候就已经开始在做不少项目了。因为外面机会挺多，所以当时没有想再回设计院。后来，当时的领导做我的思想工作，跟我说，你来同济院，会有很多的大项目可以做。其实我留下来真的就是看重这个，当时在外面也会做一些项目，但是特别好的项目确实没有。虽然我们那时候"炒更"特别厉害，但我当时朦胧之中就觉得赚钱不是最重要的，觉得可能还是在设计院去做一些好的项目更重要，所以就又回到同济设计院继续工作，一直到现在，一晃快30年了。

所以说到60年院庆（2018年），我在设计院工作了30年，虽然我一直在设计院工作，但实际上心路历程也在发展变化。到了1997年、1998年，像很多人一样，我工作五六年后，也有一些新的想法，比如说是否继续在设计院做下去，是否会有一些更好的发展。那时候整个社会在慢慢走向一个更加开放的状态，经济开始快速发展，不少民营企业也来邀请我们，自己也想独立干事。大家知道今天有名的一些民营企业，基本上都是90年代末成立的。但我还是觉得，在同济院有机会接触到更多自己想法中觉得有意义的项目。虽然那时候还没法想象今天会是这样，也不清楚中国建筑业从2000年以后会有一个巨大的发展。那时候，在设计院看到你的老师，那时候我们还称为师父，就会想象自己未来也是这个样子。但同时又觉得中国在发展，以后会跟以前不一样。当然，又碰到设计院一些新的机构调整，后来就留下来了。我觉得跟现在很多年轻人一样，工作五六年的时候心思会不免波动。再后来，有一些有意思的项目做下来，慢慢现在这条路也顺理成章地走了下来。

刘：您能介绍一下钓鱼台国宾馆芳菲苑这个项目吗？

曾：说到钓鱼台国宾馆芳菲苑，得到这个项目本身就已是个曲折的故事。我觉得这应该归功于全院的努力，仅靠我一个人是拿不到的。做这个项目的时候，我刚刚30岁出头。当然我们这代人的幸运就在这里，现在的设计师30岁出头可能很难有拿到这种项目的机会。当时自己一直在思考，想做一些不一样的东西。这个想法在芳菲苑之前的中国科技大学项目时就已经有了。在中科大项目中，我尝试借鉴了路易・康的空间理念，也就是服务空间—被服务空间的概念来设计。当时还未满30岁，希望尝试这些新的东西。

钓鱼台国宾馆芳菲苑，这是一个非常传统，非常经典，也非常重要的进行国事活动的场所。那是1999年到2000年，那个时间，虽然大家的思想已经比较开明，但还没有开明到能接受非常现代的东西。但我当时就想在这个设计中做些新的东西，比如，从一开始就觉得要用金属材质来展现那个大屋顶，这是我们设计中非常重要的一个想法，但是遭到了很多人的质疑，甚至是反对。钓鱼台之前从来没

◎ 钓鱼台国宾馆芳菲苑外观，来源：同济设计集团

有用金属做过屋顶，特别是在这个具有传统意义的建筑中。很多人一开始就提出来使用传统的瓦片，比如琉璃瓦，金黄色或者蓝色的琉璃瓦。当时很多设计师同行也提醒，你做这个是不是太冒险，但是我一直坚持说这个设计从一开始的概念就是一个古典的形式，或者说古典的布局，但必须是一个现代的做法，这也是我设计悬挑这么大的挑檐的原因。如果做琉璃瓦屋顶的话，这种大挑檐是不合适的，所以我坚持要用金属屋顶。那时候钓鱼台国宾馆管理局的局长，之前是中国驻洛杉矶的总领事，也是一个外交高手，他非常开明，虽然心存疑虑，但最后还是拍板采用了这个方案。我当时采用了一种德国进口的铝材，大面积的卷材，一张最长能够达到几十米，做这个大屋顶很合适。施工完成后其实我自己感觉还不错，但是内心还是很忐忑，业主也觉得挺好，但他们内心也一样。最后大领导来视察以后称赞这个不错，大家都松了一口气，才赶紧写好简讯报告，发布出去。

◎ 钓鱼台国宾馆芳菲苑金属屋顶和墙身幕墙剖面图，来源：同济设计集团

◎ 钓鱼台国宾馆芳菲苑金属屋顶和墙身施工中，来源：同济设计集团

芳菲苑给了我们一个机会进行新的探索。因为这个项目的重要性和名气，后来得到大家的一些认可。芳菲苑获得了“建国60周年创作大奖”，国家级的一个大奖，也获得了全国建筑创作奖一等奖，这给了我们鼓励。芳菲苑虽然功能是传统的，但在尽可能的情况下，还进行了一些现代的探索，自己觉得还是比较有意思。现在回想起来，可能因为那时候年轻，反而有股闯劲，没有什么太大的顾虑。除此之外，设计院在背后对我们也有非常大的支持，特别是丁院长给这个项目很大的支持。

刘：除了钓鱼台国宾馆芳菲苑项目，您还主持了很多国家级的大型设计项目，有什么故事可以分享吗？

曾：设计芳菲苑这个项目，其实有很多的困难、纠结和折磨在里面，那时个人能力还不够成熟，也是第一次遇到这么大的压力，但是经过了之后，就像迈过了一道坎。因此后来做世博会主题馆，做很多重大项目时，虽然也有很多困难，但是承受压力的能力，跟做芳菲苑时就不一样了，感觉能够更好应对了。芳菲苑项目，当时的上海市市长徐匡迪也非常关心，施工时还到现场视察过，当时跟徐市长还一起吃了饭，后来徐市长到北京任职后，韩正市长也去过工地视察，指导工作。后来，到了设计主题馆的时候，我们也会觉得有很多压力，但是压力更多地来自工期、质量等设计本身，个人的心理压力就没那么高了。

2002年完成芳菲苑设计，5年后，2007年开始上海世博会主题馆的设计。开始做主题馆设计时，我感受更多的是这个设计本身所带来的挑战。这么一个标志性很强的建筑，要怎么做，我内心很纠结。因为那时候中国馆已经定了，世博中心也基本确定了，演艺中心虽然没最终定论，但形状也大致确定了，主题馆是核心区最后一个尚未开始设计的重要场馆。

我们当时在想要不要做一个有所谓标志性的设计，比如有很特别形式的屋顶，等等。思考了很长时间，最后决定做一个水平展开铺在地面上的长方体，这是当时确定下来最重要的一个点。我们尝试过弧形屋顶，虽然看上去更加有形式感，而且展馆大空间很自然会用到弧形，但是我们觉得在“一轴四馆”里，除了中国馆外，其他建筑还是非常符合上海本土的气质，低调，但有腔调。我们认为主题馆也要是一个低调、有腔调的东西，就做了一个体型巨大、300m × 200m 的长方形建筑。尽管外形本身比较简单，但在建筑学意义上，无论是结构本身，还是在结构和形式的结合，这个项目都做了很多有益的探索，包括建筑的室内外一体化、节能和可持续发展等。事实上，在开始深

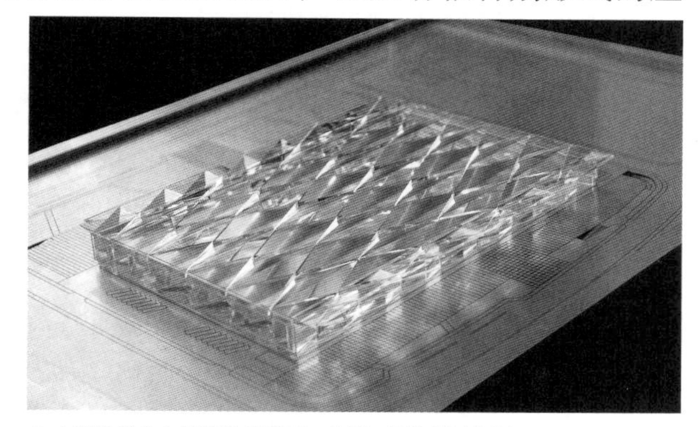

◎ 上海世博会主题馆设计模型，来源：同济设计集团

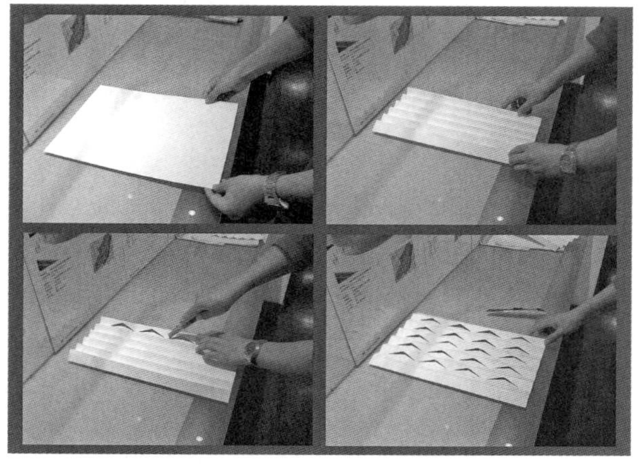

◎ 上海世博会主题馆设计模型，来源：同济设计集团

◎ 上海世博会主题馆入口空间，来源：同济设计集团

化设计后，一直在做很多的调整，但是最初的关键的想法和策略，业主还是非常认可的。我们在这个大方向上从来没有什么偏离，尽管立面、屋面等都做了很多的调整。

主题馆给我们压力最大的是工期。我们是2007年年底中标的，大概16万平方米的建筑，从2007年底到2010年世博会开幕，只有两年半的时间，工期非常紧张。因为世博会跟别的项目不一样，2010年5月1号开幕，后墙不能倒。我觉得做主题馆最大的收获是，这是一个设计总承包的项目，是设计院第一次做如此大规模的设计总承包项目，从建筑到室内、到景观、灯光，包括标识等，所有设计，全由我们一手承办。设计完这个项目，我感觉我们整体设计水平得到了很大的提高，特别是在项目运营、设计管理、设计把控上，收获都特别大。

刘：从实践与教学的关系看，您觉得同济大学建筑设计（集团）有限公司最大的独特性是什么？

曾：这些年，我一直没有把自己另一个角色抹掉，就是坚持做一些研究性的设计，对建筑学还保持着一种冷静的关注态度，一直在找机会做研究型实践，比如设计同济大学传媒学院就是这样。这就是同济设计院跟其他设计院不一样的地方，时刻都是跟自己的学校、跟学术紧密相关。就我个人来说，我觉得能够在设计过程

◎ 上海世博会主题馆施工中，来源：同济设计集团

中产生很好的互补。这样做有两点意义：一是用建筑学的观点来观察实践，我觉得很有意思，做主题馆时，我就想为什么做大型建筑的时候就很难有建筑学上的突破呢？我希望能有新的发现。反过来，实践对建筑学也同样有影响，我觉得这两者不矛盾。我现在做的一些研究性工作，是可以在工程实践中得到印证的，通过这些基础的研究我觉得是可以得到突破的。

我们在学校设计院其实还是很幸运的，还能够有机会参与教学或者评图，可以听到很多大师的演讲，跟他们交流，这块我觉得是同济设计院最宝贵的财富。同济设计的原创性、研发性在所有大设计院里面是排在前列的，也是一个能够把学术和实践很好结合起来的机构。这方面对我来说，现在做得还不够，或许这也是我对未来自己的一个期许吧，希望能够做得更好。

刘：最后能否请求您为同济大学建筑设计研究院集团有限公司给予寄语？

曾：60一甲子，我祝愿同济设计院在未来的60年能够更加辉煌，也祝愿大家能够在同济设计院做出更大的成绩。

从杭州市民中心到建筑热力学 | 2000—2018 年

访谈人 / 参与人 / 文稿整理：王凯 / 王鑫 / 王子潇

访谈时间：2018 年 5 月 4 日 8：30—9：30

访谈地点：同济联合广场 B 座 1105 室麟和建筑工作室

校审情况：经李麟学老师审阅修改，于 2019 年 7 月 23 日定稿

受访者：

李麟学，男，1970 年 10 月生，山东东营人。同济大学建筑与城市规划学院教授、博士生导师。1988 年入学于同济大学建筑与城市规划学院建筑学专业(本科、硕士、博士)。2000 年 9 月至 2001 年 9 月入选法国总统项目“50 位建筑师在法国”，巴黎建筑学院 PARIS-BELLEVILLE 学习交流。2013 年 12 月至 2014 年 12 月哈佛大学设计研究生院（GSD）高级访问学者。现为同济大学建筑设计研究院（集团）有限公司麟和建筑工作室(ATELIER L+) 主持建筑师、同济大学艺术传媒学院院长、能量与热力学建筑中心 CETA 主持人、上海市建筑学会建筑创作学术部委员、致公党上海市委委员杨浦区委主委。

2000年成立的麟和工作室与同济设计院有着非常紧密的工程合作。访谈中介绍了为实现建成作品而创建麟和工作室的背景，提出教授工作室制度的核心价值在于"设计的研究和转化"的系统化建筑生产模式，详细阐述了其早期代表作品杭州市民中心的设计理念、实施过程、成就与不足，最后以探索"建筑热力学"为契机，提出高校设计院可为实现"全产业链建筑学"做出独特的贡献。

王凯（后文简称"王"）：李老师好！从本科读书开始，您和同济有非常多的关联。请你先谈一谈和同济设计院相关渊源和故事。

李： 从1988年进同济读书，一直从本科到博士，然后再从助教一直到教授，算是在学院待得比较长的，同时也是对同济设计院成长的一个见证者。如果说到渊源的话，我1993年本科毕业时差点留在设计院，因为当时设计院的乐星[1]副院长曾是我的建筑启蒙老师之一。但我后来选择了攻读刘云[2]教授的研究生。

真正和设计院有设计实践上的关联是从2000年开始。因为2000—2001年，我很有幸参加了"50位建筑师在法国"的留学和交流计划。经历一年多的游历后回到同济，在建筑城规学院参加教学研究，同时开始了与同济设计院共同成长的历程，因为我主持的麟和建筑工作室（ATELIER L+）本身就是设计院的一个平台和研究室。在此期间，我主持了30多项设计建成的、可以称得上是作品的项目。所以在接近20年的建筑实践中与同济设计院关联非常密切。

王： 您提到的教授工作室制度，很有特色地连接了设计院和学院的生产实践和教学科研。能否请您讲一下工作室制度成立前后的故事？

李： 实际上，教授工作室制度在某种程度上是一个自发生长的过程。与设计院的合作，跟我2000年在欧洲那一年多的访学紧密相关。当时有一个非常强烈的想法——我要造能"建起来"的房子。在欧洲，对于建筑的评价明确分成两类：一类是学术性、知识性、创想性的作品；另外一类是具有非常强的实践性的作品。后者非常重要的一点就是它要"建起来"，所以它一定要和整个社会系统打交道，而不仅仅是我们建筑师与工程师本身的系统。所以它既身处建筑师、工程师、设计院这样一个非

1　乐星，男，1978年入学同济建筑学本科，1982年毕业后入职同济大学建筑设计研究院。1985年入学同济大学建筑城规学院研究生，导师冯纪忠教授。1988年研究生毕业留校任教。1992年调入同济建筑设计研究院任副院长。1996年辞职离开同济，合伙创建上海天华建筑设计有限公司并任总经理。现任上海天祥实业有限公司总经理。

2　刘云，男，1939年2月生，教授，博士生导师。1964年毕业于同济大学建筑学专业（6年制），后留校任教，历任讲师、副教授、教授。曾任同济大学建筑与城市规划学院副院长。2004年退休。

常复杂的技术平台上，同时也是一个知识的输出和设计的生产，要和社会有关联。

2000年开始成立麟和建筑工作室。实际上，一开始更多是一个非常松散的关系，但慢慢地设计院也非常重视，当时王健院长是积极的推动者，专门召集几位年轻的教授商讨如何推进这样一种合作模式，丁洁民院长、王健院长等都给予非常多技术力量和精神方面的支撑和鼓励。我记得2005年左右做了一个访谈，采访同济这样一个以年轻教授工作室来和设计院平台进行合作的模式，当时可能在全国都是不多见的，应该说是非常开放和具有创新性的。它具有相当的个人自发性，同时离不开整个设计院大平台给它提供了滋养自身的土壤，我觉得这是非常重要的。

◎ 早期麟和工作室模型展示区，来源：麟和建筑工作室

王：那其实从制度和具体的规则上，工作室就相当于一个独立的创作机构。可能其他的相关技术人员会配合这个创作机构。因为它和一般的分院也不太一样，你觉得这种不一样，在哪些具体的地方可以体现出来？

李：实际上，我个人并不把此当作是一个“创作系统和支撑系统”。每次有重要的

◎ 2019年8月，李麟学教授在工作室主持小组方案讨论（前排从左到右：李麟学、刘旸、王驰迪；后排从左到右：乔灵、徐姝蕾、张岳），来源：麟和建筑工作室

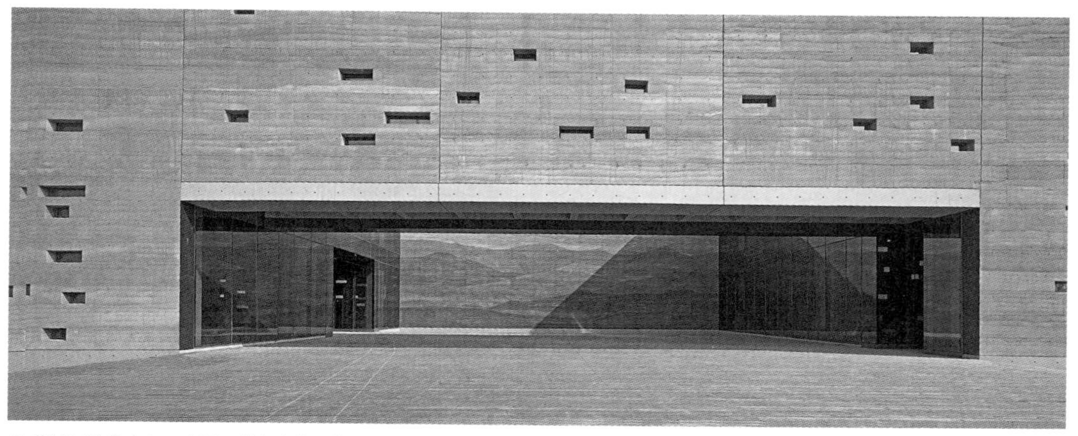

◎ 黄河口游客中心，来源：麟和建筑工作室

项目合作，不管是结构工程师也好，设备工程师也好，我都要跟他们达成一个共识：我们是一个团队，我们是在一个系统里。这个系统不仅仅只是建筑师在完成那个非常漂亮的构想，然后技术工程师来帮你实现这个概念，我觉得更重要的是：它需要作为一个整体系统来考量。今天评判所谓的建筑创作，很难仅仅从表面去看这个房子长得漂亮、非常好用或者如何，实际上它内在支撑更多的是系统的逻辑、建筑的逻辑、结构的逻辑、设备的逻辑。比如，我们现在关注业主的诉求、造价的限制等，实际上就涉及社会的系统。我更倾向于从这样一个角度来看待这样一个合作。这也是我把自己的设计哲学概括为“系统建构”的原因，系统提供了建筑创作的动力、机会和平台，需要我们在一个系统的层面去把控。

但实际上这个合作是有冲突的。我们通常理解的设计院可能会偏向于一种生产型组织，但我认为更重要的是跨学科的技术融合。比如说在技术攻关方面，它就需要一些共同的思路。举个例子，我主持设计的黄河口游客中心，面积不大，只有一万平方米，对设计院来说是一个很小的项目，但我非常看重。项目尝试用夯土建造这个在黄河湿地的游客中心，由于中国没有夯土设计规范，因而材料怎么做、结构依据什么来设计，大家都不知道。但我非常高兴地看到和发掘到，同

◎ 黄河口游客中心夯土材料实验，来源：麟和建筑工作室

◎ 黄河口游客中心夯土墙，来源：麟和建筑工作室

济设计院其实有非常好的一批年轻工程师，他们非常勇于投入这样的“技术冒险”。所以在设计院的平台上，我更想合作的是有想法的年轻人。虽然经验很重要，但对他们来说，他们更喜欢去迎接这个挑战。虽然一开始经历过很多失败的过程，但我觉得像这种过程，实际上远远超越了传统意义上设计院的那种“项目生产”过程。从这个意义上来说，这种跟设计院合作的教授工作室机制，应该建立在一个“设计研究与转化”基础上，更多是在探讨一种未来的或者理想中的建筑设计机制或生产系统。

◎ 麟和工作室内杭州市民中心的模型，来源：麟和建筑工作室

王：这个非常有意思，相当于告诉我们教授工作室跟生产机构的差别，我们待会还会回到这个话题。我们先聊一下杭州市民中心，因为这个项目是您早期的成名作之一，当时您也很年轻，可能跟设计院有很大的关系，请您讲一下这个项目前后的过程。

李：好的。这个项目其实是在去年杭州召开的G20峰会前才被完全投入使用。这个设计从2003年竞标开始已经有15年的时间跨度，去年完成了一个《杭州市民中心后评估报告》。从这个竞赛的设计过程、业主的策划过程，到部分的建成运营，一直到G20峰会的广泛关注，它是一个既漫长又痛苦的过程，但我还是非常欣喜地看到能有这样一个“建筑巨构”作品的完成。

最初的市民中心是一个非常公开的竞标，前前后后有近70个方案。当时这个竞标没有完善的任务书，没有高度，只有面积。我记得当时面积有45万平方米，后来建筑不断地提升，最后有58万平方米，这是当时设计院做的最大单体建筑。我记得院长说过，这个建筑可能对当时设计院的组织体系也是一种挑战，因为没做过这么大的建筑，不知道怎么操作。正规的竞标经过三轮，开始选六名，最后选两名，两名中再最后选定一个方案。当时从领导和各方面信息推断出来，还是想盖一个高房子，因为当时钱江新城还是一片空地，只有一个大剧院完工，其他的都还没有建设，只有德国欧博迈耶事务所（Obermeyer International Practice）的一个城市设计构想。对于杭州来讲，之前围绕西湖发展，整个建筑高度会受到非常强的限制，但一旦沿钱塘江来发展，所有的人都松口气，我们终于可以建得更高一点。所以在竞标时，不断有这样的信息传来，据说希望对标上海金茂大厦，至少做到300米。

实际上，我的第一张草图界定的就是低的房子，是一个群组式的，高度在100米之内的建筑，所以这里就有很大的矛盾。在竞标过程中，也不断有人跟我

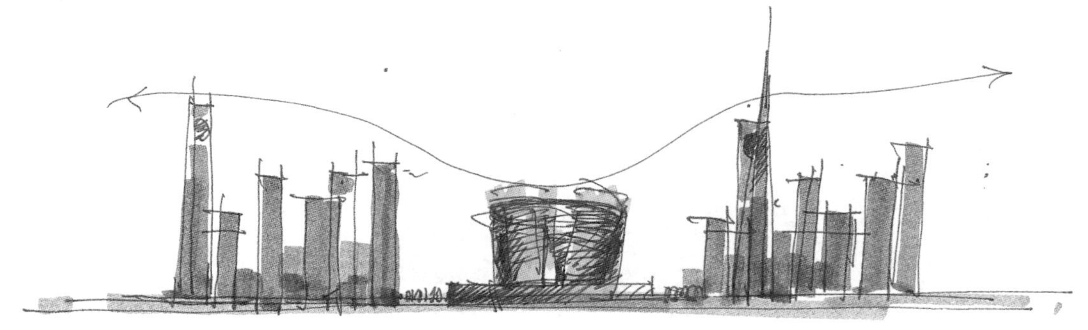

© 2003 年，李麟学绘制的杭州市民中心草图，来源：麟和建筑工作室

说你要改一改，领导喜欢高的，但是我一直没有改，其实我是有几个方面的构想。

一方面，是对于尺度的关注，这可能跟当时在欧洲的游历学习非常有关系，当时在巴黎建筑学院，所有中坚老师都是柯布西耶的弟子，这是他们的大本营，他们既继承了现代建筑的传统，也在不断反思。其中很重要的一点是，我们如何认识一个 bigness（大）的东西。bigness 是从现代建筑开始，现代建筑主张把原来的城市推成一个白板，用库哈斯的话就是 tabula rasa，然后再来做大建筑，之后现代建筑在欧洲受到持续的批评、反思和再发展，尤其巴黎的城市建筑发展可见其清晰脉络。而我觉得当时在中国实践里，更多的是“白纸”策略，甚至没有板，就是一张白纸，尤其是新城建设。所以我考虑最多的一点就是 scale(尺度)。对我来说，对巴黎那种街区尺度的体验，非常强地影响着我的思考。所以，当时的基本想法是这个建筑应该是街区式的、集群式的、开放式的，是可以进入的。设想中间应该是一个开放式的花园，而不是建筑；应该是一个“空”，而不是一个实体的东西。同时，杭州自身的文化也强化了我的想法。杭州这个城市，半城山色半城湖，湖城合璧，是一种自然和城市非常融合的形态，设想建立建筑和城市的一种同构关系。于是，最终形成了中间是花园，建筑围绕着周边的思路。虽然它们是分散开的，但不管在空中也好，地下也好，我又把它们连成一个整体。

另一方面，当时的关注点是对于钱江新城未来整个城市形态的设想。2000年前后，中国城市经历了非常快速的城市化，各地都在建很多新城，杭州钱江新城也是一个非常典型的样本。德国事务所在城市设计中做了这样一条天际线：中间建筑 300 多米高，周边慢慢跌落下来。但我对于这个天际线非常质疑，我的设想是中间最后可能是150米左右高的建筑，它是群组式的、开放式的，最后慢慢边上有更高的建筑。所以这就要求建筑师重新来思考这个城市的形态轮廓和建筑系统。现在从高铁上经过时，这个轮廓确实在慢慢地实现出来。市民中心这个建筑本质上是非常系统性的，同时也是非常城市性的，这是一个影响着城市未来生长形态的建筑。

最后，就是对整个建筑公共性、公众性的考虑。当时业主设想它是一个以政府为主的建筑，但后来就有各种功能，尤其公众性的使用加入进来，最终杭州市民中心成为一个集合行政办公中心、政务服务中心、信访接待中心、市民服务中

© 杭州市民中心下沉庭院，来源：麟和建筑工作室

心、青少年活动中心、城市规划展示中心、城市图书馆，以及设备中心、停车、人防、商业等配套服务设施的巨型城市建筑综合体。尽管不断修改设计非常痛苦，但实际上我倒是非常欣喜看到，它成为一个真正意义上的市民中心，是一个真正的“公众建筑”。

我觉得，刚刚提到的这种人性化尺度、开放的公众性，以及这个项目对未来城市的运作机制的影响，等等，都是非常重要的、建筑设计的“隐匿逻辑与系统”。

© 市民在高大的环廊中活动，来源：麟和建筑工作室

王：您最近再看这个项目，有哪些方面是你比较满意的？

李：首先，市民中心对系统的组织方面我还是比较满意的。比如，当时整个城市还没有对地下空间的组织，在58万平方米的建筑容量中有25万平方米的空间是在地下，其实就是想化解整个建筑体量对城市的影响。这么大的地下空间需要一个非常好的系统设计，所以在公共空间设计上，在地下设计了一条一公里的方形环廊，可以把整个功能都统一起来，使地下空间变成一个无边界、全天候的空间，不管下雨刮风都可以走通。当时对地铁连通的也是一个很好的设想。我当时提出从同济大学出发，最好“不淋一滴雨”就进到市民中心内部，而现在上海与杭州地铁与城市高铁实现了无缝衔接，真的就做到了从同济大学“不淋一滴雨”到达市民中心的开放回廊空间。这需要建筑师对整个城市运作的系统有非常清晰的认识，以及对未来潜在性发展的考虑。市民中心在这方面是成功的。

其次，在功能演变上也比较满意。可能最初考虑的是一个单一的建筑，但后来功能构成慢慢变得复杂，市民中心成长为一个面向公众的建筑。有一个杭州图书馆馆长与乞丐的故事：有个乞丐每次都来市民中心的图书馆看书，记者采访就问为什么他可以进来，影响别人怎么办，馆长就说："我不管你是什么人，只要你把手洗干净就可以来图书馆看书。"我觉得这很好地诠释了杭州的一种包容的、公众的精神，这也是杭州市民中心设计概念的核心诉求。这就是我们期望中的城市复合功能系统。当然这个演变和博弈的过程很长，但看到它最后的结果是这样一种具有生活性的城市系统，还是比较满意的。

最后，在市民中心的设计建造过程中，当时设计院针对整个项目提出了"一体化设计"。那可能是最早的一体化设计提法，就是说整个建筑、结构、设备、幕墙、室内、景观、智能、交通、标识等体系，纳入整个同济团队的设计控制和协调。结构就有非常多挑战，比如说在90米高空的70米跨度连廊系统，600吨的重量怎么提升上去而严格控制变形，机器人提升、实时温度与变形监控、计算机实时调整、高层滑移支座等都是创新性的。当时结构工程师说即使将来最高级别地震，这个钢构连廊也只是拧成麻花，而不会掉下来。最后我们团队完成了这个攻关，这些对设计院来说都是技术方面非常大的挑战。再比如最后的玻璃选材和色彩，也是经过200多块的现场挂样、半年多的多方研讨才确认下来。其实，一体化设计对建筑师的工作是一个非常大胆的延伸。这个工作当时提出比较早，不像今天我们借助BIM平台，就可以更好地控制这个工作。我们为此做出大量的努力，包括大量超出常规设计范畴的技术研究和攻关，充分反映同济大学，而不仅仅是设计院，作为一个整合平台的强大科研与实践潜力。这得感谢整个团队成员的努力，以及设计院领导的开放和支持。另外，业主领导和团队不断提出更高要求、充分的理解、沟通与支持，也是非常令人满意的，所以在《后评估报告》的最后一页，我写了"感谢所有为杭州市民中心做出奉献的决策者、设计者、建设者，感谢杭州人民。"

遗憾还是非常多的。比如说当时设想顶部连廊全部是给公众开放的，同时有一些美术馆和公众餐饮的功能，还为此设置了一个专门的直达电梯，希望它形成一个公众活动与政府运作和谐共处的氛围，但最后都没有实现。另外，在整个内部细节上，面积太大、周期太长、参与部门众多，有一些牵涉到突破现行的规范，确实挺复杂，还是有很多东西没有非常好地去控制。

王：您从哈佛大学回来后，致力于引入热力学建筑这种新的思考方式，我觉得这涉及甚至不只是社会的生产系统，还涉及整个对于生态系统的关注。也许最终的目标实际上是撬动整个中国建筑生产体系的变化。您觉得在这样一个背景下，高校设计院能做的事情可能更多，您对设计院有什么建议和想法？

李：是的，从外部环境来看，我觉得有几个方面的变化比较明显。一方面，整个社会需求在变化。比如说中国城市化节奏在放慢，但是社会需求的品质在提升。

我们肯定会面临更多的生态诉求、体验诉求，以及整个城市建筑的组织系统诉求。另一方面，对于建筑师来说，他需要的知识边界在变化，知识关注的内核也在调整。我们原来可能不关注社会系统的问题，规划还好，但现在建筑也需要，包括我们同济有很多老师也开始关注到相同的命题，我们建筑的外延与本体同时在扩张。

◎ 热学性能分析图——青岛嶺海酒店，来源：麟和建筑工作室

同济设计院发展到今天，成绩斐然，但需要不断前行。一方面，它的研究性或平台性优势会慢慢超越它的生产性优势。我印象很深的是到西班牙交流，有人问为什么西班牙有那么多优秀活跃的青年建筑师，他们的教授提了一个观点是说，因为他们都在学院教书，都保留了非常强的学术背景，所以促成了很多研究与实践之间的联系。所以设计院在未来应该强化一个学术性的、研究性的平台，尤其对高校设计院来说。另一方面，我们今天在谈数字化也好、智能化也好、建造系统也好，实际上涉及整个建筑产业系统的变革。而某种程度上来说，这个变革可能以超出我们想象的速度在发展。我觉得设计院的平台，跟学院的紧密结合大有可为。比如以前吴良镛先生提出广义建筑学，那我们可以提更多的是“全产业链建筑学”。在未来的发展中，也只有像同济设计院这样的大型生产与研究机构，才有这个攻关能力、科研能力和生产能力去触及。我觉得设计院在这一方面要承担更大的责任，同时这也是一个非常大的机会，去促使我们思考和实践这种设计产业的未来转向。

◎ 青岛岭海酒店建成实景，来源：麟和建筑工作室

同济大学综合楼与嘉定校区的建设 | 2001—2018 年

访谈人 / 参与人 / 初稿整理：华霞虹 / 王鑫 / 李玮玉

访谈时间：2018 年 7 月 9 日 13：30—15：30

访谈地点：同济大学中法中心大楼三楼

校审情况：经陈小龙老师审阅修改，于 2019 年 8 月 16 日定稿

受访者：陈小龙

陈小龙，男，1952 年 4 月出生于上海市，教授级高级工程师。1976 年毕业于华中工学院电机系，1997 年获同济大学建筑工程管理专业硕士。1976 年至 1983 年，在同济大学电气工程系任教。1983 年至 1996 年，在同济大学任校动力科副科长、科长，校基建处副处长、处长等职。1996 年至 2011 年，历任同济大学校长助理、副校长和常务副校长（正局级）。2013 年至今，任同济大学浙江学院校长。

同济设计院从1950年代开始逐渐发展，到了2000年前后，设计院的机遇总体上得益于国家改革开放高速发展的机遇。那段时间正值同济大学为建校100周年做准备，作为当时分管学校基建的副校长，访谈中陈小龙介绍了同济大学四平路校区综合楼和嘉定校区两个十分重要的项目的筹划和建设过程，并指出这些项目的设计促进了同济设计院的大踏步式发展。

华霞虹(后文简称“华”)：陈校长，您好。作为长期分管同济大学校园建设的领导，您跟设计院的合作是最多的。请您为我们介绍一下同济设计院在近年来参与四平路校区和嘉定校区建设的情况好吗?

陈小龙（后文简称“陈”）：同济设计院从1950年代开始逐渐发展，到2000年前后这个阶段发展得最快，一直到现在，设计院还都是跨越式的发展。我认为设计院总体得益于国家改革开放和高速发展的机遇，这点非常重要。因此不仅仅设计院，同济大学的发展步伐也非常迅速。同济大学的学科发展也对社会起到了重要的推进作用。在新千年前后，同济名声很响，从那时候开始，同济大学的招生分数线也提高了。

当时我作为校长助理和副校长分管校园建设工作时，深深感受到这是一个百年不遇的好机会。1996年城建学院和建材学院、2000年铁道大学先后并入同济大学，学校规模迅速扩大。2002年，同济大学开始考虑百年校庆(1907—2007年)的事宜。之所以提前五年开始考虑，是因为当时同济校园还比较简陋，整个校园的建设工作必须提前。此外，同济大学当时还没有一栋标志性建筑。我们并不是讲究排场，但同济大学作为一个建筑学科闻名的大学，没有标志性建筑是不妥当的。而且我们当时学校规模扩大了很多，教学、管理、学科研究等都需要空间，于是校园建设成了刚性的首要任务。这真是百年难得的机遇。所以，我们要感谢这个时代，为设计院，为同济大学，为从事校园建设工程的同事，包括我们很多的设计师。

我首先来谈谈综合楼（今衷和楼）的设计过程，郑时龄院士对建造综合楼的项目非常关注，他当时邀请到法国建筑科学院院士让-保罗·魏基尔（Jean-Paul Viguier）[1]来做概念设计。

这是一位很有趣的老先生，我和丁洁民院长一起到法国访问过，参观了很多当时比较前卫的建筑。魏基尔先生给我们一个有趣的模型(来展示综合楼的设计概

1 让–保罗·魏基尔（Jean–Paul Viguier）男，法国建筑师。1946年5月出生于法国阿扎斯（Azas）。1970年毕业于巴黎国立美术学院，创建主持魏基尔事务所，从事建筑设计、城镇规划和室内设计，是法国为数不多在欧洲以外享有广泛声誉的建筑师。2001年获美国建筑学会荣誉会员和同济大学荣誉教授称号，2011年获荣誉军团骑士称号。

念），法国人的浪漫就体现在其中。当时是考虑做一个 50m × 50m 方形平面的建筑，本来魏基尔选址在“一・二九”礼堂旁边，也就是现在中法中心的位置。因为他认为，旧建筑与新建筑形成的反差很重要，这个基地旁边的“一•二九”礼堂和旭日楼都是旧建筑。不过由于种种原因，后来我们把基地调整到校园沿四平路的东北角了。

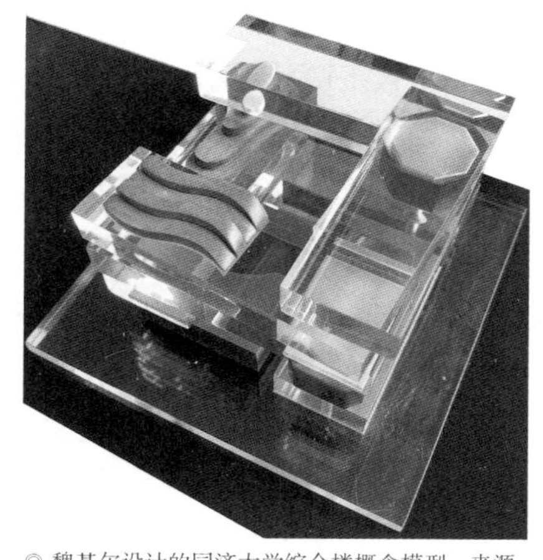

◎ 魏基尔设计的同济大学综合楼概念模型，来源：陈小龙提供

我先给你们讲解一下这个模型，它很有创意。设计先把一个正方形分成九宫格，每格长度是总长度的 1/3，九宫格的中间一格就是天井。周围都是等边长的 L 形体量，这些 L 形体量自下而上顺时针进行 90° 旋转，中间形成的是中庭共享空间。

这个有机玻璃的概念模型一共做了 5 叠，每叠代表 3 层体量，主要是办公和教学空间，每 3 层还有一些公共设施。这个概念模型将九宫格和 L 形体量的空间概念阐述得很清楚。实际建筑后来我们做了 7 叠，共 21 层，比模型显示的高，总高度 100m，代表“21 世纪，同济百年校庆”。

当时魏基尔先生的方案还提出了双层玻璃幕墙的概念。双层玻璃幕墙造价高是大问题，为此我和丁洁民院长一起到欧洲进行考察，特别是到德国考察。东西柏林合并后，在原东德区域建了好多新建筑。我们发现很多建筑都采用双层幕墙，节能效果很好，但是造价奇高，运营成本也不低，因为外面一层玻璃完全封闭，完全要靠机械通风。

当时经费难度非常大，主管部门批准这样高造价方案的可能性极小。正逢 2003 年全国爆发“非典”疫情（SARS）。“非典”时期提出建筑的基本要求是所有房间要有自然通风，不能靠机械运行。因为机械通风把各个房间的风连在一起，如果有病毒就会扩散。于是我们坚定不移地推翻了双层玻璃幕墙的概念，实际上除了经济原因外，还有 SARS 这个问题。

综合楼的设计就这么定型了，选址也变了。

华：学校为什么最后决定将这座标志性的高楼放在校园一角？

陈：主要是同济四平路校区的中轴线上已经没有空间了，从校门一直到大礼堂已经布满了建筑。大礼堂后面的基地如果要做高层，建筑间距有问题，而且那里人流的走向大体上都往运动场方向去。因为我们要求新建的综合楼一定要安排教学空间，要让学生都能进去，现在选择的位置离教学北楼近一些，会更合适一些。所以最后委屈一下后勤的修建科、绿化科搬家了，把原来校园东北角这块比较荒的地方腾出来。

华：这个选址的确更好一些。

陈：对，当时旁边就是设计院，非常好。

同时期在综合楼南侧学校要建校史馆，校史馆的造型我们提取了吴淞校区时期女生宿舍的造型，采用四坡屋顶。可惜，这栋建筑沿四平路的长度太短了，当时我跟设计师张鸿武[2]同志争执了很长时间，他最终接受了我的意见，目前尺度已经放大了一跨。现在看来，如果能再放大6米的话效果可能更好。一是可以增加面积，加大的体量可以把四平路的视线和噪声挡住。另外也能与综合楼之间形成新旧形式的对比，就像魏基尔先生当初设想的那样。虽然校史馆是新建筑，但是我们是按照同济老建筑的方式建造。

同济大学的综合楼在高校建筑中还是很震撼的。教育部领导上次来视察，我陪他上下都参观完以后他一声不吭，最后向我们竖起了大拇指，说了不起。最后他主要是被每平方米的造价震惊了，当时大概每平方米六七千元，总造价两亿多元，就把综合楼建成了。

综合楼后期的深化设计是二所的张鸿武操刀的，钢结构是丁洁民院长牵头设计的。这个项目也得到教育部的大力支持。当时吴启迪校长、周家伦书记两位一

◎ 同济大学综合楼立面局部，来源：同济设计集团

2 张鸿武，男，1968年11月出生，籍贯河南偃师，高级工程师。1990年毕业于同济大学建筑系本科、建筑学专业，同年9月进入同济设计院工作，历任建筑设计二院总建筑师、项目运营部总建筑师，主持和参与设计的多项工程项目获得包括国家级（银奖）、行业和省部级设计类奖项。现任同励建筑设计院院长。

把手利用一次暑假会议大力推动此事，所以大家很努力，张鸿武为了外墙面的效果，把我拉到现场去了不下十次。

外立面是仿意大利产品的一种铝板，是国内生产的，小瓦楞板状的，又是亚光的，在不同的阳光下反射出的颜色不一样。当时铝板做外立面的做法还很少，这个项目也为建筑外立面的选材拓展了内容。

华：综合楼采用了很多新材料、新技术吧？

陈：对，整个楼基本没用砖，包括外墙全部是保温材料，内部也这样。丁洁民院长牵头设计的钢结构很成功。2018年“5·12”汶川特大地震时，我第一个接到电话说综合楼在晃，那边的教师学生纷纷往下跑。我正在开校长办公会，着急了，马上奔到现场。结果因为这栋楼采用了钢结构，容易扭动，但是事后一点问题都没有。

综合楼一到四层都是教室，这样学生们在校期间能在最重要的大楼里有学习体验，还有嘉定校区的各个学院在这也都有办公室，这样嘉定校区、四平校区的老师们，以及各学院的工作相互联系比较方便。

华：陈校长您能再介绍一下嘉定校区的建设吗？是怎样的机缘同济大学在嘉定建造了这么大的新校区？

陈：首先要说明一下，嘉定校区的成功建成除了学校党委、行政、政府各级领导顶层设计和大力支持以外，学校里主要是基建处和设计院两个部门功劳最大。今天主要是谈设计院，在此先介绍一下基建处的工作。基建处前任处长是苏耀华，继任处长是高欣[3]，他们都做出了很大的贡献。特别是高欣，连续在岗10年，一直带领全处的工程技术人员奋战在工程第一线。当时工作生活条件都很差，但大家干劲都很足，令我十分感动，所以我和大家感情很好。

嘉定校区是在2002年确定的项目，实际上最早是陈永革[4]老师、徐迪民[5]老师(原来的科研处处长)，他们俩当时在给上海市做规划。当时上海拟建设四大产业聚集地，北边是宝钢，西边是国际汽车城，南边是金山，东边是张江，其中嘉定国际汽车城是其中的一个点。在做嘉定这一块的规划时就提出一个理念，因为全世界汽车城很多，中国能否创新？就提出嘉定汽车城应该强调人才聚集，所以要引进大学城。

---

3 高欣，1965年3月生，上海人，教授、博导，1991年3月毕业于同济大学建筑经济与管理专业，同年入经济与管理学院工作，2004年4月任基建处长，2015年7月任资产管理处长，2017年6月任资产与实验室管理处长，2021年12月至今任同济创新创业控股有限公司党委书记、董事长。

4 陈永革，男，教授级高工，曾任同济大学汽车营销管理学院院长，机电学院汽车工程系系主任。

5 徐迪民，男，1943年3月生，浙江人，教授，博导。1966年毕业于复旦大学放射化学专业。曾任中国科学院原子能研究所技术员，杭州民生制药厂技术员。曾任同济大学助教、讲师、副教授、教授、科研处处长。长期从事环境化学、环境工程的教学和科研，研究方向为废水物理化学处理、城市垃圾无害化治理及资源回收技术。

现在看来，同济大学建设嘉定校区是对的，产生了很大的效应。同济好多学生现在都留在了嘉定。

华：留在嘉定汽车城？

陈：对，国际汽车城。当时我们基地选在嘉定，市领导给我打过电话，希望我们到松江区去，但是我们觉得松江大学城的几所学校学科跟我们差异比较大，于是婉言拒绝了。后来我们向市委提出自己的想法，当时担任上海市市长的是徐匡迪，他非常支持同济大学的想法。当时上海交大也有意向去国际汽车城，但是徐市长支持同济大学。

当时很有意思，整个谈判过程，包括土地价格等，嘉定区政府都非常坦诚，一定要我们去。因为原来上海科技大学在那里，后来搬走了。嘉定就少了一所大学，他们一定要引进更好的大学，当时要求本届政府千方百计要完成这项任务，下了很大决心。因为学科链有一个综合性的问题，所以我们没有只让汽车学院搬过去，后来一共去了10个学院。当时吴启迪校长坚持不要一年级去，而是要高年级到那边去。因为她认为一年级新生直接去郊区新校区的话，学习生活太封闭，就像是读完高三读高四，读完高四读高五。在郊区两年读完以后再回到四平校区就要做毕业实习了，缺少百年老校文化环境的熏陶，这对培养人才不利。因此吴校长、周家伦书记当时提出新生一定要在四平路校区。后来学院过去阻力也比较大。那时已经是万钢[6]担任校长。因为教师去嘉定授课要跑35公里以上，很不方便。当然我们的教师真的很好，在周书记和万钢校长的亲自执掌下，学校讲明道理以后，千军万马就搬过去了。

华：最初的交通很不方便？

陈：是的，当时交通部门做了很多工作，把大巴引过去。公交公司也支持我们，为我们设置了交通延长线，现在的路线是：起点站在国康路，嘉定校园门口是终点站。学生、教师可以坐公交来回跑，比我们自己开车还方便。

嘉定校区建设的时候，全国各个高校都在建新校区，我们设计院接到了不少校园设计任务。当时采取国际招标征集方案。嘉定校区也采取了国际招标，一共有五家公司参与，国内、国外都有。同济自己有两家，设计院和建筑城规学院都投了标，还有华南理工大学设计院也投标。当时我们采取了民主投票的方式。是在行政南楼和北楼中间、财务处门口的大厅，把五个选票箱全部放在那里，攒一

---

6 万钢，男，1952年8月生，上海市人，致公党成员，教授。1981年同济大学结构理论研究所实验力学专业硕士研究生毕业后留校，在数力系光测力学研究室任教，1991年获德国克劳斯塔尔工业大学机械系工学博士学位。2004—2007年任同济大学校长。2008年至今任全国政协副主席，致公党中央主席，中国科学技术协会主席。

◎ 向校领导介绍嘉定校区规划（从左到右：肖蕴诗，陈成澍，陈小龙，吕才明，杨荣棠，周祖翼，胡展飞，章仁彪），来源：同济大学基建处

个月，不同的人群均可投票，学生也好，教师也好，市领导来也一样。一个月投票结束以后，由周书记、吴校长亲自开箱，最终票最集中的就是现在这个方案，用一个中轴线的概念。

华: 是设计院三院院长王文胜主持的？

陈： 对。先说一下校园规划理念。早些年我曾与王建云老书记、丁院长还有王文胜赴美考察斯坦福大学，对该校的校园规划均十分推崇。在嘉定校园基本建成投入运行阶段，常务副校长李永盛任嘉定校区管委办主任时，有一次他与我交流工作时主动说起，我们的校区与斯坦福大学有点像。我听了好激动啊，知音啊！因为前面与谁也没有提起过斯坦福的事情。

当时在我们自己设计院探讨得比较多，但并不是因为我们探讨才中标，是投票开箱中标。当时同济大学和同济设计院做了一个约定，学校项目的设计费按标准打六折。设计院很愿意为学校提供更多服务，另外这样一来好多甲乙方之间烦琐的事务，包括成本都大大降低了。虽然我们有甲乙方的关系，但实际上是一家人，都在做自己家里的事。什么事情我们都可以讨论，可以商量。设计可以根据各个学院的意见不断调整，所以嘉定校区各个学院去了以后都非常满意。你们在设计院肯定有体会，好的作品离不开好的甲方。我们代表学校甲方基建处，要尊重各使用单位，也就是各学院的要求。实验室要征求使用的教授的意见，不断满足他提出的修改要求，这样才能越改越好。

就这样，通过设计竞赛，同济设计院的规划方案获胜，就把大的校园规划、轴线和道路、水面环绕等主要构想确定下来了。当时全国高校新校区基本上都是一气呵成的，但是我们同济嘉定校区是需要一栋建一栋，这是最大的差别。

我们先把公共建筑建设好，比如行政楼，前面像一张弓一样，还有会议中心，都是先建好的。要搬到嘉定的学院先在这些公共建筑中落脚。公共教学大楼也先建好，学生可以先在这里上课。因此嘉定校区是先建公共管理、公共活动机构，再建公共教室。剩下的暂时不建，让准备搬到嘉定的学院先在公共建筑里过渡，慢慢了解各学院要建成什么样，不断地提要求，设计院就不断根据各学院的要求来完善建筑。

基建管理部门的人是先过去的。比如，当时万钢校长自己率先过去，最早建成的就是汽车学院后面那个办公楼，还有学生宿舍等。

一院院长曾群主持设计了艺术传媒学院的大楼，地面一层，地下一层，共两层。占地面积5000多平方米，总建筑面积10 000多平方米。这个设计很特别。当时嘉定区区长孙继伟是同济建筑系毕业的博士，他要我陪他去看看，我陪他转了一圈以后，他足足有两分钟在那里凝视，转完以后他没跟我讲一句话，最后他说："到底是我母校，我不知道嘉定还有这样的建筑。"他干到区长，这样敢于做地面一层，地下一层的建筑，又是这么大的一块地，他也是第一次见到。

这个项目我当时至少推翻了10个方案。我说不能做成像展览馆一样，要尽量去发挥你们设计师的想象力。

曾群设计了嘉定校区的电子信息学院、艺术传媒学院，还有管理学院那栋A楼。地震振动台的那栋楼，是二所任力之主持的团队设计的，那个项目我也推翻了不止10个方案。

◎ 同济大学嘉定校区入口区，来源：同济设计集团

华：您很喜欢建筑，会不断提出修改要求。

陈：是的。基本上每个建筑的方案，我在管理的时候一定要做到理解它，读懂它。事先我们会提出要求，比如中法中心，当年我请张斌做设计，张斌推翻了两三个方案之后，最终他提出来一个中法中心的概念是交错，就是握手的意象。当时法国总统希拉克来我校访问，参加中法中心开工奠基时，万校长为他介绍了大楼的设计理念，他十分激动。

中法中心的外墙完全采用水泥板和大面积的自然锈蚀的特种钢板。用这种锈板做建筑外立面的，当时在国内尚属首例，是同济和宝钢合作的。这些水泥板只包含两种材料，纤维和水泥，挂在外面很多年都没问题。西立面雕刻了宋代的一幅画，非常素雅。

回到嘉定校区地震振动台这个项目。当时设计院提了几轮方案，做来做去就像一个展览馆，方方正正的，都是大玻璃。我后来跟设计人员提出，这是在做实验的空间，这么多玻璃，人家开好还是不开好？窗帘拉起来好还是不拉起来好？如果窗帘有20多米高，没人会去拉，千万不能这么做，哪怕做了回廊也没办法处理。后来方案修改，通风大体在人体高度2米左右就够了。因为人不上去，这个空间主要是放置机械和设备的，下面要一点通风。同时我们提出用顶部采光，但究竟采用多少比例的玻璃采光面积，一时不容易确定。我去台湾考察时，看到台湾大学的结构实验室，当然规模比我们小得多，面积大概只有我们的1/10多一点，但我在这个案例中了解到屋顶玻璃采光面积不要超过20%，采光面积一大，这样的天气人在里面待不住。冬天冷，夏天热，屋顶采光太大都不会舒服。我在台湾大学实验室考察时，问那里操作的老师和工人师傅，都说他们20%以下的屋顶采光正好。

值得一提的还有这一实验室的外立面处理。因为建筑体量大，外立面面积大，除了在建筑结构和基础方面对设计团队有严格要求以外，我们在外立面创新方面也动了不少脑筋。最后根据实验室的特殊要求，采用了日本进口的空心水泥预制板，价格不高，维护方便，效果令人满意。

我们设计院和建筑城规学院好多老师参与了嘉定校区建设，做出重要的贡献。在项目建设过程中，学校基建处的同志们和相关学院的老师们提供了很多很好的修改意见和建议，使工程更趋完善。其中设计院三院院长王文胜主持设计得最多，风洞中心、嘉定规划、机械学院楼、交通学院楼、电信学院楼、汽车学院楼等都是他们团队做的。嘉定的学生公寓是建筑城规学院的赵秀恒老师团队设计的，第二期宿舍是李振宇老师设计的。这些设计都做得很好，也有特色，因此都曾获过奖。

同济大学校园建筑设计及个人实践的成长｜2002—2006 年

访谈人 / 文稿整理：邓小骅 / 邓小骅、华霞虹

访谈时间：2018 年 1 月 18 日

访谈地点：致正建筑设计工作室

校审情况：经张斌老师审阅修改，于 2021 年 8 月 30 日定稿

受访者：张斌

张斌，男，1968 年 10 月生，上海人，国家一级注册建筑师，同济大学建筑与城市规划学院客座教授、硕士生导师。1987 年考入同济大学建筑系，1992 年和 1995 年获建筑学学士和工学硕士学位，1995 年至 2002 年留校任教，历任助教、讲师。1999 年参加中法文化交流项目“150 位中国建筑师在法国”，在法国巴黎维尔曼建筑学院(Paris-Villemin)进修，任法国 Architecture Studio 事务所访问建筑师。2002 年与周蔚成立致正建筑工作室，任主持建筑师。

张斌主持的致正建筑工作室是较早与同济设计院展开全面合作的独立创作机构。在访谈中，张斌介绍了自己早期的教学、留学经历，以及同济大学建筑与城市规划学院C楼、中法中心两个项目的创作理念、设计竞赛和实施过程，并阐述了对各类校园建筑设计规律的理解。张斌认为，高校设计院的特点和优势应在于具有前瞻性与生产系统相结合的系统研究，设计院团队与独立工作室可以取长补短。最后，还以自己的求学和从教经历介绍了同济建筑教学相对自由宽松的氛围和以问题为导向的特色。

邓小骅（后文简称"邓"）：能否谈谈你早期的实践是如何开始的？

张斌（后文简称"张"）：1992年我本科毕业。1990年代正好兴起了南方沿海城市大发展以及上海浦东开发建设的热潮，当时有很多同学毕业后去了南方，但我一直没有离开上海。后来在读研期间，我跟着导师卢济威老师参与了一些城市设计研究。那时也会和朋友或同学一起"炒更"，这就像是"一边呛水一边学"的过程，是一种不太系统的状态，所以当时还没有机会经历一次完整的、体现自己主动诉求的实践。

研究生毕业后我就留校任教了。当时我对自己的实践状态不是很满意，一个礼拜有四个半天或两个全天的设计课，晚上可能还要做些自己的设计，很忙碌但似乎没时间去思考。所以我想停下来到另一个时空去学一点东西，或者做点思考，从当时那种日常的状态中解放出来。正好，1999年我有机会参加了"150位中国建筑师去法国"的项目。

邓：去法国后都受到了哪些影响？

张：在法国学习期间，我看了很多19世纪的建筑，了解到19世纪中期到"一战"之前的这一段西方建筑史，对我的触动很大。我发现这段历史在我们中国的教材中被简化处理了，但它是西方现代性逐步形成的一段重要历程，包括都市现代化现象等，其中有非常多的创新之处。我在法国还了解到一位建筑师——让•普鲁维[1]，并写了关于他的论文。这位建筑师有很强的新艺术运动的背景，他在当时就开始探讨社会生产的关系，比如，在资本主义现代化语境下如何实现有品

1　让•普鲁维（Jean Prouvé），男，1901年出生于法国巴黎，法国著名工程师、建筑师、家具设计师、工业设计师，是20世纪家具和建筑的创新先驱。1914年至1917年之间，让•普鲁维在南锡美术学院学习，同时在巴黎附近的金属车间当学徒。1923年，在南锡开设了自己的车间和工作室，制作铁艺灯、枝形吊灯、扶手，并开始设计家具。1930年，帮助建立现代艺术家联盟，1931年，成功开设"让•普鲁维工作室"，开始与建筑师和室内设计师合作，"二战"期间设计便携式兵营和框架式难民住宅。战后曾被任命为南锡市长。1947年建立了麦克斯维尔（Maxeville）工厂，生产铝制家居和预制建筑。1984年在南锡去世。

质的批量生产、手工艺生产如何回应大众需求等，这其实是很当代的话题，也是包豪斯所关注的内容。与其说普鲁维是建筑师，不如说他更像是一位建造者，他最初做铁艺，后来做门窗，又和一些建筑师一起探索轻型结构。他曾经做过一个市民之家，底层是市场，二楼是一个可以举办各种活动的大空间。建筑的底层可能是砖混结构，而二层及屋顶则是钢结构，二层大厅楼板有一部分是可以拿掉的，屋顶有一部分可以打开，大厅内的隔断都可以水平推拉，设计了很好的机械装置。我看了之后觉得这种极具灵活性的设计太超前了，而它在1930年代就被建造出来了。普鲁维在"二战"之后开始回应政府对于大量工业预制社会住宅的需求，他反对大批量的无识别性社会住宅的做法，提倡做小批量定制的个性化需求的轻型系统。

邓：对于普鲁维的了解是否影响到你后来的实践？

张：在法国最大的收获就是我了解了普鲁维这位建筑师。他对我的影响是长期的、潜移默化的，我关注的很多问题其实都受到他的影响。比如我关注在目前的条件下或者说在中国的条件下，建筑师作为空间生产当中的一环，到底和整个社会生产有怎样的关系？和空间、和社会的互动性体现在哪里？这些话题一开始其实是朦朦胧胧的，但现在回想一下还是比较清楚的，包括我后来做了很多城市研究也与此相关。可以说，普鲁维影响了我对建筑的看法。

现在回过头来看，在我出国前的那段时间，我们普遍还在追逐狭义的建筑创作，做漂亮的房子，形式上比较前卫什么的。但这种创作很快就令我感到厌倦，并且开始了个人的独立思考。我自己独立思考的早期阶段还比较顺利，因为我主要是从同济校园里开始的，这样的环境是一个特别适合建筑师建筑创作的环境。

邓：能否谈谈你回国后做的同济建筑城规学院C楼这个项目？

张：我设计C楼时，当时学院主管这个项目的吴长福老师给我营造了一个非常好的创作环境，把所有的争议都挡在外面，给我的都是他过滤过的精准信息，很多问题不用我去回应，可以专心做设计，我的责任就是在工期和造价内把设计做好。我在设计上做了全方面尝试，设计了很多建筑中的细节，这些我以前都没做过，是通过收集资料、再学习研究后做出来的，然后交给专业承包方，双方共同把它们实现出来。虽然这是我第一次全面负责这样的项目，但是总觉得是有办法搞定它。其实这些探索可能很多来自我们1990年代实践中获得的一些乱七八糟的经验吧。

我在后来开始接触校园外的项目之后，其实有过很多挫折，创作环境中存在着许多妥协和各种埋伏。最后你会觉得你的设计无法达到自己想要的那个物质性的东西，你在溃败。我们现在做的项目中，一般来说，要设定好各种撤退的防线，要防止溃败，但有时候还是会有溃败。但是我们一般希望不要全面溃败，我最后的防线设定要做到70分以上，70分以下就不能弄。但是如何争取这个项目能不能在90分，那个项目能不能在80分、70分，实际上是可遇不可求的。

◎ 同济大学建筑与城市规划学院C楼南立面，来源：致正建筑工作室

说到C楼的方案，我觉得我的方案最终得以入选，可能有一个因素是，我把所有的团队工作室都放在南面，因为我做过C楼的立项方案，对于一些功能上的诉求可能更清楚，这种做法在别人看来会觉得有些冒险，立面会比较难处理，但我觉得没问题。其他一些方案上的特点，比如说直跑的大楼梯、垂直通高空间等，是我把自己放在使用者的角度来考虑的，希望能够创造出具有连续性和开放度的空间氛围。

◎ 同济大学中法中心西南侧局部，来源：致正建筑工作室

我在同济做的第二个校园建筑是中法中心。做这个项目时，校领导给予了很大的支持，学校的基建处除了造价，其他都没有设限，我们在设计上有很大的自由度。中法中心也是一个没有任务书的设计，就是花5000万造一个地上地下13000平方米的建筑，地上9000平方米，地下4000平方米。我们的设计就从策划开始，比如教学、办公和公共交流等，再加一些概念，比如两个体量通过公共事件空间来叠合在一起。很重要的一点是，最初策划的功能在建筑投入使用后都是成立的，也就推动了建筑的一个良性使用状态。

我2002年开始成立自己的工作室，是从C楼项目开始的。中法中心是2006年完成的，也就是前4年连着做了两个同济的项目。后来我又有机会参与同济大学浙江学院图书馆的项目，这个项目在跟进效率上与以往不同，因为这个项目是社会机构参与的合作办学模式下的校园标志性空间。最后是陈小龙校长通过自身的努力，帮我营造了一个我可以把控的环境，结果也是大家比较认可的。不过和在校本部做项目时还是不一样，因为前期有很多矛盾点需要和出资方磨合，但是最后的结果还是很好的，只不过时间很长。我在同济大学本部设计的两个早期项目，从设计到建成都只有两年，但浙江学院从设计到建成花了 7 年多，当然这也是一个比较特殊的状态。

© 同济大学中法中心下沉庭院，来源：致正建筑工作室

© 同济大学中法中心中庭内景，来源：同济设计集团

邓：如果我们把校园建筑作为一种建筑类型，你觉得这类建筑有什么特点？

张：我早期设计了一些高校里的校园建筑，一般是科研性质的。后来还设计了不少幼儿园和中小学校园建筑。相对而言，高校校园建筑创作自由度大一些，类似于空间的多功能使用。幼儿园和中小学的规范要求比较严格，目前的规范制定是有一个图式的，基本上是纯现代主义功能分区构成的那种条条块块的形式。它导致了一些标准答案，就是把清晰划分的功能区块用一条走廊连起来。如果基地放得下，你不这样做方案很难通过，只能做很小的改动。但我们参与的很多学校设计，之所以会呈现不同的形式，很大一个原因是要么用地面积不够、要么面积够但是不规则。比如我们做过一个幼儿园，如果是标准用地可能只有七八千平方米，而我们这块基地有10000平方米出头，但它是个三角形，最后我们就根据地形做了一个只有两层的幼儿园，如果用地标准的话是不可能不做三层的。再比如，还有一个初中，用地比标准的少了30%，原来两栋普通教学，专用教学、办公管理和食堂体育馆各一栋的标准模式放不下，我们就把所有的普通教室和专用教室整合在了一栋大的围院建筑里。条件的特殊性有时会带来一些创作空间，如果条件特别标准，估计还做不成。

另一方面，我们也的确在校园建筑上有了一些积累。我的体会是，不管是幼儿园或是中小学，都要理解那个年龄段的孩子的诉求，可能跟什么样的空间产生互动，此外，也和学校的教育理念有关，比如有些学校会鼓励开放性的教学模式。建筑师要整合性地去看项目的特殊性来自何处，比如使用者、管理方的特殊需求，场地的特殊条件，等等，往往这些要素会促成一个特殊的设计。如果一切都很标准，就形不成特殊的东西。

邓：你在成立工作室以后经常与同济设计院进行合作。在您看来，同济设计院这样一种高校设计院，和其他类型的设计机构有什么不同？

张：我觉得高校设计院相较于其他设计机构最主要的区别在于它的研究性。因为有着学院的背景，在大型组织里，高校设计院更具有前瞻性，能抛出话题去做研究。当然，有些研究是偏学院的，偏学术的，有些则可以是偏生产组织或技术背景、面对未来的课题。没有这些，就很难树立自己的优势。

在技术层面，同济院作为一个庞大的生产体系，内部协同设计管理还有进一步提高的空间。比如我和同济院合作时会遇到整个团队如何做到统一图层设置这样的具体问题。我自己的工作室从一开始就全部统一了，这其实是我在法国实习时，在一家比较大的事务所里学到的。像这些细节管理同济院还可以进一步完善。

同济院的成长可以说是跨越式的成长。从1990年代末不足200人的机构，发展到现在的3000多人，规模基本上每年要增长百分之十几至二十，持续了20年。早期的设计院采用像师父带徒弟的方式，但一些大设计院在1990年代末开始参与很多大型项目，从那时就开始做大生产的整合，类似于流水线作业，生产效率就上去了。同济院虽然规模一直在增大，但一直没有向大型设计院机制化生产方向发展，而更像是小团队作战，单兵作战能力比较强，“全面开花”。从综合攻坚实力上，同济院可能还没法和华东院这样的大院相比，但它有全面开花的能力，因为同济院有由年轻力量支撑的创作实力，还有和建筑学院合作的优势。同济院下一步的发展，除了依托院本身的平台以及依托学院的互动之外，在技术创新能力上还有进一步加强的空间，应该做很多相关的专题研究，例如针对建造体系层面、技术层面的整合，以及面对未来产业的整合等。

我算是比较早开始跟同济院合作的年轻一代学院老师之一，当时丁洁民院长给我们创造了很好的条件和平台，他没有跟我规定产值要求，就是说反正你自负盈亏，养活自己就可以了，没有要求我一定要为产值做多少贡献。这样我就拥有了一个具有一定自由度和宽松度的创作小团队，可以有自己的关注点，同时也跟同济院好几个所都有合作。

我觉得跟大家的合作还蛮愉快的，不同团队有不同团队的特点，在合作过程中一直在磨合和历练。当中也有矛盾的地方，就是设计院的主力生产团队有产值压力，他们的设计周期会比我们要紧张一些，合作时我们压力也相应变大了。所以，合作也需要相互磨合，最终找到一个平衡点。合作的程度还要看项目规模，有些小项目我们可能会在上面花费很多时间和精力，这并不适合设计院的生产效率，一些中大型项目合作起来最为顺畅。比如我们和同济院一院合作的上汽新总部，是个很大的项目，我们团队从前期介入，到项目立项，然后跟同济院合作，包括施

◎ 致正建筑工作室西岸办公室大设计室，来源：致正建筑工作室

工图。合作得很愉快，相互配合支撑做得很好。我的团队在合作中也学到很多东西，比如设计院在大型项目中的组织化。而同时我们团队也承担了不少对外沟通交流的任务，全力配合推进。像这种大项目，如果工作室单独做的话是很难做好的，需要依托设计院平台的支撑。

邓：如果在设计院可能会存在师父带徒弟这个模式，如果没有设计院这个环境，你会不会觉得自己一直以来有很大一部分自学的成分？

张：我可能的确在设计实践这一方面，自己体会出来的更多一点。因为也没有特别地被人带过，我在读研究生或刚工作的时候会跟设计院的同龄人相互交流。我记得我第一次做一个规模比较大的无锡的学校，我就去问别人有没有可以参考的资料。后来听说华霞虹老师在做复兴中学新校区的施工图，我就厚着脸皮去问她要，华老师就把图纸借给我。当时复兴中学是做得比较好的一批新校舍，系统性很强，各种细节的设计和空间设计都很到位。我把图纸借回来研究，我一边看图纸一边研究学习，最后自己完成了设计。

这应该是一种很灵活的自学能力。前一段时间庄慎老师在某个场合聊起过相似的经历，他也讲到他自己成长的早期，在设计院的系统里成长，就是给你一个活，你没干过的，让你去干出来，主要就是通过看、学别人做过的图。

邓：同济中生代很多建筑师好像都有这样一种自学能力，因为经历了相类似的早期实践。

张：那时周围的成长环境是要通过个人的悟性和综合能力去挑战自己，即使是没做过的东西我们也不太怕，觉得好像也能搞定。现在很多年轻人好像顾虑更多一点。1990年代的环境其实是有点燥热的，经济周期中出现了一种“全民向钱看”的风气。我读研究生时住的宿舍楼，可以说夜夜灯火通明，都是来拿图纸、谈事儿的，大家相互串门。我读研时和杨明[2]老师、徐磊青[3]老师是一届的，沟通比较多，经常一起做事情。

实际上90年代末那种躁动的整体环境不是我想要的，所以就停下来出国了一段时间，回来后我已经比较清楚我要做什么了。2000年我回国后还在教书，2002年开始设计C楼，这成为我后来进行独立实践的一个契机。可能有人会觉得我第一个作品（C楼）就已经比较成熟了，会比较难以理解。其实我前面已经

2　杨明，男，1968年出生，华建集团华东建筑设计研究总院副总建筑师、建筑创作所所长。

3　徐磊青，男，1969年生，福建福州人，同济大学建筑系教授，博士生导师。1987年考入同济大学建筑学本科，1995年获得硕士学位后留校任教，2004年获同济大学工学博士。历任助教、讲师、副教授、教授。现任同济大学国家现代化研究院城市更新中心主任，中国建筑学会环境行为学术委员会副主任，住建部科技委社区建设委员会委员等职。

有很多准备，只不过那些准备的指向性并不明确，就是各种武艺都学过，但并不清楚自己要干什么。但在做 C 楼的时候，我已经很清楚我要做的事情，直到后来成立工作室，一直都有很明确的创作态度，在这个过程中，我越来越明确自己可以创造和贡献的价值。

邓：现在回同济带实验班的设计课，和早期你在上学时候老师的教学方式相比，现在的教学方式有什么变化吗？

张：我们读本科的时候，很多教学老师是年轻老师，师生关系都很好，不是很威严的那种。年龄稍长的先生，有郑时龄老师、黄仁老师、王爱珠老师。黄仁老师对于建筑的要求是比较综合性的，对我的影响还是挺大的。郑时龄老师带过我的山地俱乐部设计，我搞了一个很复杂的设计，郑老师不反对，还比较支持。我觉得我们碰到的老师都比较开放。

我读研究生时跟着卢济威老师学城市设计，卢老师从那时起刚刚开始持续关注城市设计。在卢老师的熏陶下，跨尺度的研究对我的帮助很大。

我自己从 1995 年开始教课，一直到 2002 年，中间出去了一年半。当时跟吴长福老师一个教研室，跟我搭档的是王方戟[4]、袁烽。我们这批年轻老师对教学还比较投入。我当时自己的教学特点是我从一开始就不给学生改图，只在图上打勾打叉，提要求。我会提供一些想法，学生自己来选，我不会直接告诉他们怎么做。

我们后来在实验班开展长课题的设计。长题有一个连贯的过程，能够做到一定的深度。我们开展的“小菜场上的家”这个设计题目，因为住宅和菜场这两种类型是学生凭日常生活经验可以把控的。我们在上课前的那个暑假就让学生针对所在城市的住宅类型进行调研，再做关于城市更新的快速设计，然后进入到后面的整个课程设计。这个设计的特点是以问题为导向，不以一种自足性的形式去展开，而是比较全面深入、需要追问的设计训练。这种课题不是所有学校都有的，因为它有中国性，或者说有亚洲的城市性。

邓：看上去你是在做很多不同类型的事情，但这些事情现在看起来还是很有关联度的，包括你做的一些城市研究等。

张：前两年我带的研究生做过田林地区的城市研究，现在我在编一本《小菜场上的家》的作业集，其中一部分内容就是我的研究生调研报告的精编版。[5]这类问题和纯技术或纯物质的研究关注点不太一样，这些研究包括我持续的教学活动，对我自己

4　王方戟，男，1967 年出生，浙江嘉兴人。同济大学建筑系教授，博士生导师，上海博风建筑设计咨询有限公司联合创始人，主持建筑师。

5　张斌，王方戟，庄慎．小菜场上的家 4：田林新村共有空间中的溢出与共生 [M]. 上海：同济大学出版社，2018.

◎ 张斌参与“小菜场上的家”教学，来源：致正建筑工作室

◎ 致正建筑工作室田林新村研究地图，来源：致正建筑工作室

也有帮助，和年轻人的互动对自己也有触动。虽然说并不轻松，但我还是已经坚持了6年，总体而言还是很有意思的。

从生产经营室到市场品牌运营中心 | 2000—2018 年

访谈人 / 参与人 / 文稿整理：华霞虹 / 王鑫 / 华霞虹、洪晓菲

访谈时间：2018 年 2 月 7 日 10：00—11：00

访谈地点：同济院 503 会议室

校审情况：经毛继传老师审阅修改，于 2018 年 4 月 8 日定稿

受访者：毛继传

毛继传，男，1962年11月出生于上海，高级工程师。1980年考入同济大学建筑工程分校暖通专业，1984年毕业后分配至上海城建学院暖通教研室担任助教、讲师、教研室副主任。1996年7月研究生毕业于华东工业大学低温与制冷专业。1996年5月至1998年2月就职于同济大学建筑设计研究总院建筑设计分院，任暖通工程师，1998年3月至2000年2月于香港陈炳祥机电顾问有限公司上海办事处任主管。2000年2月至今就职于同济大学建筑设计研究院，曾担任市场经营部主任，现为市场（品牌）运营中心运营总监。

同济设计院的生产经营室起初规模较小，以协助院领导的经营工作为主，兼顾接标交标、追款、签订合同等服务性工作，是为三个专业室服务的机构。随着企业规模和设计需求的增长，经营室更名为市场经营部，又与品牌运营中心结合，负责经营管理和市场开拓。访谈中毛继传讲述了他所见证的同济设计院经营部门从服务功能为主向管理功能、市场开拓功能为主的转变过程。

华霞虹（后文简称“华”）：毛老师，您一开始是老师，进入总院从事设计工作时还兼做老师吗？

毛继传（后文简称“毛”）：没有。我在上海城建学院做了12年教师。1996年两校合并后，我就转到了设计院，因为感觉并到在同济的教研室会压力太大。当时同济的老师好多是博士，还有留洋的。正好我有个同学徐桓[1]原来在总院，他现在是三院的副院长。他说他们缺人手，我就到设计院改行专职做设计了。那时候做老师时，跟大家一样做的工程都是业余设计。

华：您1996年进设计院的时候，规划总院还没有成立对吧？

毛：那个时候还是城建学院设计院。大概到了1997年才成为（上海同济规划建筑设计研究）总院，顾国维副校长和李永盛老师过来当院长。我在城建学院设计院做了两年设计后，1998年正好有一个机会，香港一个陈炳祥机电设计公司需要人，我就到这个香港公司的上海办事处工作了两年。

华：是离开同济设计院了吗？

毛：关系还是在设计院。我去跟丁洁民院长请示了一下，他主张让我出去增长见识，培养力量，了解境外设计事务所的管理，支持我可以出去试一下。2000年回来以后，大概到年底的时候我就被安排到了那时候的经营室。

那时候建筑设计院已经跟总院合并了。其实在合并以前，我就跟着姚劲[2]主任在总院的建筑院经营室。合并以后我比老姚他们先到建筑设计院，他们好像是

1　徐桓，男，1962年7月出生，上海人，教授级高级工程师，同济大学建筑热能工程洁净空调技术方向硕士研究生。1985年7月进入上海城建学院建筑设计研究院工作，1997年起任上海同济规划建筑设计研究总院高级工程师，2000年3月随机构调整转入同济大学建筑设计研究院，历任设备室主任、设计所副所长、主任工程师。2001年起，任设计院暖通专业委员会主任，2011年6月起任建筑设计三院副院长、副总工程师。

2　姚劲，男，1958年8月出生，浙江嘉善人，工程师，注册造价工程师，注册咨询工程师（投资）。1990年毕业于浙江省职工政治大学经济管理专业。1976年浙江省第二建筑工程公司工人，1980年浙江省城乡规划设计研究院、副主任；1986年浙江省建筑定额站、副科长；1992年上海城市建设学院设计研究院、副主任；1999年7月任同济大学建筑设计研究院副主任。2018年9月退休。

设计院加建工程完工以后，大概2001年左右，才跟王文胜、苏旭霖[3]一块过来的。那时候原来经营室的卢海宁去深圳了，李如鹏在做经营室主任。

华： 您从香港事务所回来不久就进了经营室？

毛： 对，回来差不多就几个月吧。

华： 在香港事务所的时候您是做设计？回来为什么改做经营了？

毛： 在香港事务所是做设计的。那时候丁洁民院长找我谈，征求我的意见，希望我改经营，因为我有过境外公司的经验。另外也是从个人角度考虑，因为我前12年一直做教师，和我一直在设计院工作的同学相比，做设计我肯定是落后了十来年。如果有机会做管理的话，还是比较合适的。我读书的时候并不很喜欢做设计。但是因为两校合并等各种各样的因素，也包括那时候做老师和在设计院待遇相差很大，所以就到设计院了。其实并没有很早计划好或是想好。后来跟丁院长交流后，我觉得也可以尝试一下做经营管理。

华： 这个转变对您来说也是个一个新的开始。您进来的时候正好是2000年底，设计院正处于大的格局发展时期。

毛： 真的非常幸运。2000年进来时，正好是建筑行业和同济设计院大发展刚刚起步的时候。2000年到现在是发展最快的阶段。现在反过头来看，这个选择是非常正确的。

华： 在那个时间点介入比现在再来介入要好，对经营的要求还不高，整体市场也不是最完善的时刻，仍在建设。规模也不大，可能切入相对容易一点。

毛： 是这样，一开始我到经营部的时候大概四五个人，做一些经营的管理。我刚来的时候第一个工作是接标。当初还是专业室的模式，有时候生产部门没空去接标，都是我们经营室去，回来转述一下。我们负责的是专业人员不擅长做的，或者是不愿意做的事情，是设计院的后盾。从接标、送标，到合同起草、谈判，包括合同的备案、讨款，以及最后年底结算，全部是经营部在做。那时候经营部门从工作性质来说纯粹是服务性的，是为我们三个室服务的一个机构。从经营的工作来说，主要是院领导在做市场。整个经营工作带头做的就是丁洁民院长，那时候负责经营的顾敏琛，包括负责质量技术的王健副院长，都在做经营。经营室是为我们建

3　苏旭霖，男，1948年3月生。1983年1月毕业于同济大学建筑工程分校，教授级高级工程师，同济大学建筑工程系硕士生导师，一级注册结构工程师。多次获得建设部、上海市优秀设计、优秀结构设计奖项；现任同济大学建筑设计研究院（集团）有限公司资深总工程师，曾任上海同济开元建筑设计有限公司总经理、董事长，同济大学建筑设计研究院（集团）副总工程师。

筑室、结构室、机电室来服务。他们要款，我们就写一个请款单，如果要起草合同，我们就写一个合同。当时的经营室类似经营的支撑部门。

华：因为当时整个市场没有那么规范。不是所有项目都要做投标，设计人员也还没有这个意识。

毛：对，那时候设计师的市场意识不是太强，认为该做的就是画图，其他的事情跟我没有关系，是你们经营部或者其他部门的工作，因此设计室对市场的参与度不是太强。

华：尤其是分成专业室。结构和设备几乎不会直接面对市场和甲方的，建筑又在一起，也没有竞争。后来这十几年，经营室又是如何发展的呢？

毛：我们从原来的经营室发展到后来的市场经营部，现在我们已经和品牌部也结合起来了。这个发展历程，是一个从纯粹的服务部门到现在的企业管理部门的转变过程。大概2002年成立了综合所，以后相继是各个分院的设立。各个分院成立以后，我们对分院的工作就是以管理为主，他们具体的经营过程我们不参与，但是他们的合同、招投标中一些涉及我们设计院资质的事务，还有一些统计工作，我们要进一步负责。所以其实十多年来发展的过程，一句话概括就是从100%的服务，到现在70%是管理，30%是服务。我们最多有过20个人，目前品牌加经营大概是25个人。当时搬到这个楼以后，经营部最多的时候大概有15人。

华：具体是一些什么样的管理？

毛：首先是资质的管理，包括现在资质的维护、升级，还有资质使用的管理。另外是市场准入的管理，因为现在每个地方的建管部门都设置了很多要求，并不是说设计院有了国家建设部发的资质就可以到各个地方去投标了，而是先要有一个资质的认证，然后还有很多具体要求。取得这些市场的准入，都是我们以集团的名义去办的。

另外就是合同的管理，现在大概十多个院，但是这个资质用的都是我们集团的资质，所有的合同都是以集团的名义统一签的，合同的审阅，最后批准盖章，全部在我们这个部门，我们要控制集团的风险。有时候生产部门为了达到经营的目的，可能不会对业主的一些赔偿要求看得非常重，他愿意牺牲这块来换取经营利益，但是集团层面就需要控制这样的风险累积。

类似风险的控制主要通过合同的审查来保证。当然还有合同的登记、系统的维护等。我们现在项目很多，每年一千六七百个。如果过程中有些反映或投诉，我们需要查到究竟是哪个部门在做。所以我们是负责集团层面上的这些合同的管理。另外还有一些合同的备案，备案就是监管部门要审查你的合同、人员、人员的资质，这块的工作量相对也比较大。比如，前几年我们有一些院的合同要备案，那时都是每个院自己派人去的，但是这些窗口单位就觉得你们同济设计院来的人总是换来换去，今天教会你程序，第二次来一个又是不懂的人，给他们的印象是同济管理太混乱了。从集团的角度来说，我们觉得应该固定人员。所以我们现在尽可能由专门的人去办这类事情。当然也带来很多具体的问题。整体上看，虽然这些很烦的事情压在经营部身上，但是对集团来说是必须的，不然对同济品牌等各方面都不是太好。

华: 其实我们最初合起来，然后并成集团，本身就是想要规范市场，整顿资质。

毛: 对，另外一个就是维护对外的经营管理。经营管理现在经常也要处理这样一些矛盾，比如，集团下面有三个院去争同一个项目，三条线都在弄同一个项目，三个部门拿着我们盖的公章到业主那里去都是去代表我们设计院的，这样反过来对同济的声誉影响很大，又会认为同济管理混乱。EKP（企业知识门户）系统建立以后，基本上可以保证我们只有一个出口能代表我们集团。因为EKP上有登记，你要建哪个项目，必须要到上面登录，登录后需要我们经营部批准，然后我们这边才会提供一些盖章的文件。如果几个部门冲突的话，就要去协调，当然这个协调工作也非常困难。有时候协调不了，就要集团领导出面协调。我们的功能就是保证同一个项目只能一个部门出去。

选择的原则是谁最可能把这个项目拿下来，最有把握做好这个项目，我们就给谁。我们不能保证你先登记就给你，这个很困难。比如某一个分院想去拿一个超高层的项目，同时更有相关工程经验的其他院也来申请这个项目，但登记得更晚。集团就要决定给谁做。因为考虑到后面那个院做超高层项目更有把握，我们集团就可能会确定由他们来承接这个项目，而不是完全按照谁先登记就给谁的原则。如果没人跟你争那就是你，如果大家冲突了，那么最终的决定权还是在集团。当然这个过程的确是蛮困难的，有时候很难说服。

华: 毛老师，经营室的任务跟我原来想象的不太一样，因为部门的名字里有“经营”，我以为做得更多的是市场开拓，但其实可能做得更多的是管理。

毛: 是这样的。从经营的方式方法来看，之前丁洁民院长制定的经营策略是扁平化的，我们设立了很多的分院来增加和市场的接触面。作为一个经营部门，主要是来管理一线的这些经营，维护集团的管理，对他们经营活动中的一些需要集团支持的工作给予支持和帮助。但是主要的经营工作是由每个院独立开拓和完成的。

华: 所以开拓市场其实主要是在生产单元直接去接，我们这边主要是支持管理，做与资质管理相关的工作。

毛：其实就是一个支撑。以前设计院在老楼时，面积有限，各个生产部门是分散的。老楼里面可能只有一到四院，其他都分散在各处。集中到一个屋檐下以后，规模效应马上就显现出来了。现在大家跟集团的联系更紧密了，跟经营部的联系也更紧密了。各个院虽然还在开拓市场，但是对集团整合的工作也提出了新的要求。不单单需要你支持有些经营上面发现的问题，某个项目还会发展到更高层面上，比如更高的经营架构的组建。我们在搬进来以后，工作更多转到管理，经营部和品牌部合并以后，专门又增加了一个市场开拓的板块。根据现在的工作要求，我们也从下级部门，比如桥梁院、设计一院到四院等抽调了一些专门跑市场的人员。市场开拓部的工作主要是在项目的基础上构建一个经营的架构，一个更高层面上的关系，这可能是今后的要求和发展。

华：这里面有两个问题，一个是想请您解释一下这个新的经营架构跟原来有什么区别，比如说现在有一些项目是资质投标，相当于有很多的人员组合，然后才能拿到一个大的项目。这个是不是要在集团层面上协调？

毛：我们有项目运营部，项目运营部的成立主要就是承担一些某一个院单独承担有困难的项目，比如当初的上海中心项目，项目运营部本身就是因为上海中心这个项目而设立的。它是在集团上面调动资源，而不是某个院，这样的话就是有几个院的力量可以集中起来用。

项目运营部是个新的部门。有些工作可能我们经营部会一同参与，经营部会具体来落实，但是这个项目如果成立以后就落在项目运营部来操作了。

华：刚才我们说的一些新的要求，比如说投标大型的项目，需要大师、院士等领导下面设计人员，组建团队才能去参与投标，像这样的工作也由您这边负责吗？

毛：这些主要由项目运营部负责，但是如果涉及经营的话，我们还是会提供服务的，比如报名、人员资质、集团的资质，他们的标书，或者是经营文件里面，涉及集团资源的，这些都是由我们提供。但是项目的主体是落实到项目运营部。

华：那现在这个集团资质，跟境外市场有没有关系？比如我们要去国外设计，是不是也是一个市场拓展的范围？

毛：如果是一个具体的项目，是会落在某一个院，因为他们是具体的生产部门，我这个部门没有力量来落实生产任务，一些务虚性的开拓工作就落在我们经营部了。因为对他们来说，每个院都有生产经营的压力，他们很现实。没有合同，没有具体的项目，就无法投入力量来做。

华：不一定有具体项目的经营工作。

毛：对。但是因为做了这个工作，以后可能会带来项目。

华：相当于去跟一些部门，或者一些人先接触。有点像开拓资源性质的。

毛：对，先接触一下，现在我们也与校友会，各个地方相关的一些主管部门有一些联络，做一些认识人的工作等，这些都是务虚性质的，可能进一步才涉及市场拓展。这跟每个生产部门的市场拓展重点和目标应该是不一样的。

华：2017年以后进入一个新的阶段，把所有的相关部门都合拢起来，是为了精简人员吗？

毛：不是，经营部发展到后面，我们每个院对集团的经营都提出了更高的要求。这个经营包括我们具体的一些务虚的经营工作，也包括品牌，包括我们现在这样大的一个院，企业文化的建立也对整个集团的发展越来越重要了。

当初丁院长提出设立一个品牌部，由毛华[4]来具体负责。经营部和品牌部的工作不同。经营部可能要考虑一二年之内的项目，品牌考虑的则是三五年以后的项目。但是品牌工作做到最后，其实还是要为经营服务的。经过这两年工作，发现经营和品牌两方面的工作应该是相辅相成的。

4　毛华，男，1981年2月出生，江苏南通人。2003年7月毕业于哈尔滨工业大学土木工程学院建筑工程专业（学士），2006年3月毕业于同济大学土木工程学院结构工程专业（硕士），2006年7月进入同济大学建筑设计研究院（集团）有限公司，历任建筑设计四院工程师、综合管理室副主任、主任，集团市场经营部主任助理、同元建筑设计院院长助理（兼）、集团品牌策划部副主任，2017年3月至2021年4月任集团市场（品牌）运营中心主任，2021年4月起任集团党委副书记、纪委书记。

从全面质量管理体系（TQC）到三证合一的质量管理变迁

2001—2010 年

访谈人 / 参与人 / 初稿整理：华霞虹 / 俞蕴洁、王鑫、李玮玉、梁金 / 赵媛婧、顾汀

访谈时间：2018 年 1 月 26 日 9：30—11：30

访谈地点：同济设计院 503 会议室

校审情况：经俞蕴洁老师审阅修改，张洛先老师未及审核，于 2021 年 10 月 16 日定稿

受访者：

张洛先，男，1960 年 10 月出生。1979 年考入同济大学建筑系建筑学专业学习，1983 年本科毕业后分配至同济设计院工作。历任设计院副主任建筑师、建筑室主任、副院长、副总建筑师、执行总建筑师、集团技术质量部主任，上海市建筑学会副秘书长，上海市企业家与建筑师联谊会副会长，中国建筑学会理事等职。2020 年 9 月退休。

受访者：

俞蕴洁，女，1968 年 7 月出生于上海，高级工程师，国家一级注册建筑师。1990 年毕业于同济大学建筑城规学院建筑学专业。2003 年进入同济大学设计院工作，2007 年 6 月起任技术质量部副主任，2018 年 4 月起任技术质量部主任。上海市建筑学会副秘书长，上海市勘察设计行业协会秘书长、中国勘察设计协会建筑设计分会副秘书长。

1980年代开始，同济设计院开始转变进入市场，在这过程中开始推行全面质量管理体系，以统一生产，在质量管理进程中走在前列。随着多年的政府质量管理政策变迁，同济院的质量管理系统和组织也进行了多次调整和升级，以满足设计院内在和外部市场的需求。

华霞虹(后文简称“华”)：1986年，同济设计院开始推行全面质量管理体系(Total Quality Control System, TQC)，1999年通过了ISO9001质量保证体系，在2000年，我们又增加了双重认证。请先为我们介绍一下同济设计院从1980年代到现在质量管理的发展好吗？

张洛先(后文简称“张”)：1980年代初期，同济设计院的设计队伍逐渐稳定。当时队伍里大多数还是教师，难以兼顾上课和设计，后来这两类人员逐渐分离。1994年同济设计院并入同济科技股份公司，从此新加入的设计人员全部按照国家规定，采用企业编制。在此时间节点前加入的设计人员依旧属于学校产业编制，人事档案和劳动关系都与学校签约，还有部分老师兼有教学任务。1994年后设计人员的档案与关系直接与设计院签订，这是与以前最大的区别。

我1983年从同济建筑系毕业后分配到设计院工作，当时设计院队伍只是学校的附属，没有完整的功能体系。我报到的第二天，顾如珍老师设计的新大楼完工。1983年7月份我正式上班的第一天就搬进了新大楼。当时从高校来讲，单独造一栋楼给设计院使用是比较早的。搬进去以后，按照原来的建制分成几个组，到了1984年、1985年，同济设计院基本参照行业设计院的构架来运行，因此面临着转型：第一，开始进入市场，承接项目、招投标、寻找客户，形成一定的生产规模，自力更生；第二，为配合转型，队伍开始机构化，所以当时设计院首次向学校提出采用承包责任制。设计人员的组织也随之调整，采取设计师先自由组合报名，再系统梳理分配的办法，以均衡技术力量。当时共成立了三个室，我在一室，室主任是吴庐生和蒋志贤两位先生，二室是许木钦和陆凤翔老师负责。

当时同济设计院由国家教委直属管理，组织和管理的规定都遵照教委规定，TQC就是当时国家教委在高校设计院里推行的全面质量管理体系。在这之前，我们作为高校设计院，在审核和规范上并没有完整的体系，针对某一个项目也容易产生意见分歧。在实行全面质量管理体系的过程中，我们形成了校审记录的规范。大家把各自的意见记录下来，再按审核员选择的意见执行，以免同一项目具体实施产生偏差。通常审核部门的缺失是设计单位内部质量管理的漏洞。所以在TQC推行过程中，通过制度建设，我们形成了一些好的做法，这些做法得以存留，不仅有外部条件，还有内部因素。

1990年代我们又成立了总师室。因为此前大家各自做项目，遇到技术问题裁定、行业活动组织、院内技术标准统一等问题，没有人做专项管理。当时恰逢人事组织调动，我们就顺势成立了总师室，最早的人员有顾如珍、蒋志贤老师等，总师室后来又发展出技术管理、行业对接等多项职能。

在TQC之后，1999年我们开始推行ISO9001的质量保证体系。和强调质量检验的TQC相比，9001强调的是过程控制。TQC是项目在交付之前判断其是否合格，剔除不合格的部分。9001是在过程控制中，尽力避免不合格品的产生。9001相比TQC更深入，不是简单的从产品质量到过程监管的差别，比如TQC里对交付目标的定义也限制到每一道工序，下达到工序的要求是前道工序的交付目标，也有上下衔接的考虑。但是从总体上来讲，9001更强调过程管控、目标策划和运行保障。引进了国外的9001以后，我们又引进了环境管理和职业健康安全管理两套体系，加上原来的质量保证体系，形成了三体系同步运行系统，即一套本土化的ISO体系。

新引入的环境管理的第一部分是生产机构负责的项目在设计建设过程中对周边环境产生的影响，比如污水和废气的排放，或者交通造成的影响，更重要的是设计产品运行以后对所在地环境产生的危害，是绿色的还是高污染的设计产品？比如我们设计选用的空调设备一般会进行室内噪声控制，但对室外的噪声尚未设定衡量的数值。这属于环境管理的部分，是建成后的环境管控，要求更高。职业健康安全管理主要针对在我们这里工作的员工，环境是否有利于员工展开工作。以设计机构为例，对工作场地的要求，一是场所硬件条件具备，二是工作氛围贴近人的需求。

除了从政府方面进行限制，设计院实行环境管理也有自己的追求，国家的标准只是起点，我们应该有更高的追求。从TQC到ISO9001质量管理，再到三体系同步运行，对设计产品的要求一步步更加贴近建筑业的发展。

我们的ISO管理体系认证证书由上海质量体系审核中心审核发放。虽然ISO管理体系是由国际标准化组织制定的，但我国国家管理体系标准等同采用国际标准，两种体系基本相同。后来出现了中国的CNAS(China National Accreditation Service for Conformity Assessment，中国合格评定国家认可委员会）和美国的ANAB（ANSI-ASQ National Accreditation Board，美国国家标准协会—美国质量学会认证机构认可委员会)的双重认证。

从1990年代末到现在（2018年），我们推行质量管理已有18年之久。虽然市场上的设计院基本同期开始，但是我们在高校设计院里还是较早进行的。后来通过9001认证的机构、设计院越来越多，现在项目的招投标都要求这项认证，这已经变成设计市场准入门槛之一了。

华：这些质量监管系统是各个设计院都需要进行的认证吗？我们为什么要申请双重认证呢？

张：在普及情况上，现在各大设计院基本都申请了9001系统。但环境管理和职业健康系统方面，我们是领先的。第一从设计院来讲，后两者的市场刚性需求不高。第二环境管理体系和职业健康安全管理体系有很多概念性内容，具体措施需要自己探索，所以在市场上尚未完全普及。

ISO是国际标准，每个国家在国际标准下制定自己的标准，在中国是GB国标，在英国是BS，但都须符合国际标准。在双重认证中，国际标准和中国标准是承上启下的关系，加之对以后业务发展的考虑，毕竟会有海外市场的项目，有这项认证会提高市场竞争力和行业好感度。我们上海质量体系审核中心有认证的资格，可以申请到这项标准，所以推行了双重认证。但在实际监管中，还是用国内的标准。

华：对于环境管理和职业安全管理系统两个系统，政府部门没有统一的管理标准吗？

张：政府有基础标准，但具体标准由自己提出。环境管理、职业安全管理、质量管理三个体系都属于ISO9001管理体系。9001系统起初是国外军工生产控制质量用的管理系统，最早针对制造业，后来在其他行业机构推行。所以9001是自由报名的自发性系统，由政府部门提供基础性标准，然后企业申请认证，自己制定、执行具体标准，政府检验监督该体系是否合乎规范，执行情况如何，以三年作为认证的周期，每年都有监察，而TQC是一次性的质量管理体系。

和质量管理体系的发展类似，政府部门监管项目的发展，也是从最初只负责验收，到有一年的保质期，到实行建筑师负责制，到提出注册建筑师终生责任制，到加强事后监管、运行过程中的安全监管。我们的安全管理也是制定新的目标再逐步推进的。概念可能很早提出，但正式执行还需要循序渐进的过程。一个表现就是质量管理、环境管理和职业健康安全管理的三体系同步推行。

华：既然9001管理标准在不同的设计院是不同的，那么设计院有专门的团队研究这一标准的制定情况吗？自己制定标准的过程中有什么困难呢？

张：我们没有专门的拓展团队研究标准，但是有特定的人负责这项标准的制定，也有兼做这一系统编制的老师，比如技术质量部的俞蕴洁老师，她是最早开始编制ISO体系文件的。后来戴英[1]也负责这项工作，她同时也是上海质量体系审核中心的审核员，参与审核中心的工作，审核其他设计单位，对其他设计单位进行年度

1　戴英，女，1972年出生，籍贯湖北，1993年毕业于上海城市建设学院公路与城市道路专业，1993年起工作于同济大学建筑设计研究院（集团）有限公司，2018年4月至今任集团技术质量部副主任。

监察审核和再认证审核。

因为没有完整的标准，我们一开始就要努力参与，编体系文件的时候经常要研究，写定义。后来因为每年要监察，按周期要进行重新认证，我们逐渐得到了检查组的反馈。同济设计院编的体系文件有自己的特点，同一个 ISO 的规范，检查组的审核人员各自的理解也是有差异的。时间一长，各个设计院会形成自己的特点，所以 ISO 贯标的过程也是带有群体特色的。

在 ISO 体系编制的过程中，最大问题是如何把体系的要求、精神，和我们设计的具体业务相结合。因为在制定国内的 ISO 文件时，要考虑和国际标准衔接，外语规范翻译过来会产生一些很难理解的名称、名词。很多的行业习惯用语在规范编制里变了名称，衍生出几层含义。并且可能编制的人从事工业设计，不如民用设计那样强调创造性和自主性。

比如我们经常遇到的验证问题。从设计工作流程上来说，验证就是对客户提供的设计任务书、地形图、地勘报告等资料进行检验。落实到具体要求上，首先需要验证的是信息是否“足够”，可以在此基础上开展工作。国外规范中的“足够”（enough）和中文的“足够”在理解上是有差异的，我们可能称之为“充分”。其次需要验证的是客户的要求能否达到。这方面，起初设计师会觉得比较困难，尤其在设计还没完成的阶段，这点很难判断，因为设计很大程度上需要靠感悟和经验来判断。此外我们还需要校对完成的设计文件，所以校对、审核、图纸会签都是“验证”(verification)，“验证”的含义很广，但大家渐渐地理解了“验证”这个词。

华：在标准制定上还需要考虑制定的严苛程度，如果过于严格，设计院很难执行，并会提高成本，实际制定过程中是如何和设计院实际工作协调的？

张：标准制定实施需要循序渐进的过程。同济设计院的质量方针里，第一句话是持续改进，不可能立即贯彻。推行质量管理体系或者三证合一的管理体系都在强调制度化建设，以此形成相应的作业流程，这是正规化建设的核心思想。我们从高校设计院发展而来，好比游击队或是特种部队并入正规军大部队，规模扩大后就要解决同步性的问题，从而提高工作效率。此外，制度需要人来执行，不同执行者对制度或者条规的理解是不同，理想状态是根据特定的人群来制定制度和流程，同时让该人群有自由发挥的空间。

做设计就是这样，面临无数规范，设计工作可能无法进行，但如果撤去规范，设计同样无法落实，这是种辩证关系。从制度到由制度形成技术人员队伍和管理队伍，才是我们的真正目的。制度是没有生命的，其本身也需要不断改进，而人才是我们的根本立足点。

所以我们从技术骨干队伍方面进行建设。设计人才队伍建设中，我们有集团的总师，各个院也有自己的总师，院内有主任工程师，这样的三级体系建设有力地保障了人才队伍质量。我们的业务管理队伍，从集团的总裁、副总裁，院长、分院长、所长，到室主任，部主任，绝大多数属于技术型管理人员。所以无论是技术岗位还是管理岗位，我们的人才队伍都是以技术为核心的。

在业务建设运行的过程中，这支团队由来自不同专业，不同学科，或是不同建筑类型的人才跨专业组成，集团也会根据市场的发展情况针对性地组合建设队伍。

华： 我们工程质量部门现阶段的工作情况和工作安排如何呢？

俞蕴洁（后文简称“俞”）：设计院搬到新大楼后，重新梳理了各职能部门的行政职能，对于质量管理，我们是制定标准，培训宣贯，监督实施，定期检查。设置质量管理的条线，每个生产部门设置一位主管质量的副院长和一位质量秘书，每个项目配备一位工程秘书。技术质量部通过这个管理条线来深入到设计部门，进行质量控制。我们也有设计人员、行政秘书参与质量监督，所以我们的质量监督像线一样串联起了各项工作和项目。

现在质量部共10位工作人员，技术质量的工作人员连同我共6位，另外是4位专职总师，分别是总建筑师张洛先，结构专职总师郑毅敏[2]，给排水专职总师归谈纯，电气专职总师夏林，他们会参与部门集团级的大型项目，负责一些项目的技术审核，还有集团标准的制定等技术工作。

针对部分技术力量比较薄弱的设计部门，我们会把审核权收到集团层面。

项目根据规模分为集团级和院级，对企业发展和品牌建立影响较大的项目，无论项目的规模大小，我们在分级标准里都会将之划分成集团级项目，这些项目的审核必须由集团级总师介入管控质量，实现优质的设计作品。

华： 我们在高校设计院里较早推行了质量管理规范，但我们当时的规模不大，为什么会有这么大的动力？

张： 动力来自市场竞争的需要。从设计院建立到迈向正规化，组织体制、经营策略、分配制度、奖惩制度等都需要发展建立。从技术层面来讲，亟待解决的问题是规范化作业。原来设计专业的老师们，做设计时希望有比较宽松的环境，营造出让设计人员自由发挥的氛围，但是从实际工程项目来讲，除了这个需求之外，还要有严谨的质量管控措施，正如做设计要面对规范的性质一样。

从建筑学教育本身来讲，我们不希望如此，设计教学要宽松，规范要收紧，正规化建设对高校设计院而言，是从开放松散的自由创作转向职业化的过程。当时TQC也是在这样的进程下形成的，因为行业之间有竞争，竞争带有一定排斥性。

---

2 郑毅敏，男，1957年出生，籍贯浙江镇海，1980年毕业于同济大学建筑工程专业，1980年起工作于同济大学建筑设计研究院（集团）有限公司，曾担任集团副总工程师，现任集团资深总工程师。

没有规范限制，同济设计院的施工图质量难以保证。

这是来自行业的要求，因为我们从高校设计院转型，在规范化方面欠缺经验，要解决这个问题，我们要提前学习和推行规范和质量管控，9001开始推行的时候，我们已经和行业设计院进入同步发展的阶段了。原来我们与他们之间存在差距，尽管我们有高校设计团队的优势，但在规范化方面落后，推行质量管理以后，我们进入同一阶段了。这对设计院是一个比较有特征的转折标志。

这也反映出随着时代的发展，大家对体制、体系、认证等的认识在不断提高。从 TQC 到9001，再到质量管理环境管理的结合，我们设计产品质量好坏的意识，从原来纯粹符合规范要求，进步到了符合可持续发展观念。

评奖创优和 TJAD 培训学院 | 2001—2018 年

访谈人 / 参与人 / 初稿整理：华霞虹 / 王鑫、李玮玉、梁金 / 赵媛婧、顾汀、华霞虹

访谈时间：2018 年 1 月 26 日 9：30—11：30

访谈地点：同济设计院 503 会议室

校审情况：经俞蕴洁老师审阅修改，张洛先老师未及审核，于 2021 年 10 月 16 日定稿

受访者：

张洛先，男，1960年10月出生。1979年考入同济大学建筑系建筑学专业学习，1983年本科毕业后分配至同济设计院工作。历任设计院副主任建筑师、建筑室主任、副院长、副总建筑师、执行总建筑师、集团技术质量部主任，上海市建筑学会副秘书长，上海市企业家与建筑师联谊会副会长，中国建筑学会理事等职。2020年9月退休。

受访者：

俞蕴洁，女，1968年7月出生于上海，高级工程师，国家一级注册建筑师。1990年毕业于同济大学建筑城规学院建筑学专业。2003年进入同济大学设计院工作，2007年6月起任技术质量部副主任，2018年4月起任技术质量部主任。上海市建筑学会副秘书长，上海市勘察设计行业协会秘书长、中国勘察设计协会建筑设计分会副秘书长。

在同济设计院的近期发展中，在各项设计奖项的评比中成绩斐然。受访者介绍了在激烈的行业评奖竞争中，同济院相应的评奖机制与策略，以提高整体获奖成绩，促进设计师的创新。同济设计院还创建了 TJAD 培训学院，利用院内外及同济大学的师资力量，对全体员工开设各类培训课程，从根本上增强设计院的竞争实力。

华霞虹（后文简称“华”）：同济院每年都能获得比较多的设计类奖项。在奖项申报方面，因为高校背景，我们可以在上海市和教育部两边进行申报，这对获奖会有优势吗？不同的项目具体如何组织报奖？

俞蕴洁（后文简称“俞”）：这几年同济设计院得奖项目数量比较多，可以从两边申报的确有很大的优势。我们从上海市勘察设计行业协会申报和从教育部申报的目标都是为了申报行业奖。上海一、二等奖的项目和教育部一、二等奖的项目是平级的，在此基础上再向上申报行业奖，即国家级的奖。2017年行业奖评审中，我们获得了公共建筑设计类五个一等奖，这是对我们院设计水平的良好证明。

同济设计院的规模在教育部设计院中是最大的，每年报到教育部的项目数量，比如公建类奖项，是受到一定限制的，所以我们申报的时候会有所取舍，我们每届的申报项目数量较大，上海和教育部两边有近100项，相对报上海的项目更多些。

张洛先（后文简称“张”）：高校设计院大多成立较晚，规模较小，几百人而已，而同济属于发展较快的高校设计院，这使得教育部针对高校设计院报奖时对同济设计院申报项目有一定的限制。我们在教育部获奖从以前的二等奖，到现在的一等奖，取得了长足进步。但是因为各高校设计院获奖平衡的问题，而且所有设计院都很努力，现在的差距并不是很大。

另外投票也会受到个人因素的影响，一般报奖的获奖数都稳定在一个范围值之内，所以在项目申报时，虽然我们会建议一些比较好的项目组申报更合适的奖项，但实际评奖也有横向比较的选拔过程，不同的评审人员可能会有不同的判断。

除了对所有项目申报的奖项进行推荐外，我们也会针对项目进行排序，这个排序是对评审的暗示。这个排序的作用，一是完善操作细则上的内容沟通，以免错过时间发生漏报。因为通知是预先进行的，然后报项目，再报材料，一轮一轮进行。我们尽力通过各种途径达到信息平衡。

二是提高项目在申报奖项方面的成功率。我们现在申报的项目很少有被退回的情况了，早期偶尔因为缺少资料而申报失败。评奖两年才有一次，项目的时效性很重要。

当然也会有个别项目，设计人坚持要报某一奖项，我们会告知他可能申报失败，但如果他坚持，我们也不阻止。还有这样的情况，一个学校里有两个设计团队的两个项目都不错，如果各自评奖，很难都获得高级别奖项。但如果合起来申报，含金量就会有所提高，我们就会和参加评审的人沟通，以期合起来申报。

华：为什么同济设计院现在能得到那么高的获奖率？因为之前积累了很多比较好的项目吗？

张：除了有一定的积累外，我们获奖率提高的原因，一是最早没有评奖，直到八九十年代，行业评奖才逐渐恢复；二是与现在相比，同济设计院以前的规模不大，很多报奖情况也不太了解，而且报奖的很多材料没有专门部门协助，需要项目组自己组织筹备，费时费力。当时教育部的奖项也不多，各个高校设计院刚刚开始发展，完成项目的数量也有限。当时上海市勘察设计协会等下属行业设计院的项目数量和影响力远远高于我们，所以当时能得到上海市或者教育部的二等奖很不容易。

同济院渐渐发展起来后，我们项目的数量在增多，完成质量在提高，设计的创造性也在加强。但是获奖对企业资格的申请认定作用越来越大，所以竞争也很激烈。

不过我们有一个意外的优势，因为“部市共建”，我们可以在教育部和上海市两边申报奖项。教育部方面，政府的管理职能和运行职能剥离，运行链和产业链剥离，很多高校设计院在地方竞争力微弱，为了使高校设计院有获奖的渠道，教育部就专门成立了勘察设计协会高校分委员会。

所以在评奖方面，同济设计院逐步积累起一些经验。一是及时和行业对接，从而获得发言权，尽可能快速地进行信息传递。二是减少设计人员无效的工作，向他们介绍好的经验。在上海市方面，起初的评选注重项目规模和技术的复杂性，但是我们的高校项目比较多，教学楼等的技术含量远不及其他公共建筑，在上海市评奖中不占优势。但是另一方面，全国评价却又对原创性有要求。大概有连续两三年，上海市的项目参加勘察设计协会的全国评奖未能获得原创的一等奖，之后市领导、建委和上海市勘察设计协会在评奖前也有讨论如何解决这一困境。我就向他们介绍了教育部、全国的评奖方式和上海市的差别。评奖流程是地方获奖以后再向上报，上海的评选不是看文本，而是看图纸，评分时结构和机电占比较高，所以技术难度高的项目得分高，但是教育部和全国的评奖更注重建筑设计。上海的项目上报到国家，团队的创造性可能有所欠缺。当时我提出，上海市评奖要保持自己的程序和特点，但各专业的记分规则可以有所改变。后来连续两三年，上海市评奖把建筑的权重提高了，然后我们开始有项目在全国获一等奖，一些创造性较好但技术复杂程度不高的项目，也得到了展示的机会。

因为企业的发展，我们对外的接触越来越多，话语权逐渐扩大。但这个话语权不应只为我们自己争取利益，而是应该促进行业向正确的方向发展。从建筑学角度来讲，乌德勒支住宅和（巴塞罗那国际博览会）德国馆面积都很小，但在建筑学领域的历史地位非常显赫。所以行业的发展不能把建筑创作排除在外。后来评选的标准有所更改，我们在上报上海市项目时也随之进行了调整。

俞: 高校设计院的项目获奖概率比较高。每年评奖,除去北京院、现代集团、西南院、西北院、中南院等各大片区的院，接下来就是高校设计院。其中我们有比较大的规模优势，清华、哈工大、华南理工设计院在得奖方面的成果也都不错。

华: 我们会申报国际奖项吗？同济设计院在2015年的亚洲建筑师协会奖评选中一举获得两个建筑金奖和一个荣誉提名奖，成绩斐然。

俞: 对，我们也会申报含金量比较高的国际奖项。比如亚洲建筑师协会的奖项、“香港建筑师学会两岸四地”的奖项,2015年亚建协获得金奖的是蔡永洁老师的“5·12”汶川特大地震纪念馆和常青老师的日喀则桑珠兹宗堡，章明老师的上海鞋钉厂改造获得了荣誉提名奖，这三项奖含金量都很高。

华: 报奖这件事工作量较大，集团是否设有专门进行奖项申报的组织，有标准化程序吗？还是让大家自由申报？

俞: 申报材料由项目组自己组织，技术质量部进行审查，尽量使得申报材料可以符合要求。每个奖项有不同的要求，如果申报材料不符合要求，第一轮资格预审会直接筛掉，无法进入评审环节。

张: 我们会详细通知报奖人关于申报的技术文件要求。更重要的是关于通知的细致解释，比如俞蕴洁老师，无论和上海市、教育部、中国勘察设计协会还是建筑协会，与评奖单位都会频繁沟通，及时联系评奖方，然后通知参评人注意事项，比如项目完工期限、已经申报项目所缺材料，等等。如果没有这种频繁接触，缺少对评奖通知的及时性理解更新,申报项目可能会被判定为资格预审未通过,从而评奖失败。我们统一申报和频繁接触评审方可以给设计人员安全感，让他们感觉评奖是集体行为而非个体行为。在评奖过程中，俞老师也会预审各种文本的制作，通知要补充的内容。电子文本完成后，我们也会统一打印装订制作。评奖后我们也会把一些成功的项目制作成范例文本，供大家参考。

华: 除了对外申报奖项外，院内会针对项目的评奖实施鼓励措施吗？

张: 除了参加行业的奖项评选外,我们集团内部也有建筑创作奖。我们通过制定规则、建立标准和流程提高创作的质量，但我们的目标是鼓励优秀的创作。所以2000年以后，我们集团开始自己设立奖项。当时主要针对青年建筑师，因为他们尚未达到获得行业奖的高度。参选项目上也不限制是否完工，可以是实际项目，也可以是概念方案,着重的还是创造性。举办了几届以后,这项活动获得了较高的认同度，虽然奖金不多，但是荣誉感很强。后来设计院的一些重量级设计人物也表示要参加评选，这项奖逐渐演变成代表集团最高创作水准的设计奖。

我们每年举办一届，到今年共举办了13届。因为大家都参与了，为了公平起见，我们会邀请院外的专家进行评选。举办这项活动的主要目标是实现管理的有张有弛，以免走向僵化设计。今年我们又新设立了机电创新奖，机电设计也需要创新性。如今我们有建筑的创作奖、结构的创新奖和机电的创新奖。2017年我们设了科技进步奖以推动科研工作。这方面其他设计院走在我们前面。

华：2011年同济设计院搬入新大楼以后，原来分散的设计部门集中在同一屋檐下，集团在质量管理和员工培训两方面有什么新的举措吗？

俞：设计院搬到新大楼后，重新梳理了各职能部门的行政职能，对于质量管理，我们是制定标准，培训宣贯，监督实施，定期检查。设置质量管理的条线，每个生产部门设置一位主管质量的副院长和一位质量秘书，每个项目配备一位工程秘书。技术质量部通过这个管理条线来深入到设计部门进行质量控制。此外，为了从根本上提高员工的素质，培养符合集团发展要求的人才，我们建立了一个TJAD培训学院。

华：请您介绍一下这个培训学院的情况好吗？

俞：技术质量部一直在开展技术培训，但是这项工作总是困难重重，比如培训时间与员工的工作安排发生冲突，培训的出席率不高，效果也不好。所以我们在2014年建立了TJAD培训学院，其属性类似企业大学。恰逢集团内部的信息管理系统正式建立，课程安排得以系统化，所以我们就在集团的EKP系统上设置了培训学校这一模块。

为使企业大学运营良好，首先我们对培训需求展开调查，并根据调查结果建立了丰富完整的课程体系。目前该课程体系主要分为三大类：第一类是专业种类丰富的技术类课程，包括建筑结构机电、市政、道路、桥梁、环境等专业课程；第二类是管理类课程，大多是从MBA引进的一些企业管理类的课程，这些课程主要针对中层以上的管理人员；第三类是实际操作训练课程，包括Office系列软件、职业素养等课程。此外还设有少量艺术欣赏课、心理咨询课等。2017年我们一共开设了122门课程，每周大约三四节课，总课时达六七百个学时。

华：TJAD培训学院的课程都是网上课程吗？参加课程的人群范围如何？强制性要求参加吗？

俞：我们的培训课程全都是实体课程，为此我们特别装修并布置了培训教室。参加培训的范围几乎覆盖所有的员工。我们对不同职称、岗位的员工有相应的课时要求，比如技术岗位新员工每年的课时要求是32课时。我们建立了培训管理的信息系统，员工用员工卡签到、签退来进行考勤。

为了制定年度课程计划，我们在每年年初进行培训需求调查，例如技术课程，我们集团的技术委员会下设有各专业委员会，负责根据我们的调查结果制定各专业的课程计划。

华： 上课的老师如何安排？是外聘还是依托同济大学各院系的老师？

俞：目前是以同济内部讲师为主，包括各专业的总工，也有同济大学的老师，也会有部分外聘的行业知名专家担任讲师。

依托同济大学的背景，集团可以获得更多的资源，我们可以更方便地请到各院系的老师来上课，为我们讲技术课、管理课。我们和同济经管学院有固定合作，他们会有一些推荐课程。一些学院老师的课很受欢迎，比如吴长福老师的课，每年都是爆满，他主要讲设计投标，并且会把他当年参加评标的项目作为案例进行讲解。章明老师也来上过课，主要介绍自己设计的项目，也很受欢迎。

张： 其他学院的老师也会来上一些课程，比如交通院的院长陈小鸿[1]主动要求为建筑师讲交通评估，因为现在项目规模越来越大，建筑师原来了解的城市交通知识可能不够，特别是对一些综合体项目来说，因此，他的课程也广受好评。

华： 在整个设计院系统中，同济设计院的做法算是领先吗？

俞：其他设计院也有企业大学，比如天华、华建、CCDI 等。有些企业并非进行全员培训，而同济设计院是进行全员培训，课程内容也比较丰富。大家都觉得现行的模式比原来的讲座培训效果更好。

1　陈小鸿，女，1961 年 8 月生，浙江永嘉人，同济大学教授，博士生导师。1982 年 1 月毕业于厦门水产学院，获学士学位；1987 年毕业于上海交通大学，获硕士学位；2003 年获得同济大学道路与铁道工程专业博士学位。1987 年入同济大学道路与交通工程系任教至今，历任助教、讲师、副教授、教授，曾任交通运输工程学院副院长，同济大学研究生院副院长，同济大学磁浮交通工程技术研究中心主任、铁道与城市轨道交通研究院院长等职。

从项目管理到集团经营

2007—2018年

访谈人/参与人/文稿整理：华霞虹/王鑫/华霞虹、李玮玉、顾汀

访谈时间：2018年2月5日15：15—18：30

访谈地点：同济设计院503会议室

校审情况：经邹子敬老师审阅修改，于2018年3月26日定稿

受访者：

邹子敬，男，1975年5月生，重庆人，博士，正高级工程师。1993年考入同济大学建筑系。2001年3月硕士毕业后应聘进入同济大学建筑设计研究院。2006—2011年任综合设计一所所长助理，2011—2012年任建筑设计一院院长助理兼建筑所所长，2012—2016年任建筑设计一院副院长兼建筑所所长，2016年9月至2018年4月任集团总裁助理，2018年4月起任集团副总裁，2021年4月起任党委副书记。

从2000年至今是同济设计院飞速发展的18年。邹子敬从最开始参与设计工作，到2007年上海世博会主题馆担任项目负责人，再到如今参与集团管理。作为管理者，受访者总结了同济院的发展轨迹并提出了未来的经营模式和管理要素。

华霞虹（后文简称“华”）：您从2001年进同济设计院，见证了设计院非常快速的发展，自己的身份也从设计师慢慢转变为设计一所、一院的技术负责人，到了现在成为集团的管理者。请您为我们介绍一下个人成长和集团发展的关系好吗？

邹子敬（后文简称“邹”）：2000年年底我签了三方协议进设计院，到现在基本上18年，这是集团发展非常快速的18年。2016年9月份，我从部门出来担任集团的总裁助理时，从经营数据方面认真梳理了集团的发展经历，发现明显有两个阶段。第一个阶段，从2000年到2007年，我们跟着市场变化同步增长；第二个阶段，从2007年到现在，集团实现了一种超越市场的发展，整个集团的经营数据、社会影响力、国际化的品牌影响明显提升，我个人的职业发展也是在2007年前后参与世博会项目过程中发生了很明显的转变。

世博会主题馆是设计院从策划到运营全程参与的典型案例。我作为协调整个

◎ 上海世博会主题馆施工现场，来源：同济设计集团

项目的项目经理，从前期概念到方案竞标、从施工图到会后改建以及后世博的改造升级，一直跟到最后，包括现在，世博展览馆的运营数据每年都会给我，作为反馈研究。从2007年一直到现在10多年期间，世博会主题馆是我目前所接触到的、可能对很多建筑师来讲，都是可遇不可求的一个项目。通过这个项目，我从设计画图者渐渐转换为设计管理、项目管理者。

因此，我自身从设计岗位转向管理岗位的过程，实际上和世博会有很大的关系。当然对我来说，设计和管理两者不是完全分隔的状态，它们一直有交集，无非是根据项目进程和经营需求去交集多少。

华：因为设计院以前的项目，规模小，功能和技术比较简单，基本上不需要项目管理。但是世博会主题馆规模很大，加上世博会这样一个大事件，综合管理是必要的。

邹：对。2007年也是我学术背景的一个转折。我是建筑学的本科和硕士，吴长福老师是我的硕士导师，2007年我读了吴志强校长城市规划方向的博士。如果说2007年以前我做的很多是单体项目，在接触了几个大型项目后我就意识到在城市大事件中，像我们同济院这种平台接触到的项目，已经不是建筑单体的问题，更多地要思考和解决城市的问题，从城市的角度来看每个单体。当时丁洁民院长、周伟民院长、吴长福老师都非常支持我，认为我应该去学规划，视野应该放得更宽一点，放到城市的角度反过来看建筑。这样我就读了6年城市规划的博士，2013年才毕业。因为边工作边学习，我的毕业论文花了大半年时间，天天5点钟下班以后，就在办公室写到12点、1点才回家。

华：那您的博士论文研究方向是什么？

邹：我的博士论文方向很早就确定了研究"城市中观层面"，也就是建筑设计当中的城市策略研究，副标题是"城市建筑的隐形任务书"。所谓隐形任务书，就是从城市线索中找到建筑的价值，这个建筑策划是从城市里面产生出来的。比如世博会的很多建筑，建筑与建筑其实不是一个孤立的单体概念，而是一个城市的概念。我们现在接触的项目越来越大，它是介于城市和单体之间的，我们关注中观层面，其实是最能够解决实际问题的。

华：以前我们基本上还是单体建筑。现在不考虑城市的问题几乎是不太可能的。您的优势就在于做了世博会主题馆的项目经理后，您对问题有一个更全面、更宏观的认识。您前面提到在院所时期负责项目，我想了解一下，比如说作为一个所长助理，以及后来做一院的副院长，当时除了您自己的设计以外，还要做哪些工作？

邹: 同济院的架构管理是集团下面直接连接各个生产部门，加上一些职能部门。虽然都是同济设计集团，但是每个生产部门的管理模式、管理架构都不同，主要取决于人才结构和管理结构的特征。作为生产部门，主要需要解决经营和生产问题。对于一个设计项目，主要是人员管理、项目管理和质量管理，还包括创新和团队建设。比如我在一院时负责经营会多一些，因为我是建筑专业的，经营一定是建立在专业的基础上。这样曾群院长就能把精力放在最重要，或者最有挑战性的项目里。我跟曾院长的合作从2000年就开始了，实际上我们不仅是上下级关系，更是朋友关系。

华: 不是层级关系，更像是合伙人。

邹: 对，更像合伙人的关系，虽然我们本身不是合伙人，相互协作很重要。因此实际上我也带项目，管项目，做项目负责人，但是更多的时候我还会担负起我们院团建、招聘或者其他很多院系工作。像之前在一院，我和刘毅两个副院长，既要作为“战斗员”去带领打仗，同时还得做“辅导员”或者做各种后勤工作。

我也在一院进行管理工作，和从事设计工作一样，我也意识到灵活性很重要。有什么样的人才，才可能采用什么样的制度。而不是我们通常讲的，先预设框架再去找人。我们这个行业是人才优先的，先制定好制度不一定找到好的人或者适当的人。恰恰应该是反过来，找到适当的人以后，再围绕人才制定管理机制和发展计划，这是我的一点思考。

华: 设计始终是一件人力资源型的事情。越是好的设计师，越没法被标准化管理，越需要个性化的管理。选对了管理模式，建筑师的效率就会很高，如果管理模式不是很合适，他们就可能不接受你的想法。您能不能分享一个因人而异的管理模式的案例，比如说做一个项目调配的时候怎么来选择？

邹: 2010年之前，一到四院都没有区别。那时是一个所下面分建筑所、结构所、设备所，当时的项目组是以项目负责人为中心的，确定项目负责人以后，再确定这个人大概需要带几个人。2008年、2009年，项目运营中人力协调消耗很多精力。过于灵活的方式在遇到不同能力的人、不同性质的项目、不同项目的不同阶段的时候，就要加诸一定的项目制度来支撑。因为单靠人的时候会出现以自我为中心，或者项目为中心的资源分配不均的现象。为了形成一个相对固定又不失灵活的多元机制，我们当时就把建筑划成四个组，以原来核心的项目经理配上两个搭档，一主一辅或一主两辅成组，最终形成我们现在各个院实行得比较多的“所”的概念。这种灵活性和制度相匹配的关系是因人而异地来实现的，有的设计师擅长同时做几个项目，有的设计师擅长专注做一个项目，那就需要搭配完成。比如说所长负责制就是搭配实现的，或许一个善于经营，另外一个施工图看得很仔细，两者可以靠搭配来互相弥补。

华：当时每个院里有几个所？

邹：现在据我了解，一到四院基本上各有四五个建筑所，一个所二三十人。机电结构有的分，有的不分。

华：这些所肯定也有不同的分工和特点吧？

邹：对，会各有特长。有的分成所，比如说结构一所、二所、三所，有的分成部，比如说设计一部、设计二部、设计三部。

华：他们之间怎么组合？会有竞争关系吗？

邹：竞争合作都有。当时在一院内部，结构所既要在院长统一指挥下，同时又会去形成一定的竞争。比如说结构某所如果总是受到建筑各所的投诉，那院长就要反映并进行调整了，同时也会有大家都想要合作的专业所，说明这个所运营的情况值得学习。如果没有这种机制，所有问题可能都会被隐藏，或是只会反映在院长的思路里，没有体现在团队的融合当中。所以，行政决策和市场反馈要相结合。

华：院里面也要经营具体的项目？一般谁去接项目？所吗？还是只在院的层面？

邹：这个差异很大。现在整个同济设计集团，我们不但有建筑板块、市政板块，还有各种各样的其他专项团队板块。今天的20多个部门里除了职能部门，生产方式千差万别，基本概念体制差不多，但是管理风格和特点差异很大。这是同济的特色，百花齐放、百家争鸣。市场不同，项目不同，就需要不同的团队。但是总体来说，以前整个集团的经营是以生产单元为主的。

华：人力密集型的单位在管理生产力方面，整合的确很重要，否则集团就没有优势了。刚才邹院长谈到了很多集团的模式，您的思考方式已经从生产机构的管理，上升到集团管理的状态了。您现在是在负责集团经营吗？从集团层面上来讲，经营代表做什么呢？

邹：我简单介绍一下。前年我分管生产，2017年2月份的时候，我们先把品牌部和经营室合并成一个部门。因为品牌是对内对外联动的，而任何企业品牌的根本目的都是为生产服务。所以，在架构上，我们利用整合来形成互动。

此外，我们增加了一个拓展部门，也就是经营室的部门，不像传统的经营那样管理合同或者审核合同，而是市场开拓。开拓不是指跟部门抢业务，而是做各个单一的部门不能做或者不愿意做的事情。集团应该整合，做的是品牌，共同建设、分享平台。

用形象的三句话概括，集团经营做的事情，第一个是“上传下达”，使整个集团建立起由上而下的共识，这样才可能实现共建和共享。

第二个是“左拥右抱”，这里同样也有几层含义。我们的市政板块和建筑板块以前很少互动，大家各做各的。集团本身的基因就是这样，像作坊一样，最开始部门各自的脉络是扁平式的，没有形成矩阵。我们要做的就是要把各自的优势整合起来，建立一个平台，把我们集团内部的各种横向的板块打通。“左拥右抱”还有一个概念是整合学校和企业资源。这离不开学校的学科建设，横向整合得好，同济集团才能把它的根扎得更深，枝叶长得更茂盛。

第三个是“拳打脚踢”，我们面临的市场不但是东南西北这么广，将来“一带一路”还要走出去。市场是丰富多样、不断变化的，项目类型从城市规划到个体建筑都有。将来随着社会的发展，还会出现很多不同类型的新型产品。面对变化如此之大的市场和产品，我们的经营手段一定不是单一的。我们讲石头剪刀布，总是出石头，人家都知道你要出石头了，所以想在博弈中取胜，采用的一定是石头剪刀布组合拳。要在强调安全连接的前提下，在国有企业管理的安全边界下，采用各种方式争取市场。刚才三个词基本覆盖未来集团经营工作的重点。

华： 的确现在市场变化非常大，而且总体来说2014年以后，整个市场是在往正常化的方向发展，而不是超常规地发展，所以经营对所有的设计院，都是很大的挑战。您刚才提到企业和学校的宏观问题，有没有一些已有的具体计划？我们有这么多院也是基于同济的多学科专长，这种合作后续有没有新的，不同于原来各工种、专业的单一实践的方向？

邹： 对同济来说，新的方向其实就是全过程工程咨询服务方向。我们的目标也是国内领先、国际知名的工程咨询科技公司，具体的计划集团决策会逐渐清晰。我从分管生产经营的角度有一些思考。

第一点，同济的品牌核心是校友。校友会服务的是全部同济大学已经毕业或者将要毕业的学生。那么企业如果紧密联系校友，就能依靠他们把同济品牌扩大、传播。也就是说同济大学的品牌和同济大学设计院的企业品牌是一体的，因此加强和校友的互动是集团经营的重中之重。

第二点，在经营板块方面，要更多地配合协调都市院以及土木、交通、环境等其他学院，在和各个学院的合作中，要响应学校的号召，给青年教师更多实践机会，通过企业经营给青年教师创造资源平台，同时也让年轻教师给企业来带来创新。

第三点，作为企业，更多地要去思考整个同济大学里面的产学研转化和平台打造。因为教师可能以学术或者教学为核心，而我们作为高校企业有优势和责任去探讨怎样依托产学研结合参与到城市运营中去。

比如“双修”，即生态修复和城市修补方面，同济大学非常有优势。又比如城市环境更新，不单是工业遗产等老建筑遗址的保护利用，还有城市环境或城市空间的再生，非常有优势，同济的技术团队涵盖了从老建筑评估、抗震检测、加固、更新策划……然后再到历史建筑保护规划、建筑设计、室内改造，甚至我们还有施工和项目管理，产业链非常完整。这个产业链在既有建筑保护领域形成非常强大的优势。在这个全产业链里，城市环境的更新方面同济最有优势。前段时间我也在接触这件事情，土木学院跟我们一起去共享资源，他们说这是第一次抗震检测必须要由设计院盖章。

华：设计院在支持经营时，一个重要的支撑点在于科研和创新。在选择的时候是否会偏向于有产业化潜力的部分，还是说也会支持一些基础文化？现在可能没有看清这个产业的可能性，比如像李翔宁老师做的文化展览策划，或者是有一些长期的研究，它未见得可以直接产业化，也许可以带来项目的一些支撑。

邹：效益分两种，经济效益和社会效益，或换言之，价值效益。作为这么大一个集团公司，一定面临着企业董事会的核心关注点——赚钱，但是作为同济这个全国排名前三的大型高校企业，社会责任是非常重要的。

另外作为创新领先的国际行业，从行业的责任来看同济设计集团一定要考虑到行业创新。我觉得设计行业要对城市将来的发展负责任。总之，我们要对企业、社会以及城市发展负责任。

从刚才你讲的方面也许就能回答这个问题，我们采取的很多策略，包括对接项目经营的策略里，既有核心的经济考虑，又有对社会和城市发展的考虑。有的项目可能单独看没太多经济效益，但对城市的实践，或设计方法实践有意义，甚至是对城市发展里的空间、建筑、建设环境形成批评，具有实验精神，而且能带动整个行业的发展，集团就一定会支持，但是我们会平衡这个量和度，找到一个能够切合我们发展特点的，而且有实际意义的选择。

同济设计集团三院、教育建筑及校园规划设计

1996—2008 年

访谈人 / 文稿整理：邓小骅 / 邓小骅、华霞虹

访谈时间：2018 年 5 月 15 日 10：00—10：45

访谈地点：同济设计集团三院 王文胜办公室

校审情况：经王文胜老师审阅修改，于 2021 年 9 月 3 日定稿

受访者：王文胜

王文胜，男，1969 年10月出生于上海，教授级高级工程师，国家一级注册建筑师，国家注册城市规划师。1992 年毕业于上海城市建设学院建筑系，工学学士，并留校任教；2010 年毕业于同济大学经济与管理学院，高级工商管理硕士。1996 年起入职同济大学建筑设计研究院，现任同济大学建筑设计研究院（集团）有限公司副总裁、副总建筑师、建筑三院院长，兼任同济大学建筑系研究生导师，上海市建筑学会教育建筑专业委员会副主任。2004 年荣获第五届中国建筑学会青年建筑师奖，2018 年获评上海市建筑学会杰出中青年建筑师。

作为同济设计集团三院的管理者和优秀的主持建筑师,受访者王文胜简介了从“所”到“院”的规模变迁所带来的设计组织和管理的变革，同时介绍了高校校园规划、教育建筑项目设计的经验和策略。他主张教育建筑设计应当具备宏观视角与规划思想，深入了解校园文化，体会校园生活，从整体规划入手，因地制宜地做好具体设计，深入到建筑细节。

邓小骅（后文简称“邓”）：您在设计院的工作经历中，经历了从所到院的一系列发展变化，能否请您谈一谈设计院规模发展对管理带来的改变？

王文胜（后文简称“王”）：从1997年在同济设计院开始担任设计所所长算起，我在设计院已经工作了20多个年头。我们设计所最早规模大概是30人左右，后来发展到110人左右，在老设计院大楼里占据了5楼和6楼，人挤得满满的。后来设计院改制为集团后，单位搬到现在的新大楼，原来各设计所分别改成设计院后，我们建筑三院规模空前壮大，现在人数已达320人，算是集团里最大的一个院吧。从“所”到“院”，看上去好像只是人数发生了变化，但是这种规模的变化实际上也带来了管理上的变革。

早先的设计所是作为总院的一个组成部分来推动项目的设计工作，而项目的

◎ 四平路1239号老设计院大楼三所工作空间，2011年05月底搬家前，来源：同济设计集团三院

© 2021 年同济设计集团三院建筑所办公展示空间，来源：同济设计集团三院

经营和质量管理则大部分依托整个总院来完成。设计所变成设计院以后，绝大部分的经营和质量管理工作都落在了各自院内，某种程度上每个院相当于一个独立的、整体运营的公司了。所以我们院组建了由专职副院长负责的质量管理团队，由专职的总工和主任工程师组成，主抓院内项目的设计质量。因拓展业务需要，三院设立独立的经营室，主要负责市场开拓、招投标工作、合同签订以及商务洽谈等。目前，由三院经营室自行承接的设计合同占到三院总业务量的 90% 以上。

此外，从所到院，我们做的另一个重要工作是分专业进行调整，组织构架上也相应变化，原来三所是一个大的综合所，改三院之后，目前，建筑专业是已经发展成 4 个建筑所和 1 个建筑创作所，并新增了室内设计室，以配合设计总包落地，结构、机电专业则都成立了独立的所，各所内部也都建立了相应质量管理体系。

邓：目前您的院里，项目的设计组织是如何进行的，能否详细谈谈团队如何协同工作，例如，遇到大型项目时如何组织设计？

王：虽然我们院的建筑所和其他专业所是分开的，但整体上还是基于一个三院大团队来运作的，这一点在大项目上体现得更为明显。如果遇到大项目，我们会抽调两个建筑所，机电专业和结构专业虽然都只有一个所，但他们会分成一些工作组，配合建筑来做。例如，我们要做大型的学校项目，就会安排两个建筑所，再加上机电所两个组和结构所的两个组，这样统筹来做。在质量管理方面，会由院总师来完成各阶段的设计评审工作，从方案环节、初步设计环节以及施工图完成之后的后评审体系等各方面进行把控。

我们目前的项目运作模式是既兼顾了原有综合所的优势，又兼顾了专业所的特长，还能够在专业上有纵深发展，我们现在建筑师有100多人，结构、机电专业各有六七十人，可以积累一定的专业厚度，遇到大型项目，有很好的平台合作机制，在同济设计集团旗下三院内部进行人员调配和协同组织，整体效率还是很高的。在这样的组织体系下，实际上我们的工作模式是分工不分家的，各项成本以及项目运作经费都是统一核算，克服了大型设计院中长期存在的一些弊端，在专业设计质量保证的前提下，大大提高了项目运作的效率，提升了客户的满意度，尤其是在一些境外合作项目中，我们这种专业、高效项目运作模式也得到了甲方与外方的普遍认同。

邓：如何看待自己既是管理者也是建筑师的身份？

王：作为同济设计三院的院长，我有两个身份，一个是管理者，一个是建筑师。我花在管理和经营上的时间大概不到20%，大部分的时间基本都是作为建筑师在工作，我每天的主要工作是针对不同的项目轮流看图、改图、讨论方案、主持设计评审。我估计同济院大部分领导也都是这样，更关注于专业上的工作内容。为什么能够做到在管理上花这么少的时间呢？主要是因为我们同济三院员工自身素质较高，人际关系简单，长期以来形成了比较好的工作机制，大家都是按照一定的规则在做事，齐心协力做好作品、服务好客户，这样管理工作相对来说比较轻松。同济设计集团发展到今天，已经有了一定的品牌效应，以好的作品赢得市场，所以市场压力不是非常大，对于管理者来说，管理的压力小了，更多的时间可以放在设计上，反而更有利于出好作品。对我个人来说，我首先是一名建筑师，所以希望把关注点更多放在项目本身上。当然，我们院一般会在年初、年中和年底这几个时间点，组织院里的中层管理人员对质量管理、经营工作进行一些讨论，使我们的管理工作持续改进当中。

邓：您是一位设计的管理者，同时也是一名优秀的建筑师，尤其是参与了很多校园规划和校园建筑设计，在校园规划方面，能否针对整体布局、空间序列的安排、尺度的把握等方面来谈谈一些总体设计原则；在很多学校项目中，您从总体规划设计一直做到了建筑设计，如何把握总体设计目标，并一直深入到建筑层面，请您结合具体项目来谈一谈？

王：校园规划和校园建筑是改革开放以来中国建筑行业中一块很大的市场，同济设计院在教育建筑领域一直是参与得比较多，这也符合我们高校设计院的背景，高校设计院对大学的系统、机制以及文化都更加了解。

在整个中国建筑市场已经开放的情况下，不同于办公楼或者大剧院之类的项目，能真正获得大型校园建设项目的境外事务所为数并不多，基本上这类校园项目都由中国建筑师来完成。当然这并不意味着国外建筑师做得不好，而是中国的高校具有自身的独特性，在高校系统内的这些设计院因为相对来说更了解、更熟悉，所以做得更好一些。

具体到每所高校，它的历史沿革、校园文化、学科特点等都各不相同，如果一定要从中找出一些原则或者规律的话，我觉得可以有以下几点。

首先，合理的总体规划很重要。大学校园的总体规划需要处理好城市与学校布局的关系，学校整体布局符合学校的学科发展需要，符合校园日常运转的规律，符合地形地貌特征，符合师生日常学习生活需求等。我们必须遵循这些规律，如果没有校园教学、科研、生活的经验与体验，是很难从整体上把握的。

其次，每所学校都有自己的历史文化传统。我们在设计之前都会充分了解这座学校的历史背景和未来发展需要，根据不同学校的特点构思不同的设计策略。有些设计院，一路做过来，可能不管面对什么类型的高校，采用的设计策略和模式都一样，这样的设计就缺乏针对性和适宜性。

还有，要因地制宜地营造和谐的校园环境。从规划层面来说，校园的环境是非常重要的设计内容，需要用好当地的环境资源，最大限度地保持原有的山水条件，创造良好的校园环境。对校园自然环境的利用与再塑造是我们评判一个校园设计好与坏的很重要的标准。

最后，要考虑如何创造师生交流的良好环境，营造出符合未来学科发展的校园空间。这方面，我们设计院也非常具有优势，一是我们自身已经有比较多的积累，另外我们与国外设计师也有非常多的交流，所以我们也会吸收许多国外优秀教学空间案例的设计经验，运用到我们的校园设计当中，为未来的大学校园创造更好的学习与科研条件。

举例说明：我们在做上海工程技术大学校园设计时，主要考虑它是一所新兴的工科学校，希望建筑能体现工科学科的特点，在设计时强调了建筑的现代风格。而在设计华东政法大学校园时，我们一开始采用的是相对比较现代的建筑风格，跟这所学校的校长交流过之后，他认为法律是从西方传过来的，所以希望学校的建筑能体现一定的庄严的西方古典建筑风格，而且华东政法大学校园前身是圣约翰大学——一所由西方人创办的教会学校，原来老校区建筑就有中西合璧的特点，我们在设计时主要考虑如何把中西合璧的文脉特征传承下来。

后来我们还做了厦门集美大学的新校区设计，项目地址在厦门陈嘉庚的集美学村，我们在充分了解当地的气候、充分研究当地的“嘉庚建筑风格”后，进行了

© 上海工程技术大学校园，来源：同济设计集团三院

再创作。新校区的设计对一些古典建筑元素进行了简约化设计，立面上增加了建筑的线条感，吸收弱化原有校园建筑的比例与尺度，使新校区的建筑与老校区的环境融为一个有机的整体。这个项目完成之后被评为新中国成立60周年百项精品经典工程，现在那组建筑群已经成为去厦门旅游参观的一个打卡地了。

厦门大学的翔安校区是和集美大学类似的项目。当时参加投标的共有8家单位，全部都是高校设计院。当时我们的设计主要抓住了厦门大学老校区以及漳州校区的一些核心特点，比如"一主四从"的结构，山与湖的自然元素等，这些要素都是厦门大学获得"最美大学"美誉的关键。我们把这种空间格局放到了新校区的设计中，也形成了"一主四从"的结构，并且同样也是有山有水有绿化，这些都得到了校方极大的认可。我们的设计在建筑风格上则延续了厦门大学的"嘉庚建筑风格"，形成了一种校园文化的延续。我想这种校园规划项目获取成功最重要的原因是建筑师对校园本身的理解和对校园历史文化的尊重。

同济大学嘉定校区是在2003年做的，当时基地被城市道路隔开，一分为二，但我们在做规划时，一直把两块地当作一个整体来考虑，也是一起设计的。这种校园整体化设计，既能够帮助我们从宏观把握整个项目，同时也会考虑微观层面的建筑落地问题。此外，我们在考虑一期二期用地规划的时候，还通过一个新增

◎ 厦门集美大学校园，来源：同济设计集团三院

◎ 厦门大学翔安校区校园，来源：同济设计集团三院

的水系把一期和二期用地串联在一起，后面在做教学楼设计的时候，也是将教学与实验部分横跨一期和二期来设置，当中增加联系的通道，这样，就把两块割裂的校园联系了起来。所以说建筑师要拥有相对宏观的视野和一定的规划思维。

◎ 同济大学嘉定校区，来源：同济设计集团三院

大学校园建筑各单体之间是相关联的，并与建筑的外部空间、校园景观共同形成校园的风貌，所以大学校园设计我们提倡从校园规划到校园建筑、市政、景观一体化设计，在2000年做上海工程技术大学松江大学城项目的时候，我们就已经与同济设计集团的其他专业设计团队一起合作了，我们三院主要负责校园规划、建筑与室内设计等，市政方面由集团的市政院做，景观部分由集团的景观院做，通过集团内部的团队合作，共同完成对大学校园一体化设计，能够使校园规划更好地落地，较好地控制建筑的空间品质，使校园建筑、校园环境更为整体和谐。通过完成若干整体校园规划—建筑—室内—景观设计项目，我们将这一体化的设计模式也成功地运用到其他类型的项目设计中，通过同济设计集团的总包设计服务，提高作品的完成度，提升客户的满意度。

邓：在校园设计中还有哪些令您印象深刻的项目？

王：2008年汶川地震之后灾后援建时，同济设计院参与了很多校园方案的设计，部分项目完成全过程设计。值得一提的是，上海市援建的都江堰向峨小学，该项目从方案到施工图设计不到两个月就完成了，是边设计边施工的。

向峨小学是整体采用木结构体系，当时有一家加拿大木业公司主动愿意捐赠所用木材，我就说，我们的设计也可以无偿“捐赠”。在震后两三个星期内，我们赶去都江堰看了现场。当时大家的目标是希望学校能够快速完成营造，既要兼顾校舍安全，同时也希望能有所创新。我国目前木结构公共建筑比较少见，尤其是学校类建筑，但对于震区来说，木结构建筑的抗震性是非常好的。我们设计的木结构建筑，也与当地川西建筑的地域性特征非常契合。很多人投入进来，参与校舍的设计与建造，包括我们同济大学的校友来做现场代表，都是义务的，让这所学校的建设带上了公益的性质。

绿色建筑的概念早在2008年就已经出现，向峨小学在设计上的可持续理念使得它在众多灾后重建的学校中，成为一个绿色建筑的典范。除了木结构所具备的轻质高强以及可再生性，这所小学还采用了太阳能技术、污水处理技术，以及雨

◎ 向峨小学，来源：同济设计集团三院

水回收利用系统等。总之，希望这所重建的学校能够做到安全、环保，尽快让孩子们回归校园，大家对这个项目是有所寄托的。

邓：除了教育类项目，您所在的三院还有哪些类型的项目设计得比较多？

王：我们三院的设计项目主要有几大类，一类是教育建筑，大约占我们项目总量的40%左右，另一块比较多的是文化建筑，比如剧院一类。我们前些年做了云南大剧院、上海交响乐团音乐厅、上海音乐学院歌剧院，最近在做扬州大剧院、宛平剧院、长滩音乐厅、上海越剧院等。此外，我们参与了上海好几座文化剧院的改造，比如上海民族剧院、上海话剧院、上海音乐厅等。在这类改造项目中，我们最注重的是文化品质的提升。

邓：您能否谈谈，在您的眼中，高校设计院和一般设计院的主要区别是什么？

王：在我看来，高校设计院具有两大优势。一是人才优势。每年同济大学、东南大学有大量相关专业的学生到我们设计院实习，从中可以优先选拔好的学生到我们设计院工作，此外同济教师是有力的设计力量补充，他们的设计在建筑学上有追求，也更容易出精品。二是强大的学科背景的支持，同济不光有规划、建筑等专业的人才，还有设备与结构方面的专家，我们不仅可以调动集团内部的专业资源，还可以和学院里的教授、实验室相联合，为高难度的项目提供前期研究或提供技

◎ 扬州大剧院，来源：同济设计集团三院

◎ 云南大剧院，来源：同济设计集团三院

术支撑，这是市场上的一般设计院所不具备的优势。随着同济设计集团规模的扩大，我们既要遵循市场规律做事，也要发挥同济大学和相关学院的学科背景优势，将技术、研发和设计实践相结合，为我们建筑设计行业的发展做一些探索，这也是今后同济设计集团立足市场最重要的核心竞争力之一。

设计四院、城市公建和教育文体建筑的设计

1995—2018 年

访谈人 / 文稿整理：邓小骅

访谈时间：2018 年 5 月 9 日 14：00—15：00

访谈地点：同济大学建筑设计研究院（集团）设计四院院长办公室

校审情况：经江立敏老师审阅修改，于 2019 年 10 月 20 日定稿

受访者：

江立敏，男，1967 年 11 月出生于安徽休宁，教授级高级工程师，国家一级注册建筑师。1989 年毕业于安徽建筑大学建筑系，工学学士，并留校任教；1995 年毕业于同济大学建筑系，工学硕士。自 1995 年起入职同济大学建筑设计研究院，至 2021 年 4 月任同济大学建筑设计研究院（集团）有限公司党委副书记，现任副总建筑师、建筑设计四院院长，兼任同济大学建筑系研究生导师，上海市建筑学会建筑摄影专业委员会主任，中国勘察设计协会高校分会医养建筑专委会主任。

作为同济设计集团设计四院的管理者，受访者江立敏认为良好的业务架构、技术把控和人才培养至关重要。作为长期在一线开展建筑实践的建筑师，他始终关注将建筑作为“品度”空间来研究，即品质、品位和温度、适度。访谈中他介绍了自己在城市公共建筑、文教建筑和医疗建筑等领域的项目实践和思考。

邓小骅（后文简称“邓”）：您从学校毕业至今一直在同济院工作是吗？

江立敏（后文简称“江”）：对，我是1995年毕业来的同济院，至今有20多年了，一直看着它发生很多变化，从设计院到集团，我们也从所发展到院。同济院在2001年由专业所改成综合所的组织结构形式，那时候只有三个所，我在三所工作。2005年因为业务扩张，开始筹建设计四所。当时从一、二、三所抽出来了40多个人组建了四所。

那几年也是设计院规模迅速扩张的时期。我们那时整个院有两三百人，到2008年，设计院发展成设计集团，然后在2011年所有的所改成院，设计四所成为设计四院。到目前为止，我们四院有240多人，也是个综合院，属于集团直属的设计院。

邓：您作为一名管理者，在设计院的经营管理、人才培养等方面是如何考虑的？

江：像我们这种综合院的管理工作，不单纯是简单的行政管理，其实涉及很多业务上的问题。从这个角度来说，对综合院的管理，更多是为建立好整个团队的业务板块，包括对团队的架构以及日常的业务能力提升、项目的总结等。

我们基于设计资源的整个架构，设置了结构所和机电所两个大所，同时院里有一百多名建筑师，分成了三个建筑专业所。除此之外，在技术提升方面，我们有技术质量与发展部和项目策划与运营部进行横向支撑，从而保证整个团队的高效运转。我们在规模扩张的同时，比较好地做到了技术沉淀和人才梯队的培养，使得整个团队的发展是可持续的、有效和可控的。我们可以比较自豪地说，我们整个团队具有很好地适应市场的能力和技术的核心竞争力。

在三四年前，我们四院做了一个独立的微信公号[1]，新进来的员工都是微信公号的编辑，一方面是做些项目的梳理工作，另一方面对他们来说是一个学习的过程，

---

1 同济设计四院微信公众平台创立于2014年9月，是国内最早的一批面向大众的设计机构的推广公众号。创立初期，公众号以“筑作”为主打产品，推出了一系列同济四院的代表作品，并辅以微刊、读图等板块，后公众号新增了各类大事件专刊、事业部专刊、访谈以及对四院及行业内动态的报道，及时跟进最新最前沿的建筑技术及大事件，逐步形成了一套完整的产品体系，并进行了升级，将订阅号改成了服务号，使订阅者能够在第一时间感受设计机构的背后故事。

也有助于了解我们院的历史。我们针对建筑师成长的不同阶段，比如工作3到5年的，或者8到10年的，会针对性地赋予他们相应的职责和合适的岗位，让他有一个比较好的成长环境。这十多年来我们的各个专业的技术骨干成员一直比较稳定。

邓：在作为管理者的同时，您首先是一名坚持在一线开展设计实践的建筑师，您近几年有哪些重要的建筑实践？

江：设计肯定还是我的主业，因为我还是一名注册建筑师。但管理和设计也不是割裂的，在设计团队的工作当中，很多管理工作其实是跟设计工作相关的。比如说从最初开始去争取项目，然后持续推动，直到落地实施，整个过程中设计和管理是相结合的。所以对设计团队的组织而言，纯管理工作其实占比并不大，核心还是设计这一块。

从专业观念上看，我在同济的20多年，一直很关注建筑和城市、建筑和建筑、建筑和环境之间的相互关系，我把它叫作“建筑关系学”。主张做“品度”建筑，即要精心设计，要讲究“品质”；要与所在地的历史文化相融，有“品位”追求；同时建筑师要带着感情设计，要设身处地为使用者着想，设计要有“温度”；还要兼顾建筑的使用特点与合理投资，做恰当的表达，要“适度”。从我承担的项目类型来说，有一大类是城市区域的公共建筑，这些项目都涉及建筑组群、街道、城市空间的关系，我也一直在追求做“品度”建筑。

比较早的一个项目是上海市公安局出入境管理大楼。这个项目在浦东新区，建成时间大概在2003年到2004年左右。其实这种新项目在那时的浦东新区并不算多，当时是组织了一个设计竞赛。结果比较巧的是我们团队和法国的夏邦杰（建筑与规划事务所）被评为前两名，当时提交给相关领导后最终选择了他们的方案。

夏邦杰的设计构思比我们要更加开放一些，也更呼应基地的特点。这块基地东西向比较长，南北向比较窄，我们的设计是把办证大厅作为一个基座，把内部办公部分设置成塔楼，当然这种思路也是有道理的，因为塔楼能够远远地看到世纪公园。但夏邦杰的设计是把整个建筑作为一个整体，通过中庭空间来分割，像体块切割一样，把椭圆体切了一块。带来的问题是办公部分都是东西向的。这种做法用常规思路看，可能不太容易接受，但在那个基地中是合适的。

后来我们双方合作，一起开展后续工作。在原有的大方向上深化设计，在合作中我们很注意模数的运用，比如柱网的分割、幕墙的开窗比例、中庭和走道的尺度等，都跟模数有呼应关系。跟法国建筑师的合作，我觉得还是挺愉快的，也算是一个非常不错的工作经历。

在浅水湾凯悦办公文化商业综合体项目中，我们更多关注场地的一些特征。项目在苏州河江宁路桥旁边，这个基地非常狭长，必须考虑与城市空间的关系。我们在底部的2层和3层都做了比较多的退让，现在来看还是非常有道理的，通过

◎ 上海市公安局出入境管理大楼民生路－迎春路转角角度，来源：同济设计集团四院

◎ 上海市公安局出入境管理大楼现场施工配合，左起：程青、苏生、奚震勇、李鹰、姜都、罗志远、江立敏、黄穗，来源：同济设计集团四院

大台阶把人流引导到2层和3层，形成一个向市民开放的城市公共空间，这样也很好地发掘了商业价值。

另外还有上海腾讯大厦与万丽酒店综合体，位于中环漕宝路附近。在做项目时，主要考虑了不同功能如何有效地组合在基地当中，同时又给使用者创造最佳的环境。

邓：除了城市公建这一类项目，您和团队还在哪些领域开展设计实践？

江：我们的另一大类建筑实践是大学的校园规划和教育文体建筑，特别是最近几年，差不多有40%的项目都属于这一类。

最近几年我们响应国家的“双一流”大学的建设需要，承担了一些国内高校新校区的规划与设计，也有一些老校区的更新改造。比如中国科学技术大学高新园区、中国海洋大学海洋科教创新园区，还包括兰州大学、苏州大学、安徽大学等一些具体的建筑项目。我们承担了几十所这样的高校的项目，包括规划和单体设计。

我们也专门开展了相关的课题研究，比如我们调研了世界知名的50所大学，去思考这些学校的校园所反映出来的可持续发展的一些内在逻辑和精神特质。在很多世界一流大学的校园中，你能够感受到它们特有的环境特质。这种特质我觉得需要落实到我们的校园环境当中，校园空间应该有一些内在的构成逻辑。

通过这些课题研究，我们会把思考融入项目的设计中，也取得了比较好的效果。像2017年年底，中国海洋大学的项目大概有9家做这类项目的国内著名设计机构在争取，最后还是我们胜出，挺不容易的。我想可能还是跟团队这么多年的积累以及有意识地去做些科研有些关系，同济设计集团近年也特别倡导科研和生产要互动起来。

邓：您刚才提到的中国海洋大学这个项目，能具体谈谈这个项目的情况吗？您觉得校园规划与设计有哪些重要的理念或原则？

江：中国海洋大学的老校区在青岛，有很多德国殖民时期风格的老建筑，在中国的大学当中还是非常有历史特色的。在它的海洋科教创新园区的规划和设计当中，我们首先注重学校自身历史在新校区的传承，也就是我刚才说的世界一流大学所具备的精神特质的传承。其次是挖掘它的环境特征，新校区所在的区域有山有海，我们把山和海作为环境要素，形成山海一体的校园空间，从而打造校园自身的环境特色。在这个基础上，我们也借鉴了目前世界教育理念和学习方式的改变，在新校区的规划设计和校园核心区的建筑构成当中，更多地引入了教育综合体的概念，也就是说建筑的功能是多样化、复合化的，学习方式也是多样化的，以便更好地适应未来。我觉得复合与多样化是校园规划与设计的一个很重要的理念和未来的趋势。

在设计中国科学技术大学高新园区的时候，我们也非常强调学科的融合交叉。

◎ 中国海洋大学鸟瞰图，来源：同济设计集团四院

它不仅是一个大学的校区，更是一个鼓励创新、鼓励学科交叉与融合的园区。所以在这样的园区里，建筑单体不能被单纯地理解为这个是教学楼，那个是实验楼，或者是学生宿舍、图书馆，很多功能是复合的，不同功能的联系是无缝对接的。

此外，在基础教育板块，我们也有一个专门的团队开展专项研究，取得了不错的成绩，正在“开花结果”。从设计的理念和观念更新的角度来说，我觉得同济设计集团一直是走在前面的。也正因为走在前面，所以我们在很多的项目上，都非常注重科研力量的投入，包括设计观念的更新，技术的研发和积累，从而能够使我们的团队一直保持这种比较良好的可持续发展的状态。

邓：四院最早在集团内设立了医疗健康事业部，医疗类建筑对专业性的要求是很高的，这应该也是四院的特色之一吧？

江：是的。除了我刚刚说的这两大类设计领域之外，我们最近这些年做得比较多的就是医疗健康类建筑，我们在整个集团率先设立了医疗健康事业部，专门从事医养结合医疗类的项目，也同样在医疗类建筑的科研上面投入了很大精力，这也是一个非常重要的业务方向。

集团在医疗类项目的开拓性工作基本是我们医疗部最早开展的，我们承担的一个1500床规模的医院项目，苏州大学附属医院，开始时也是合作项目，我们是跟日本一家事务所合作的。日本的情况跟中国其实比较像，人口密集，推崇集约化的医疗模式，医技和住院部是复合叠加式构成，门急诊跟医技之间的联系很便捷，非常符合中国的情况。

◎ 苏州大学附属第一医院平江分院病房夜景图，来源：同济设计集团四院

邓：和日本事务所合作的时候，在交流过程中都有哪些收获？

江：我们医疗部通过苏州大学附属医院这个项目跟日本山下事务所进行了很好的合作，这个事务所在日本承担了很多医疗建筑设计。在合作中，我们发现山下事务所对医疗类项目有很细致的研究。在设计深化过程当中，山下事务所提出的集约化构成方式的思路对于医疗建筑使用效率非常关键，这种功能集约化的设计思路对我们很有启发。其次，我们国内很多医院在建筑的外观形象上有很多地方都有待突破和提高，对医疗建筑形式的意义还不够重视。在和对方合作的过程中，我们也逐渐认识到了这一点。

我们在合作过程中有效发挥了同济自身的技术优势，当然在一些具体的内部医疗工艺方面，也从他们身上学到了很多比较先进的工艺组织模式，以及流线的合理构成，等等，这为我们之后参与相关医疗类建筑项目提供了非常有益的经验。

合作其实是相互交流、促进、学习和提升的一种过程。因为有了这样一次合作，我们在后续其他一些项目都开展了合作，并且是深度合作，也就是从最初的概念阶段开始，我们就共同参与设计。

此外，日本建筑师严谨的工作态度值得我们年轻的建筑师学习。日本很多建筑师年龄都比我们大，但非常严谨和认真，一丝不苟，有条有理。这种工作态度对于职业建筑师把控整个项目是非常重要的。

◎ 苏州大学附属第一医院平江分院医疗街，来源：同济设计集团四院

邓：在项目完成之后你们会再去整理回顾吗？

江：会的，我们每年都会做工程回访。工程回访有几方面的好处，第一，如果在竣工完成之后，或在使用一年之后回访，对项目本身会形成一个及时的总结。原来的设计和构思、选择的系统是否合适，使用上是否合理，都会有直接反馈；第二，能有形成丰富的经验积累，这有助于我们后续再做同类项目的设计。我们承担过很多大型复杂的、综合技术要求高的项目。这种大规模项目当中，确实有很多值得我们归纳总结的经验技术，甚至是教训。这就是我们坚持做工程回访的目的。

邓：去年四院组织了一次建筑细部设计竞赛，引发了很多人的关注，您能谈谈这个竞赛的情况吗？

江：对，去年（2017年）设计四院组织了细部设计竞赛，在集团里反响非常不错。2018年，就在整个集团范围内又组织了一次细部设计竞赛，也算是最初是由我们院发起的吧。

想到针对细部设计做竞赛，是出于对建筑师在专业深度上的要求。除了完成项目，建筑师对建筑本体的认知要不断加深，比如说空间的构成，材料的运用，包括细部设计的逻辑和整体的关系，其实都需要建筑师去加深认识。所以我们院有一个建筑创作部，承担一定的职责，调动整个院的建筑师在某个专题某个方向上开展更深入的研究和探讨，像之前的建筑细部设计竞赛那样。2018年，我们想组织一次关于建筑表达的竞赛，就是如何合理表达，学习对设计理念如何进行很好的阐述。

◎ 2016 年 3 月苏州大学附属第一医院设计回访（从左到右：王纳新，陈旭辉，孙翔宇，医院基建科夏牧涯），来源：同济设计集团四院

◎ 2018 年在四院展览区举行细部竞赛开幕式，来源：同济设计集团四院

这些围绕建筑设计开展的活动很好地激发了我们团队的创作活力，活跃了思维，调动了积极性。我觉得我们院团队的整体工作状态都很好，他们很愿意做一些新的尝试，这种积极和开放的心态非常重要。

邓：今年正好是同济院成立60周年，您对于同济设计集团未来的发展有怎样的期待和寄语？

江：60年一甲子，同济设计集团经过60年的发展，已经取得了卓越的成绩，而且还在不断进取。集团今年推出的三年行动计划，要朝着国内一流、国际知名的科创设计咨询机构这一大目标迈进。我们对此充满信心。期待集团未来能够在持续增长的基础上有更全面的发展，一方面对中国设计市场的发展变化有积极的应对，比如说建筑师负责制、全过程设计咨询的要求；另一方面，面对日新月异的技术更新，保持开放的学习心态和研究精神，实现在行业领域中的全面发展。

创新型大学与协同创新实践 | 2005—2018年

访谈人 / 参与人 / 文稿整理：华霞虹 / 王鑫 / 华霞虹、顾汀

访谈时间：2018年3月20日 13：50—14：50

访谈地点：同济大学逸夫楼409校长办公室

校审情况：经吴志强院士审阅修改，于2020年9月28日定稿

受访者：吴志强（签名）

吴志强，男，1960年8月出生于上海，教授，博士生导师，德国工程科学院院士，瑞典皇家工程科学院院士。1982年毕业于同济大学城市规划专业，1985年获同济大学城市规划专业硕士学位后留校执教。1988年赴德访学，1994年获柏林工业大学城市与区域规划专业工学博士学位，1996年回同济大学任教。1997—1999年，任建筑与城市规划学院城市规划与建筑研究所所长。1999—2009年，历任建筑与城市规划学院副院长、院长。2009年任校长助理，兼任设计与创意学院院长。2011年11月至2021年1月担任同济大学副校长。2017年当选为中国工程院院士。

同济的文化精神在于创新、教育并行，攻关、驱动协同。吴志强院士认为，秉承洪堡思想办学理念的同济大学始终坚持以创新和研究推动社会发展。作为创新的“心脏”，同济设计院逐渐形成了创作与教育互为助力的模式，各部门协同创作，同舟共济，汶川地震援建、上海世博会建设等项目都很好地体现了同济的这种文化精神。

华霞虹（后文简称“华”）：吴校长，您好。站在高校管理者的角度，请您为我们介绍一下同济设计院近20年的快速发展与同济大学高校产业转型之间的关系好吗？

吴志强（后文简称“吴”）：同济大学建筑设计研究院这支大学队伍能在设计界焕发强大的生命力，和同济大学的办学理念息息相关。1900年左右，中国准备开办现代大学时，考察欧洲各大学后决定走德国洪堡[1]办学道路。

洪堡思想是当时德国大学主要的办学思想，即认为大学的主要功能是以创新和研究推动民族、地区和国家的发展。学生不再是被动地接受知识，而是老师创新的助手。老师在面临经济、文化、科技进步的挑战时，以创新推动社会向前，学生在此过程中担当助手，学会最前沿的方法，承担未来社会发展的责任。洪堡思想彻底打破了原来以知识传授为主的教学方式，主张大学以创新和研究为主要功能。

大学崛起社会才能崛起，大学崛起民族才能崛起，德国走的就是这样一条道路，也产生了大量的哲学家、科学家和教育学家，洪堡思想在设计界的翻版就是包豪斯思想，要以创新驱动社会发展，以创新取代传承成为主线。

1952年中国大学院系合并后，李德华先生、罗小未先生等一批人，始终坚持研究创新、创作、实践，环环相套，这套风格就变成了同济建筑系教学最大的特点。李德华先生以前一直在鲍立克[2]事务所实践，以他为代表的这些同济教授一直是创作、教学同时进行。这就构成了同济学派的血脉。

1　威廉·冯·洪堡（Wilhelm von Humboldt，1767—1835），男，生于德国波兹坦（Potsdam），是柏林洪堡大学的创始者，也是著名的教育改革者、语言学者及外交官。对古典学的产生也起了重要作用。

2　鲍立克（Richard Paulick），男，1903年11月出生于罗斯劳（Rosslau），1923年在德累斯顿工程高等学院（Dresden Technical University）建筑系学习，后来追随汉斯·珀尔齐格（Hans Poelzig）教授到了柏林工大（TU Berlin）。1927年毕业后，受雇于格罗皮乌斯的事务所，并为其管理包豪斯德绍校园学生宿舍的第二阶段建设工作。1929年6月，鲍立克追随格罗皮乌斯到了柏林，担任其研究助理。1930年8月开设自己的事务所，主要从事住宅设计。1932年8月因受纳粹指控而被迫离开德国，后来到上海。最初在好朋友汉堡嘉的公司担任室内设计师，完成沙逊大厦（即今日的和平饭店）和百老汇大厦（现上海大厦）等室内设计。1943年，鲍立克接受了圣约翰大学土木工程学院建筑工程系的聘任，曾参与大上海都市计划设计。1949年10月，鲍立克离开上海，回到民主德国，在国家建筑研究院先后担任所长、院长，并为柏林重建的规划委员会工作。因为在建筑和规划领域的杰出贡献，鲍立克在60岁生日时，被建筑研究院授予荣誉博士称号。他还曾获得民主德国防卫奖章、国家金质奖章，并被委任为建设部顾问委员会成员以及“柏林重建代表”等。1979年，鲍立克于柏林去世。

只有实践才能够创新，只有实践才能够教学，只有实践才能让现在是助手的下一代超越我们。所以同济大学必须有创新平台，才能得以不断发展。2010上海世博会等项目中，同济大学之所以能起到中流砥柱的作用，就是因为同济坚持以创新、实践来推动社会的发展。

实际上同济设计院创办之初，所有老师隶属其中，教学与创作并不分离，第一代的人都是如此。1950年代以后，大家不能运营自己的事务所，就希望共建一个我们大学的创作平台，设计院应运而生，就有了同济大学设计院的初心。

2005年，创办同济设计院都市分院，实际上也是一种回归。因为教学和创作同时推进，互为因果不可缺失，但起初缺少平台。我担任建筑城规学院院长时，合作的副院长吴长福和钱锋教授都有推动建设这个平台的能力，后来因为吴长福的时间可以投入得更多，钱锋的时间更多地投入在外部创作，所以我权衡再三，请吴长福院长来主管此事，并启用年轻一代——汤朔宁老师担任副院长，进行具体操作。

华：2008年汶川地震援建，同济大学也是最早反应并最快行动的吧？

吴：2008年的地震援建对我们而言是一个巨大的磨练，有人说我们是把文章写在大地上的人，不是只写在纸上的人，此言得之。

5月12号，同济大学衷和楼上100米的单摆开始摇动，它原本是一个平衡锤，但是工人可能在装修的时候以为所有轨道都要抹上抹灰，不知道这是一个无须抹灰的移动轨，这条轨道的粉就落下来了。所以下面的人看到粉都落下来都很震惊，有的老师预感地震震级很高。

当时我以前大学本科同班同寝室的同学杨洪波在四川当厅长，地震以后我一直没打通他的电话。13号电话打通了，我才得知他平安。过去他邀请我去设计项目邀请了12年，我一直没有答应，但那天我说这回我带着我们整个同济队伍过来。

◎ 2008年初夏，（从左到右）吴志强、夏南凯、张尚武等在旅馆临时办公室讨论灾后重建规划，来源：吴志强提供

5月13号我们就立即过去了。但当时事发突然，无人响应我们。我的这位同学把全省的建筑机械分派到现场，迅速开始挖土救人。我考察现场两三天后飞回上海，第二次已有近百人跟我一起奔赴现场。

华: 飞往灾区的航班还没有停运吗?

吴: 必须正常运行，到达成都没问题。第二次进去是震后第一周5月19号那天，我带了100多人，这100多人是不同专业的，建筑、规划、地质、防震的教授全跟着我前往一线，我们是同济大学第一支队伍。当时首要任务是建造临时安置的板房。在这一建造过程中，所有老师都工作在一线，同济老师亲身奋斗而非深藏书斋的传统由此可见。接下去我们的工作进展得很顺利，并计划在6月1号以前完成所有任务，到儿童节时，孩子能够全部安定下来。我们的工作速度很快，当时把图纸给时任总理温家宝看了，总理也很满意。

5月14日我被建设部任命为成都灾区的总规划设计师。我13号前往一线，14号受命时已经工作了两天，所以领导在那里考察、安排人员的时候，我们都已经在现场了，这给社会留下了同济设计院质量好、效率高、执行能力强的良好印象。假如同济没有这种血脉，就没有后面大量项目的跟进。

华: 在那样的时间点，这么大规模的队伍奔赴现场是很不容易的。

吴: 我们工作的时候余震不断，救灾还在进行。

接下来我想再谈谈2010上海世博会，这涉及同济大学创作、教学互为助力以外的另一个文脉，就是同济大学在所有创作过程中始终齐心协力，集群作战，我从中受益匪浅。

1982年,我读研究生时参与的第一个项目是山东胜利油田孤岛新镇规划[3]建设。当时同济规划、建筑的很多老师都参加了这个项目,如邓述平老师、周秀堂老师等。邓述平老师去现场的时候，我随同前往。当时，我作为研究生被培养，要和很多专业工作者打交道，包括给排水、结构、道路、桥梁等各方面，我的研究生生涯因此受益良多。这种某一个建筑、某一个住宅组团、某一个市中心、某一个城市的建设，都是综合解决空间地域问题的。

协作攻关是同济大学另一个非常重要的文化特性。攻关面临难题时，靠某一个专业是解决不了的。我们强调同舟共济，的确是大家都在一条船上，人人划桨，

3　胜利油田位于山东省黄河三角洲滨海地区，是中国仅次于大庆油田的第二大油田。原孤岛油田指挥部职工生活基地下发现丰富的储油量，故决定建设新的孤岛新镇——一座为胜利油田下属孤岛油田与两桩油田职工服务的新城。新镇规划目标是2000年总人口达到6万，用地525公顷。新镇从总体规划、详细规划到单体和各项工程设计，都由同济大学孤岛新镇规划设计组和建筑设计组共同承担。规划负责人：邓述平；合作者：王仲谷、周秀堂；参与者：邓念祖、吕慧珍、张鸣、王扣柱、吴志强、陈文琴等；建筑设计组：卢济威、来增祥、余敏飞、刘云、罗辛、吴长福、刘双喜、彭瑞爵等。在当时同济副校长徐植信的支持下，还邀请到道路、暖通、给排水各系教师和同济动力科组成设计工作小组，同济设计院也组织工程师团队参与施工图设计，比如综合三室的结构工程师刘湄等，完成建筑和市政工程全部的配套，还有公园广场的景观设计。规划设计从1983年6月开始，1984年5月动工建设，26个月后建成一个居住社区，油田职工开始迁入。项目陆续做到1998年。该项目曾荣获1986年“建设部全国规划优秀设计金奖”和“建设部科技进步一等奖”。可参考：同济大学孤岛新镇工程规划设计组．孤岛新镇规划[J].城市规划，1987(1)：13–19；同济大学胜利油田建筑设计组．山东省孤岛新镇中华村住宅[J].建筑学报，1987(1)：13–15.

才能到达光明的彼岸。2010年上海世博会是一个巨大的挑战，在参与这一项目过程中，我们也从协同合作的文化中受益很多。当时同济大学各个专业的人集合在一起，建立了世博研究中心。它看起来是一个中心，但实际上是一个跨专业协作平台。这个平台展示出了同济协同作战的攻关文化特征。当时在任的吴启迪校长起了很重要的作用，她一直把上海世博会等各种挑战作为同济大学学科发展的动力。她号召各个专业的人参与世博会，打造上海的城市形象。到世博会投入建设的时候，同济已经播撒了很多种子。建筑、城市规划、交通道路等各个专业的很多人，包括陈述报告的专家，逐渐由散点走向合拢。同济大学世博研究中心这

◎ 世博会规划方案国际竞赛核心组主要成员（从左到右：俞静、朱嵘、董屹、冯凡、卢仲良、周俭、吴志强、夏南凯、杨涛、刘坤轶、费定、苏运升、邓雪湲），来源：吴志强提供

个平台不是在上海得到世博会主办权后的第二周仓促成立的，早在成立中心之前数年，各专业就已经有大量的人在为之努力了。

我负责的部门从1984年就开始收集世博会的材料，从未停止过。到2002年，整整18年间我们收集到了大量的、完整的世博会资料。我在欧洲近10年的时间也没有停止过世博会资料收集，我一直去各个世博会的场馆

◎ 2004年6月，吴志强教授陪同世界遗产大会主席欧姆尼万先生参观世博规划竞赛的办公现场，来源：吴志强提供

观看、拍摄，那时候胶卷很贵，尤其是对我们留学生而言，但我一天能拍30卷胶卷，拍摄了大量细部照片。

华：为什么您当时那么痴迷于世博会呢？

吴：因为中国没有办过，挑战极大。我所见的德国、西班牙世博会建设过程都很艰巨，可知中国办世博会有多困难。我现在所说的仅仅只是我一个人的工作，但其实同济大学各个方面的专家都在为之奔走，所以这个平台能够很快搭建起来。我们的积累在世博研究中心这个平台全部发表了，这充分反映了联合攻关的同济大学文化。这种文化到现在依旧支撑着设计院不断地创造。

回顾同济大学建筑设计院发展的60年，应该看到两点：第一，创作创新、教学研究互为助力，唇齿相依，这是一个双轮驱动模式。同济大学从来就不以写文章来论高低，而以解决问题的能力、创新的能力来论高低。第二，以攻关联合大家，这也是同济大学非常重要的文化特征。攻关带动联合，攻关带动联盟，攻关带动协同，攻关带动学者之间的友谊。我从来不把同济大学建筑设计院作为产业来看，每一次开会说到“产业”这个词，我都会思考这是产业吗？还是我们的职业、我们的主业、我们的心脏？最后我和校长、书记说，我们不叫同济产业，改叫“同济创新实业”行吗？它比产业好，又是实实在在的创新。

华：我们果真改成这样一个名字了？

吴：现在还只是停留在我的想法阶段。我在给校长的报告中指出，“同济产业”这个称谓不加上“创新”就对不起同济的思想了。同济始终在这片大地上推进整个文明的创新和发展。

同济大学建筑与城市规划学院和建筑设计研究院的协同发展

2001—2020 年

访谈人 / 文稿整理：刘刊

访谈时间：2018 年 3 月 22 日 10：00—12：00

访谈地点：同济大学建筑与城市规划学院

校审情况：经李振宇老师审阅修改，于 2021 年 8 月 31 日定稿

受访者：李振宇

李振宇，男，1964年9月出生，江苏常州人，教授，博导，国家一级注册建筑师。1986年同济大学建筑系本科毕业，1989年研究生毕业后留校任教。1999—2001年受国家公派作为联合培养博士生在柏林工大留学，2003年在同济大学获得博士学位。2006—2009年任同济大学建筑与城市规划学院副院长，2009—2014年任同济大学外事办公室主任，2014—2020年任同济大学建筑与城市规划学院院长。兼任德国柏林工业大学客座教授、国务院学位委员会建筑学学科评议组成员、德国包豪斯基金会学术咨询委员、《建筑学报》《时代建筑》等期刊编委。

李振宇教授曾任同济大学建筑与城市规划学院院长。访谈中从亲身经历分享了为学生之乐，为教师之乐，以及担任同济大学建筑与城市规划学院院长期间与同济大学建筑设计研究院（集团）有限公司合作共建的经历，充分诠释建筑学教育理念和实践相结合，教学相长，务实创新的精神。

刘刊（后文简称“刘”）：李振宇院长您好！从您的亲身经历，作为一位建筑师、一位从事教学科研工作的教师，以及一位同济大学建筑与城市规划学院院长，您如何看待您的不同身份与同济大学建筑设计集团的关系？

李振宇（后文简称“李”）：我想分三个方面来回答，一是我作为学生，二是我作为建筑系的教师，三是作为院长。

刘：作为学生，您的求学经历可以分享几个故事给我们吗？

李：我读书的时候，建筑系是在文远楼，建筑系下面有建筑学、城市规划，还有园林专业。建筑设计院就在文远楼的底楼，那时候规模非常小，只有一两间房间，而且我们建筑系的副系主任刘佐鸿老师，同时兼任设计院的副院长，在那个时候是二合一的。当时我们的老教授，类似冯纪忠先生这样老一辈的有个说法，就是建筑设计院之于建筑系，就好像附属医院之于医学院。如果离开了实践，建筑学教学就缺了一块。当时的建筑设计院规模跟今天没法比，完全是手工劳动，而且人员不是很多。我印象当中，比如王吉螽老师、陈宗晖老师、朱保良老师、王征琦、顾如珍这些老师，原先都是建筑系的。

当时有一个轮岗机制，有些老师一段时间轮到设计院，再过一段时间回建筑系。到后来慢慢就相对固定，设计院的老师兼我们建筑系的老师，我们的老师也兼任设计院的建筑师。但是我们设计院发展得很快，我是1981年进同济，1986年毕业，五年制，大概在我大学毕业前后，我们设计院专用的楼建起来了。这是把它物化，或者外化的一个重要的节点。设计院建新楼后，就从文远楼的底楼搬了出去，当时的设计院就是一个小楼，有旋转楼梯，我们很多的老师就到那儿去办公。从那以后，这两家就有分有合，原来是融为一体的。大概80年代中期开始到现在，建筑的创作和实践就迎来了一个新的阶段。

我个人认为，设计院最重要的是后30年。实际上，前面的30年中，它的存在更像是星星之火，有一个积淀的过程。到了新楼建成以后，设计院吸收了大量我们系毕业的学生。比如说乐星，先是建筑系教师，后来调任设计院副院长；跟我同一级、高一届的周建峰、吕维峰，跟我同一届毕业的任力之，还有比我年纪轻的像范亚树，更年轻的曾群、柳亦春[1]、庄慎他们都充实到了这个设计院里，成为设计院里的骨干。

另外我们有一批在学院里的青年教师，也是跟设计院合作的青年建筑师。比如说像当时的廖强[2]、徐樑[3]、董春方[4]、李兴无[5]等，都是你中有我，我中有你的。其实现在回过头来看它的初创阶段有一种青春懵懂的活力，非常有生气，但一切都还没有完全形成格局，和今天不太一样。今天的管理是非常严格的，那个时候就是有条件要上，没有条件创造条件也要上。比如说我们的红楼，就是我们现在建

◎ 中国驻慕尼黑总领馆馆舍新建工程（2010—2018，李振宇、王志军、张子岩、唐可清、卢斌等合作设计），来源：同济设计集团都市分院

---

1 柳亦春，男，1969年11月生，山东青岛人。1986年考入同济大学建筑系建筑学专业就读，1991年本科毕业后入广州市设计院工作，1993年在广州与史磊、陈彤等人成立DESHAUS工作室。1996年回同济大学建筑与城市规划学院研究生学习，1997年硕士毕业后入同济大学建筑设计研究院任建筑师。2001年与庄慎、陈屹峰合伙创建大舍建筑设计事务所。曾获美国《建筑实录》杂志评选的2011年度全球十佳“设计先锋”（Design Vanguard 2011）、英国《建筑评论》杂志评选的AR新锐建筑奖 、2015年福布斯“中国最具影响力设计师30强等。兼任同济大学建筑与城市规划学院和东南大学建筑学院客座教授。

2 廖强，男，1981年就读同济大学建筑系建筑学专业。

3 徐樑，男，1981年就读同济大学建筑系建筑学专业。

4 董春方，男，1963年4月生，上海人，副教授。1981年考入同济大学建筑系，1989年硕士毕业后在同济大学建筑系任教至今，在此期间曾于1998年4月—10月香港大学访问学者。长期从事建筑设计方法研究与教学，主要研究方向“高密度发展与建筑生成”，著有《高密度建筑学》《高密度发展与建筑实验》等。

5 李兴无，男，1981年考入同济大学建筑系建筑学专业就读，1985年本科毕业后留校任教，历任助教、讲师、副教授。2011年获同济大学工学博士学位。2004年德国柏林工业大学访问学者，2008年德国斯图加特大学访问学者。著有《中国当代艺术家系列画集·第三辑·李兴无——当代水墨》《中国当代艺术家系列画集·第三辑·李兴无——当代书法》等。

筑与城规学院的 B 楼，这个大楼的设计跟设计院也有关联，是戴复东先生跟黄仁老师主笔，结构是由我们学院的陈保胜老师等配合的。很多的东西在今天看来都很有趣味性，这是第一个发展的阶段。

刘： 那在第二个工作阶段，同济大学建筑设计集团在您心目中是一个怎样的印象？

李： 第二阶段，在我做教师的阶段，逐步全面而正式地参与建筑城规学院和建筑设计院合作的工程项目。在 1996 年，我通过了第一次全国一级注册建筑师考试，有相当一段时间其实没在同济设计院旗下工作，这一段时间也不长，大概三四年。其间我做了一些有意思的创作，特别是住宅。后来我在同济设计院注册，作为建筑师来说我也就真的跟同济设计院结下了不解之缘。我在 2001 年 4 月 27 日结束了在德国的两年进修回到同济，回到同济后我就跟王志军[6]和蔡永洁[7]两人组建了一个工作室，这个工作室逐步融入设计院的体系下面。大概从 2003 年、2004 年开始学院下设都市分院。有了都市分院以后，我们作为学院的教师，跟设计院的结合就非常紧密了。当时给了我们“三室”的编号，为什么是三室，是因为我们 3 个人合作，所以我就选了一个“三”。期间我们也做了一批比较好玩的东西，比如说外交建筑。我们以同济设计院的名义竞标中国驻柏林大使馆官邸，那个方案做得非常棒，已经开始做施工图了，但最后由于种种原因停了，主要是我们的主管部门对那块场地不满意，想跟德国政府商量换，但是最后没换成，最后主要领导都换届了，所以就拖下来了，非常可惜。今年竣工的中国驻慕尼黑总领馆馆舍也是在这条线上，是我跟王志军老师合作的。中国驻坦桑尼亚大使馆虽然还没建成，但是方案得到了批准。再比如说中国驻维也纳的多边馆，这是一个高级别的使馆，这个馆是由我们做的策划和部分方案设计，现在由设计院都城院来完成室内设计，由我的博士生唐可清把这个项目带回到设计院继续进行，这些是我在外交建筑领域的一些成果。

另一项是学校，也就是教育建筑，我在青岛的育才中学项目获得了一些奖项，比如说教育部的优秀设计奖。这个项目是我跟蔡永洁等老师合作的，是做到施工

---

6 王志军，男，1963 年 10 月生，山东青岛人，副教授，国家一级注册建筑师。1981 年考入同济大学建筑系建筑学专业就读，1986 年本科毕业后留校任教。1986 年 10 月被公派赴德国学习，先后在德国科堡工学院、慕尼黑工学院建筑系学习，美国 UIUC 大学访问学者。并曾在纽伦堡普法夫设计事务所、柏林巴森治建筑设计事务所、布赫塔公司设计部工作。2006 年在同济大学建筑设计研究院都市分院设工作室；2007 年获同济大学工学博士学位。专注于城市设计与更新研究、外交建筑设计研究。曾多次荣获国家级和省部级教学和设计奖项。

7 蔡永洁，男，1964 年 5 月生，四川资中县人，教授。1981 年考入同济大学建筑系，1986 年赴德国科堡高等专科学校、慕尼黑高等专科学校进修，1993 年和 1999 年分别获德国多特蒙德大学建筑工程系硕士学位与博士学位。毕业后先后在德国罗森塔公司、慕尼黑冯布赛尔教授建筑事务所、多特蒙德格尔伯教授建筑事务所从事设计工作。2000 年 7 月起回国在同济大学建筑系任教至今，历任建筑系副主任、主任，兼任上海市第十三届政协委员、杨浦区第十二、十三届届政协委员、民进同济委员会副主委。

◎ 青岛育才中学（2007—2008，蔡永洁、李振宇、王志军、李都奎等合作设计），来源：同济设计集团都市分院

图完成的，20000多平方米的建筑，做的过程时间也比较长。另一个项目是同济大学嘉定校区留学生公寓，这个留学生公寓有36000平方米，包括宿舍、下沉广场，还有专家楼，在这个项目里，我们主要的理念就是强调和而不同，同时也强调了一个对偶关系。从总平面上来说它就像两个小写的h倒扣，相当于我们所说的巴赫的复调，是一种重复的对偶关系。另外从室内的组织上，我们将室内平面的布置拓展到立面上，使其有一个透明性，这个透明性不是你眼睛看得见的透明性，而是眼睛看不见的透明性。然后运用直跑楼梯、采光顶，还有一拖六的空间组织，使单间和双人间、六人间产生了非常有趣的变化。这个项目得了中国建筑学会建筑创作入围奖。

但是我最喜欢做的，而且做得最多的还是住宅。一个是都江堰的"壹街区"，这是一个灾后重建区，这个项目有最大功劳的应该是周俭教授和吴长福教授。周俭是总规划师，在那个时候就率先强调要做小街坊、密路网、窄马路、开放街区，而我和蔡永洁老师把这个理念执行得淋漓尽致。这个形式我觉得是非常亲切的，是向着城市开放的，生活是多元的，而且用心去看，它具有一种多元的呈现，同时每一部分也具有各自的独特性。这个项目有1平方公里，是由八个建筑师同时做的。即使是一个建筑师，或一组建筑师做的部分也呈现出差异性。所以这种和而不同的关系特别好，在这个过程当中学院和设计院结合的优势也发挥得很好。我跟蔡

© 同济大学嘉定校区留学生公寓（2011—2012，李振宇、卢斌、刘红、唐可清、常琦、李都奎等），来源：同济设计集团都市分院

永洁老师合作做了4个街坊，3个拿了上海市优秀勘察设计一等奖，一个拿了二等奖，4个街坊都拿了奖。

还做了一个都江堰钢结构住宅，是同济设计院和宝钢设计院合作的，方案是我做的，这个项目也是我们在交流过程当中跟宝钢一同探索的。这个项目挺有意思的，虽说有不如意的地方，但也是一个大胆的尝试，就是怎么用钢结构来做住宅。我们做了外廊复式的70平方米的住宅，因为它是那么小的一个开间，这个是很有实验性的。我们的意思是说钢结构要“姓钢”，要把钢结构的特点控制出来。

还有一个特别有意思的项目就是北京某大型住宅项目，从开始策划、开始研究到完成大概花了8年时间。前面投标阶段花了4年，设计阶段花了4年，一共8年。大部分工作量还是落在设计院，就是四院的赵颖那里，我们在几年的合作中也结成了深厚的友谊。在这个工作当中，我们也面临了很多的新的问题挑战，像地下室、绿化率，像办公部分和住宅的契合，像领导对于外墙的颜色的建议、材料的意图和我们设计师之间的一些协同，这个里面有很漫长的路，现在终于都完成了，这是非常不容易的。

2018年，我们要重启住宅类型学的尝试，希望在华侨城宁波项目中有所突破。归纳一下，我觉得设计院对一个建筑师来说，它的支持有三点很重要。第一点是为我们教师建筑师走向实践开辟了特别好的通道，提供了很好的平台；第二是通过规范的管理，使我们本来的工作当中很多需要花精力花时间去研究的东西有了标准，包括注册建筑师的管理，还有培训、消防、认证的管理等等；第三个是有一个强大的合作团队，包括施工图、水电暖、结构配合等，这对于我们的创新探索有很大帮助。所以我觉得60年中，从这小小的一间房，到现在宏大的巴士一场大楼，还有许多分布在各处的工作室，这样的一个发展确实是令人惊叹的。

刘： 请您介绍作为同济大学建筑与城市规划学院院长身份时候，与设计院又

◎ 都江堰“壹街区”安居房灾后重建项目，来源：同济设计集团都市分院

◎ 都江堰钢结构住宅小区规划及建筑设计，来源：同济设计集团都市分院

是怎样的合作关系？

李：最后我要讲一讲作为院长对这个学院和设计院的合作，我自己的感受是非常多的。首先，我们同济大学建筑与城市规划学院建筑系大概有120个老师。120个当中有80多个是注册在同济大学建筑设计研究院都市建筑分院的，这种联合非常罕见，其他大学虽然有设计院，但没有我们这么大的规模。我觉得咱们设计集团当时的领导丁洁民、王健老师和当时学院的领导王伯伟、吴志强、吴长福老师等共同研究出了一个切实可行的机制，能针对同济的特点为大家服务。这个平台的建成对我们来说意义非凡。

第二我觉得是出作品，出人才。现在同济大学建筑设计研究院集团有限公司下属的都市建筑分院，一年的产值可能是两亿元左右。产值并不是最重要的，最重要的是，得奖的作品中，都市分院和我们建筑城规学院的老师大概占到半壁江山。我们可以看这本《同济大学建筑设计研究院作品集》，这是由于我们有一个强大的设计创作的力量，比如徐风[8]老师做的上海音乐厅，比如说章明老师做的范曾艺术馆，其他的还有李立老师设计的山东美术馆，蔡永洁老师设计的汶川地震纪念馆等，这些都是咱们建筑系的老师做的。

第三点就是强强联合，因为这些年同济设计院对学院的支持力度非常大。我们成立了一个联合研究中心，除此之外，比如每年的数字设计夏令营，还有其他的一系列活动，设计院都对我们有着无私的支持和帮助。作为建筑城规学院的一分子，作为院领导，我是2014年2月23号到任的，到现在整整4年，在这4年里面没有跟设计院的领导发生任何的争执，全是团结和协作。那么从另外一个角度来说呢，学院也在为设计院的发展做贡献。比如说《同济八骏：中生代的建筑实践》这本书，我挺自豪的，在书里面大家可以看到，一共是11组14个人，但叫“八骏”，因为“八”是个虚词，“八”是个吉数，“八”也是个动态。但是我们能看到，“八骏”跟我们同济设计院都有关系。曾群、任力之他们本身就是设计院的总建筑师、院长，是领军人物，也是学院的研究生导师。还有就是我们学院的全职教师，像章明、袁锋、李麟学、李立、王方戟、童明。还有几位呢，也是同济设计院、建筑城规学院的老同事，像陈屹峰[9]、柳亦春、张斌、张姿[10]、庄慎、周蔚[11]等。所以互相支持这个

---

8 徐风，男，1960年11月出生，安徽黄山人，副教授。1979年考入同济大学建筑学专业，1983年毕业后在上海城市建设学院建筑系任教，后并入同济大学。曾荣获2006年上海市重大工程立功竞赛优秀集体（项目负责人）、第五届中国环艺设计学年奖最佳指导老师奖，2010年主持上海市科委世博科技专项。2020年退休。

9 陈屹峰，1972年出生，江苏昆山人。1990年考入同济大学建筑系建筑学专业学习，获学士、硕士学位，1998年毕业后进入同济大学建筑设计研究院工作。2001年与柳亦春、庄慎合伙创建大舍建筑设计事务所，任主持建筑师。

10 张姿，女，1968年出生，1987年考入同济大学建筑系建筑学专业学习，1993年硕士毕业后留校任教。2001年与章明合伙创建原作建筑工作室，任设计总监。

11 周蔚，女，1972年出生，上海人。1991年考入同济大学建筑系建筑学专业学习，1996年本科毕业后入上海中建建筑设计院任助理建筑师，2000至2001年任美国JWDA建筑设计事务所上海公司建筑师，2002年与张斌合伙创立上海致正建筑工作室，任主持建筑师。

文化非常了不起。校庆110年和学院院庆65年的时候，我们就把“八骏”推出来了。我觉得同济建筑是个品牌，这个品牌是建筑城规学院和设计院的共享品牌，这个共享的面非常宽广。比如说这次我们拿到了一个上海市工程技术研究中心，是袁烽老师具体在做，由丁洁民和王健老师他们来承担管理委员会。这个中心也是咱们同济设计院历史上第一个上海市的研究中心。除此之外还有我们有一批老师在担任我们学院的硕导，比如说张洛先，还有曾群、任力之、王文胜、江立敏、赵颖、张斌、陈剑秋[12]等很多人。我们也希望以后，咱们的年轻一辈也能够再出现这样的硕导，以后还要出博导。这种文化上的血脉相连，这种共享资源、共建平台，齐心协力的格局，不仅是全国没有，乃至全世界也是未曾有的。

刘：最后能否请求您为同济大学建筑设计研究院集团有限公司给予寄语？

李：同济大学建筑设计研究院集团有限公司60周年院庆的大好日子里，请允许我送上最真挚的祝福，并且希望咱们设计院越办越好，希望我们设计院和学院的合作越做越好，最后要出作品、出人才、出思想。我自己作为一个注册建筑师，以后也要为同济设计院的发展做出更大的贡献。

12　陈剑秋，男，1970年11月出生，上海人，教授级高级工程师。1993年7月毕业于同济大学建筑学专业本科，获学士学位；1999年3月毕业于同济大学建筑设计及其理论专业研究生，获硕士学位。1993年7月至1996年8月工作于中船第九设计研究院，任建筑师；1999年3月至今工作于同济大学建筑设计研究院（集团）有限公司，目前任都境院总建筑师。

都市院的建立与北川地震遗址博物馆设计 | 2004—2009 年

访谈人 / 参与人 / 文稿整理：王凯 / 王鑫 / 王子潇、华霞虹

访谈时间：2018 年 5 月 2 日 10：30—11：30

访谈地点：同济大学建筑设计研究院 503 会议室

校审情况：经吴长福老师审阅修改，于 2021 年 11 月 8 日定稿

受访者：

吴长福，男，1959年11月生，上海人，教授，博士生导师，建筑学学科专业委员会主任。1978年考入同济大学建筑系，1983年毕业后留校，在建筑系任教至今。历任同济大学建筑与城市规划学院建筑系建筑学教研室主任、副系主任、副院长、常务副院长、院长（2009—2014）。兼任同济大学建筑设计研究院（集团）有限公司副总裁、都市建筑设计院院长，国家一级注册建筑师。长期从事建筑设计与理论的教学、研究和实践工作，主要研究方向为公共建筑和建筑群体设计理论与方法。

从1983年留校任教，到后来担任建筑城规学院院长、建筑设计研究院（集团）有限公司副总裁和都市设计院院长，受访者吴长福回顾了早期教师参与设计实践的状况，设计院与学院合作的三个历史阶段，重点介绍了同济大学建筑设计院和建筑与城市规划学院合作创建都市设计院的背景和过程，以及2008年同济大学全面参与汶川特大地震灾后重建，尤其是都市院重点负责的北川地震遗址博物馆策划和整体设计的过程。

王凯（后文简称“王”）：吴老师好，非常感谢您接受我们的采访，因为您长期在同济大学学习工作，一直是教学与实践并重，所以首先想请您谈一谈您跟设计院的渊源和历史。

吴长福（后文简称“吴”）：讲到我跟设计院的关系，我是1978年进校，1983年本科毕业后留校的。在校读书期间，我就曾参与过一些老师以及设计院的项目，比如卢济威、顾如珍老师主创的无锡太湖工人疗养院，还有张鲁英老师主持的同济大学数学系系馆设计等，但都是很局部地画点图而已。真正参与实际工程是1983年。当时我刚毕业，正好学校接了一个比较大的项目——胜利油田孤岛新镇建设，这个项目由规划系邓述平先生负责，参与的人来自学校各个专业，建筑、道路、市政，以及建筑设计的各相关工种。当时设计以各系老师为主，不完全依托设计院，但施工图用设计院的资质，这可以说是我第一次跟设计院有比较密切的联系。胜利油田项目是一个新镇的整体规划与设计，我主要做的是振兴村和中华村两个居住小区里的三种类型住宅、中华村小学的建筑方案与施工图以及中华村幼儿园的建筑方案设计。印象中当时建筑系老师参与实际项目并不是很多，胜利油田项目要出施工图，怎么画，大家都讲不清楚。我记得，当时是从华东院借了一套住宅施工图来参考，从很基础的定位轴线开始学习怎么表达。那时候建筑系老师大部分实践还是以方案为主，还有设计竞赛。当时竞赛比较多，我曾参与上海文化中心、杭州胡庆余堂、东北民族学院等概念方案设计与竞赛。

真正跟设计院合作设计是1987年我从德国进修回来以后。第一个项目是杨浦中学的沿街商业。杨浦中学项目是刘仲老师主持设计的，沿街有个二三层的小建筑，刘老师让我来设计。当时我刚到国外兜了一圈，很高兴正好有这样的实践机会，这是我第一个独立主持完成的作品，照片保留下来不多。后来由罗小未先生推荐，刊登在意大利的 *Spazio e Società*（《空间与社会》）杂志上。

我出国前已经做过完整的小学设计，从方案到施工图大概不到半年。当时到国外去后的一个体会是我们的细部设计不够。在德国一个事务所实习时，那里正好也刚完成一个同样规模的小学，两三个建筑师持续设计了2年。但再一看图纸的深度，两者真无法比较。所以回国后在杨浦中学沿街商业这个项目里，尽管甲方毫无要求，我还是十分用心对待，包括楼梯的栏板节点是焊接还是螺栓连接等，我都表达得很清楚。

之后，随着改革开放不断深入，特别是90年代浦东开发开放以后，跟设计院合作的机会就越来越多了。在1999年兼任设计院副院长之前，1996年我还受高晖鸣院长邀请，被聘为设计院顾问，并于1998年起兼任设计院副总建筑师。

王： 说到学院和设计院的合作，您长期同时从事教学和实践工作，更是在学院和设计院担任领导职务，那么您如何看待学院和设计院的关系呢？

吴： 学院跟设计院合作的60年，以每20年划分，大致可以分为三个阶段。

第一阶段，是学院（当时是建筑系）需要设计院。1958年学校借鉴医学院办附属医院的模式，成立设计院，当时的设计院基本上就是建筑系师生"边教学边生产"的平台，人员高度一体化。师生开展实践活动既是建筑学科的特点，也是社会的需要。吴景祥先生当年在《建筑学报》的文章里说，成立设计院有双重目的，一个是学生从实践中学习，教师从实践中吸取营养，来丰富理论知识，充实教学内容；另一个作用是服务社会需要。我觉得很多人把这个作用忽略了。吴先生在文章中说，"当国家迫切需要建设设计力量的时候，我们尽了一部分责任。"[1]这就是社会责任。我在《南方建筑》发表的一篇文章中论述了学院的办学目标，其中重要一点就是服务社会，这就是我们同济大学建筑学科的办学定位，也符合基本国情。[2]我们看很多国外学校，老师大都根本不做设计，也不用做设计。但中国现在的科技力量的构成跟许多发达国家不一样，一部分分布在企业，但还有一部分集中在高校。你看每次各类科技、设计评奖、院士、大师评选，高校占比都很大。所以中国高校作为很重要技术力量存在，肩负着推动国家社会经济发展的社会责任。

第二阶段，是设计院需要学院。1978年到1998年这20年，设计院有了固定的人员，编制从几十个人开始，不断扩大，形成了一定的规模，设计院不再仅仅是教师业余工作的场所，而是着重于自身的独立经营。这一阶段，设计院需要学院的技术和人才支持，特别是创作力量的加入。1999年由卢济威老师主编，支文军老师和我作为副主编做了《当代中国著名机构优秀建筑作品丛书：同济大学》[3]这本书，我和谢振宇老师主要负责图片和设计图纸资料整理与编排，支文军负责文字。我们选择项目时是把学院和设计院的作品合在一起的，但最后放入书中的主要还

1　吴景祥 . 边教学边生产是理论联系实际的好方法 [J] . 建筑学报，1958（7）：39.

2　吴长福 . 服务社会、笃行践履：同济大学建筑与城市规划学院办学目标及其实践 [J] . 南方建筑，2010（6）：83–85.

3　卢济威，支文军，吴长福 . 当代中国著名机构优秀建筑作品丛书：同济大学 [M] . 哈尔滨：黑龙江科技出版社，1999.

是建筑系老师的作品，当时设计院可以入选的项目还是比较少。

最后一个阶段，是双方相互需要。1998—2018年，这是学院和设计院通力合作、共同壮大的20年。1998年起，两个院的主要负责人先后完成了新老交接，改革开放以后大学毕业的老师走上了领导岗位。双方都选择了符合切合自身条件与客观规律的发展道路，设计院以市场为导向，做大做强，学院致力于学科整体发展，做强做精。设计院重视学院教师的创作资源，学院教师看重设计院的技术平台支持。彼此尊重，强强联合，不断创新合作机制与合作方法，互利双赢成为学院和设计院合作持续发展的基础与动力。

学校设计院对于学校建筑学科与专业建设以及专业教师发展来说都是十分重要的。就我个人经历而言，从1980年代开始，同济设计院这个平台帮助我逐步成长为一名建筑师，也使我在从事建筑教学和研究时多了一些工程的、技术的、社会的视角。

王：说到学院和设计院的关系，二者之间虽然合作紧密，但毕竟还是有差别，比如学院老师和设计院作为企业的习惯和诉求还是有所差别的。那么是不是后来的都市院就是因为这种差别而产生的？

吴：是的。进入21世纪，面对激烈的设计市场竞争与行业发展，设计院积极推行的现代企业管理制度与设计质量标准，使得学院教师在课余松散、机动的设计参与方式很难适应，另外，教师项目不易在设计院签约的矛盾也越显突出，教师有些项目出于学术探索需要，因设计收费较低可能冲击到设计院的市场定位。对此，学院与设计院经过多次协商，决定成立一个专门的生产机构，来统一管理学院教师项目的审核签约、质量管理、人员聘用以及财务服务。记得刚开始第一次与设计院正式协商是2000年，在时任学院院长王伯伟家里，参加的有设计院院长丁洁民、副院长王健、党总支书记兼副院长周伟民、学院党委书记俞李妹和我，我当时是建筑系副主任兼设计院副院长。我们一边吃着饺子，一边预想着可能带来的具体问题。

2005年，一个学院与设计院在建筑设计领域的合作机构——都市建筑设计院成立了。都市院起名没有什么特别含义，仅是因为设计院正好有一个空着的同名账号，学院也觉得可以接受。都市院的建立应该说是设计院给予很多政策上的支持。同样，学院也进行了精心安排，推荐我兼任院长，各方面能力较强的年轻教师汤朔宁任副院长，建筑系前后三任系主任卢济威、赵秀恒、莫天伟担任总建筑师。学院设立都市院管理委员会，具体负责发展方向、工作重点、年度运作计划的制定与审核等方面的工作，第一届都市院管理委员会有吴志强院长、俞李妹书记、我和汤朔宁组成。

都市院主创人员以老师为主，现在定聘的教师大概有80多位，其中将近50位有一级注册建筑师资质，30位有正高级职称，是一个技术力量很强的创作团队。

我们设定了两个定聘标准：一是考出一级注册建筑师的教师肯定定聘；二是建筑系的 A 岗责任教授也全部定聘。另外，学院城乡规划与风景园林学科都有教师代表加入。虽然有些定聘老师近期没有参与工程项目，但他们在某些方面的学术专长依然是都市院重要的技术支撑，比如理论、历史、技术等。都市院 2005 年刚成立时，年产值仅 1000 多万元，去年（2017 年）已经达到两个多亿。都市院的获奖项目大概占到设计院获奖总数的一半，都市院对同济设计院而言，除产值贡献之外，主要还是社会影响力。

2015 年都市院成立十周年时，我们通过《时代建筑》杂志，对都市院推进建筑创作产学研协同发展历程进行了总结。[4] 许多业界领导、院士、学院院长、设计企业总师都纷纷发来了热情洋溢的贺信，盛赞都市院所取得的出色成绩，大家普遍认为，都市院以独一无二的建设与运行模式，为中国建筑类高校开展更高质量的产学研合作树立了典范。

王： 前面您谈到同济设计院以及都市院作为高校设计机构，有强烈的服务社会职能。所以还是要请您说一说北川地震博物馆，这个项目对于社会的影响力是非常大的。能不能请您谈一谈这个项目前后的大概设计过程？

吴： 最近正好是汶川地震 10 周年纪念，我们在《时代建筑》发表了一篇文章《责任于心，专业至上》，[5] 回顾在北川的实践。我觉得，除了领导重视、各方面支持以外，设计者在项目推进过程中的社会责任意识与专业精神是至关重要的。

◎ 2016 年，都市院举行成立十周年暨 2015 年度总结会议，来源：同济设计集团都市院

4　吴长福、汤朔宁、谢振宇 . 建筑创作产学研协同发展之路：同济大学建筑设计研究院（集团）有限公司都市建筑设计院十年历程 [J]. 时代建筑，2015（6）：150–159.

5　吴长福、张尚武、汤朔宁、谢振宇 . 责任于心，专业至上：北川地震遗址博物馆策划和整体方案设计项目实践回顾 [J]. 时代建筑，2018（3）：121–127.

在同济大学，民生思想是一个传统，每当国家有需要时，同济人总能挺身而出，用自己的智慧服务社会。比如2010年上海世博会，我们的参与度就非常之高。在2008年“5·12”汶川特大地震发生后，时任学院院长吴志强第7天就带领相关专业的师生奔赴四川地震灾区，展开了高强度的安置点规划工作，之后同济人又连续承担了一系列灾后重建规划与建筑设计项目。我们学院参与汶川地震灾后重建最主要集中在三个地点——震中映秀，上海对口支援地都江堰，还有就是破坏最严重的北川。地震后当时总理温家宝去了北川两次，第二次温总理重返北川考察时，提出将北川老县城作为地震遗址予以保留，修建地震博物馆。

当时上海市领导到绵阳访问，绵阳市政府提出来，希望上海市能援助北川县城地震遗址整体保护的工作。接受委托后，上海市委、市政府高度重视，时任市长韩正亲自部署，由同济大学、上海市城市规划管理局、上海现代建筑设计(集团)有限公司具体负责，并成立上海市支援“北川国家地震遗址博物馆”规划策划项目领导小组，成员主要有同济大学党委书记周家伦、市规划协会毛佳樑与现代集团张桦等相关单位领导，同时成立一个由我担任组长的专家组[6]。随后作为主持单位，同济大学组建了项目领导小组，和由多学科、多专业方向人员组成的项目专家团队与项目设计组[7]。项目设计组由我负责，我当时是学院常务副院长，也是都市院院长，所以后续北川地震博物馆的所有组织工作都借助都市院进行。项目设计组成员来自全校多部门，集中讨论与设计汇总的工作场地就设在我们C楼三楼都市院的几间工作室。

我记得8月中旬刚接到任务，就通知马上去现场与当地对接，我那天因故没有去成，学校是李永盛常务副校长带队去的。我和同济项目设计组十多位老师是10月10日第一次去现场踏勘的，面对北川县城的惨烈景象，大家都十分震惊，8月份从照片上看到的还主要是地震破坏，9月24日又发生了泥石流，地震之后的次生灾害对北川人心理冲击很大。看到我们多专业的团队构成后，北川县长经大忠非常激动，对我们很是信任，他说：在你们之前也来了很多专家，有的专家甚至提出中国用地紧张，建议就地重建，直到9月24日泥石流以后，遗址保留、异

6　上海市支援“北川国家地震遗址博物馆”规划策划项目领导小组成员：周家伦、冯经明、毛佳樑、张桦、俞斯佳；项目专家组组长：吴长福；成员：吕西林、孙立军、顾祥林、张尚武、卢永毅、吴承照、任力之、周健、高乃云、王荔、赵万良、张长兔、李东君。参见“北川国家地震遗址博物馆策划与整体方案设计”文本。

7　同济大学支援“北川国家地震遗址博物馆”规划策划项目领导小组组长：李永盛；成员：丁洁民、吴广明、凌玮、吴志强、朱合华、孙立军、许惠平、霍佳震、周琪、周伟民、王健农、周敏凯、王荔、徐卫翔；项目专家团队成员：吴长福、吕西林、孙立军、张尚武、诸大建、卢永毅、吴承照、李建中、顾祥林、石振明、郑永来、丁文其、周健、陈义、徐卫翔、任力之、高乃云、王荔、范圣玺、胡春风、马一平、邵立明、杨海真、李建华、杨殿海、夏四清、薛梅、赵永辉、许长海；项目设计团队主创人员：吴长福、张尚武、谢振宇、汤朔宁、吴承照、卢永毅、王方戟、王一、王桢栋、刘宏伟、卓健、戴仕炳、范圣玺、宋善威、邵甬、胡玎、李文敏、胡军锋、周旋、陈磊、程骁、吕西林、周德源、黄雨、匡翠萍、谢立金、肖建庄、高乃云、张兰芳、李建昌、杨伟鸣、金海、潘涛、欢军、陈飞、扈龚喆、孙策、匡文、浩任、石磊、华晶晶、帅慧敏、何惠涛、段闯建、郎维衡、陶聪、洪佳文、杨田、张欣、朱江、方家、陈蔚、陈思宇。参见《北川国家地震遗址博物馆策划与整体方案设计》文本。

◎ 2008年，在建筑城规学院C楼三楼都市院工作室讨论方案（前排会议桌从左到右，李建昌，李永盛，吴长福，李东君，姚凯，毛佳樑；后排从左到右：卓健、王桢栋、王一、黄怡、谢振宇、李宪宏），来源：同济设计集团都市院

地建设新镇的意见才达成一致。当时没有任何工作图，我们只能用事先打印好的航拍图，每人分片到现场去看哪个房子没倒，就把它勾画出来。我们大概调查了所有房子的80%，一栋一栋房子看，回来以后绘成第一张灾区灾后现状总平面图。

那时候大家基本上没有人讲成本费用的问题。我们学院是参与人数最多的，规划、建筑、景观、历史、遗产保护，还有艺术设计，全部整体投入，大家的热情还是蛮感人的。我们从10月开始一直到12月项目成果正式提交，项目内容在不断调整与细化。开始叫“博物馆设计”，其实项目包含的不仅是一个博物馆建筑或一个遗址地，而是整个项目的策划以及可行性建设方案，后来正式称为“策划与整体方案设计”。方案对交通系统、安全防灾系统、遗址保护系统、环境保护系统、市政系统、旅游系统以及展示系统等，都分成专篇，以图文进行重点表达。对老县城遗址保护区、地震博物馆与综合服务区、次生灾害展示与自然恢复区三个核心区做了详细设计。现在来看，方案整体引导与规划控制的作用还是很明显的，之后的“5·12”汶川特大地震纪念馆等项目布局就是按照我们的总体规划来实施的。

北川博物馆项目对于每一位参与者来说是奉献，更是接受教育。我们到老县城现场去的时候，回绝了当地政府人员的陪同，最后自愿陪我们去的是三个当地居民，都有亲人在地震灾害中遇难。其中一位是某师范大学毕业后到北川当了老师，算新北川人，她家三口人，地震中失去了在幼儿园的儿子和在北川中学分校任教的丈夫。第二位，她父亲是北川羌族文化诗歌的传人，那天正好在政府大楼参加研讨会，结果地震时楼塌了。第三位男的，女儿跟他母亲在去幼儿园的路上遇到地震，他曾快速赶到现场，看着重伤的女儿在自己的怀中离去。我们在旁的听者，无不

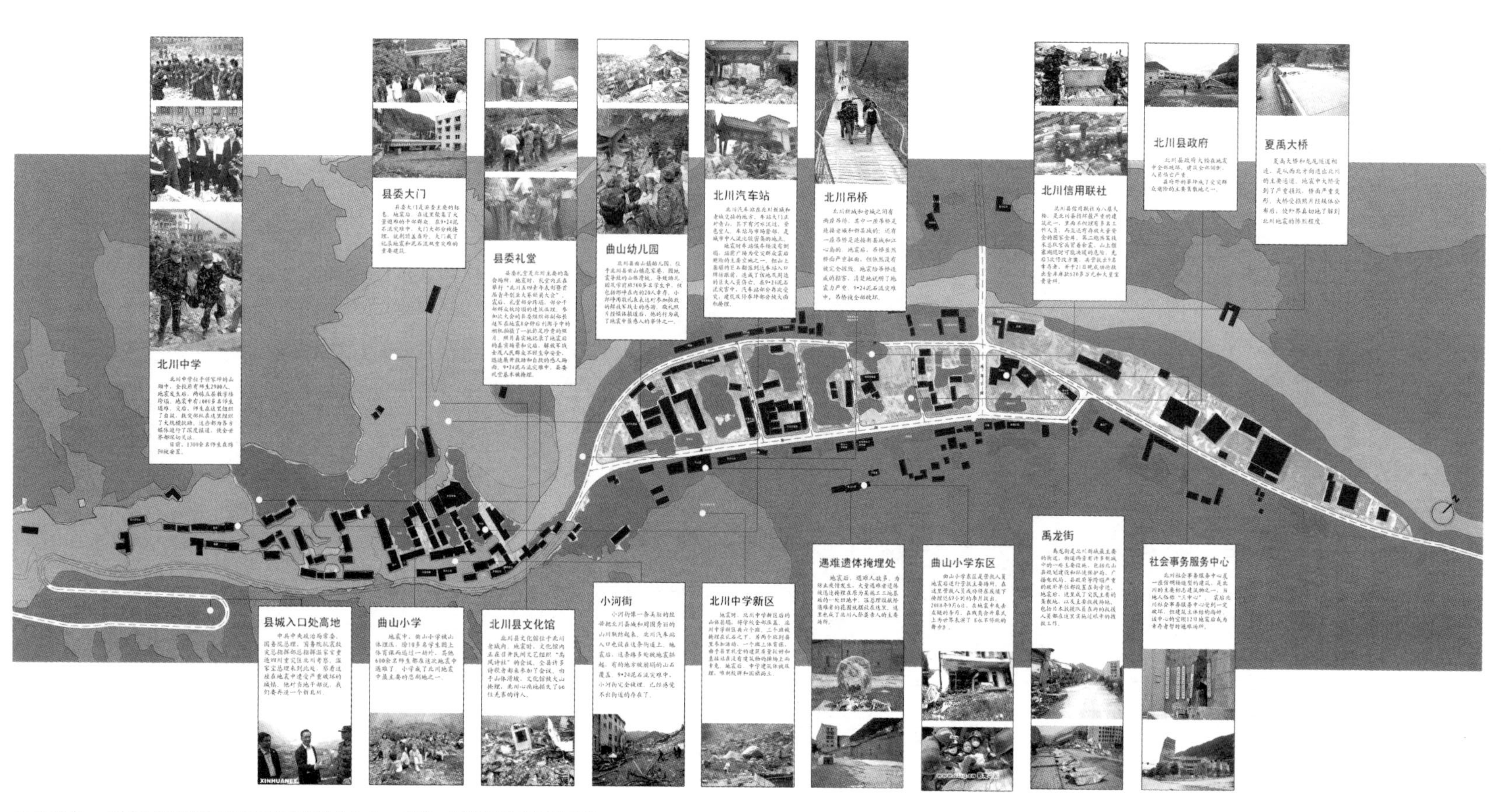

© 2008 年，北川老县城受灾和灾后重要事件发生地，来源：同济设计集团都市院

为他们感到难过，无不感慨自然灾害的无情与生命的珍贵。他们向我们一边讲解着以前街巷的情况，一边把我们为他们准备的水和面包，自己不吃，都放到亲人遇难的地方。对于北川人来说，告慰逝者显得尤为重要。突出纪念凭吊与遗址观瞻功能的并重，为地震灾区人民想得更周到一些、做得更精细一些，让北川博物馆首先成为北川人民的一个精神家园，这是所有项目设计人员的基本共识，这也是项目最终成果的追求与特色所在。[8]

王：您现在作为设计院的副总裁，对同济设计院未来的发展方向有什么设想或者展望？

吴：现在同济设计院年产值已经达到30亿，在全国民用建筑设计院中排到第三位。但我觉得无论如何，同济设计院还是一个高校设计机构，如果不能为学校学科发展服务，就失去了存在于学校的价值。但反过来，设计院如果脱离市场，不够强大的话，也没办法更好地服务学科。另外，设计院在激烈的竞争中发展到今天，十分不易，它承担着大量的国家与地方建设重任，它的作用已经远远超出了仅仅服务一个大学若干个学科的需要，它应该更多地发挥好在行业中的优势，努力服务于国家社会经济发展，它是大学践行社会责任的一个载体，是同济的骄傲。当然也应该得到学校更多的爱护与支持。

现在设计院也在讨论转型，项目设计往前拓展可做前期可行性研究，往后延伸可做工程总承包，等等。我坚持认为，企业发展是硬道理，但业务主体不能脱离我们设计院建筑设计的主业，因为主业是从学校的学科中生长而来。学校的学科发展，是设计院的优势所在，是设计院用之不竭的宝贵资源。

王：也可以说，因为社会条件也在变，学科的边界也在变，设计院只有充分地社会化之后才能真正地贡献于学科。非常感谢您接受我们的采访。

8 项目内容参见：吴长福，张尚武，卢永毅，等．永恒北川：北川国家地震遗址博物馆项目概念设计 [J]．城市规划学刊，2009（3）：1–12. 吴长福，张尚武，汤朔宁．精神家园的守护与重建：北川地震纪念馆项目整体设计 [J]. 建筑学报，2010（9）：22–26.

都市院管理与校园建筑改造 | 2005—2018 年

访谈人 / 参与人 / 文稿整理：王凯 / 王鑫、王子潇 / 王子潇、华霞虹

访谈时间：2018 年 5 月 4 日 13：30—14：30

访谈地点：同济设计集团 4 楼都市院会议室

校审情况：经谢振宇审阅修改，于 2021 年 10 月 25 日定稿

受访者：谢振宇

受访者：谢振宇，男，1966 年 8 月出生，浙江宁波人，教授，博士生导师，国家一级注册建筑师。1984 年考入同济大学建筑系建筑学专业就读。1988 年本科毕业后留校任教，历任助教、讲师、副教授、教授。2010 年 3 月起兼任同济设计集团都市建筑设计院副院长、副总建筑师。

谢振宇任教30余年，长期从事建筑设计教学和实践，2010年起担任同济建筑与城市规划学院教师建筑设计设计实践平台——都市设计院的管理工作。访谈中谢振宇回顾了建筑系老师早期的实践模式，都市院管理如何协调教师创作者松散的工作方式与企业流程化、标准化质量管理之间的矛盾。同时介绍了自己主要负责的同济大学"一•二九"大楼改造成博物馆，原能源楼改造成建筑城规学院教学D楼两个项目的策划、设计和改造建设过程。

王凯（后文简称"王"）：谢老师好，非常感谢您接受采访。首先，因为您长期在同济大学学习工作，所以想请您谈一谈您跟同济设计院的渊源。

谢振宇（后文简称"谢"）：好的。1988年我本科毕业后留校任教，一部分是教学工作，另一部分是职业实践。我的教学经历有多长，设计实践经历就有多长，这完全得益于同济建筑学学科长期坚持设计教学和实践结合的专业导向和平台建设。

刚毕业我就有幸参加了郑时龄老师主持的南浦大桥建筑设计，从那开始就以教师的身份在同济设计院参加设计实践。1990年代起，赶上了中国城市建设的高速发展，作为建筑设计专业的教师，我参加设计实践的机会较多。既有跟随系里的老师做设计，像赵秀恒、王伯伟、吴长福等老师都是我设计实践的领路人，又有与张建龙[1]老师一起以设计团队的方式在设计市场中试水。到了1990年代中期，国家开始组织注册建筑师考试，我们基本上都是以同济设计院作为依托单位参加注册考试，从1998年获得一注资格后一直注册在同济设计院。

虽然同济设计院的创建和发展与同济建筑学科有着很深的渊源，但随着设计院不断做强做大，设计院市场化、职业化的企业特征与教学机构中设计教师相对松散自由的创作状态的矛盾难以避免。2005年学院与设计院联合组建了都市建筑设计院，为建筑教师从事建筑设计创作提供了规范化的实践平台，我与张建龙老师在都市建筑设计院成立了设计工作室，工作室可以招聘全职的设计人员，逐渐有了稳定的设计团队，与设计院的关系更为密切。2010年起，我在参加设计实践的同时，学院安排我担任都市建筑设计院的副院长和副总建筑师，参与了都市院的管理工作，进一步加强了学院与设计院在设计实践管理方面的联系。

---

1 张建龙，男，1963年11月生，浙江绍兴人，教授。1981年考入同济大学建筑系，1987年同济大学城市规划专业研究生毕业后留校，在建筑系任教至今，历任助教、讲师、副教授、教授，曾任建筑系副主任。2005年5月—2006年3月德国斯图加特大学访问学者，2015年9月—12月赴威尼斯建筑大学短期讲学，2017年3月—5月参与慕尼黑工业大学本科生毕业设计。教学成果丰富，曾荣获多个国家级和省部级奖项。

王： 您刚才也提到同济设计院最大的特征就是它和高校的紧密结合，但其实老师和设计机构市场化的诉求之间还是有差别的。您也负责都市院的管理，可能对这个体会最深刻，这里或许涉及一些特殊的管理或控制问题，可否介绍一下？

谢： 学院教师依托各自的教学和研究专长参加建筑创作实践，教学与实践相长，不仅体现了自身的专业价值和社会担当，更是同济设计院一支不可或缺的创作力量。近十年来同济设计院所获得的国家和省部级建筑设计奖中，有超过50%是由教师主创；在遇到大的社会需求时，如汶川震后援建、上海世博会等，教师这一创作群体为提升同济设计的学术价值和社会影响发挥了重要作用；同时，教师设计作品的实现，需要依靠设计院各个专业技术力量的强有力支持和配合，包括技术管理方面需要符合设计企业的运行管理要求。这正是都市建筑设计院的平台价值。

2010年起，我参加了都市院的管理工作，担任副院长，当时主要负责质量管理，协调项目正规化运行过程中的流程和质量把控与我们教师相对松散的工作机制之间的关系。设计行业推行的市场化、企业化和职业化的管理，从合同、项目推进到自身审查等流程，都变得越来越规范。而教师参与设计院工作并非全职，更多是一种自由创作的状态。许多教师虽然担任工程负责人，但侧重的还是单一的建筑工种，对全工种、全过程的流程方面管理意识相对薄弱，包括风险意识。

质量管理在内容上主要包括两方面：一是设计推进过程中的依据性文件要存档，二是内部交流的拍图要存档。都市院在质量管理上经历了几个阶段。第一阶段，老师的项目推进过程，都市院的质量管理人员一起配合来做。比如，某个方案到了审批节点，会提醒负责人保留所有来函、电子文件和文字，并进行归档、整理。但实际上，这在项目少的情况才行得通，项目一多，过程中发生了什么就很难控制了。第二阶段，希望老师做项目时必须配备质量秘书，有一位助手来管理流程，做存档等。但实施了一段时间还是很困难，主要原因是太分散。比如同济设计集团一院到四院，每年有100个项目，总负责人只有两三个，后面跟着全工种的项目团队，流程管理就非常方便。而都市院每年项目也有100个，但负责设计的老师有50个，而且是单一工种的，绝大多数项目后续的工种与集团其他有全工种的十几个院进行配合，而且搭配也不固定，有的比较集中，有的可能跟十几个院都有合作。但是对于企业而言，质量管理的控制是按照合同签在哪，全流程管理最后就在哪来进行的。所以质量管理这一块我们都市院平时投入最大，但提升难度很大。总之，都市院很大一部分的管理是由正规的企业管理要求和松散的创作方式之间的矛盾所产生的，质量管理真正的作用是今后免责，说到底是保护我们老师在职业实践中的可持续。

王： 除了管理工作之外，您自己也有很多的创作作品，其中学校里我们最熟悉的就是同济大学博物馆，您能否讲讲关于这个项目前后的过程。

谢： 同济大学博物馆项目，不同于市场化的设计实践项目，它是建筑学教师关注校园建筑更新，教学研究与设计实践相结合的产物。2007年同济大学百年校庆以后，学校对标国际一流大学，提出了建设同济博物馆议题。吴长福老师作为项目策划负责人，带领我们公共建筑学科团队组织了一次研究生课程设计，从定位、展陈、选址等做了研究，最后选定同济校园中年代最久远的“一・二九”教学楼作为同济博物馆的选址和空间改造对象。课程设计中的多元化概念方案，为实施方案的确立提供基础研究和多方案比较，是同济设计教学面向实践的一个典型案例。

这个项目另一个有意义的是其改建实施的摸索过程。“一・二九”教学楼的前世比较特殊，是日伪时期的一个中学[2]，没有存档的图纸。没有大楼的现状资料，项目团队爬上爬下自己测量绘制，又请了结构专家做了抗震检验报告。“一・二九”大楼是上海市第四批优秀历史建筑保护名录的建筑，而当时立项流程并没有现在

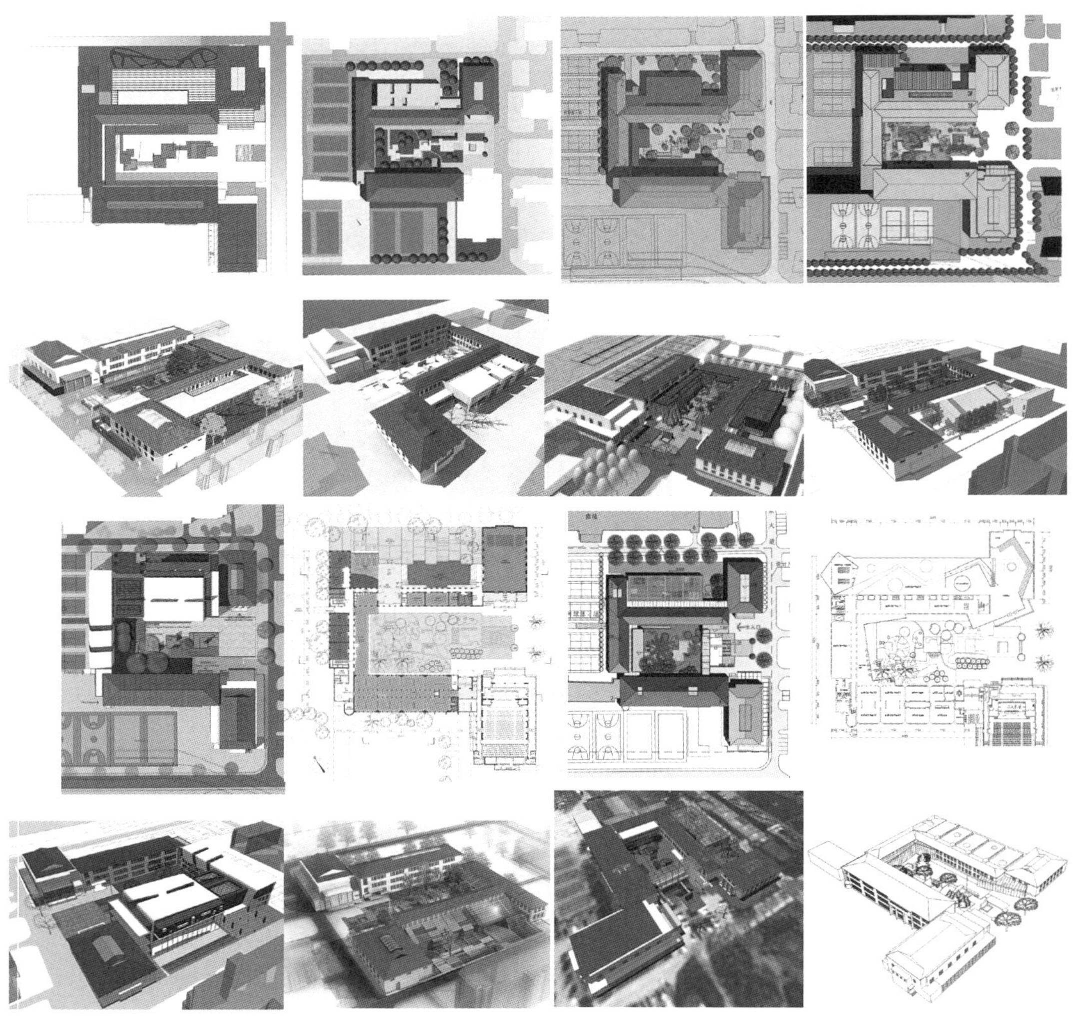

◎ 研究生课程设计模型，来源：同济大学建筑系公共建筑设计学科团队

2　日本建筑师石本喜久治（1894—1963）设计的上海日本中学（1942年建造）。

这么严格，学校基建处非常支持，房子正好也空着，于是拉来一个施工队就开始动工了，内部空间拆开一点，了解一点。房子现状的吊平顶，看不到内部楼面和屋面的结构，方案阶段觉得如果仅仅把教室打通变成大空间还不够，总觉得还能挖掘点什么。于是大胆建议基建处先拆除了部分楼面和吊顶，从而发现楼面系统内密布且质量完好的木梁和檩条，又进一步打开了三层屋顶，发现了隐藏在内的“人”字形木屋架。所以这个设计是在一种边打开边思考的过程中完成的。通过打开，挖掘到了老建筑的空间价值，通过改建，提升了建筑的公共性和历史感，最终新加的东西其实很少，主要增加了入口空间、天窗和设备系统，外立面基本没有大动，恢复了内部空间的原真性。项目从2008年启动一直到2012年才完成，但是基建成本很低。

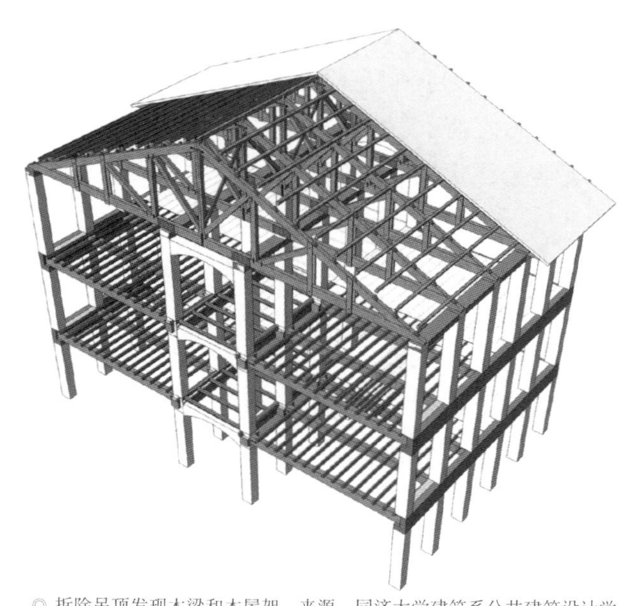

◎ 拆除吊顶发现木梁和木屋架，来源：同济大学建筑系公共建筑设计学科团队

建筑的更新改造是个艰辛而又有操作难度的专业实践。假如按照现在新的规范和流程，先完成全过程的设计，然后立项、审批、施工，这个事情可能就做不

◎ 同济大学博物馆中庭内景

◎ 同济大学博物馆入口，来源：同济大学建筑系公共建筑设计学科团队

成，但当时就可以。后来我们也碰到过一些类似的项目，总觉得操作起来太困难。可能也是因为我们在学校这样一个机构，没有任何功利和市场因素，学校基建部门也大力支持。完全是一种探索性的设计实践，这个设计在2014年还拿到了中国建筑学会建筑创作奖银奖。

王：正好您也参与改造了建筑城规学院的D楼，那也是一个很成功的改造案列，过程是不是也有类似的情况？

谢：我们老师参与改造自己学院里面的建筑的确是一种不一样的经历，学院D楼改造又是个案例，这个设计也获得了中国建筑学会建筑创作奖银奖。

当时学校觉得建筑城规学院教学空间不够，就把原能源楼拨给学院。当时其实有很多提案。这栋房子是建于20世纪70年代末的普通科研办公用房，空间比较局限。而拆了新建，受用地制约和退界要求，还达不到原来的建筑规模，还是要想办法改建。拿到原始设计图纸以后最后发现，这栋房子是混合结构的，楼板都是预制的，改造动作一大就会散架。如要满足现在的抗震设计规范，这栋房子要全部加固，其总加固费就远远超出学校的预算。所以最后做的是，如何以最小的动作，尽可能不动结构构架，从小开间的办公空间改成建筑学院的专业教室。

我们做了几件事：第一，建筑原来主立面朝南，背向我们学院的楼。我们通过调整入口方向，并在背面二层设置公共性平台和C楼建立空间对话关系，与我们学院其他教学楼一起形成整体。第二，我们按照学院的使用需求，将三、四层作为一二年级基础教学的教室，底层和二层设置两个实验室。第三，在顶层改成了三个报告厅，每个可以容纳100个座位。

除了这些功能之外，唯一新做的是一层表皮。当时我们请了学院研究建筑照明研究团队的老师做了分析和评价，一方面是研究遮光，另方面对遮光的冲孔形式和密度也做了研究。数据结论是，保证百叶关起来时，教室内的照度能够满足投影要求。另外，金属百叶的开启和关闭能形成有动态变化的外观特征，能让人感受到教学环境的多样化场景，比如开学、上课或放假都有一种变化，有仪式感和形式上的变化，所以设计过程比较多地投入在这个立面上。同时也请了一家做建筑遮阳的企业参与设计，把方案的立面单元以1∶1的实样展示在学院大厅，可以说，改建的过程也是一个实验的过程。

王：那个幕墙确实挺神奇的，因为原来土建一定是不平的，不齐的，但最后看起来是一个很挺的面，在这个中间有没有什么方法？

谢：原来的能源楼是1978年建造的，很普通，上面有小遮阳板和条窗，当时觉得很凌乱，所以就想着把它包起来。现在看到的立面很整齐，其实采用了出挑的办法，绝大部分金属百叶板是竖向的，在上轨或下轨固定。每一扇百叶窗大概3.9米高，

◎ 更新后的建筑城规学院 D 楼与 C 楼之间形成广场，来源：同济设计集团都市建筑设计院

跟层高等高，重量才50公斤不到，经结构计算该做法也安全可靠。具体做法是，在很不平整的立面上，从圈梁位置伸出来50厘米的工字钢连接体，上下做轨道，百叶窗的铰链以悬挑方式挂在轨道上。当时还考虑过用电动控制，后来因为成本太高就放弃了。最后我们采用了比较简单的拉手式的手动开关方式，类似老式门窗里的防风钩做法。这样立面采用出挑金属百叶，层与层无缝的做法，重量控制住了，外观相对也比较整齐。

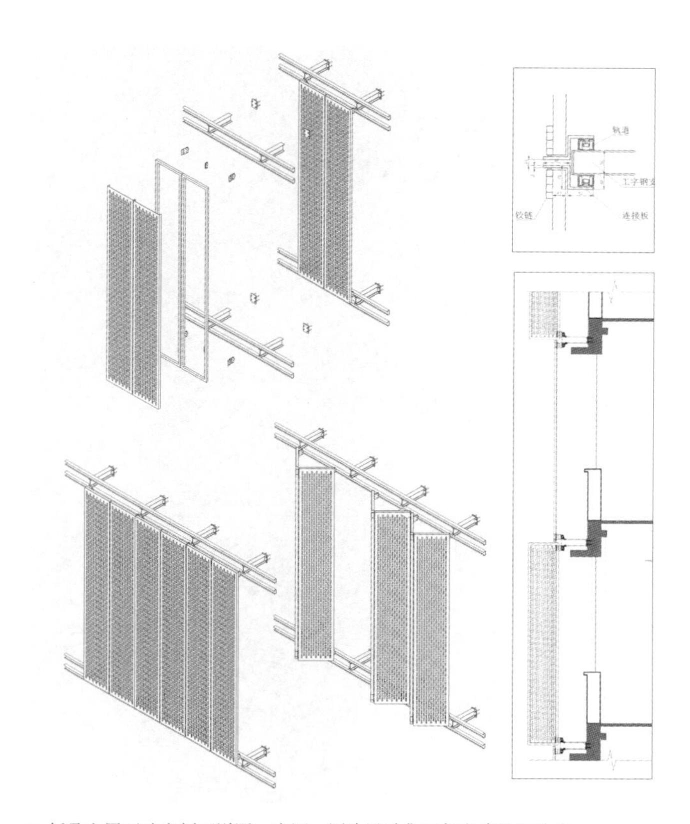

◎ 折叠金属百叶窗剖面详图，来源：同济设计集团都市建筑设计院

北京奥运会乒乓球馆与汶川地震援建 | 2005—2010 年

访谈人 / 参与人 / 文稿整理：华霞虹 / 吴皎、王昱菲 / 华霞虹、朱欣雨、王昱菲

访谈时间：2018 年 1 月 2 日 15：00—16：30

访谈地点：同济大学建筑城规学院 C 楼都市院二层会议室

校审情况：经汤朔宁老师审阅修改，于 2018 年 3 月 12 日定稿

受访者：汤朔宁

汤朔宁，男，1973年6月生，浙江杭州人，教授，博士生导师。1991年考入同济大学建筑系学习，陆续获得了建筑学学士、硕士、工学博士学位。1999年留校任教，2013年被聘为教授。2006年起兼任集团都市建筑设计院常务副院长。2014年9月—2021年5月任同济大学建筑设计研究院（集团）有限公司副总裁。2018年7月起任同济设计集团党委书记，2021年5月起任同济设计集团总裁。

北京奥运会乒乓球馆和汶川地震援建都是以同济院这样一个大的设计机构为支撑实现的。乒乓球馆由设计院内建筑、结构、设备等多方合作完成，其中在总体布局和设备控制等方面都体现了设计院的创新能力。在汶川特大地震的援建中，都市院参与或组织了北川老县城保护、都江堰的壹街区，以及汶川的诸多项目，访谈中汤朔宁介绍了项目设计背景及设计的具体内容，最后又谈到这次援建给都市院带来的影响。

华霞虹(后文简称“华”)：汤老师，您既是老师，又是设计院的建筑师和管理人员，您和钱锋老师主要研究方向是体育建筑和大跨度建筑，这些都和大事件联系得比较紧密，因此你们一起设计了奥运会的乒乓球馆。您还深度参与了汶川地震的援建。所有设计院都会参与各种国家的大事件，但是像我们高校设计院这样和整个高校团体共同进行社会参与的，应该充分体现了高校设计院的特征吧？

汤朔宁(后文简称“汤”)：我觉得说个别项目其实并不是最有说服力，因为整个同济，不管是建筑与城市规划学院还是建筑设计院，有大批的人都在做项目，参与重大项目也非常多。我们做的北京奥运会的场馆或者都江堰的援建工作其实都是这些项目当中的一个，并不足为奇。但是这两个项目就像你刚刚说的，都分别应对了社会大事件，充分体现了同济人的社会责任感。

我跟着钱锋教授一起做北京奥运会乒乓球馆，是从2005年开始的。虽然当时钱锋老师在国内已经做了很多体育建筑，但是如果当时没有同济设计院做后盾，整个过程是很难支撑下来的。

华：其实是一个集体的实力在争取。

汤：是的。因为一方面，设计师本身在体育建筑方面要达到一定专业高度，另一方面，业主也在选择一个放心可靠的单位。最后它还是一个国际竞争项目，有境外的设计院（所）参加，也有国内的，最后同济院中标。我觉得这在于多方的努力，当时丁洁民院长亲自制定了结构设计方案，王健副院长组织团队做空调设计，做各种气流的模拟。大家都知道乒乓球是很轻的，只要有空调，类似办公室的空调风吹，我们觉得正常，但是专业乒乓球运动员只要一打就觉得对乒乓球的飞行轨迹有影响。所以乒乓球比赛对风速的要求非常高，必须控制在每秒0.2m以下。这个风速我们平时说得通俗一点，就像是空调开得不足，那到了举办奥运会的8月份就非常热了，必须解决好这些矛盾。

为了充分考虑场馆在奥运会之后的使用，我们这次设计的也是综合型的体育馆，平时可以举办篮球、排球、体操等其他比赛，但是它对风速有特殊要求，是按照专业乒乓球馆来要求的，所以当时反复做了很多研究。这就体现了一个高校设计院应该做的事情，不是说人家已经用了什么我们就用什么，而是希望我们能够有创新。丁洁民院长做的那个双曲面的钢结构，在找形方面做了大量的软件模拟与计算，最后采用的结构形式是和造型完全结合在一起的，不是两层皮。

所以说这些结构选型、空调系统风速控制的种种做法，都是院里倾尽整个团队力量和多年的技术积累来支撑的。

另外，我们的设计团队很注重环境意识。在这个场馆旁边，有几棵北京市挂牌的古树，周边还紧邻一个老的院子——治贝子园，当时还有院士联名写信，说这个千万要保护起来，后来我们花了很大的力气，为了避开这个园子和古树的根系范围，做了大量的改动，因为那块地非常紧张。所以这是一种态度。这几棵古树到现在还非常好，非常不容易，那几棵古树树形的确也长得很漂亮。在十几年前，能够意识到保护环境的重要性，请奥运工程让路，是非常难得的。这个工程是2007年底竣工的。

华：2008年8月北京举行奥运会，5月12日就发生汶川地震了。

汤：是的。地震援建我觉得就更能够体现作为高校和高校所属设计机构的社会责任感了。地震发生后，我算是比较早去的。第一次去是根据科技部的总体部署，到四川省什邡市援建，具体任务是完成农民自建房的选址与建筑设计。5月底，我和设计院的几位同事，先到北京，接着就到四川什邡，那个时候还比较危险，路上有余震、塌方，经常走临时开挖的便道，有的区域没有水、电，我们的干粮就是面包和榨菜。

随着后来中央明确了各省市对口援建后，同济的设计团队就陆续做了这几件事，第一个是北川老县城的遗址保护。

汶川地震中受害最大的是北川老县城，伤亡人员惨重。“5·12”特大地震以后，在2008年的10月份，还经历了一次泥石流。等我们进去的时候，整个城市的标高抬高了4~5米。

你会觉得很奇怪，觉得这座城市尺度都不对了。因为在这种县城中，最常见的就是六层楼的住宅，一栋一栋的，现在都只有两层、三层了。然后那些工厂、公司的门楼就只剩下一小半了，或者一半都没有了。所以这个城市尺度一下子矮了。包括到唐家山堰塞湖和禹里，必须乘坐冲锋艇在水面走，而水下面就是一个城市，透过水面，可以看到原有的街道、建筑、电线杆，等等。

同济团队去做北川老县城的原址保护，带队的是建筑与城市规划学院吴长福副院长，第一次去北川，因为地震、泥石流以及次生自然灾害后，当地情况太复杂了。因此，吴院长邀请了我们学校二十几个专家，包括规划、建筑、结构、防灾、

◎ 2008年同济设计集团都市院探勘北川老县城（前排左二至左四：刘宏伟、吴长福、汤朔宁，前排右一持相机者王桢栋），来源：同济设计集团

交通、水利、电信、能源等专业方向。你不知道会发生什么，例如市政管道原来在这个地方，一下子被泥石流抬那么高，管线全在下面啊。

华：北川老县城援建是我们学校组织的吗？

汤：这个算是学校的，但是开始往下做的时候就分成几条线了。建筑与城市规划学院牵头完成了北川国家地震遗址博物馆的选址及总体设计，同济规划院做老县城的原址保护规划，土木工程学院的结构防灾所，把一些房子撑起来，做加固。建筑城规学院做了好几个事情，包括任家坪地区的一些服务设施，其中最重要的是北川地震遗址博物馆，现在叫"5·12"汶川特大地震纪念馆，最终是由蔡永洁老师设计的。

我们为这个项目组织学院和设计院的老师，36个团队，做了36个方案。从36个方案里面又选出了13个方案，13个方案我们全部都做好了模型，运到绵阳市进行汇报，然后又集中到5个方案，通过层层推进才有了这个项目。还完成了任家坪地区其他一些建筑设计和景观设计，好多老师都积极参与。

第二个参与设计的是在汶川县映秀镇。有个背景要介绍一下，在2008年10月份宣布了对口援建后，才明确上海市对口支援都江堰市灾后建设。同济其实做

© 同济大学设计团队向韩正汇报，来源：汤朔宁提供

了很多的地方的项目，像什邡、彭州我们也做了，比较多的主要是在汶川、北川和都江堰。

第三个参与设计的是都江堰的“壹街区”综合街区的全过程设计，这是在这次抗震救灾工作中，同济投入力量最大、所耗时间最长的工程。都江堰被明确为对口援建以后，一直到2010年8月17号，时任市长韩正到都江堰宣布援建结束。历时两年，规划和建筑、市政、景观、环艺、灯光等结合来做，规划是周俭老师来牵头，建筑总负责是吴长福老师，我是总协调，类似于项目经理一样。

当时为了做“壹街区”这个项目，我们组织了很多团队。首先是住宅安置房，30多万平方的住宅。第一，我们不愿意做成兵营式的排列，组织了8个住宅团队，用做类似公建的设计方法去做，大都做成围合式，每个地块形成了若干个小庭院。因为四川有个特点，住宅不太讲究朝向，但是很讲究通风，所以在那里可以做周边围合式。第二，同济规划给我们提供了好的条件，规划希望提高路网的密度，做小街坊，即“窄路小街坊”的策略。这样就为一个地块做周边式建筑提供了有利条件。双方一拍即合。

8个住宅团队，既有我们学院的教授们，也有建筑设计院的团队。周俭老师是总规划师，他把很多都江堰的市级文化设施都安排在“壹街区”里面，希望以后不是一个住宅区，而是一个综合社区。所以现在“壹街区”不光是个住宅区，还成为了一个旅游景点。

◎ 2010年，都江堰壹街区竣工后同济大学团队的合影，从左二到右二：罗志刚（同济规划院挂职锻炼，时任都江堰规划局副局长）、汤朔宁、吴长福、郑家荣（时任都江堰市常务副市长）、许解良（时任上海市对口援建指挥部副总指挥）、李永盛（时任同济大学副校长）、周家伦（时任同济大学党委书记）、薛潮（时任上海市对口援建指挥部总指挥）、屈军（时任都江堰规划局局长）、当地或随行工作人员、周伟民（时任同济大学设计集团党委书记）、当地或随行工作人员、李昕（时任同济大学党委办公室主任），来源：汤朔宁提供

华：是一个综合的、多功能的街区？

汤：的确是多功能的。后来我们又组织了4个公建团队进去。吴长福老师亲自做文化馆，王一[1]老师做工人文化宫，岑伟[2]老师做青少年妇女儿童活动中心，里面还有一栋青城纸厂老厂房，请谢振宇老师改造成图书馆。后来景观团队、灯光团队都去了，像林怡[3]老师他们。还有环艺，最后广场当中那个雕塑是阴佳[4]老师做的，有几吨重，运过去的。

1　王一，男，1971年8月生，江苏苏州人，副教授。1990年考入同济大学建筑系，2002年博士毕业后留校，在建筑系任教至今。2014年6月至2021年4月担任建筑系副主任，现任建筑系常务副系主任。2006年受德国学术交流中心（DAAD）资助，赴德国柏林工业大学讲授当代中国城市研究与城市策略课程。2010年至2011年，赴美国麻省理工学院进行为期一年的讲学和研究工作。出版专著《城市设计概论：价值、认识与方法》，获省部级设计奖项十余项。

2　岑伟，男，1972年5月出生于四川成都，副教授。1990年考入同济大学建筑系，2003年博士毕业后留校，在建筑系任教至今。于2007年2月至5月赴美国纽约理工大学短期交流。

3　林怡，女，1976年6月生，江西人，副教授。1993年考入同济大学建筑系，2001年3月硕士毕业后留校，在建筑系任教至今，2011年5月获在职博士学位。于2014年8月至2015年8月赴美国加州大学进修。兼任上海照明学会理事、学术委员会秘书，中国照明学会室外照明委员会委员、国际交流委员会秘书。主要从事建筑与城市光环境领域的研究工作。

4　阴佳，男，1958年3月生，上海人，教授。1972年考入上海市新虹中学，毕业后在同济大学建筑系先后担任教辅及专业教师，曾于1989年至1992年在上海大学美术学院学习。2017年8月至9月赴斯图加特大学进行学术交流。2020年退休。曾兼任教育部高等学校美术学类教学专业指导委员会委员、上海建筑学会室内外环境艺术委员会委员、上海美术家协会城市环境·壁画艺术工作委员会副主任。

我记得当时学校领导和大家说，同济大学是高校，在这种社会大事件面前，更看重社会责任和社会效益，因为这体现的是大学的社会责任感。我觉得这是对的，而作为一个高校背景的设计院，当然应该有这种社会责任感。

华: 这些设计，学校对设计院有补偿吗？还是说我们就是免费做的。

汤: 后来是上海市对口支援都江堰灾后重建指挥部根据规定支付的设计费，按照四九折。为什么呢，因为当时有一个文件规定援建灾区全部在对折以下，按照0.49来做。但是同济大学、学院、设计院都给了极大的支持。大量的出差成本、现场服务成本都是设计院承担的，包括都市院也垫了大部分费用。

而每位老师都把自己负责的住宅看成一个作品，反复推敲功能、形体，转角要做不一样的户型。施工单位都抱怨说：我们以前施工的住宅都是一排一排，全一样儿的，哪有你们这样做设计的。

华: 那工期呢？能做出来的？

汤: 工期的确紧张。2009年5月7号，突然通知到都江堰接任务。我在都江堰打电话给吴长福院长汇报，赶快把会议室腾出来，把所有参与老师叫过来，我跟周俭老师飞回上海，直接进会议室讨论。5月20号在都江堰汇报了方案，一共就只有十几天。

设计就在都市院做的。C楼的三楼当中大厅里把桌子都铺好了，所有参与的老师和一批研究生共同奋战两周时间。每个人的成果都是不一样的，有的是SU建模，有的拿效果图。一共8个团队，方案创作的时候我想大概有十余位老师，最后的施工图由设计集团全面承担，前后共计有130多名设计师参与，包括建筑、结构、水、暖、电、市政、概算都有。

到2010年8月17号，“壹街区”就全部竣工了。30多万平方的住宅安置房，还有公建、桥梁、道路、景观、雕塑、灯光全部都竣工。

华: 施工队也是上海过去的？

汤: 中建八局。

那时候我觉得都市院起到了一个很大的作用。当时都市院成立不久，底子也很薄，没有什么积累。规划院周俭院长打电话找我们一起做，都市院跟规划院本来就亲近。一开始不知道有这么多的工作量，我们就邀请了设计集团的住宅团队(四院)参与。到后面战线越拉越长，设计集团商业院、市政院等团队就都参与进来。我们还组织了联合办公室驻现场办公。其中周俭老师去都江堰次数最多，我其次吧。

华：对，刚才就想问你们去了多少次？

汤：几十次吧。在都江堰的幸福大道上有一个小宾馆——小憩驿站。我们就把这个宾馆的食堂包下来作为我们的会议室。记得当时从同济派了一辆别克商务车直接开去都江堰，把座位拆掉，运了计算机、打印机、传真等设备，因为那时候在那边买东西不方便，有一阵子没办法刷卡。我们带着这些东西，开到小憩驿站，把餐厅包下来，把桌子用白布简单铺好以后就工作了，那个地方一用就是两年，变成我们的办公室和中转站了，所有参与的设计人员都在那报到。

当时我们建筑院派了好多人去驻现场，后来我们还形成了一个长效机制。当时规划院的肖达现在是规划院都江堰分院的院长，当时建筑院派的办公室主任，叫王宁，现在是我们集团成都分公司的总经理，他们都留下来了在四川发展，我们现在这两支队伍还在四川。

华：那真的是生根发芽了。其实汶川援建对都市院的发展来说也是非常重要，很关键的。

汤：是的，因为它让我们了解我们可以做些什么。我们的老师是这么有战斗力的，而且在这种时候，老师都可以不计个人得失，没有老师在意方案费多少，学院的老师和设计院的设计师们真的是非常优秀。不仅仅设计做得好，而且体现出了高度的社会责任心。而都市院在整个援建工作中，承担了大量组织、协调、方案设计的工作，为日后继续承担四川雅安灾后援建等重大应急工程，积累了丰富的组织经验。

非盟会议中心和米兰世博会中国企业联合馆的设计

|1986—2018年

访谈人 / 参与人 / 文稿整理：刘刊 / 王鑫、郭小溪、姜晟 / 刘刊

访谈时间：2018年4月16日

访谈地点：同济设计集团

校审情况：经任力之老师审阅修改，于2019年8月18日定稿

受访者：

任力之，男，1966年8月生，重庆人。1986年同济大学建筑系本科毕业后进入同济大学建筑设计院工作至今。曾在法国学习和工作，并在香港大学担任过建筑系访问讲师。2001年被聘为同济大学硕士研究生导师。现任同济大学建筑设计研究院副总裁、集团总建筑师，教授级高级工程师，国家一级注册建筑师，中国建筑学会资深会员、香港建筑师学会会员、第四届亚太经合组织（APEC）建筑师中国监督委员会委员、中国建筑学会高层建筑人居环境学术委员会常务理事、中国建筑学会专家库专家、上海市科技专家库专家。

从1986年大学毕业到同济大学建筑设计院工作，到担任同济设计集团副总裁和副总建筑师，受访者任力之回顾了工作30余年的主要学习和设计经历，重点介绍了近年来中国政府规模和投资最大的海外援建项目——非盟会议中心的设计和建造过程和其中的挑战，以及在2015米兰世博会中国企业联合馆项目中，中意设计团队之间的紧密合作。

刘刊（后文简称“刘”）任老师您好！您到同济设计院工作已经30多年了，请您先介绍一下这些年工作总体的情况好吗？

任力之（后文简称“任”）：大学毕业后，我就入职同济设计院，记得1986年7月到同济院报到的时候，我的实足年龄还不满20周岁，不知道算不算同济设计院历史上最年轻的入职员工。进院以后，我主要跟着研究生导师吴庐生先生开展建筑设计实践。吴先生言传身教，诲人不倦，教会我如何做一名合格的职业建筑师，如何将建筑概念变成实实在在的房子。她严谨求实的治学态度，一丝不苟的工作作风，深深地影响了我。

也是在这段时间，我跟随吴先生完成了硕士阶段的学习。从1986年到现在，已经在院里呆了差不多32个年头，参与了一批重要的项目设计。也可以说，我见证了从1980年代中期至今，同济设计院30多年的变化，从项目规模到项目品质，两方面都有所见证。

就建筑类型而言，如同济院擅长的领域，高层建筑，就是从1980年代末开始起步。同济院的第一个高层建筑项目福州元洪大厦，是1989年我跟吴先生一起参加投标中标后完成的，也是同济院设计的第一个达到百米高度的建筑。今天我们完成了目前中国第一高楼，632米高的上海中心大厦，回顾历史，不禁令人感叹。可以说，我们也经历了当代中国高层建筑设计的发展历程。

还有如文化类的建筑，也是同济院的强项。我从2000年开始，在东莞设计了一系列的文化建筑，像东莞会展中心、东莞图书馆等。近年来，我还参与了上海市的文化标志性建筑的设计，如与法国建筑师让·努维尔合作的上海浦东美术馆、上海汽车博物馆，等等。还有全国各地的一批博物馆、陈列馆项目，如井冈山革命博物馆、遵义会议纪念馆、娄山关红军战斗遗址陈列馆等，这些文化项目均产生了较好的社会反响。

很多人问同济建筑风格是什么？我想这个问题的答案也同样适合对同济院建筑风格的界定。记得在读书的时候，对校园里三个建筑印象非常深刻。第一个是文远楼，因为当时的建筑系就在文远楼，文远楼使我既体会到现代建筑的特征，

© 遵义市娄山关红军战斗遗址陈列馆，来源：同济设计集团二院

又感受到中西建筑思想的融合。第二个建筑是同济教工俱乐部，教工俱乐部是我们大学一年级的建筑基础课程中要参观并抄绘的建筑，从中学习到流动的空间、精美的细部。第三个建筑是同济大学大礼堂，这个建筑可以说是站在当时结构技术的时代前沿，也非常具有代表性。

从这样的实例当中可以看出，同济风格是对于现代建筑思想的一种表达，一种兼收并蓄的学术态度，重视建筑空间，重视新兴技术的应用，“求新求变”是构成同济风格的重要元素。同济设计院也秉承和延续了这样一种学术传统。在建筑实践中，我们的建筑思想也对应体现了这几个方面的特征。

刘：刚刚您说到高层建筑，说到同济风格其实更多是一种包容，能够容纳不同的多元。后来我们又把这个叫作同济学派，其实我看您讲的也就是对同济学派的一种诠释。这种对于多元文化的包容，使得我们在设计实践中不仅是去找到最因地制宜的设计，从机制和合作方式上也寻求了一种突破。同济在走出去的时候其实是经历了很多阶段的，您最近也完成了像非盟会议中心这样的项目，您能介绍一下设计和建造的过程吗？

任：非常有幸能够设计非盟会议中心。2007年春节刚过，集团领导找到我，安排参加一个重要的投标任务非盟会议中心，当时觉得这个项目很富有挑战性，跃跃欲试。

后来知道，同济因为援外设计资质的问题，并没有被邀请参加第一轮投标。但由于第一轮招标的结果不太理想，主办方决定扩大范围，因此我们是从第二轮开始参加的。方案入围以后，我们还参加了两轮方案的优化角逐，最后各方一致选择同济方案作为非盟会议中心项目的中标方案。

在构思非盟会议中心的时候，我们首先遇到的挑战就是运用什么样的建筑语汇来诠释非洲团结、崛起与复兴的这个理念。一开始我们也在想，中国援建的非盟会议中心是不是应该彰显中国文化的影响。但经反复思考后认为，在非洲国家的政治舞台上去表达非洲大陆之外的文化影响，似乎不太妥当。在这里，建筑语汇具有一定的指向性，如果运用不慎的话，可能会产生负面的效果。所以我们最后采取的是一种抽象的语汇来表达非洲的团结、振兴和复兴这样的主题，各方均能接受。

其次的挑战是我们如何去理解与表达非洲文化，去了解非洲人民喜闻乐见的建筑形象。这也有一个研究发展的过程，一开始我们做的建筑形式相对来说比较简洁、纯净，但非盟方的反馈意见不一。这时，我们意识到需要了解非洲民众的建筑审美观。同济大学有不少非洲留学生，我们就请来几位建筑学专业的非洲留学生对方案做出评价，发表看法，从中我们发现了非洲学生们在一些建筑形式方面比较有共同性的偏好。于是，我们对建筑形式做了比较大的调整，形成了现在这样动感而升腾的建筑形象。事实证明这个调整是成功的，中标方案于2007年7月1日在加纳首都阿克拉举行的第九届非盟首脑会议开幕式上向非洲各国首脑汇报，大获成功。这是我们结合非洲文化在建筑风格和形态上所做的有益的探索。

第三个挑战就是整个项目在后期实施过程中克服重重困难，高完成度地实现设计效果。由于经济发展相对滞后，非洲的建设条件比较艰苦。为了反映中国对外援助建设项目的最高水平，我们在设计中运用了大量的先进技术，包括设计手段、材料设备以及施工技术。当然，这也为施工建设阶段的实施落地增加了难度。为了解决这个问题，我们的策略是借助于BIM技术的运用，大量的建筑材料与构件都在国内进行预制生产加工，高水平地制作完成以后，再运送到非洲的施工现场进行安装和装配。这样一方面节约了施工工期，同时也极大地保证了施工质量。

◎ 2007年7月，在加纳首都阿克拉第九届非盟首脑会议开幕式上，设计负责人任力之（右一）、厄立特里亚时任外交部长（右二）等多位成员团首脑、领导人介绍非盟会议中心的设计方案，来源：同济设计集团二院

◎ 2009 年非盟会议中心施工中，来源：同济设计集团二院

另外，埃塞俄比亚的气候条件非常特殊，雨季的暴雨量特别惊人，对非盟会议中心的环廊中庭屋顶、大会议厅金属屋面与外幕墙防水提出了严格的要求。经过反复的研究论证，我们采取了很好的应对加强措施。建成以后经过近6年多的时间考验，证明了技术合理、措施得当。当然，也要归功于我们派驻现场的建筑师、工程师在施工过程中进行了大量不厌其烦配合工作，对几乎所有细节进行了仔细把控和监管，最后获得了超越效果图的实际建成效果。

非盟会议中心建成以后得到各方的赞誉，赢得了非洲人民的喜爱。按照惯例，每年有一次峰会是在非盟会议中心举行的，非洲各国的首脑都在这里参加会议。大家公认非盟会议中心成功地象征了中非友谊与非洲崛起，完善与提升非盟总部的功能与形象。同时，这个项目也是同济大学参与“一带一路”国家战略的一个重要起点。由于这个项目在非洲的广泛影响力，他们都觉得同济大学有机会、也有能力在非洲大陆这个舞台上发挥优势，书写辉煌。

刘： 从您的介绍可以理解非盟中心不仅仅对设计师是一个挑战，它其实是我们作为行业设计人员参与到国家的这种全球发展和提升所带来的一种新的设计价值观和判断。所以我想在这个过程中，对所有的设计人员来说一定是一个非常大的挑战，同时也是一种经验的积累。那之后设计院在这个方面，在海外设计中又做了哪些尝试呢？

◎ 2011 年，建成后的非盟会议中心外观，来源：同济设计集团二院

任: 在非盟会议中心建成之后，2013 年，我们又参与了 2015 米兰世博会的中国企业联合馆的设计，这个项目的获得也得益于我们在 2010 年上海世博会建设中的出色表现。当米兰世博会的中国企业联合馆组委会成立以后，他们第一时间就想到邀请我们来设计。

这个展馆并不大，只有 2000 多平方米，但是要反映的主题和陈展内容却是很有广度与深度。2015 米兰世博会的展览主题是“Feeding the Planet，Energy for Life”，即“滋养地球，生命之源”。这个主题反映了当今世界存在一些矛盾，譬如我们对待地球的态度：索取或是反哺。当然世界各国都有不同的解答方案，对中国

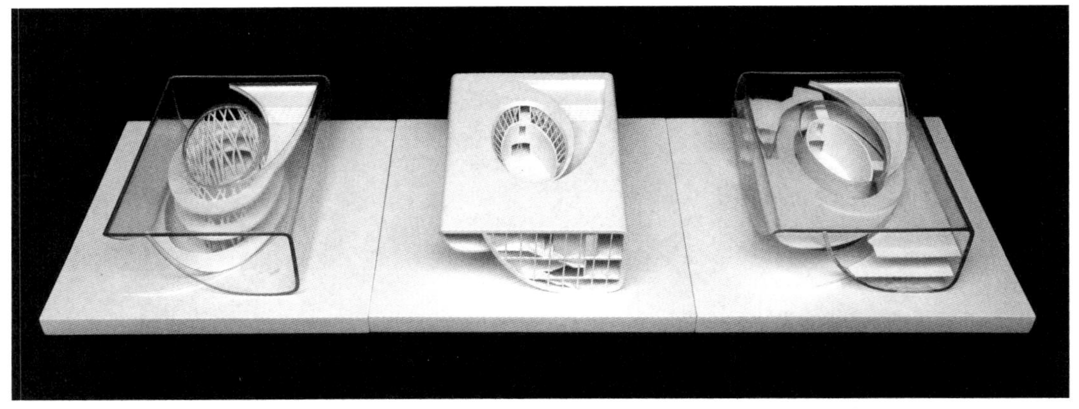

© 2014 年，米兰世博会企业馆模型，来源：同济设计集团二院

企业馆来说，我们应该呈现中国人的思考。我们运用了中国一个传统的哲学思考，叫“反者道之动”，即对各种矛盾以及相互之间的冲突以一种非常智慧的态度面对，我觉得这是中国传统哲学一个很高明的地方，从中我们可以看出中国人在平衡这些矛盾的时候采取的一些方法。

所以我们在这个项目的设计策略上，没有用一个比较传统的中国建筑形式来回答这个问题，而是运用了一系列的二元对立的元素，比如说虚实、方圆，还有就是刚柔。这些看起来很矛盾的做法，都被糅到建筑里面。所以方案完成以后，虽然不能一眼就看出这是中国式的建筑风格，但是可以从空间或者构成方法中感受到中国式实践性的批判与反思，所以我们的方案也是非常顺利地获得通过。

在米兰的建筑实践跟在埃塞俄比亚的建筑实践有着很大差异。在埃塞俄比亚，中国的建筑技术或者建筑规范跟非洲比还有一定的优势，非洲方面对于我们的技术与标准基本上可以全盘接收，就是说可以使用中国的规范，中国的技术。但在欧洲不一样，因为意大利是欧盟中的发达国家，他们有自身很完善的建筑体系，审批流程还有规范标准。所以，我们这个设计需要反过来去适应意大利的各项建设要求。在此过程中，我们跟意大利当地的设计顾问公司一起克服了很多的法规、流程甚至设计与施工时间的困难，整个过程也相当具有挑战性。

通过合作，我们也了解到欧洲在建筑设计中很重视人的安全与权利平等。比如说在消防方面，他们对防火安全的严格程度是超过中国的。另外他们以人为本的建筑功能设置也做得比较好，尤其像残疾人如何能很方便地进出展馆、无障碍地参观展馆等方面要求非常高，体现了人文关怀。所以这些方面我们都严格地执行规范，建筑建成后也都达到了规范的要求。

此外，我觉得在施工工艺方面，意大利也有很多值得我们去学习和借鉴的地方。这次我们在企业馆的结构造型设计上做了一些突破，后来发现施工方在克服建筑师提出的挑战时所采用的技术与方法，可以说让我感到格外惊喜。比如说我

◎ 2014 年，任力之（左四）带领设计团队向米兰世博会技术办公室人员汇报方案，来源：同济设计集团二院

们要做的那个很有表现力的树状柱筒，他们采用的钢结构施工方法，很完美地表现了建筑设计的树筒造型，而且在加工精度上做得非常好。另外就是他们对于膜的加工控制也是做得非常精准，所以意大利建筑施工技术的创新与品质方面，值得我们认真学习。

◎ 2015 米兰世博会施工中，来源：同济设计集团二院

刘：这个很难以想象，在意大利这样一个非常古老的城市中造一个新房子确实非常困难。而且竟然一时间就可以出现那么多的展馆，而且是由意大利的工人来操作、设计，在2015年一年的时间里全部都建成使用了。

任：另外还有一个项目也是我们在海外的建筑实践——在古巴哈瓦那海边，景观非常好的基地上建一座五星级酒店。这个酒店也是中国和古巴政府合作的系列项目当中的一个。其中第一个酒店已经建成，就是建在上海陆家嘴东方明珠旁边的凯宾斯基大酒店，也是由中方和古巴方合资建设，同济院设计的酒店项目。作为系列的第二个项目建在古巴首都哈瓦那海边，一个具有相同规模的五星级酒店。这个项目已经通过了方案的评审和初步设计，现在他们正在具体落实后续的施工工作。

椒江二桥、泰州长江大桥和云南保山综合管廊

2001—2018年

访谈人/参与人/初稿整理：华霞虹/王鑫/郭兴达、李玮玉、华霞虹

访谈时间：2018年3月15日9：30—11：30

访谈地点：同济设计院503会议室

校审情况：经曾明根老师审阅修改，于2019年7月29日定稿

受访者：曾明根

曾明根，男，1963年10月出生于福建，博士，教授级高级工程师。1980年考入同济大学桥梁工程专业，2007年获工学博士学位。1984—2010年任教于同济大学桥梁工程系，历任钢与组合结构桥梁研究室主任、同济大学建筑设计研究院(集团)有限公司桥梁工程设计院常务副院长等职。2011年调入设计院，现任同济大学建筑设计研究院（集团）有限公司副总裁、副总工程师，兼任桥梁工程设计院、市政工程设计院两院院长。

从1985年7月为南浦大桥设计和研究成立的不足10人的桥梁设计室，到现在超过200人的桥梁工程设计院（桥梁院），桥梁院的设计范围已经从桥梁基础上拓展到市政、道路、地下空间、景观工程等市政综合领域。受访者曾明根介绍了桥梁院的发展历程和几个代表性项目，牵头设计的台州椒江二桥、合作设计的泰州长江大桥，以及云南保山综合管廊（市政工程设计院设计）。同时指出，高校强大学科群支持下的产学研协同以及集团化带来的内外资源整合是同济设计做大做强的主要优势。

华霞虹（后文简称“华”）：曾院长，请您为我们介绍一下桥梁院的发展历程好吗？

曾明根（后文简称“曾”）：同济设计集团的桥梁院是由1985年7月成立的桥梁设计室发展而来的，随着时代发展，行业要求和项目特征都产生了很大的变化。比如人员职业化和项目大型化、复杂化。为了高效管理我们的设计生产力，1999年我们先划归上海同济规划建筑设计研究总院管理，成为桥梁工程设计院，在业务上实行受桥梁工程系双重领导。2001年建筑设计院与总院合并以后，我们就一起并入了新的同济大学建筑设计研究院。在我2005年担任桥梁院常务副院长时，桥梁

◎ 1989年，老桥梁设计室合影（前排从左到右：励晓峰、徐利平、陆元春、詹蓓蓓、魏红玉、龚仁明，后排从左到右：候引程、许俊、张明龙、洪国治、袁方、陆宗林、林长川），来源：同济设计集团桥梁工程院

◎ 2015 年搬入四平路 1230 号 425 室同济设计集团桥梁工程设计院，来源：同济设计集团桥梁工程院

院只做一些单体桥梁设计，设计人员基本上都是桥梁专业的，后来随着业务开拓和生产需要变成多工种的协同作战，各个专业的人才都来到我们院，包括道路、交通规划、岩土、隧道、市政给排水、景观、工程经济、照明专业，等等。去年年底（2017 年），桥梁院的规模已经超过 210 人。我们的业务范围也比原来更广，包括了市政管网、道路、地下空间、景观工程，等等。目前我们按照集团的要求，尽量向市政综合方面去发展。当然桥梁肯定还是我们最强的领域。

华：同济设计院桥梁院曾参与过哪些重要的桥梁设计项目？

曾：有很多，跨海、跨长江、跨黄浦江的桥，相当一部分是我们参与设计的。比如上海的南浦大桥、杨浦大桥，江阴长江大桥——国内第一座跨千米的悬索桥，苏通长江公路大桥——设计院设计的第一座跨千米的斜拉桥，主跨长度达 1088 米，还有泰州长江公路大桥，等等。在与其他单位合作开展这些项目的同时，我们也慢慢形成了自身的特色，比如擅长设计景观要求比较高的城市桥梁，因此我们有机会在很多省会城市负责设计主要桥梁。我这里说几个案例。

第一个是桥梁院牵头设计和主创的浙江省台州市的椒江二桥，这是一座主跨 480 米的斜拉桥，跨径比南浦大桥要大一点。尽管跨度不算特别大，但是设计与施工难度非常大，桥位处有一些特殊的不利条件，比如河床的覆盖层非常厚，桩基长度超过 100 米才到达基础持力层，这是当时国内桥梁桩基最长的，这给设计

◎ 台州椒江二桥，来源：同济设计集团桥梁工程院

和施工都带来困难。

该项目第二个不利因素是台州地区每年都要受很长时间的强台风影响，如何提高桥梁抗风性能特别重要。由于通航要求，需要采用480米主跨的斜拉桥结构体系，其主梁设计包括断面形式和材料选择尤为重要。可以简单地理解这个项目的一些矛盾因素：要实现大跨径，最好选择全钢断面，但造价势必提高，主体质量太轻也会影响桥梁抗风性能；选择混凝土断面，看上去较经济，但上部结构重量大大提高，会带来基础工程的压力，因此选一种合理的断面形式、材料组合成了该项目设计的关键问题。为此我们设立了研究课题来研究最合理主梁结构断面、桥梁抗风性能、桥梁抗震、防撞、特长桩基施工工艺、主梁拼装方法等问题，最后独创了一种分离式的组合箱梁结构。这种组合梁结构抗风性能好，材料少，施工方便，可以采用全工厂化预制现场拼装，因此质量和工期都有保障。这些研究课题主要是桥梁系各学科组负责完成的，特别是主梁断面设计属于国际首创，对同类桥梁设计有借鉴意义。这种创新的结构设计得益于我们背靠同济强大的学科群体和科研力量的优势。不只是桥梁系，还有土木学院的其他学科、道交学院、建筑城规学院、材料学院、机械学院、管理学院等组成的大学科群对我们的支撑作用，有了整个同济大学的产学研协同做支撑，再大的工程设计难题我们也敢放手去做。其他设计院不具备高校设计院这样的技术优势。

华：在实际建造过程中，有没有遇到技术和工艺的挑战？

曾：台州椒江二桥项目开展得非常顺利。最主要的原因是我们设计时充分考虑施工工艺及工期控制。桥梁在没合拢前是最危险的，尤其不能遭遇台风。我们在排工期时为了避开台风季节，梁的施工不能跨过一个年度。因为这座桥的前期是工厂化加工，再把梁一段一段地安装好，施工工艺和结构形式设计是相辅相成的。安排工期需要同时考虑工厂的制作、吊装运输、断面重量等诸多问题。通过很多课题研究，统筹考虑各种变量因素来确定最终的施工流程。椒江二桥是2007年开始前期规划设计，2014年建成通车的。这座桥是桥梁院牵头做的主设计，解决主要技术难题。

第二个项目，2006年开始设计的江苏泰州长江大桥，这是一个合作项目，由江苏省交通规划设计院（现中设集团）牵头、中铁大桥勘测设计院和同济大学建筑设计院桥梁院联合设计。它是国际上第一座跨径超过1000米的三塔悬索桥。目前为止跨越能力最强的是悬索桥，一般的悬索桥只有两个塔。国际上悬索桥跨径在1000米以上的很多，但是没有三个塔的。相比于双塔体系，三塔悬索桥跨越能力更强，但受力体系跟双塔系统不一样。为什么这样的三塔桥国际上没有先例呢？主要是因为有难度，而且只能在特定条件，比如江面很宽的情况下才会应用。关于这个项目，我主要想说一些关键技术问题，中塔的刚度以及索鞍设计涉及整个体系的合理性，这两大关键技术问题的解决，我们设计院人员起到了关键作用。

◎ 泰州长江大桥，来源：同济设计集团桥梁工程院

◎ 泰州长江大桥施工过程，来源：同济设计集团桥梁工程院

系里面好几个学科组也同样参与了泰州长江大桥的设计和科研。这个项目也是一个设计人员和学科组联合作战的典型案例。通过泰州长江大桥的设计及建造，我们参与完成了国家关于三塔悬索桥设计施工的攻关课题，编写出版了《江苏省三塔悬索桥设计指南》，对类似的桥梁设计有指导作用。

华：这些案例都证明了实际项目对科研的推动力很强，很多研究都是在解决具体问题的过程中取得突破的。

曾：是这样的。因为我们有很多学科群的支持，在面对可能有问题的项目时，比其他单位大胆一点。遇到了挑战，我们就把技术问题作为专题列出来，请系里教师以及各个学科组来参与研究，这是一个双赢的过程，学科组帮助我们解决了技术难题，也提高了他们的科研能力，成果也得到推广应用。比如现在我们研究的混凝土和钢的组合结构，其实一直是国家推广的，既可以消化过剩的钢材，也不需要很多的劳动力。基于之前做过的研究，我们与院里学科组合作承接了大量课题，比如给一些省份绘制组合结构的标准图，等等，这些课题都是政府主管部门主动委托我们的。有了这些标准图，常规项目就有了参照的标准。

◎ 大同市北环路御河桥，2016 年建成，来源：同济设计集团桥梁工程院

我们还有一项优势，建筑城规学院及创意学院的老师如钱锋、汤朔宁、李兴无、任丽莎[1]等教授对桥梁设计也很感兴趣。因此我们桥梁院的许多项目是跟建筑师联合设计的，比如大同、太原新建的大桥。这些桥有的已经成为当地的城市标志。在这些案例中，我们把建筑、规划跟桥梁综合考虑，规划出桥梁群，用建筑规划的专业知识来判断哪些桥在城市空间中地位更重要，哪些桥相对次要，哪些桥需要特殊的造型，又如何融入城市整体环境中，形成城市独特的风格。桥梁院已在这些方面探索出很多好的设计思路。

华：曾院长，同济设计院桥梁院的业务近年来也在向市政方向拓展，请您再介绍一下云南保山综合管廊项目好吗？

曾：云南保山综合管廊项目是国务院试点项目，是集团市政工程设计院设计的。从管廊设计来讲，看似很复杂，做过一遍以后就不觉得很难了。在保山项目之后，同济已经设计了十几个管廊，有的已经完工，有的还在施工。综合管廊项目最关

1 任丽莎，女，2010 年获同济大学建筑历史与理论方向博士学位，师从殷正声教授。现任职于同济大学设计创意学院。

◎ 太原市桥梁群，来源：同济设计集团桥梁工程院

键的是工艺设计，需要多专业配合，这些对于同济院这样一个综合院都不算挑战，我们有很丰富的跨专业配合经验。但是我更担心的是设计之外的事，管廊工程造价比较高，维护成本也高，投入的回收期很长。如果在旧城区里开发，不仅难度非常大，代价也更大，将来运营管理，投资回收都是挑战，个人认为，大面积推广管廊工程为时尚早。

华：云南保山为何适合建设管廊工程？

曾：因为国家需要选择不同地区、不同规模、不同特点城市作为试点，云南保山市非常重视，申报工作准备充分，我们也给予技术上的支撑，所以在多个城市竞争中胜出。

华：项目规模扩大之后，桥梁院跟设计集团其他院有合作设计吗？

曾：与建筑院的合作一直存在。比如建筑项目中的市政配套设计，会安排我们桥梁院帮忙。市政跟建筑彼此无法分离，我们有些项目也要请建筑方向的分院来帮忙，比如地下空间及地下交通、大型市政项目的建筑配套工程等。

华：从原来桥梁系下面的设计室到进入同济设计集团以后，桥梁院的工程规模越来越大。在您看来，同济院作为高校设计院做大做强的意义有哪些？

曾：这个问题有点大。先说说桥梁院，从原来桥梁系下面的设计室进入同济设计集团，这是大势所趋，不管是出于专业化要求，还是行业管理需要都只能这样；从桥梁院发展角度看，也只有进入集团，桥梁院才能有更好的发展土壤，才能有条件综合利用集团专业齐全、资源丰富的优势，同时也没有失去系里学科的支撑。至于同济院作为高校设计院做大做强的意义这个问题，我个人肤浅的理解是这样的：

首先，同济大学优势学科非常突出，专业也齐全；学校派生出来的设计院也只有做大做强才能吻合其同济设计院的名号，学校学科齐全与设计院大、学科强势与设计院强有必然关系。其次，现在的设计项目主要有两个趋势，一是大型化，二是综合化。这样的趋势之下，如果设计院的规模小，综合能力不强，很难拿到大型项目，对设计院自身发展不利。还有，设计院做大做强后能为学校相关学科建设、教学实践提供更多的平台与机会，学科科研成果也能促进设计院作品品质提高和发展，是一个双赢结果。

华：现在桥梁院中同济毕业生的员工比例大概是多少？

曾：同济毕业的占50%左右。以前比例更高。这几年在同济学生中招聘变难了。主要原因一是上海的户口政策，二是高房价。所以现在我们的人才总体呈现多样化的趋势，“海归”也越来越多。

原作设计工作室、历史建筑改造与城市公共空间再生

2001—2010 年

访谈人 / 文稿整理：邓小骅

访谈时间：2018 年 4 月 8 日 16：00—17：00

访谈地点：原作设计工作室

校审情况：经章明老师审阅修改，于 2021 年 9 月 3 日定稿

受访者：

章明，男，1968 年 11 月出生于湖南省，教授，博士生导师，同济大学建筑与城市规划学院景观学系主任。1987 年考入同济大学建筑系，获建筑学学士、硕士、博士学位。1994 年日本短期研修，1995 年留校任教。1998 年公派留法 1 年。2001 年与张姿合作成立原作设计工作室。现任上海市规划委员会城市空间与风貌保护专业委员会专家、上海市建筑学会理事 / 建筑创作学术部主任、中国建筑学会城乡建成遗产学术委员会理事、中国建筑学会工业遗产学术委员会委员等。

2001年创建的原作设计工作室是较早在同济设计集团体系下发展，且与集团合作紧密良好，并获得大量设计奖项的工作室。访谈中，章明讲述了工作室的创建背景、创作理念和特色，以及与设计集团的合作共赢关系。并通过新天地屋里厢博物馆、上海当代艺术博物馆、杨浦滨江、解放日报社等项目，阐释了原作在既有建筑改造方面的设计理念：向史而新——保留有价值的历史要素，进行底片叠加式的设计，在改造中加入具有自我立场的新意。

邓小骅（后文简称"邓"）：章老师好！您现在既是建筑师，同时也在做老师，您怎么看待两者的关系？此外，请您介绍一下原作工作室成立的背景好吗？

章明（后文简称"章"）：医生、律师、建筑师是三大古老职业。律师维持社会的秩序，医生维持人体的秩序，建筑师则要创造城市的秩序。建筑学的一个重要特征就是实践性。我和学院很多其他老师一样，是隶属于学院和设计院双重管理的状态，这种状态符合这个学科本身的诉求和特点。教师和建筑师，这两者可以很好地结合在一起。

我在1998—1999年去法国做了一年的访问学者之后，于2001年与张姿合作正式成立了原作设计工作室。到2018年，我们的工作室已经成立17年了。我们的工作室属于同济设计集团，也是同济大学建筑设计研究院旗下成立比较早的建筑师工作室，可以被定位为一个小的创作室。实际上很多设计院，包括一些国营大院和民营大院，后期都陆续开始成立建筑师品牌的工作室。我认为工作室制度跟建筑学本身的实践特征和学术特征相一致。真正的建筑创作要有灵魂人物来主导设计。原作工作室不敢说是（同济设计）集团里最早成立的，但是如果说有相对正规的设计工作室概念，有相对固定的人员和场所，原作工作室应该算是很早的一个。

我们工作室起名为原作设计工作室，其初衷就是希望立足本土，创造属于本土文化的原创作品。这个名字很直白，但是表达了我们当时的一种心境，在看了很多欧洲的城市和建筑后感觉到，国内真正属于我们在地文化和在地场景的原创设计很少。在1990年代后期或者2000年左右，很多设计单位所承接的大型项目，尤其是公建项目，往往都是境外事务所做的设计，而国内单位只是为他们配合设计，那时我们觉得中国应该有自己原创的作品。当时算是有理想，怀着一腔热血。我们不会去给其他设计师做后期配套设计，中间陆续有好多境外设计师，甚至是一些建筑大师也找过我们，希望我们做合作方，或者采取对方负责前期、我们负责后期的合作方式，我们基本都婉拒了。十几年来原作工作室还是坚持做自己原创的设计。

◎ 原作设计工作室现状，来源：原作设计工作室

邓： 在您看来，设计院和建筑师工作室的关系应该是怎样的？

章： 我觉得大型设计集团就像是一艘航空母舰，工作室更像是一艘小快艇，独立作战能力相对航母会更强，也更灵活，或者说集团像大的集团军作战，工作室则更像突击队。两者的工作方式有所不同，承接的项目类型也可能会有不同，但集团是一个非常坚强的后盾，提供所有的技术支撑、商务支撑，包括整体配套、人员支撑。虽然我们是一个小工作室，但有了这个后盾，我们也敢于承接一些重大项目，比如十几万平方米、二十几万平方米的文化综合体、几公里长的滨江岸线，等等，我们也可以承接比较大的改造项目。有了集团的支持，业主也会对工作室有更大的信任，因为觉得你不是在单兵作战。

我相信很多大型设计院出现这种工作室模式，一方面是因为能够更好地发挥建筑师的积极性，激发他们对项目本身投入更大的热情和责任感；另一方面对小工作室而言设计院又是有强大的后盾。所以二者之间配合得好，对于行业必然有贡献。十几年来，原作设计工作室和集团一直处于相对良好的配合与互动状态。

对于同济设计集团这样成长非常快，规模已经达到3000多人的大型设计企业，如何能够让设计院和工作室各自更好地发挥其所长，仍有提升空间。同济大学建筑学院和设计院早期关系非常密切，随着市场化的发展和各自规模的扩张，企业变得更加独立和壮大，但学院和设计院的合作紧密度反而跟不上了。工作室的单兵作战能力很强，也勇于挑战一些有未知因素的项目，或者说一些有科研性或者说前沿性的项目，而这些项目与相对成熟的产品不同，可能需要花更多的精力和时间。集团可能需要有更好的系统来支持这类研究性的项目。集团是大而全，厚而广，而工作室是专而精，二者之间具有互补性，尤其是对于高校设计院。我们工作室一直在做研究型设计，是设计的研究和研究的设计。作为高校的建筑设计研究院同样应该强调设计与研究的关联，注重研究型设计。同济设计集团发展的速度非常快，但是作为一家高校设计院，一方面需要提升产值，增加项目数量，但可能更要重视研究型设计所占的比重，能创造出公认的原创作品来。我觉得后者可能是更重要的。所以未来同济设计集团应该注重从增量到增质的转变。在未来60年,产生出更多的著名建筑师,更多的好作品,这个是高校设计院应该承担的。

邓：您的工作室已经发展了很长时间了，是否形成了自我特色和创作理念？

章：工作室正式成立是2001年，我们已经有了固定的场地和人员，开始有一些相对规范的管理，我们有意控制了扩张的规模。我的体会是，一个建筑师能够率领的团队，大致在15人之内，超出这一规模，工作模式就改变了，就不再能以团队核心灵魂建筑师这样一种身份出现。所以我们长期保持30多个建筑师的规模，希望主创建筑师能在工作室中充当灵魂设计师的角色，而不是所谓的管理者。有一个灵魂建筑师引领工作室，能够使工作室形成自己的价值观和特色。可以非常骄傲地讲，虽然原作是一个很小的工作室，但是我们在集团获奖项目中所占的比例还是相当高的。

2015年12月《城市环境设计》（UED）杂志为我们工作室出版了一本专辑，我们把主题定为"关系的散文"[1],在其中提出了四个概念:关系的前置,关系的进化,关系的观想和关系的诗学。具体而言，就是在设计之初就把关系放在第一位，考虑各方面因素的关联。其次，我们希望这种"关系"在设计过程中能有突破或模式上的改变，能够自我进化。关系的观想是指把时间要素注入到设计中，建筑不是标准照，需要去体验和观想。最后，关系的诗学是指最终的诉求是创造诗意的场所和空间，这是我们最高的追求。

这实际上是对我们这么多年来对建筑的理解所做的总结。建筑是我们认识和感知这个世界的一种媒介，而在这个媒介当中我们把关系放在第一位；另一层意思是希望形成散文式的表达，从原来小说般非常周整的故事情节，或是像诗歌般激情澎湃的表达，变得更加平缓、优雅，逐渐地，我们不再追求宏大建筑或者宏大的形式感和仪式感，而是追求能跟人的心灵相匹配的、看似疏散，但能够触动人心灵的建筑。这也是工作室在发展和实践中总结的一些理念。

邓：可否谈谈您关于旧建筑改造的心得与经验？

章：我从法国回来后做的第一个项目是新天地屋里厢博物馆。在欧洲我游历了十几

1　章明，张姿 . 关系的散文 [J]. 城市环境设计 . 2015（1）.

个国家、50多个城市，看到那些城市如何让优秀的老建筑焕发新的生命，将当下时尚与老建筑的传统魅力相结合。2000年回国后就接手做新天地这个项目，虽然不大，但我们团队算较早介入城市更新这一领域的，从那时起就对既有建筑改造有了持续的关注和系统性的总结。我们还曾参与编撰《建筑设计资料集》（第三版）关于建筑改造章节，参编《既有工业建筑民用化改造绿色技术规程》等，也有相关文章陆续发表。

从新天地屋里厢博物馆到北站街道社区文化活动中心，到世博会未来馆和上海当代艺术博物馆改造、解放日报社的改造，现在又逐渐拓展到区域，比如影响比较大的杨浦滨江示范段，等等，我们已经从既有建筑改造再利用进入到建成环境的改造利用和品质提升的阶段，逐渐从具体的单个建筑拓展到城市的公共空间、拓展到街区，包括一些历史街区等。

我说过建筑师是城市的“织补师”，新建建筑并非空中来物，而是存在于原有的肌理和建筑群落中。我们要在既有环境中把它织补起来。织补时，可能用原来的工艺和材料，也可能用新的材料，但织补完，新旧是和谐的，能够满足现有不同的诉求，包括审美和文化归属的诉求，我觉得这很重要。

我有三个主要观点：第一，城市的发展实际上是一个底片叠加的状态，而不是照片覆盖，用新的覆盖老的。我们原来叫旧城改造，以拆除为先，那种方式有些过于粗暴，把原来的城市肌理都消灭了。现在叫有机更新，是以保留为先，我们不会把原来的东西当作历史的负担，或是创作的桎梏，相反它是我们创作的源泉。所以城市的发展就是底片叠加的过程。

第二，历史是一个流程，我们要尊重其中有价值的东西。建筑师是织补师，有时又是考古挖掘者。你要去挖掘场地的线索，挖掘场地上留存下来的有诗意的、可能被灰尘掩盖掉的内容，把灰尘抹去，那些内容就会很好地呈现出来。所以建筑师要善于挖掘，但是他也不是要简单地回到过去，而是要把每个流程中有价值的内容都呈现出来，也包括当下。卢永毅老师给我们写过一篇解放日报社改造的文章，其中她很明确地感受到，我们团队在做改造项目时有自己明确的介入姿态。很多建筑在不同时期经过不同建筑师的改造，原作工作室团队介入后会留下我们自己的痕迹，但不是说抹去历史的过程，这就是我们的立场。

最后，我来讲一下“锚固与游离”，这是我写的一篇文章的题目。“锚固”就是要把现场已有的信息和线索保护好，而创作当中又始终保持着“游离”的状态。建筑师不是简单地回到过去，而是要游离在过去之外，呈现出自己的价值取向，呈现出游离在那些锚固的要素之外的要素。而这两者之间是互相交织、互相融合的。

总结下来，我的观点就是四个字“向史而新”。

© 从黄浦江对岸望 PSA 全景，来源：原作设计工作室

邓：请您重点介绍几个最近几年做的觉得印象特别深的改造更新项目好吗？
章：第一个无疑是上海当代艺术博物馆（PSA）的改造。2010 年上海世博会时，我们把它改造为城市未来馆，当时是中国第一个由大型工业建筑改造为民用建筑的项目，还获得了三星级绿色建筑设计标识。世博会后，这栋建筑又要改造成博物馆。这个项目的贡献是提供了一个能够真正把大型工业建筑转变成为符合各类规范和标准的民用建筑的范本。

邓：为什么 PSA 能成功转型，成为上海的一个文化地标？
章：PSA 具有一种文化辐射力，我们说它是“重新发电”，原来的老建筑——南市发电厂提供的是物质的电，现在 PSA 提供的是文化和精神的“电”。除了建筑学的意义，PSA 还具有艺术史上的地位和意义，因为它是中国第一个公立的当代艺术博物馆，具有一定的标杆性。

邓：当初设计时，比如方案阶段有没有遇到困难？
章：困难还是很多的。除了如何把工业建筑转变成民用建筑，需要很多的研究和尝试外，为了拿到三星级绿色建筑设计标识，还要研究不同的技术，此外还要跟艺术家沟通。工业建筑中有非常多的工业要素，这些要素在建筑师眼里非常有震撼力和场所精神，而艺术家可能认为这些震撼力对未来展出艺术品会造成冲突，所以建筑师跟艺术家之间会有矛盾。

另一个困难是路径的设计。我们在内部设置了多个漫游路径，而不是像一般

© PSA 大厅室内，来源：原作设计工作室

的美术馆或博物馆有非常清晰的路径。因为 PSA 展厅数量很多，不一定所有展厅同时开。此外，我们希望 PSA 形成内化的广场和街道，大家在立体街道中穿越，可以自由选择去咖啡馆、屋顶大平台，或是去展厅或美术商店。

再一个困难是开放式的设计。我们把自然光引入室内，利用人工引入光线，把北面打开，把烟囱变成参观内容的一部分，而不仅仅是从外部观望，同时烟囱内部也是一个很有特色的展厅。在朝向黄浦江方向我们做了大片的玻璃，打开缺口，把南浦大桥和黄浦江的景色引入到展馆当中。我们把传统意义上封闭的艺术展馆变成了一个开放的，有光线的，人们在里面可以漫游的内化城市。

还有一个困难就是工期的矛盾。当时施工时间非常短，而我们希望在 24 米高的平台上创建一个 3000 平方米、没有任何设施设备的城市阳台，这是建筑师的一个责任，如果不做就对不起这座建筑，对不起上海这座城市。当时为了做这个平台，大概开了十几次会，反复协调时间和技术可行性，最终获得了领导的支持。通过合理地协调时间、交叉作业，最终这个城市平台得以实现，很不容易。

邓：原作工作室最近几年在杨浦滨江公共空间的改造是如何开展的，从单体建筑到城市公共空间更新重点有何不同？

章：无论是杨浦滨江，还是我们正在做的苏州河改造，都是城市滨水空间，是非常重要的城市公共开放空间。建筑师一旦介入，责任感和压力都很大。

◎ PSA 室内施工照片，来源：原作设计工作室

当年我们做杨浦滨江时，场地上有很多混凝土系缆墩，因为跟栈桥和水利设施会产生矛盾，我们之前的设计团队建议拆除。后来我们团队中途接手，我们的意见是不拆除。当时拆除的船都已经驶到江边了，如果我们晚去一两天，可能就已经拆掉了。我们坚决要求保留，区里面包括滨江项目的领导也认同了我们的想法，拆除工作就马上停止了。我们抢救式地保留了很多具有重要工业特征的东西。最终栈桥是把保留的系缆墩包在当中，行人绕过它们前行，有一些和历史对话的关系存在其中。

邓： 最后请您再介绍一下获得香港建筑师学会“两岸四地建筑”银奖的解放日报社改造项目好吗？

章： 解放日报社原本是报业大楼南边一栋大概 6 年没人使用的杂草丛生的老房子，当初解放日报社的领导说，这么破败的房子能整好吗？我说修缮改造好以后，一定会让在高层建筑里办公的人羡慕你们。

这个老房子是独门独院，但房子本身非常破败。建筑师在现场就像考古学家一样，我们看到很多有价值的要素，很兴奋。除了改造，我们还进行了扩建，新的部分是白色体块，用简洁的横窗，单看白色房子觉得很简单，但跟老房子放在一起时，彼此产生了很大张力，反而让空间变得很有魅力。

解放日报社的老房子是第三类优秀历史建筑，有些地方可以改动。当时很多

◎ 杨浦滨江栈桥段改造，来源：原作设计工作室

◎ 解放日报社改造新旧对比关系，来源：原作设计工作室

吊顶很破败，我提出顶上的密肋梁是结构美学的重要表达，最好能加以呈现。从原来的严同春宅变成办公空间，去除吊顶后层高也可以增加，因此甲方也支持。当时去给专家汇报，按照通常的做法，应该按照图纸恢复原样。我提出即使吊顶恢复也是新做的，如果把原有的美学特征体现出来，未尝不是一种新的路径。最后专家们也比较开明，说：不妨一试。

此外，我们把楼梯的漆清理掉之后，发现是非常好的硬木楼梯，于是提出做

◎ 解放日报社更新后室内，来源：原作设计工作室

成清水的。虽然历史照片显示原来是浑水漆作，但我们希望把它本身清水木制特征充分表现出来，而它原有的斑驳的痕迹能更好地体现出历史厚重感。这座建筑曾做过酒店，地面铺的是大理石，但跟建筑本身的氛围不相符，所以我们就敲开了大理石，发现里面就是原来的水磨石。于是我们把水磨石打磨好，上好固化剂，非常漂亮。

我们的观点就是“向史而新”。历史是一个流程，不一定要求所有的东西都要回到过去。在需要的时候可以回到过去，但做的东西也要有新意，这个新意不是无本无源的，它是基于原来的这些本和源，而产生的新的价值。

若本建筑工作室，文化建筑和博物馆 | 2005—2018 年

访谈人 / 文稿整理：邓小骅

访谈时间：2018 年 5 月 11 日 14：00—15：00

访谈地点：同济大学建筑设计研究院（集团）会议室

校审情况：经李立老师审阅修改，于 2019 年 10 月 13 日定稿

受访者：

李立，男，1973 年 5 月出生于河南省开封市，教授、博士生导师，若本建筑工作室创始人、主持建筑师。1994 年于东南大学获得建筑学学士学位；1997 年、2002 年于东南大学获得建筑学硕士、工学博士学位，师从齐康院士。2003—2005 年于同济大学建筑学博士后科研流动站工作。2005 年至今执教于同济大学建筑与城市规划学院。2015 年成立若本建筑工作室。

若本建筑工作室的实践提供了一个极小规模的团队如何与同济设计集团进行合作的样本。主持建筑师李立强调团队通过方案设计和施工现场来实现对建筑的质量控制。在访谈中，李立通过对其一系列作品的介绍，阐述了他的核心设计观念，比如功能问题、尺度问题等，其中，他对于建筑场地的理解以及对于建造现场的关注，则显得尤为突出。

邓小骅（后文简称"邓"）：作为建筑系的老师，您如何平衡设计和教学这两者的关系？

李立（后文简称"李"）：我的观点是这两者其实是一件事，是要相结合的。首先在设计观念上，教学跟实践是紧密关联的，我过去围绕实践做过一些本科教学方式的探索。另外，我在指导研究生的时候也希望研究生的论文写作跟他的研究主题、工程实践紧密结合，这也是当前研究生培养的方向之一，也就是设计研究型的学生。要保证你做的事表里如一，是在做同一件事情。另外，设计实践本身会牵扯到很多方面的问题，比如涉及实际的社会问题、乡村问题等。围绕设计的外延，可以展开很多研究，所以我认为设计实践和教学其实是一件事情。

邓：您和同济院的合作是如何开始的？您又是如何运营自己的工作室的？

李：跟同济院的合作是很偶然的事情。我在博士后出站后，于2005年正式留校教书，2007年我得到洛阳博物馆招标的消息，想参与一下，就跟同济院合作参加投标，没想到第一次合作就中标了，之后就参与了施工图，再到建成，后来就有了比较紧密的合作。

我在工作室的经营上没什么经验，或者说没什么商业头脑。从2007年做洛阳博物馆，建成是2009年，到现在差不多10年，在这10年里大概有六七年的时间，一直是我和高山两个人一起合作。我画草图，高山的电脑特别熟练，工作方法也很理性，我跟他合作得很好，但团队始终没有成长起来。

到了最近3年，我们考虑到再这样就没法发展了，就于2015年5月成立了若本建筑工作室。工作室里基本都是我的研究生，研究生毕业了会有少量的人留下来，现在这个工作室包括我共有5个人。

我们的工作方式就是跟设计院合作，因为团队规模太小，没办法独立。我们做设计基本抓两头，因为没有能力去做施工图，所以我们做方案和初步设计，以及后期的施工现场，把中间施工图这个大头就交给设计院了。

相比行业中的大设计院，高校设计院比较灵活，同济院的经营体制就很灵活。整个行业好比一口大缸，里面可以装很多大石头，但中间有很多空隙，高校设计

◎ 洛阳博物馆全景，来源：若本建筑工作室提供

院就可以填充这些空隙，通过灵活的机制和学术基础，在这种体系中能够找到自己的定位。

邓： 您说到洛阳博物馆，我觉得它是有一个很鲜明的理念在里面的，您能否谈谈这个项目最初的理念是怎么形成的？

李： 洛阳博物馆等于是我的第一个建成作品，其实刚开始投这个标是很艰难的。当时国内外总共有20多个方案，先选出11个，再通过评审投票选出4个，4个中再选出2个，然后把这2个方案送到市领导处广泛征求意见，最后才确定中标，其中的过程很曲折。我在方案设计开始就有了一个概念，尽管最后呈现出的形式跟最初相比有一些变化，但我认为设计概念还是延续下来了。

我们最初的设计概念还是比较强调单纯和抽象的概念，没有过多去考虑比如建筑形象、标志性等因素，形式上就是一个立方体的完形，一个有很多开口的盒子，但很难用它去说服专家、领导和市民，必须兼顾文化性上的形象意义。后来我们在建筑外观上尝试做了比较大的调整，最终呈现出一个折中的外表，但是它的优点是我们的设计观念得以延续了下来。

邓： 您做的这些项目里面有哪些作品是印象比较深刻的？

李： 我们团队做项目会有意识地做一些挑选。我们如果选择这个项目了，它本身就是有意思的，所以每一个项目都有它独特的属性。

比如说山东省美术馆，美术馆跟博物馆又不一样，美术馆的特定功能性特别强，

© 无锡阖闾城遗址博物馆，来源：若本建筑工作室提供

艺术展览跟博物馆的文物陈列是不一样的，更换频率比较快。美术馆那套工艺体系跟博物馆是完全不一样的，另外山东省的美术馆也要回应齐鲁文化，回应特定场地的特征等，要有独特性。

无锡阖闾城遗址博物馆，那个也很特别。在无锡的太湖边上有一个废弃的矿坑，在投标的方案中，别的方案把房子都放在平地上做博物馆，我们没有，我们觉得那个矿坑闲着也是闲着，于是就把建筑塞到矿坑里面，也很独特。最后领导很喜欢，就中标了。

还比如我现在正在做的上海博物馆东馆。上海博物馆在国家行业内是类似于龙头地位的博物馆，它的管理、藏品以及业内的声誉都是最高级别的，所以这又是一个新的挑战。另外，它也是在上海的项目，在这样一个特定的国际化城市里面，也会产生它的独特性。

杭州的丝绸博物馆是一个老建筑改造。我们团队第一次做改扩建项目，难度特别高，因为在西湖风景区里，制约很多，建筑不能高，不能大，还必须有坡顶，各种指标都要满足严苛的要求。这座建筑规模不大，但很琐碎，我们折腾了一整年的时间，跑现场的频率是很高的，有时候一周会叫我过去两次。

邓：您做了很多文化类建筑，有哪些经验是可以总结和分享的？

李：原则性的东西还是大家常说的内容，就看你怎么运用这些原则，比如场地的原则、

◎ 杭州丝绸博物馆，来源：若本建筑工作室

功能的原则，比如不能回避的形态问题，而且关键是，你是教条地运用这些原则，还是正儿八经地针对每一个项目的特点、有意识地赋予它独特性的内涵。

说到场地，大家都知道有一块地要造一个房子，但这块场地有什么信息，有没有去深入理解这个场地，就是一个值得思考的问题了。有的场地是弱信息，有的场地是强信息。强信息就是大家都看得出来，比如它是冰雪覆盖的或者是有高差的；有的场地是弱信息，这个信息是你可以通过设计激发它特定的属性。这就好像场地被尘土覆盖，需要你去清扫。

对功能的理解也不能僵化，比如说我们常用的《建筑设计资料集》、功能泡泡图，这只是一种对功能的模式化理解，而你要超越这种功能理解，要思考建筑功能如何能够获得最大的社会价值或社会效益，或者说如何激发一些公共性和大家的参与性，以及空间的潜能，这还在于你如何去创造这些功能组织。有的时候我们强调功能混合、功能的不确定性，或者强调功能的开放性，这个是需要建筑师去尝试和思考的。

我们做博物馆时，最重视的其实就是功能，或者说我们做博物馆最基本的就是要求它好用，必须特别好用。在做每一个博物馆或者文化建筑设计的时候我会花很多时间在平面上，其实有时候我都不怎么关注形态问题，我认为最关键的是一定要符合要求。我特别关心房子好不好用，因为做了这么多实践以后，你会发现博物馆或者美术馆的业主，他们作为使用者，都有很多经验教训。尤其是我接触的，很多都是地方上的标志性建筑，大家都特别关注建筑建好以后能不能很好地运转。要把研究如何好用放在第一位，最终的形态是依附于好用的骨架之上的。

上海博物馆我们做了一年多的投标。它的外观概念一直在变，但是你看它的骨架没变过。后来我们又参加了正式的国际招标，又残酷地 PK 了四轮。但是从第一轮到第四轮，我的方案的空间框架始终没有变过，类似于拓扑学，最核心的关系是不变的。我们是基于对场地的理解提出了这样的提纲和框架，作为一个有经验的建筑师，应该会提出这样的东西。如果它在外观上不被接受，我可以在框架上调整外观，在形态上不会有太多限制。所以对我们做的那些文化场馆进行业主回访，他可能会告诉你最重要的特点就是这个馆是好用的。

尤其是山东美术馆，那个馆长过了好多年也特别自豪，他经常说，我们两个人合作的这个馆可以说是全国最好用的美术馆了，从整个布展的便捷程度、流线组织方面而言，都是非常合理的。

而丝绸博物馆的馆长是一位活跃在文物界的知名学者。改扩建完成以后，馆方组织了很丰富的活动，那个馆面积不大，但被人利用得非常好。

◎ 上海博物馆东馆施工现场室内，来源：若本建筑工作室

◎ 上海博物馆东馆施工现场室外，来源：若本建筑工作室

邓： 您做了很多大尺度、大体量的建筑，那面对一些小尺度建筑时应该如何去把控呢？

李： 对于尺度的把控很重要。在早年我做过一个费孝通江村纪念馆，建筑面积不到2000平方米，那个是在洛阳博物馆完成之后做的。这种小尺度的建筑，我认为要研究的是房子跟环境的关系，譬如说费孝通江村纪念馆，就是研究它跟村庄的尺度的关联性。

建筑师对于尺度一定要有清晰的认知，做惯了大尺度的一定要经常在不同的建筑尺度之间游离转换。我其实还是有意识地让团队不要一直做很大的建筑。我们团队会同步推进很小的建筑，比如会在做11万平方米的上海博物馆的同时，还在山东做一个1000平方米的小馆。不能老做尺度大的，老做高铁站。建筑师还是要调配这个问题，说白了，建筑是跟人的个体有关，跟身体有关的，老在一个巨型尺度里面做设计还是会出问题的。换句话说，即使是在做巨型建筑的时候也要研究一个巨大的建筑怎么跟个体发生关联，因为你是否关注这个问题会导致完全不同的结果。高铁站，做得再大都是可以用的，但是它是否舒适呢？如果在设计之初思路就不同的话，我相信会得出完全不同的结果。

比如说虹桥枢纽和浦东机场都是机场，这两个尺度就是不一样的。二者的人流量都很多，为什么一个要做成巨大的空间，另一个则设置了合适的层高，这个就是设计出发点不一样，所以得出了不同的东西。浦东机场放到虹桥枢纽去完全也可以，我觉得还是在设计起点上、理念上考虑的东西不同，所以导致结果的不同。

邓：在设计开始之前，您如何从空白场地中获取场地上的信息呢？

李：我经常会遇到这种情况，业主要造博物馆，就会给我一个足够的用地，“随便你放在哪”。其实对于建筑师来说，这种毫无特征的场地其实很难做。要在这么大的场地中寻找一个恰当的地方，这种情况下我会比较紧张。从古到今都会有这样的事，古代选都城，也要靠当时的术士或者建筑师去找。在我看来，有时选择了某个场地，从某种意义上讲，设计也就做完了。

我在做威海的“一战”华工纪念馆时碰到的就是很典型的场地问题。当时业主说要造这么一个馆，给了一块很大的用地。当时我带着学生就来看场地，学生跟我的状态是不一样的，他可能更多只是跟着你去看，但是我认为既然到了场地，不会是简单拍几张照片就走人了，来过了就应该充分获取场地信息。当时我想，因为场地在海边，建筑要居高临下，后来发现场地边上有一块微微隆起的石崖，我觉得可能这里可以。但是这个石崖比平地就高一点，业主还想要造一个高大的纪念馆，我走到石崖上面又看，这个事就变得比较神奇了，我在石崖上看到不远处有一个杂草丛生的地方，仔细看，背后隐藏了一道裂缝，不仔细看是看不到的。我顺着裂缝就下去了，下到底再看向海，就很吃惊，从那里下到底去看威海的刘公岛，会得到最单纯的一张画面，从其他地方看，背景都比较杂，都是已经开发完了的高楼大厦，顺着那道缝下去看，背景则是最纯净的。我于是认为，这是场地告诉你，这个房子应该在这个地方。那一刻我认为这个房子的设计基本已经完成80%了。

整个设计的出发点就是我要从场地上引导人走下去看刘公岛，从而获得一个极具画面感的景观，把这件事完成就行了。所以最后我们做的这个馆没有明确的形体，就是一条到达海边的路径，在场地上切了一条缝就下去了，直到海边。它是一个很小的建筑，1000多平方米，这个建筑就是寻求那一瞬间的感受，非常能打动人。能不能找到那个动人的瞬间是最重要的。

我认为每个场地是“原住民”，你在赋予这个场地新的体量时，要尊重“原住民”。“原住民”的所有信息，比如微妙的高差、可能的景观视野等，这都是需要协同考虑的。或者说，在一个没有秩序的地方，你要设法给自己找到一种内在的秩序，来组织建筑的逻辑。

邓：您会经常跑现场吗？设计做到中间或者到后期的时候您还会去现场看吗？

李：我是要经常跑现场的。首先，一个新的工程，如果不去场地我就不会做设计。

一般是看了场地之后，这个设计已经做得差不多了，我始终是这个观念。接下来做的也就是组织具体的建筑语言、要素了。所以每一次去看场地，我紧张就紧张在这个地方。去了场地没有感觉对我来说是最痛苦的，这个设计就做不出来了，跟人谈恋爱是一样的，你如果不能一见钟情，只靠培养感情对我来说是比较难的。

其次，在建造过程中我必须要去看现场，这是我对设计的基本观念。我要把它建成，作为一个东西交给别人，设计止于效果图是没有任何意义的。有时候我甚至有一种极端的想法，如果把建筑作为一盘菜的话，在我看来图纸就是粗加工的程序，最后一道精加工就在工地。

我们这些年面对的工程都是需要快速建设的，比如山东美术馆，5万平方米，用了18个月建成，洛阳博物馆用了16个月就建成，前面的设计周期很短，设计院做施工图的周期也很短，这会导致施工图画不到足够细。在这种情况下，我认为要在后期工地上去解决问题、控制质量。我前10年做的工程，有很多是因为当地的施工管理、施工水平相对不是那么精细，更多的要靠自己来调配各方面协同工作，需要在现场解决一些问题。甚至有时候施工单位都不看图，你的图画了也白画，所以有时候我是不太容易被图纸束缚的人。

此外，在图纸上做设计跟在现场做设计是有区别的。在图纸上做设计是一个虚拟环境，比如一张蓝图，平面图顶多是1:100的比例，但在现场的建筑是1:1的，跟图纸上的感觉不一样，所以我特别重视现场，经常会在现场修正设计。

上海中心的结构设计与施工 | 2001—2018 年

访谈人 / 参与人 / 初稿整理：华霞虹 / 王鑫 / 华霞虹

访谈时间：2018 年 3 月 9 日 13：30—15：30

访谈地点：同济设计院 503 会议室

校审情况：经巢斯老师审阅修改，于 2020 年 3 月 16 日定稿

受访者：巢斯

巢斯，男，1956年11月出生于上海，教授级高级工程师，全国一级注册结构工程师，全国注册咨询工程师（投资）。1978年进入建筑工程专修班学习，1980年毕业后分配至同济设计院。1988年获同济大学结构工程系硕士。历任主任工程师、副总工程师。2000年至今担任同济大学建筑设计研究院总工程师。2011—2019年任集团执行总工程师，2019年起任集团资深总工程师。

作为集团的总工程师之一，受访者巢斯详细介绍了上海中心大楼项目结构设计、施工建造的特色与创新突破，包括桩基、底板浇筑、巨柱——核心筒系统、伸臂桁架、柔性幕墙等，以及同济设计集团在设计和施工过程中与土木学院、建工集团等机构的科研技术合作。

华霞虹（后文简称“华”）：巢老师能为我们介绍一下上海中心的结构设计和研究吗？这个超高层建筑对结构工程师的挑战很大吧？

巢斯（后文简称“巢”）：上海中心这个项目，我感觉是同济设计院抓住了机遇。我们当时把设计院下面各院都集中起来，还成立了一个项目运营部，由陈继良担任项目经理。对于这个项目，院里是前所未有的重视，从方案投标阶段就参与，也获得了不错的名次。后来又竞争做国外建筑事务所的合作设计单位。虽然我们此前还没有设计过400米以上的超高层，但是我们根据自己的经验分析他们的招投标图纸，也搜集了许多超高层案例进行分析，同济设计院还有一个优势就是我们可以跟系里老师开展合作。

华：上海中心这个项目设计院和哪些系的哪些老师有过合作？

巢：具体有多少人我不太清楚，我了解到的至少包括我们土木学院的吕西林[1]老师、李国强[2]老师、陈以一[3]老师，还有李杰[4]老师都帮忙做过一些分析。

华：等于聚集了整个同济的力量。

巢：对，学院的，也包括我们设计院的。高层建筑一般我们过去达到150米以上就要做振动试验了。上海中心高度超过了600米，所以同济结构所做了振动试验。

1 吕西林（1955— ），男，结构工程专家，陕西省岐山县人。1984年12月在同济大学获得结构工程博士学位。现为同济大学教授、博士生导师。2019年当选中国工程院院士。长期从事建筑结构抗震及减震研究，在复杂高层结构抗震试验技术和结构性能评估方法、复杂结构弹塑性分析和抗震设计理论、高性能结构构件和复杂节点抗震试验、消能减震技术和建筑物移位改造与加固技术等方面做出了创新贡献。

2 李国强（1963— ），男，结构工程专家，湖南省株洲市人。现为同济大学教授、博士生导师，1999—2008年任同济大学副校长，2018年当选比利时皇家科学与艺术学院外籍院士。在多高层建筑钢结构分析与设计理论、钢结构抗火计算与设计理论、工程结构振动与检测理论、住宅工业化技术等方面做出了巨大的贡献。

3 陈以一（1955— ），男，结构工程专家，上海人。现为同济大学教授、博士生导师，2008—2016年历任同济大学副校长和常务副院长。要研究领域为建筑钢结构，研究课题涉及钢结构抗震和稳定、轻型钢结构、钢结构连接以及组合构件和节点等。

4 李杰（1957— ），男，结构工程专家，河南沈丘人。现为同济大学教授、博士生导师，上海防灾救灾研究所所长，2014年荣获美国土木工程师协会颁发的弗洛伊登瑟尔奖章。长期在结构工程与地震工程领域从事研究工作，在随机动力学、混凝土损伤力学、工程结构与工程网络可靠度研究中做出了创新性学术贡献。2021年11月当选为中国科学院院士。

结构所的实验室里有振动台，输入地震波后，这个台子会晃动。我们会在振动台上按比例做一个高层建筑的模型，通过模拟地震波的晃动就可以发现哪些地方最容易出现开裂和裂缝，哪些构件容易发生破坏。

华：一般我们会做多少比例的模型？

巢：同济大学结构研究所的厂房大约最高12米左右。上海中心600多米高，一般我们会做一个1:50左右的模型，总高控制在12米以内。

华：上海中心基地附近那么小的区域内总共有三座超高层建筑，基础设计难度非常大吧？

巢：是的，三个超高层，距离又非常近。设计金茂大厦和环球金融中心的时候，都是四五百米的超高层建筑，通常在上海软土地区我们一般都采用钢管桩来处理地基。但要在这样一个三角地带再做一个最高的上海中心，如果还是采用钢管桩会带来很多问题。第一会带来很大的振动；第二是挤土，这些都会影响周边建筑的日常使用。而且陆家嘴地区现在已经非常繁忙了，还有很多的地下管线，打钢管桩是不可能了，所以我们决定上海中心首次采用灌注桩。

◎ 上海中心风洞实验，来源：同济设计集团

◎ 上海中心、上海环球金融中心和金茂大厦，来源：同济设计集团

华: 基础采用灌注桩是我们同济院提出的方案还是美国的结构公司提出的方案?

巢: 上海中心的美方结构设计公司是美国芝加哥的宋腾－汤玛沙帝（Thornton Tomasetti）建筑工程设计咨询有限公司，我们和他们有很好的沟通，他们设计时会征求我们的意见，所以可以说是共同提出的方案。在这之前，华东院也做过试桩工作。

华: 桩做到多深? 打了多少桩?

巢: 桩深86米，基本接近1000根桩。共有五层地下室。从基础的底板面到首层楼面大约25米，总的基坑开挖深度约31米。

华: 灌注桩相对钢管桩技术上有什么不同?

巢: 做灌注桩的好处是没有振动和挤土效应，施工对周围建筑基本没有影响，既没有振动，也没有挤土效应。不过灌注桩是现场施工，施工质量的好坏，很大程度上取决于施工质量。而钢管桩因为是成品，质量比较容易保证。上海中心我们还采用了后注浆技术，通过桩身内的注浆管注浆，可以提高桩侧和桩端的摩阻力与端阻力。

华: 这个注浆管跟原来那个大的桩是什么关系呢?

巢: 注浆管是放在桩内的钢筋笼里的。采用后注浆会带来的好处有：一是加强了周边土的承载能力，桩的承载力也相应提高了；二是消除了钻孔灌注桩带来的不利因素，因为钻得比较深，土取出以后，下钢筋笼，再浇灌混凝土，之间有施工间隙的时间，会形成较厚的沉淀现象，桩端土会变成像淤泥一样。下面是一团稀泥，一加荷载以后，就容易变形。这时候注入水泥，就可以把稀泥加固，桩的变形小了，承载力也高了。一根桩承载特征值1000吨，直径1米。使用的混凝土标号也很高，一般桩的混凝土标号用C30，上海中心我们都要用C50的混凝土，这样施工也是高难度。

华: 混凝土标号高了性能有什么不同? 会比较容易硬?

巢: 一般来说，混凝土强度越高，水泥含量越多。水泥比较稠，浇灌起来不太容易密实，流动性比较差。另外，高标号水下混凝土有时会发生达不到设计要求的混凝土强度。

华: 因为标号越高，相当于纯度越高对吧? 这对施工的要求的确很高。我们上海中心在基础的施工中碰到过什么紧急情况吗?

巢: 施工还比较顺利。我们的桩每根做完后都进行强度和桩身完整性的检测，每根桩用超声波检测。沉降也跟设计预期估值接近。我们设计想控制在12～14厘米左右，目前沉降大概在10厘米左右。

华：600多米的超高层，这个沉降量比例很小了。上海中心的上部结构有什么特殊状况吗？

巢：地上部分的结构分成了8个区段。我们采用的是混合结构形式：一是巨柱，二是伸臂钢桁架和环带桁架。巨柱采用了型钢混凝土柱。当时对型钢的排布，也做了很多分析。伸臂桁架将钢筋混凝土核心筒与巨柱连接起来，形成较大的空间刚度。

© 上海中心的伸臂钢桁架、环带桁架和柔性幕墙，来源：同济设计集团

华：为什么这种结构称为"伸臂桁架"？我想象伸臂是悬挑出来的。它不是两端都有支撑的吗？应该算一个简支结构。

巢：之所以我们习惯这么叫，可能是因为这种伸臂桁架只用于高度较高的建筑，比如超高层。一般住宅或普通高层建筑就做普通核心筒和梁就可以了，可能是为了区别显示。

华：伸臂桁架是不是两端受力不同？

巢：像上海中心这样的超高层建筑，主要的剪力至少百分之六七十是由核心筒承受的。

华：上海中心双层幕墙结构也比较特殊是吗？

巢：是的，我们一般幕墙都是依托在主体结构中的，幕墙的竖向结构立在每一层的边梁上。上海中心的特殊之处是每个区段有一个大中庭，这部分幕墙结构没法跟主体结构连接，需要成为一个独立结构。风荷载、地震作用，以及光照引起的变形都需要通过这个幕墙结构传递给主体结构。

华：风荷载、地震荷载这些都很清楚，为什么还要考虑阳光的影响呢？

巢：在超高层建筑中，阳光面和背光面也会对受力有影响。因为热胀冷缩，钢结构幕墙在受光面会伸长，背光面会缩小，变形在全部高度叠加起来可能达到几公分，这个因素结构也需要考虑。

上海中心的幕墙结构是从每个区分别往下挂的，不是从最高的顶上挂到底，若这样的话，伸长变形很大。

从横截面来看，它就像自行车的车轮一样。我们做了很多系杆，这些结构本身的荷载、风荷载等就直接通过系杆传到主体结构上。于是这种幕墙结构就变成一种相对比较柔性的结构，这种结构也是过去从来没有做过的。

华： 上海中心的幕墙被称为柔性幕墙，柔性两个字体现在结构上吗？钢节点可以伸缩吗？

巢： 第一，我们在每一区段下面的节点是允许变形，可以伸缩的。因为在风荷载和地震作用的作用下，大楼可能会一边拉长，一边缩短，如果节点做成刚性的肯定承受不了，所以要做成可以自由变形的。第二，因为我们采用的是系杆，从构件的尺寸和体量比较来看也比较小，构件的刚度小也是柔性的表现。此外幕墙外围一圈的环也有伸缩节点，可以变形。

华： 上海中心的结构、幕墙等材料都是进口的吗？

巢： 这些都是国产的。因为上海中心的业主是国企，包括建工集团。当时在竞价时要求，一是要比价，二是全部要国产。至少我们土建的材料都是国产的，设备是不是我不太清楚。幕墙也是国产的，是远大公司承包的。

实际上最初美国宋腾 - 汤玛沙帝建筑工程设计咨询有限公司设计的环向的伸缩节点很多，有很多国内没有，他们说美国有一家公司有，但具体做法不清楚。业主不赞成全部进口，而且只有一家公司有，也无法达到他们招投标要三家公司比价的要求。所以后来同济就配合建工集团，这些伸缩节点都是自己研究的，自己做的。

伸缩节点都是建工集团总承包的，我们是配合他们做好伸缩节点的伸缩变形计算，并对原方案进行了优化，减少了伸缩节点的数量，节省了造价。

◎ 上海中心幕墙安装，来源：同济设计集团

华： 大概减了百分之多少量？

巢： 至少 1/3 以上。

华： 为什么可以减少这么多？

巢： 因为前面设计的是招标图，可能分析比较初步，我们通过精细的分析。比如中庭幕墙要考虑火灾影

响，火灾一升温结构要变形的。如果把每一层的火灾都按照这种情况来设计，伸缩节点就很多。实际上真正发生火灾时，我们考虑到底层的温度高了，上面会被吸收，这样各种条件一起精细分析的话，节点数量就减少了。

华: 上海中心的抗风是怎么设计的?

巢: 超高层建筑因为非常高，在风荷载作用下容易产生振动，我们叫舒适度分析。为了尽可能提高上海中心的舒适度，我们在顶上做了一个质量块（TMD）。

华: 这个质量块是跟台北101屋顶的阻尼器一样可以摆动的吗?

巢: 是的，形式还是摆的形式。采用电涡流阻尼器，这个比台北101的阻尼器在技术层面上有提高。而且台北101的质量块是一个圆球，上海中心的请艺术家米丘进行了重新设计，叫“天眼”。艺术家把它重新包装了，但本质还是1000吨的一个铁块。

华: 上海中心这样一个项目，肯定有很多新技术研发和专利申请吧?

巢: 是的，我知道结构、设备、建筑都在做研究。结构这边丁洁民老师做得更多一点，他有很多研究生的论文课题是研究上海中心的。

我自己带了七八个研究生，我们地基基础研究做得比较多。上海中心项目我们除了培养研究生做课题，还跟土木学院结合得比较紧密，共同做分析，有些是委托他们做分析。

华: 是在碰到问题时一起研究吗? 还是说预计到问题和难点，需要研究，然后分出来请老师们一起研究?

巢: 一般是我们设计院里的工程师先讨论，看看哪些比较复杂的，或者哪些从我们设计角度来说还达不到这种分析能力的，就请学院的老师做研究，或是我们做一块，系里也做一块，互相校对来看结果是否准确。

华: 上海中心的设计和建造一定也会促进超高层之类的规范吧?

巢: 上海中心的一些数据和经验，可以给全国的高层建筑结构规范、防火规范等做一个参考资料。

华: 最后想问问巢老师，上海中心的结构设计、施工过程还有什么其他让您印象深刻的事情吗?

巢: 首先，钢结构，包括伸臂桁架，最后用了10厘米厚的板材，这在加工制作方面是挺不容易的。以前美国公司的设计采用螺栓连接，但是上海中心的杆件如果采用全螺栓连接，实际上遇到了很大的困难。所以我们采用了创新的设计，部分用焊接，部分用螺栓，这为施工解决了比较大的问题。

另外，我认为上海中心基础底板的浇筑也算得上创举。因为基础底板的厚度有6米，大概浇了6万立方米的混凝土，需要连续浇筑，这在民用建筑中是前所未有的。

华：6万多立方米的混凝土浇筑了多长时间？

巢：大约60个小时的混凝土连续浇筑。这里的工程难度在于，混凝土浇筑时会有水分挥发，连续浇捣大量混凝土容易产生水化热，水化热太高，温度太高的话，混凝土会产生裂缝。所以施工浇捣过程中一是要采用分仓，另外在混凝土配比上也需要优化。对于这些我们在设计中都进行了专门的计算和分析，包括水化热。建工集团还专门做了试验研究。

还比如基础的底板，一般混凝土浇筑28天后就可以达到设计强度，上海中心底板是90天才达到设计强度。我们让混凝土缓慢达到强度，就是为了减少水化热的温度上升。

◎ 上海中心底板施工，来源：同济设计集团

从杭州市民中心到上海中心的电气设计 | 2005—2018 年

访谈人 / 参与人 / 文稿整理：华霞虹 / 王鑫 / 华霞虹、郭兴达、顾汀

访谈时间：2018 年 2 月 9 日 10：00—11：30

访谈地点：同济设计院 503 会议室

校审情况：经夏林老师审阅修改，于 2018 年 5 月 9 日定稿

受访者： 夏林

夏林，男，1964 年 4 月出生于上海，高级工程师，国家注册电气工程师。1981 年考入同济大学电气工业自动化专业，1986 年本科毕业后进入同济大学建筑设计研究院。历任机电专业设计室副主任、主任，设计二所、四所副所长，集团副总工程师。

设计院的体系从原本的综合所转变为专业所，再到恢复综合所，夏林以亲历者的身份讲述了设计院在变迁过程中经历的一系列重要的项目。从杭州市民中心发挥综合所的优势，到迪士尼、上海中心项目中对国外先进经验的学习以及对以往固有设计方法的突破，夏老师认为设计院的发展得益于同济大学熏陶之下的优秀企业文化与合作精神。

华霞虹（后文简称“华”）：夏总，从1986年到现在，您经历了设计院的很多变化，包括设计的类型、设计院的组织架构和理念。这些变化对您的工种——电气设计有什么影响？

夏林（后文简称“夏”）：电气属于设计院的技术配套工种，它的发展离不开设计院的整体发展。这些年我们见证了设计项目从小到大，从易到难的发展过程。原来的项目相对来说比较小而简单，后来随着时代的发展开始做大型会展、剧院、场馆等大型项目。1996年我们院改制成专业室，统一和规范了很多技术要求和制图标准。这期间设计院的项目开始有比较大的发展，大家忙起来了，因此我们在设计上又做了改进，整理出一整套既提高质量又利于提高效率的行之有效的设计方法。

华：是大家开会来协商整合吗？

夏：是的，我们经常聚在一起开技术研讨会，老先生们全心全力帮助我们年轻人，研究项目的设计难点在哪里，中间要设计哪些检查的节点，我们以统一技术措施的方式来加以完善。此外设计得比较好的项目，也会拿出来大家一起分享学习，对提高电气的整体水平很有帮助。

华：最终建立规则，实现系统化。当时成立专业室为了方便调配力量做大型工程吗？

夏：我觉得还有三个因素。第一是设计院需要很强的执行力，综合机构调整能增强我们的执行力。第二个，一个二三十人的综合所，无力承担很大的重要项目。第三个，当时有很多的国外事务所跟我们合作，我们也在尝试国外事务所的模式，所以当时院里综合所调整为专业所，为我们院从小做大、从弱做强奠定了坚实的基础。

华：为什么后来又回到综合所了？

夏：因为后来规模更大了，转为综合所才可以留住人才。而且综合所的模式也便于复制，以做得更大更强。当时丁老师有很高的战略目标，希望设计院在他的带领下扩大规模，在行业里面得到一席之地。专业所和综合所两者各有利弊，取舍还是看企业的发展阶段和发展方向。

华：您觉得哪个项目能充分发挥综合所的优势？

夏：杭州市民中心共58万平方米，地下就接近20万平方米，我们过去从没碰到过这么大的体量。

华：这个项目在投标的时候，是不是已经要求其他工种有相对多的介入了呢？

夏：主要是看业主对招标文件的要求。通常投标的时候机电的切入不是很深。但是上海、北京这种发达地区对技术要求高，就可能要求机电方面做些分析，包括机房的设置与控制、对造价的影响。

华：您从电气的设计角度来看，杭州市民中心跟一般的项目有什么不同之处呢？

夏：完全不一样。这么大规模的情况下，我们对能源中心的设置、对很多系统的配置甚至供电方式已经完全不一样了。不再是传统的一用一备，或者两个同时使用的方案，我们采用三用一备的方案，这其中任何一路故障停电的时候，备用电源都可以投上去。而且考虑到杭州市民中心作为政府的重要性，我们都是要考虑系统的冗余。东西两个控制中心平时是分开运作的，但是如果某一个发生故障瘫痪的话，一个控制中心也能实现整个系统的正常运行。

华：当时杭州市民中心的进度是不是特别紧张？

夏：业主希望尽快报批，尤其是初步设计阶段，希望这60多万平方米齐头并进。当时设计院还有很多别的项目，所以即使调配了很多的人力，压力还是很大。这种情况下我们电气专业按照建筑群组织分成了三个团队，总体有技术总管把控和技术协调，另外我们专门集结了各个工种做管线综合。当时我是二所的副所长，主管机电，需要根据整体项目情况及时调配人力来完成任务。

华：杭州市民中心还是比较早的，到了后面世博会、迪士尼、上海中心这种集团项目，设计院肯定面临更大的挑战了。您能否介绍一下，在这些集团级项目中，我们怎样调配人员和技术力量？

夏：像迪士尼、上海中心，挑战非常大，不仅是规模，更主要的是设计层面的技术要求和技术难度更高。像迪士尼，它的声光电非常复杂，而且迪士尼总部对技术的要求非常细致。对我们来说，参加迪士尼这样的项目，不仅积累了这类高层次项目的设计经验，也学习和吸收了国外的标准化设计方法。比如运营管理怎么跟设计相结合，怎么展开具体细部的讨论。

华：所以迪士尼本身的设计团队大量介入了设计？

夏：是的，我们的设计团队和迪士尼自身的团队相互沟通和协作，这是一种很好的模式，对迪士尼项目至关重要。实际上我们这个项目主要是要满足迪士尼的技术要求，这对图的要求和关键节点非常精细，各个工种之间也要互相配合。迪士尼自己有一套标准，比如游乐项目有小型的、中型的和大型的，对机房设计的规定也各自不同，配电、防火、自动化、机械传动的信号各自需要多少间隔都是有规定的，在这个规定下，我们可以根据项目的不同做一些变化。我们为了理解这套规定，经常跟外方一起讨论，对方也教得很细，甚至会告诉我们这样设计会给运营带来什么好处。我院的设计团队虽然干得很辛苦，但确实学到了很多东西。

华：那他们已经掌握了相当成熟的系统了。

夏：是的。上海迪士尼城堡由于外形独特，很难只用平面图来表达施工图，且城堡内部功能比较复杂，有大量机电管线，设计难度就比较高，且建筑外形也不能突破要求。因此整个项目就采用三维BIM设计，通过技术手段的提升，有效地解决了传统设计的短板。

华：为什么上海迪士尼要加入那么多功能呢？

夏：迪士尼总部非常了解中国人的想法，像中国人对游乐设施的体验等问题，都是事前调查过数据的。比如上海迪士尼前面有一个独有的大花园，因为它知道中国都是独生子女，孩子来玩，爷爷奶奶、外公外婆也要来，父母带着孩子进园，爷爷奶奶不想花门票钱，就在这个花园里面玩玩。

华：对，这一点很有趣。那么对上海中心来说，技术难度就更高了，而且我们要真正参与设计了。

夏：上海中心作为中国最高的超高层建筑，高度达到632米，对于我们设计团队是个极大的挑战，还必须要获得中国的绿建三星和美国的LEED铂金奖双重认证，更是加大了设计难度，在丁洁民大师亲自带领下，我们几乎所有的总师和精英设计师都参与了设计。在设计之初，我们首先得预判其技术难点，再研究相应的对策，攻坚技术难题，以往的经验不能解决所有问题，我们只有充分调研，设置研究课题，结合行业专家意见和建议，扎实地深入研究和工程实践，交出了满意的答卷。对于机电专业，实践中发现上海中心最难的还是空间。为了确保绿建的设计目标，满足要求的得分项，需要建立更多满足绿建要求的相关系统，这些系统都离不开大量的管线，需要更多的管线空间，尤其是空调专业。这样一来，管线就多出很多。而且超高层里面梁也很多，甚至有很多平面图里体现不出来的斜梁，给设计工作带来很多困难。

除了空间，剩下的难度主要集中在技术创新上。这个项目对可靠性、安全性有着跟传统项目完全不一样的要求，要考虑应灾情况，因此系统的冗余度要求就很高。传统的技术应用于超高层会有很多的缺陷，需要建立可靠的自动控制系统。另外我们对电气系统主接线也做了技术创新，并邀请了电气行业超高层设计专家一起评审，获得了非常好的评价，该技术创新在此后的超高层设计中得到了普遍的应用和推广。

华：学校里面相关专业的老师会和我们一起做技术创新方面的科研吗？

夏：是的，不仅是老师，很多学生也参与了这个项目，最后他们的毕业论文也和这个有关系。

华：您提到上海中心有很多斜梁，具体利用这种非常规空间布置管线的时候有没有什么有意思的案例？

夏：一开始我们没有想要用这些空间来布置管线，但是后来我们意识到，不用这些“三维”空间是不行的，当时技术发展部做了很大的贡献，帮我们把原来平面设计的管线放到了“三维”空间里面。这让我们学到很多。当时，一方面大家对这个项目的难点还没有完全理解透彻，另外一方面我们传统类型的管线做惯了，形成了定势思维。现在我们通过上海中心、迪士尼才真正意识到，这类项目确实离不开BIM。

◎ 上海中心项目 BIM 模型 来源：同济设计集团

华: 您觉得同济院在多工种合作方面，有没有什么特点或者优势？

夏： 在项目的某个阶段上，可能某个专业能发挥更多的特长，根据项目细则不同，每个专业的作用也不完全一样。但是团队合作肯定是需要的，一个好的项目，里面的人员必须要有团队意识。比如我们做电气的，在变电所设计的时候要通过经验预判考虑管线走不走得通，空调通风管线怎么走。设计需要形成适用的原则，动力空调大的管线在首位，其次是重力排水管线，再次强电管线，最后是建筑智能化管线，小管线让大管线，压力管线让重力管线。

华： 这些给了我们宝贵经验的项目都是靠设计院和学校的努力、配合才攻克下来的，您觉得这种凝聚力跟我们企业内部的文化有关系吗？

夏: 有很大关系。企业文化需要大家对企业的认同，我们在用各种方法吸引年轻力量，但是最根本的事务是建立核心团队对企业的认同，因 为这些核心团队的人大多数是企业的生产力的主力,知道现在的成果来之不易。另外,同济作为一所大学，本身就有文化号召力，学校的文化对我们的影响很大。一方面，很多老先生处理事情的时候，都带着教授的研究态度，而且我们内部是论技术能力做事的；另一方面，同济大学设计院发展到现在，离不开学院的支持，尤其是建筑城规学院以及工民建，包括交通、动力等很多学科。因为同济设计院有同济大学各学科的支撑，我们到外面去投标可以说没有解决不了的技术难题。我们还有声学实验室、风洞、振动台等很多大学实验装置资源，相关学科的支持很有力。所以同济大学能做的，比社会上的设计院更多。凭借这个优势，我们设计院的发展非常好。

华: 所以一所大学对设计院的影响很多部分是隐形的。谢谢夏老师。

上海中心的技术创新

2008—2017 年

访谈人 / 参与人 / 文稿整理：华霞虹 / 王鑫 / 胡笳、华霞虹

访谈时间：2018 年 3 月 6 日 9：30—12：30

访谈地点：同济设计院 503 会议室

校审情况：经归谈纯和刘毅老师审阅修改，于 2018 年 5 月 27 日定稿

受访者： 刘毅

刘毅，男，1964 年 10 月生，上海人，教授级高级工程师，国家注册设备工程师（暖通）。1982 年考入同济大学暖通专业，1986 年毕业后分配进入同济大学建筑设计研究院。2001—2011 年任同济大学建筑设计研究院副总工程师，2011 年起任同济大学建筑设计研究院（集团）有限公司副总工程师。

受访者： 归谈纯

归谈纯，男，1964 年 4 月生，江苏宜兴人，教授级高级工程师，国家注册设备工程师（给水排水）。1981 年考入同济大学给排水专业，1985 年毕业后分配进入同济大学建筑设计研究院。1990—1991 年日本通商产业省属下海外技术者研修协会访问学者，2001—2011 年任同济大学建筑设计研究院副总工程师，2011 年起任同济大学建筑设计研究院（集团）有限公司副总工程师。

632米高的上海中心是同济设计院与美国建筑事务所、结构及机电事务所合作设计的超高层建筑的典范。在访谈中，暖通和给排水负责人刘毅和归谈纯老师介绍了与境外设计师的合作和自主创新科研，包括空调水系统承压标准的制定、高大中庭的暖通设计、多能源冷热源复合式系统设计、生活消防合用的高压供水系统、雨水处理等技术的研发和运用，以及依托重大工程开展的技术攻关、研究生培养和论文发表。

华霞虹（后文简称“华”）：刘老师，请您为我们介绍一下上海中心暖通设计的技术难点和创新点好吗？

刘毅（后文简称“刘”）：在做世博会工程后不久，我们也开始了上海中心的合作设计。跟世博会的超大空间不同，上海中心是600米以上的超高层，楼高到一定程度，很多技术性能会改变。在暖通专业里，一般我们能源站放在地下，要送到600米高度压力就会达到6.0兆帕，也就是60公斤每平方厘米的压力。而我们一般的水管阀门，从国内现在的技术来看，像我们民用类的、常规类的技术，不能超过2.5兆帕，25公斤每平方厘米的压力。60公斤肯定不行。上海中心项目是美国Gensler建筑师事务所做建筑方案，结构设计是美国宋腾-汤玛沙帝工程顾问有限公司（Thornton Tomasetti）。机电方案设计师也是美国过来的科森蒂尼机电顾问有限公司（Cosentini Associates）。

美国暖通设计的设备及水系统承压比我们国内高，但是美国的设计到中国来也会水土不服。我们如何调整他们的设计方案是一个挑战。当时我们整个集团都很重视这个项目。美国事务所拿出的方案基本上做到了极端的承压。我们国内现在的技术要求一般设备采用2.5兆帕，管道连接一般采用1.6兆帕，他们做到了2.1兆帕。我们向对方解释，方案没有问题，但是业主无法负担全部从美国购买设备。如果用我们国内生产的设备，在中国设计承压最好不要超过1.6兆帕，最安全的是1.0兆帕，也就是10公斤每平方厘米的压力。

关于这一标准，我们和美国设备设计师之间存在较大分歧，他们认为我们过于保守。慢慢磨合以后，我们提出各种方案，把高压分成低压，通过板式换热器来转换，让压力降下来。但是每转换一次要损失0.5~1℃的温度。在空调专业里，流量乘温差就是我们的能量，一般温差也就六七度左右。如果转换三四次，损失三四度，效率就损失了很多。

于是美国公司方面说，低压可以做，但是效率会降低。经过研究以后，我们根据不同的设备转换不同的压力，板式换热器承压可以做得高一点，空调设备承压低一点，基本上最终设备承压在1.0~1.6兆帕之间。美国做一次转换的要求，我们的方案也做到一次转换，既满足了国内的设备及水系统管道连接要求，又实现了美国设计事务所的想法。最终，美国人认可了同济做的空调系统压力分区和温度分区的方案。现在已经用了好多年了，整体效果还是相当好的。

要把压力降下来的第二个原因是安全。设备在承高压情况下运行，设计成2.1兆帕还会影响到管道接口等各个方面。一旦泄漏,出了小事故,设计单位脱不了干系，社会影响也不好。所以我们当时依然坚持要在不影响使用效率的前提下，通过技术降低压力。

上海中心是一个比较特殊的项目。一般高层建筑有几个中庭就够了，包括下边的大中庭，如果上面是酒店也会有中庭。但上海中心却有二十几个中庭，每个中庭都有15层高。如果针对整体中庭去布置空调，肯定不经济。于是我们又针对中庭的高大空间做了研究。上海中心围护结构比较复杂。办公建筑的内围护结构，要达到我们国家节能建筑的要求，就必须是双层玻璃的。外幕墙需要满足对外开阔视野的观光需求，二十几个中庭都采用全白玻璃。

这就带来一个挑战，大中庭到冬季会可能结露滴水。如果整个上海中心外面一圈都是单层玻璃围着，二十几个中庭在冬季有可能结露，问题就会很严重。美国事务所提出，在美国、加拿大的寒冷地区，通常会采用在幕墙上装翅片散热器的方法来应对。放到我们的方案中，就需要每间隔一个层高（大约4.5米）把翅片和结构整合起来。所以事实上，上海中心中庭的幕墙上装满了散热器，但一般不会被注意到。这些就需要通过模拟，来保证使用的环境舒适度，同时保证建筑的美观。

◎ 上海中心中庭内景，来源：同济设计集团

华: 散热器是夹在玻璃里面吗?

刘: 不是。一组一组的散热器与钢结构结合在一起。类似于空调装置,里面都是翅片,安装很复杂。

我说的翅片也就是散热器,到了冬天把这些热量散到玻璃上,避免玻璃结露而滴水,如果散热不均匀也会造成结露的。

能做到在幕墙上装这些设备,也是针对这样大型的建筑。上海中心有二十几个大中庭,不因安装翅片散热器影响美观,我们做了很多研究,去协调各个专业的配合。

上海中心给暖通带来的挑战很多。这个项目获得了绿色三星,是我们国家当时最高的认可标准,另外也获得了 LEED 的铂金标识。

在暖通方面,我们把所有能拿分的绿色环保能源系统都做进去了,包括应用可再生能源的地源热泵系统、能源热回收系统及利用"分时电价"的冰蓄冷系统等,来提高能源利用效率;还有冷热电联供分布式供能系统,采用发电机的余热来供冷供热。当然每一个系统都可以细化并做到最佳,可是将它们综合起来又是另一个难点,于是有了 CPMS 系统,即综合能源管理系统。在控制系统方面,如何合理运行各能源系统的运行策略,需要做很多的研究课题,公共建筑用到的空调冷热源系统,在上海中心里边几乎都用到了,目前经过两年多的运行,这些系统都在正常运行。从单个系统的最佳运行,到综合系统的整体运行,根据季节和能源费用选择最适合的系统运行方式。举例来说,晚上通过运行制冷机蓄冰、白天融冰,晚上电费便宜,通过综合分析,可以做到最精细化、节约化。现在上面酒店部分还没完成,我们和业主依然有比较多的交流,整体运行正常。

归谈纯(后文简称"归"):其实上海中心对我们来说面临系统复杂、技术难度大、无现成工程案例可参考、缺少设计规范支撑、边设计边施工、体量大、工期紧、设计周期短等诸多难题和挑战。

给排水与消防系统设计的原则就是坚持"简单、可靠、节能"这一设计理念,力求以最简洁的系统,带来今后运营、维护保养工作的可靠与便捷,降低系统生命周期内的总成本与能耗。境外事务所不熟悉中国规范,又没办法套美国的 NFPA 标准。为提高 500 米以上超限高层建筑消防供水系统的可靠性,设计、科研团队在总结金茂大厦、环球金融中心等国内外超高层建筑消防供水系统的设计、运行经验后,结合上海地区的供水特点和物业管理能力,提出了生活、消防合用——转输泵转输的高压消防供水系统,该设计方案提出后,得到了消防部门、卫生部门、水务局、施工图审图部门的大力支持,确保了这一设计方案的最后实施。同时,上海市科委研究课题"上海中心大厦消防供水技术可靠性研究"的相关研究,为该消防供水方案的安全性、可靠性进行了后评估。该消防供水方案在提高消防供水可靠性的同时,很大程度上简化了消防供水系统的联动控制和系统的维护、保养工作。上海市消防局和水务部门都非常支持这个方案，卫生部门和审图公司也认为这个方案反映了上海的消防特色、供水条件和物业管理条件。

华: 一般都是分开做的。

归: 分开做的居多。合起来以后需要做对比，需要控制高位水箱储水量，总储水量太大，水可能会变质，卫生部门要求储水箱内的水的周转周期不大于24小时，因此，每个水箱的容积都需要精细控制，这样一来对水泵的可靠性要求就很高，要保证泵连续可靠地运行。一旦有一台泵发生故障以后，必须很快恢复，即便也有备用泵。正好我们上海市委科委的一个科研项目，有关上海中心消防供水安全可靠性的研究。这个课题也是为这种供水方案做技术认证，它是一个评价方案，首次运用了层次分析法。

华: 层次分析法？

归: 层次分析法是安全度分析的一个方法。将一个复杂的多目标决策问题作为一个系统，将目标分解为多个目标或准则，进而分解为多指标的若干层次，通过定性指标模糊量化方法算出层次单排序和总排序。在消防供水系统方面建立数学模型，用这个模型把专家打分的数据量化成一个数学矩阵，然后判断供水方案的可靠性。我们请全国将近30个知名专家，请他们对各种超限高层建筑的供水方案中涉及的因素，用一个很复杂的打分系统打分，然后通过层次分析法把人为因素剥离掉，以此评价整个供水方案。评价下来我们这个方案相当好。

其实消防部门的要求很简单，只要生活和消防水合在一起，那供水就肯定会有，大火灾就是非常担心没有水。另外一个研究方向聚焦在消防上，刚才刘总也讲到了中庭。上海中心有这么多的中庭，而且内幕墙里面是一个防火单元，外面是一个防火单元，之间是玻璃隔断。玻璃隔断最下面10米用的是防火玻璃，从消防角度希望在10米以上也用防火玻璃，但是出于构造美观，可是防火玻璃钢构的密度比较大，不好看。于是就选择了C型的钢化玻璃，同时为了保证消防隔断的效果，我们在C型的钢化玻璃靠办公区一侧做了玻璃喷头，把水很均匀地布下去，保护玻璃。这个玻璃喷头经过了很多次火灾实验，影响耐火效果的因素里面有玻璃的成分，也有喷头的打开方式和安装距离。做了很多实验以后，最后由天津消防研究所的检测机构来通过检测。

华: 放在哪里？

归: 放在内幕墙这一侧，内幕墙里面是靠办公的一侧。

上海中心的给排水设计还碰到另一个问题：这个中庭有五六十米高，下面要做小的餐饮、零售空间，有的时候还用作活动空间，其中的灭火设施怎么做？因为上海

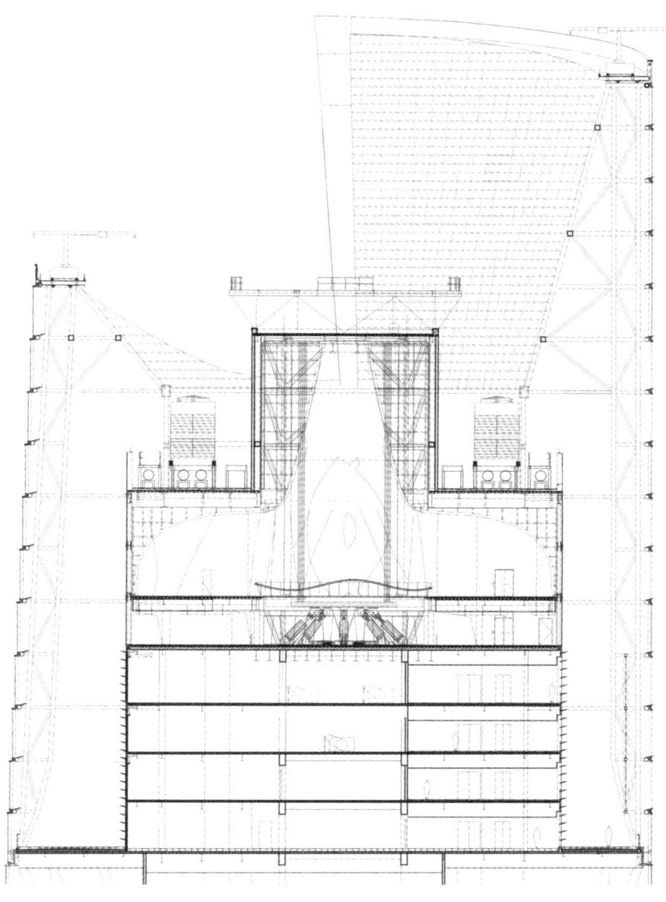

◎ 上海中心顶部楼层局部剖面图，来源：同济设计集团

中心的中庭设有商业，自动灭火系统属于中危险Ⅱ级。上海地区的中危险Ⅱ级场所不允许使用自动跟踪射水灭火装置，所以只能用洒水器。我们设计得非常巧妙，利用安装中庭灯具的灯槽，把自动跟踪洒水灭火系统安装在灯槽内，跟灯架结合来解决消防问题，同时又尽量保持中庭顶部的建筑美观。

另外上海中心的疏散有一个特点，整个上海中心的完成疏散需要的时间较长，客梯也兼有疏散功能。这要求电梯机房自动灭火设施全保护。当时提出过干粉灭火方案、气体灭火方案，最后还是选择了高压细水雾灭火系统的方案。高压细水雾灭火的机理是冷却，同时伴有局部稀释氧浓度的窒息灭火和把可燃物与火焰以及氧隔离开的隔离灭火。这个在国内是首次做在电梯机房里面，一般情况的电梯机房不设自动灭火设施。

在楼层的强、弱电间的消防方面，尽管上海地方规范允许喷淋进楼层的强、弱电间，一旦出现误喷，会对电气设备造成影响，电气专业对这方面非常担心，所以我们在这些用房了做了简易的预作用喷淋，机房内设火灾报警系统，在进机房前的喷淋管道上设置电池阀，平时机房内的喷淋系统无水，当火灾报警系统报警后，打开喷淋系统上的电池阀，往管道内充水，系统进入准工作状态。现在很多超高层，都参照我们上海中心这样做。近期公安部消防局出的《建筑高度大于250米民用建筑防火设计加强性技术要求(试行)》，里面很多内容都参考了上海中心的经验。

刘: 其实上海中心报批时候的要求跟最终验收的不一样，当时的验收时间很长，报批的时候是可以的，慢慢通过专家评审，又提高了要求。但是现在很多做法就是为了新规范。

归: 也就是在我们这边又加了一点保险。

刘: 新规范很多内容都是针对上海中心。因为在各地，250米以上的超高层都算是特殊的建筑,反正每一个专家想到一个更严的标准那就用上,也是为了保护这个建筑。

华: 请问这些研究项目是怎么组织的？有没有跟院系的老师合作或指导研究生做论文？

刘: 上海中心这个项目，暖通专业是王健院长跟我两个人在负责。设计这块，我抓得比较多，科研这块，王院长抓得比较多。的确用了我们学校团队的一些技术、研究素材，结合我们设计院和系里面老师在做的一些研究成果。

归: 而我们这边，可能更多都是自己在做。像雨水收集那部分，应该说我们是国内唯一在做虹吸雨水系统实验的。

华: 在哪里做这些实验？

归: 问企业借场地,再由我们的人过去做。有些设备由企业方面提供,他们有实验塔。我们从各个企业去借雨水斗来做实验，但是实际上这方面的测试只有我们同济设计院在做。

华: 这种实验课题由谁组织主导呢？

归: 基本由我主导，因为同济设计院主编中国工程建设标准《虹吸式屋面雨水排水系统技术规程》和国家标准《屋面雨水排水管道安装》。

上海中心还有一个上海市科委的课题涉及屋面雨水、绿色建筑雨水收集处理技术方面的研究，是上海市科委大课题下面的一个子课题“超高层绿色建筑雨水收集与处理技术研究”。我们主要做两件事，一是雨水收集和雨水排水系统，二是雨水的处理。因为上海中心这座超高层有600米，屋面雨水排水系统很难像生活排水系统那样做成空气芯附壁流的重力系统，尽管我们可以在设计重现期把雨水管设计成重力排水系统，但一旦遇到50年、100年一遇的超设计重现期的大暴雨，重力系统就变成了气液两相流的压力排水系统，600米高建筑屋面的排水就变成了最大压力6兆帕的压力排水，对室外排水系统的影响，难以用实验验证。设计中，上海中心的雨水排出管设置了5个消能池作为消能措施，消能措施的效果也难以用实验验证。研究中我们采用CFD技术来研究消能的效果。技术查新也显示，这个技术国内外都没有做过。

华：您带团队吗？

归：我有研究生，一届届研究生一直连续在做，包括现在留下来的人。我带的前几届研究生好几个都留下来了。现在我还没有固定的团队。刚毕业的研究生一直在帮我指导，因为他们在实验方面，有很多的现场经验。现在每年招的研究生一直都在，做实验、模拟，模拟出结果再做实验去验证，这样反复做，一直往下做。我们一起商量一起解决，一直如此。

华：跟学校去合作？

归：现在学校里几乎没有人做建筑给排水，很少，原来高乃云[1]老师退休前，她带过两三个。基本上建筑给排水，只有我一个人是一直带着建筑给排水方向的研究生。

刘：整个环境学院就归老师一个。

归：去年开始，环境学院有两位老师也开始带了。

华：是因为这个方向的空间小吗？给排水主要做水厂。

归：(大家)小看这个，另外也是因为很多，尤其是排水实验，需要实验场地。像现在，我们集团跟山西泫氏集团有个合作协议，我们在那里做实验，他们有个50米的排水实验塔。我们在那边做了一个实验基地。现在那个国家的管道检测中心也在那做实验基地，因此设备比较好。

华：一个是计算机模拟，一个是现场实验。

归：2015年《虹吸式屋面雨水排水系统技术规程》修订，以后又做了好多实验，现在留在四院的王慧莉也做了很多实验。这些数据我们现在重新修正了CFD计算模型，正在做检验CFD计算模型与实验结果的一致性。最近计划用修正后的CFD计算模型来做更复杂的、难以通过实验来测试的复杂系统。

1　高乃云，女，同济大学环境科学与工程学院教授、博士生导师。1964年考入同济大学给水排水工程专业就读，获学士、硕士、博士学位。1980年起在同济大学环境工程学院给排水教研室任教，历任助教、讲师、副教授、教授。曾任市政工程系主任。

华： 同济设计院利用这些工程项目积累了很多的先进技术，有在专业期刊上发表吗？

归： 行业的权威期刊《给水排水》跟我们约过专栏，如《给水排水》2009年第12期，做了“上海世博会场馆同济大学建筑设计研究院设计集锦”专栏，共4篇文章，这是该刊第一次为一个项目做专栏。《给水排水》又在2015年第1期至第6期组织了“上海中心大厦设计”专栏，一共发表了13篇论文，其中包括业主的机电工程师、绿色建筑顾问的经验和体会论文各1篇。

TJAD 信息系统建设历程 | 2011—2018 年

访谈人 / 参与人 / 文稿整理：华霞虹 / 王鑫、李玮玉、梁金 / 胡筋、顾汀

访谈时间：2018 年 2 月 7 日 13：30—15：55

访谈地点：同济设计院 503 会议室

校审情况：经周建峰老师审阅修改，于 2019 年 09 月 30 日定稿

受访者：

周建峰，男，1963年10月生，上海人，国家一级注册建筑师，教授级高级工程师，同济大学建筑城规学院硕士研究生导师，同济大学建筑设计研究院（集团）有限公司副总建筑师，信息档案部主任。1985 年 7月毕业于同济大学建筑系建筑学专业，获工学学士学位，进入同济大学建筑设计研究院工作至今。曾任综合三室主任、建筑专业室主任，2001 年11 月起至今任同济大学建筑设计研究院副总建筑师。曾主持和参加近100个项目的设计和研究，获国家或省部级以上优秀设计40多项，发表论文 20多篇。2011 年5月起兼任同济大学建筑设计研究院（集团）有限公司信息档案部主任至今，致力于企业管理信息化解决方案，负责创建同济大学建筑设计研究院(集团)有限公司信息系统。

信息化在建筑设计行业的应用，极大地推动了效率和质量的提升，以及工作方式的进化。信息化的应用不仅体现在设计实践操作层面，同时也反映于管理和协同工作层面。作为同济设计集团的副总建筑师、信息档案部的负责人，访谈中周建峰主要介绍了同济设计集团的信息化开拓性尝试，重现了同济设计集团信息系统的建设历程。

华霞虹（后文简称"华"）：周老师好。您的身份从负责项目的设计师转变为负责建立标准系统的集团质量管理总师。今天的采访，主要想围绕四方面展开：一是设计标准的建立；二是质量管理系统、管理平台的建立；三是上海世博会和汶川地震援建这两个项目介入具体标准的情况；四是对您本人来说，从项目设计师，到负责标准制定的总师，身份转变的感受。

周建峰（后文简称"周"）：上海世博会期间，我负责了世博村 B 地块项目设计，以及对同济院、华东院、上海院、都市院、北京院所承担的各地块项目进行总体协调，当时称作总控，我们主要通过制定项目层面的总体设计标准来实施总控。还负责了世博会官方参展者建设与布展研究项目，主要研究独立馆、联合馆、租赁馆建设与布展要求以及样板组团规划设计要求，并落实到样板段的任务书。

2008年，汶川地震援建项目由教育部委托给我们几家高校设计院来完成学校建筑规划设计方案和设计导则的编制。我代表同济院负责进行现场调研、方案设计、设计导则和设计图集编制等工作。我们一边做方案，一边编导则，一边做图集。方案共32个，都是在四川地震灾区调研后的实际设计项目，同济院负责8个。导则由我和清华大学刘玉龙[1]、重庆大学夏晓丹起草，国家发改委、住建部的专家评审。图集由我担任执行主编，收录了32个学校方案，图集是对应导则的实践和引导，我们对照着导则一条一条梳理，提出修改意见，落实修改，费了巨大精力。

在质量管理方面，我们从编写ISO9001质量管理文件着手，这需要梳理整个设计流程，内容着重在团队组织、岗位职责、设计过程控制方面。包括依据性文件、设计输入、设计提资、设计评审、校对审核、设计拍图、产品交付、设计确认、施工配合、竣工验收等流程和规定。并组织收集国家和地方的设计标准，2005年开始编写设计标准有效版本目录，不断地更新，常用的会买来分发给大家。当时还编制了一个建筑 CAD 制图标准。

1　刘玉龙，男，同济大学建筑学学士，清华大学工学博士，国家一级注册建筑师，FIDIC认证咨询工程师，法国CSTB（建筑科学技术中心）访问学者。现任清华大学建筑设计研究院副院长、副总建筑师，主持完成工程设计40余项。获国家级优秀工程设计多项，在文化建筑、教育科研建筑、校园规划、医疗建筑等领域有突出成果。

华: 我们编制的制图标准或者通用文件等材料是直接应用呢,还是有其他目的?

周: 以 CAD 制图为例，1992年开始学，1993年基本应用。当时分三个室，设计图纸存在交互，就需要统一标准，每个室自己都编了各专业的标准。后来三个室合并，变成了专业室，就存在三套标准的矛盾，需要标准整合。所以这是从实际出发，并投入应用的。

ISO9001质量管理文件这个标准需要推广和执行的，主要是通过表单和流程的形式进行过程控制和记录，具体还要落实到图纸，如检查图纸标识的写法、人员资质、设计合同等方面是否符合要求。之前都是手工的，逐步实现了信息化。

华: 是指在信息平台上整合吗?

周: 2011年4月开始，大家陆续搬进新大楼，人员集中，空间翻倍，大大增加了管理难度，信息化迫在眉睫。领导安排我负责信息档案部，开拓信息化工作。首先是员工彼此间的通信问题，我们采用了 RTX 即时通信工具，满足员工之间相互沟通的需要，同时，解决了通讯录管理的问题。

信息化首先需要解决综合办公问题，如信息发布、文档存放和信息查阅等。信息化建设起初是自己摸索,同济大学软件学院也在帮忙。后来我们做了“十二五”信息化规划框架，我梳理了信息化规划框架蓝图，包括综合管理、业务支撑和知识管理三大平台。2011年12月9日集团中层干部会议上，我汇报了“十二五”信息化规划框架，这件事情就确定了。这张蓝图在2012年10月准备项目管理系统上线培训课件时，我又梳理了一遍，扩充了资源计划和科技质量两大平台，这张蓝图我们沿用下来了，后来又增加了图文出版系统。

我们随新大楼同步建成使用局域网、人力资源管理系统(OA)和设计标准库，入驻新大楼后又建成使用 RTX 即时通信工具、人力资源管理系统(HR)、档案管理系统、官方网站 V2.0 以及市场经营、项目列表等一些功能模块。我画了一个页面，将这些内容做成统一入口,2012年5月18日发布信息系统 V1.0 作为过渡阶段使用。

华: 还要登录才能使用。

◎ 同济设计集团信息化规划框架的不同版本，来源：同济设计集团

周:2012年3月,我们做了“十二五”信息化规划框架的落地规划。2012 年6 月1 日,《“十二五”信息化落地规划》通过评审。同济设计集团信息化建设真正进入一个全体认知、统一规划、分期建设、迭代发展的阶段。7月 25 日开了信息系统 V2.0 项目启动会,各部门代表共60多人参加。我们购买了办公自动化(OA)的软件产品,结合我们的管理要求进行产品实施,12月份完成实施。

12月18日信息系统V2.0上线,主要解决近2000人综合办公事务的信息化需求,包括统一的公共信息的发布,行政人事、市场经营、质量管理、网络管理、档案管理等业务流程,以及知识文档和即时通信、技术论坛等互动交流。同时,把信息系统 V1.0的数据迁移过来。为了更好地推广系统,我们到各部门召开了14 场系统上线巡回说明会,让大家了解到更高效的工作方式。当年集团授予信息档案部“信息化团队先进集体”荣誉。

有了综合办公方面系统,我们开始做业务支撑平台。我把生产业务归结为设计产品生命周期管理平台。第一个是从前期的客户信息到合同,我把它定义为市场经营管理系统。第二个是项目管理系统,从项目立项,一直伴随着项目的全过程。第三个是协同设计系统,就是协同画图纸。第四个是档案管理系统,设计图纸完成后归档,形成设计产品库。后来又提出图文出版系统,提升产品交付程序控制、图纸打印生产工艺、图纸交付客户信息化和工业化水平。这样,生产业务平台就分成经营管理、项目管理、协同设计、档案管理、图文出版五个系统。

2013年初我们先开始做项目管理系统,我查阅了《项目管理知识体系指南(PMBoK)》,结合以前的项目管理经验,以 ISO9001 质量管理文件为主线,考虑 PMBoK 中项目管理 10 大内容中有条件做的内容,如:范围、人力、沟通、质量、时间、采购等,结合我们项目特征,把我们的项目分解结构(WBS)总结为项目、阶段、子项、专业、工作单元和工作项的立方体,结合 ISO9001 质量管理文件流程和表单提出建设需求,委托第三方定制开发。第一阶段软件当年 10 月底完成,分三批培训上线使用,2013 年 11 月 20 日第一批部门开始使用。同期,还对市场经营、档案管理系统进行了较大的扩展和优化。新建设计选材信息库,满足设计选用建筑材料和设备的信息需要,在设计师和

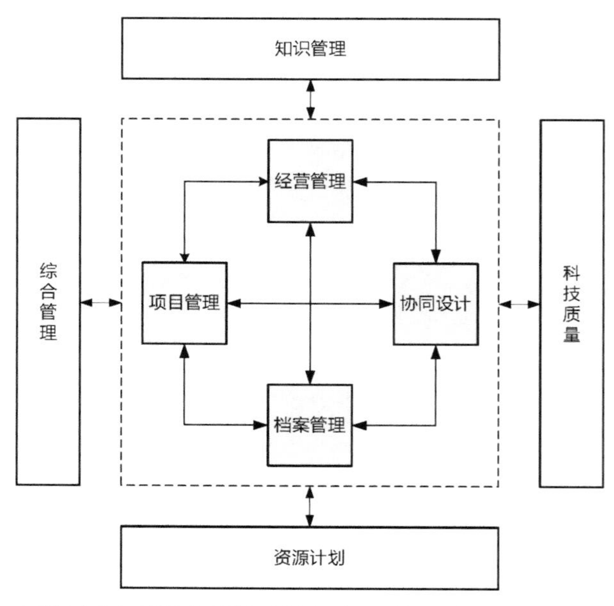

◎ 设计产品生命周期管理平台系统图,来源:同济设计集团

供应商之间架设桥梁。

第三大块是知识管理系统。首先，我们整合内外知识建立专业知识库，先后建立了设计标准库、设计选材库、文档库，设计产品库等。其次是业务流程知识，把企业管理和生产工作流程化，信息平台就是流程知识，这有利于新员工迅速掌握生产流程。同时，通过流程沉淀的知识可以复用。

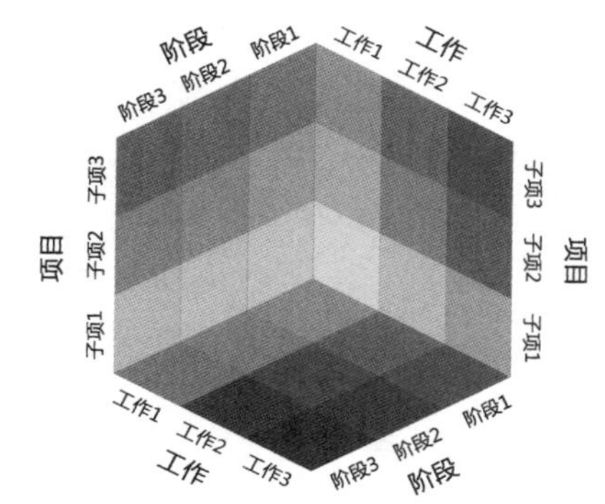

X=阶段：阶段 1、2、3... /1.1、1.2、1.3... ; Y=工作：工作 1、2、3 ...; Z=项目：子项 1、2、3...

◎ 项目分解结构立方体，来源：同济设计集团

华：现在所有的设计单位都这样做吗？

周：有这方面的要求，中国勘察设计协会发布了“十二五”信息化指导意见，大企业要自建系统，起引导作用，我们要承担这个社会责任。而具体怎么做，要看各自对企业知识管理的理解，我们是这么理解，并这么做的。

华：华东院或者其他高校设计院的系统都要自己研发吗？互相之间也会参考吗？

周：为了推动信息化建设，行业协会每年会发起几个研讨活动，大家都会积极参加。

◎ 知识化项目管理系统启动会，来源：同济设计集团

◎ 2012年度集团年终表彰先进团队——信息化建设团队（左起：杨昌庆、周建峰、朱德跃、张楠），来源：周建峰提供

企业间的也有一些交流。2011年我们到CCDI、九院、浦东设计院等设计院考察学习，后来大家都到我们这里来，我们在建筑设计行业是领先的。在2012至2018年期间，我们在一楼报告厅先后主办或承办了中勘协设计标准信息化研讨会、地产设计选材信息化创新论坛、中勘协工程勘察设计企业大数据时代信息系统建设研讨会、中勘协工程勘察设计企业图纸数字化生产现场观摩会4次大型交流会。这些年内还接待40多次设计企业莅临交流。2016年年底，中勘协分别给集团和我个人颁发了“十二五”信息化先进单位、先进个人的荣誉证书，表彰团队完成“十二五”信息化规划框架第一阶段建设的落地规划，完成信息系统V2.0建设和推广。做信息化重点在于顶层设计、管理落地和软件开发。系统建设需求是我们定的，需求来自管理，来自业务，整个过程要进行需求分析、系统设计、开发程序、用户测试、培训上线和维护支持。

华：我们是自己研发内容和程序需求吗？

周：是的，因为这个领域行业软件是缺失的。OA是通用产品，我们买的到软件产品，但是生产业务这块买不到软件产品，只能自主设计开发。

现在的软件开发趋向于迭代模式，逐步开发使用，先要用起来，我们生产业务平台到去年初步做完架构，如项目管理系统中已经有1万多个项目，收集了各种业务需求，沉淀数据，软件在持续迭代发展。

华: 那是很综合的。

周: 我们的市场经营系统，管理了客户线索、投标和合同、收费和发票等内容，还与第三方开票信息系统做了集成，开票申请完成后，可以直接点开票按钮进行开票，无须到开票机重复录入信息，发票信息能回写到市场经营系统里。合同和项目是关联的，建立合同之前要先立项目，保证所有项目都会立项。设计人员岗位资质是通过项目管理系统校验过的，不符合这个岗位的人员是选不到的。我们的协同设计系统解决了图纸设计过程的数字化管理问题，包括图框标准、字体标准、图纸版本、图纸比对、设计提资和设计校审流程、电子签名签章、图纸文件自动按图框拆分、自动转成打印文件，这个系统有很大的难度，涉及广大设计人员以及 CAD 应用，上线推广时，通过试点，试运行，系统不断优化，用了三年才实现在集团全面应用。

华: 这套系统有什么好处呢?

周: 第一，实现了设计图纸的流程化和管理。校审意见可以批注在系统里的 CAD 图纸上，批注意见自动进入校审单，对图框、字体、项目信息、图签信息实现标准化管理。第二，可以收集到正确版本的 CAD 矢量图，后续利用方便，知识资产价值高。第三，对设计人员来说，流程完成后，后台会完成电子签名和签章，把一个 DWG 文件里的多张图纸自动拆开，自动做成打印文件，获得了数字化的设计图纸产品。可以直接选择这些图纸归到档案管理系统，而无须重复录入这些图纸及其附属的项目信息。后续能够直接用来打印产品图纸，是实现“蓝转白”产业升级的基础。后来行业开始试点数字化交付，这些工作，为数字化做好了准备。

华: 这是从什么时候开始应用的?

周: 从 2014 年 6 月协同设计系统开始试点，2016 年 5 月试运行，2017 年 7 月正式运行以来，系统逐步优化，应用量逐步扩大。2017 年度实现适用项目使用系统出图率达 60%，2018 年度制定了适用项目使用系统出图率 90% 的目标。同时，图文出版系统分别于 2016 年 9 月 1 日和 2017 年 7 月 1 日开始工作图打印和产品图纸交付 2 个模块的应用，产品图纸生产交付达到了信息化和工业化融合水平，实现“蓝转白”产业升级。至此，同济设计集团信息系统整个生产业务平台的架构就形成了，这一切都是在为将来的企业平台化管理做准备。

华: 平台化是什么?

周: 就是把企业搬到信息平台上去，更好地利用集团的综合优势，而不是局限于生产单元。网络化、信息化、平台化管理是从单元管理到集团管理的技术基础，包括生产网络平台化、生产过程信息化、生产业务知识化、生产绩效自动化等方面的平台化管理。

生产网络平台化，即通过建设企业私有云，提供具有集约化、标准化、安全性和灵活性的IT服务，企业生产可以不受时间、地点、空间的限制。生产过程信息化是将企业生产过程搬上信息化平台，实行设计产品全过程和全量数据的信息化管理。生产业务知识化，对于生产效率、技术水平、产品质量和创意创新能力的提高都有着很积极的意义。生产绩效自动化，实时统计企业绩效，建立模型进行实时分析，提供决策支持，形成商业智能。

华: 我觉得也是一种专利。

周: 我们有9个软件著作权，除了OA，其他大部分都是有软件著作权的。

华: 有人买这个软件著作权?

周: 有人问过我，但我们主要目标是增强企业实力，提升管理和生产效率，而不是发展软件开发业务。

华: 软件研发有多少人一起在做呢?

周: 现在共6个人，包括做规划需求、开发实施、使用培训和运维支持，我主要做资源协调、总体把控、产品需求和跟踪落实。很多系统如项目管理、协同设计系统等没有明确的职能部门支持，有些系统即使有，开始也较难深入，工作开展起来有很大难度。

华: 设计行业有它自己的工作特点，比较复杂，必须是专业人员来负责。

周: 我们现在完成了以管理为主的信息系统，接下来的任务是从设计的角度探讨业务管理，将行业软件与业务管理系统进一步结合。

华: 我想了解一下您的时间轴。

周: 整个信息系统持续地进行着迭代发展。

2011年下半年信息系统V1.0得到快速响应，同步完成信息化规划框架。

2012年上半年完成信息系统V1.0和信息化规划框架的落地规划，下半年完成以综合管理为主的信息系统V2.0。

2013年完成以项目管理为主的信息系统V2.1，材料室试运行。

2014年完成以协同设计系统、培训管理系统为主的信息系统V2.2。

2015年完成以企业微信号移动应用为主的信息系统V2.3。

2016年完成以综合管理、项目管理、培训管理系统升级，官方网站V3.0，以及企业微信移动门户为主的信息系统V3.0。

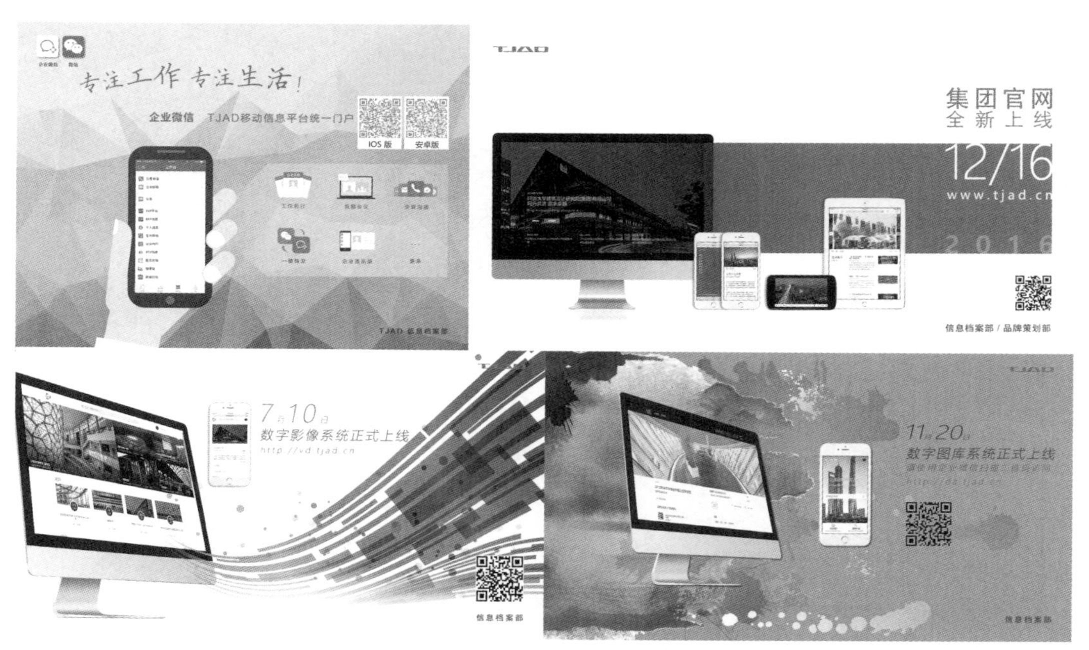

◎ 同济设计集团微信移动用户、数字影像和数字图库系统界面，来源：同济设计集团

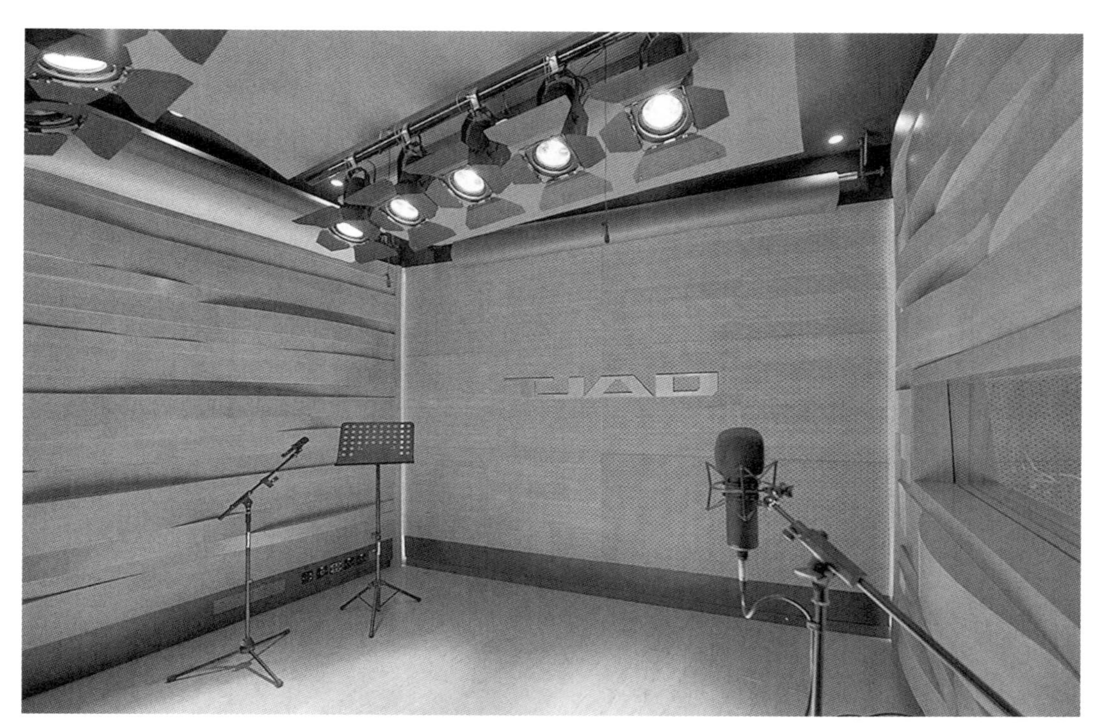

◎ 同济设计集团的数字媒体工作室，来源：同济设计集团

◎ 2018 年 09 月 20 日 TJAD 企业服务总线项目启动会（左侧前排左起：张楠、周建峰、陈昭武；左侧后排左起：陈修乾 杨昌庆 夏勇杰，右排左起：软件产品和开发单位：龚军、张惠鑫、李辉、代付娇）、来源：同济设计集团

2017 年完成图文出版系统、数字影像、数字图库、执业注册、应用性能管理为主的信息系统 V3.1。

2018 年完成报销管理、证章管理、数字媒体工作室建设、企业服务总线[2]为主的信息系统 V4.0，以及 TJADc 智慧设计云项目详细规划。

2019 年将实施生产网络平台化升级，建设 TJADc 同济智慧设计云一期项目。

2　企业服务总线（简称 ESB）是企业信息集成应用的重要交通枢纽，是之前系统间信息通过中间库互通的升级换代，通过 ESB 在约定标准下实现系统间信息的互通，系统当年建成使用，实现企业内网系统间信息互通管理；2021 年已完成外网 ESB，已具备在客户、合作方、相关方等外网数据安全交换的能力。

汽车运动与安全研究中心

2004—2018 年

访谈人 / 参与人 / 文稿整理：华霞虹 / 王鑫、李玮玉 / 朱欣雨、华霞虹

访谈时间：2018 年 1 月 4 日 14：10—16：10

访谈地点：同济设计院 514 室姚启明创新工作室

校审情况：经姚启明老师审阅修改，于 2018 年 3 月 12 日定稿

受访者：

姚启明，女，1978 年 3 月生，辽宁营口人，满族。2000 年、2003 年先后获沈阳建筑大学工学学士和硕士学位。2003 年 3 月—2009 年 8 月就职于上海市市政规划设计研究院，2004 年成为中国第一个得到国际汽联认证的可设计国际赛车场的设计师。2009 年 8 月进入同济大学建筑设计研究院并创办姚启明赛车场设计与安全研究工作室。2017 年获同济大学交通运输学院道路安全方向博士学位。同年姚启明创新工作室入选全国劳模和工匠人才创新工作室。2018 年 12 月至今任同济大学建筑设计研究院汽车运动与安全研究中心主任，2021 年 4 月至今任上海智慧交通安全驾驶工程技术研究中心主任。

2009年8月，中国第一个得到国际汽联认证的赛车场设计师姚启明加入同济大学建筑设计研究院并创办了赛车场设计与安全研究工作室。在本次访谈中，受访者介绍了第一个完整合作项目——鄂尔多斯国际赛车场的设计、施工，以及如何研究解决高寒地区道路开裂的难题，并进一步探讨了赛道模拟系统的开发和改进。最后谈到与设计院的合作方式，以及未来在汽车公园、汽车特色小镇等综合项目中合作拓展的期望。

华霞虹（后文简称"华"）：您在2004年已经成为中国第一个得到国际汽联认证的赛车场设计师。在2009年是什么机缘来到同济设计院并创办您的赛车场设计与安全研究工作室？鄂尔多斯国际赛车场项目是您带过来的，同济设计院以前并没有专门做过赛车场，设计团队是如何构成的？

姚启明（后文简称"姚"）：我是带着团队过来的。因为赛车场的设计分成几块，除了最核心的赛车场（赛道），还有核心功能建筑和公共配套设施，外围还会有一些商业和产业的开发。当时鄂尔多斯的赛车场和建筑方案都是我自己的团队完成的，同济设计院完成了建筑部分的施工图，赛道施工图也完全由我自己的团队完成。外围的一些综合管网是市政院和同济设计院的分院一起来完成的，其他公共配套设施由当地设计院完成。

赛车场一般占地上千亩，在这么大土地上建筑物不多，所以核心功能建设其实是赛车场里的地标性建筑，但也是一个功能性的建筑，鄂尔多斯的建筑也是。功能性的建筑功能更重要，就是它首先要好用，不好用再漂亮也没有意义，但不等于功能满足了就可以了，对于一个地标性建筑，怎么在满足功能的前提下，体现汽车运动的速度和激情？怎么融入当地的历史和文化？在满足投资和功能的前提下，政府和投资方都会非常尊重我的决定。所以简单、实用、大气、有张力、有文化、有内涵是我对这类建筑的期望，看似容易，其实挺难。这些都需要设计师的深度思考和不断创作。鄂尔多斯赛车场的建筑方案都是我和团队之前的建筑师来一起完成的，我们以前也一起完成了几个大赛车场的建筑。

华：我阅读了您写的一些资料，了解到赛道要兼顾竞技性和安全性，非常不容易。如果施工外包、设计深化外包的确很不安全，很难控制，这方面比很多建筑的要求还要高。

姚：是的。因为赛道是一个高风险的小样本项目，而且目前没有规范，没有标准。比如说建筑外包，因为外包的人做过很多建筑，差也差不到哪去。可是对于赛道来说，别说外包，就是把施工图交给当地都会出很大问题，因为那些设计师可能从来没接触过赛道。我确实是因为受过伤害，所以非常小心。记得广东国际赛车场，因为投资方的强烈要求，我们的合同只签到方案设计，施工图由当地设计院完成。但是2008年我看到自己2007年设计的赛道方案图，除了图框换了，其他原封不动地被改成了施工图，施工单位根本没有办法施工。赛道是一个三维曲面，我们的施工图上可以提供赛道、缓冲区、安全设施上任意一点的坐标和高程，实现精准施工。而且赛道包含了赛道本身、缓冲区、安全设施、赛事设施、救援设施、管网系统，等等，是一个非常庞大的系统工程，在每一个设计阶段都会根据模拟仿真结果不断优化，方案阶段所表达的内容和施工图有很大的距离，一般只有中心线和左右边线的平面、中心线的剖面、一些典型的断面，准确地说还是一个二维体系。所以施工单位做了一部分，就没有办法施工了，再回来找我，最后会留下非常多的硬伤，而这些硬伤后天是没法弥补的。赛道是典型的土木工程，就像我们的建筑，地基如果没打好，房子开裂了，漏水了，也不能把房子拆了把地基再重新打一下，所以这是很严重的问题。而比建筑物更严重的问题是赛道本身的安全问题，赛车是一项实时变化的极限运动，虽然到不了失之毫厘、谬以千里的程度，但是赛道三维曲面上任何一个参数的改变可能导致赛车的速度、行驶轨迹和碰撞力与最初的模拟仿真出现较大的偏差，为日后的运营埋下巨大的安全隐患。

鄂尔多斯项目让我有一个机会可以全面系统地去研究一个特大型赛车场(一期：国际二级，二期：国际一级)从最初选址，到最后建成，(再到)迎来第一场比赛，(以

◎ 2009年8月1日，鄂尔多斯国际赛车场评审会合影（从左到右：国家体育总局汽摩中心副主任万和平、内蒙古自治区体育局局长石梅、国家体育总局汽摩中心主任严建昌、鄂尔多斯市副市长、姚启明、鄂尔多斯市体育局局长屈明、鄂尔多斯赛车场投资人赵发明），来源：姚启明提供

及）车手的反映。在这个过程中究竟要考虑多少问题，包括各个专业，规划、建筑、结构、设备，包括赛道本身，从土体、土基到路面和它的安全设施，还有所有的建筑、整个路网系统、绿化环境，等等，包括车流导向、交通，这些全部需要考虑得很周全。我们当时有几千张图纸，我那个时候每天都是后半夜回家。

华：鄂尔多斯这个项目，最后图纸您都一个人看吗？

姚：对，我把所有的图纸全部都看了，不管是水的还是电的，我都会看一遍。因为是全新的合作团队，其他设计人员都是第一次接触赛车场，只有我对赛车场非常了解，政府和投资商对我十分信任，我也必须对赛车场负责。我看了太多的赛车场，走了特别多的场地，我知道车手需要什么，车队需要什么，用户需要什么，所以会跟他们更多的交流，也会一起看图纸。鄂尔多斯的场地应该说是非常完美的。

华：鄂尔多斯项目还有一些技术上的具体情况。我在您博客上看到，比如赛道模拟、材料问题。我看你的研究课题，研究过混凝土的问题、防撞的问题，好像也有一个材料的问题。

姚：因为鄂尔多斯属于西部地区，昼夜温差非常大，导致正常的马路冬天都会开裂，沥青混凝土路面也会开裂。市政道路裂缝的处理很简单，就是勾缝，防止再进一步加重。但是赛道，尤其是鄂尔多斯赛车场的等级非常高，勾缝后除了会有不平整的问题，还会有隆起等其他病害的发生，对高速赛车有很大的安全隐患。

我在设计完赛道第二年的春天去现场的时候，那时候赛道还没开始修，我看

© 2010 年 9 月 12 日，鄂尔多斯国际赛车场接受国际汽联检查（从左到右：中国汽车运动联合会场地赛事主管张涛、国际汽车联合会赛道检查官 Tim Schenken、姚启明、2 位赛车场工作人员），来源：姚启明提供

到马路上面因为冬天过后全是一条一条黑色的沥青勾缝，基本上每隔5米一条，交叉口出现大面积的龟裂。我看了之后立刻想到了我们的赛道，就给以前单位的老专家，也是全国的沥青大王打电话。我问他沥青开裂有什么办法，他说在哪儿啊，我就跟他讲了那个气候条件。他说那没有办法，新疆和东北的最北边的冬天(裂缝)可以放个鸡蛋，到春天又合上了，这是很正常的，没什么办法。但我当时就觉得我们的赛道不能接受这个。

华：那时候赛道还没建，您是看到路上是这样子是吧？

姚：对，赛道刚完成部分土基。于是我就去看全世界的赛道，有很多，尤其是德国的赛道，还有英国的一些，也有做在很冷的地方，那人家为什么没有开裂，没有勾缝呢？所以我当时就买了一百多篇专业文章，有中文的，有英文的，每天从早上就开始一篇一篇地看。看到最后我发现找到了一些可以解决的办法，它也许不一定能成功，但是至少可以缓解一部分。

华：这是关于材料方面的？

姚：其实是从土基开始。因为鄂尔多斯那个选址可能是一万亩地里最差的地方，好的地方都会留给商业开发。因为赛车场赚钱很缓慢。

华：反而是地基条件不是很好的区域做赛车场。

姚：对。它那里可以说是沟壑林立，深的有二三十米，就像刀切的这种。所以要在短时间内完成填土，首先就是几十厘米土的沉降。从土基的沉降稳定性，包括沥青路面的开裂，我们都要去绞尽脑汁想办法。

华：就是鄂尔多斯这块场地的落差很大，要垫高很多，不是所有比赛道都是这样吧？那你主要从哪些角度去改进呢？

姚：对。因为平坦的场地大多里面都是水塘，其实都各有难点，现在几乎没有好的地基去建赛车场。像南方地区场地相对平坦，但可能大多数是水塘、鱼塘、河滩、沟渠。

我是从几个方面去改进。第一是土基，土基上面我做了很多处理。接下来路面结构有很多层，下面我加高了垫层，然后把基层做成了柔性的基层。就是让它的裂缝基本发展不到路面就结束了。但是这个非常难做，施工单位都是铺设所谓的水泥稳定层，这个最容易了，但是用在鄂尔多斯的赛道上，水泥稳定层肯定不行。我就不断鼓励施工单位的人，激发他们的热情。然后他们确实是按照我的要求一点点做的。那么裂缝就发展不到面上了。

做沥青路面的时候，我又做了大量研究，也做了很多实验，用的都是非常抗拉伸的沥青。其实还是我们中国传统的东西，只是我把指标控制得非常好，比如说沥青的软化点、针入度等都有一个更合适的范围，很多的指标我都控制在一个我认为最理想的范围。其实鄂尔多斯的场地还是打了一定的折扣，因为我那时候想用 SBR 改性沥青，那是一种适合高寒地区的沥青。但是他们调了两个星期都调不出来，要么太软了，要么就是太硬了。因为这个地方当地的沥青拌和站只做过 SBS 改性沥青。后来工期特别紧，最后也只能用 SBS，不是高寒的沥青，但我也是严格控制了一些指标，所以这么多年了，赛道还是完好的。

华：这个指标的控制也是您给他们定吗？实验是在现场做吗？

姚：这些指标的确定，肯定是我先读了大量的文章。我不是说我身后还有很多老专家吗？然后我再去请教他们。因为这是一个系统工程，可能有 20 项指标。你把每个指标都调了之后也许不兼容了，我还要去请教老专家，然后他们再帮我把关一下，现场再调做个实验段。或者是在实验室里做小样，就是经过这样温差的巨大变化都没有太大的问题。

华：您能再介绍一下您的赛车模拟仿真系统的研究吗？

姚：赛车模拟是这样的，它有一套检验的途径，就是国际汽车联合会的仿真系统和专家委员会，这套仿真系统是非常科学的，全世界各种等级赛车的参数、赛道参数、车手驾驶行为都有，应该说是用全世界的资源开发的一套仿真系统。我自己有一套仿真系统，最初是我在 2005 年开发的，所有的程序也都是我自己写的，这十几年里每一两年我都会升级这套系统。我做完仿真的赛道资料交到国际汽车联合会，他们会再做一次仿真。从最初可能在个别组合弯道上有一点偏差，然后慢慢到 2014 年的时候，我和国际汽联在一些非常关键的指标，像最快车速、最小圈时，包括滑行轨迹这些最核心的安全指标上已经基本吻合了。而我使用自己开发的仿真系统与国际汽联不一样的是，我的应用空间不仅仅是前期验证赛道线形是否安全合理，更重要的是在后期的深化设计中，可以不断优化缓冲区的大小、优化安全设施的形式、强度、位置。所以除了保障赛道安全，还可以节省土地，节约投资。

华：自己的研发成果能跟国际标准基本吻合真不简单。我看您博客上说，一开始是通过看电视比赛来做系统设计的。

姚：那是最原始的理解吧。其实真正的仿真系统还是建立在完整的科学理论体系基础上的，对于一个交叉的学科，需要车辆、道路、车手驾驶行为等几套模型。而且我做了这么多场地，实践是检验真理的唯一标准。因此每个场地我都会研究不同等级赛车比赛时的行驶轨迹和圈速。我们会和一些车队建立长久的联系，获取他们的反馈资料。其实当科研系统的架构合理，各项参数非常完善的时候，仿真的结果和现实差距就微乎其微了。在这个非常复杂的过程中，也许只是一个参数的微小偏差都可能带来结果的不可靠。只要发现一点点偏差，我就会去仔细研究，改进自己的仿真系统。开发出这套系统，就会不断升级、优化，这是我和很多人不一样的地方。很多人会说我把结果交给甲方或者审核公司，回来之后只要 OK 就结束了。

我做了这么多场地，就会有这么多反馈的资料。每个场地只要跑赛车，尤其是第一场高等级的比赛，我都会去现场看。我会把它的 GIS 模块拿来，看它的单圈时间、行驶轨迹，也会跟车手去做一些深入的探讨。以前我觉得在高等级赛道已经基本吻合了，但到了低等级的个别弯道会有误差，误差的原因是什么呢？是因为我们低等级赛车其实更多的是民用车改装的，动力性能这几年提升太快了，所以我会赶紧再去调模拟系统中的参数，因为它对应不同等级赛车，一级、二级、三级、四级、卡丁车，等等。因此模拟系统需要不断调整、实时优化，而且我必须把握国际前沿，包括 F1 的赛车中，出现了很多新的动力回收装置。国际汽联对我们也非常支持，他们也会把他们的一些新技术提供给我们，然后我也会在我的模拟系统中再把这些新科技注入进来，所以会一直同步地跟着汽车科技的变化而变化。

华： 您觉得到同济设计院这边来以后，无论是做技术的开发还是项目的配合，有没有跟以前不一样？或者是其他方面的支持。我不知道是你这边项目来了，然后找院里的其他人来做，还是说也有一些院里过来的项目。

姚： 到目前为止，基本上都是前者，因为要做赛车场的人最终会来找我，我是中国汽车摩托车运动联合会唯一认可的赛道设计师，从 2005 年就兼任中国汽车摩托车运动联合会场地委员会和技术安全委员会的专家委员，最近正在负责中国赛车场技术标准的起草和编制工作，目前我们起草的《中国卡丁车场技术标准》已经发布。到了同济设计院可以把建筑体系做得更完整一些，也可以和同济大学其他相关学科合作，让整个学术体系更完善。因为赛车场里面肯定会有核心的建筑。现在还是相对固定的一个院来合作设计建筑。功能性建筑，大家必须得先了解功能，所以固定的设计师比较好。

华： 基本上是和三院合作吗？有固定的团队合作吗？基本上所有的项目都做到施工图吗？赛道也是做到施工图？

姚： 对。相对会固定一点，他们主要就是负责建筑，赛车场的规划和赛道的设计是我们自己在做，赛道也是做到施工图。也和市政院、规划中心、咨询院、交通学院等有合作。

其实赛车场本来可以做得非常大的。因为没有一个赛车场是独立存在的。它外围都会有一个公园，一个小镇，一个相关的产业或文化板块。我们曾经从规划设计的项目中选取50个场地研究赛车场本身和汽车公园、产业园、博览园的用地比例，基本上是（1:30）~（1:3）。近10年，受国家体育总局的委托，我们花了很大的精力在研究汽车主题公园和汽车运动休闲小镇的规划和定位，也取得了一系列的研究成果，我也会在体育总局举办的全国性培训班、研修班上公开授课。从今年上半年开始，我们会在“十三五”期间陆续推出“汽车运动与文化”学术专著和科普读物系列丛书。但是我是一个非常专注的人，对于设计，我永远只钻研这个“1”，我会把“1”做得非常精致，因为有了“1”，才有“3”—“30”。赛车场外围的那个“3”，甚至“30”，其实非常希望能够带给设计院。

但是有一个特点，这个“1”是赛道，是实时在变化的极限运动，设计师需要对车手的生命负责，到目前为止国内没有其他设计师能做。但是剩下的“3”到“30”就不一样了，我们怎么能做呢？其实从管理的角度，政府和投资人也不愿意把一个项目分给几个设计单位，而且多年来行业对我的信任，让很多政府和投资方更希望我能为整个大项目把脉。但是我觉得做好这类大项目需要大家花时间和精力去钻研。首先找到对这类项目感兴趣的人，愿意静下心来研究从这个不再小众的“1”到剩下的外围更大的空间。

© 2018年，株洲赛车场，来源：姚启明提供

华: 像汽车文化公园，类似这种的，也主要是您这边在推吗?

姚: 汽车公园规划都是我们自己在做，包括汽车运动休闲小镇，如果有其他内容我们也会和设计院其他部分合作。我是体育总局的特色小镇的专家之一，在全国范围授课和评审时，也会获取很多信息。同济设计院给予了我很多，我也希望能够回馈设计院更多。

华: 赛车场有个核心技术，就像你刚才说的建筑部分可能更多的是功能性，但也许对建筑师来说，更关注的是建筑本身的创造。

姚: 对，在满足功能之外的建筑创作空间还是很大的，而且因为赛事直播和转播的原因，这个建筑创作会经常出现在电视画面中，也会给观众留下深刻的印象。对于设计院，赛车场的外围一定会还有很多的配套商业，也可能有一些教育板块，其他的旅游和娱乐板块。这些最终组成了一个完整的汽车公园。

华: 类似汽车主题公园那样的公园，就像迪士尼。

姚: 对，其实是有一些相近之处。

大型设计院的数字建造未来

2015—2018 年

访谈人 / 参与人 / 文稿整理：王凯 / 王鑫 / 王子潇

访谈时间：2018 年 5 月 10 日 9：30—11：30

访谈地点：同济大学建筑与城市规划学院 C 楼 412 室

校审情况：经袁烽老师审阅修改，于 2019 年 10 月 24 日定稿

受访者：

袁烽，男，1971 年 3 月生，同济大学建筑与城市规划学院建筑系教授、博士生导师、同济大学建筑与城市规划学院副院长。1993 年入学同济大学建筑与城市规划学院（硕士、博士），2008 年至 2009 年，美国麻省理工学院（MIT）访问学者。2019 年，麻省理工学院客座教授，弗吉尼亚大学（UVA）“托马斯・杰斐逊”（Thomas Jefferson）教席教授。现为中国建筑学会计算性设计学术委员会副主任委员，中国建筑学会建筑师分会、数字建造学术委员会理事，上海建筑数字建造工程技术研究中心主任，上海市建筑学会建筑创作学术部副主任。

2015年，同济设计院与同济大学、上海建工机械施工集团携手，并联合12家企业，成功申请成立了上海市数字建造工程技术中心，基本覆盖建筑设计与智能建造的主要方向。在访谈中，该中心学术委员会主任袁烽介绍了从博士求学阶段的设计实践到孵化和创建数字中心过程中与同济设计院的合作渊源，分三阶段回溯和总结了自己在数字建造领域近十年的实践和研究活动，最后以大型设计院对数字建造前沿研究的支持和实践转化为基础，提出在中国城乡建筑领域，合理引入和引导资本介入数字化建造生产具有积极意义。

王凯（后文简称“王”）：袁老师好，非常感谢您接受采访。首先想请您谈一谈，您与同济设计院的渊源和从求学时期到现在的故事。

袁烽（后文简称“袁”）：我和同济设计院有很深的渊源。从1999年开始，师从赵秀恒教授攻读博士学位，在这期间，赵老师带领我、汤朔宁以及其他几位同事一起代表同济参与了清华大学大石桥学生公寓的全国竞赛，并最终赢得了那场竞赛。从2000年开始到2005年项目建成的整个过程，对我来说既是学习如何做研究，也是学习如何去实践的过程。其间，同济设计院为我们提供了学科实践的平台与窗口，这也体现出了设计院和学院之间紧密的协作关系。这是我和同济设计院渊源的开始。

2008年到2009年，我在美国麻省理工学院（MIT）做了一年访问学者，回来之后我主要从事的领域是数字设计和智能建造。我在这个领域在研究前期主要是做一些基础研发工作，比如如何研发新的装备，以及包括机器人设备与建筑产业融合的基础科学问题。经过多年的努力与积累，我们与同济设计院一起，在2015年成功申请到了上海市数字建造工程技术中心，是一个省部级的工程研发和实践平台。这个中心扮演的既是一个组织者的角色，也是一个建筑产业发展新方向的领导者角色。如今，同济大学建筑设计研究院（集团）有限公司作为牵头方，与同济大学、上海建工机施集团携手，联合12家企业，基本覆盖了建筑设计与智能建造领域蓬勃发展的主要方向。时任集团总裁王健亲自担任中心主任，我担任该中心的学术委员会主任。

当然，这个申请过程很曲折，各方都付出了很多的努力。我觉得最重要的一点是同济设计院高度的前瞻性，不仅在申请中高度重视申请过程，更重要的是在前期孵化阶段就对我们要研究的方向给予了具体的支持。比如参与资助学院的数字设计研究中心（DDRC）的设备购入，包括机器人建造实验室、3D打印装备、5轴CNC装备、云计算中心等。此外，多年来同济设计院还大力度地为我们举办的“上海数字未来工作营”提供经费支持。

其实，上海数字建造工程技术中心的成立背景是基于对未来建筑社会生产发展方向的批判性思考。虽然这个方向才刚刚开始，但从全球范围来看，当前建筑产业的数字化升级已迫在眉睫。在国内，建筑产业2017年占到了我国GDP的26%，这当中主要依靠的还是传统劳动力，这说明建筑还是一个非常传统的产业。虽然大多专家学者更愿意讨论这当中的文化传承，但其实更重要的还是兼具理论与现实意义的社会生产转型问题，而社会生产体系的转型与投入是需要示范与引领的。

在建筑业以外，智能制造产业最大的特点是边际收益递增。也就是说，虽然产业转型投入较大，但是以一个工厂为例，一旦投资建成以后，其产能在未来会随着时间的前进而逐步提升，相反，人工费占比则会越来越低。这样一种社会生产方式的转变，在其他制造业，比如汽车制造，已经司空见惯。

关于建筑业的数字建造产业化议题，是从2008年以后才开始在全球的学者中比较密集地被提及并讨论。在这个领域，如MIT、ETH的数字建造实验室，取得了一些比较领先的研究成果。在同济，我们的团队也有幸较早地参与到了该领域的研究中，近年来也取得了丰硕的研发成果。在初始研发阶段，同济院对建筑城规学院的支持非常及时，因而我们并不落后于其他领先的实验室。

在和社会的衔接上，同济设计院也起到了很重要的桥梁和组织作用，把现在的12家企业联合成为一个资源平台。正是通过这个平台，我们研发的技术、构想和思路，以及全球的新知识与专家资源得以被讨论与传播，也正因为有了同济院前瞻性的持续支持，对年轻一代的教育才可能是引领性与社会性的。我们开展了长达9年的“上海数字未来”活动，在设计院、学院以及其他社会机构的支持下，一直坚持将建筑学最前沿的知识体系免费传递给更多的人。

建筑业建造的未来，会有更多自下而上的创新机会，我们会更关注中小企业乃至学生的尝试。每个自下而上的个体都可以发明自己的建筑机器人工艺，无论是专门做椅子的工匠，抑或做建筑构件或装饰的小型工厂，都可以通过云端融入建筑产业化的未来中。新知识的创造会重新定义建筑师这个职业，而随着现在人机协作的全新开始，智能建造可以变得更加直接、更加精准，并且能够适应定制化与个性化的未来。我想，“上海数字建造工程技术中心”的建立一定会带来具有里程碑意义的建筑产业化未来。

如今，同济大学建筑设计研究院（集团）有限公司的营利模式主要依靠勘察规划设计，在未来会向更多方面进行深度延展。其中一个方向可以是更加系统和专业化的道路，这是由于设计院汇聚了各设计领域的专家，所以能做全流程、项目类型专业化的服务与控制；在未来，另一个可能的方向是将人工智能的算法与设计师的设计经验融合，并可以无缝转译为机器语言，从而控制建筑机器人的建造过程。这种与数字工厂更深度的智能协作将无限扩展设计院的存在方式以及能力范围，这也意味着对建造的深入控制将成为设计师价值的延伸，从而真正实现设计、施工一体化。

正因为走出了第一步，我想后面更多的不仅仅是设计的问题，还是关于顶层设计以及体系化的问题。同济设计院成立60年了，从开始的工作室状态到适应中国城镇化进程的快速发展，需要思考与判断如何迎接悄然而至的未来——一种后工业的建筑社会发展模式，其中可能会包含更多个性化作品的创造以及与文化的深度融合。当然这需要我们以更开放的心态去迎接科技与设计的深度合作。我觉得上海数字建造工程技术中心可能会在这个领域扮演一个很重要的角色，也希望它能够推动我们整个学术、科研和社会实践之间的互动。

王：您最近10年来一直在研究并推动数字建造，想了解一下您接触这个事情的契机和过程，以及之前的实践和后来的实践是否存在一个连续的思考？

袁：在MIT的访问学者经历把我喜欢的一些东西给激发出来了。我在初中就对编程很感兴趣，但学了建筑学以后都丢掉了，后来去了MIT才发现这些居然还可以和建筑设计与建造结合到一起。在兴趣的驱动下，我在当时专门研习了这方面的课程，并和该领域中的几位重要教授也有一些具体的合作。

博士毕业以后，另一个对我影响深远的导师是斯坦福·安德森[1]教授。我觉得他为我提供了一个很宽松又多样化的学习平台，并引导我建立了全新的建筑设计与建造思维。他是从历史和理论的角度来重新审视社会生产和建筑学本体的，他一直告诉我们，其实在知识之上还是人。那一段时间他对我讲的事情和带我去拜访的人，都给我提供了很好的思考机会。令我印象深刻的有威廉·米切尔[2]，麻省理工学院媒体实验室（MIT Media Lab）的创始人之一，很不幸地，威廉·米切尔和斯坦福·安德森分别在2011年和2016年去世了。斯坦福·安德森在2008年带我去见过他，当时米切尔分享了他和别人30年前共同创办媒体实验室的初衷，描述了当时的技术状态，并预测了未来的技术状态。其中，他讲到"智慧城市项目"（Smart Cities Program），包括无人驾驶电动车，他在当时就已前瞻性地构想到了这些当下互联网与5G等正在被实践的项目。我发现,这个领域真正的大师，会对一件事情有一个很简单明确的判断和一个很清晰的构想。回想当时，我意识

1 斯坦福·安德森（Stanford Anderson），1934年出生，美国著名建筑历史学家，建筑理论学者。1963年进入麻省理工学院任教至2016年去世。1991至2004年任麻省理工学院建筑系主任，1974年创建博士生项目"建筑、艺术、城市形态的历史、理论与评论"（HTC Center），并长期担任负责人（1974—1991，1995—1996）。2016年1月于波士顿病逝。

2 威廉·米切尔（William John Mitchell），男，1944年12月出生于澳大利亚霍舍姆（Horsham），教育家、建筑师和城市设计师。获得墨尔本大学建筑学士学位、耶鲁大学环境设计硕士、剑桥大学艺术硕士。曾在耶鲁大学、卡耐基梅隆大学和剑桥大学任教，担任加州大学洛杉矶分校建筑与城市规划研究院建筑/城市设计项目负责人。1992年，他加入麻省理工学院媒体实验室的媒体艺术与科学和智能城市研究方向小组，并担任麻省理工学院建筑学院院长、媒体艺术与科学项目负责人。2011年6月于波士顿病逝。

到他讲的话对我影响挺大，现在我做的事情跟他讲的也基本上是吻合的。

斯坦福·安德森给我们提供了整理思维构架的机会。他对于历史的教学、对现代主义建筑如何建立自主性、如何批判地前行，以及批判的地域主义如何跟现在的建筑进行一种结合等问题的思考，激发我去重新审视在新技术到来之际，我们要如何应对文化和历史，如何思考未来并付诸行动。这也是近年来我走的每一步都很确定的主要原因。我觉得正是斯坦福·安德森教给了我自信，让我掌握了一种历史观和理论观，从而能更好审视当下，放眼未来。

王：回顾过去10年研究，您会如何去总结它的各个发展阶段？

袁：从我早期经历来说，在第一阶段，也就是在2009年之前，对我影响最大的是在赵秀恒教授的指导下，我全过程参与的清华大石桥学生公寓项目从方案、施工图到建造的全流程。赵教授极其强调要把我们掌握的建筑知识与实践建造进行融合，这些为我打下了非常扎实的实践基础，并对我后来的实践产生了很大的影响，当然这和设计院的平台是密不可分的。

第二阶段是从2009年从MIT回国之后，到2011年、2012年，这是一个装备建立期。钱锋教授是实验室主任，在他牵头下，我们一起到美国考察过一次，到访了包括MIT、哈佛在内的多所高校，回来后正式启动了装备的建设。起初，我发现教学体系、实验室配置以及管理，都难以配合我想做的这些事。虽然我把这几年个人的实践产出都投入到推动该项研究上，但学校的学术平台和设计院的持续支持还是至关重要的。为此，我们开辟了一条新路，由于现有教学体系一时难以改变，我们就通过组织“数字未来”工作营的方式引入新的知识学习。譬如，面对层出不穷的新技术革新，面对正规课程里无法实现的内容，那就在暑期的开放工作营里尝试。一路坚持，到今年已经做到第9年了。当然，在第一年，这个项目并不被理解或认可，但到今年的“数字未来”已经取得了极大的国际影响力，国际74所高校、国内43所高校以及31家社会机构的师生、建筑师、设计师共计604人报名参加了工作营。

第三阶段，在数字建造领域我们发展出了强劲的实践转化能力。比如我们的大型机器人数字建造实验室，建成于2015年的8月，ETH的实验室建成于2016年6月。虽然大家都是2008年以后起步，但是我们实际的动作要更快一些。我们更关注先进技术的转化应用，这对建筑学建造技术的发展是至关重要的。如今在数字建造领域的多个层面，从砖到混凝土再到木结构，我们都有实际建成的项目。这些技术转化来自基础研发，而我们的基础研发并没有停留在教学与实验室阶段，而是迅速与社会实践应用场景融合，这也和同济坚持以服务社会和实践为导向的建筑教育思路密不可分的。

◎ 2019 年第九届上海“数字未来”暑期工作营开营仪式合影，来源：袁烽提供

◎ 同济大学数字设计研究中心工坊，来源：袁烽提供

王：过去10年您作为先行者团队，显然这个路是越走越坚定，但可能也会面临着与中国当下实际情况如何对接的问题。总的来说，数字机器建造的新方向必然导致劳动力需求的大量减少，而中国传统乡土建造除了劳动力之外还有一些文化的层面，所以我想问问您怎么理解这个问题。

袁：这是很好的一个问题，也是我一直在思考的。首先，我认为任何新事物出来的时候，大家对于它的新思潮、新思想以及新实践的美丑往往会产生截然不同的判断，这在历史各个阶段都会出现。对于数字化设计与智能建造下结论还为时过早，历史会慢慢地把真相梳理出来。比如现代主义包括包豪斯的出现，就是伴随有新技术和新工艺的出现才变成一种新的美学，这是第一个观点。

第二个观点，我认为任何一个大的学科产业的范式改变，其背后一定存在着社会转型以及技术革命的深刻影响。我在2015年中国建筑学会数字建造委员会成立大会上有一个演讲，把现阶段和包豪斯时代做了一个比较，会发现当时谈的教学也是按照材料研发方向进行分类的，比如木材、钢结构、玻璃、混凝土等，两者之间的区别在于针对工具的改变，以及人与工具，包括机器人、互联网等，之间协作方式的深刻变革。

第三个观点，我认为罗马不是一天建成的。历史的发展都是一个过程，而非断裂式的。所以要在一个更长的历史语境中来看待一种新风格或新产业对社会的影响。建筑存在了5000年，形成了很多约定俗成的审美与体验。建筑的诗意化、对审美的追求或社会化的目标构成了建筑存在的一个背景，它并非是以新或者替换为目标。大家都在试图体验一种诗意的空间，无论技术存在与否，这些都同样存在，唯一的区别在于它的建构性是传统的还是创新的。所以传统和新技术是不矛盾的，并不是谁替代谁的问题，而是融合话题，现在建筑变得多样性的原因就是建筑文化更加多样化了。

所以，我觉得对于建筑文化的传承和现在数字化的浪潮是不矛盾的，甚至还可以去创造一种新的结合点。比如我近期的作品“竹里”，这个房子用的是瓦、木、竹这些传统材料，所以建成后和周围的社区环境还是非常协调的。但实际上这个房子的形态完全是用参数化的手段建模的，所有的梁和节点全部是机器人进行定加工后搬运到现场进行组装。对于施工来说是非常精准的，没有一个构件是浪费的。我们52天就把所有的建筑、景观以及室内全部完成了。在乡村造房子不是说就一定要用乡村的材料或者他们现在有的知识去做，而是完全可以赋予乡村一个新的知识体系。项目过程中我发现，当地留守的农民大多40岁以上，他们在外读书的子女大都愿意在大城市找工作，但不愿意回到家乡。如果在当地设一个机器人木结构数字工厂，这些在外打工的子女学了计算机后可能就愿意回来。所以，这种数字工厂我们叫“数字建造工厂”（Digital Fabrication Plant），会按照不同材料工艺产生设立，如果在一个城市能有几处的话，那么它的产业覆盖率其实是很大的。

◎ 竹里，来源：上海创盟国际建筑设计有限公司

我们在威尼斯双年展上专门把这个作为一个话题来进行展示，想去讨论我们的数字建造产业是否可以跟生活在底层的农民对接，如果连农村都能对接，那城市就更加没有问题了。

王：最后一个问题，对于农村的生存状态来说，当我们引入一个数字建造工厂时，其实也是意味着某种资本的进入，主导了整个生产模式，不知道您怎么理解这个问题？同时您作为高校教师，也是长时间在思考这个问题，我们想知道您的立场和态度。

袁：我觉得现在整个社会的发展和资本的关系是一个不可回避的话题，包括像同济设计院这种平台，如果没有了跟社会资本的衔接，也无法生存。从社会发展的动力上讲，我们只有合理地引导资本或者让资本沿正确的方向发展。我现在比较支持一种订制化的、个性化的、更多人直接参与的社会生产，我觉得这是未来的一种可能。如果有资本介入的话，应该可以更快实现这种基于个体价值观的定制化产业未来。

所以未来的文化价值体现在如何发掘每一个人来自个体内心的创造力，这是一种自下而上的“人”的智能发现与发掘过程，随着“人工智能”技术与观念的蓬勃发展，如何激发人自身的创造力，让机器智能服务于人类将会是一个具有批判性的议题。也就意味着，我们不是被动地去顺着时代潮流去定义自身的职业与学科，而应当引领知识体系的创造和探索全新的社会服务方式。我觉得这对于社会、资本以及具体到设计院的未来架构都会是一种挑战。资本的支持，并不一定会让事情变得野蛮生长，也可能可以搭建一种全新的社会服务网络，使得每个人的想象力和能动性能发挥出来，这可能是我未来工作的一个重要出发点。

新的国家战略和形势下同济设计的发展机遇与挑战

|2018—2021年

访谈人 / 参与人 / 文稿整理：华霞虹 / 王鑫 / 华霞虹

访谈时间：2021年8月30日 9：00—10：45

访谈地点：同济设计集团 502-1 会议室

校审情况：经汤朔宁老师审阅修改，于2021年9月9日定稿

受访者：汤朔宁

汤朔宁，男，1973年6月生，浙江杭州人，教授，博士生导师。1991年考入同济大学建筑系学习，陆续获得了建筑学学士、硕士、工学博士学位。1999年留校任教，2013年被聘为教授。2006年起兼任集团都市建筑设计院常务副院长。2014年9月—2021年5月任同济大学建筑设计研究院（集团）有限公司副总裁。2018年7月起任同济设计集团党委书记，2021年5月起任同济设计集团总裁。

作为同济设计集团新任总裁，口述人汤朔宁主要介绍了集团的“十四五”发展规划战略定位和经营思路，主张通过抓原创、抓人才、抓科研来提升核心竞争力，实现高质量发展目标。他认为中国的高校设计院在市场和行业中都有重要的地位，实践与教学科研人才有良好互动的同时，助力高校学科建设。本土设计师需要共同努力，通过时间的积累和沉淀，实现不仅出作品，而且出人才、出思想的理想。

华霞虹（后文简称“华”）：汤老师好！距离上一次我访谈您已经过去三年多了。上次我们谈论了汶川地震援建的历史，今天我想问一些更加宏观的问题。从都市院的常务副院长到整个设计集团的总裁，您的身份发生了很大的改变，对同济设计集团的整体认识有哪些改变？

汤朔宁（后文简称“汤”）：都市院和设计集团两者的关系其实不是一个规模大小的问题。都市院是集团的组成部分，其功能相对比较单一，主要负责管理建筑城规学院教师主持的项目。随着教师项目的增加，需要扩充一些固定的专职设计师全身心投入项目中，这是初衷。都市院虽然发展得非常快，但毕竟只是设计集团的一个局部，很有特色，教授主要开展的项目类型是跟自己的研究方向相结合的。

而整个同济设计集团的管理工作则更为丰富。首先，集团的基本运营是由专门的市场品牌运营中心、综合行政部等职能部门来负责，而从事设计业务的专业院，既有像都市院这样以建筑设计为主的，也有像市政院、桥梁院、环境院、交通院等侧重其他设计领域的生产单元。其次，我们的总部设在上海，但在深圳、雄安、成都、重庆、西安、南昌等地也设立有分支机构。此外，集团还设有专项事业部，比如BIM中心、绿（色）建（筑）、装配式建筑中心等，可以辅助各个生产单元进一步增加设计的技术含量。近年来，我们持续加大对科研的投入，作为一个高校背景的设计院，现在集团还设有科研管理部。因此从都市院到设计集团，从表面上看是规模增大，要管理的队伍更多了，实质上是，管理的功能构成更加丰满，更加需要对集团整体发展做一些前瞻性思考。

华：在新的国际国内形势下，同济设计集团面临怎样的机遇和挑战，相应采取了哪些经营管理、技术发展、人才组织等方面的应对策略？

汤：在设计集团今年上半年发布的《“十四五”发展规划（2021—2025）》中，我们提出的战略定位是“发展成为国内领先、国际知名的综合性设计咨询科技企业集团”。我们更加强调的是“科技”这个限定词的引领作用。因为与国内同类设计院相比，我们院的体量、总产值、人均产值现在都走在全国第一方阵，ENR（全球工程设计公司150强）排名上升到了59位（2021），在民用设计行业中一直保持在前三位的地位，获得省部级、全国的行业奖项和其他获奖也都一直稳居全国前列。总之，从1958年成立至今60多年，经过几代人的拼搏，我们同济设计院获得了这样一个行业地位，有了这样的体量和业绩基础以后，接下来重点要考虑的是如何继续做强。

经济指标对于一个企业是很重要的。我们“十四五”规划提出，2021—2025年平均年复合增长率要达到5%。根据现在集团的总产值、人均产值和5000人的规模来计算，这意味着接下来五年我们还要增加2000人左右才能实现这个经济指标。如果真这样做，针对多出来的体量，我们的工作空间在哪里？项目在哪里？现在的人员架构，比如中层干部梯队建设是不是适应相应的规模？我们的技术水平会不会被稀释？我们的项目可能要从一线城市主导掉到二线、三线城市。如果只通过扩大规模去提高产值，最终我们还只是一个劳动密集型企业，这与学校对我们的要求，以及我们处于第一方阵的咨询科技企业的历史使命，我觉得存在偏差。

在这样的情况下，我们提出“十四五”期间的经营策略，我们现在占90%的核心业务的比重要降下来，而发展业务和培育业务无论是数值总量还是在总产值中的比重都需要增强。我们的发展业务是那些相对趋于成熟的，包括城乡规划、城市设计、城市更新、绿建、装配式等。集团刚刚拿到了城市规划的甲级资质也是一大契机。培育业务则处于更早的阶段，比如智慧交通、智慧校园等。如果我们同济大学能作为智慧校园或者数字化校园的一个模板来实践，那在全国我们可以做很多数字化校园、数字化社区、数字化园区，新的经济增长点就又出现了，而且跟国家的节能、数字化转型的大方向也能结合在一起。

对于我们的核心设计业务，现如今在国家政策导向下，大型施工企业有自己的施工图设计单位，设计前端则有境外事务所的竞争，因此像我们同济设计集团这样的国内设计单位其实现在是被两头牵制住的。但是我们还是应该尽量往前端走，争取高附加值的市场份额。

同济设计集团提出的应对策略是：抓原创、抓人才、抓科研。我们现在一直在举办自己的创作奖评选，推广院内的明星建筑师，推荐青年建筑师去参加专业论坛，要让他们完全发挥自己的原创能力，这是建筑设计单位最核心的竞争力。第二是人才，同济设计集团在高端人才的培育、储备、宣传、推广方面，还有很大的差距，院士、大师数量跟我们的行业地位太不匹配了。同济历来是重项目的创作，不太注重宣传和影响力，所以我们要迎头赶上。我们正在积极筹备。人才其实需要系列培养，要事先布局和谋划，根据我们的人员特点、年龄层次，在各条线上都要守住阵地，要有2—3年的培育才能进入人才序列，进入序列后不能放松，要一步一步往上走。集团也愿意出台一系列配套政策，鼓励这些人才往上走。所以我相信通过“十四五”期间的努力，在下一个五年中能够收获一批人才。第三块是科研，这跟前面讲的人才是紧密相关的。人才一步一步往上走的过程中，一定与其科研成果密切相关。我们设计集团5000多人的队伍中有大量的博士、硕士，还设有博士后流动站，本来就具备一定的科研基础。对于企业来说，没有科研助力，我们怎么能做到突破人均产值呢？另外，作为一个高校设计院，我们的营销策略也偏向于技术营销。集团身后是同济大学的支持，有那么多专家的支持，我们为什么不能一起开展一些科研工作呢？因为设计院是最好的为科研提供实践展示场景的平台。我们做科研，可以提高我们的项目品质，也可以提升相关技术储备,需要的时候可以比其他设计单位更快更精准地拿出我们事先准备好的科研成果，也能为我们承接项目带来很大的好处。我们非常感谢同济大学为设计院也开通了申报国家自然科学基金的渠道。“十四五”期间我们希望通过原创，通过人才，通过科研这三个抓手，在助力同济大学的“双一流”建设的同时，也努力实现我们企业的目标。

华：在新的国家大战略中，我们同济设计集团如何做布局和考量？

汤：同济设计集团现在在国内的布点主要是三块：第一是长三角地区，是我们本部所在的上海和周边相对经济发达地区；第二是京津冀地区，我们现在有天津、雄安两家分公司，因为比较近，现在合在一块，服务于雄安的建设；第三是大湾区，包括广州、深圳、珠海等地，除了原来的深圳同济人建筑设计公司以外，我们去年又专门设立了大湾区办事处。这三个都属于东部区域，三个圈把北京、上海、广州、深圳四个一线城市都囊括其中。

两个月前我们在成都开了一次部分外地分支机构的生产经营交流会,成都、重庆、西安几个分公司一起。这几年，这几个城市的发展势头非常猛。有意思的是，我们的成都公司跟同济规划院的成都公司是联合办公的，西安公司则与规划院的丝路中心在一起。因为他们在外地，属于设计院的分支机构，面临的竞争更加激烈，所以同济建筑设计集团和同济规划院联手互补，在业务、技术、人脉上联动。西部圈除三个大城市外，我们想做一个平台，也是响应国家“一带一路”的倡议，我们现在还在拓展甘肃、新疆、内蒙古等地的业务。

华：刚才您提到“一带一路”，我们在国际化项目方面有专门布局吗？

汤：没有专门的针对性布局。高校设计院的风险把控意识很强，所以我们现在的国际业务大多还是“借船出海”，跟随中建八局、上海建工、中建一局等施工企业，利用他们在国外的援建项目，我们作为设计单位积极配合。就像任力之老师主持设计的非盟会议中心，是商务部和中建八局牵头的。同济设计集团的海外项目现在主要有两条线，一条是参与国家的相关活动，比如非盟援建项目、米兰世博会的国家馆等；第二条是通过外交部参与外交使馆的设计，比如李振宇老师主持设计的中国驻德国大使馆官邸等。

华：您认为高校人才智库与设计企业是如何协同作用的？

汤：在中国勘察设计协会下面专门设立了一个高校勘察设计分会，将几十家高校设计院联合在一起。高校分会每年都有活动，还会组织教育部的评奖。高校设计院之间互相都很友好。高校设计院在全国设计行业中占有很重要的地位，因为整体的设计水准，特别是方案创作水准相当高。

高校的人才与设计企业人才之间也有良好的互动，比如同济设计集团除了正式在编的员工以外，还有各学院的支持。很多有影响力的教授在项目设计方面有丰富的经验，他们大多名声在外，很多甲方慕名而来要求他们设计或咨询项目，因此集团和建筑城规学院合作成立了都市院，与土木工程学院合作成立了土木院，还有环境院等，这些分院可以支撑相关学院的老师参与社会服务，这些老师的科研成果在项目中得到运用，反过来也能促进整个设计院创作水准的提升。此外我们集团的科研课题也可以和学院老师合作。我们现在已经把这种互动从原来点对点的个体行为逐步发展为一种机制保证。

总之，中国的高校设计院有三大特点：一是在市场和行业中有重要的地位；二是与教学科研人才互动；三是反哺学校，助力学校的“双一流”建设。比如我们去拓展其他新业务，尤其是一些更具前沿性的业务的话，就可以更好地与学校的科研相结合。

华：您刚才提到做人工智能、数字化的业务，会因此引进其他相关专业的人才吗？

汤：关于数字化转型，我们的想法还是借机锻炼自己的队伍。我们有一支接近200人的BIM队伍，能够做一些基础工作，但整体的网络架构还需要进一步加强。所以我们一方面要依托学校的相关专家，另一方面要依托自己BIM中心的团队，也会再吸引一部分高端人才。

华：您对现在国内的设计生态环境怎么看？

汤：国内的设计行业还在经历“大浪淘沙”。我相信大部分设计师都是有社会责任感的，但是行业生态要改进还有很多差距。设计费问题由代表们委员们提过很多年，也一直没有能得到调整，排不上议事日程。建筑师的责任和权利之间的关系很不对等。业主对设计师没有足够尊重，还有对待外方设计师和中方设计师的不同。总体来看，发展愿景是好的，但具体实施起来还有很多困难。

华：高校设计院在市场化深入发展中怎样才能做到出作品，出人才，出思想？

汤：吴长福院长一直提，我们高校设计院要“出作品，出人才，出思想”，其实我觉得最难是“出思想”。出作品，我们勉强能够做到。出人才，我们还差一些，前些年这一块有点疏忽，我们现在抓紧推。比如我们学院的徐风老师，设计并建成了那么多功能复杂、技术领先的剧院，今年就这样退休了，他难道不是人才吗？不对，他是特别了不起的人才！

当下整个社会节奏快，我们不跟上就会被淘汰。但在，我们能不能够稍稍放缓一点，回过头来看看自己所从事的工作。有些设计师做完一个项目，图画完，建起来，设计费收完，这个事就结束了，自己都不敢拍了照到外面去宣传。作品如果连自己都看不上，怎么还能让专业人士、大众喜欢呢？

8月23日，清华大学举行"栋梁——梁思成诞辰120周年文献展"开幕式，清华大学的庄惟敏[1]院士、张利[2]院长等都发言了，我也参加了，还在下午的论坛上发了言。虽然对梁思成先生的工作我们以前从教科书等各种渠道有点滴的了解，但是这次展览，包括我去河北正定和四川李庄陈列馆看过的相关展览，还是非常震撼的。我们在河北正定看梁先生当年画的剖面图，能站上10分钟。梁先生在四川李庄，这也是抗日战争时期同济大学所在的古镇，花了6年时间完成一本画册，直到今天大家都还在学习，而且他们当时的研究和考察条件是那么艰苦。我们现在花上6年时间，可能能完成几十万平方米的工程，但是60年以后呢？这些房子是不是还留得住？还能给建筑事业留下什么？

近些年，国内有多位院士、大师牵头在用本土的设计弘扬中国文化，我觉得通过他们的倡导，我们所有本土设计师都应该珍惜建筑创作的机会，争取设计可以"发表"的作品，否则我们没办法去奢谈"出思想"。只有每个人都去努力做和思考，才会有希望。通过若干年的积累，通过不断凝练和沉淀，中国的建筑设计界才能实现"出思想"。

1　庄惟敏，男，1962年10月出生于上海。中国工程院院士，全国工程勘察设计大师，梁思成建筑奖获得者。曾任清华大学建筑学院院长（2013–2020），现任清华大学建筑设计研究院院长、总建筑师，清华大学建筑学院教授、博士生导师。

2　张利，男，1970年出生，在清华大学获建筑学学士、硕士、博士学位，现任清华大学建筑学院院长、教授、博士生导师，《世界建筑》主编，简盟工作室主持，中国建筑学会理事、清华大学建筑设计研究院副总建筑师。其主要学术方向为城市人因工程学、当代建筑思想。

国际建筑视野中同济设计的传统与未来 |2020—2021 年

访谈人 / 文稿整理：华霞虹

访谈时间：2021 年 9 月 4 日 9：00—10：30

访谈地点：腾讯会议室

校审情况：经李翔宁老师审阅修改，于 2021 年 11 月 8 日定稿

受访者：

李翔宁，男，1973年9月出生，江苏南京人，教授，博士生导师，长江学者青年学者。1991年考入同济大学建筑学本科学习，获得建筑学学士、硕士、工学博士学位。2004年留校任教，历任讲师、副教授、教授，2006年美国麻省理工学院访问学者。曾担任建筑与城市规划学院副院长，同济大学中西学院学术协调人，2020年起任同济大学建筑与城市规划学院院长。哈佛大学客座教授，中国建筑学会建筑评论委员会副理事长兼秘书长，国际建筑评论家委员会委员，国际杂志 *Architecture China* 主编。

作为同济大学建筑城规学院新任院长和长期从事中国当代建筑评论、策展和理论研究的学者，受访者李翔宁回顾了同济建筑系立足现代建筑和多元开放的传统，介绍了上海建筑师实践的地域性特征。他认为中国建筑应该通过平等有效的沟通，建立国际话语体系，立足快速城市化现实，探索中国当代建筑独特的文化价值和思想方法。最后他提出，要成为全球顶尖的建筑院校必须建构具有独创性和引领性的思想。

华霞虹（后文简称“华”）：李老师好！1952年全国院系调整，到明年2022年就是70周年了。今年在清华大学和东南大学分别举行了梁思成先生和杨廷宝先生120周年诞辰的文献展，相信明年建筑老八校都会开展回顾纪念活动。作为同济大学建筑城规学院新任的院长，也是长期关注中国建筑发展的理论研究者，想请您先谈一谈对有着多元化现代起源（“八国联军”之称）的同济建筑系的传统和传承问题的思考，以及同济建筑与其他国内外顶尖建筑院校相比的独特性。

李翔宁（后文简称“李”）：首先，在国内的建筑院校中，同济建筑系从一开始就走了一条现代建筑之路。同济的起源，所谓的“八国联军”，就是不同学校的融合。最早的几位系主任，黄作燊先生在哈佛大学曾跟随格罗皮乌斯学习，吴景祥先生是巴黎建筑学院毕业的，冯纪忠先生来自维也纳工学院，等等，总体而言，与清华大学、东南大学等建筑系与美国宾夕法尼亚大学的巴黎美术学院（布扎）教学系统有直接渊源不同，同济建筑系受到欧洲现代主义传统的影响会更直接一些。当然，梁思成先生很早就提出希望能引入欧洲现代主义来进行教学和教材编写。因为在20世纪三四十年代，现代主义在欧美已经开始成为主流风格。所以同济建筑系和清华建筑系、东南大学建筑系看似来自不同的教学系统源流，其实总体还是同根同源的。从50年代以后，同济建筑系的老师在实践时大多非常坚定地在走现代主义的道路。比如冯纪忠、葛如亮先生等人的实践，也涌现了同济大学文远楼和教工俱乐部等代表作品。

另一方面，同济建筑系开放多元的文化从来没有改变过，这一点也一直是大家公认的。因为同济建筑系是1952年院系调整时由多个院校合并而成的，所以我们不像很多院校有一个清晰完整的系统，而呈现了异质混合、多元开放的状态，这种精神一直延续到今天。

此外，同济建筑系的学术金字塔体系相对没有那么明显，也没有门派之间的偏见。这种文化有利于中青年教师的发展，大家都能自由地选择自己的方向，发展自己的学术，很少受师承门派的影响。

同时，国际化也是同济建筑的一大特色。正如吴志强院士所说，同济大学建筑城规学院是中国建筑院校和国际建筑院校之间的一座桥梁，或者是将中国建筑学界与国际建筑学界互相印证的一面镜子。

如果要把同济建筑系和哈佛、麻省理工学院或加州大学伯克利分校的建筑系相比，或许我们在思想的前端或者说批判性方面没有那么激进，但另一方面，我们和实践的关系更加密切，无论是老一辈的教授像谭垣、吴景祥、冯纪忠先生，还是现在同济很多老师，都拥有丰富的实践经验，同学们也能够在学习的过程中参与各种项目，包括各种调研，在规划院或建筑设计院实习，跟实际项目结合得非常紧密。欧美的一些公司,在雇佣同济建筑毕业生以后,都觉得他们上手非常快，这跟我们的设计教育，包括课程和人才培养体系以实践为导向有关。我们培养的毕业生能非常快地接受国际潮流，锐意进取，勇于尝试。在批判性反思和自己的理论体系建构方面，我觉得同济还可以做得更好。

华：近年来通过大量的评论和策展工作，您已经成为国内对当代中国建筑师群体了解最全面的学者之一，您能从今天国内活跃的中青年建筑／规划师的角度来谈一谈同济设计的特点、优势和不足吗？他们在哪些方面对同济建筑的传统有传承和突破，与上海城市发展有怎样的协同关系？

李：随着中国城市化的发展，我们的中青年建筑师有很多建造机会，这些年也能为世界所认识。我曾对国内崭露头角的中青年建筑师做过一个地域分布研究，发现他们主要集中在北京、上海，还有一部分在深圳，其余城市有少数表现突出的，但尚未形成群体面貌。

北京当代建筑师们大多在欧美接受了建筑理念的熏陶，像华黎、董功、张珂、李虎，还有朱锫、马岩松等，作品更有一种国际化的样貌。而上海当代中青年建筑师群体，以同济培养的建筑师为核心，其实践一方面拥有比较高的品质，另一方面跟地域性的结合比较紧密。可能跟最早在上海青浦、嘉定等地的实践有关系。上海的这批建筑师在作品中有意无意地融入了江南水乡的温润之风，常采用江南传统建筑中坡屋顶、小体量、院落群体的组合方式进行当代设计演绎，这是隐约可以找到的共性。

此外，跟其他国内一流建筑院校相比，同济建筑能在上海的城市建设中发挥更积极主动主导的作用。不久前上海举行城市发展建设座谈会，邀请了长三角的相关专家，10位中有7位是同济大学建筑城规学院的教授或者是同济校友，[1]说明上海这座城市为同济建筑学派或以同济为核心的上海建筑师群体的成长创造了非常好的土壤。当然上海的城市文化也反作用于同济建筑风格的形成。跟美国的纽

1　包括郑时龄、吴志强、唐子来、章明四位教授和沈迪、柳亦春、张斌三位校友。

约一样，上海这座城市很大程度上受到实用主义精神的影响。今天，上海的建筑不再追求创造地标建筑来塑造城市形象，上海已经超越了需要通过诸如“十大建筑”来彰显城市发展雄心的阶段。上海已经有足够的自信，建筑不需要特别追求本身形式的革命性，而是通过建造品质、建筑所容纳的内容、管理运营的品质来体现城市精神。所以上海建筑师群体的实践，也常常体现出这种理性务实、不事张扬的形式风格。

华： *李老师如何看待上海建筑师实践的“新江南水乡风格”与上海超大城市高密度高容量建设要求之间的关系？*

李： 传统的江南，城市与乡村呈现一种绵延状态，两者的对比不像北方的城市和乡村区别那么大。比如构成了城市肌理的上海里弄建筑，就是江南院落住宅和上海都市开发的结合体。我觉得上海应该成为一个异质混合的城市，要有像陆家嘴这样超高层林立的区域，但城市的烟火色也体现在那些低层高密度的城市居住区，比如那些市中心的历史风貌保护区，除了一些重要的单体建筑要保护，整个城市的肌理更值得保护。

假如说上海的天际线和城市的主体形象是由大型设计院绘就的，那么上海的中小事务所和独立建筑师的工作更多聚焦在贴近人的地方，让人感觉到温暖的日常生活的尺度上，需要有大量细微的像绣花针式的工作。近年来很多事务所已经投入到城市微更新中，从事城市肌理的修补和小尺度建筑的创作，几平方米几十平方米的都有。这会为未来的上海城市带来新的面貌，也会为上海的建筑师群体的实践带来一种独特的地域性特征。

华： *李老师近年来通过广泛的展览策展和媒体工作在提高中国建筑的社会影响力和国际影响力，您能介绍一下主要工作吗？理念和实际之间还存在哪些差距？*

李： 我觉得展览不仅是建筑被再现的过程，比如通过图纸、影像、模型来反映建造的成果，展览也可以是建筑存在的一种形式。比如近年来很多建筑师参加的以装置形式呈现的展览，就不是对建造物的简单再现，而是具有本体性的实践。很多建筑师把展览做的装置也作为自己的作品，那么展览本身也成为了建筑师的再创作，或者说建筑创作一个新维度的拓展。在这个意义上而言，展览其实对当代建筑师是一个非常重要的工作领域。

另一方面，这些年出于对中国的关注，国际建筑界也很希望看到中国建筑师的进展。所以在过去的二三十年间，中国建筑师很自豪地走出去，办了很多展览。最初的时候，比如像2001年柏林举办的《土木》展，当时欧洲策展人的主要想法是，中国现在也有了好的独立建筑师，跟欧洲一样有比较专业化的建筑设计存在了。换言之，那时候是抱着“我们西方有的东西中国也有了”这样的一种心态。但是随着中国城市化和建筑的持续发展，好的建筑师和作品不断涌现，西方建筑史对中国实践的看法开始转变，甚至看到中国建筑师的作品和实践机会时，有一种惊奇或者羡慕的心态。

2016年，我们在哈佛大学设计学院举办了“走向批判的实用主义：当代中国建筑”展，展示了60家中国设计事务所的60个设计作品。当时我跟张永和老师讨论说，这样的展览可以变成双年展，中国建筑师两年就能创造这么多好作品，而在当代美国一下子要找到60个这么好的建筑师，或者两三年内能选出60个具有当代价值和建筑文化价值的好作品来，其实很难。所以从某种意义上说，尽管我们的建造体系和工业生产体系与欧美国家还有差距，但是实际上建筑师在思想性和设计水平上的提升，甚至在很多地方超过了像美国这样的国家。这当然得益于中国近年来高速城市化带来的得天独厚的机遇。

今天虽然我们在设计的水平上可以对话了，但是我觉得在建筑文化像展览这样的工作领域还有很多工作可做。我们还缺乏最顶级的建筑展览机构和有国际影响力的建筑媒体。期待未来我们也能打造像纽约当代艺术博物馆（MoMA）或者像威尼斯双年展这样的平台。我们现在也开始谋划打造中国的建筑博物馆，或者有国际影响力的建筑文化机构，创立更好的话语平台，以促进中国建筑文化在国际上的传播。过去二三十年，西方学术圈大致认为中国虽然有很大的建造量，虽然也有零星的建筑师的好作品被挑选出来，但总体建造质量还不行。如果我们掌握了评价和理论分析的话语权以后，我们应该有重新认识当代中国建筑的力量，同时也能够在国际的学术话语和媒体传播中更平等交流，甚至掌握一定话语主导权。

© 2016年，李翔宁策展的哈佛大学设计研究生院“走向批判的实用主义——当代中国建筑”展，来源：高长军摄影

华：您觉得现在主要的瓶颈和困难是什么？

李：除了话语权，还有一个问题是沟通方法，在评价的方法、视角和立场上缺乏梳理，和国际接轨存在很多问题。比如现在我们

◎ 2018 年，李翔宁策展的第 16 届威尼斯建筑双年展中国馆“我们的乡村”展览现场（军械库），来源：高长军摄影

在国外做中国建筑展览，很容易做成一个当代中国的建设成就展，显示有多少建造量，有多少大尺度作品，而不是探讨对建筑专业真正有价值的方面。我觉得平等的对话不仅是为了交流和传播，更重要的是通过交流和传播，在别人的眼中看到自己，从而更正确地认识自己。对于建筑学科来说，究竟什么是好的建筑？建筑的真正的价值在哪里？或者说一个建筑的叙述话语应该如何呈现？在这一点上我们和国际的建筑文化表述还存在较大差异，需要我们有意识地来认识和分析。一方面当然的确存在文化的差异，但另一方面是我们如何能够融入世界的专业话语的问题，甚至我们是否能够创造一种引领性的话语，让世界的话语跟着我们的话语体系走。这些都是非常值得我们思考的。

这也不只是我们建筑专业的问题，今天我们中国如何进入国际体系，如何发挥更大的作用？首先必须要有一套能够被其他人理解和可以互相交流的话语系统。第一步是要平等对话，讲大家都能听得懂的话，才能逐渐发挥自己的影响力。所以话语和传播的工具和方法论我觉得是需要好好研究和逐步建立的。

华： 的确如此。李老师前面谈的比较多的是独立建筑师与国际交流的状况。对于更大规模的城市建设的专业意义您怎么看？中国整个快速城市化背景下的建筑实践有没有可能进一步理论化，形成有别于西方主流建筑学的中国特有的一种建筑学的思想方法？

李： 以前大家总会批评，中国的建筑造得太快，太粗糙，造价也比较低。在我提出的“权宜建筑”和“批判的实用主义”这些概念里，我实际上想提出中国的建筑现实和建筑价值观判断的新范式和新标准，应该跟西方的有所不同。中国建筑师应该扬长避短。不要把速度快或造价低当作我们可以造得不好的理由，要能在“快”中发展出一种“快”的理论和思想方法。历史上说建筑品质很好，两三百年不落后，今天我们很多理念，比如说计算机、互联网行业，都是以超快的加速度在发展和迭代。同样今天我们也不能像古典时期一样，造一个房子希望它延续几百年，我们的思想方法也要转变。我们应该在快速、低价的建造中，在比较简单粗糙的工业体系支撑下，建立一套建筑师的“权宜建筑”和“批判的实用主义”思想方法。

其实在全球建筑文化的发展中，很多工业化和经济不很发达的国家，包括在欧洲相对落后的国家，比如葡萄牙、西班牙、希腊，还有南美洲的巴西，亚洲的印度等国家和地区，有些甚至比中国的经济条件要落后很多的国家，都可以发展出一种文化价值很高的当代建筑，培育出有国际影响力的建筑师。但为什么我们没有创造出那么多能打动人心、文化性很强的建筑呢？这是需要中国建筑界思考的。

我也很高兴看到现在年轻一代的建筑师，已经试图不按照主流现代主义建筑的理性系统来设计，而是更拥抱日常生活的复杂性、异质性，还有快速变化的迭代性，能够在建筑中对我们中国的时代精神进行全新探索，以全新的语言表达出来，而不仅仅是追求精美的空间和形式的震撼。这些都是当代文化的一种新动向。

举个例子，高层高密度是一种非常亚洲当下的特征，以前我们跟 MIT 一起做联合研究，斯坦福 • 安德森等学者认为上海应该走低层、低密度的道路。但我们提出在土地紧张，人口密度极高的上海，建造高层是一种更集约的解决方式。我们要有自己独立的判断。我们有没有可能在芝加哥或者洛杉矶学派的城市研究后，提出以上海为代表的一种城市文化或者建筑城市的研究学派？这要求我们对上海的特质做更多归纳和梳理，不要妄自菲薄。这实际上是以上海为代表的中国城市发展的一种模式，甚至是亚洲城市发展的一种模式。我们应该联合上海的其他高校，比如复旦、上海交大、华师大等，联合人文地理、城市经济、社会学、公共政策等的不同研究领域，形成关于上海城市学术研究的共同平台，梳理一下“上海模式”是非常有价值的。

华：请您展望一下，在今天新的国内国际形势下，中国建筑教育有哪些走向更多开拓性和创新性的可能和途径？

李：作为建筑院校，首先要培养出好的设计师。怎样保持这种较高的实践能力，同时具有更多的开拓性和创新性，主要是三方面考虑。

第一，今天科研考评系统使很多进入高校的年轻教师不一定擅长设计实践，也没有太多精力投入实践。在无法改变大的系统的情况下，我们需要更多引进职业实践非常成功的独立建筑师，如果他们有好的教学意愿，就应该邀请这些联合或兼职的老师来上设计课，传递一线的经验。

第二，加强对学生独立思考和批判性的训练，要建立自己独立的思考方法，而不是追随时尚流行，要有定力把我们学科的内核建设好。顶尖建筑师较量的是思想的深度，而不仅仅是建筑师设计的“手头功夫”。

第三，作为一个学院，在科研和国际影响力方面，要创立自己的话语体系，有从0到1的开创性、引领性的理论。要想成为一个全球顶尖,国际一流的建筑院校，必须有自己独特的思想，同时有自己引领，甚至是独创的领域，应该做自己最有资源和最擅长做的事情，不搞同质化竞争。

华：最后，在国际语境中您如何看待中国特色的高校人才智库与社会发展之间的关系，优势与不足，还有未来前景？

李：很多国际高校建筑学院的院长和资深学者来给我们学院做评估时，都非常羡慕我们的产学研一体化，或者说我们建筑城规学院跟同济设计集团和同济规划院之间非常良好的协作关系。今天中国整体的科研，高校虽然依旧是高地，但是现在越来越多的创新增长来自一线打拼的企业，它们能对市场做积极的反应，也能了解我们行业运行中真正的痛点。而我们学校的研究跟社会最迫切的需求还有一点隔膜。

我们跟设计集团的汤朔宁总裁、规划院的周俭院长和其他同事们也有很多探讨，最近我们希望能建立更紧密的合作关系，还有跟在中国比较有影响力的其他企业，希望能够和他们在城市更新、未来社区等方面成立联合研究的研究院或研究中心。像万科、中建八局、中建三局等企业，我们可以一起来探讨智能建造、数字城市、有机更新。有了跟企业和社会更好的融合，我们才能做出顶级的研究成果。像 MIT media lab 实际上也不是自己拍脑袋想题目的，大多需要企业委托和注资，每年的一些课题是为企业服务的，直接能够解决企业生产和发展中的一些痛点。我觉得更好地整合产学研也是我们未来的一个发展方向。

最后我觉得我们的人才培养也需要流动，未来企业人才，像在阿里或者华为等一线企业有实践或者研究突破的，可以申请到高校的教职，介入人才培养。另外跟企业合作创建的研究院也可以用来联合培养人才，我们可以为一些政府和设计机构度身定做一些课程。这样就可以使我们的人才培养更适应社会的需求，也使得社会的痛点和需求能够在我们的科研和人才培养系统中有所回应，这是一个合作共赢的过程。

◎《走向批判的实用主义——当代中国建筑》专著，来源：广西师范大学出版社

◎ *Architecture China* 杂志 2018 年春季刊封面，来源：*Architecture China* 杂志社

访谈合影

2016 年 12 月 2 日　路秉杰（左二）访谈

2017 年 1 月 20 日　傅信祁（右一）访谈

2017 年 3 月 29 日　董鉴泓（左二）访谈

2017 年 5 月 17 日　刘佐鸿（右四）访谈

2017 年 5 月 17 日　姚大镒（左四）访谈

2017 年 7 月 12 日　戴复东（左二）、吴庐生（左三）访谈

2017 年 9 月 14 日　卢济威（前左）、顾如珍（前右）访谈

2017 年 11 月 21 日　朱德跃（左一）访谈

2017 年 11 月 22 日　黄鼎业（左三）访谈

2017 年 11 月 29 日　刘仲（左三）访谈

2017 年 11 月 29 日　唐云祥（中）访谈

2017 年 12 月 14 日　薛求理（左二）访谈

2018 年 1 月 25 日　周伟民（前左）、范舍金（前右）访谈

2018 年 1 月 31 日　王季卿（右三）、朱亚新（左三）访谈

2018 年 1 月 31 日　宋宝曙（右一）、孙品华（右二）访谈

2018 年 3 月 6 日　陈继良（中）访谈

2018 年 3 月 6 日　刘毅（左二）、归谈纯（右二）访谈

2018 年 3 月 13 日　赵颖（中）访谈

2018 年 3 月 14 日　贾坚（中）访谈

2018 年 3 月 14 日　李永盛（中）访谈

2018 年 3 月 15 日　曾明根（中）访谈

2018 年 3 月 20 日　吴志强（中）访谈

2018 年 3 月 22 日　曾群（中）访谈

2018 年 3 月 22 日　李振宇（中）访谈

2018 年 4 月 13 日　张峥（中）访谈

2018 年 4 月 16 日　任力之（左二）访谈

2018 年 5 月 10 日　袁烽（左一）访谈

2018 年 5 月 14 日　常青（右一）访谈

注：其他访谈可惜未留下合影。

附表 同济大学建筑类学科和机构沿革

年份	建筑	规划	景观	结构	设计院
1951				土木工程系（1930 年以来）	同济大学建筑工程处（设计处）
1952	成立建筑系，下设建筑学（初名房屋建筑）专业	建筑系下设城市建设与经营（初名都市计划与经营）专业		结构系	
1953					同济大学建筑工程设计处
1956		建筑系正式成立城市规划专业，城市建设与经营专业归入新成立的城市建设系			
1958	撤销建筑系，建筑学专业并入建筑工程系	城市规划专业并入城市建设系		建筑工程系	同济大学建筑设计院（初名同济大学附设土建设计院）
1959	建筑学专业增设室内装饰与家具专门化方向	城市建设与经营专业改为城市建设工程专业	城市规划专业增设园林绿化专门化方向		
1961					同济大学设计院
1962	恢复建筑系建筑学专业				
1963		城市规划专业回归建筑系			
1966	教学整体停顿				建筑设计室
1968	五七公社				
1969					五七公社设计组
1977	建筑系建筑学专业恢复招生	建筑系城市规划专业恢复招生	城市规划专业园林绿化专门化恢复招生	建筑工程系恢复招生	同济大学建筑设计室
1978					同济大学建筑设计院
1979			建筑系从城市规划专业中抽调人员组建风景园林规划与设计专业（系国内首设）		同济大学建筑设计研究院
1980				成立土建结构工程系	

<table>
<tr><th>年份</th><th>建筑</th><th>规划</th><th>景观</th><th>结构</th><th>设计院</th></tr>
<tr><td>1982</td><td></td><td></td><td></td><td>成立结构工程系</td><td></td></tr>
<tr><td rowspan="2">1986</td><td colspan="3">成立建筑与城市规划学院</td><td rowspan="2"></td><td rowspan="2"></td></tr>
<tr><td>建筑系建筑学专业
增设室内设计专业、工业设计专业</td><td>成立城市规划系，下设城市规划专业</td><td>城市规划系下设风景园林规划与设计专业</td></tr>
<tr><td>1987</td><td></td><td></td><td></td><td>成立结构工程学院，下设建筑工程系和土建结构工程系</td><td></td></tr>
<tr><td>1989</td><td></td><td></td><td></td><td>建筑工程系、土建结构工程系合并，仍称建筑工程系</td><td></td></tr>
<tr><td>1993</td><td></td><td></td><td>成立风景科学与旅游系，下设旅游管理专业，城市规划系保留风景园林规划与设计专业</td><td></td><td></td></tr>
<tr><td>1996</td><td></td><td></td><td>原城市规划系园林规划与设计并入风景科学与旅游系</td><td></td><td></td></tr>
<tr><td>1997</td><td></td><td></td><td></td><td>成立土木工程学院，下设五系一所，包含建筑工程系</td><td></td></tr>
<tr><td>2001</td><td></td><td></td><td></td><td></td><td>（新）同济大学建筑设计研究院</td></tr>
<tr><td>2003</td><td>增设历史建筑保护工程专业</td><td></td><td></td><td></td><td></td></tr>
<tr><td>2006</td><td></td><td></td><td>更名为景观学系</td><td></td><td></td></tr>
<tr><td>2008</td><td></td><td></td><td></td><td></td><td>同济大学建筑设计研究院（集团）有限公司</td></tr>
<tr><td>2011</td><td></td><td></td><td>根据一级学科名称本科专业名称恢复为风景园林</td><td></td><td></td></tr>
</table>

年份	建筑	规划	景观	结构	设计院
2012		根据一级学科名称本科专业更名为城乡规划			
2020	增设城市设计专业				

参考文献

[1] 董鉴泓,钱锋 . 附录:建筑与城市规划学院(原建筑系)50年大事记 // 同济大学建筑与城市规划学院 . 同济大学建筑与城市规划学院五十周年纪念文集 [M]. 上海:上海科学技术出版社，2002.

[2] 同济大学建筑与城市规划学院官网 . 城乡规划系发展历程 [EB/OL]. https://upd-caup.tongji.edu.cn/cslm2/list.htm.

[3] 同济大学建筑与城市规划学院官网 . 景观学系简介 [EB/OL]. https://landscape-caup.tongji.edu.cn/10583/list.htm.

[4] 同济大学土木工程学院建筑工程系历史沿革 [EB/OL]. https://structure.tongji.edu.cn/xgk/lsyg.htm

[5] 附录二:机构沿革（1951—2018）// 华霞虹，郑时龄 . 同济大学建筑设计院60年 [M]. 上海:同济大学出版社，2018.

[6] 杨婷 . 同济大学城市规划教育思想发展史研究 [D]. 上海:同济大学，2018.

后记

将口述作为历史素材的确存在诸多不足。即便排除对敏感问题趋利避害的言说，也难以杜绝因年代久远造成的记忆偏差和因认知局限造成的主观片面，事实很容易迷失在众说纷纭之中。然而，上述弊端并不足以改变如下判断：历史亲历者的叙述是一种难能可贵且充满生命力的史料。不仅因为只有通过口述，史书所缺乏的个人化、过程性、不同角度的细节和立场会被发掘出来，历史不再是铁板钉钉的成败结果，而是充满了复杂性、偶然性和矛盾性，成为更易理解的个人和时代抉择。也因为经由叙述者自身生命的消化，时间、空间不再相互割裂，而是组成彼此交融的鲜活故事，并常常展示出群体合唱而非个人独白的特性。更因为历史已不可避免地深入和内化为过来人的思维和语言系统，通过访谈，如果能敏感地捕捉到那些不假思索的特别话语，就能即时互动，展开有价值、有深度的对话和辨析，仿佛亲身踏入历史之长河，这是文献工作所无法提供的机会。同样珍贵的潜力还包括在访谈中自然而然地发掘第一手图文档案资料。

1952年同济大学建筑系由华东地区13所大学的土木系和建筑系汇聚而成，奠定基石的第一代教师包含来自美、英、法、德、比利时、奥地利、日本7个国家10余所建筑院校和国内9所大学土木、建筑系的毕业生，他们与同样多源且精英荟萃的土木工程等其他系所紧密合作，开展具有先锋性的实践与教学。经过70年发展，同济大学建筑系（1986年组成建筑与城市规划学院）已经成为国内专业最全，规模最大的建筑学院，培养了众多优秀人才，形成了卓越的“同济学派”。1958年3月1日创建的同济大学附设土建设计院，是中国第一家正式成立的高校设计院，也是社会主义教育革命（建筑学专业版）的重要组成部分。在此基础上经过历史辗转，于2008年创建的同济大学建筑设计研究院（集团）有限公司是中国当下规模最大、产值最高的高校设计院。

多元与民主是同济学派的基因，现代性与时代性是同济建筑的核心，创新与传承是同济设计的精髓。无论在非常磨难的历史时期，还是在改革开放后的中国快速城市化中，同济设计均发挥了独特的作用，产生了重要的影响力。《同济设计70年访谈录 1952—2022年》共收录了65篇文稿，分成三个历史阶段来回顾同济大学建筑系（今同济大学建筑与城市规划学院）和同济大学建筑设计研究院（今同济设计集团）70年的发展和贡献。这部访谈录是多代同济人的集体贡献。它不仅是针对同济大学这所以建筑设计享誉国际的中国一流高校以及今天中国最大的高校设计院的专项研究，也是对社会主义中国在建筑行业、设计机制、人才培养、学科发展等领域70年时代变迁所开展的基础研究。

从2016年4月起意对同济设计开展“家族史”研究至今，一本访谈文集没想到也花费了6年时间。69位受访者包含高校管理者、学院教师和校友，设计院历届各级管理者、设计师（包括建筑师和结构、设备、市政设计工程师及其他技术部门）。其中三分之一受访者年逾八旬，傅信祁、董鉴泓、戴复东、唐云祥、王季卿等教授还是随1952年院系合并进入同济大学的。几乎所有受访者均已在同济大学服务20年以上，且很大部分也曾在此度过学生时代。还有几位现已长期定居国外，只是偶尔回国。70年间，同济人不仅在祖国大地上留下了众多作品，在中国现当代大规模的城乡发展中贡献专业智慧，也积极参与组织机制和行业改革，并不断促进和完善建成环境相关的学科建设。文集中每篇访谈都试图展示特定历史时期一个（类）具体的项目或事件，及其前因后果。

本书的出版首先要感谢同济大学建筑与城市空间研究所学科团队的负责人郑时龄院士，他对机构家族历史的持续关注，对“同济学派”的深刻理解，通过耳濡目染，构成了我们研究的基础和动力。他为本书撰写的序言中也可看到这种对母校和前辈的深情和洞见。如果没有同济设计集团前任总裁王健院长、丁洁民院长和现任总裁汤朔宁院长的鼎力支持，也不可能完成同济设计的系统研究。事实上，本文集是2018年10月出版的《同济大学建筑设计院60年（1958—2018）》（华霞虹、郑时龄著）的姊妹篇，绝大部分访谈是同济设计院60年院史研究的基础工作。这份建筑与城市规划学院师生团队与同济设计集团团队高度信任、紧密合作完成的学术成果，充分体现了高校机构开放包容的心态，而这正是“同济学派”文化精神的核心。

以史料为目的的口述史采集是一种相当耗时耗力的技术活。在交付出版社之前，所有的访谈都经历了7道工序：收集受访者生平和相关学术成果背景资料——拟定访谈主题和问题——实施访谈（录音录像，有的还会增加预访谈和补充访谈环节）——录音稿整理成文字稿——将原始稿改编成带主题性的访谈初稿，需书面化——请受访者审核修改并确定文稿——增加访谈中提及的人物注释和附图。因为受访者相当部分是80岁以上的长辈，请受访者审核的程序有时也会采取再次上门，边交流边修改的方式进行。此外，口述转化成较为精准的文字，也会花费受访者很大的精力，有时候需要补充和调整内容。对于本来就在一线工作极其繁忙的在职受访者，尤其是长期以图而不是文字工作的设计师来说，更非易事。因此必须感谢所有的受访者和研究团队，本文集凝聚了60余位受访者和研究团队37位师生多年的心血，还有更多老师和设计师提供图片，辨识图片中的人物，一而再再而三地更新访谈提及的近三百位人物的注释，虽未能在此一一列出他们的名字，但所有人的支持和帮助始终铭记在心。这一过程本身也是一种可贵的精神传承。

最后要感谢同济大学出版社责任编辑徐希老师对本书一如既往的热情和耐心工作，还有同济大学艺术创意学院 subtext 工作室独特的版面设计。

1952年全国高校院系调整是一件对中国社会影响极其深远的事件，70年已经过去了，研究却非常有限，访谈工作也需要机缘。更可惜很多重要的历史亲历者已经逝去,留下无法弥补的遗憾。虽然口述史研究工作需要尽量谨慎和专业，但是其紧迫性也是不言而喻的。

华霞虹

2022年2月12日

图书在版编目（CIP）数据

同济设计70年访谈录 / 华霞虹等著 . -- 上海：同济大学出版社，2022.9

ISBN 978-7-5765-0282-4

I. ①同… II. ①华… Ⅲ. ①建筑设计—建筑史—中国 Ⅳ. ① TU2-092

中国版本图书馆CIP数据核字（2022）第121834号

同济设计70年访谈录

华霞虹、王凯、刘刊、邓小骅 著

责任编辑: 徐希

责任校对: 徐春莲

排版制作: 朱丹天

出版发行: 同济大学出版社 www.tongjipress.com.cn

地址: 上海市四平路1239号　邮编: 200092　电话: (021)65985622

经销: 全国各地新华书店

印刷: 上海雅昌艺术印刷有限公司

开本: 787mm × 1092mm　1/16

印张: 34.5

字数: 861 000

版次: 2022年9月第1版

印次: 2022年9月第1次印刷

书号: ISBN 978-7-5765-0282-4

定价: 168.00元